市政污水处理厂设计(第5版)

第1卷：污水处理厂规划与布局

Design of Municipal Wastewater Treatment Plants

Volume 1: Planning and Configuration of Wastewater Treatment Plants

Water Environment Federation®(WEF®)
American Society of Civil Engineers (ASCE)
Environmental & Water Resources Institute (EWRI)

宋旭锋　译

中国石化出版社

内 容 提 要

污水处理无论是经济发展还是城市发展都是无法避绕的问题之一，尤其是我国现阶段城镇化日益深化的情况下，对于水资源的充分利用和再利用变得日益迫切。《市政污水处理厂设计》不仅涵盖了每个单元工艺过程和所述单元位置的上游和下游影响，而且还涉及所述处理工程的总体方案的综合考量。尽管本手册并非包罗万象，但实际上除了各个单元工艺原理和操作，质量控制和安全标准，日常营运相关问题之外，还涵盖了市政污水处理厂的规划选址，可持续发展，以及与社会环境的协调统一。从污水处理厂的最初论证到最终建成和运营都无不体现科学性和艺术性的结合。

因此，《市政污水处理厂设计》是当代实践惯例相对完整的参考书之一。该手册是针对熟知污水处理概念、设计工艺方法和水污染控制监管基础的设计专业人员编写的，因而，本手册注定会成为从事污水处理相关行业的规划设计和操作人员，以及环境工程、水污染控制等专业的本科生、研究生从业的参考资料。

著作权合同登记 图字 01-2010-8127

Water Environment Federation®(WEF®)

American Society of Civil Engineers(ASCE)

Environmental & Water Resources Institute(EWRI)

Design of Municipal Wastewater Treatment Plants

ISBN 978-0-07-166358-8

图书在版编目(CIP)数据

市政污水处理厂设计：第5版/美国水环境联合会，美国土木工程协会，美国环境与水资源研究所编；宋旭锋译. —北京：中国石化出版社，2016.1

书名原文：DESIGN OF MUNICIPAL WASTEWATER TREATMENT PLANTS

ISBN 978-7-5114-3715-0

Ⅰ.①市… Ⅱ.①美… ②美… ③美… ④宋… Ⅲ.①城市污水处理-污水处理厂-设计 Ⅳ.①X505

中国版本图书馆 CIP 数据核字(2015)第266237号

中国石化出版社出版发行

地址：北京市东城区安定门外大街58号

邮编：100011 电话：(010)84271850

读者服务部电话：(010)84289974

http://www.sinopec-press.com

E-mail:press@sinopec.com

北京科信印刷有限公司印刷

全国各地新华书店经销

*

787×1092毫米 16开本 123.25印张 3138千字

2016年1月第1版 2016年1月第1次印刷

全套定价：398.00元

译者序

根据城市功能定位不同，市政污水会含有各种相同或不同的污染物；根据城市对水资源的利用和水资源短缺的情况不同而含污染物总量或浓度也不同。因而对于不同的排放标准或环境容量要求，在设计污水处理厂降低水环境质量和功能目标时，必须设计灵活而各种参数可调的人工强化处理过程。对于城市集中污水处理厂和各污染源分散污水处理厂，处理后的出水也应该根据具体要求和法规，采取不同的处置方式。

污水处理厂的处理工艺流程是很复杂的序列系统工程，如果上游工艺设计不当，或工艺参数设置不合理，除了会影响本工艺过程的处理效能外，还会直接或间接影响下游工艺处理效能和最终的排放水质。因而污水处理厂各工艺过程的设计直接关系到污水处理厂承建的最终目的和运营成败。西方发达国家从19世纪工业革命开始进入工业化过程，工业化和城市化过程的不断加剧对水资源的污染日益加深，从而也促成对水资源利用和污染处理的研究，并建立了一套行之有效的市政污水处理工艺方法和经验。我国从20世纪80年代改革开放开始，传统农业逐渐向工业化和城镇化转型，仅仅20~30年的时间。迄今为止，我们仍然有很多建设者和使用者还保持传统观念，对于水资源的利用只有使用和排污，而无处理概念，同西方国家100多年对水资源的认识和利用相比，仅仅在最近几年内由于工业化和城市化进程加快，水资源需求加大，水资源短缺和污染日益严重，才迫使我们对过去的行为进行反思和补救。因此，尽管我国很多科研机构和高校有很多人正在从事污水处理研究，也取得了很多成果，但是多数都还是处于学术阶段。尽管某些大城市都有现存和待建污水处理厂和相关立项，然而，我们很多中小城市市政建设根本不存在污水处理的概念。同时，我们的建设者和设计者很多对于污水处理的工艺和设计知识还很欠缺，缺乏系统处理和处置的设计理念。因此，完整而系统地介绍西方发达国家对于污水处理厂的设计经验、理念、方法和艺术是很有必要的。

《市政污水处理厂设计》是在第4版基础上进行了更新，延续其市政污水处理厂(WWTP)设计实践的主要参考书之一的目的。本手册三册共包含27章，每章都针对具体主题或处理目标。第一册一般涵盖了适用于整个WWTP的设计概念和原理。第2册讨论了液体-运输-处理的操作或工艺。第3册是解决污水处理期间产生的固体管理问题。为了响应水处理技术的研究进展，剔除了不再考虑的当前工业实践技术，如污泥脱水的真空过滤器，同时顺应时代发展需要，还介绍了一些其他所涉及的工艺和较新的工艺或概念，如可持续性的概念、能量管理等。

本手册的翻译工作包含宗绮(国家知识产权局专利局专利审查协作江苏中心)的辛勤工作，她负责完成了第三册中第25章和第26章共计约15万字的翻译，在此表示感谢。同时还要感谢我的爱人黎鹏菲，对本手册的文字加工整理、打印和送稿付出了大量辛勤的工作。

手册针对熟悉污水处理概念，设计工艺和水污染控制管理基础的设计专业人士，并非针对毫无经验或通才的初级读本，同时工作量庞大，涉及知识和学科很广。因此，书中难免会出现表达不准确和失误之处，恳请专家批评指正。

宋旭锋
于北京工业大学

前　　言

本手册是第4版的更新，是市政污水处理厂设计(WWTP)当代实践的主要参考之一。该手册是为熟知污水处理概念、设计工艺方法和水污染控制监管基础的设计专业人员编写的，而不是新手的初级读本。

本手册旨在反映污水工程技术专业人士的当前工厂设计实践，并通过运行设施的性能信息扩充。本手册中提出的设计方法和实践惯例来自世界各地的300多个作者的经验和评论。

本手册由27章构成，每章都侧重于特定的主题或处理目标。市政WWTP的成功设计是基于对每个单元工艺过程和所述单元位置的上游和下游影响以及所述处理工程的总体方案的考量。第1卷涵盖了适用于整个WWTP的设计概念和原则。第2卷则讨论液体序列处理的操作或工艺过程。第3卷则是对污水处理期间产生的固体的管理。

在这11年里，自从本手册第4版出版，污水处理中的关键技术进步包括以下内容：

- 膜生物反应器以更小的碳足迹代替常规的二级处理工艺工程；
- 综合固定膜/活性污泥(IFAS)系统和移动床生物反应器系统的进展；
- 氯消毒替代；
- 气味控制的生物滴滤；
- 压载絮凝的增加用途；
- 侧流营养物去除而降低主营养去除工艺过程的载荷；
- 对替代方案的设计和评价基础进行污水处理工艺过程建模的用途和应用。

为了反映这些进展，这个版本包括了一些不同于第4版的显著变化。关于现有版本，当前工业实践不再考虑的技术已经删除，诸如用于污泥脱水的真空过滤器。虽然不能包罗万象，但是以下列表介绍了一些其他相关的工艺方法和更新的工艺方法或概念：

- 可持续发展的理念；

- 能源管理；
- 气味控制和废气排放；
- 化学辅助/压载絮凝澄清；
- 膜生物反应器；
- IFAS 工艺；
- 增强的营养控制系统；
- 侧流处理；
- 最小化污泥生产的途径。

像早期的版本一样，本手册介绍了市政污水工程技术人员的当前设计准则和实践惯例，在某些情况下也提供设计实例，展示所述准则和实践惯例如何实施。然而，相比于先前的版本，关于工艺原理、个案沿革、运营，以及其他相关主题的信息都涵盖至更小的程度。读者对于这些主题的信息可以参阅其他出版物。

本手册的这个第 5 版是在 Terry L. Krause，P. E.，BCEE（主席）；Roderick D. Reardon，Jr.，P. E.，BCEE（第一卷项目指导）；Albert B. Pincince，Ph. D.，P. E.，BCEE（第二卷项目指导）；和 Thomas W. Sigmund，P. E.（第三卷项目指导）的指导之下出版的。

目　　录

第1章　绪　　论

1 背 景

1.1 概述

本手册在第4版基础上进行了更新，延续了其成为市政污水处理厂(WWTP)设计当前实践的主要参考书之一的目的。手册专为熟悉污水处理概念，设计工艺和水污染控制管理的设计专业人士所写，而并非针对毫无经验或通才的初级读本。

术语"市政污水"是指由公共所有的WWTP处理的那些污水，这不同于卫生废弃物，主要是指洗浴污水和生活污水，其主要涵盖无商业或机构成分的家居废物。除了商业和机构废物之外，市政污水经常包括来自生产和其他工业源的大量液流。在该手册中，工业和机构废物仅仅讨论至其不影响市政WWTP设计的程度(WEF，1994)。

1.2 市政污水处理的沿革

美国社区污水收集和处理系统已经发展演化了超过200年。这种演化过程在许多其他国家都呈类似的模式出现，开始是由降低人类疾病的需要驱使；随后是为了消除严重的水污染影响，容许天然水生生物回归正常生长模式而使全人类再生利用；并且，最终实现所处理污水流出物再利用的水质水平。在这一节中，简短综述了美国市政污水处理的未来。尽管这种讨论仅仅反映的是美国的情况，但是预期在不同程度和时间上可适用于其他国家和地区。因此，也引述了世界上其他地区的一些实例。

除了少数国家外，当前在世界上的大多数发达国家中二级处理成为了一种规范。然而，这种趋势正朝着更高的处理水平发展。根据美国环保局署(U. S. Environmental Protection Agency)(Washington，D. C.)(U. S. EPA)(2008)的2004清洁流域需求调查(Clean Watersheds Needs Survey)，在美国有9650万人由具有二级污水处理工艺的公有污水处理厂(POTW)提供服务，而1亿850万人是由高级污水处理厂提供服务，而仅仅330万人只接受POTW的初级处理或未处理。图1.1显示了在并未排放至地表水或具有高级污水处理的每一服务区域中的人口百分数。

在水资源再利用很重要的世界各国和地区，如干燥的东南美和严重干旱的部分澳大利亚，三级或高级污水处理就更常见了。在拉美地区，大多数常见处理技术是基于氧化塘的，因为它们很简单，造价低廉，而易于营运和维护，并因为其可以利用大面积的低廉土地。多数发展中国家仍然在竭力解决关注人类健康和预期寿命的问题，而不是针对接受有关植物群和动物群水质的不良效应的问题。随着生活标准的提高和工业发展的进步，需要的水量显著增加，产生了更大量的污水而严重加剧了接收水质问题。现有大量可供利用的知识有助于应对这些挑战，而同时避免过去的一些疏忽和失策。然而，在推荐重要技术之前，设计专业人员要对当地在用技术和人类资源容量进行评价，这是很重要的。

在水源有限的地区内水资源保护变得更加常见。水资源保护的需要促进了处理污水用于冷却，灌溉，农业，饮用水和某类工业应用的更多有益再循环利用。随着水资源缺乏，污水专门再循环成饮用水供给，变得更加普遍。工业和社区可以继续分享相容污水

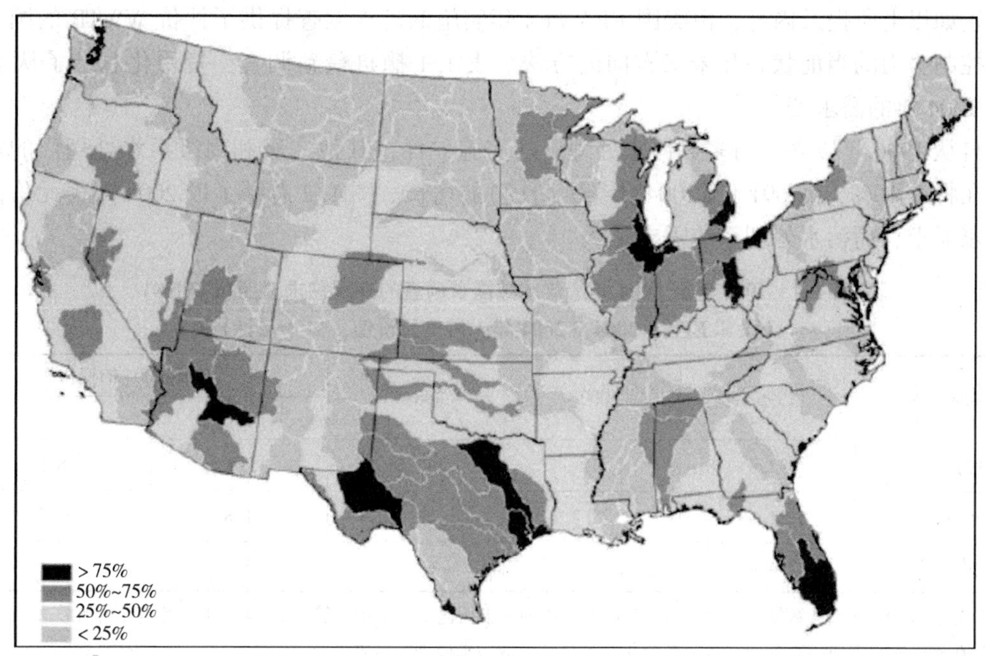

图1.1　接受高级处理或由未直接排放至地表水中的设施提供服务的人口比例地理分布（U. S. EPA，2008）

控制的WWTP。控制有毒物质排放到国家水环境的努力投入将会在未来延续。另外，水处理技术对于污水处理更加常见，尤其是随着高级水处理的规范变得更加普遍时更是如此。

尽管较多的POTW比此前具有二级或高级处理工艺，但是对于这些工艺方法的需求也比此前更高。水质控制仪器能够测定更低浓度的组分，由此检测化学物质，如药物和个人护理产品和其他潜在关注的污染物，这些污染物或许会导致更严格的排放要求。

人们仍在继续研究生物固体的处置和土地施用。随着气候变化问题的增加，市政当局将会在评价替代技术中考虑可持续性和碳问题而作为重要标准。市政当局可利用立项基金和污水管理哲学的变化经常会促进某些技术的发展和改进。连同水资源再利用一起，分散的污水处理和湿天气水流管理将在未来技术进步和革新中扮演重要角色（Burian et al.，2000）。

在本手册第4版出版以来的10年中，污水处理中的关键技术进步包括以下方面：

- 在较小领域内膜生物反应器代替了传统的二级处理工艺；
- 集成的固定膜/活性污泥（IFAS）系统和移动床生物反应器系统取得了进展（参见 *Investigation of Hydbrid Systems for Enhanced Nutrient Control*［WERF，2000］；
- 氯替代消毒物；
- 气味控制的生物滴滤滤；
- 载体絮凝技术的使用增加；
- 侧流营养物去除降低了主要营养物去除工艺过程的载荷；
- 污水处理工艺过程模拟的应用和实施用于备选方案的设计和评价。

正如以上所提及内容，由美国 EPA 每 4 年实施的需求调查提供了评价 WWTP 的国家水污染控制努力的当前状态和未来方向的方法。表 1.1 摘自最新调查，货币化总结了从 1996 年至 2004 年的需求变化。

自从 1996 年以来，与多数污水处理厂的实施一样，其他二级和高级污水处理厂的需求仍存在将近 10%，或 691 亿(2004 年美元价值)的增长。图 1.2 总结了以 2004 年美元价值计的国家需求，而污水处理系统需求最大。

表 1.1　1996 年至 2004 年清洁水域需求调查的处理需求对照(CWNS)(U. S. EPA，2004)(2004 年 1 月美元价值，以十亿计)

需求分类	1996①	2000①	2004①	2000~2004 的变化	
				$B	%
二级污水处理②	32.8	41	44.6	3.6	8.8
高级污水处理③	21.6	22.7	24.5	1.8	7.9
总需求	54.4	63.7	69.1	5.4	8.5

① 为了与 CWNS2004 数据比较而 1996 年和 2000 年的需求按通货膨胀率折算成 2004 年 1 月的美元价值。

② 在先前的调查中，这个分类包括单个化粪系统和分散污水处理的需求。

③ 这个分类也可以包括增加容许水资源再利用处理水平的附加工艺单元装置。

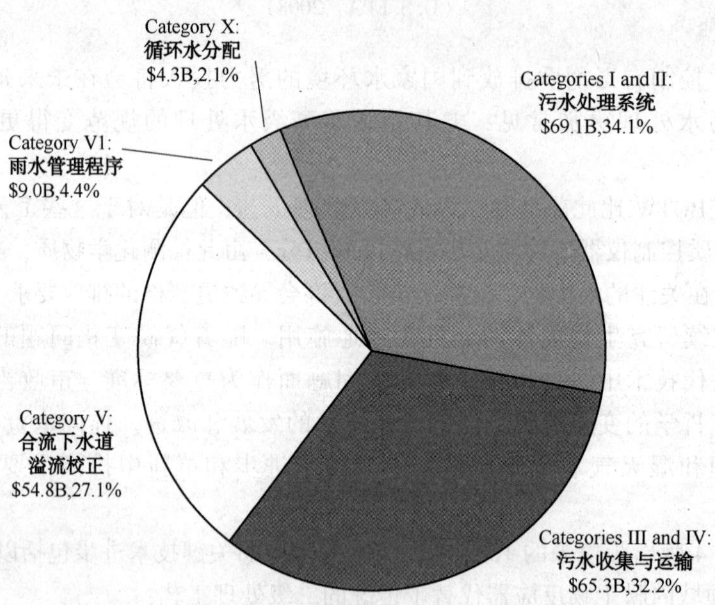

图 1.2　记录在案的污水处理总需求(U. S. EPA，2008)

在污水处理中，美国 EPA 计划，到 2024 年将有 2850 万人接受二级或高级污水处理。图 1.3 显示了在美国的人口中自从 1940 年以来已经接受的污水处理水平，以及直至 2004 年的增长情况。这个计划的年显示的是如果所有污水处理需求都满足的 2024 年。

2 设计师的任务

2.1 任务

理想地，设计师都将法规要求，公众目标，资金条件和技术都转化成可靠、经济的和毫不引人注目地营运而满足排放标准的 WWTP。

因为在地方、州和联邦水平的环境法规持续演变，在本手册中提出的一些规范和设计标准可能与管理机构的要求可能并不相符。因此，对于设计师而言，职责就是在绝大多数当前的规定上与合适的管理部门保持一致。

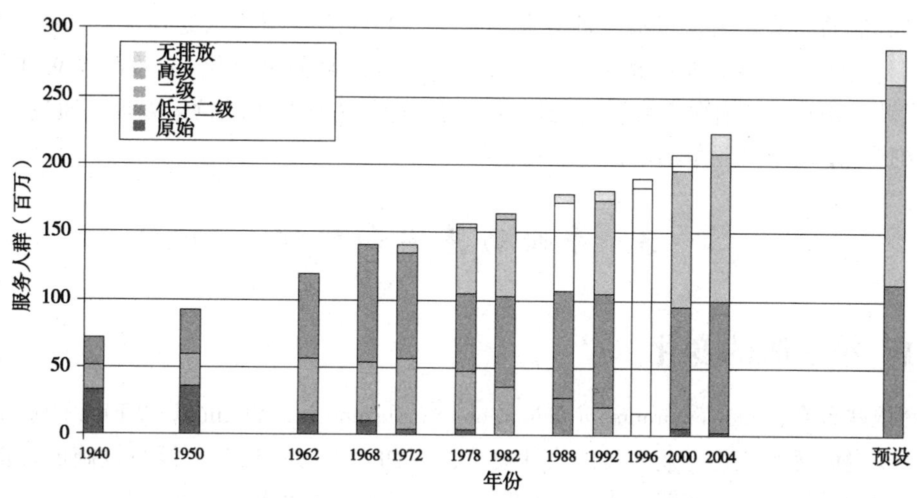

图 1.3 从 1940 年至 2004 年受 POTW 服务的全国范围内人口(U.S.EPA，2008)

设计市政 WWTP 的实践——这个艺术和科学的混合体——几乎没有成功设计的严格规则。如果意识到经验对于设计很关键时，则管理者和设计者应该运用常识并保持开放才能改变和创新。达到集成设施最经济的功能设计，需要设计与法规方针保持一致。成功的设计也应该考量可操作性、可维护性和安全性。

在本手册中参照了科学设计和负荷标准的公布标准。当使用这些标准和参照具体设计或负荷标准时应该谨慎。应该考虑这个准则所产生的原始时间和条件。一些标准可能保持普适性，而一些却不能。例如，《污水设施的推荐标准》(Recmmended Standard for Wastewater Facilities)(Great Lakes-Upper Mississippi River Board of State and Provincial Public Health and Environment Managers，2004)，常称之为“十州标准”，已经作为管理者和设计师的有用参考。这些方针诞生于 1951 年且每隔 5 年至 10 年进行修订，并力求维持其可适用性和反映技术变化。尽管这些准则继续成为共同使用的参考，但是它们不应该总视之为包含了不能改变的绝对设计价值。相反，这些标准提供的参数只是在操作者能力范围较宽的典型市政设施中证明是成功的。

2.2 动向

设计师从过去的经验，能够根据变化进行修正，并满足由公众的需求和国内的变化感知未来新标准和目标的挑战。消除水污染，导致不平衡的大气恶化，能耗和土地退化，这并不是一个可行的解决方案；另外，当前存在对公共事业单位的推动力是在评价工程可选方案时考虑可持续性和碳排放量。为了控制处理的成本和解决环境效应，设计师应该探究服务区域内的有利环境及其收集系统。在设计市政 WWTP 时，设计师会经历提供能够响应未来不确定性和过度超裕度设计之间的谨慎线，后者或许导致过剩设施的公众资金误用。良好的设计和技术选择也提供容许修改和增添满足未来更严格的处理要求的弹性。当迟疑不决时，创新性地运用已论证的技术，比使用未完全论证的技术可以更好地帮助设计师及其客户。

两种其他的趋势影响着污水设计专业的任务。其中之一与污水处理工厂为邻的压力增加，原因是气味、噪声和视觉效应。第二个趋势是逐渐趋向私有化——即，WWTP 的私人出资、设计和构建，所有关系和营运的融合。这个趋势将增加市政营运处理厂通过控制资本和营运维护成本而维持竞争的用户收费结构的压力。

3 手册的范围和组织

3.1 第 5 版的变化

水环境联合会(water environment federation)®(Alexandria，Virginia)(WEF)手册的第 5 版希望能反映当前污水工程专业人员的设计规范，并加入了污水处理厂运行设施的性能信息。手册中描述的设计方法和实践集中了全世界 300 多位作者和评审人员的经验。

该版本包含了不同于第 4 版的一些显著的变化。如同前版一样，删除了不再适合当前工业实践的技术，如污泥脱水的真空过滤器。尽管并不期望囊括一切，但是以下列表描述了一些其他涉及的工艺和较新的工艺或概念：

- 可持续性的概念；
- 能量管理；
- 气味控制和空气排放；
- 化学辅助/载体絮凝澄清；
- 膜生物反应器；
- IFAS 工艺；
- 营养物控制强化系统；
- 侧流处理，和
- 最小化生物固体生产的方法。

另外，手册的中心内容已经加深。与早期版本一样，该手册描述了当前市政污水工程专业人士的设计准则和惯例，也提供了设计实例，在某些实例中显示了如何能够实施这些准则和惯例。然而，有关工艺基础、个案历史、营运和其他相关主题的信息比先前版本有所减少。读者对于有关这些主题的信息可以参阅其他出版物。

3.2　组织

这三本手册共包含 27 章，每章都针对具体主题或处理目标。市政 WWTP 的成功设计的基础是整个污水处理厂的整体构架中每一单元过程和单元位置和性能的上游和下游影响的考虑因素。本册这些章节一般涵盖了适用于整个 WWTP 的设计概念和原理。第 2 册包含的章节讨论了液体-序列-处理的操作或工艺过程。第 3 册所含章节是解决污水处理期间产生固体的管理问题。

以下简洁地综述手册每一章节涵盖的一些中心主题。

3.2.1　第 1 册——污水处理厂的筹划和配置

- 第 1 章描述了手册的目的和范围，也提出了市政污水处理需求的简短讨论。
- 第 2 章侧重于市政 WWTP 的总体设计要素。主题包括性能，风险管理，成本，土地要求和社会效应。
- 第 3 章描述了集成设施设计的原理，包括设计要求，性能评价，进水流的可变性，质量平衡的发展和工艺方法的选择及选择考虑要素。
- 第 4 章涵盖了选址和装置排布设计的概念。
- 第 5 章涵盖了可持续性和能量管理的新章节。可持续性概念比较新，但是许多能量管理信息从其他章节都移到这章节中，并进行了强化和拓展。
- 第 6 章涵盖了工厂的水力学和泵送，包括水力要素，单元工艺过程和其他水力要素，污水泵送以及水力学建模。
- 第 7 章是将气味控制和空气排放综合到一起的新章节。在手册早期版本中，这个主题涵盖了许多地方，现在已经主要统一到一个位置。这个章节包括气味控制系统，气味条例和社会效应，气味测定，气味评价和空气排放，气味分散建模，气味封闭和通风，以及气味和空气排放的控制。
- 第 8 章涵盖了职业健康和安全问题，包括法律和法规，事故和伤害，与污水有关的特殊安全问题，安全设施的设计，以及施工建造期间的安全。
- 第 9 章主要针对污水处理厂的支撑系统，如一般可靠性标准；电力系统；仪器仪表和控制系统；加热，通风和空调系统；化学物质系统；和其他支撑系统。
- 第 10 章讨论了建筑材料和腐蚀控制。包括暴露条件，腐蚀形式，设计要素，材料选择，保护性涂层和阴极保护。

3.2.2　第 2 册——液体处理工艺

- 第 11 章涵盖了初步处理操作，包括筛分，粗固体降低，除砂，除脂和流量均衡化处理。
- 第 12 章讨论了初级处理，包括沉淀，细筛，初级污泥的收集和去除，可漂浮固体的管理，以及各种形式的先进初级处理，如化学强化初级处理，板塔处理和强化高速澄清。
- 第 13 章讲述生物膜反应器，并涵盖了各种生物膜设计模型的理解和应用，各种工艺过程构造设计结构的生物膜反应器的设计，以及新型生物膜反应器的演化。
- 第 14 章现在涵盖了所有悬浮生长生物处理系统，包括与营养物控制有关的系统。该主题包括生物处理的基础，工艺过程的设计构造结构和类型，碳氧化和硝化的工艺过程设计，生物营养物控制的设计，厌氧处理，膜生物反应器，湿天气考虑因素，氧传递系统，以及第二级澄清。

- 第 15 章介绍集成生物处理，并涵盖诸如这些集成系统设计构造结构的概论和综述，设计和这些系统作为一种技术的前景。

- 第 16 章是重新整理的章节，描述了高级污水处理的物理化学工艺方法。这个章节的主体包括工艺过程的选择要素，二级出水的过滤，活性炭吸附，化学处理，膜工艺方法，氨去除的汽提和断点氯化作用，以及出水的再氧化作用。

- 第 17 章是讲述侧流处理方法演化的另一个新章节，包括侧流处理的概述，侧流氮和磷去除的设计要素，以及营养物质-去除的侧流工艺方法。

- 第 18 章主要针对污水处理的天然系统，包括其历史，土壤吸收系统，氧化塘系统，土地处理系统，漂浮水生植物系统和人工湿地处理系统。

- 第 19 章涵盖了污水消毒的主题，包括技术和法规因素的讨论，污水类型及其特性的影响，反应器设计的考虑要素，氯化，脱氯，UV 消毒，臭氧消毒，以及其他消毒方法。

3.2.3 第 3 册——固体的加工处理和管理

- 第 20 章是固体管理的概述。该章节中涵盖的主题包括残余物、可适用法规、固体数量和特性，以及预处理方法。

- 第 21 章讨论了固体储存和运输方法，包括液体状污泥和生物固体的储存和运输，脱水滤饼的储存和运输，以及干燥固体的储存和运输。

- 第 22 章涵盖了化学整理的主题。该章节包括影响整理的因素，化学整理的类型，进料设备，以及有机整理剂的剂量优化。

- 第 23 章涵盖了各种增稠方法，包括总体概况、重力增稠、溶气浮选增稠、膜增稠、风扇增稠、离心增稠、重力带式增稠、转鼓增稠和增稠方法的对比及自动化考虑因素。

- 第 24 章描述了脱水操作，包括先决条件问题、离心脱水、带式压滤脱水、板框式压滤、干燥床以及其他脱水系统。

- 第 25 章讨论了固体稳定化处理技术。这个主题包括厌氧消化、好氧消化、堆肥、碱稳定化处理以及鸟粪石相关的问题。

- 第 26 章讨论了热处理，包括热整理、湿空气氧化、热干燥、热氧化、玻璃化、生物产气、排放控制以及大气污染控制技术。

- 第 27 章涵盖了生物固体的使用和处置，包括土地施用、填埋、专用土地处置以及分销和市场营销。

4 参考文献

Burian, S. J.; Durrans, S.; Rocky, S. (2000) Urban Wastewater Management in the United States: Past, Present, and Future. *J. Urban Technol.*, 7(3), 33-62.

Great Lakes-Upper Mississippi River Board of State and Provincial Public Health and Environment Managers (2004) *Recommended Standards for Wastewater Facilities*; Health Education Services: Albany, New York, http://www.hes.org(accessed November 2008).

U. S. Environmental Protection Agency(2008)2004 *Clean Water Needs Survey: Report to Congress*, EPA-832/R-97-003; U. S. Environmental Protection Agency, Office of Water, Washington, D. C.

U. S. Environmental Protection Agency (2004) *Clean Watershed Needs Survey*; U. S. Environmental Protection Agency, Office of Water, Washington, D. C.

Water Environment Federation (1994) Pretreatment *of Industrial Wastes*, Manual of Practice No. FD-3; Water Environment Federation: Alexandria, Virginia.

Water Environment Research Foundation (2000) *Investigation of Hybrid Systems for Enhanced Nutrient Control*, WERF 96-CTS-4; Water Environment Research Foundation: Alexandria, Virginia.

第 2 章　总体设计要素

1　概　述

许多超出工艺方法选择、设计标准及其应用的因素和要素都会影响有关市政污水处理厂(WWTP)工程项目的财务、环境，以及社会效应，并同样需要进行充分定义和考量。这些附加工程定义要素包括重点工程风险承担者在筹划过程中的合作，综合生命循环成本方法学的采纳和工程实施顺序的明晰，以及有关实施实体的特殊技术性、财务性和制度性能力的调配机制。本章讨论了成功的 WWTP 工程项目中有待考虑的总体设计要素。

2　总体目标的定义

2.1　性能

设计之初，所有污水处理设施都存在共同的普适目标和社会和场地特异性的各自目标。全部目标都是为了保护人类健康和环境的需要。这个概念属于通常称之为有益利用保护(protection of beneficial uses)的因素范畴，并包括其他因素，如休闲娱乐性使用，野生和水生生命，生活和工业用水供给，以及导航和交通的保护。

污水处理设施由社会提供主要投资，而详细筹划需要在设计工作之前进行。这种筹划经常通过预报进水量，负荷和社区增长以及结合当前和将来监管条例的设施计划诞生而完成。

在美国，监管条例是根据清洁水法(Clean Water Act)(1997)，水质量法(Water Quality Act)(1987)和清洁空气法(Clean Air Act)(1990)的规定建立起来的。许可权力由美国环保署(Washington，D. C.)(U. S. EPA)掌控，其因此可以向各州授权。州可以强制执行附加的空气和水质量标准。这些监管条例可以以许可证和强制实施的形式执行。

市政 WWTP 处理污水的排放和生物固体的管理，在美国主要通过国家污染物排放消除系统(NPDES)许可证监管。对于涉及专业人员在设计之时有效清晰地理解条例规定，未决规定以及远期法规动向，都是很重要的。尽管最简单的许可证可能仅仅包括生物化学需氧量(BOD)，总悬浮固体(TSS)和 pH，但是许多其他因素都可以包括在内，这取决于所处环境问题的复杂性。营养物质，如氮和磷；总最大日负荷(TMDL)分配；和影响有毒物质潜在分析的混合区规则；都是可以由 NPDES 准入规定的其他要素实例。出水的微组分、个人护理产品和药物浓度，是当前未另行规定但是越来越受到管理者重视的微组分实例。

其他规定包括环境可持续性和管理关系；能量管理(即，能量和环境设计方面的领导关系[LEED])-投诉设计；空气质量许可证；和湿地、水路、洪泛区和其他环境敏感区和可能受到危险污物污染的区域内作业的联邦、州和地方标准。

除了设施计划和法规规定的制定之外，社会经常会地方性地采纳影响设计的政策。这些包括(但不限于)以下内容：

- 服务区覆盖率的限制；

- 有关所提供服务的类型和/或水平的约束条件；
- 目标化的经济发展计划；
- 采纳的增长速度；
- 工业预处理项目；
- 生物固体的管理；
- 能量管理政策；
- 应急管理计划，和
- 再利用项目。

而且，可以存在共享处理能力和公有/私有合作关系的政府间协议，而对新设施需要整个设计考虑因素的施工，营运和维护分配容量和财务职责。

2.2 资产管理

资产管理作为一种工具，用于改进法规顺应性；降低营运和维护(O&M)成本；评价关键设施的临界状态、容量和寿命循环成本，支持环境可持续性和管理关系。设计专业人员在设计之初应该适当地了解资产管理程序，而使设计能够支持成熟的或所需的资产继承关系，设备编号系统，数据标记和相关信息。如果资产管理程序并不适当，则开发这样一个系统作为设计范围付出的部分，与所有者一起考虑可能是很有价值的。

资产管理程序在《资产管理实施：实用指南》(Implementing Asset Management：A Practical Guide)(AMWA et al.，2007)中进行了详细讨论。一般而言，这些程序包括资产清册系统，状态评估，计算机化维护管理系统(CMMS)和电子文件信息管理系统(EFIMS)的制定。设计从业人员能够使用这些系统进行社会设备资产清册和状态评估的更新并将具有现存CMMS的新设备补充进来。EFIMS是设计数据、厂商安装和O&M信息、施工照片和相关信息的易归档数据库，一旦工程完工就能为营运者和维护人员所用。环境管理系统(EMS)可以与资产管理程序保持一致而改进整个环境性能和服务的传送。有关EMS的更多信息参见第5章。

国家生物固体合作关系(Alexandria，Virginia)提供了EMS训练契机和针对污水公共事业的认证程序。该程序和认证条件在国家生物固体合作关系出版的《生物固体EMS指导手册》(Biosolids EMS Guidance Manual)(2006)中进行了讨论。

2.3 成本和投资

计划层面上的成本预算一般作为设施计划工作的部分产生。计划层面的预算可以随时更新而经常基于一般性设施管理环境和反映实时设施计划完成已知情况的污水处理厂布局图。尽管这个预算将会随着实际进程而进行更新，但是对于设计人员而言了解初始成本预算及其如何用于社区污水财务计划的制定中是很重要的。

成本预算随着设计进程，一般是从项目定义报告的制定，中间设计转折点而最后至项目竞争投标之时的工程师预算而进行改进。成本预算应该包括初始资本成本和源自O&M花销的寿命周期成本的折算。成本预算的详细讨论见本章第11节中。

污水处理厂项目需要社会巨大的资本费用，而通常是通过投资源的混合集资。用户费用或收益率通常会资助污水处理厂部分更新有益的现存需求。对于设备改建所需的投资将与其他投资率需求，包括污水公共事业和偿债的 O&M，进行竞争。连接或影响费用是用于投资污水处理厂改进的另一收益渠道。影响费用经常会基于所采纳设备改建计划进行制定并能够用于仅仅投资可归属于增长的项目成本部分。收益率和影响费用通常用作收益源而引退市政一般义务和用于提供主要设备改建长期融资的收入债差。

各种收益包括许可证费和罚金，来自工业追加罚款费，政府间服务协议和公/私合伙关系的的收益。这些是新设施建设的主要收益源。州和联邦整笔拨款，州周期性贷款投资和农村社会扶助项目也可以用于补助地方投资源。费用和财务的更详细讨论可以查阅水环境联合会(Water Environment Federation)(Alexandria，Virginia)(WEFt)实用手册第 27 册，《污水系统的融资和收费》(Financing and Charges for Wastewater Systems)(WEFt，2004)。

2.4　土地面积

在清楚理解设计参数和目标之后，设计专业人员就能够开始对拟建位置或将要建设污水处理设施的厂址进行评估。厂址选择经常会因为已有处理设施的投资，毗邻土地使用和现存处理设施收集系统的关系而很狭窄。土地面积要求将在第 4 章中进行详细讨论。

2.5　社会效应

设计专业人员将需要满足地方土地使用规定并遵循该社会社区建立的开发过程。这些规定一些建立于土地开发法规中，这种法规规定了设计参数，如地界线避让，高度要求；泛洪平原规定；噪声和气味条件；施工，防火，电力和其他建筑规范容限标准。通常，社会社区会提供有建筑，防火，工程和规划人员参与的预开发会议而解释地方规定，并随着设计进程建立通信渠道。利用这些过程有助于从开始就了解地方规定并最小化后期的改建。这也为设计人员提供了对将要遵循的施工影响和施工通路设计相关规定的理解，这将是最终设计文档的重要部分。

根据设计项目和地方土地使用条例规定的范围，对于最终许可行为在社会决策体之前纳入公开听证会并非是非同寻常的。公开听证会为受设计影响的那些人提供听取土地使用决定作出之前表达他们的任何关心或意见的机会。在公开听证会时还没解决的问题可以增加作为土地使用行为的许可条件。这些措施可能包括工程落成时施工道路的重建，气味、噪声和现场照明的平息；景观美化；设施与邻居之间缓冲地区的建立。

污水处理厂施工建设对于大工程项目而言可能会延长若干年的时间。邻近区域经常会受到有关污水处理厂施工相关的高交通容量，受限停车，泥土，粉尘和噪声的影响。这些都是作为设计部分需要解决的，而应该最大程度降低对邻近地区的影响并使问题最小化。

在设计阶段与邻近居民解释将要采取的具体步骤，对于公开听证会的筹备和与邻近社区的合作中建立坚实的基础是至关重要的。任命某个人作为与邻近居民的中介来协调，常常是有益的。为了富有成效，在公开听证会之前接见邻近居民并非是单次事件，而是设计期间和施工建设过程中的定期事件。这些例会为设计人员提供早期有效地确定和回应问题的机会。近来，共享信息、设计特点、施工照片和承包商进展的互动网站的使用，已经成为维持与受工程影响的当地邻居随时交流的工具。

3 水质量目标的定义

3.1 受纳水体的美国标准综述——《清洁水法》(1972)

1972 年的联邦水污染控制修正案(公法 92-500)修正了规定，构成了预期改善人类接触和消遣用水水质而消除向美国水域引入污染和有毒物质的立法机构。这次立法及其修正案常常称之为《清洁水法》，而修正内容包括 1977 年的《清洁水法》(公法 95-217)，1987 年的《清洁水法》(公法 100-4)和 2002 年的《清洁水法》(公法 107-303)。1972 年的《清洁水法》以技术为基础确立了基于由各州提出的水质量标准的排放限制，并确立了点源排放准许制度，豁免了大多数非点源。1987 年的《清洁水法》将排放准许规定拓展到工业排放和市政独立的雨水污水管道系统。

《清洁水法》第 403 款确立了工业排放者向市政 WWTP 提供工业预处理工程的规定。总则(402.2)专门预防未经处理的工业污水流通到国家水路中。禁止排放的标准，如 pH 值和温度，包括在第 403.5 款中；而分类排放，定义于第 403.6 款—分类标准，融入到对于 56 个特定类别的《联邦规章典集》(CFR)(U.S. EPA，2008d)第 40 章中，适用于各种工业。美国 EPA 估计，差不多 45000 个设施受到这些分类标准的约束。除了分类标准之外，向市政污水收集系统排放的工业必须满足市政、州，或美国 EPA 的预处理标准。截止 2008 年 5 月，50 个州中有 36 个具有美国 EPA 批准的州授权计划。超过 1500 个市政 WWTP 包含于《清洁水法》307(b)条款下所规定的预处理计划。专业设计人员应该在设计阶段努力确定向污水处理厂的工业排放标准。

3.1.1 国家污染物排放消除系统

NPDES 许可证规定了向美国水体的排放污水必须经过处理。许可证一般每隔 5 年颁发。尽管准许过程已经授权于许多州进行管理和控制，但是美国 EPA 仍对 NPDES 程序进行监督。美国 EPA 地区办公室管理和发布未授权的州的许可证。

在管理 NPDES 计划项目的权力机构向州授权之后，该州就处理 NPDES 申请并管理本州内的市政 WWTP 的 NPDES 计划项目。美国 EPA 的最终目标是向各州授权 NPDES 许可证，到那时，EPA 仅仅起到监督作用。截至 2008 年 5 月，50 个州中 45 个州接受了授权而管控第 402 条款下计划项目的污水组分，而仅仅 7 个州(亚利桑那州，俄亥俄州，俄克拉荷马州，南达科塔州，得克萨斯州，犹他州和威斯康星州)授权负责第 505 条款下的生物固体管理(美国 EPA 主页，www.epa.gov)。

遵循标准建立于国家或地区之上而作为工厂排放——既包括液体流又包括生物固体——的最低质量标准，在准许计划之下是可接受的。水质量标准典型地包括 3 个组成部分——水体的指定使用，水体类型的水质量标准和防退化规定。如果这些遵循标准并不足以实现所接受水体的水质量标准，则可能要实施更严格的限制。如果基于技术的出水限制并不足以满足接受水体所确定的用途，就可能要实施《基于水质的出水限制》(WQBEL)。WQBEL 的实施可能分几个步骤。首先，确立 TMDL，这就确定了一种或多种能够排放至所定义区域内接收水体的污染物的最大负荷(经常按照多少质量单位/天表示)。这一般基于水质量模型和现场试验制定。第二步是向水体的上游点源和非点源贡献者分配可容许的排放质量。这个过程经常称为“废物负荷分配”。在 WQBEL，TMDL 和 WLAN 的确立中，经常实施防退化标准。防退化标准应用于保护现有水质免于退化而在比当前水体用途收益更高的用途确立之时改善现有水体。这些过程的结果转化成引入至设计师所针对的州或 NPDES 许可证的所需出水水质。

NPDES 出水排放标准主要用于保护和储备基于水质量标准，技术基限制，或这二者的接收水体的有用途。对于市政污水排放的国家最低值，称之为二级处理等效性，定义于表 2.1 中。应该注意，《二级处理条例》(40*CFR* 403)包括一些例外而容许一些州确立更严格的出水质量规定。

表 2.1　POTW(二级处理等效性)的最低国家性能标准(40CFR 133)(U.S.EPA，2008a)

参　　数	30 天平均值	7 天平均值
传统二级处理工艺方法		
5 天 BOD①，最严格的出水浓度/(mg/L)	30	45
去除百分数②	85	—
5 天 CBOD①，最严格的出水浓度/(mg/L)	25	40
去除百分数②	85	—
悬浮固体，最严格的出水浓度/(mg/L)	30	45
去除百分数②	85	—
pH，单位	所有时间都处于 6.0~9.0 的范围	
整个出水毒性	现场特异性	
粪大肠菌群，MPN/100mL③	200	400
滴滤和稳定化池(等效二级处理)		
5 天 BOD①，最严格的出水浓度/(mg/L)	45	65
去除百分数②	65	—
5 天 CBOD①，最严格的出水浓度/(mg/L)	40	60
去除百分数②	65	—
悬浮固体，④最严格的出水浓度/(mg/L)	45	65
去除百分数②	65	—
pH，整个出水毒性和粪大肠菌群保持不变		

① 当已经证实长期 BOD：COD 或 BOD：TOC 的相关性时，化学需氧量(COD)或总有机碳(TOC)可以用于取代 5 天 BOD。

② 去除百分率要求对于汇流下水道区域和未经受过量流量和渗透流量的独立下水道区域((其中基础流量+渗透流量=450L/cap·d)(≤120gpd/cap)如图基础流+渗透流+进水量=1041 L/cap·d)(≤275gpd/cap)逐个推迟考虑。

③ 在联邦二级处理等效性条文规定中未进行定义，但是许可证典型地包括所引述的水平，经常仅仅以季节性为基础。

④ 该州可以经由美国 EPA 批准而调节涝池的悬浮固体限制。

一些州具有每日限额规定。如果每日限额实施不正确，尤其是在作为汇流系统和实施初级和二级出水湿季混合的污水处理厂中，每日限额能够在统计学上进行控制。每月 30mg/L 和每周 45mg/L 的日统计当量为 75~90mg/L。包括 BOD 和 TSS 日限额的许可证通常采用 50mg/L。

设计专业人员在运用设计标准的许可限制时应该谨慎。每月和每周许可限制是最差情况的限制。设计标准应该基于产生符合许可限值的最差时期出水质量。这可以规定低于临界时期许可值的平均年出水质量的设计。各种统计研究(Hovey et al., 1979)表明，二级污水处理装置必须产生年平均 BOD 和 TSS 浓度 14~17mg/L 的出水，才能确保遵守每月 30mg/L 和每周 45mg/L 的规定。

3.1.2 营养成分交易

营养成分交易作为水质量工具的概念始于 20 世纪 80 年代。营养成分交易是一种结构化机制，而对所有污染物贡献者在具体的流域段或接受水体中提供处理方案和更低成本的施工建设方案。如果营养成分交易有效地将负荷迁移至预定位置，则设计顾问就能够降低污水处理厂的结构组件。

美国 EPA 已经开发出可在线使用的许可用户(Permit Writer)水质量交易工具包(Water Quality Trading Toolkit)(http://www.epa.gov/owow/watershed/trading/WQTToolkit.html)(U.S. EPA, 2007)。

水环境研究基金会(Alexandria, Virginia)(WERF)(http://www.werf.org)参与了 5 个交易项目的投资，并准备了关于 WERF 工程编号 97-IRM-5 之下的 5 个工程报告。

3.2 国际污水排放标准的综述

世界卫生组织(瑞士，日内瓦)(WHO)提供了饮用水、休闲用水，农业和水产业以及船运和空运卫生设施的污水准则。WHO 并未提供污水出水质量的准则，但是它确实凭借集中或分散处理系统的支持而制定了各种公共健康计划。该准则提供了各种农业应用中中水的细菌学质量标准。在东地中海地区集中式系统的高成本被 WHO 认为是扩充污水服务的主要限制，而导致强调分散式系统(Bakir, 2000)。WHO 对于饮用水质量的最新准则颁布于 2004 年(WHO, 2004)。这些准则受独立的背景文本支持，这些文本可以通过 WHO 和在线网址(http://www.who.int/water_ sanitation_ health/dwq/en/)获得。

欧盟成员国在 1980 年和 1994 年确立了规定人消费用水的理事会指令(Council Directives)，在 1998 年 11 月 3 日更新为理事会指令 98/83/EC(Council of the European Communities, 1998)。欧盟采用理事会指令 76/464/EEC 制定了有关化学污染水的立法，这个立法在 1982 年和 1990 年期间通过几个其他指令进行了修正和支持。理事会指令 91/271/EEC(Council of the European Communities, 1991)确立了具有基于人口当量和相对于海滨位置的三级和二级处理标准的污水处理标准。这些标准的总结见于表 2.2 中。该指令定义二级处理为“通过一般涉及采用二级沉降的生物处理工艺方法的市政污水处理”。对于敏感区域，其定义为“天然淡水湖，其他淡水水体，据发现属于富营养化的或如果不采取保护行动而在不久将来可以变成富营养化的河口和海滨水”，磷和氮去除必须实施而实现表 2.2 中所示的出水质量。人口当量由欧盟定义为“具有 5 天生物化学需氧量(BOD_5)为 60g 氧/天的有机可生物降解的负荷”。在表 2.2 中有论文 4(Article 4)的几篇参考文献。该论文容许值基于几个可能标准，如污水处理厂的海拔高度和历史状态的排放质量变化。

表 2.2 欧盟指令 91/271/EEC：市政污水处理厂排放规定

参数	浓度/(mg/L)	人口当量	降低百分比/%①
BOD_5	25	>2000	70~90
(未硝化)	25	>2000	40(论文 4)②

续表

参数	浓度/(mg/L)	人口当量	降低百分比/%①
COD	125	>2000	75
TSS	35	>10000	90③
	35(论文 4)②	>10000	90(论文 4)②
	(论文 4)②	2000~10000	70
		向敏感区域排放遭受富营养化	
总磷	2	100000~1000000	80
	1	>100000	80
总氮④	15	10000~100000	70~80
	10	>100000⑤	70~80

① 进水负荷的降低。

② 代替总有机碳或总需氧量的方案，论文 4：排放标准对于超过 1500m 高度的污水处理厂可以不那么严格，条件是研究表明不存在有害环境效应。

③ 可选规定。

④ 有机氮，硝酸盐和亚硝酸盐氮的总和。

⑤ 如果水温大于 12℃的备选日均 20mg/L。

该指令在 1998 年进行了修正(指令 1998/15/EC)，包括完善行政报告和监控规定。这些指令通过指令 2000/60/EC 扩充，这也称之为水框架指令，包括内陆地表和地下水的管理以及水生环境的保护性测定。欧盟污水标准大多数近来已经通过该委员会于 2006 年 7 月 17 日提出的推荐指令(397 终版)(欧共体理事会，2006)进行了更新。推荐指令包括 41 种化学物质含重金属的处理规定。欧盟指令和当前立法能够在线访问(http：//europa. eu/scadplus/leg/en/s15005. htm)。

3.3　水再利用

为响应都市区域需求增加和更高出水质量规定，世界范围内对于再生水(即，处理后的污水)的再利用越来越受到关注和依赖。随着世界人口继续增长，对于生活可用水仅占地球水量的约 2%，要求可利用的供给必须比通常自然实现的再循环更快地实施再循环。历史上，大多数水再利用是针对农业和景观灌溉。因为气候条件和城市扩张对水需求的变化，再生水在商业、工业和间接适于饮用的再利用方面正在寻求更多的应用。

3.3.1　美国法规和准则

美国 EPA 没有规定再生水的使用或质量。每个州可以选择允许再生水用于各种用途和制定其辖区需要的规章制度。许多州开始制定再生水的规定，类似于该州对于具有规定污水处理的质量和避让限制的污水土地施用条例。加州是第一个在 1918 年对于再生水用于农业制定条例的州。这些条例随着再生水用途多样化、响应污水排放条例的出水质量改善，以及对潜在供给可替代水源附加值的需求而逐年增加。

在 20 世纪 70 年代末，美国 EPA 开始逐步提出一套针对州和工业对再生水使用的准则。这些准则在 1992 年和最近 2004 年进行了更新。水再利用准则能够从美国 EPA 网站在线(http：//www. epa. gov/nrmrl/pubs/625r04108/625r04108. pdf(U. S. EPA，2004a)获得。美国

EPA2004 准则确认了美国再生水的历史，提供了整个美国的示范工程的个案研究，并确立了 10 种类型再生水使用的推荐质量、监控和避让距离标准。它们也包括每州当前的准则和条例汇总。准则的附录 B 中提供了每个州负责该州水资源再利用规定的管理机构的网址。设计专业人员应当在污水处理或再利用设施的设计之前与地方和州机构确认当前的规定。美国 EPA 准则的关键信息总结于表 2.3 中。

表 2.3 U.S. EPA 水再利用的推荐准则（U.S. EPA，2004a）

再利用类型	处理方式	再生水水质	避让距离
市内再利用	二级处理，过滤，消毒	pH = 6 ~ 9，< 10mg/L BOD，< 2 NTU，0FC/100mL，1mg/L 残余 Cl_2	至饮用水源约 15m（50ft）
受限访问区域的灌溉	二级处理，消毒	pH = 6 ~ 9，< 30mg/L BOD，< 30mg/L TSS，< 200FC/100mL，1mg/L 残余 Cl_2	至饮用水源约 90m（300ft） 至公共喷洒灌溉约 30m（100ft）
非商业加工的食物庄稼的农业再利用	二级处理，过滤，消毒	pH = 6 ~ 9，< 10mg/L BOD，< 2 NTU，0FC/100mL，1mg/L 残余 Cl_2	至饮用水源约 15m（50ft）
商业加工的食物庄稼的农业再利用	二级处理，消毒	pH = 6 ~ 9，< 30mg/L BOD，< 30mg/L TSS，< 200FC/100mL，1mg/L 残余 Cl_2	至饮用水源约 90m（300ft） 至公共喷洒灌溉约 30m（100ft）
非食物庄稼的农业再利用	二级处理，消毒	pH = 6 ~ 9，< 30mg/L BOD，< 30mg/L TSS，< 200FC/100mL，1mg/L 残余 Cl_2	至饮用水源约 90m（300ft） 至公共喷洒灌溉约 30m（100ft）
娱乐性蓄水	二级处理，过滤，消毒	pH = 6 ~ 9，< 10mg/L BOD，< 2 NTU，0FC/100mL，1mg/L 残余 Cl_2	至饮用水源约 15m（50ft）
景观蓄水	二级处理，消毒	< 30mg/L BOD，< 30mg/L TSS，< 200FC/100mL，1mg/L 残余 Cl_2	至饮用水源约 15m（50ft）
施工用水	二级处理，消毒	< 30mg/L BOD，< 30mg/L TSS，< 200FC/100mL，1mg/L 残余 Cl_2	至饮用水源约 15m（50ft）
工业用水	二级处理，消毒	pH = 6 ~ 9，< 30mg/L BOD，< 30mg/L TSS，< 200FC/100mL，1mg/L 残余 Cl_2	至公共访问区域约 90m（300ft）
环境再利用	二级处理，消毒，易变的，其他	可变的，但不超过 30mg/L BOD，30mg/L TSS，200FC/100mL	无界限
地下水再灌注	现场特异性，主要铺洒，次要注入	现场特异性和使用依赖性	现场特异性
间接饮用再利用—地下水铺洒水池	二级处理，消毒，可以规定过滤或高级处理	在通过渗流区域渗透之后二级消毒满足饮用水标准	至提取井 183m（599ft）
间接饮用再利用—地下水灌注	二级处理，过滤，消毒，高级污水处理	pH = 6.5 ~ 8.5，< 2 NTU，0FC/100mL，1mg/L 残余 Cl_2，< 3mg/L TOC，< 0.2mg/L TOX，满足饮用水标准	至提取井 600m（2000ft）

续表

再利用类型	处理方式	再生水水质	避让距离
间接饮用 再利用—表面扩张	二级处理，过滤，消毒，高级污水处理	pH = 6.5 ~ 8.5，< 2 NTU，0FC/100mL，1mg/L 残余 Cl_2，< 3mg/L TOC，满足饮用水标准	现场特异性

3.3.2　美国再生水质量标准

水质量标准因州和水预定用途不同而不同。设计人员应该在任一设计之初确认当前规定。典型地，从再生水应用中预料到人接触和健康风险越大，水质量标准就越倾向于越高的标准。对人接触最低的一些应用，可以容许较低的水质量标准。如果应用可能影响敏感物种或地区，如在营养物限制区域内的湿地再水化方面，比实体污水排放许可所需排放水质量更高的排放水质量可能是合适的。

灌溉和农业应用通常容许较低质量的再生水，因为其对人的接触有限(Restricted Urban Reuse [U. S. EPA，2004a])。高尔夫球手或运动员易于接触再生水灌溉草地之处或灌溉可食用庄稼之处并将直接接触再生水，则通常会适用更高的标准(Unrestricted Urban Reuse and Agricultural Reuse Food Crops [U. S. EPA，2004a])。有一个实例就是，相比于灌溉草皮农场或商业性苗圃(Agricultural Reuse Non-Food Crops [U. S. EPA，2004a])，灌溉根系庄稼，如土豆(Agricultural Reuse Food Crops [U. S. EPA，2004a])通常将要求适用更高质量的水标准。最低标准通常为 20mg/L BOD_5 和 20mg/L TSS，以及 200 个大肠菌落/100mL 的限制，但是也有低至 5mg/L BOD_5(德克萨斯州)和 5mg/L TSS(佛罗里达州)。

娱乐性用途的再生水对于无限制娱乐性用途可能具有高质量标准，正如在加州，德克萨斯州，内华达州和华盛顿州的规定，BOD_5 值更低，细菌限更低。无限制娱乐性用途的细菌质量范围为 2.2~20 粪大肠菌群菌落/100mL，而同时受限细菌质量能够提高至 200 粪大肠菌群菌落/100mL。

环境再利用的再生水能够适用于流量扩增，目前还未存在流动水特性的创生，或者，目前更加普遍的应用是再水化湿地区域或产生新的湿地区域。几种湿地应用结合了湿地再水化，通过湿地系统的水质量改进和截流，以及用于增加公共供水的地下储水层的地下水再灌注。佛罗里达州和华盛顿州规定了处理方法、BOD、TSS 和总磷限。佛罗里达州也规定了氨氮限，而华盛顿州规定了细菌标准。佛罗里达州还规定了更严格的水质标准，其中包含濒危物种的湿地区域再水化，如果营养物质不进行严格限制，就可能对这些物种产生不良影响。

再生水能够用于大多数工业非饮用水的应用。作为电厂冷却水，工业和商业建筑冷却塔，以及用作中央供暖、通风和空气调节(HVAC)或冷冻水系统的用途，是一些更高用途的应用。再生水也能够用于粉尘控制，混凝土混合物，工厂冲洗和工艺用水的原始水进料。这可能包括微芯片生产工艺中高质量水的反渗透处理进料水或作为用于喷涂新汽车的水基涂料中的载体水。

地下水再灌注是指将再生水应用到容许通过土壤地层渗透的地方，而最终补给地下蓄水层。这个方法利用了土壤蓄水层的处理机制，延长了至饮用水源的行进距离，而这更常见的是用于非饮用水用途最终由接收蓄水层构成的情况。加州以逐个个案为基础提出了这些系统的规定，并拥有了正在审查中的新地下水再灌注条例(2008 年 11 月)，而同时佛罗里达州和华盛顿州也拥有了这方面应用的水质标准。华盛顿州将其最严格的 A 类水标准付诸实施于此实用。

饮用水供给的增加需要最高水平的处理而通常包括延长的公共信息周期，中试测试和工程实施的研究阶段。当前最先进的大型间接饮用水再利用工程的实例是256ML/d(70mg/d)的奥兰治县(加州)地下水补充工程。该设施的工艺流程图如图2.1所示(Patel，2008)。奥兰治县水区接受奥兰治县卫生区高度处理的二级污水，并提供附加的处理而产生超过当前饮用水标准的水。在这种纯化工艺过程中关键的工艺过程组成部分是微过滤和反渗透膜处理，接着通过过氧化物和UV辐射处理。该方法包括两个阶段的膜处理(微过滤作为反渗透的预处理)、作为高级氧化工艺过程(AOP)的过氧化氢和UV辐射、以及排放至几个铺洒池或注入井之前的稳定化处理。两阶段膜处理显著地除去了小颗粒物、细菌和病毒。反渗透和AOP组合提供了消毒的多级屏障。UV单独使用有利于污水中通常表征为微组分的各种有机物的破坏，并提供高水平的细菌消毒，而同时过氧化氢的使用提供了多级消毒屏障而更有效地对抗可能与产品水中小颗粒有关的一些细菌。当一起使用时，过氧化氢的光催化氧化形成羟基自由基。这种方法实现了优异的有机物破坏和消毒。产品水随后被输送到与地下水汇流的三个系统——用于控制盐水浸入的注入隔离井，主铺洒池和排放到圣安娜河中，而实现向蓄水层增加渗透。

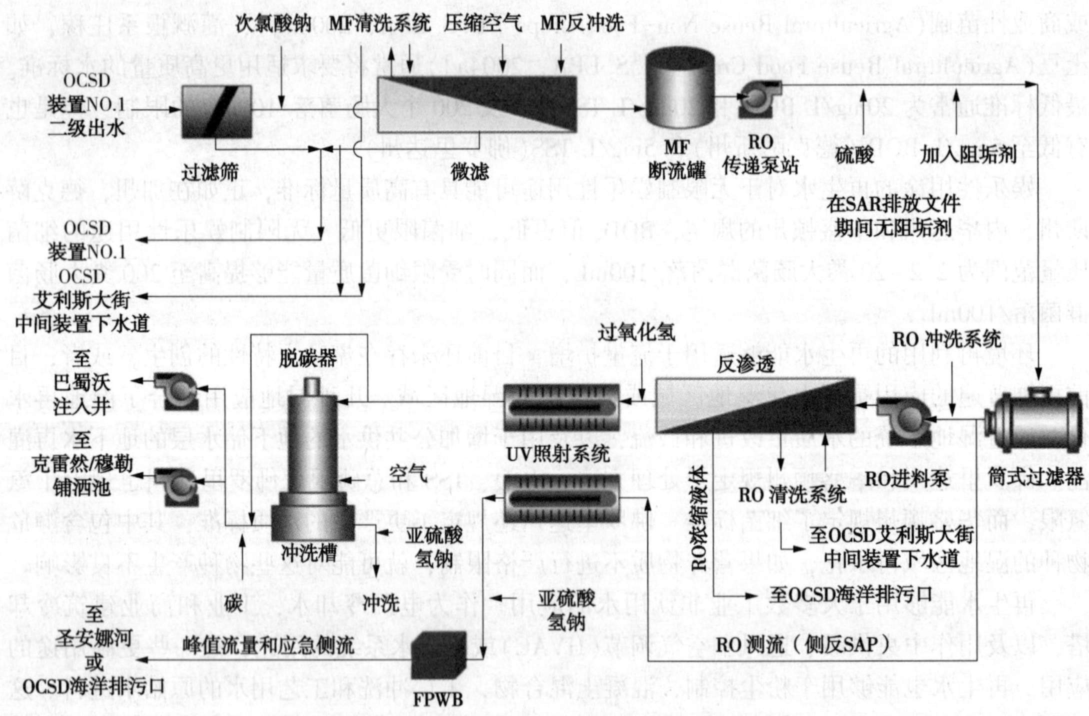

图2.1 奥兰治县水区地下水补给工程工艺流程图

(FPWB=成品水池；OCSD=奥兰治县卫生区；和SAR=圣安娜河)(Patel，2008)

手册《使用再生水增加饮用水源》(WEF and AWWA，2008)包含了有关间接饮用水再利用的信息，包括处理技术；复杂的健康和监管问题；屏障，备用选择和维持系统可靠性所需的灵活性；以及通过适当的推广和清晰的沟通而转变公众看法的需要。更新第二版背后的动力包括整个美国的法规不断演化，提供完全保障的技术继续深化，以及公共事业的持续、全面的间接饮用水再利用经验。设计专业人员在考虑增加饮用水供给时应该参考该手册或其他现有手册。

3.3.3　国际再利用条例和准则

WHO 对于再生水利用的推荐取决于低成本/低技术系统，如长停留时间的稳定化处理池的实施。停留时间周期长，有助于沉积和去除由于暴露于再生水而对公众造成最大危险的寄生虫卵和原生动物孢囊。最初颁布于 1989 年的历史性 WHO 标准是基于农业灌溉的，而对于非受限灌溉则将寄生虫卵限制为 1 个虫卵/L，粪大肠菌限制为 1000 个粪大肠菌/100mL。如果这种应用将用于公共草坪的灌溉，将适用更严格的 200 个粪大肠菌/100mL。规定取决于对污水粪大肠菌的测试，而对于寄生虫卵去除的标准被当作一个设计的准则。2006 年，WHO 更新了安全使用污水，排泄物和中水的准则(WHO，2006)。这些准则，依据灌溉、庄稼和接触类型，拓宽了细菌学参数，并包括实现推荐的健康性伤残调整寿命年(Disability-Adjusted Life Year)目标的推荐对数去除率。

当前还不存在适用于欧盟成员国的特殊水资源再利用准则或条例。随着一些代表意识到农业中使用再生水对成员国之间的农业贸易引导的关系，某些讨论正在进行。个别国家具有不同水平的准则或条例。

前面讨论的欧盟污水指令包括水储存和可持续性标准，鼓励使用所处理的污水用于农业和水产业，意识到所接收到的污水中污染物负荷的降低和拓宽有限的地方的水供给效益，第二和第三质量目标提供了比在大多数情况下可利用的更加优质的水。

澳大利亚一直在制定关于水循环的准则，现已经处于颁布阶段。多种文件已经作为 1984 年开始的《澳大利亚国家水质管理策略》(Australian National Water Quality Management Strategy)的部分制定出来，具有政策性和原则性。第一阶段，《国家水循环准则：管理健康和环境风险》(National Guidelines for Water Recycling：Managing Health and Environmental Risk)(EPHC et al.，2006)，确立了国家工程计划要求；确定了人与环境健康的风险因子；明确水源；和所需的再生水和水质分析，运营商和用户意识训练，以及社会参与建议。第二阶段将由三个文件构成。第一个的草案，《储水层再灌注管理》(Managed Aquifer Rechange)，颁布于 2008 年 5 月(EPHC et al.，2008)。两个附带文件，《饮用水供给的扩增》(Augmentation of Drinking Water Supplies)和《雨水收集与再利用》(Stormwater Harvisting and Reuse)，都在积极推进中。草案文件包括二级出水中化学物质，包括药物的最大浓度的准则。药物的准则通常表示为 mg/L，而同时雌激素准则的范围为 1.5~250ng/L。在美国对于亚硝基二甲胺是特别关注的，包括于草案准则(EPHC et al.，2008)中，是 10ng/L。

3.3.4　再生水中的微组分

术语“微组分”已经由 WEF 采纳而用于描述水中检测到的大量元素和化合物。微组分由 WEF 在《微组分和内分泌干扰化合物之源》(Source of Microconstituents and Endocrine-Disrupting Compounds)(WEFt，2007b)中定义为“水和环境中检测的天然和人造物质，包括元素与无机和有机化学物质，对此，对于有关人类健康和环境的潜在影响的继续评价，推荐了一种审慎的做法”。

微组分在现代生活中是普遍存在的，而所有生物体都经历过一定程度的接触。分析技术上的进步现在能够检测许多这样的深度在亚纳克每升(低于 1×10^{-9})的微组分。因为许多微组分都是天然的，则它们可能永远存在于环境中；现在，它们能够简单地进行定量化。在许多产品中都能发现微组分。在2006~2008年期间由WEF社区的微组分实践(WEF Community of Practice for Microconstituents)所作的几种技术实践更新可以从http://www.wef.org/Science Technology Resources/Access Water Knowledge/Microconstituents/Microconsitituents TPUs.htm获得。当前降低大多数微组分浓度的处理包括采用长污泥龄的工艺方法和膜处理(WEFt, 2007a)。设计专业人员如果要降低微组分，则应该考虑这些工艺方法。

3.4 再利用储存和分配

在任何再生水系统中所需储存的量将会取决于用户对该系统的需求和再生水厂的供给量。再生水厂的日流量模式在建立对用户的供给速率承诺之时就应该进行考虑。如果与用户的协议容许24h的平稳速率供给，按照每一用户现场储存，则系统储存和再生水厂抽水速率能够实现最小化。大型灌溉用户，如高尔夫球场，具有能够接受流入速率降低的流量的用水特性，而且提供显著的储存体积以容许球场晚间高速率洒水。如果用户储存是不太可能的实验情况，再生水分配系统水力建模能够用于模拟系统对潜在用户需求的响应，而获得最优的储存量、管道和泵送系统。

再生水分配系统的设计应该使用那些在饮用水系统设计中所用的类似设计要素。如果用再生水取代现存的饮用水供给，则用户可以预期和原饮用水系统相同的供给压力和可靠性。如果可能，以略低的压力递送再生水作为交叉连接控制步骤，是一种良好的实践作法。对于潜在的用户应该考虑和讨论可靠性问题。灌溉供给可以不要求如同工业冷却塔再生水支撑巨大公用建筑或行业需要相同的可靠性。如果消防也被考虑在内，则储存，泵送和分配的主要规格尺寸将会受到显著影响。消防传统上是通过饮用水系统供给的；然而，转变为再生水系统供水将会使饮用水供给释放出来用于社会上更优先的用途。

4 设计标准

美国和国外的许多机构都已经出版了市政WWTP设计的准则或标准。在美国，许多联邦机构，州，自治市和城市都已发布了WWTP设计准则或标准，通常都可以在其网站获得。另外，许多州联合制定了WWTP设计的地区准则或标准。一些包含WWTP设计标准和准则的文件位置和参考文献提供如下：

- 《联邦准则：污水处理设施的设计操作和维护》(Federal Guideline: Design Operation and Maintenance of Wastewater Treatment Facilities)(U.S. EPA, 1970)
- 《污水设施的推荐标准》(Recommended Standards for Wastewater Facilities)(北美五大湖-州县公共健康和环境管理者上游密西西比河委员会，2004)
- 《污水处理厂设计指南》(Guides for the Design of Wastewater Treatment Works)(新英格兰州间水污染控制委员会，1998)
- 《污水收集和处理条例》(Sewage Collection and Treatment Regulations)(弗吉利亚联邦，2004)
- 《水和污水系统的设计标准指南》(Design Standards Manual for Water and Wastewater Systems)(菲尼克斯市，2004)
- 《污水处理设施的设计和建设》(Design and Construction of Wastewater Treatment Facili-

ties)(ATV，1995)

最后，设计专业人员的职责是确定这些强制性设计标准的存在并正确利用而达到适用于特定项目的监管导向的要求，在没有这种要求的情况下，设计人员仍可以使用现有标准作为指导来源，考虑现场的具体情况，最后决定以合适的方式将其引入工程之中。

5　项目参与者

对于任何市政 WWTP 工程的决策涉及到许多参与者——所有者，项目经理(如果有一个)，金融家/投资银行家，设计专业人员，供应商，承包商，经营者和维护人员，监管机构，法律顾问，公众，董事会或市议会和公用事业，每一个的角色根据工程而不同，并且尤其受到拟建设施工所用的采购程序的影响。

所有工程始于监管机构、公众、法律顾问或所有者对此需要的认同。随后工程项目通常按照五个阶段推进——设施筹划，设计，施工，启动和运行。设计阶段通常因为中间设计阶段，包括“初步设计/融资” 而摇摆不定。每一参与者的角色随着工程阶段和交付而变化。例如，在涉及预采购的工程项目中，如果合同要求他或她必须购买设备，则承包商可能起到所有者的作用。

5.1　所有者

项目中所有者的角色是对设计、修改和/或施工建设付费的实体。所有者可以当作公众，如政府机构，或私有者，如商业土地开发公司。所有者最终负有工厂许可证和法规遵守的义务。

5.2　项目经理

一些机构聘用一个项目经理，在项目中担当所有者角色。所有者或项目经理监管所有者的所有项目活动，而工程经理监管具体的工程。项目经理对所有者所有项目的成功负责。作为已建成的工厂，工程所面临的问题是所有者的责任。除了帮助明确所有者需要的公众之外，所有其他工程参与者响应所有者的需要。项目经理应该确保在计划、设计和施工期间的各点上联系所有者的代表，而确立地方法规的遵守。以下是最低限度应该联系的个人和实体：

- 地方施工检查员，确定可适用的法规和解释；
- 消防部门，关于化学物质和其他危险物质储存的裁决(决定工厂无全职工作人员的警报路径应该与合适的官员完成，典型地是中小自治市的警察或消防部门)；
- 规划或分区官员，确定对于现场审查程序，分区规则和避让的规定；
- 负责审查湿地的保护委员会、机构或其他团体；
- 地方泛洪区管理人员，划定洪泛区和许可证的规定；
- 地方公用事业管理公司，讨论水电供应，排水等；
- 控制具有历史意义或考古学价值的场地保护和使用的可适用地方和州机构；
- 在运行设施中的操作和维护职员而提供有关存在状态/问题和设备性能的信息，这对于设施的成功运转是至关重要的。

5.3 金融家/投资银行家

在融资阶段需要金融/投资银行家的参与。许多城市都使用短期建筑贷款，在建设施工结束时获得核定债券。较大的工程项目在筹划期间或早期设计阶段可能受益于金融/债券咨询。近来，私人投资在提供市政服务方面起到了很大作用。

5.4 设计专业人员

设计专业人员由所有者聘用。在设施筹划、设计、施工和启动期间，他们通常起到所有者的代理作用。然而，这个角色在使用设计/施工或设施建设私有化的工程中一直会发生变化。一些设计公司也营运设施。

5.5 工艺过程/设备供应商

根据供货合同的类型，如在该章节后面所描述，工艺过程/设备供应商和厂商在设计中参与的角色是不同的。通常情况下，大设备如膜可以在设计进行早期采购，而关键组件对于特殊设备需进行专门定制。无论供货过程如何，厂商经常会收到有关其设备功能性方面建议的咨询，以检验其设备是否按照设计人员所设计那样工作，并证明他们能够按照设计人员制定的规格进行投标。

5.6 承包商

承包商通常通过公共投标过程进行选拔。承包商的角色，按照本章中的讨论，根据供货渠道不同而不同。然而，承包商根据合同文件一直负责设施的建设。另外，承包商可以担负设计和/或营运责任。

5.7 操作和维护人员

通常情况，操作者和维护人员的参与仅限于污水处理厂启动阶段。前美国 EPA 建设资助计划(Construction Grants Program)规定，污水处理厂负责人大约在建设中点段必须亲临现场，而其他人员根据建设之初提交的批准营运计划增加。如果在整个筹划和设计过程中接收到操作者的输入，则工程的成功就会显著改善。操作者的投入在计划/设计过程中经常会使之感觉到，他们正在操作“他们”的工厂而不是通过设计人员向他们移交的工厂。另外，操作者和对设计的维护投入能够提供有关具体设备的使用或布局的宝贵建议和观点。在设施筹划期间，通过各种设计的提交材料以选择开发和评估开始的项目审查，如果包括操作输入，则是最具建设性的。

5.8 管理人员

管理人员在整个项目期间都参与在内，批准计划和设计文件，包括许可证，施工过程中进行定期审查，以及审查授权和周转资金申请，付款请求和工程收尾材料整理。管理人员还参与出水口选址，出水分散，以及残余物处置规划问题。管理人员的审查在具有排放合规报告接收/审查的项目完成，操作人员培训和设施营运的定期检查之后仍然继续。

5.9　法律顾问

法律涉及的程度取决于工程的性质。在法院指令或许可协议之下实施的工程项目要求持续的法律介入。法律援助继续直至该指令的所有条款都得以达标而所有者从该指令或许可协议得到豁免。在整个工程的筹划、设计、建设和启动阶段都要提交定期状态报告。

5.10　社区

随着市政工程展开，许多人就会发现他们失去了 WWTP 地产界和邻近居民或社区之间的缓冲空间。筹划过程中应该包括社区的参与，不仅仅是在工厂选址和美学方面，而且应该包括在最终出水和残余物处置规划方面。这经常采取所有者和设计人员进行意见商讨的社区咨询委员会的形式。联邦和州的条例主要规定出水质量目标，但是在确定出水排放位置和配置要赢取公众支持，或者至少得到接受，睦邻因素才是关键。社区也经常参与 EMSs。关于此类参与的更多信息查阅第 5 章。

在工程中宣传组也可能是风险承担者，而同样担当如同社区咨询委员会的类似角色。公众参与通常仅限于筹划阶段，但是如果不能满足公众需要的工程，尤其是关于睦邻地位，将会在实施之后受到公众严重关切。本文中，“公众”或社区包括所有者成员和宣传组。

5.11　董事会或市政议会

董事会或市政议会在典型设计工程的合同前期阶段，作为合同金额的最后批准，可以起到一定作用。

5.12　公共事业单位

在工程中的公共事业单位的作用根据工程范围和需要而不同。例如，某些公共事业单位的批准或同意对于某些行为如偏右的路侵占或新建设以及电、气和其他对于建设和/或营运所需资源的提供，是必需的。另外，一些污水设施就是由公共事业单位进行建设和营运的。

6　项目流程

6.1　按照时间顺序的设计演变

在美国的市政 WWTP 设计原则历史上通过美国 EPA 在建设批准计划(Construction Grants Program)期间制定的规定和准则文件已经发生了演化。然而，设计原则并非静态的，自从美国 EPA 资助项目结束后　显著地演化成具有独特设计和工程递送模型的多维过程，地方的规定会增强工程性能和成本优化。设计原则已经继续发生演化而考虑整体性能强化，如美国绿色建筑委员会的 LEED 认证，包括设施在设施设计寿命周期内的环境性能指标。

各种组织对于设计原则采用不同的术语和定义；然而，传统设计通常由三个阶段构成，包括 5 个按序完成的连续活动——设施筹划(过程标准，概念和设计简图)，设计发布(初步设计)和最终设计，最后是投标和建设文件的准备。设计/施工工程改变了典型的设计顺序，容许一些设计要素实施并行计划安排。

设施筹划涉及现有设施的问题和状况的界定，备用方案的产生和评价，备用方案的环境评价，以及推荐计划的选择。表 2.4 描述了典型设施筹划报告的大纲。这个典型大纲是针对综合性污水工程的，包括选址和出水排放的分析。该大纲可能会针对具体工程进行修改，删除工程中没有的条目或增加大纲中没有的条目。

表 2.4　污水处理设施筹划的大纲、实施综合报告

分段编号	标　题	内　容
1.0	引言	研究目的和要求范围 设施筹划组织
2.0	工程背景	工厂历史 前期研究 相关工程
3.0	现有设施	污水收集系统和泵站 现有处理系统的描述 现有操作和设备的评价 状况和残余使用年限
4.0	位置描述和基本计划标准	位置描述 一般设计标准 成本评价的准则
5.0	污水流量和负荷	服务人群 电流和负载 未来流量估计 常规污染物负荷(TSS，BOD 和营养物质) 非常规污染物负荷 物料衡算
6.0	处理厂性能	排放许可规定 出水质量和可变性的设计参数
7.0	备选方案的发布和筛选	工厂缺陷的辨识和处理需求 备选方案的发布 备选方案的筛选 推荐详细评价
8.0	污水处理备选方案的详细评价	备选方案的描述 单元工艺过程 水力设计标准 备选方案的评价
9.0	残余物搬运和处理	残余物数量和质量 备选方案的描述 单元工艺过程 备选方案的评价
10.0	残余物的处置	处置选择 选址分析 备选方案的评价

续表

分段编号	标　题	内　　容
11.0	出水排放	现存状况的总结 排放方案的发布 模型结果/水质标准的对照 工程设计因素 备选方案的总结 推荐继续监控
12.0	空气排放质量筛选和影响	排放评估和源参数 空气质量模拟 气味和挥发性有机化合物控制评价 控制技术评价 排放控制策略成本
13.0	推荐计划的选择	备选方案的总结和评价 环境问题 公众意见 位置选择 处理工艺方法的选择 残余物搬运和处理工艺方法的选择 残余物处置的选择 出水排放点的选择
14.0	推荐计划的描述	推荐计划和组成部分的描述 设计标准的总结 工地布局 水力分布概况 仪器仪表和控制 估计的建设和营运成本 环境影响 实施计划表 许可规定
15.0	财务影响分析	当前和未来的开支 赠予和国家周转资金的作用 未来每年成本的总结 保证单和分析与建议 用户付费的影响估计 结论和建议
16.0	公众参与	市民咨询委员会 公开会议 公开听证会 回应总结

一般设计标准应该在设施筹划过程中的早期阶段严格确立。这些标准包括设施的计划年限(典型地为20年)，流量和负荷，排放规定，基准面，潮位和泛洪保护，关键设施的备用电源，设备和槽容量冗余度规定，单元分离和脱水的方法和时间框架，以及液流分布和工艺

过程之间传送的一般方式。

设计发布阶段包括设备和单元过程定容、设施的草图和布局、结构和建筑学设计、设施环境控制、电气设备定容和仪器仪表使用，以及控制过程图表的发布。

最终设计包括投标和处理设施建设的合同文件准备。合同文件一般由承包建议书，投标人规程，建设合同，附录，合同的一般条件，工程规范和制图。开始四个阶段的组成部分和结果总结于表 2.5 中。所有与设计定稿，建筑材料和设备选择类型在进行到最终设计之前都应该确定。

表 2.5　装置设计程序的总结

设计要素	需　求	任务实施	产生的信息
产品：	工艺过程标准 示意性流程图 工艺过程单元之间关键的和所需的空间关系		
工艺工程师	人群和负荷 工业污水运送 NPDES	插入单元尺寸和相比于现场可利用面积的初步设计标准 试验性工艺方法选择 客户会议	初步设计标准 工艺流程图 推荐的备选方案
产品：	概念 a. 工艺过程单元和施工现场的总布置图 b. 工艺过程单元的大致编号、类型和尺寸		
工艺工程师	泛洪高度 水力状态 推荐初步位置备选方案	精炼单元工艺过程的概念 设备选择的预备成本研究 确立非工艺过程区域的项目 确立工厂职工安置和非工艺过程活动(即，维护) 定义土木结构问题	初始位置草图 水力分布概况 泛洪保护，湿地迁移和相关问题
建筑学	示意性流程图 工艺过程单元的大致编号、类型和尺寸 工艺过程单元之间关键的和所需的关系 客户态度和愿望，工程外观，社会关系，劳力和管理 工地：土地和模式；工地和邻近区域的状况；地形学，土壤和气候；所在区域的边界和建筑；地位，地形和备用地	实地考察和照片 与客户会谈 工地分析 研究其他工地和建筑的功能区划，并与工程师面谈 选择建筑和工地功能区划计划	工地和建筑物的三维功能区划 工厂正面图和复制图或透视图
结构	土壤数据 工地和备用地	结构和土壤因素的单元管理评价 草图中对于结构和建设改进的建议 初步钻井计划	地基状况的定义

续表

设计要素	需 求	任务实施	产生的信息
仪器仪表	流动过程 客户和工程师关于控制的态度	确立控制和监控概念	控制概念
产品：	示意图 工地和施工的单线草图		
工艺工程师	工厂水力分布概况 确立设备关系 非工艺过程区计划的批准	自由体布局关系将布局设计移交施工用于备用研究（工地和施工）	水力结构、粗略分级和主要室外管道的布局设计 初步布局设计实施确立于“必要信息”中的标准 标注危险区域 单元工艺过程的初步电力要求
建筑学	大致的职员规模 维护工程的类型 实验室工程的类型 管理部门工程的类型 工艺过程单元的类型、尺寸和关系的精炼 工地和施工的功能区划计划 对于电力，HVAC和仪器仪表的房间要求的初步估计	与客户会谈功能区划计划 研究备用示意性草图并与工程师面谈 与所有功能组商讨	按规定比例的工地和施工地面计划单线草图 建筑物部分的地面和屋顶水平 初步结构网格 初步工地分级
结构	正在进行的示意性研究	咨询 a. 结构模式 b. 隆起 c. 地基系统	工地和施工的单线草图中的辅助作用 总体结构上的建议 带有仪器仪表的工艺流程示意图
仪器仪表	报告（如果可以利用） 所提出设计的描述 a. 工艺过程设备的类型 b. 将使用的化学物质 本合同之外的工作（如本站和计量站）	流动示意性草图 控制范围 操作的书面描述	带有仪器仪表的工艺过程流动示意图 操作描述的粗略草稿 计算机标准 估计控制室的数目、尺寸和位置
电力	工厂的大致规模（设计容量）和位置	与相关电力部门初步讨论 a. 电力可用度 b. 两独立电源的可用度 c. 操作方法 d. 规则和条例 准备有关空间要求的建筑估算	有关以下方面的建筑空间要求： a. 配电室 b. 发电单元 c. 外部变电站
HVAC	施工区域的大致体积 燃料可用度	基于类似项目的初始HVAC房间尺寸和与建筑师的商讨 确立系统概念 建筑设计的审查	粗略的主要房间要求

续表

设计要素	需　求	任务实施	产生的信息
产品：	初步措施 带有柱子、门、窗、墙壁、工艺过程设备、电力设备、HVAC 设备和控制设备的工地和施工的制图		
工艺工程师	所有设计团队成员的严格审查 在问题区域上具有特殊强调的完善布局图	主要设备的尺寸验证 设备和管道布局 场外工艺过程和排水管道	设备管道和排水装置的连系尺寸布局 设备的外形规格
建筑学	来自结构 HVAC、管道工程、电力和仪器仪表实验室的初步设计标准 车间仓库和人员配备要求 工艺过程单元的升级信息	采用结构的、HVAC，管道工程、电力、仪器仪表实验室、车间/仓库和人员配备信息的设计建筑 材料选取	外形规格
结构	所有建筑和外部储水池的布局位置和预计重量	将梁、柱、墙体尺寸、混凝土路面、厚度、负荷近似下至地基 确立结构网格	对于所有在该位置的主要单元，制图指示柱子网格线和粗略的混凝土路面、梁柱和墙体结构 对于土壤研究的初步恒载和线载条件
仪器仪表	升级的工艺过程控制仪器仪表 工艺流程示意图的变化 化学规定 计算机决策 工厂人员配备 操作描述	工艺控制面板的初步设计 审查工艺过程设计的流动示意图 初步定容化学品进料设施 建筑商，结构上和电力上的协调 控制板(控制室编号)	工艺过程控制面板橱的尺寸 具有仪器仪表和数据记录计算机的工艺流程示意图 初步的仪器仪表制表 按所需的设计图解和布局
电力	以下内容的近似尺寸和位置： a. 工艺过程单元和设备 b. 仪器仪表设备 c. 建筑物 d. HVAC 设备 仪器仪表设备 建筑物	估计所需电力设备的尺寸和类型 电力设备的定位和排布	电力设备和马达控制中心的联系尺寸布局
HVAC	房间名 工艺过程设备名称 空间立方体体积 蒸汽和/或通风需求的特殊设备 需要空调的区域 需要除湿的区域 气味控制要求	供给和消耗量的计算 所需通风驱散的计算 除湿的计算， 其他 HVAC 设备的计算 与其他功能协调一致的 HVAC 布局 气味控制系统的计算	HVAC 设备的近似尺寸和位置 热源类型 单线管道布局 除湿机的尺寸和位置 其他设备的尺寸和位置

续表

设计要素	需　求	任务实施	产生的信息
管道布局	管道架设固定位置 家用水供给 雨水和清洁终端位置 工艺设备排水的结构规定 a. 放空坑 b. 水沟 c. 地面排水管 基于代码建筑分类的消防要求 实验室和其他特殊区域，如食堂或观赏池的初步设计布局 所有涉及地方气体公用事业服务公司和任何服务的燃料的信息	涉及第 1 栏中注释的基本信息要求的讨论 咨询结构和建筑方面并按照所需拟定草图	待回答的第 1 栏条目 所需的图解和布局

6.2　价值工程

价值工程是研究系统价值的科学方法的应用。现在有许多实施价值工程的方法和方法学。应该将工程实践的全面描述充分提供给价值认证专家和成本工程师。价值工程认证专家通过称为 SAVE 国际的组织进行教育和培训(Dayton，俄亥俄州)。这个国际组织促进价值方法学取得进展，包括价值工程，价值分析和价值管理。SAVE 价值标准(2007)提供了有关价值工程实践的准则。更多的信息可以在 SAVE 国际网站网址(http：//www. value-eng. org/pdf _ docs/monographs/vmstd. pdf)。

价值工程的主要目标是最小化施工和寿命循环的成本，而不是牺牲工程的质量。价值工程应该在设计过程开始之时就进行考虑，在某些情况下可以通过地方法规在某些建设成本水平下进行规定。在美国，如果工程建设成本预计超过 US ＄ 1000 万，接受州授权或州周转基金项目援助的工程项目可能需要进行价值工程评价。

6.3　项目实施时间

即使是工程按期进展和批准，从设施计划之初经过工程完成到工厂第一年营运所需要的时间通常为 6~8 年。工程实施的典型时间要求见表 2. 6 中。这些要求应该当作是新厂或没有显著设施的定址环境或许可要素的重大车间扩展工程的最低时间要求。表 2. 6 中所示的持续时间假设如下：

- 工程项目在提交设施计划和环境评价之后接受“没有显著影响”的裁定(没有接收到这种裁定和环境影响研究的结果要求可能会增加工程项目实施计划表数月和有时候甚至几年)；
- 同一工程师要保持进行筹划，设计和施工管理，扣除工程师选择所需的调配时间；
- 设计和施工管理的工程合同在筹划和设计结束时于规定的审查期内进行谈判磋商；
- 在设计和投标时间框架内获取规定的许可；
- 不存在冗长的投标声明或再投标活动。

大型和/或复杂工程以及市政区域内承担的工程可能比表 2. 6 中所示的那些内容需要显

著地更长的实施时间表。另外，具有新排水口和排放点的工程项目可能会超出所示时间年数。

表 2.6 污水处理工程的典型实施时间

活　　动	持续期/月	活　　动	持续期/月
设施筹划	8~12	投标	2~3
规定的批准	2~3	合同决标	1~2
初步设计	5~6	施工	30~38
价值工程	1~2	启动	2~5
最后的设计	7~10	第一年营运	12
监管批准	2~3	总计	72~96

7 供货合同

7.1 工程交付备选方案

设施所有者和顾问，承包商和设备供应商之间的合同义务的协商，称之为工程交付模式。现有许多工程交付的备选方法，而自从 20 世纪 90 年代以来已经开发出许多新的或创新型模式。一些更常用的交付模式包括设计-投标-建设，设计-建设，工程师-调配-建造和施工风险管理。美国设计-施工协会(Design-Build Institute of America)(Washington, D.C.)(DBIA)和美国施工管理协会(Construction Management Association of America)(McLean, Virginia)(CMAA)都是致力于备选工程交付进展的专业组织，包括各种设计-施工和建造管理模式。DBIA 的《实践指南》(2009)能够适用于参考有关设计-施工调配的附加信息，并可以参阅 CMAA 的《顶点：施工管理实践及程序》(Capstone: Construction Management Practice and Procedure)(CMAA, 2003)而获得更多信息。

7.2 合同文件

合同文件构成了待实施工程的合法描述和新设施的设计与施工的实施基础。在大多数情况下，合同文件由制图，合同条款(即，一般条款和条件)和规定(这界定了所实施工程的范围)构成。

7.2.1 合同条款

合同条款界定了所有者和承包商之间的法律关系。这些条款指明了所实施工程的成本，实施时间表，指导或控制所实施工程的其他条款和条件。一些更常见的合同条款包括以下内容：

- 合同裁定的基础；
- 付费条款明确了所实施项目工程的货品计价和付费的方法；
- 风险分配划定了谁负责有关工程项目的具体风险并对合同合伙人分配风险和债务；
- 当承包商突遇不同于制图和规定说明中陈述的厂址条件时就会发生条件变化。这些条款规定了施工期间发生这些条件的情况下的研究，解决和补偿；

• 不可抗力：当有关工程的施工延迟超过了所有者或承包商的控制时，就出现了不可抗力条件(这种事件包括地震和其他自然灾害，罢工，军事行动等)。这些条款明确了所有者和承包商在这些行为的事件中权利；

• 时间表：所有者有权要求工程在合同所确定的时间框架内完成。一些条款分别包括对于满足和超过计划完成日期的奖励和处罚。奖励用于加速工程而使其提前或按时完成。如果工程未能按时完成，清偿损坏向所有者提供补偿。延期条款在计划时间改变超过承包商控制结果时的情况下保护所有者和承包商；

• 基本完工：这些条款确立了工程项目(或部分工程项目)认为被完成和所有者接管工程控制的基础。施工工作并未完全完成，但是工程项目已经能够起到其预定用途的作用。典型地，基本完工日期与奖励/处罚条款有关。

合同条款其他重要方面保护所有者防止担保人和完工时间约定的违约。这些条款可以是清算损害，间接损害，或者这两种类型。一般而言，总和不应该超出合同总量。

清算，或延时，损坏是对于不能在合同中明确规定的时间周期内完成工程项目而执行的。这些损害可以包括由于延时对所有者产生的任何可确认的损失。清算损害也可以涵盖，诸如所有者检测成本，其他符合合同的延时花销，当等候新工艺过程营运时所经历的附加电力或化学成本，以及不能满足推定标准或许可约束的处罚的考虑因素。

间接，或性能损害是由于工艺过程不能按规定进行工作产生的损失。它们应该精确地反映与工艺过程营运缺陷的成本或纠正该工艺过程营运缺陷的成本。性能损害仅仅应该在所有其他纠正缺陷的补救措施用尽之后作为最后采取的手段而启动。性能损害可以包括安装达标系统的成本，将初始系统转化成达标系统所增加的技术成本，以及任何电力和化学品消耗的成本。尽管性能损害可以是巨大的，但是它们确保了所有者仅仅负责的供应商将会倾向于对此项工作投标。承包商应该具有清楚的合同语言界定和限定间接损害。

美国契约文件工程师委员会颁布了《建筑合同标准通用条件》(standard general conditions of the construction contract)，这在美国建设工程期间广为接受使用。

7.2.2　规定

两个通用类型的规定用于在任何供货选择之下获取工程建设的货物和服务——指令性规定和性能规定。指令性规定提出了占空工艺过程，或需要提供服务的明确标准。指令性规定的明晰性质使其预备过程变得复杂，但是为所有者提供了保护安装质量和简化投标对比的最大保证。另外，这通常详细记述了可接受的厂商和供应商，并为所有者提供“或者相等”产品的考虑。

性能规定界定了输入条件和所需的目标。供应商赞同这种供货类型，因为这容许它们在其产品的使用中具有更大的自由程度。这种自由程度能够降低所有者对安装质量的控制。然而，这些风险可以通过预定量化而减轻。预定量化程序需要在投标过程开始之前给设备厂商提供一个提交其资格信息的机会，作为工程师确定产品是否与规格一致而由此能够考虑用于建筑承包商投标的基础。在某些情况下，设备的采购及其安装订约构成了独立阶段，设备采购在最终细节工程完成之前实施。

合同奖励的基础需要仔细地在投标文件中界定，而使奖励如何计算的细节需进行充分定义。例如，如果在采购的资格认证阶段的邀请期间向设备商提供奖励点，则应该清楚地陈述所奖励的点是否延续整个标评价中提议阶段的请求。

如果所涵盖的所有条目都能够基于建筑成本平等地进行评价，合同的奖励通常都基于建筑成本。评价的寿命循环投标应该很现实地反映所有可消耗的产品成本(包括可替代的部分)。而且，如果可以预期备选方案之间的明显差异，评价应该反映随后加工所有产品和物流的成本。奖励或处罚因子也用于强调对于所有者比较重要的属性。评价方法学应该在准备最后的规定之前与所有供应商进行讨论而确保方法学的公平公正。

7.3 制图

7.3.1 建筑信息建模

近年来，在开发建筑制图实施工程项目表达和描述的方法中已经产生了显著的变化。许多工程设计公司和建筑师都依赖于建筑信息建模(BIM)，作为完全描述工程项目的包罗万象之法，这包括可视化模型和其他任务的整合。这些模型为物料清单，建筑成本估算提供了链接，并向其他设计软件提供了输出端口，包括全额拨款的寿命循环评价，这容许在工程设计期间进行工艺过程和建筑性能以及有待估算的营运成本的评价。制图集成到其他信息技术中，容许更有效地利用可视化模型，预测工艺过程、建筑或结构的性能。

7.3.2 三维模型

三维模型的使用稍微改变了执行设计和完成审查的模式。可视化模型，如三维图形，降低了结构元素、机械设备和泵送系统之间的潜在冲突，因为每个层面都是以实际空间制定的，以至于设计专业人员，所有者和承包商都具有协调应对工程项目各个组件的电子文档。投标和施工图纸通过建模而由截面和平面图制定。

7.3.3 传统计算机辅助设计

传统上计算机辅助设计(CAD)制图在整个设计工艺过程中产生而以二维而不是三维图描述和表达工程项目。设计图纸独立制定而在每个设计规程之间手动整合而产生完整的设计。

尽管二维 CAD 制图仍是工程设计的一个主要方面，但是严格作为施工计划的描述使用已经随着集成方法如 BIM 的使用而降低，三维建模在工业中变得越来越标准。

8 市政污水特性：源头和阶段

污水处理厂进水的污水质量和数量特性典型地反映了贡献之地的性质和人口状况，水资源使用和运送系统的状况。一般而言，设计专业人员确定污水特性并响应排放达标标准和其他污水管理目标而产生管端解决方案。这一节确定设计中需要严格考虑污水特性。

8.1 人口和污水流预测

WWTP 服务区域的人口和污水流预测应该在处理工艺方法和管道设计确定规格尺寸之前完成。人口预测应该考虑非永久居民和人口的季节性变化(即，重旅游地区或商业地区)。设计预测采用人口统计学预测，应该反映其他计划的估计(区划和总体规划)。

8.1.1　设计期限

大多数公共污水处理系统都是设计成最低 20 年的服务寿命。然而，尤其是在其中下水道系统服务区域并不期望在设计期限内就达到工程采纳的最终扩建水平的情况下，设计师也应该考虑潜在的附加未来设施以及场地需求。这种超过初始设计期限的人口和流量预测经常要承担额外的人口统计研究和服务区域的协议。

8.1.2　人口

非永久性和永久性人口的总和被认为是功能性人口，是 WWTP 流量的基础。尽管季节性人口一年之内仅仅部分时间可能存在于服务区域内(即，夏季或冬季的月份)，这种人群可能会对污水处理厂处理的污水流产生显著的影响。对于大型学校或大学应该相对于满课或非上课月份采取类似的考虑。

8.1.3　服务区域的考虑

存在条件和服务区域特性的因素在按照人口平均计算流量进行估算时应该包括在内。如果可以获得某区域的水资源消耗，则应该用于估算污水流的发生量。至少 60%~90%消耗的水通常都会进入下水道系统中(在半干旱地区可适用的百分数更低)。服务区域应该包括暂住和永久人口以及可能具有巨大周期性进水量的额外水资源使用的通用特别活动(大型会议，公开活动等)。对于具有设计流量影响的当前设施的未来扩张或使用降低，都应该加以考虑。这包括采用低流量洗浴和其他节水措施而导致流量潜在下降。

如果水消耗数据并不可以获得或某区域未开发，则按人均统计流量的估计值能够产生预期污水流量。按人均计算的污水流量估计值能够查阅几个有用的参考文献。其中之一，考虑了节水装置和电器使用增加，如表 2.7 所示(Metcalf & Eddy，2003)。

表 2.7　美国都市居民源典型的污水流量

家庭大小/人数	流速/[gal/(cap · d)]		流速/[L/(cap · d)]	
	范围	典型值	范围	典型值
1	75~130	97	285~490	365
2	63~81	76	225~385	288
3	54~70	66	194~335	250
4	41~71	53	155~268	200
5	40~68	51	150~260	193
6	39~67	50	147~253	189
7	37~64	48	140~244	182
8	36~62	46	135~233	174

注：来自 Metcalf & Eddy，《污水工程：处理与再利用》，第四版。版权 2003，经 McGraw-Hill Companies，New York，N. Y 许可。

美国一些州管理机构采纳了《污水设施推荐标准》(Recommended Standard for Wastewater Facilities)(Great Lakes-Upper Mississippi River Board of State and Provincial Public Health and Environment Managers，2004)，该标准推荐 380L/(cap · d)[100gal/(cap · d)]用作平均设计流量。表 2.8 和表 2.9 分别显示了商业和公共机构源典型的污水流量的估计值。表 2.10 显示了美国低流量设备和电器的流量对比(Metcalf & Eddy，2003)。

表 2.8　美国商业源的典型污水流速

源	单位	流速/(gal/unit)		流速/(L/unit)	
		范围	典型值	范围	典型值
机场	旅客	3~5	4	11~19	15
公寓	卧室	100~150	120	380~570	450
汽车服务站	服务车辆	8~15	10	30~57	40
	雇员	9~15	13	34~57	50
酒吧/鸡尾酒会	席位	12~25	20	45~95	80
	雇员	10~16	13	38~60	50
招待所	人	25~65	45	95~250	170
会议中心	人	6~10	8	40~60	30
百货公司	洗浴室	350~600	400	1300~2300	1500
	雇员	8~15	10	30~57	40
旅馆	客人	65~75	70	150~230	190
	雇员	8~15	10	30~57	40
工业建筑(仅仅卫生污水)	雇员	15~35	20	57~130	75
洗衣店(自助)	机器	400~550	450	1500~2100	1700
	顾客	45~55	50	170~210	190
拖车住房停车场	单位	125~150	140	470~570	530
汽车旅馆(有厨房)	客人	55~90	60	210~340	230
汽车旅馆(无厨房)	客人	50~75	55	190~290	210
办公室	雇员	7~16	13	26~60	50
公厕	用户	3~5	4	11~19	15
饭店					
传统的	顾客	7~10	8	26~40	35
有酒吧/鸡尾酒会	顾客	9~12	10	34~45	40
购物中心	雇员	7~13	10	26~40	35
	停车场	1~3	2	34~45	40
剧院(室内)	座位	2~4	3	8~15	10

注：来自 Metcalf & Eddy,《污水工程：处理与再利用》，第四版。版权© 2003，McGraw-Hill Companies，New York，N. Y 许可。

市政污水最稳定的组分是生活污水。这些污水反映了人口统计学的结构，特性和所服务人群的实际情况。随着收集系统和服务人群基础的扩展，居民人口的影响根据流量和污染物负荷的峰值/平均值和最小值/平均值的比率将会变得不太显著。流速和浓度在市政系统中按小时计会发生变化，典型值如图 2.2 所示(Metcalf & Eddy，2003)。一般而言，系统越小，污水流速和浓度更易于变化，而较大的系统可能日变化量几乎没有。

8.1.4　特性

出版物《污水设施推荐标准》(Recommended Standard for Wastewater Facilities)(Great Lakes-Upper Mississippi River Board of State and Provincial Public Health and Environment Managers，2004)指出，除非具有可利用的信息证明其他设计标准是合理的，新的 WWTP 应该设

计用于至少 0.077kg/(cap·d)[0.17lb/(cap·d)]BOD_5和 0.09kg/(cap·d)[0.2 lb/(cap·d)] TSS 的生活污水贡献负荷。历史上，0.077kg/(cap·d)[0.17lb/(cap·d)]值已经用于界定工业污水的人口当量。而且，美国 EPA 标准也推荐，如果在服务区域内使用垃圾粉碎机，则设计生活污水负荷能够增加至 0.09kg/(cap·d)[0.20lb/(cap·d)]BOD_5和 0.104kg/(cap·d)[0.23lb/(cap·d)]TSS。个别数据的排放污水量如表 2.11(Metcalf & Eddy，2003)所示。

表 2.9　美国机构源的典型污水流量

源	单位	流速/(gal/unit)		流速/(L/unit)	
		范围	典型值	范围	典型值
会馆	客人	3~5	4	11~19	15
医院	床位	175~400	250	660~1500	1000
	雇员	5~15	10	20~60	40
除医院之外的机构	床位	75~125	100	280~470	380
	雇员	5~15	10	20~60	40
监狱	犯人	80~150	120	300~570	450
	雇员	5~15	10	20~60	40
学校，天：					
有自助餐厅，体育馆和淋浴	学生	15~30	25	60~120	100
仅有自助餐厅	学生	10~20	15	40~80	60
学校；寄宿	学生	75~100	85	280~380	320

注：来自 Metcalf & Eddy，《污水工程：处理与再利用》，第四版。版权© 2003，经 McGraw-Hill Companies，New York，N.Y 许可。

表 2.10　美国有和无水源保护措施和设备的室内用水典型对照

用　途	流速/(gal/cap·d)		流速/(L/cap·d)	
	无水源保护	有水源保护	无水源保护	有水源保护
洗浴	1.3	1.3	5	5
淋浴	13.2	11.1	50	42
洗碗	1.0	1.0	4	4
洗衣服	16.8	11.8	64	45
水龙头	11.4	11.1	43	42
卫生间	19.3	9.3	73	35
渗漏	9.4	4.7	36	18
其他生活用水	1.6	1.6	6	6
总计	74	51.9	271	197

注：来自 Metcalf & Eddy，《污水工程：处理与再利用》，第四版。版权© 2003，经 McGraw-Hill Companies，New York，N.Y 许可。

应该注意，近来的节水努力和水资源再利用的趋势已经稍稍提高了市政 WWTP 进水中 BOD 和 TSS 浓度。设计专业人员应该谨慎地将这些可能使用的低流量系统及其对进水特性的影响考虑在内。值得推荐的是，如果可能，应该对进水的具体特性和浓度进行分析，而不是依赖历史数据。

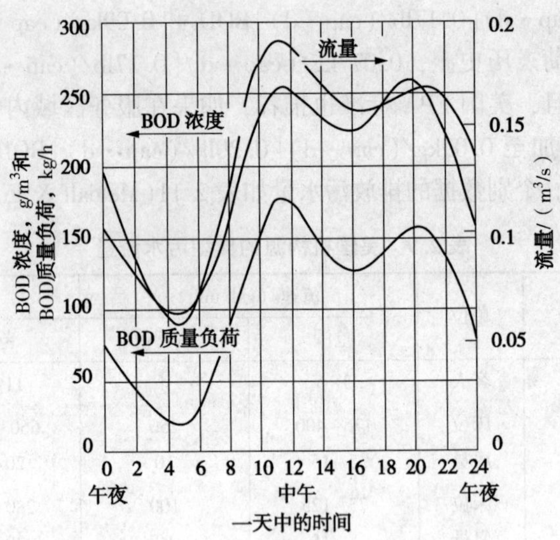

图 2.2 生活污水的典型每小时流量和强度变化

（来自 Metcalf & Eddy，《污水工程：处理与再利用》，第四版。版权© 2003，经 McGraw-Hill Companies，New York，N. Y 许可）

如果服务区域包含工作和访问该区域而维持其在别的地方永久居住的暂时性人群，则该区域暂时性人口的生活污水负荷也应该考虑在污水处理厂的设计之内。从纽约州纽约市很容易获得的可用信息中，提出了标称工人和 57~110L/(cap · d)[15~30gal/(cap · d)]暂时性流量贡献。这些来源的对应污染物(BOD_5和 TSS)负荷贡献的范围为 0. 009~0. 023 kg/(cap · d)[0. 02~0. 05lb/(cap · d)]。铅管法，建筑标准，或州标准都能够使用而制定饭店和旅馆的场所特异性估算值。

表 2.11 基于干重的个人排放污水量

组分	值/[lb/(cap · d)]			值/[g/(cap · d)]		
	范围	无粉碎的厨房垃圾典型值	有粉碎的厨房垃圾典型值	范围	无粉碎的厨房垃圾典型值	有粉碎的厨房垃圾典型值
(1)	(2)	(3)	(4)	(5)	(6)	(7)
BOD_5	0. 11~0. 26	0. 180	0. 220	50~120	80	100
COD	0. 30~0. 65	0. 420	0. 480	110~295	190	220
TSS	0. 13~0. 33	0. 200	0. 250	60~150	90	110
氨氮	0. 011~0. 026	0. 017	0. 019	5~12	7. 6	8. 4
有机氮	0. 009~0. 022	0. 012	0. 013	4~10	5. 4	5. 9
TKN[b]氮	0. 020~0. 048	0. 029	0. 032	9~21. 7	13	14. 3
有机磷	0. 002~0. 004	0. 0026	0. 0028	0. 9~1. 8	1. 2	1. 3
无机磷	0. 004~0. 006	0. 0044	0. 0048	1. 8~2. 7	2. 0	2. 2
总磷	0. 006~0. 010	0. 0070	0. 0076	2. 7~4. 5	3. 2	3. 5
油和脂	0. 022~0. 088	0. 0661	0. 075	10~40	30	34

注：来自 Metcalf & Eddy，《污水工程：处理与再利用》，第四版。版权© 2003，经 McGraw-Hill Companies，New York，N. Y 许可。

总氮和总量负荷能够分别基于平均值 0.018 和 0.003kg/(cap · d)(0.04 和 0.006lb/(cap · d))。例如，在居民和大学社区，磷浓度可以反映是否使用含磷洗涤剂及周末洗涤习惯。

表 2.12 描述了生活污水的典型主要污染物组成，而表 2.13 显示了生活污水的其他特性典型值(Metcalf & Eddy，2003)。

表 2.12 未处理污水的典型组成

污染物	浓度①			
	单位	低强度	中等强度	高强度
固体，总量(TS)	mg/L	390	720	1223
溶解的，总量(TDS)	mg/L	270	500	860
非挥发性的	mg/L	160	300	520
挥发性的	mg/L	110	200	340
悬浮固体，总量(TSS)	mg/L	120	210	400
非挥发性的	mg/L	25	50	85
挥发性的	mg/L	95	160	315
可沉降的固体	mg/L	5	10	20
生化需氧量，5d，20℃(BOD_5，20℃)	mg/L	110	190	350
总有机碳(TOC)	mg/L	80	140	260
化学需氧量(COD)	mg/L	250	430	800
氮(总氮)	mg/L	20	40	70
有机氮	mg/L	8	15	25
游离氨	mg/L	12	25	45
亚硝酸盐	mg/L	0	0	0
硝酸盐	mg/L	0	0	0
磷(总磷)	mg/L	4	7	12
有机磷	mg/L	1	2	4
无机磷	mg/L	3	5	10
氯化物②	mg/L	30	50	90
硫酸盐③	mg/L	20	30	50
油和脂	mg/L	50	90	100
挥发性有机物(VOCs)	mg/L	<100	100~400	>400
总大肠菌	No./100mL	$10^6 \sim 10^8$	$10^7 \sim 10^9$	$10^7 \sim 10^{10}$
粪大肠菌	No./100mL	$10^3 \sim 10^5$	$10^4 \sim 10^6$	$10^5 \sim 10^8$
隐孢子虫卵囊	No./100mL	$10^{-1} \sim 10^0$	$10^{-1} \sim 10^1$	$10^{-1} \sim 10^2$
贾第氏鞭毛虫孢囊	No./100mL	$10^{-1} \sim 10^1$	$10^{-1} \sim 10^2$	$10^{-1} \sim 10^3$

来自 Metcalf & Eddy，《污水工程：处理与再利用》，第四版。版权© 2003，经 McGraw-Hill Companies，New York，N.Y 许可。

① 低强度基于 750L/(cap · d)[200gal/(cap · d)]的近似污水流量。中等强度基于 460L/(cap · d)[120gal/(cap · d)]的近似污水流量。高强度基于 240L/(cap · d)[60gal/(cap · d)]的近似污水流量。

② 这些值应该根据生活用水供给中存在的组分含量而提高。

注：mg/L=g/m^3

8.1.5 商业之源

来自商业源头的流量和传统污染物负荷贡献一般都考虑在生活污水源头的容限中。这种考虑对于较小的服务区域就变得不太合理。在小服务区域中，商业营运，如自助洗衣店，洗车房和运动场，可能会显著影响服务区域污水特性。这些在处理系统的设计中都需要考虑，而对于这些和其他贡献者估计值应该用作设计值的参考。商业区可以显著影响流量，而不会显著影响人口计算。因此，工业/商业行业的类型，如果可能，都应当进行确定。如果工业/商业设施的雇员数量巨大，都应该进行测定，而对于每个雇员贡献的估计值基于在现场地点的日常活动进行估算。提供自助餐厅、淋浴和多种洗涤需求(如餐饮服务)的设施，每个雇员将会比那些并未包括这些水用途的雇员使用更多的水。在这些流量中季节性波动也必须考虑。

表 2.13 生活污水用途的典型矿物质增加

组　分	累积范围/(mg/L)①,②
阴离子：	50~100
碳酸氢根(HCO_3)	0~10
碳酸根(CO_3)	20~50
氯离子(Cl)	
硫酸根(SO_4)	15~30
阳离子：	
钙(Ca)	6~16
镁(Mg)	4~10
钾(K)	7~15
钠(Na)	40~70③
其他组分：	
铝(Al)	0.1~0.2
硼(B)	0.1~0.2
氟(F)	0.2~0.4
锰(Mn)	0.2~0.4
氧化硅(SiO_2)	2~10
总碱度(以 $CaCO_3$计)	60~120
总溶解固体(TDS)	150~380

来自 Metcalf & Eddy，《污水工程：处理与再利用》，第四版。版权© 2003，经 McGraw-Hill Companies，New York，N.Y 许可。

① 基于 460L/(cap·d)[120gal/(cap·d)]。

② 这些值并不包括商业和工业增加值。

③ 从生活用水软化剂排除了增加值。

注：mg/L=g/m^3。

如果该地区是规划的商业区但未开发，基于周边地区类似行业产生污水的估计值提供流量预测的起始基值。表 2.8 介绍了商业源的典型流量；然而，应该尽可能地确定现场特异性的流量。

8.1.6 行业机构污水

行业机构设施实质上是具有生活特性的一些典型流速如表 2.9 所示。这些污水的流速随着地区、气候和设施类型变化而变化。来自行业机构的实际流量记录是设计目的流量数据的最佳来源。污水浓度和特性对应涉及暴露于医疗和医院垃圾的不同机构，因为这也或许包含高浓度的消毒剂而可能具有显著差异。从监狱厨房排放的重固体也会变化很大，甚至需要预处理。

市政污水的工商和行政机构组分的数量，尤其是预计未来的贡献，有时很难为了设计目的而进行估计。偶然地，单个或多个工业或机构组分贡献者能够控制 WWTP 设计流量或负荷。在任何市政污水中工业贡献可以从不显著到是生活污水贡献的许多倍，并处于或超出工业预处理法规的范围。

设计专业人员应该意识到工业运营和废弃物可能是连续的或间歇生产的；对于单个工业设施可能是日变、周变和季变的，而从一个工业设施到同类型工业的另一个设施都是不同的。为了实现达标 NPDES 排放许可条件，设计标准应该相对于最严格的 WWTP 条件预期高水平，平均和低水平工业负荷期间的进水流量负荷。在工业或机构负荷本来较显著或可能变得显著的情况下，具体采样程序和调研对于确立当前营运和预计变化的影响是有必要的。一些美国城市使用的标准商业，工业和行业机构流量容限描述于《重力下水道设计和施工》(*Gravity Sanitary Sewer Design and Construction*)(ASCE，2007)和其他出版物中。日常，周末，节假日和工业释放的季节性变化，除非已有相反的信息，否则都应该进行预期估计。

具有“简单碳水化合物或复杂蛋白质和脂肪，可溶的或颗粒物质，有机或无机浓缩物，有机营养富集的或营养贫含的物质”的污水类型(ASCE 和 WEFt，2007)能够影响污水处理工艺方法的选择和污水处理厂的性能。当工业污水占主要时，实验室规模或中试装置评价对于开发或确保合适的设计标准应用，尤其是关键处理工艺，如生物处理，无论是否采用新的处理技术，都是必要的。工业污水组分能够不良影响膜处理工艺过程，而应该在设计选择之前对具体的膜进行测试。

8.1.7　其他来源和污物贡献

市政 WWTP 也可能接收周边环境，腐败垃圾清运承包商的无下水道区域中产生垃圾箱腐败废物和下水道清洁物的固体。垃圾箱内容物的表征将在第 12 章中详细讨论。填埋场的渗沥液，水处理残余物以及在一些情况下受污染的地下水，都可能含有低浓度的危险物质，也可能排放到市政 WWTP。下水道清洁物预期可能表现出富含有机颗粒的高度可变性。下水道清洁物也可能包括高含量的油脂，碎屑，废弃物和其他残渣。下水道或湿井清洁的油脂管理和处置需要在处理系统及其组件设计中进行特殊考虑。

填埋场渗沥液特性能够以改变可溶性有机化合物的形式观察到并能够反映填埋场中放置物质的性质和时间以及从地面和表面源渗透填埋场的水量。渗沥液可能包含各种浓度的重金属，挥发性和半挥发性有机物，以及颜料，氮，磷和许多其他工业化学物质。BOD 和挥发性悬浮固体也可能是可变的，这取决于填埋场的年龄和状态。流量和浓度也会变化，这也取决于降雨情况和填埋土壤场覆盖物的完整性。

水处理厂的污物固体能够展示出水处理之前原始水供给中的 TSS 和在处理过程中加入的任何固体(即粉末活性炭)和形成固体的物质(即，明矾添加和所产生的氢氧化物沉淀)。这些废弃固体的可溶性污染物反映了从原始水供给中和在水处理长储存时间内去除的有机物。水处理期间加入的铝和铁盐可以增强 WWTP 的磷去除，但是与污水处理厂中对于这些去除专门加入的化学物质不可同日而语。越小的污水处理厂可能会经受一些与流量和固体波动相关的问题，除非污水处理厂排放物—尤其是过滤器反冲洗污泥—实现水力均衡化。

地下水通常含有来自总溶解固体的结垢化合物，而被高度缓冲。相反，地表水经常是稍微矿化的而几乎不含或根本不含缓冲剂。软化，脱矿物化或这二者都可以在背景碱度伴随变化或不变时进行实施。用铝或铁盐进行简单的原始水絮凝和澄清化，将会引入阴离子并消耗碱度。软化的未稳定化处理水将会主动溶解水体系和用户分水管道中的金属。例如，铜就会影响生物固体治疗和处置方案，或铁可能会影响背景磷去除率。铜也可以影响出水浓度或需要对去除进行设计，因为一些关于铜的 NPDES 排放标准比饮用水供给要求更为严格。膜处理系统的设计对于最有效膜的选择将会要求对水供给中的特殊溶解固体进行全面评价。

对于厂内再循环流，如消化池上清液，污泥储存槽中的倾析液，污泥槽中工艺过程排出液，带式压滤机冲洗水，离心液流和其他再循环流，尤其是如果要求生物营养物去除时，应该给予特殊考虑。

8.2 外来流量

8.2.1 渗漏液

污水处理厂接收的污水一般最显著的组成部分包括渗滤液，这是指通过收集系统管道，家用水管和检修孔的无意识水渗漏或泄漏；和流入流量，这是指容许进入收集系统的地表和地表层雨水(反映降水情况的特性)。这两个术语经常一起作为Ⅰ/Ⅰ使用而在单个社区之间是相当不同的。文献《污水设施的推荐标准》(*Recommended Standards for Wastewater Facilities*)(Great Lakes-Upper Mississippi River Board of State and Provincial Public Health and Environment Managers，2004)对于新管道施工定义了每米长度每米直径的可容许渗漏或外漏速率(L/d/m/m)为 19L/d(200gpd/in 直径/英里)。在早先已存的下水道中替换或恢复之前的可接受渗漏值能够是 10 倍或更高倍数。同时，这些值对于新近施工的系统可能又较低。这个决策取决于每一个下水道系统具体问题具体分析。

8.2.2 流入液

流入液在较早的或汇流下水道系统的社区中可能是非常高的。尽管汇流下水道服务可能仅仅代表少部分流入液服务区域，但是来自混合下水道系统服务区域的流入液经常将会控制处理工厂的设计和运营。降雨的流入液可以反映低缓冲的而经常呈酸性的雨水和来自服务区域屋顶、道路和陆地使用的其他污染物。流入液能够是立即产生或延时的；立即流入液是指在降雨期间直接或降雨之后立即进入下水道系统的雨水。延时流入液是指与累积覆盖积雪融化有关的径流。

8.2.3 汇流下水道

当污水处理厂对汇流下水管道服务区域时，设计人员将面临特殊的问题，因为过大的汇流下水管道和拦截器对于沉积和可沉降固体起到截留作用。常常在暴雨期间或之后，污水处理厂接收的流入液筛滤物、沙砾和悬浮固体数量增加，反映下水管道中过去的累积和雨水引入污染物的程度。这在长期干旱之后发生暴雨时接收高流入流量的老下水管道系统中是常见。

在一些汇流下水管道系统中，对于这些将下水道或工厂超容的过量下水管污水流引导至接收液流中的节制阀，或者过流结构，需要特殊考虑。这些排放位置经常称之为汇流下水管道超流。这些系统在接收水位随着潮汐脉冲或高接收液流水位变化的情况下可能产生非所需的反流状态。潮汐闸或反流检查阀发生故障，可能使海水在干和湿季状态期间都会进入收集系统。WWTP 暂时或地方性的接收海水可以有助于选择特定的物质而最小化维护，并可以对一些单元工艺过程(即，厌氧消化中的钠和硫化物)产生抑制性的压力。

8.3　社区供水的特性

在 WWTP 服务区域所用水中非消费性部分占了污水处理厂常规接收污水的绝大部分。这些污水组分反映了原始水供给，水处理工艺过程和有益水使用和/或再利用历史的性质。对于生物营养物去除处理和潜在再利用的处理，考虑供水特性是很必要的。

可利用的缓冲剂(碱度)幅度在设计一个或多个工艺过程时是很重要的：硝化，加金属盐或石灰除磷，pH 调节，膜处理系统和封闭系统氧化。

如果工艺过程中包括锅炉，蒸汽，冷却或水密封，则水供给和污水的结垢性质都可能损害设备。氯化物，硫酸盐，氧化硅，钠和其他无机物穿过 WWTP 并能够影响一些出水处置策略。高氯化物含量也能影响升温处理方案的材料的选择。在无氧条件下，高含量硫酸盐能够导致混凝土腐蚀，发臭和产生有毒空气。

如果在设计中包括了膜处理，则社区供水中的许多其他特性必须予以考虑。这些包括氧化硅，硅树脂(来自聚合物)，钙和镁，以及其他参数，取决于所列考虑因素要使用的膜的类型。在完成设计之前最好与设备供应商检验出水特性。

9　危险和禁用物质控制

这一节对有关市政污水处理厂的设计和实践中危险或违禁物质及其显著性提供简短的综述。具体而言，这一节中总结了与影响或潜在影响市政 WWTP 的危险物质的环境监管框架，描述了关于危险有机物质测定和可处理性的原理，并提供了市政 WWTP 对于危险或违禁物质的典型限制。注意危险物质的主题一直是变化的，这是很重要的。另外，州和地方法规限制了一些危险物质，但不是所有的。一些是由联邦法律管制的，而高于或超出了地方或州法规。因此，本文中描述的材料不应该直接使用，除非用户独立修正而使所关心的材料合法。

9.1　法规和准则

图 2.3 描述了有关于危险物质的 U. S. EPA 法规潜在掌控的市政 WWTP 活动和污染物来源(U. S. EPA，1989)。这些法令，及其执行条例，以及其对于市政 WWTP 的法规分支描述见以下段落中(Mulbarger，1989；U. S. EPA，1989；Zorc et al，1989)。

《资源保护和回收法》(Resource Conservation and Recovery Act)(RCRA)中的法律定义了危险物质处置(和处理和储存)的场所。监管危险物质的国会指令源于以下六个法规，经过修正：《清洁水法》；《清洁空气法》；《RCRA》；《综合环境响应，赔偿和义务法》(comprehensive environmental response，Compensation，and Liability Act)(CERCLA)，这就是已知的《超基金法案》(Superfund Act)；《紧急规划与社区知情权法》(Emergency Planning and Community Right-to-Know Act)(EPCRA)；和《有毒物质控制法》(Toxic Substance Control Act)(TSCA)。

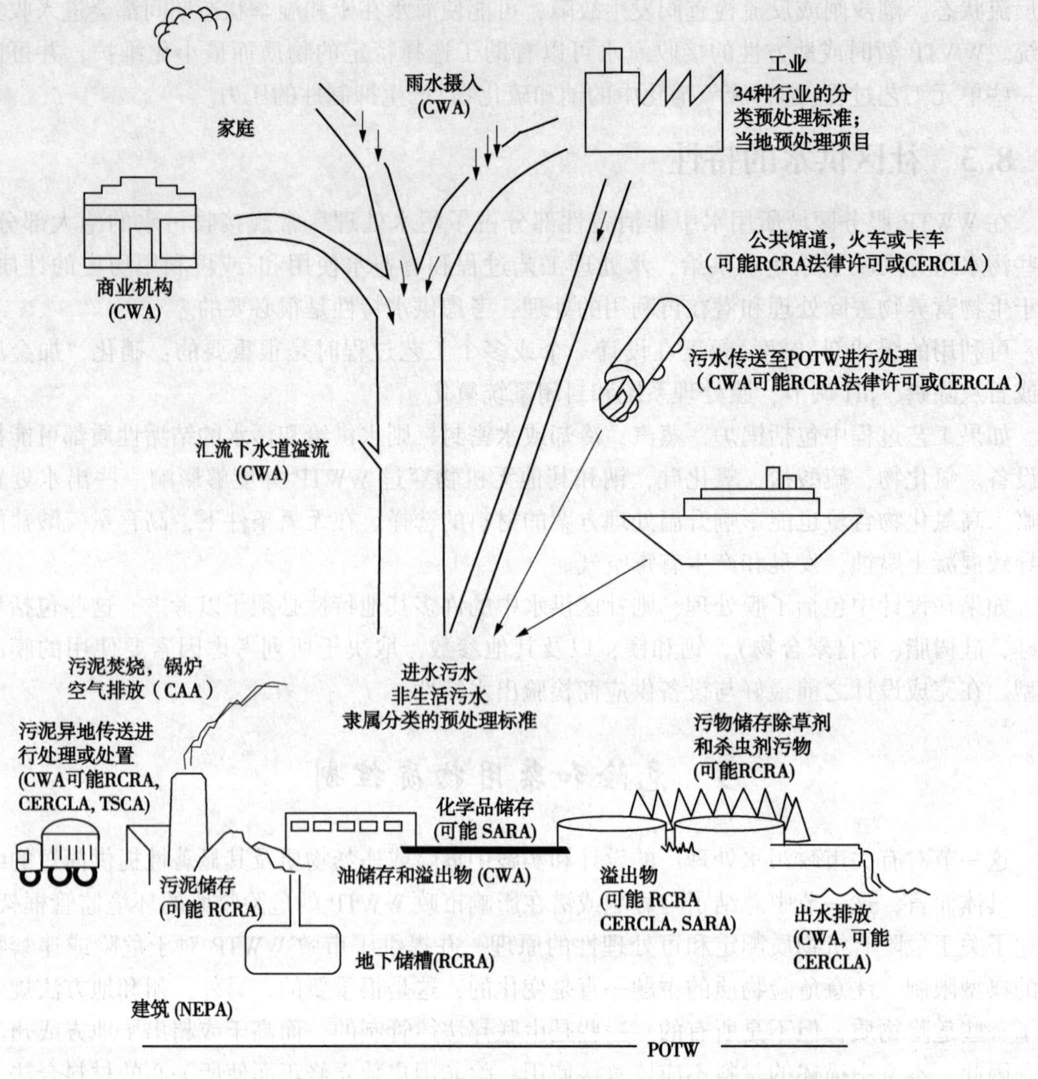

图 2.3　潜在受 U.S. EPA 管控的污染物的活动和来源

（U.S. EPA，1989）

9.2　清洁水法

联邦政府在《清洁水法》之下管理市政 WWTP。正如在第 3 节中的讨论，危险物质(称之为有限控制污染物)要接受几个不同类型的管理活动，一些是基于水质量的考虑而另一些是基于适用于在不同的工业部门中污染控制的技术。预处理规定专门禁止向市政 WWTP 引入爆炸性、腐蚀性、堵塞性，过度可变性和过热性的污染物。尽管对于 34 个行业已经建立了分类的生产性排放标准，但是程序上主要依赖于市政当局确定其自有的排放优先级并推荐解决现场具体因素的方案。

9.3　清洁空气法

《清洁空气法》对于 6 种污染物——一氧化碳、颗粒物、铅、二氧化氮、臭氧和氧化硫确立了国家环境空气质量标准（NAAQS）。各州建立了 U. S. EPA-批准的州实施计划，这形成了固定和移动污染物源的排放标准。通过州实施的第 V 部分（Title V）经营许可证计划解决了来源许可。这个项目计划影响运行焚化炉和干燥器，引擎和锅炉的市政 WWTP。通过《清洁空气法》规划，如《新源审查》（New Source Review）（NSR）/《显著性退化的预防》（Prevention of Significant Deterioration）（PSD），《新源性能标准》（New Source Performance Standards）（NSPS）和《危险空气污染物的国家排放标准》（National Emission Standards for Hazardous Air Pollutants）（NESHAP）可能要求降低具体的排放标准。

NSR/PSD 计划适用于 6 种污染物中一种或多种任何显著的（超过约 90Mg/[100t/年]）新源，并要求在满足 NAAQS 的区域内使用现有的最好控制技术。在不达标的区域——不满足 NAAQS 的那些区域可能会要求更严格的排放限制。

污水固体焚化炉的 NSPS 适用于约 1000kg/d（2200lb/d）的固体焚化速率，而目前限制颗粒（0. 65g/kg[1. 3lb/t]的干固体输入）和不透明度（20%）。市政 WWTP 的 NESHAP 限制汞为每个源 0. 0016kg 和每个场所不超过 0. 0032kg/d。如果市政 WWTP 焚烧含铍废物，则市政 WWTP 的 NESHAP 也设定了日排放限制。《清洁空气法》的实施规定是监管机构能够用于限制可提取危险有机物许可排放的载体。

有毒空气污染物，也称为危险空气污染物（HAP），也受到《清洁空气法》的监管。U. S. EPA 与州，地方和部族政府合作而降低 188 种污染物向环境排放空气毒物。有毒空气污染物的实例包括二噁英，苯，甲苯和金属，如镉，汞，铬和铅化合物。在污水处理厂中潜在的 HAP 排放源实例包括渠首工程，澄清池和曝气池。

如果这些设施排放或潜在排放任何单种 HAP 达 9 Mg/a（10t/a）或更多，或任何 HAP 组合约 22. 7Mg/a（25t/a），则要求获得《清洁空气法》下的第 V 部分的许可证。从实际的前景来看，决定是否需要许可证的三个标准是 $1\times10^5 m^3/d$（50mgd）近似流量，挥发性有机 HAP 超过 5ppm 的浓度和污水处理厂工业流量贡献度超过 30%。设施满足这三个标准中的两个时通常就必定触犯维持排放低于关键源水平的联邦强制限制，必须修改工艺方法，安装排放控制设备，或通过预处理实现等价降低。

在《清洁空气法》的第 112（r）款的特许下，化学事故预防条款规定生产、处理、加工、分配或储存某些化学品的设施要制定风险管理程序，制备风险管理计划（RMP）并向 U. S. EPA 提交 RMP。所涵盖的设施要求遵守 1999 年的规定，而该规定自从那时起就已经不时地进行修正。

设计专业人员鼓励审查计划用于市政 WWTP 中的《40*CFR* 68 分卷标准》（U. S. EPA，2008a）监管之下的化学物质列表，及其相关的阈值量。《40*CFR* 68 分卷标准》部分定期更新并能够通过 U. S. EPA 网址（http：//www. epa. gov），法律和法规部分（U. S. EPA，2004b）之下进行访问。

对于甲烷，4540kg（10000lb）RMP 阈值适用于消化池气体可燃性混合物的总重量，而不仅仅是混合物中甲烷或可燃物质的重量。然而，如果市政 WWTP 使用甲烷（或甲烷混合物）那么作为燃料或作为燃料进行销售（作为零售设施）），那么作为燃料使用的或销售的甲烷量并不涵盖于《40*CFR* 68 分卷标准》（U. S. EPA，2008a）之下。对于含水氨，该阈值仅仅适用于混合物中氨的重量。超出该阈值限制的设施必须制定风险管理程序，这包括预防释放，工艺方法安全管理和应急响应方面。U. S. EPA 已经颁布的一般性风险管理程序准则的附录 F，为市政 WWTP 提供了风险管理程序准则。

设计专业人员应该考虑将会限制可能超出阈值量的化学物质数量和/或使用的工艺过程修改或特性。合理的设计应该包括化学物质释放预防和控制的技术。

9.4 资源保护与回收法

RCRA 规定了来自诞生地，通过运输，储存和处理、处置的危险物质和在地下储存箱和市政固体废物填埋场中的非危险废物。按照监管的项目，RCRA 危险废物是指出现在四个危险废物列表(F-列表，K-列表，P-列表，或 U-列表)之一上或表现出四个特征——可燃性，腐蚀性，反应活性或毒性至少之一的废物。RCRA 对生活污水和市政 WWTP 通过生活污水排除而从司法中豁免其权限，除非市政 WWTP 使用固体处置的地下储存箱或市政填埋场。

只要工业垃圾在进入市政 WWTP 渠首之前与生活污水混合，也适合生活污水排除。如果这没有发生，且危险废物据发现是通过铁路，卡车，轮船或管道有意或无意接收的，则就适用于 RCRA 的法规许可证计划。为了使用法规许可证，设施必须具有和遵守《清洁水法》NPDES 的许可证。设施仅仅能够接受满足所有可适用预处理规定的废物，这些预处理规定应该可适用于如同通过下水管道系统排放至市政 WWTP 的污水。另外，必须获得 U.S. EPA 的标识号才能使用危险废物认证系统。所有者或营运商必须保持设施的书面运行记录并向管理机构(即，U.S. EPA 或授权州)每个奇数年提交期间涵盖危险废物处理活动的两年一次的报告。

9.5 综合环境响应，赔偿和责任法

EPCRA 建立了对于联邦，州和地方政府，印第安部族和工业有关审计危险和有毒化学品的应急预案和"社区知情权"报告的要求。社区知情权条款有助于提高公众的认知并了解有关个别设施的化学品，其用途和向环境释放方面的信息。

在第 304 款，应急知会之下，设施必须立即向州和地方政府报告极度危险物质(EHS)和数量上超过 CERCLA 定义之下对应可报告量的危险物质的偶发释放。EHS 是指具有立即健康影响并同样基于其危险和毒性特性进行分类的任何化学物质。这些化学品进行专门定义，是指《40CFR 355 分卷标准》(U.S. EPA，2008c)的附录 A 和 B 中所列的任何物质。一些 EHS 也分类为 CERCLA 危险物质，在 CERCLA 的第 101 和 102 款中定义为当向环境中释放时可能对公众健康，公众安全或环境造成重大危险的任何元素，化合物，混合物，溶液和物质。这些化学品进行专门定义，是指在《40CFR 302 分卷标准》表 302.4(U.S. EPA，2008b)中公开出版的任何物质。

在第 311 和 312 条款，社区知情权规定之下，设施生产，加工或储存标称的危险化学物质，必须制作物质安全数据表(MSDS)，描述这些化学品的性质和健康影响，并提供给州和地方官员和地方消防部门。设施也必须向州和地方官员和地方消防部门报告对于 MSDS 存在的所有现场化学品的详细目录。

在第 313 款，毒品释放清单(TRI)之下，设施必须完成和提交对于生产或其他使用超过可适用阈值数量的每一种 TRI 化学品的年度有毒化学品释放详细目录表格。TRI 计划自从 1987 年开始已经进行了显著拓展。最近，U.S. EPA 对于某些持久的生物累积性有毒(被陈述为"持久性，生物累积性和有毒性")化学品已经降低了报告阈值，能够向公众提供有关这

些化学品的附加信息。七个新工业部门被加入而拓展的覆盖面显著地超过了原始覆盖的工业(生产)。尽管所涵盖的设施要求报告日历年期间(1 月 1 日至 12 月 31 日)从设施传输到所有市政 WWTP 的污水水流中有毒化学品的总量，但是市政 WWTP 自身并未涵盖在第 313 款下要求报告的工业部门中。

9.6　有毒物质控制法

TSCA 监管有毒物质的生产，使用和处置。作为其授权立法的部分，U. S. EPA 获得授权而控制超过 65000 种现有化学物质和新化学品使用带来的风险。TSCA 主要管理标准行业分类法案 20-39(制造业)中的行业。涵盖在 TSCA 之下的几类典型行业和部门包括从事化学品生产和进口，炼油，造纸和微电子生产的公司。市政 WWTP 如果接收被聚氯化联苯类物质(PCB)或某些其他有毒物质污染的污水，则也在 TSCA 的管控之下，因为这些物质一旦超过某些阈值浓度会要求特殊的处置程序。这些 PCB 的特殊来源将会通过污水处理厂而变化并可能包括受污染的沉淀物，非法处置的 PCB 和其他来源。如果工厂发生了相同物质的溢流或泄漏，TSCA 监管其清理，使之符合专门的严格标准。

9.7　危险物质的责任最小化

工厂对于危险物质的责任能够通过以下行动最小化：

- 避免 RCRA 的法规许可证计划。如果合适，化粪池应该仅仅接受经过确证污水仅仅来自生活用水或具有进一步的证实和测试的商业和工业污水的预先具有资格的承运者。
- 强化预处理计划。不被行业用户所认证的以任何速率释放的任何污染物都不应该容许。
- 即时完全公开储存在设施和实践(包括污水池中接收的)中的所有危险物质(名称和质量)和危险物质在 NPDES 许可下可以释放至环境中的状态。
- 保持用书面通知知会许可机构。通知许可机构关于进水，出水和残余固体中危险物质的任何显著变化并在产生问题时恳请其提供建议。

如果决定接收 RCRA 或 CERCLA 清理废物，则市政 WWTP 应该确保其 NPDES 许可(完全描述废弃物，清理技术和性能，分析频率和取样程序)，排放赔偿和行为的管理许可修正。废弃物最初应该在不长于工厂的 NPDES 许可的时间内基于分段和临时的基础上接受。另外，达标分析应该包括 RCRA 危险物质列表，直至确保信息显示代价更加高昂而不合时宜。

RCRA 和 CERCLA 清理标准根据不同场所而不同，称之为可适用或相关的和合适的规定。可适用的规定是在联邦和州立法下颁布的清理标准，控制标准，以及其他真实的环境保护规定，标准或限制。可适用的规定专门解决危险物质，补救措施，定位或在现场的其他情况的问题。相关和合适的规定尽管从法律上讲是不可适用的，但是能够解决充分类似于现场突发的问题或情况。

9.8　可处理性影响

较高浓度的危险重金属在污水残余物中比危险有机物日常更容易遇到。作为守恒的物质，金属仅仅在污水处理厂废弃物和出水中累积。然而，危险有机物能够作为守恒或非守恒化合物而发生作用，这要取决于污水处理厂中的化合物和工艺方法。如果污水处理厂出水中含有危险物质则曝气系统和溢流堰可以提取有机物。

危险物质检测经常到达了分析容量的极限；因此，应该特别小心防止由于实验室取样程序而报告假阳性。清洁检测(U. S. EPA，1995)技术应该在金属接近检测极限的市政 WWTP 中使用。

化合物的化学式，分子式，溶解度，亨利定律常数，有机碳和辛醇-水分配系数能够用于预测化合物的相对可汽提性，可吸附性和可生物降解性。一般而言，分子量越低，化合物结构越简单，化合物的生物可降解性就越高。生物可降解性也取决于卤代程度(即，卤素重量与化合物总重量的比率)。高溶解度倾向于对可生物降解性有利而降低汽提和吸附作用。U. S. EPA 基于该领域内实验的报告产生了以下结论(U. S. EPA，1986)：

- 辛醇-水分配系数，$\lg K_{ow}$。如果这个分配系数超过 3.5，则有机物是高度吸附性的(即，易于与污水固体进行分配)。如果该系数低于 3.5，则该物质更易于通过汽提或生物降解(有人建议将 2.0 的分配系数作为可汽提性阈值的更佳近似值)。
- 亨利定律常数。如果该常数超过 0.024L · atm/mol。则该化合物是易于从溶液中汽提，可汽提性也随着对吸附作用的亲合性降低和卤代程度升高而增加。
- 挥发性有机物。这些物质的绝大部分质量并不占残余固体和出水中的质量。汽提和生物降解作用是更可能的去除机制；吸附作用较小而或许是不可测定的。
- 碱性-中性化合物。这些化合物具有高度变化的去除机制，化合物可生物降解性越强就不易于分配到固体中去。挥发作用和汽提不可能是显著有效的去除机制。
- 酸可提取物质。去除机制取决于生物降解作用；许多这些化合物都是在氯化作用期间潜在地形成的。
- 杀虫剂和 PCB。这些化合物能够产生强烈吸附作用，在厌氧环境中几乎不发生降解，然而在有氧条件下发生显著降解。
- 金属。金属大量浓缩于残余固体中。

通过市政 WWTP 除去危险物质不仅依赖于物质的形式，而且还要依赖于在进水污水和处理工艺过程中接收到的水平。处理工艺过程提供了挥发(大表面积)，汽提(曝气和混合)，再循环(封闭的纯氧系统再循环汽提的挥发性有机化合物，容许更大的生物降解作用)和生物降解和化学品使用(氯，臭氧和有机聚合物)的机会。正如所预期的那样，市政 WWTP 危险物质的去除效率是高度可变的。而且，要充分预测给定污水处理厂的性能，如果没有详细掌握具体地点的条件几乎是不可能的。

设计人员和 WWTP 经营者应该意识到，大多数有毒物质，包括激素和杀虫剂，都具有很强地分配至固相中的能力而由此保留在残留固体中。万一有毒垃圾出现在进水中时，残余物固体经常比污水处理厂出水更为危险。危险污染物对残余固体及其用途的影响涵盖于第 3 册中。

10 成本核算

10.1 概述

施工成本是有关污水处理设施设计的项目成本的重要组成部分。这一节介绍不同类型的成本核算及其相关精度水平的综述，也介绍了如何充分进行文献核算和设计人员可利用资源开发成本核算。最后，该本节笼统地讨论了成本加成和意外事故准备金的处理以及定量化。

10.2　核算类型

工程造价促进会(Association for the Advacement of Cost Engineering)(Morgantown，West Virginia)(AACE)已经制定出有助于分类成本核算类型的定义(AACE，1997)。他们的成本核算分类系统考虑了成本核算最显著的特性，包括项目界定程度，核算的最终用途，核算方法学，预期的精度范围和准备核算所需的努力和时间。基于这些特征，AACE 已经建立了 5 种成本核算类型。这些类型都定义在表 2.14 中。第 5 类核算是基于项目定义的最低水平，而第 1 类核算接近于整个项目定义。

成本核算的最终用途分类也经常用于定义核算类型。然而，用于定义不同分类的术语学(即，数量级，预算，或权威性)倾向于根据股东的身份(即，所有者代理，设计人员，或承包商)和根据核算的预定用途(即，工程资金，工程师的核算和标单开发)确定。

表 2.14　AACE 成本核算分类表

核算类型	初级特性	二级特性			
	项目定义水平 表示为完全定义的百分数%	最终用途 核算典型目的	方法学 典型核算方法	预期精度范围 典型的相对于最佳指数 1 的+/-范围①	预备努力 有关最低成本指数 1 的努力典型程度②
类型 5	0~2%	筛选或可行性分析	随机性的或判断性的	4~20	1
类型 4	1%~15%	概念研究或可行性分析	主要是随机性的	3~12	2~4
类型 3	10%~40%	预算，授权或控制	混合性的，但主要是随机的	2~6	3~10
类型 2	30%~70%	控制或出标/投标	主要决定性的	1~3	5~20
类型 1	50%~100%	核查核算或出标/投标	决定性的	1	10~100

(AACE，1997；AACE 国际部授权重印，209 Prairie 街，100 号，Morgantown，WV25601 USA。电话：800-858-COST/304-296-8444。传真：304-291-5728。网址：http：//aacei.org Email：info@ aacei.org，由 AACE 国际部授权©；保留所有权利)。

① 如果范围指数值“1”表示+10/-5%，则指数值 10 表示+100/-50%。

② 如果成本指数值“1”表示项目成本的 0.005%，则指数值 100 表示 0.5%。

10.3　直接成本和间接成本

施工成本核算主要包括直接资金成本。这些成本包括：

- 土地和场地开发成本；
- 场地服务成本；
- 调职费用；

• 原料，设备和劳动力成本；

• 所有施工成本，包括承包商的管理费用、利润、债券和保险，以及施工意外事故准备金。

间接资金成本包括工程设计，许可证和施工期间和意外事故期间的法律事务，以及任何其他相关的成本。

直接成本和间接成本的总和等于项目的总资金成本。独立地总结直接资金成本和间接资金成本并包括每一类目的意外事故准备金是很重要的。合并直接和间接成本及意外事故准备金对于施工和工程设计成本的单个核算给人留下不明晰的印象。

10.4 精度水平

核算的精度范围将取决于输入信息的质量和深度以及与所用的实际核算过程相关的几个因素。其他因素，如对项目正在考虑的技术状态和参考成本核算数据的质量，也在定义精度范围方面扮演了一个重要角色。一般而言，核算精度与核算分类相关，由此与项目定义的水平相关。表 2.15 包括了作为由 AACE 定义核算类别(AACE，1997)函数的预期精度范围。

表 2.15 成本核算证明文件的推荐水平

所需的证明文件	第 5 和 4 类	第 3 类	第 1 和 2 类
用于支持设施成本，一般场地信息，或工艺方法的成本曲线	×		
用作核算成本基础的类似项目的信息	×		
用于成本曲线和流通值的项目成本索引的工程学消息记录施工成本索引(ENR CCI)数据	×		
用于量化具体设施或工艺方法的梗概或制图	×	×	
用作成本，生产率或范围假设的基础的概要详细说明数据		×	
用作卖家设备报价之基础的设备砍价表		×	×
用于量化具体设施，工艺方法或场地特性的完成 85%~95% 制图			×
与能够量化的每一设施相关的物料数量的优化组织列表(通过详细说明清单部分组织化的数量和在核算和支撑文件之间易于参考的设施)	×	×	×
卖家或下级承包商的设备或用于成本核算的服务的报价	×	×	×
核算所赋的 ENR CCI 值	×	×	×
成本开发信息(员工成本和生产率假设)	×	×	×
其他成本开发信息(参照用于支撑单个单位成本，可适用的工资率等的可适用成本指导)	×	×	×
总结详细成本和核算总结信息的计算机电子数据表或软件输出信息	×	×	×

(AACE，1997；AACE 国际部授权重印，209 Prairie 街，100 号，Morgantown，WV25601 USA。电话：800-858-COST/304-296-8444。传真：304-291-5728。网址：http：//aacei.org Email：info@ aacei.org，由 AACE 国际部授权©；保留所有权利)

10.5 量化处理

对于具体核算所需的量化水平随着设计努力的完备性而变。例如，在项目定义阶段

(即，概念和/或示意性的设计)期间实施的第 5 和 4 类核算将会主要依赖于容量数据，如工厂的容量，管道流量和罐池容积条件。在另一方面，在施工合同文件准备期间实施的第 1 类核算将会要求对所有的设施的物料进行详细量化处理，而卖家报价和单位成本开发都对应于工程施工的具体区域。

通过使用正确单位量化核算中使用的物料，核算人员能够开发出匹配这些单元装置的单位成本。施工行业典型地是指按照标准化量化过程的方式的物料数量。由于核算通过设计的施工合同文件准备衍生于项目定义，则数量也将会变化。在施工成本核算中所用的施工物料的量应该按照有序的表格进行组织。标准的格式使之易于通过设施而随后通过详细说明部分在表格上组织这些量。

10.6　成本源

施工成本核算的定价输入衍生于各种来源。这些来源包括成本数据工作薄和标准。成本数据工作薄有差别地总结和报告成本，了解具体准则的成本的结构化和它们应该如何应用于正在产生的核算，是很重要的。

其他成本来源包括以下方面：

- 厂商和卖家的书面和电话报价，
- 承包商和下级承包商的报价，
- 类似完工项目的核算，
- 出价标签，
- 成本曲线，
- 成本/容量比率公式。

10.7　成本加成和意外事故准备金的应用

工程师施工成本核算的格式类似于普通承包商投标核算。在小计物料，劳力，设备和下级承包商成本(涵盖能够确定而在设计开发的具体水平上不能量化的限额)之后，以日常开支，利润，动员费，债券和保险，以及外事故准备金形式的成本加成适用于达到总出标价格。这些成本加成的典型值如下：

- 日常开支：5%~10%，
- 利润：5%~10%，
- 动员：3%~10%，
- 债券和保险：1.5%~2%，
- 外事故准备金：0~30%。

成本加成应用于复合模式中的小计。例如，日常开支上浮 5%~10%应用于直接施工成本小计，而获得包括日常开支的小计。利润上浮 5%~10%随后应用于包括日常开支的小计，而获得具有日常开支和利润的小计。这种复合方式继续实施以至于最后意外事故准备金应用于包括日常开支，利润，动员费，以及债券和保险的小计。

意外事故准备金是对于已经经历过的可能将会发生的事故的储备。随着核算水平的变化，意外事故准备金是不同于津贴补助。提供的工程细节越多，意外事故准备金就越低。所有的核算都应该具有意外事故准备金。通过将意外事故准备金包含在内，核算的精确水平就不会被改动。

10.8 核算文件

完备的支撑文件为设施所有者提供正当的建设施工成本核算，而同时有助于最小化设计专业人员的责任风险。表 2.15 显示了对于各种核算的水平需要提供文件的推荐最低水平。

以下信息也包括到完备而适合递交所有者的核算中

1. 核算目的。设施所有者，工程定位，设施或工程类型和分类和/或核算水平都应该列出。

2. 工作范围。关于容量，质量，所用的计划和详细说明，所用的设备列表或数据表，工作的单个部分的持续期和排序，以及场地限制或条件都应该列出。

3. 假设。如果范围数据是不完全的或在核算时不可用，则解释核算基础的假设列表必须归档。这些假设可能包括结构混凝土厚度，输入填充到现场的面积，地下水是否存在，护墙板的需要与否，以及从成本核算中排除的范围。

4. 成本资源。在成本核算中所用的所有成本都应该称之为合适的资源。由核算数据库加载的成本应该包括来自数据库的成本资源数。非由数据库提供的所有成本都应该包括支撑文件。文件包括厂商，供应商或下级承办商的报价(口头电话报价或书面报价)单位成本开发计算和生产率假设。由厂商，供应商或下级承办商提供的成本应该包括厂商名称，提供信息的人和成本提供的日期。

5. 成本加成。哪一种成本价格用于日常开销，利润，动员，债券和保险，以及意外事故的指示都应该包括在内。具体的成本加成用于每一核算的缘由，都应该存档。通常情况下，成本在实施加成之前进入核算之中。成本加成随后应用于核算小计中而确定工程的总施工成本。这些加成可以随着核算人员，核算类型和工程当时所在位置的市场条件而变化。

6. 计划时间表。核算所建立之基础的计划时间表应该进行描述。某些施工活动，如一般条件和成本逐步攀升，都依赖于计划时间表。

7. 备抵。在每一核算中都具有不能定量或太小而不会花时间进行定量的已知范围的活动。这些成本典型地是由备抵涵盖。指出备抵何处合适并解释其为什么以核算中指示的水平使用。

8. 核算精度。每一核算应该按照本节中参指的系统如 AACF 系统使用和通过描述其最终用途而进行分类(即，概念设计，设计开发阶段，施工文件准备)。

9. 施工可行性。在核算准备期间标注的任何事故或施工可行性问题都应该列出。这些问题在核算中如何解决也应该指出。

10. 合格语言。每一核算应该包括合格陈述。这些陈述预想限制提供施工成本核算的责任。

11. 施工成本索引。每一核算应该参考施工成本索引，如由工程消息记录(Engineering News-Record)(New York，New York)(ENR)所建立的施工成本索引(http：//www.enr.com)。

11 生命周期成本评价准则

民营企业和公用事业单位具有股东受托责任而作出有关资本改善和整体资产管理的审慎

财务决策。

当评价资本工程的经济学性时，公用事业单位要面对作出决策的许多经济学变量分析。当用于作出决策的仅有变量是资本成本时，评价将大大简化；然而，在资产生命周期内，可能存在与营运和维护资产相关的许多续生成本。在许多情况下，营运和维护资产的成本远大于投资成本。因此，这就会变成分析资产在其核算的生命期内的成本而作出与高级资产管理原则一致的更综合性财务决策的一般所接受的工业实践作法。这就是现在众所皆知的生命周期成本(LCC)评价。LCC 评价被认为是比仅仅资本成本更加强有力的经济评价。LCC 尤其适用于评价备选方案成本相关的相对差异而典型地用于污水处理厂总体规划，设施规划和设计前阶段。

LCC 评价适用于需要比较备选方案投资成本，O&M 成本，资产期望寿命变更的经济学时的情况。对于污水处理公共设施，续生成本通常仅限于 O&M 成本。LCC 是有价值的，因为其容许将 O&M 成本组分的成本包括在内，如电力，燃料，劳动力，化学物质和资产修理或替换。

LCC 方法的附加价值是其需要量化与资产运行相关的自然资源消耗率，如电力，天然气和化学品。对自然资源消耗进行量化，就能够结合经济学分析更精确地评价环境效应。这将在本章的第 11 节中讨论。

11.1　现值方法

该节将描述多家 WWTP 工程备选方案的成本有效性比较的准则和确定 LCC 的一般方法。这些准则和方法都是基于附录 A 中《40*CFR* 35 分卷标准》部分 E(U. S. EPA，1978)中提出的成本有效性准则。

市政 WWTP 工程的 LCC 比较能够采用现值或等价均匀年度值方法完成。备选方案评价的现值方法是功能强大的工具，因为未来的支出都会依次转化成现在的等价成本。现值成本提供了一种在等价基础上评价备选方案资本成本和年度 O&M 成本的方法。备选方法在计划期间内所有未来资本和营运成本都转化成基础年期间的等价值。因此，备选方案的当前价值是基础年内必须可以利用的现价美元，包含折扣率，而偿付计划周期之内与本方案相关的所有预期资本和营运成本的现金量。具有最低现值的备选方案是工程寿命期内最佳成本有效性的方案。在所有成本有效性比较中所用的常见参数包括设计寿命，折扣率，设备和结构寿命预期，以及分析的基础年。现值分析的理论，用于计算现值成本的方程和为方程提供折扣率因子的表格都能够在有关工程经济学的任何教科书中找到。

现值分析应该采用表示现值分析的时间的基础年或设施在施工之后营运初年进行实施。资本成本应参考 ENR 建筑成本指数。当前成本通常适用于分析，而通货膨胀率能够应用于这些成本中，但是除了用于实施所选方案的详细财务分析之外，这并不是常见的实践惯例。

11.2　折扣率

当未来现金数量转化成其当量现值时，现值的数量级一直会低于其计算的现金流量的数量级。这是因为对于任何大于零的利率，所有未来金钱值都低于其现值，为此，现值计算经常称之为折扣的现金流量法。对于《州立滚动基金计划条例》(Regulations for the State Revolving Fund Program)(40CFR 35. 2130[b][3]，U. S. EPA [1978])要求在设施计划中实施的成本有效性分析要基于由 U. S. EPA 确立的每个联邦财政年度 U. S. EPA. A 折扣率而建立的折扣率为基础。设施规划项目要求使用有助于规划开始之年的有效折扣率。由 U. S. EPA 建立的年度折扣率可以通过代理处的市政支持部(Washington, D. C.), U. S. EPA 管辖区域和州可以获得。

所有者也能够采用反映所有者用于通货膨胀调节资金的长期、实际成本的折扣率进行成本有效性分析。

11.3 残值

残值是在资产使用寿命末时的预期市场价值，其可以是正值，零或负值。如果存在与停运资产相关的成本，或停运成本大于资产使用寿命末时的市场价值，则残值为负值。当前税务认可的折旧方法，即使实际残值可能是正值，也会通常假设残值为零。注意，当资产出售变现净值比目前账面价值更大时，可能要强迫缴纳所得税(Blank and Tarquin, 1989)。

11.4 期望寿命

资本成本条目的期望寿命一般在实施现值分析时进行假设。寿命低于规划期间的条目具有在规划期间与替换该条目相关的成本。寿命高于规划期间的条目在规划期末具有残值。这能够通过在给定时期内对具体条目成本和信用创建现金流量并随后实施净现值分析而进行解释说明。典型地，期望寿命对于所有设备设为 15~20 年而对于建筑、结构和管道设为 50 年。金属结构比混凝土结构所给寿命更短。某些权限可以在 LCC 分析中要求指定寿命。

11.5 资本成本

资本成本典型地包含土地购置费加上估算的资本施工成本，包括设备，管道，建筑和结构，以及设计、项目管理和意外事故的成本。设备成本因为在现值分析中所用的期望寿命不同而应该从其他成本中分开确定。挖掘资本成本的方法在本章第 10 节中进行讨论。

11.6 年度营运和维护成本

年度 O&M 成本是每年保持设施处于良好运行状态而维持结构和设备的使用寿命付出的那些成本。年度 O&M 成本包括工资，薪水和福利、维护修理和替换、能耗和化学品。

典型地，在分析中所用的 O&M 成本就是初年营运的成本。如果预期基本流量增加，则在规划期间这些成本也可能增加。运营和维护成本典型地是基于分析时间的成本，而不包括未来的通货膨胀。工资、薪水和福利的平均成本应该来源于所有者并应用于预期数量的工厂职工。维护成本，包括润滑油，替代部件和其他维护条目，经常核算为占设备资本成本的 1%。如果允许，可能需要更详细地分析维护成本。这个价对于预期具有异常高维护需要的设备应该会升高。

电力成本应该基于平均功耗和电力总成本(消耗+需求)。化学物质成本应该基于核算的平均使用和通货单位成本。固体处置成本经常占 O&M 成本的显著部分而应该仔细确立。

11.7 施工期间的利息

U. S. EPA 的成本有效性准则由施工期间以下核算利息的方程表示：

$$I=0.5PCi \tag{2.1}$$

式中　I——施工期间的利息,%;

P——施工工期，年;

C——总项目成本;

i——折扣率,%。

11.8　土地成本

U.S. EPA 的成本有效性准则规定，土地价值到规划期末每年应该逐步攀升 3%，土地价值应该在规划期末进行残值核算。除了意外状态之外，土地价值的现值在最终的成本有效性对比中是可忽略的且能够被忽略的。如果每一个备选方案都使用同一地皮，则该成本不应该包括在内(排除的公因子)。对于每个备选方案，如通过市政 WWTP 所有者购买土地的用地申请的处理，土地成本就应该包括在内。在这种情况下，U.S. EPA 准则应该适当地调节至具体情况，除非备选方案资金筹措必须严格依照准则。在土地应该由另一所有者租赁而不是购买的情况下，租赁费用应包括在 O&M 成本之内，如果合适，可以作为备选方案独立的常年经常性开销。

11.9　隐没成本

成本有效性分析能够仅仅包括未来支出。备选方案所发生的任何成本必须当成隐没成本并从分析中排除。受益于隐没成本的备选方案将会降低未来成本——资本，O&M，或者这二者都降低。

12　多标准决策分析

实施新的或升级现有的市政 WWTP 备选方案的选择，取决于经济和非经济标准的考虑要素。然而，这种方法的挑战在于合理考虑不易于采用更易于明确定义的资本和 O&M 成本量化的重要因素的经常性困难。而且，市政 WWTP 工程中的总目标包括许多经常相互冲突的具体目标。这方面的具体实例是最小化施工成本和最小化环境和社会影响。后者的最小化可能导致项目成本的显著升高。

为此，多标准决策分析(MCDA)是一种方法学工具，有利于在备选方案比较时通过包括不同类型的标准(即，经济，环境，技术和社会)而作出决策。为了对市政 WWTP 项目应用 MCDA，对所考虑的备选方案，最终项目必须满足的目标，将会由不同股东用于测定目标满足程度的标准，和不同标准相对显著性的一些测定方法进行定义，是必要的。这种正式的方法有助于结构化评价过程，使各种"假设"场景考虑平衡，得到一致的合理决策，并选择出满足所有者多个目标的一致性方案。

12.1　目标和可适用标准

市政 WWTP 工程的主要目标是遵循法规规定而满足预期处理目标，其主要适用于保护公众和环境卫生。然而，还存在其他合乎需要的目标，如成本最小化，提供工艺过程的可靠性和灵活性，营运有利化，安全和安保方面最大化，以及施工和未来运营期间的社会影响最小化。所有这些可适用的标准，对于每一工程是不同的，能够一般性地分类成四组主要目的——经济，环境，技术和社会。其中一些能够易于量化，然而其他一些需要采用定性方法在备选方案中实施比较。

12.1.1 经济标准

当从经济角度进行备选设计方案的比较时，与施工和运营成本(包括人员，能量，化学物质和维护)相关的标准是很重要的。具体而言，能量需求(即，曝气，泵送，加热和混合)必须与化学物质需求(即，磷的沉淀金属盐，增强脱氮效率的外部碳源，或消毒的氯)和与污泥的收集和处置相关的成本一起考虑。任何来自能量回收的潜在受益(即在厌氧消化池中产生甲烷的方式)都应该包括在分析之中。选择任何用于备选方案比较的成本相关标准，一旦量化处理，就必须将其表示为总预算百分数进而标准化。

12.1.2 环境标准

一般而言，在市政 WWTP 工程中存在与环境卫生保护相关的目标。这并不是指与这个项目实施有关的负面环境效应。除了所接收的水体中所处理的出水质量的影响之外，还有其他的环境效应，如能耗，所用化学试剂，处理残余物的管理，以及大气排放，这些都必须加以考虑。在这个意义上，生命周期评价(LCA)已经证实是一个评价污水处理设施的总体环境性能的有用工具。LCA 能够定义为系统在其生命周期内——从原料的生产到废弃物处置的投入、产出和环境效应的汇总和评价。有关 LCA 的更多信息能够在第 5 章中找到。

12.1.3 技术标准

非常常见的是，在详细设计单元、设备和控制策略之时才考虑技术方面的问题。然而，在概念设计阶段包括技术标准，应该确保可靠、灵活、功能强大而易于操作的安全设施。安全因素应该当作是技术标准的一个子类。安全问题涉及掉落物的潜势，有限空间入口，暴露设备或移动部件，化学品的运输、储存，以及工厂操作员的加料。安全还应该考虑需要用于降低社区之外诸如化学品递送和交通运输的危险级别的具体预防措施。也有基于有关技术标准评价的模拟结果的一些数值方法(即，Comas et al，2008；Copp，2002；Flores et al，2007；Vanrolleghem and Gillot，2002)。如果这个不可能实现，则备选方案之间的定性比较排名可能是足够使有关不确定性和主观性方面变得明确，清楚。

12.1.4 社会标准

在设计 WWTP 时社会标准逐渐变得越来越重要。这种类别的标准不仅包括有关设施职员和外部工人，而且也涉及设施对邻居和外部社会的相关影响。噪声、视觉美学(设施的相关视觉效应——近景和远景——从与周围环境的融合和具有令人愉悦的建筑和环境美化的角度)，社会参与和有关空气排放的气味，一般都是各个备选方案的鲜明特征。如上所述，这些标准大多数都不可能易于量化，需要进备选方案之间进行定性比较。

12.2 评价方法学

对于涉及多个目标的决策分析，具有几种评价方法。图 2.4 显示了 WWTP 设计的一般 MCDA 评价方法学的示意图(Flores et al.，2005)。在收集和分析所有可用信息的预备步骤之后，下一步则包括定义设计目标和用于目标满意度度量的评价标准。初始重量因素用于确定标准的相关重要性。在后续的步骤中，存在许多有关设计过程的任务——有待解决的问题的明确，潜在备选方案的诞生，定义这些具体问题的子类标准的选择和所提出方案的评价。这种评价是作为多标准方法达成并包括定量化；评价标准的标准化；和权重求和，其中在评价之下的每一备选方案获得的分数通过每一标准化的标准乘以其对应权重的积相加而计算。备选方案根据所获得的分数进行排名。最高分数的备选方案是所考虑目标满意度最高的方案，属于推荐实施的方案。相同的方法反复适用于处理所出现的每一新问题，直至完成 WWTP 工程的概念设计。

一旦应用 MCDA，应该实施进一步分析而研究初步结论是否论证充分或对备选方案所考虑的基本假设中的变化是否敏感。这些敏感性分析是在模型输入参数中对模型变化输出影响的客观检测。作出这些变化可以研究信息丢失的显著性，探讨决策者关于他或她价值和优先性的不确定性的影响，或对该问题提供不同的角度。

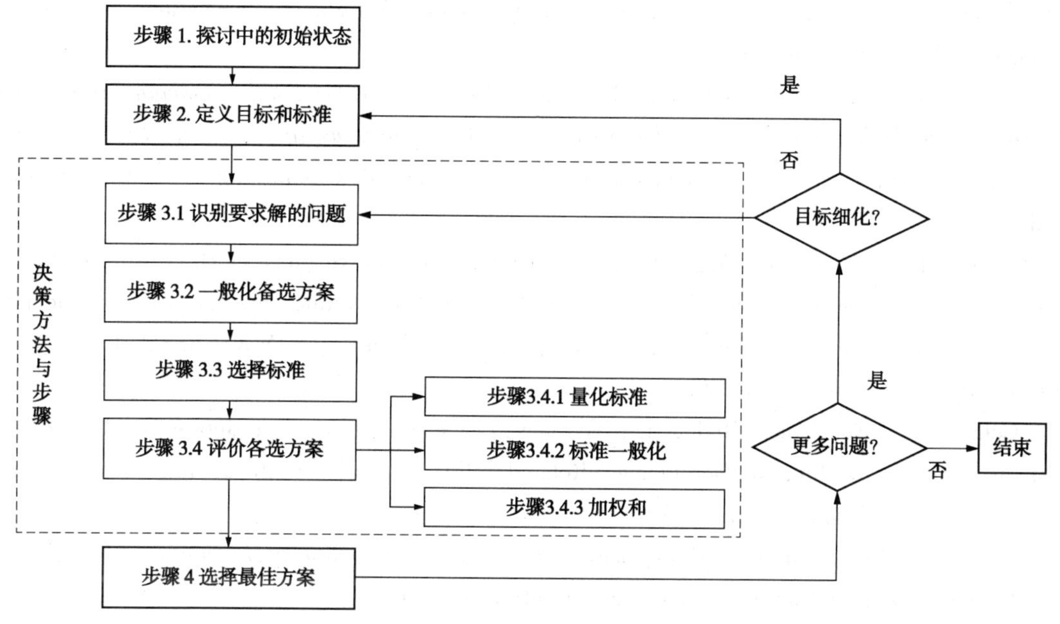

图 2.4　一般 MCDA 评价方法学的示意图(Flores et al.，2005)

在污水处理厂设计中，所作决策的背景会大大影响备选方案的选择。这些背景因素通过所有者，设计团队和所有其他重大利益相关者根据赋予每一标准的权重因子进行定义。对所确定的标准赋予或多或少的权重，将明显限制决策过程期间所产生的某些备选方案。合适的敏感性分析将会决定可能存在的哪一输入参数对总体评价具有关键的影响——即，其中标准权重较小的变化能够影响总体优先排序。设计人员也被提供有用的信息，如在哪种条件下每一备选方案是优选方案，对于最宽泛的情况哪种方案是最佳之选，并明确每一备选方案的优劣之处。注意，MCDA 和敏感性分析的焦点是关注决策的支撑问题，而不一定是“正确”答案的界定。

13　参考文献

American Society of Civil Engineers；Water Environment Federation (2007) *Gravity Sanitary Sewer Design and Construction*，2nd ed.，ASCE Manuals and Reports on Engineering Practice

No. 60, WEF Manual of Practice No. FD-5; American Society of Civil Engineers: Reston, Virginia.

Association for the Advancement of Cost Engineering (1997) Cost Estimate Classification System, AACE International Recommended Practice No. 17R - 97. AACE International: Morgantown, West Virginia.

Association of Metropolitan Water Agencies; National Association of Clean Water Agencies; Water Environment Federation(2007) Implementing *Asset Management*: *A Practical Guide*; Association of Metropolitan Water Agencies: Washington, D. C.

ATV (German Association for the Water Environment) (1995) *Design and Construction of Wastewater Treatment Facilities*; DWA (German Association for Water, Wastewater, and Waste Management): Bonn, Germany.

Bakir, H. (2000) *Sanitation and Wastewater Management for Small Communities in EMR Countries*: *Challenges and Strategies for* Accelerated *Development within the Water Resources Constraints*, Technical Note on Environmental Health. World Health Organization: Geneva, Switzerland.

Blank, T. B.; Tarquin, A. J. (1989) *Engineering* Economics; McGraw Hill: New York. City of Phoenix (2004) Design Standards Manual for Water and Wastewater Systems. City of Phoenix, Water Services Department: Phoenix, Arizona, http://phoenix.gov/WATERSERVICES/standards.html(accessed November 2008).

Comas, J.; Rodriguez-Roda, I.; Gernaey, K. V.; Rosen, C.; Jeppsson, U. (2008) Risk Assessment Modelling of Microbiology-Related Solids Separation Problems in Activated Sludge Systems. *Environ. Model. Software*, 23, 1250-1261.

Commonwealth of Virginia (2004) *Sewage Collection and Treatment Regulation*, 9VAC 25-790. Commonwealth of Virginia, State Water Control Board.

Construction Management Association of America(2003) *Capstone*: *The History of Construction Management Practice and Procedures*, Course Study Guide; Construction Management Association of America: McLean, Virginia.

Copp, J. B. (2002) *The COST Simulation Benchmark*: *Description and Simulator Manual*; Office for Official Publications of the European Community: Luxembourg.

Council of the European Communities(1991) Council Directive 91/271/EEC Concerning Urban Waste Water Treatment, May 21, 1991. Council of the European Communities: Brussels, Belgium.

Council of the European Communities(1998) Council Directive 98/83/EC of 3 November 1998 on the Quality of Water Intended for Human Consumption. Official Journal L 330, 0032-0054, Council of the European Communities: Brussels, Belgium.

Council of the European Communities (2006) Proposal for a Directive of the European Parliament and of the Council on Environmental Quality Standards in the Field of Water Policy and Amending Directive 2000/60/EC, July 17, 2006. Council of the European Communities: Brussels, Belgium.

Design-Build Institute of America (2009) *Contract Incentives and Design-Build Acquisition*, Manual of Practice. Design - Build Institute of America: Washington, D. C., http://www.dbia.org/pubs/manualofpractice/ (accessed November 2008).

Engineers Joint Contract Documents Committee (2007) Standard General Conditions of the Construction Contract. Engineers Joint Contract Documents Committee, American Council of Engineering Companies: Washington, D. C., http://www.ejcdc.org (accessed November 2008).

Environmental Protection and Heritage Council; National Health and Medical Research Council; Natural Resource Management Ministerial Council (2008) *Australian Guidelines for Water Recycling: Managed Aquifer Recharge, Phase* 2, *Draft for Public Consultation, May* 2008; Environmental Protection and Heritage Council: Adelaide, Australia.

Environmental Protection and Heritage Council; Natural Resource Management Ministerial Council; Australian Health Ministers' Conference (2006) National *Guidelines for Water Recycling: Managing Health and Environmental Risk*, Phase 1; Environmental Protection and Heritage Council: Adelaide, Australia.

Flores, X.; Bonmati, A.; Poch, M.; Rodríguez-Roda, I.; Bañares-Alcántara, R. (2005) Selection of the Activated Sludge Configuration During the Conceptual Design of Activated Sludge Plants Using Multicriteria Analysis. *Ind. Eng. Chem. Res.*, 44(10), 3556-3566.

Flores, X.; Rodríguez-Roda, I.; Poch, M.; Jiménez, L.; Bañares-Alcántara, R. (2007) Systematic Procedure to Handle Critical Decisions During the Conceptual Design of Activated Sludge Plants. *Ind. Eng. Chem. Res.*, 46(17), 5600-5613.

Great Lakes-Upper Mississippi River Board of State and Provincial Public Health and Environment Managers (2004) *Recommended Standards for Wastewater Facilities*. Health Education Services: Albany, New York, http://www.hes.org (accessed November 2008).

Hovey, W. H.; Tchobanoglous, M.; Schroeder, E. D. (1979) Activated Sludge Effluent Quality Distribution. *ASCE J. Environ. Eng. Div.*, 105, 819-828.

Metcalf & Eddy (2003) *Wastewater Engineering: Treatment and* Reuse, 4th ed., Tchobanoglous, G., Burton, F. L., Stensel, H. D. (Eds.); McGraw-Hill: New York.

Mulbarger, M. C. (1989) Special Wastes Acceptance Guidance: Baseline Understandings. Prepared for Danville Sanitation District: Danville, Illinois.

National Biosolids Partnership (2006) *Biosolids EMS Guidance* Manual; National Bio solids Partnership: Alexandria, Virginia, http://www.biosolids.org/ (accessed November 2008).

New England Interstate Water Pollution Control Commission (1998) *Guides for the Design of Wastewater Treatment Works*, TR - 16; New England Interstate Water Pollution Control Commission, Technical Advisory Board: Lowell, Massachusetts, http://www.neiwpcc.org/tr16guides.asp (accessed November 2008).

Patel, M. (2008) Design and Operation of Tertiary Membrane Plants; Nov 18 Webcast; Water Environment Federation, Alexandria, Virginia.

SAVE International (2007) Value Standard and Body of Knowledge. SAVE International: Dayton, Ohio, http: //www. value-eng. org(accessed November 2008).

U. S. Environmental Protection Agency (2008a) Chemical Accident Protection Provisions. *Code of Federal Regulations*, Part 68, Title 40. U. S. Environmental *Protection* Agency: Washington, D. C.

U. S. Environmental Protection Agency(2008b) Designation, Reportable Quantities, and Notification. *Code of Federal Regulations*, Part 302, Title 40. U. S. Environmental Protection Agency: Washington, D. C.

U. S. Environmental Protection Agency (2008c) Emergency*Planning* and Notification. *Code of Federal Regulations*, Part 355, Title 40. U. S. Environmental Protection Agency: Washington, D. C.

U. S. Environmental Protection Agency(1970) *Federal Guidelines*: *Design Operation and Maintenance of Wastewater Treatment Facilities*, EPA-832/B-70-100; U. S. Environmental Protection Agency: Washington, D. C., http: //yosemite. epa. gov/water/owrccatalog. nsf/065ca07e299b464685256ce50075c11a/46230b0e7cc89a1d85256b0600723911! OpenDocument (accessed November 2008)

U. S. Environmental Protection Agency (2004a) 2004 *Guidelines for Water Reuse*, EPA-625/R-04-108; U. S. Environmental Protection Agency: Washington, C., http: //www. epa. gov/nrmrl/pubs/625r04108/625r04108. pdf(accessed November 2008).

U. S. Environmental Protection Agency (2004b) *General Guidance on Risk Management Programs for Chemical Accident Prevention* (40*CFR* 68), EPA - 550/B - 04 - 001; U. S. Environmental Protection Agency, Office of Solid Waste and Emergency Response: Washington, D. C.

U. S. Environmental Protection Agency(1995) *Method* 1669: *Sampling Ambient Water for Trace Metals at EPA Water Quality Criteria Levels*, EPA-821/R-95034; U. S. Environmental Protection Agency, Office of Water: Washington, D. C.

U. S. Environmental Protection Agency (1978) Municipal*Wastewater* Treatment Works, Construction Grants Program. *Fed. Regist.*, 43, 44022.

U. S. Environmental Protection Agency(1989) *Overview of Selected EPA Regulations and Guidance Affecting POTW Management*, EPA - 430/09 - 89 - 008; U. S. Environmental Protection Agency, Office of Water: Washington, D. C.

U. S. Environmental Protection Agency(2008d) Protection of the*Environment*. *Code of Federal Regulations*, Title 40. U. S. Environmental Protection Agency: Washington, D. C.

U. S. Environmental Protection Agency(1986) *Report to Congress on the Discharge of Hazardous Wastes to Publicly Owned Treatment Works*(*The Domestic Sewage Study*), EPA-530/SW-86-004, U. S. Environmental Protection Agency, Office of Water: Washington, D. C.

U. S. Environmental Protection Agency(2008e) Secondary*Treatment* Regulation. *Code of Federal Regulations*, Part 133, Title 40. U. S. Environmental Protection Agency: Washington, D. C.

U. S. Environmental Protection Agency (2007) Water Quality Trading*Toolkit* for Permit Writers. U. S. Environmental Protection Agency: Washington, D. C., http: //www. epa. gov/owow/

watershed/trading/WQTToolkit. html(accessed March 2009).

Vanrolleghem, P. ; Gillot, S. (2002) Robustness and Economic Measures as Control Benchmark Performance Criteria. *Water Sci. Technol.* , 45(4/5), 117-126.

Water Environment Federation(2004) *Financing and Charges for Wastewater Systems*, Manual of Practice No. 27; Water Environment Federation: Alexandria, Virginia.

Water Environment Federation (2007a) *Effects of Wastewater Treatment on Microconstituents*, Technical Practice Update, Microconstituents Community of Practice, Technical Practice Committee; Water Environment Federation: Alexandria, Virginia.

Water Environment Federation(2007b) *Sources of Microconstituents and Endocrine-Disrupting Compounds*, Technical Practice Update, Microconstituents Community of Practice, Technical Practice Committee; Water Environment Federation: Alexandria, Virginia.

Water Environment Federation; American Water Works*Association* (2008) *Using Reclaimed Water to Augment Potable Water Resources*, 2nd ed. , Special Publication; Water Environment Federation: Alexandria, Virginia.

World Health Organization (2004) *WHO Guidelines for Drinking-water Quality*, 3rd ed. ; World Health Organization: Geneva, Switzerland.

World Health Organization(2006) *WHO Guidelines for the Safe Use of Wastewater*, *Excreta and Greywater*, *Volume* 1; World Health Organization: Geneva, Switzerland.

Zorc, J. M. ; Hall, J. C. ; Rissetto, C. L. (1988) Minimizing *Liabilities* Facing POTWs. *J. Water Pollut. Control Fed.* , 60, 29-35.

watershed/indic_wq/TecBkgr.html (accessed March 2009).

Vanrolleghem, P.; Gillot, S. (2002) Robustness and Economic Measures as Control Benchmark Performance Criteria. *Water Sci. Technol.*, 45 (4/5), 117–126.

Water Environment Federation (2004) *Parameters and Ranges for Wastewater Systems*, Manual of Practice No. 27; Water Environment Federation, Alexandria, Virginia.

Water Environment Federation (2007a) *Effects of Wastewater Treatment on Microconstituents*; Technical Practice Update; Microconstituents Community of Practice, Technical Practice Committee; Water Environment Federation, Alexandria, Virginia.

Water Environment Federation (2007b) *Fate of Microconstituents and Endocrine-Disrupting Compounds*; Technical Practice Update; Microconstituents Community of Practice, Technical Practice Committee; Water Environment Federation, Alexandria, Virginia.

Water Environment Federation; American Water Works Association (2008) *Using Reclaimed Water to Augment Potable Water Resources*, 2nd ed.; Special Publication; Water Environment Federation, Alexandria, Virginia.

World Health Organization (2004) *WHO Guidelines for Drinking-water Quality*, 3rd ed.; World Health Organization, Geneva, Switzerland.

World Health Organization (2006) *WHO Guidelines for the Safe Use of Wastewater, Excreta and Greywater*, Volume 1; World Health Organization, Geneva, Switzerland.

Zoe, J. M.; Hall, P. C.; Rissetto, T. L. (1988) Minimizing Problems Facing [illegible] Wt. *J. Water Pollut. Control Fed.*, 60, 29–35.

第3章　集成设施设计的原理

1 概 述

本章讨论重要的设计考虑因素，这些因素为最大化成本有效性和防止基本的设计错误提供了契机。本文中讨论的指导性原则适用于新设施和升级设施的设计。

污水处理成功与否取决于操作人员的自身工作，管理到位和设计合理。在这些功能中出现任何差池就可能导致工艺过程混乱而最终失败。通过选择宽泛而灵活的处理工艺方法，使之具有保守设计的响应性处理；固体处理和废弃物处置方案，设计师就能够降低失败的风险。设计师也能够敦促操作人员加强训练并与管理者一道工作而确保设施所需的充分支持。

设施设计通常针对生化需氧量(BOD)和固体去除，营养物去除和消毒。未来的设计从美学角度和噪声角度更加注重与周围邻居的良好关系。这使之必需注重异味防控、节能、固体生产降低、碳排放降低以及其他可持续发展性的实践措施。天气会影响液体工艺过程的性能(降水所致的进流和温度)，残余物处置场(湿地或冻土)的可用性和需要用于提供充分保护的储存区，舒适的工作条件，行人安全和车辆畅通(无积水、积雪、结冰以及扬沙和扬尘)的建筑物/场地设计措施，以及噪声和异味可能传播的方向和距离。

设备问题通常与以下之一或多个方面有关：使用不当；设计不充分；设计过当，包括启动条件的调节不充分；制作较差；操作疏忽；维护不足；或运行预算受限。因为设计或运行性缺陷，内部固体库存管理不当的实例包括与不当运行目标或废弃不足相关的固体库存运行水平过度。通过过度再循环，因为储存箱溢流或在固体处理序列上固体捕获较差，以及由于设备规格尺寸不足、运行时间短或固体处置不充分而从污水处理厂内去除固体不当，造成缺陷加剧。

无论污水处理厂规模如何，成功的设计是针对运行需要的，代表了运行和环境条件的全方位，用于处理污水流和负荷(冗余和灵活性)以及容限大的坚固耐用设备(可靠性)。这种设计必须有助于设备维护便利。即便精心设计的污水处理厂，如果无运行信息、管理权责不分明和固体处置不可靠的情况下也会无法充分实施。全面高质量的运行和维护(O&M)手册是成功运行的关键，并能够向操作人员转达设计意图。

2 具有可持续发展性的关系

以可持续发展作为目标设计的建筑物和设施使用的劳动力和建筑材料在可行的限度内就地生产和采购，并包括再循环材料和设施使用期限结束时能够再循环利用的材料。结构、某些工艺单元(即，露天澄清池)以及场地组件通过使用太阳能增益，遮阳，自然采光，雨水收集和/或浸润进行设计而能够应对环境因素，如风向，日照角度，降雨，洪水和地下岩层。材料的选择能够增强建筑物性能并辅助散热和/或集热，有助于能量效率，并降低长期维护和能量、水和其他建成后物料的消耗。可持续发展设计的目标包括对可再生资源的更大依赖性，建筑系统的寿命增加，以及对于现存公共基础设施和天然系统的负荷降低。采用这种类型的建筑，资金成本可能较高；然而，长期运营成本可能相当较小。

常见的可持续发展准则能够通过美国绿色建筑委员会(http：//www.usgbc.org)的《能源与环境的先导设计》(Leadership in Energy and Environmental Design)建筑评级系统以及着眼于可持续发展的许多支持低影响发展的文献中可以找到。这些准则是受联邦、州和当地各级行政部门支持和鼓励的，而许多准则在欧洲和其他地区已经实行多年。

可持续发展和能量管理将在第5章中详细阐述。

3　集成设计建模的作用

从20世纪90年代和21世纪初，对污水处理工艺过程采用数学建模，已经从大学和研究机构中的学术主题搬出而成为工艺设计师设计的主流应用。这一过渡的重大信任度可能归功于整个行业中个人计算机(PC)的处理能力和一般公用的显著增加。并行操作增加了处理能力，几个公司已经开发出直接使用而能够模拟污水处理设施的许多复杂性问题的模拟软件。模拟程序，如BioWin(加拿大安大略省弗兰伯勒的EnviroSim Associates Ltd.)；GPS-X(加拿大安大略省汉密尔顿的Hydromantis Inc.)；和其他软件，使设计师不仅在具体单元过程的设计上而且根据整个污水处理厂内的影响进行考虑、评价和提炼出工艺过程的构造结构设计。

工艺过程模拟器在以下设计步骤中是有用的：

- 工艺过程选项的选择。各种备选物和工艺过程构造设计在项目筹划阶段能够进行有效评价和比较。
- 现有单元和/或污水处理厂容量的评价。
- 现有实施升级和新设施进行详细设计时的工艺过程设计优化。模型适用于细化和优化工艺过程的设计，而其输出结果可能对给定的应用提出或多或少的保守设计方法和有价值的意见。
- 在不同负荷场景下的性能预测。工艺过程模型可以用于确定所选工艺过程设计将会在不同负荷和环境场景下，如在应力条件下或在改变设计污水温度下满足性能目标。
- 在动态条件下的性能预测。工艺过程模型可以用于在与稳态条件相反的动态条件下评价所选择的工艺过程设计，而理解设计高流量或高负荷或其他变量在短时间内的稳定性。
- 质量平衡计算。工艺过程模型是产生集成污水处理厂工艺过程稳态质量平衡，考虑进水特性，动力学和化学计量参数，以及侧流负荷影响的首选方式。

随着工艺过程模型通过用户友好的模拟器而导致使用增加，在业界已经得到广泛认同，良好的培训和专家指导对于确保这些模型开发，使用和正确引证是不可或缺的。设计工程师对于模型输出结果的应用仍然负有责任，这应该当作指南而非最终设计。对于工艺过程建模，现有几处培训和专家知识的资源，包括供应商培训，各种水环境联合会(Water Environment Federation®)(Alexandria，Virginia)(WEF)培训活动(即，研讨会)，以及几大出版物，包括标题为《设计师工艺过程建模导论》(*Introduction to Process Modeling for Designers*)的实践手册(Manual of Practice)(WEF，2009)。

4 设施设计条件

尽管功能上是正确的，但是如果这种设计没有考虑到启动或当前条件，污水处理厂的潜在扩建，该厂雇员便利性和安全，以及污水处理厂对其周边环境的影响，则设计仍然可能低于预期。

4.1 处理厂容量的定义

污水处理厂(WWTP)的容量通常根据其全年平均每天设计流量进行描述。在某些情况下，根据其每小时设计流量峰值，最大月流量，或其他流量条件进行描述，但是这应该注意：当处理厂处于设计限度内时，平均每天设计流量是一年12个月内的平均流量。该值作为全年总流量除以365天而确定，或更常见的是作为12个连续月份的平均月流量的平均值。

另外，污水处理厂的设计涉及固体、有机负荷和营养物的平均每天负荷特性的建立。在美国的实践作法将会使用BOD确定污水处理厂设计、运行和排放许可达标中的好氧有机负荷。美国设计师和经营者，尤其是工艺过程控制的操作人员，应该鼓励使用化学需氧量(COD)作为确定需氧型物质的选择参数。至少，应该鼓励运行过程实施常规COD取样原始污水和初级出水。因为《40*CFR* 133.104分卷标准》(U.S. EPA，2009)容许将COD用于排污许可的达标，如果长期BOD：COD相关性能够得到证明，完全排除BOD测试是可能的。这种相关性是和现场取样的特异性相关的。关于COD作为首选取样参数，在文献(Ekama et al.，1984；Mara and Horan，2003；Melcer et al.，2004；Metcalf & Eddy，2003；Park et al.，1997)中能够查阅更详细的讨论。

设计流量容量相等的污水处理厂，可能具有不同的质量负荷容量。出水限制的变化或进水负荷特性的显著变化，可能导致平均日流量容量降低。这种情况的实例就是设计用于无硝化含碳BOD去除的二级污水处理厂。氨氮内含容限，这是当前最常见的，要求在二级生物处理工艺过程中将曝气固体的停留时间(SRT)提高至碳BOD去除的3~4倍。这降低了现有污水处理厂的容量，经常需要污水处理厂扩建生物曝气池和澄清池而恢复初始设计的流量容量。

与平均设计流量和负荷相关的是构建每月最大，每天最大，每天最小的对应值的峰值因子组，以及在水力学情况下与所述平均条件相关的每小时峰值条件。合理的设计措施采用平均每天的条件作为应用相关水力学或质量峰值系数的方便参考点而进行每个单元工艺过程或单元操作设计，这一点在该手册的第Ⅱ和Ⅲ卷中描述。

在建立设施的国家污染物质排放清除系统(NPDES)许可证的排放限时，监管机构经常误用日均设计流量，使用日均设计流量作为月许可流量限。在任何给定月中的这个流量值的超限数会导致其违反许可证。这种误解有效地将日均设计流量从年度值改变为最大月份值。这由此也等于最大月份设计流量与日均设计流量之比的系数降低了污水处理厂的容许可容量，这个系数根据污水处理厂规模大小(对于越小的厂子该值越高)通常为1.2~1.5。美国环保署(华盛顿，D.C.)(U.S. EPA)地区已经认识到这一点并将月许可流量设置为简单地“记录”(Rochester NH，1997)或包含以下的流量限的定义(Scituate MA，2004)：

“这是一个年度平均限，其应该报道为移动平均数。第一个值将采用许可证有效日期之后结束的第一个足月的月均流量和 11 个月之前的月均流量进行计算。每一个随后月份的排放监控报告将会报告由那一个月和之前的 11 个月计算而得的年均流量。”

4.2 现在和未来的设计要求

营运初年期间的 WWTP 需求应该采用未来工厂需求进行适当平衡。在大多数情况下，仅仅立足于这个时间跨度内任何一部分的目标的设计，都将会危及另一部分。经验表明，这种设计应该主要接纳既定设计年的设计条件，当负荷条件可能显著低于设计年负荷时而为正常运行留有余限，而处理负荷的扩充或修复能够合理地预计超出设计之年。实现设计时间和超限之间的合理平衡可能会处于两难境地。在许多情况下，不顾及超过设计年的未来情况，都已经导致原始设施被遗弃，对社会产生极大的成本代价。在其他情况下，对超过设计时间的不确定性未来集中了过于密集的设计，设施就会在设计期间产生运营、维护或性能方面的缺陷。

因为负荷工程设计的可靠性随着项目时间跨距增加而降低，如果在启动之后第一年期间将会显著地危及系统运行，则对于不确定性未来，设施工艺过程或设计布局的交付使用值得仔细审查。关停是在启动和设计年流量之间具有显著不一致的污水处理厂中的一个大因素。设施所有者应该清楚意识到，在这种情况下，设备可能不得不随时间更换或增加，以满足日益增长的负荷。监管条例或处理技术的未来变化也可能基于未来交付使用而使前提假设无效。而且，任何污水处理厂的设计，不管设施的设计时间或预期服务寿命如何，都应该考虑污水处理厂实际上将会恢复，升级，或扩建的可能性。认知和合理接受不可避免的变化和更换，属于所有者和设计工程师的关键性责任。如果具有远见和审慎，未来工厂的改建能够较为轻松和经济。如果计划从典型的运行交通中去除一个区域，未来扩建将会对工厂的运行产生较小的影响。一般而言，这就意味着远离中心位置而更偏向于边界。边界的建设，以其相关噪声和尘土，可能会影响四邻。在污水处理厂厂址毗邻受征用土地用途的情况下，最好是从现有的发展状况向内或向外扩展。现有的处理工艺过程和结构将会提供筛查作用。

在紧接施工和厂址布局完成之后已建成条件的精确记录归档，采用水平和垂直基准点并在已经确定的基准下，将会显著简化修改和扩展计划。表 3.1(D’Antoni and Bahl，1990)总结了超过设计时限的未来计划中的考虑因素。

污水处理厂的设计，如果在其初始运行和设计条件之间具有较大差异，则就值得进行专门考量而确保工艺过程的灵活性。在这个方面，工艺过程单元装置的典型冗余度一般会为负荷降低初始时间内的有效运行提供容量。在泵、化学进料系统、风机和其他设备的预计运行范围内使用可变递送容量，也有助于接受较宽范围的负荷条件。解决这个问题的实例包括采用四个曝气池代替三个曝气池，安装两个较小的和两个较大的曝气机代替三个大的单元装置。

4.3 施工期间维持污水处理厂运行

设计师应该确保设施能够运行和维持，在施工期内不存在显著的困难。大多数情况下，在施工期间容限达标是一项规定。施工之时与容限存在潜在的偏差应该在设计文件定稿前与相应审批部门协商。实现这些目标有时候需要进行严格的分析，专门设计调和，以及，在某些情况下，安装临时设施。设计工程师应该制定出破坏性施工期间维持该厂许可证达标的措施。

表 3.1 与未来设计相关的考虑要素(D'Antoni and Bahl，1990)

主　题	考虑要素
设计文件	现有设施的标准和基准，设计的改进和未来扩展规划(包括设备量身定制；最终容量设计；和水力、结构和电气细节)应该在工程之初酌情定制文件记录并在其结束时由所有者和设计师妥善存档。这种文献记录应该包括液压概况；工艺和仪表流程图；处理示意图；质量平衡；设计污水的特性(包括渗透和流入)；性能目标；峰值因子；服务人群；以及工业、商业、机构的垃圾或特种垃圾
工厂布局	
最终装置容量	定义最终工厂容量是未来设计中的第一步而能够由服务区域的边界、人群预测、地皮使用计划和各个规划时期的可利用场地(或所需的场地)
未来标准	工厂排量(污水，残渣和大气)的未来达标规定的估计应该用于随着未来标准的演化而为处理需求和其他工艺改变分配空间
邻近地皮的使用	邻近地皮的规划用途代表用于制订未来场地需求的外部变量。
厂址规划要素	未来设计中开发厂址规划的第一步应该基于未来最终厂容量和需求，包括 • 显示运行和处理区域、工地入口、道路、缓冲区和排水沟渠的最终厂容量的基本布局； • 确定未来液压约束条件并维护和分配液压压头而保证未来的扩展和分布的最终容量液压概况(对未来扩展配置共用的管线和沟渠必须认真仔细地量身定制而避免早期低流量运行年内的低速条件和固体沉降问题)； • 构成最初电力分布规划基础的最终电力负荷分析
设计细节	
未来施工期间的分离和分流	处理设施任何组件的设计应该预期修理和分阶段扩展而同时现有的厂房处于满负荷运转。通过使用分离和分流功能，如栅，阀，盲法兰和停止记录键，在这些条件期间确保运行顺畅能够结合到当前设计中
结构	常常某些结构更适合对其最终容量进行设计。控制门和运行中心应该确定大小尺寸和最小化膨胀断裂的发生。其他建筑和设施可以经过设计和接受交替的未来用途或有助于未来扩展。用于接受未来扩展的通用结构细节包括顶出面板，共用壁设计，面壁扩展，入口余量，钢筋暗销接头和键槽
设备的量身订制	工艺单元设备定尺定寸反映了超出服务的单元容量的综合考虑，施工和运行的规模经济学，当前设计标准和分阶段的及最终的容量规划。通过多个小单元提高运行灵活性应该相对于通过数量上更少的较大单元而获得的可能节省进行平衡。设计师应该将由较大容量的设备对较小单元的未来替换与当前设备的逐渐扩展进行对比；在这两种情况下，这种设计应该说明未来空间需求的分配
电气与仪表	一个经常忽视的问题是电气和仪表系统的扩展规划。空间容量应该提供于电气导管槽、开关设备和控制系统组件，而最小化未来安装成本和运行障碍

设计师应该标绘和筹划施工出入口，并且，如果必要，指定施工车辆定时出入而最小化工厂运行的干扰和毗邻使用交通模式。工厂组件的中期接入点和服务区域可能需要进行检验，才能维持连续功能，而同时修改现有的工艺结构，以很少或不产生停工期。充分筹划分期施工组件可以为新工程的一些部分争取早日启用。

认真筹划所提出的施工次序确保新设施能够进行施工建设而不会作为不良中断处理效能，有助于最小化次序变化。在各种厂内设施需要连续运行时，设计团队应该与所有者和操作职员商讨并确定应该在施工期内出现的各种事件的特定情况。这种细节化过程的描述和排序应该包括在合同文件之内，且容许承包商提出修改。依据施工情况，工程说明书应该包含在任何时候能够停工的工艺单元装置数，可容许的电力关闭时期，以及分流的框架。说明书应该陈述承包商或所有者是否负责排水和清洗工艺储罐和管道。

4.4　环境相容性

感觉效应是而且将会可能继续是普通民众最关注的问题。无论污水处理厂在满足其排放性能标准如何成功，但是如果对其周边邻居产生视觉厌恶，出现气味问题，或产生被四邻认为是过度的噪声，则公众将会判定这些处理设施是不成功的。

污水处理厂视觉、气味、噪声和交通效应的调和应该如同满足其性能目标一样受到所有者和设计工程师的关注。如果设施设计关注于各种可能的效应并通过工艺过程选择和资源及其场地的调和进行控制，则这些污水处理厂将会引起公众极少的抱怨并避免争论和补救措施的代价。容许公众参与筹划工艺过程，可能有助于工程获得支持并在筹划过程中早期就以成本有效的方式提供解决这些问题的机会。作为对邻居的良好展示，未固定的扩展区域或未使用的地面区域经常开辟成公众可用于进行主动或被动消遣的场所。

消减气味在解决感觉效应时是一个重要关涉因素。所谋划的气味缓和策略寻求避免原始污水和部分稳定化污水进行露天湍流混合并在稳定之前最小化固体处理循环和残余物的露天暴露。这种策略有助于选择可利用无异味替代品就使用替代品而避免产生气味的处理理念（WEF，2004）。盛行风向应该标绘出来并在组件确定尺寸期间和定位排风口、鼓风机、结构渗透和储罐时加以考虑。

噪声问题主要受限于大功率设备源，包括马达驱动的发电机、鼓风机、风扇和机械充气机产生的噪声。噪声的变化、脉冲和音调都能够以高达或超过声波分贝能量影响听者。缓解策略要关注设备选择；声学和建筑学技术；建筑取向，包括装卸区域，排风口和其他建筑渗透；以及建筑、周边结构内和污水处理厂地面上的屏障或其他声波消减措施的使用。施工和运行的噪声效应也可能很显著。

污水处理厂结构和地面的视觉魅力能够通过建筑和园林建筑师加强。感觉良好的园林绿化和建筑设计，周围材料和样式的补充，往往更易于被相邻所有者接受。园林绿化和土护堤，可以最大限度地减少设施的视觉效果，因为这可以使用结构屏障进行辅助设备筛选。污水处理厂的缓冲地带精心规划，包括最大限度地减少缓冲区的维护，可以减轻视觉效应，并有助于降低对周围人群的美学影响。

交通，特别是货车通行，经常对公众安全，邻里活动和美学的破坏，污染，噪音，以及现有车辆的流通模式的变化，都会产生问题。因为卡车通行预计在设施的施工和运行期间发生，则设计师应该预料到每个阶段的公众预期和设施需要之间的可能冲突，并采取措施尽可能切实可行地降低这些冲突。例如，设计师可能考虑建立不与街上学童存在冲突的服务日程表，以及污水处理厂的专用卡车路线而避开住宅街道和邻近商业中心。污泥或粉尘的卡车运输和施工车辆的速度是施工场地常见的投诉。对于每一施工活动都应该需要粉尘控制和运输控制计划。与污水处理厂运行相关的运输可能包括化学品的输送以及污泥、堆肥和液体废物的运输。通常，这些通过卡车运输穿过住宅区而进入处理设施的物质在其通过的社区内是不受欢迎的。

行政大楼一般是面对公众的设施，并可能包括公共会议室和公共教育中心。如果有可能，行政大楼应该位于入厂之时就显而易见的位置。如果在正常上班时间内保持大门敞开，则对行政大楼的车辆出入点可能会提供较低水平的安全性。超过该点的其他安全水平就可能有必要限制接近设备和工艺过程区域。

作为公共设施之所，行政大楼对于流动人群、观光者或其他归类于美国残疾人法(ADA)(http：//www.ada.gov)中的残障人员是可以出入的。美国政府已经经由 ADA 制定了标准，定义了公开访问建筑的访问条规。公共工程设施豁免于不可对一般公众开放建筑的通用法规。在这种情况下，在公共机构就业的申请人能够满足工作要求时，必须作出合理的迁就。

标识场地内的设施和方向指示的标牌应该与标志标准和附近的风格相一致。标识为游客和邻近所有者提供初始印象。

4.5 操作设计

可操作性是设计中值得设计师充分重视而往往缺乏重视的一个重要方面。可操作性定义为设计给予操作者实现效率和性能目标的程度。在这方面，设计师的挑战是双重的，既要求提供安全、方便和愉快的工作之所；并且开发的工艺过程设计要能够接受合理程度的负荷和环境变化，而又要求工艺过程控制和维护的效率，同时维持出水质量达标。

如果要将可操作性考虑因素恰当地适应于所有涉及优化设计的其他考虑因素，则经验是必需的。实际操作经验短缺，设计师可以通过抓住每一个观察污水处理厂运行的机会而充分获取必要的可操作性知识，由此获得操作员角度的设计充分性。设计过程应该包括操作员审查——理想地通过恰好是所设计的污水处理厂的操作员进行审查。如果这些操作员不能进行商讨，则应该咨询其他在类似于所设计的系统和工艺过程中具有经验的操作员。整个设计过程中都应该寻求定向，审查和反馈。

可操作性带来的不仅是提供正常情况下营运者所需要的组件和功能，而且还要提供必要的元素应付不寻常的情况。设计师的注意力还应涵盖无数支持污水处理厂运转的非工艺过程有关的项目。新的功能和选项都需要在形成阶段进行审查，而获得对设计的影响的认识，并得到所有者的承诺，以按照变化所需提供人员扩大的编制和其他 O&M 需求。

工艺过程复杂性、自动化和灵活性之间的平衡，都随着污水处理厂的规模和所需性能的水平而变化。设计团队在设计过程的早期阶段应该与会操作人员沟通，确定他们首选的运行策略和单元过程排水、绕流和冗余度需要相关的过程。评价备选系统和工艺的初始筛选方法应该包括所需人员编制不同水平的设计要求。设计师在选择和设计设备与控制时应该考虑操作人员熟练水平，而力求提供操作人员友好的设施以最大限度地简化操作。

操作灵活性改善污水处理厂的可靠性。现有各种增强操作灵活性的方式，包括提供足够的土地，改善无障碍性，平衡流量和旁路，互连管道和多个处理单元，适应流量变化，并提供隔离阀和自动化仪表和控制设施。当排布各种处理单元时，这些方面都应该考虑。

可操作性可以延伸而超越现场的工艺过程组件。各个工艺过程组件和建筑所需的访问方式包括提供足够的停车区；行人通道；设备、化学品和其他物料的运送；设备通道和大型设备的更换/维修；以及预计车辆的每种类型，包括紧急救援车辆的行动模式。

4.6 处理单元冗余度

污水处理厂的冗余度要求可能对厂址选择和布局具有显著影响。在规划和概念发展阶段考虑冗余度要求并在目前的设计中提供足够的基础设施，同时在未来需要的当前布局中提供这些装置，这是最重要的。

冗余度影响污水处理厂整体的可靠性和成本。污水处理厂应该具有多余的机械和设备及工艺储罐，才能维修各个机件或计划外的设备故障。设计者应该认真确定为每一单元工艺过程提供的处理单元数。对于污水处理厂的所有关键组件需要多个单元装置。使用多件相同尺寸、制作和型号的设备，有助于维护和降低备件库存。对于泵和机械设备，包括气味控制设备的典型实践惯例是对处理峰值设计流量或负荷所需的每 5 个单元(或其部分)提供一个备用单元。对于工艺过程储罐，如沉降池、曝气池、固定膜反应器或消毒池并不需要备用单元。应该咨询和运用适用的国家和其他地方的标准或准则。

5 性能评价与解释

设计师如果认识到中试、原型和全规模设施数据的采样和分析误差的潜势，就必须解释数据，并作出影响该设施的形式和功能的决定。此外，设计人员可能会被要求对数据的解释和他人的建议进行评价。运行历史数据还提供进水特性的发展趋势的洞悉。以下部分讲述了数据解释错误的机率和中试或原型工件典型限制。

5.1 运行记录释义

设计师经常会审视经营数据而生成水力学分析的昼夜曲线，而开发出工艺设计的质量负荷，并评价单元工艺过程的性能。在评估与解释设施记录相关误差的潜势中，这种审查必须包括位置、方法和样本收集的频率的确定；所有厂内再循环流和化粪池污水接收(如果合适)的引入点；流量测定或估计的方法；仪器仪表安装和校准频率；以及实验室分析方法和过程与步骤的精度水平。设计师需要充分了解流量测量点和设施取样位置，才能确保拓展质量负荷时能够正确考虑侧流。

表 3.2 提供了采样结果解释的准则。

表 3.2 采样结果解释的准则

污水流	准　　则
液体处理流程	
原始进水	难以获得代表性的样品，经常包括再循环。沙砾和漂浮物量通常不包括在样品内。自动采样器——采样软管堵塞而提供的样品悬浮固体和 BOD 较低；取样瓶满溢，使悬浮固体量偏高。快速取样——怀疑是因为昼夜工作而难以执行。以总体惰性固体平衡检查有效性。悬浮固体误差可能是由于未能充分过滤样品引入的。BOD 结果可能因为经典 BOD 测试并未保持该物料处于悬浮状态而由于高悬浮的固体被低估。由于硫化物，可能会遇到进水 BOD 的测量不准确。BOD 的测量可能会受到 cBOD 抑制。使用行业标准 COD：BOD，BO：TKN 和 BOD：总磷之比进行数据异常值识别

续表

污水流	准　则
初级出水	一般会提供较好的样品，因为与高悬浮固体相关的可变性已经通过单元工艺过程消除。因为硫化物和硝化再循环而可能会遇到 BOD 测定不精确。检查初级沉降池周围的 TSS 质量平衡而核验数据
曝气系统	溶氧水平可能不会在最大消耗和最大压力的时间点报告。惰性悬浮固体测定结果较好。加入除磷金属盐会产生由于氢氧化物的水损失所致的挥发度测定结果虚高。具有溶解氧探头的许多处理池是不能维持。探头应保持并按照制造商的建议进行校准。溶解氧读数应该在混合良好的区域采集，以防止出现死区导致测量结果走偏
返流和废弃污泥	快速采样的固体浓度反映了采集之时的水力条件和状况
二级出水	除非实施 cBOD 测试，否则 BOD 测定会导致由于在 BOD 瓶中的硝化作用所致的虚假结果(如果 NH_4^+-N≥ 1.0mg/L 而 NO_3^--N ≥3.0mg/L，如果悬浮固体>10mg/L 且 BOD_5>悬浮固体，则是可能的；这就间接表明了在 BOD 瓶中的硝化作用，春秋季的变化产生了暂时性的正虚假结果，或非硝化装置设计在早年或在夏季月份中产生了部分硝化作用)。快速采样程序可能错过高峰出水悬浮固体和白昼的压力。对 BOD 测定要避免加氯之后未脱氯和补种的样品
固体处理流程	
普通流程	一般会采取快速采样。采样结果经常高于实际的平均结果，因为启动和关停状态并未量化，采样者可能仅仅关心代表性的结果(尤其是产物固体)。间断操作可能比连续操作会出现更大程度的偏高。当溢流固体储罐没有填充时，重力增稠器溢出的样品可能并不具有代表性。如果进行了校准，则鳞状体代表优秀的质量测量点
稳定化处理工艺	惰性固体测定的优异之点和施加的悬浮固体特性长期平衡，其中惰性固体不得不等于所施加的惰性固体。上清液悬浮固体再循环经常被低估

5.1.1 设施采样协议

弄清楚如何在设施取样是很重要的。样品能够快速取样、间隔取样，或复合取样。快速取样提供某一时刻浓度的“快照”代表性。样品瞬间收集，转移到瓶子里，然后测量。快速采样对于时间敏感的参数是最适合的(WEF，2005)。

间隔样品是整天内在不同时间采集的一系列样品。样品在预设定时间间隔采集，转移到各个样品瓶中，并进行测量。每个采集的样品都在独立样品瓶中分隔开。间隔样品对于随时间变化的参数是最佳的。例如，污水强度昼夜变化的设施，可以考虑间隔采样，而确定变化特性(WEF，2005)。

复合样品，是在单个容器中混合而提供流量或时间基浓度的快速取样的样品系列。流量基复合样品在预设流量间隔内取样。时间基复合样品在预定时间间隔内采集样品。两种类型的复合样品经过采集样品后，都转移到这些组分在采样期间进行混合的常见容器中。时间基复合样品对于随时间保持恒定并均匀的参数是最佳的(即，二级澄清池/三级过滤出水)。流量基复合样品最适宜表征那些随天数而高度可变的参数(即，原始污水进水和装置搅混期间)并更足以表征负荷(WEF，2005)。

仪器校准和定位会影响数据的准确性。流量测量的装置和电子传感器必须定期进行清洗和校准。各种仪器的维护要求各有不同，应该与具体制造商的说明书一致。流量测量和采样设备的物理位置需要进行评价，并同时审查设施的运行数据。采样地点应在充分混合的区域才能提供具有代表性的样本。采样线路应该定期维护和清洁。采样线路如果不能清洁，就可能会产生错误结果。

在对工艺设计的设施流量和运行数据进行评估时，应该考虑厂内再循环流进入主工艺过程流的位置。流量均衡设施的测定结果也应该加以核实，才能确定相应的流量和样品测量是否使上游和/或下游的流量均衡化。测量误差也可能引入至管道尺寸发生变化或仪器附近管道方向突然变化的文丘里或磁流量计中。制造商应该咨询这些单元的直管上游和下游的最低长度。如果安装的流量计属于 10% 的校准二级流量计，则流量测量可以认为是准确的（U. S. EPA，1994）。用于化学品进料系统测速的计量仪应该具有低于 10%的精度差异。

废弃活性污泥的数据，在评估设施数据时属于一些最关键的参数，而经常容易出错。一般来说，对废弃活性污泥浓度通常采取快速取样，然后与平均流量测量结果一起使用，确定每天废弃的固体质量。澄清池溢流浓度在一整天期间都保持不变，这是不太可能的；因此，确定废弃活性污泥数量的单一快速取样样品应该慎用。这种方法可能会导致错误地计算 SRT 和净产量，在处理工艺模型时会导致校准问题。同样，混合液悬浮固体(MLSS)的取样方法和程序应该在分析设施数据之前就是已知的。间隔和复合取样，根据污水处理厂进水的可变性，可能指示显著不同的 SRT 和净产量值。

实验室方法应该进行审查，才能建立与批准的最佳实践方案方法一致的分析程序。如有需要，样品必须予以保留和/或均质化，以提供准确的结果。《水和污水检测标准方法》（APHA et al，2005）提供了有关质量保证和质量控制程序的指南，并提供了有关方法开发和评价、结果表达和样品保存的部分。数据的有效性应该包括离群值的统计筛选，所测试的正确参数的验证，以及在运行记录中附带正确日期输入的结果的确认(样品采集日期，而非样品分析的日期)。

评价数据时，参数的不正确测定和结果的不当读取都可能导致重大错误。例如，这应该是确定的，氨氮的测量不能代替进水污水和初级出水的总凯氏氮（TKN），或者，如果就是如此，则应该理解和知晓这种差异。同样，如果样品中存在硝酸盐或亚硝酸盐，就应该测定总氮。对于正磷酸盐和总磷情况是类似的。设计者也应该认识到，一些参数可以以不同的方式报道。例如，正磷酸盐和硝酸盐的参数需要依据其实际的磷和氮含量进行测定。如果正在测定 PO_4和 NO_x并应用于设计过程中时，则该值需要依据磷和氮进行使用。例如，硝酸盐含量，最好以 NO_3^--N 报告。如果进行浓度报告并作为 PO_4或 NO_3使用时，磷和氮的浓度会被高估 3. 06 和 4. 42 倍。

确定是否实施 BOD 或碳 BOD(cBOD 或受抑制的 cBOD)测试表征污水处理厂进水、初级出水和二级出水的需氧量是很关键的。cBOD 测试，除了加入硝化抑制剂防止 BOD 瓶中氨氧化之外，与常规的 BOD 测试是相同。受抑制的 cBOD 测试，与未受抑制的 BOD 测试相比，经常导致原始污水和初级出水中氧耗降低 20%～40%（Albertson，1995）。虽然在这方面存在一致意见，但是关于差异存在的原因还有分歧（Albertson et al，2007；Young et al，1995，2005）。受抑制的 cBOD 不应该用作工艺过程设计的基础，因为这可能会低估废物浓度并设计出尺寸不足的设施。cBOD 测试对于二级和更高级质量的出水是首选的（APHA et al，2005）。在许多情况下，尽管这需要监管部门批准，但是通过使用 cBOD 测试能够补救明显的出水 BOD 质量违规。

5.1.2 设施的工艺过程控制数据

设计师往往被要求对优化现有设施的运行或开发设施扩建的设计标准的设施工艺过程控制数据进行解释。没有真正理解这些数据的工艺过程控制数据的解释，可能会导致错误的结论。例如，大多数硝化和生物脱氮(BNR)设施将记录 SRT。设施营运商可能使用能反映系统生物质真正停留时间的很多术语代替 SRT。诸如细胞平均停留时间(MCRT)和污泥龄的术语往往与 SRT 交替使用，而可能具有不同含义。设计者必须了解设施的数据，并确定由该污水处理厂计算的 SRT 是否包括悬浮生长罐池+沉降池中的固体，只在悬浮生长罐池中的固体，或只在悬浮生长罐池中有氧部分的固体。对于设计师而言，特别是在硝化系统中，区分污水处理厂数据中包含的 SRT 是否是有氧 SRT 或系统 SRT(等于 MCRT)，是非常重要的。设计师优先确定源自实际污水处理厂有历史意义的数据(MLSS，出水总悬浮固体[TSS]和活性污泥)的 SRT(MCRT 或污泥龄)，而不是接受污水处理厂的报告值，并应该专门用于设计值基础的报告。

5.1.3 数据有效性的核验方法

污水处理厂数据的有效性必须进行核验才能确定潜在的异常值或错误的测量。有几种方法来验证设备的数据，包括

- 使用原始污水和初级出水组分比率，
- 测定来自污水处理厂运行数据的净产率，
- 围绕单元工艺过程进行质量衡算。

对于 BOD：TSS、COD：BOD、可溶性 BOD：BOD、BOD：TKN 和 BOD：总磷的组分比率能够用作筛选历史数据的标准。一般而言，原始生活污水就会落入以下范围内(EnviroSim Associates Ltd.，2006)：

- BOD：TSS＝0.82～1.43
- COD：BOD＝1.80～2.20
- 可溶性 BOD：BOD＝0.20～0.40
- BO：TKN＝4.2～7.1
- BOD：总磷＝20～50

未落入典型范围内的值可能指示采样或分析误差或显著的非生活污水组分。设施的净产量计算也可以提供一种检查设施活性污泥数据或有氧 SRT 有效性的方法。

对于通过工艺步骤维持其完整性的守恒元素或污染物的质量平衡容许设计人员依据再循环、固体捕获率和取样与测量程序的有效性而获得重要要素的快速理解。惰性固体(或总磷)的测量和平衡，能迅速提供对污水处理厂监测程序有效性的全面评估，并确定固体销毁工艺过程的性能是否正确定义。可说明质量平衡(出除以进)的 100%±10% 百分数闭合度被认为是优秀的；这种闭合度少于 80% 而大于 120%，揭示出来自一个或多个处理点的可疑结果。称重和取样的出厂固体通常比从初级和次级澄清池快速取样产生的样品数据更精确。

5.2 研究结果的解释

针对性的研究，通常采用中试或原型设备，其结果往往纳入工艺设计中。虽然这种研究可以提供有价值的见解，但是却不能保证后续工艺过程成功，尤其是当它们结构设计不合理或解释不当时更是如此。如果研究结果有悖于从长期经验中获得的理解，应谨慎行事。

表 3.3 提供了解释研究结果的准则。以下段落提供了对其使用和解释的其他准则。

表 3.3　研究结果的解释准则

要　素	准　则
研究者	为了取得成功，研究者可能低估问题，高估观察结果的普适性(显著性)，操作中在试污水处理厂单元装置时，可能比以现实系统实现的情况更加谨慎，控制更加严格
规模	中试研究的实施经常在规模上未能揭示设备和水力学系统的实际设计和操作方面的问题。在中试污水处理厂中发现的搅拌条件，通常都远远大于实际系统中的情况。在检测中试厌氧消化池的结果时，性能可能会因为完全混合的短暂时期的强力而增强，这一点尤为重要
时间周期	中试研究往往在有限的时间框架内实施，这可能不能体现出一个或多个变量足够的适应性和平衡，如季节性压力，材料要素，每年的变化，昼夜模式，或上游系统和辅助系统扰乱的影响。设备的可靠性和维护，即使存在，在任何中试系统中很少进行充分评估
辅助设备	如果评估中试系统的成功取决于支持中试系统的辅助设备的选择和性能，而如果辅助设备的评价并未包括于研究中时，就必须慎用
方法	中试性能应该在公平代表标准(间歇式，恒流和恒定质量研究仅仅是市政污水机制理解之值)的条件下进行评估。如果可能的话，异常条件未能在可持续的基础上进行评估；谨慎使用
复杂性	固体分离，浓缩，加工或处理技术尤其难以研究和应用这些结果，特别是物理和加工处理要素是关于多种介质再生的时间依赖性(即，过滤和活性炭再生)时更是如此
常量	大多数常量实际上不是常数或独立于其派生条件。一些关联于另一些，而使改变其一可能要求改变其余的量而确保系统的整体性能被正确描述(即，用于描述好氧生物稳定化处理工艺过程的净需氧量和固体产量的细胞产率和内源性衰变常数)。可预见的生物动力学常数作为可溶和颗粒状负荷、再循环和生物质总龄和环境条件的函数而变化
清除百分比	清除百分比依赖于施加的污染物浓度。进水和出水的污染物水平受其可溶性的悬浮相影响。即使不是全部工艺过程，这些工艺过程大多数不是对于全部污染物也会对大多数污染物，需要实施至某些限制性的残余物浓度，而不是控制百分数。可溶相中的出水污染物反映进水水平，改进系统反应器的性质和改进系统分离器的性能。如果三者任何一个偏离了导致最初去除百分率特征化的条件，则清除百分率就可能会改变
运行	中试单元，尤其是机械设备，可能是基于“分钟-分钟”运行。为了优化性能，全规模装置将(最可能)采用较少的人机界面运行，这可能会导致性能下降

5.2.1　废弃物可处理性

如果正在探寻非常规废弃物的可生物降解性或化学可处理性，工业废弃物存在，或工艺方法特异性设计参数不确定时，往往要实施废弃物可处理性研究。在进行这些研究时，研究者应该记住，固液分离，氧转移和混合注意事项可能在全规模系统中是显著不同的。影响氧转移的环境因素，如温度、海拔和盐度，必须加以考虑。物理因素，如中试和小试研究中沿墙壁和管道的细菌生长，可能会影响可处理性的研究结果，而引入错误。

研究人员还应当验证诸如进水负荷可变性和反应器流态的那些要素类似于中试和全规模应用。中试规模研究的结果可能无法代表全规模的性能，因为每天和每月的负荷都在发生变化。同样，反应器构造结构设计(即，活塞流式 vs. 全混式)的变化会影响可溶性底物的去除和活性污泥混合液体的固液分离特性。

固体分离设备的性能和再循环侧流的位置应该在可处理性研究中进行解释说明。中试规模的研究可能存在比全规模设施发现的更为强烈的增稠/脱水应用。这将影响到生物处理工艺过程上游返回的侧流负荷。溶解污染物的固体处理系统，可能加强有助于失稳和不达标的瞬时或连续液体处理压力。理想情况下，废物可处理性的研究应该包括这些效应的考虑因素，否则，就应该适当限制从而避免选型和性能假设过于乐观。

研究人员应认识到，任何系统的性能必须满足可靠性标准。如果污水特性、负荷压力，或者此二者都不能正确地模拟该设施将会经受的不同进水负荷条件下的实际情况，则平均(或中位数)的结果应该进行调整，才能考虑设计的可靠性。许多设施都允许月均浓度。作为准则，在最大月条件下可溶性组分的出水水质可能比中值观察结果高约 1.5~2.5 倍。因此，平均污水处理厂出水水质可能是最大月份值的 40%~60%，而这必须作为考虑因素纳入工艺设计计算中。

5.2.2 固体处理

上述考虑要素，也适用于固体处理。固体稳定化处理的可实现程度取决于进料特性，包括原始和二级固体的性质及其混合物和二级固体稳定化处理的程度。

增稠和脱水的研究需要确定所施加固体浓度范围内的性能，才能评价这个变量的意义。有限持续时间研究性运行的解释，应该通过实现进料固体特性高度可变进行调和，并受到液体处理流程中的变化；添加剂如除磷的金属盐所致的变化；通过所研究的单元处理过程之前的单元处理过程中下游固体处理流程产生的再循环影响或在液体处理序列变化的影响；或设施负荷季节性的变化的影响。通常情况下，与满流和溢流储存罐、重力增稠器和较差的二级消化池上清液质量相关的过量固体再循环，在不知不觉中就会出现并通过负荷逐渐增加而影响工艺过程的性能。

5.3 根据中试测试选择机械设备

如果设计正根据中试测试进行开发，则对于设计者而言必须考虑中试测试中使用的机械设备是否代表全规模条件。中试规模的研究一般都会采取更频繁监测和控制。此外，所用的中试规模设备，将根据其具体的应用进行精选。在全规模的装置中，会出现所安装的设备可能不是该应用环境的理想选择的情况。

5.3.1 重粒料和黏性物料的影响

全规模装置中进水过筛应该与中试测试期间所使用的情况类似。这对于膜生物反应器装置、集成固定膜活性污泥和移动床生物反应器的中试装置，特别严格。全规模装置中进水机械过筛无效时，可能导致下游设备重粒料和黏性物质堆积，这在中试研究期间可能不会发生，因为这是由于筛滤类型或中试测试持续时间决定的。

下游设备如混合机、泵和膜中重粒料的形成，可能对性能不利而属于维护中常见的令人头痛的问题。混合机上形成重粒料，可能会影响设备的性能和寿命。泵的性能，特别是在具有低于全速运行的变频驱动单元中，可能会受到泵蜗壳内重粒料堆积产生的影响。过筛不充分和由此产生的重粒料将会增加膜应用的结垢倾向。

5.3.2 除砂不佳的影响

由于中试规模研究的时间限制，除砂不佳的影响，一般不会遇到。在全规模应用时，除砂较差，可能会在几年的时间内有效地降低工艺过程储罐容积。沙砾将沉积于生物反应器中混合不佳的区域。在某些情况下，砂砾堆积，特别是在处于或接近设计容量下运行的设施中，可能会严重到足以影响处理性能的程度。落地式扩散器构造结构的设计和布局(即，扩散器的密度和顶空)应该要考虑砂粒沉降的影响。

5.3.3　泵送

使用泵送的中试规模研究的示范，可能无法代表机械设备的全规模装置。设计人员应该考虑的条目包括：泵吸口设计和对泵送流体的耐磨性。当用泵从初级和二级澄清池和重力增稠池中抽取污泥时就可能发生鼠钻洞。从罐池顶部通过污泥层至泵进口发生流体短路时也会发生鼠钻洞，以至于预想的污泥不会被泵抽走。在大多数情况下，鼠钻洞是由于高速回抽固体所致，但也可能归咎于污泥收集设备和料斗的设计。鼠钻洞能够对固体浓度(即，在重力增稠中)产生这种设计应该尽力避免的严重影响。流体磨蚀也可能会在中试和全规模的研究之间发生变化。

6　负荷可变性

合理的设计实践作法能够预计该设施或工艺过程在设计期间就能合理推测的条件范围。装置的条件范围通常会从营运第一年中某个合理最小值按照预期的增长在服务区域变化至设计周期末年预期的最大值。随着预期的用户数降低，与之相反的情况也适用于该服务区域。经常，最小值被忽视而最高值被夸大，导致实际的未来条件偏离预期时在该装置或工艺过程中缺乏低成本运行能力。

表 3.4 提供了工艺过程设计应该满足的条件范围的准则。操作选项的范围与污水处理中固有的可变性和可靠性的范围相当。

表 3.4　条件范围的设计准则

要　素	准　则
水力学最小值	管线和通道必须小心确定尺寸才能避免低速条件(固体沉积)。典型偶发问题的区域通常是现有设施和计划扩建的结构二者的常见导管、渠首和初级澄清池。由于即使精心设计还是会遇到棘手的沉降问题，因此应该提供有利于清除的装置和工具
反应器氧(空气)供给和混合	在项目生命周期内的最低日需求的设计。混合之需的敏感性是必需的，而混合往往是有限的
集成生物营养物控制系统	以最高和最低再循环效果对最低月(最弱)的污水质量特性进行系统性能检查并提供适当的保障措施(补充碳源和/或金属盐的备用添加)，才能确保满足出水排放标准。设计人员应该记住，强化生物除磷的成功要受到固体处理流程的强烈影响。在固体存储中和固体稳定化条件下可能发生已去除的磷部分再溶解
碱度	采用最大再循环设计月或周最高值(通常高降雨量月)
季节性硝化温度	设计产生曝气条件下所需最大物料的最小月平均温度或月负荷/温度条件。请记住，硝化系统是 SRT 限制性的，而不是氮负荷限制性的
单元设备选型(尤其是泵)	设计在合适的情况下满足最低处理需求的设备；例如，设计泵站湿井和最低月至星期条件期间合理运行的泵，并从具有合理预期的最低 MLSS 浓度和沉降固体浓度的设计寿命内的最低月流量(或负荷)设计最低返流固体容量(和合适的废弃物固体容量)
废弃固体最大值	以预期的运行时间表下预期的平均或最低固体浓度，设计至少设计寿命的最大月负荷(可能随着较高或较低储存而变化)下的最低 SRT 条件。提供具有最低 SRT 和预期平均或最低固体浓度的合适存储
反应器选型	设计具有最大 SRT 的设计寿命的控制性最大月

负荷可变性应该依据污水处理厂进水条件，这些条件通过潮湿季节管理的缓解，以及因为前面单元过程和再循环负荷产生的负荷变化而出现可变特性不同的各个单元工艺过程的条件进行考虑。

6.1 污水进水负荷可变性

60 多家美国 WWTP 的历史流量和负荷数据经过分析而作为年均流量的函数确定峰因素关系。使用的是实际平均流量——而非该污水处理厂的设计流量。20 个州的污水处理厂在分析中代表东北部的 34 家，东南部的 15 家，以及西部州的 11 家，流量范围为 1~470ML/天。大约三分之二的污水处理厂日均流量小于 40ML/天。尽管这些污水处理厂结合收集系统服务，但是都独立于该污水处理厂辅助服务独立系统进行考虑。

对于大多数污水处理厂利用 3 年时间(范围 1~4 年)的厂流量和负荷数据完成频率分布。考虑的参数包括流量，BOD，TSS，氨氮，TKN 和总磷负荷。质量负荷由流量和 24 小时的复合浓度进行计算。从分析中省略抽样次数低于 20%(每周少于约 1.5 倍，因为定期抽样收集和测量出现不频繁或偶然遇见)的数据组被省略。质量和流量峰值因子都对日最大值、月最大值和日最小值条件进行测定，作为每个条件对平均条件的比值。

为了确定最大月条件，每日数据经过过滤并排除小于第 5 百分位和大于第 95 百分位的值。假设数据呈正态分布，这相当于 2 的标准差。计算 30 天滚动平均，尽管很少，但是要排除包括大于 2 个星期数据差距的值。这种 30 天滚动平均的调节数据组的最大值用作最大月条件。对于流量、BOD 和 TSS，则适用于使用第 95 百分位的完整数据组，使用所测定的日最大和最小条件作为第 95 和第 5 百分位的完整数据组的交替方法，而结果中的差异忽略不计。将平均条件当作数据组的平均值。估计极端和平均污水流量之间的关系的详细方法，无论是人均还是日均流量，描述于《重力卫生下水道设计与施工》(*Gravity Sanitary Sewer Design and Construction*)(ASCE，2007)中。然而，这项工作不包括极端和平均污水负荷之间的关系或负荷和流量之间的关系。

表 3.5 描述了平均峰值因子的分析总结和作为平均流量函数的趋势方程。对于独立系统，总的趋势是随着流量的增加(最大峰值因子减少，最小值增加)偏差从平均值逐渐减小，而同时对于组合系统，峰值因子与流量无关。独立系统对于流量、BOD 负荷、TSS 负荷和氨氮负荷的趋势如图 3.1 至图 3.4 所示。对于市政污水，TKN 可以假设与氨氮成正比变化。

表 3.5 设计的峰值因子总结

	流量	BOD	TSS	TKN	氨氮	磷
所有数据组	60	57	54	16	33	16
独立收集系统						
有效数据组数	40	33	32	6	15	6
峰值因子①						
日最低	0.023ln(*x*) +0.67	0.032ln(*x*) +0.45	0.03ln(*x*) +0.46	0.74	0.70；或 0.048ln(*x*)+0.55	0.72
月最低	−0.033ln(*x*) +1.38	−0.050ln(*x*) +1.44	−0.04ln(*x*) +1.43	1.13	1.22；或 −0.074ln(*x*)+1.45	1.14

续表

	流量	BOD	TSS	TKN	氨氮	磷
日最高	$-0.027\ln(x)+1.47$	$-0.051\ln(x)+1.68$	$-0.08\ln(x)+1.91$	1.27	1.34；或 $-0.08\ln(x)+1.59$	1.26
组合收集系统						
有效数据组数	20	19	18	2	11	3
峰值因子①						
日最低	0.68	0.60	0.53	0.67	0.66	0.73
月最高	1.32	1.26	1.31	1.24	1.21	1.20
日最高	1.62	1.61	1.88	1.40	1.39	1.36

① 图 3.1，3.2，3.3 和 3.4 中所示的对数回归线的平均值或方程
其中 x=流量，以 ML/d 计。

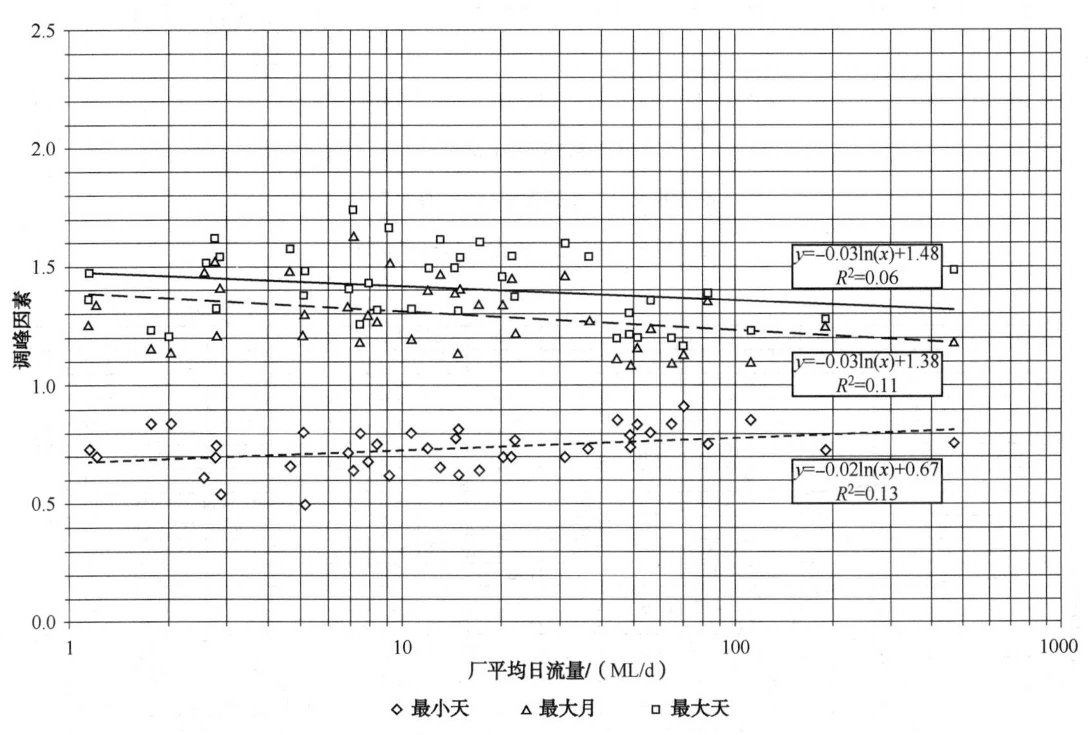

图 3.1　独立系统的流量峰值因子

测定的 6 家污水处理厂流量和 BOD 的周峰值因子处于 37ML/d 至 70ML/d 的平均流量范围。BOD 的周峰值因子比最大月峰值因子平均大 5%，而流量值比最大月因子平均高 8%。

工艺设计应该基于最大工艺过程负荷条件下所需的性能实现。对于设计的这种条件的最低定义，对应于污水处理厂 NPDES 许可证中所包括的达标间隔。这种间隔通常表示达标的最大月和周的时期，正如在第 2 章中所述。

按照最小达标间隔的规章定义，设计标准能够发展而建立该污水处理厂最强调的月和/或周(或如果合适，更严格的间隔)的控制条件。通常情况下，控制条件反映了一个或多个

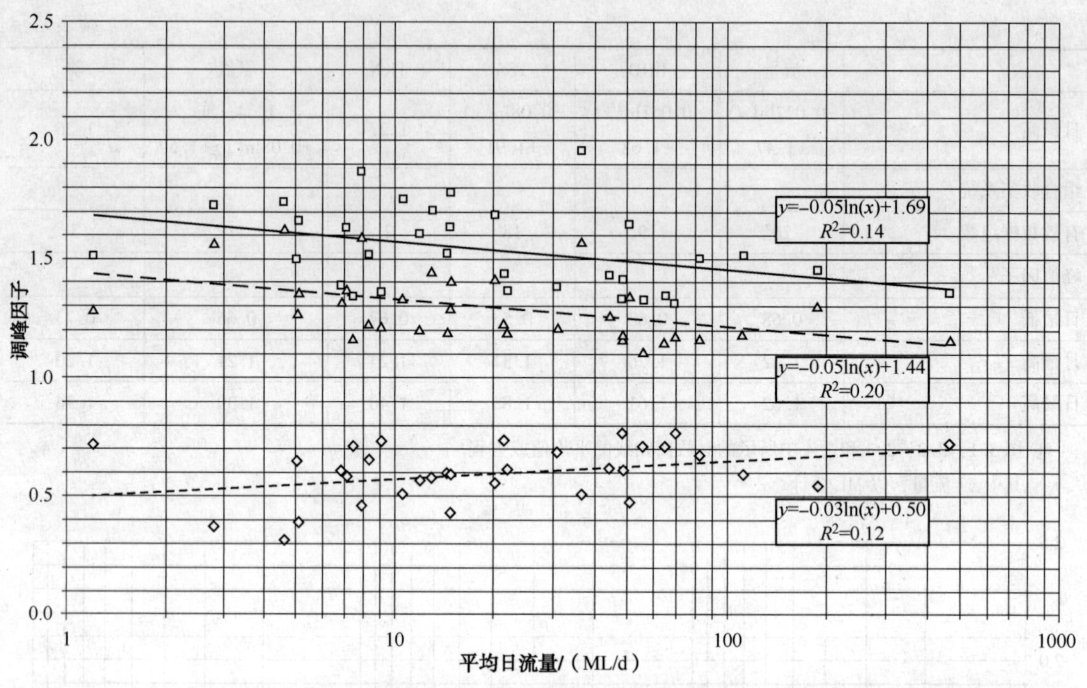

图 3.2 独立系统的生化需氧量峰值因子

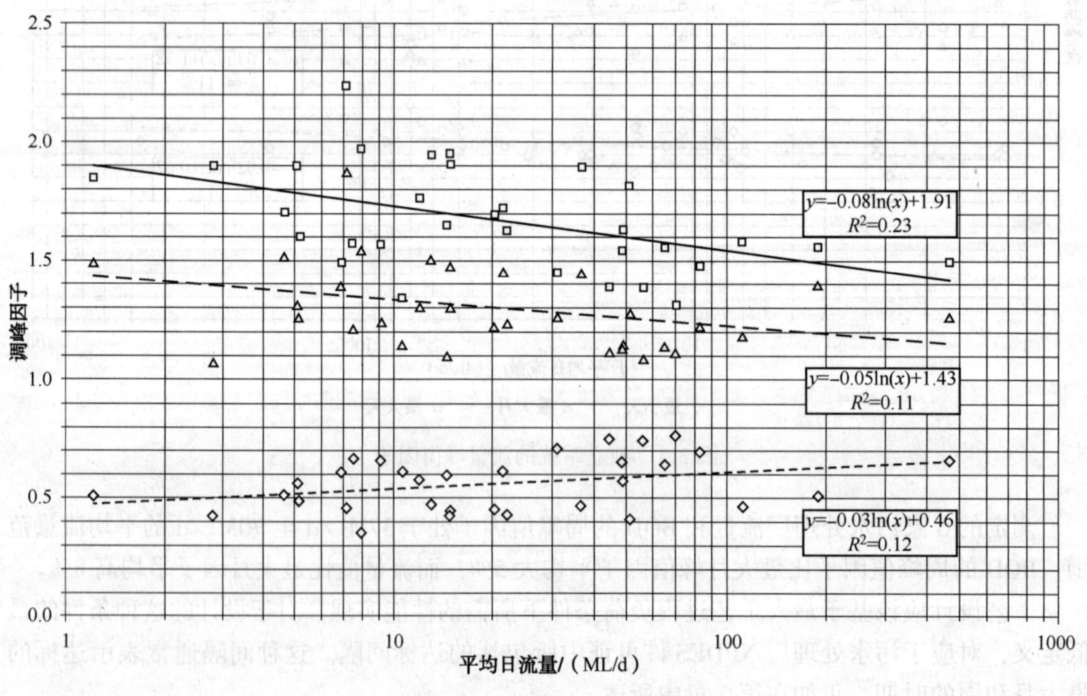

图 3.3 独立系统的总悬浮固体峰值因子

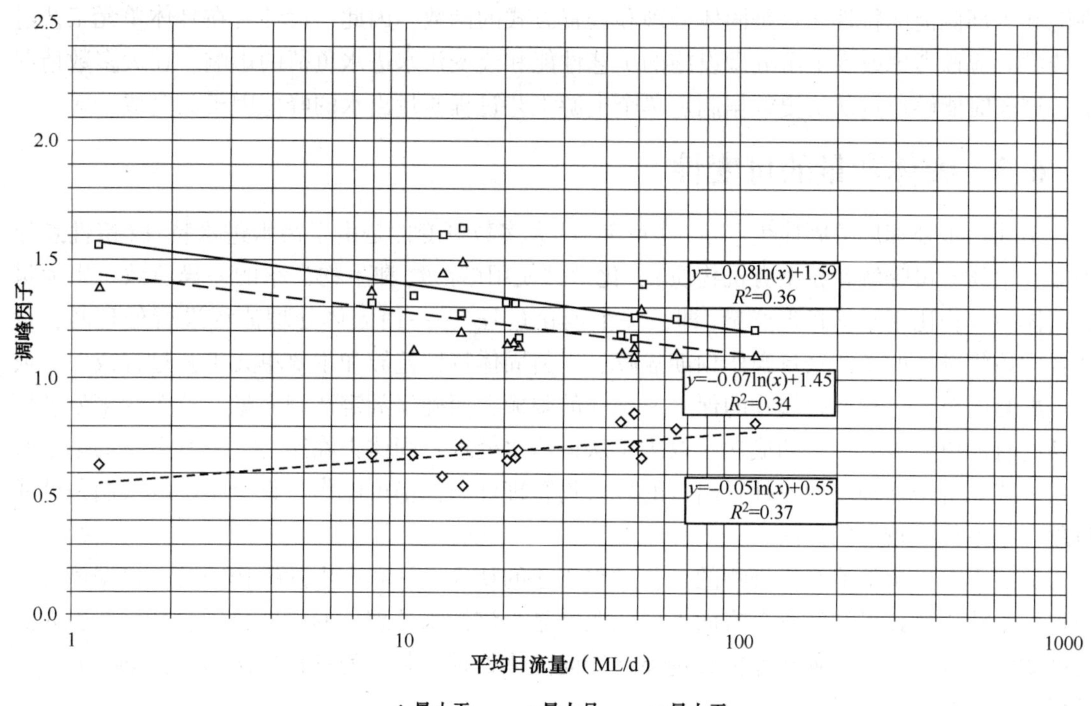

图 3.4　独立系统的氨氮峰值因子

以下的限制：最大流量，最大污染物负荷或质量，最严格的出水排放限制，或最限制性的处理条件(即温度)。这些限制可以同时或不同时发生，这取决于该厂的具体情况。通常，最高质量负荷和最大流量在独立系统中不是同时出现的。

图 3.1 到图 3.4，或表 3.5，能够用于污水处理厂服务区域特异性的可靠数据缺乏时设定最大和最小条件的设计值。如果可行，应该使用 3 个足年的污水处理厂数据，而确定所考虑的具体污水处理厂的峰值因子。小于第 5 百分位而大于第 95 百分位的每日值，能够当作异常值并从开发峰值因子的考虑中剔除。

工艺进水峰值因子的考虑要素，两个进水过程的峰值——设计水力学峰值和设计工艺过程峰值——通常为设计提供一个良好的基础。设计的工艺过程峰值应该符合污染物控制最严格条件下该污水处理厂的履约时间间隔(通常，每年最大月和星期)。更高的峰值因子适用于曝气条件和水力学流量(对于曝气是最大日负荷而对于水力学是峰值时流量)。

由于许多液体处理设施部分通过适用于一些最大条件的水力学标准确定尺寸大小，则该污水处理厂、收集系统或这二者之内流量峰值的基本管理能够提供处理稳定性和节省成本的受益。将收集系统中发现的峰值流量缓解机会耦合于处理工程设计的污水处理厂设计，能够主动控制和积极响应污水处理厂的进水。

6.2　单元工艺过程的负荷可变性

单元工艺过程选定的设计流量和负荷由结合质量平衡一起使用的平均设计值和进水峰值因子决定，这随后将在本章中讨论。单元工艺过程负荷反映原始污水特性，上游处理工艺的性能和内部侧流的特性，这是固体处理和处置方式的函数。因此，设计者在具体单元工艺过程选型时应该考虑改变上游处理设施的工艺性能和改变污水进水负荷的影响。在大多数情况下，这随时能够通过从历史数据制定单个上游工艺过程质量出水的峰值因子而完成。

6.3 固体产量的可变性

不同污水处理厂的固体生产量(净产率)的大多数可变性是由于污水进水特性(惰性悬浮固体或生物不可降解颗粒型有机物质)、化学品使用(除磷)和生物产率的差异所致。当大量的固体——相比于平均日生产量(即，一个消化过程)——由固体处理流程进行处理时，设计者应该将额外的工艺余量当作预期故障、进料固体特性差异和主要单元工艺过程或一个或多个配套的单元过程或附属物的保养或维修的限额，而确保额定达到容量。整个污水处理厂及其所有的单元工艺过程的成功，取决于从该污水处理厂固体去除能力。没有余量的偏小脱水系统或无备份处理序列或处置出口的残余物管理计划，都可能作为整个系统的限制条件或瓶颈，并不代表较好的做法。

那些不可避免地溶解污染物的工艺过程创建的特殊设计和产生的操作问题，根据该污水处理厂中使用的技术和经营策略而不同。尤其是当该污水处理厂的设计目标包括重新引入的污染物的控制时，工程师在评价和选择将会向液体处理工艺序列过程再次引入污染物的工艺过程时应该特别小心谨慎。

7 质 量 平 衡

污水处理设施涉及串联运行的单元操作(物理过程)和单元工艺过程(生物和化学过程)。任何给定的单元操作或工艺过程都可能有并联的多个单元。任何具体单元操作或工艺过程的负荷，以及由此进行的设计尺寸定制，都依赖于原始的污水特性、所有上述操作和工艺过程的性能和污水处理厂内再循环的侧流。集成设计必须理解和引入这些因素。

质量平衡和附带的工艺流程图提供了这些因素的理解和界定，确保集成污水处理厂设计的基础。在规划和概念设计期间预备的平衡能够产生有关设计量以及各个处理备选方案之间的主要差异的准则。在初步设计期间制备更详细的质量平衡能够起到初步的参考项目文件的作用，而确保项目理解的共性，主要设计标准和负荷的一致使用，以及项目小组的参考和逻辑的标准框架。质量平衡还提供该工艺过程和仪器仪表图控制逻辑的基础。

7.1 质量平衡的准备

质量平衡应该包括每种具有 NPDES 限制或工艺过程控制显著的主要污染物。作为最低要求，平衡的参数包括流量、BOD 和 TSS。这种平衡最好也包括 COD，而且如果适用于该污水处理厂，还应该包括氮和磷。这对于平衡惰性固体也可能是理想的。

通过采用合适的工艺性能数据准备围绕每个单元工艺过程的各个平衡而实施质量平衡。对于给定参数的积累率必须等于流入量减去流出量加上或减去生成的或损毁的量。单元工艺过程的平衡采用进水的质量，清除率，生成率(生物产量和化学品添加量)，破坏率(厌氧消化)，捕获酚比和出水中的固体百分比，而对每一个所考虑的参数提供整个工艺过程的平衡。这些液体处理和固体处理工艺过程的平衡所需的参数和推荐值，能够从本手册第二册和第三册中获得。然而，这些参数的具体值应该尽可能从污水处理厂的历史数据生成。历史数据的使用应该包括消除离群值的评价(消除值大于第 95 百分位而低于第 5 百分位)。

围绕每个单元工艺过程的平衡采用工艺流程示意图与用作向下游工艺过程进水的上游工艺过程的平衡出水进行耦合。迭代计算(计算机解决方案易于进行)当所有循环和转换条件在合理的限度内平衡(达到平衡)时结束。Metcalf & Eddy(2003，pp. 1596-1608)提供了一个详细的迭代式手工计算质量平衡的例子(流量，BOD 和 TSS)。

平衡应该通过年均或日均最大月质量和流量条件并采用具体工艺设计定制大小的合适峰值因子进行。典型的做法是采用年均值进行质量平衡。设计师应该记住，峰值质量负荷和峰值流量很少同时发生，而以峰值流量和峰值质量进行的平衡将导致有限物理意义的过于保守设计假设。

污泥流量和负荷的峰值因子负荷——以及因此造成的侧流——应占有实际预期的运营时数。例如，以每周五天为基础污水处理厂处理固体的固体相关平衡必须进行适当的调整。这可能等于限于单次换班运行的 4×因子。

最好使用校准的仿真模型(WEF，2009)准备质量平衡。由于许多污水处理厂具有有限的侧流数据，产生侧流的污水处理厂的宽泛质量平衡，通常能够提供整个再循环特点的最佳代表，包括 COD，BOD，TSS，氮和磷。可用的污水处理厂数据，如固体捕获率和滤饼固体，都可以用作模型的输入。

污水处理厂仿真模型基于 COD，能够输入进水 BOD，而该模型采用缺省值或通过用户输入的比值将其转换为 COD。然而，COD 是首选的输入参数并在整个处理工艺过程中守恒，使之能够理想地用于平衡。COD 在美国国内并不是广泛测量的参数。应该鼓励污水处理厂营运者和监管者将进水和初级出水的 COD 测量加入到典型取样程序和要求中。对于进水 COD 测量结果，BOD 的测试有必要保持去除百分数对 NPDES 要求达标，并允许开发 COD/BOD 的关系，这可用于将历史 BOD 数据转换成 COD 的近似值。

7.2　质量平衡实例

示例性质量平衡描述处理 60ML/d 相对较弱的生活污水的三种不同方案见图 3.5、图 3.6 和图 3.7，其中，进水浓度为 275mg/L COD，136mg/L BOD，117mg/L TSS，22mg/L TKN，而总磷为 4.4mg/L。每一个图包括通过固体和液体处理工艺过程的各组成部分的流程图和质量总和。三个示意图以相同修改的 Ludzack-Ettinger 活性污泥工艺描述了污水处理厂，但是它们各不相同，其中一个没有初级处理，而另一个示意图具有固体稳定化处理的厌氧消化。使用 BioWin(EnviroSim Associates Ltd.，2008)准备质量平衡，采用缺省值完成污水表征和处理动力学。每一处理方案的预测出水相同——10mg/L COD，1mg/LBOD，2mg/L TSS，2.4mg/L 总氮和 0.9mg/L 总磷。

在每一方案中，对于生物处理工艺过程负荷的影响显著不同，这将导致每一方案的尺寸大小出现差异。表 3.6 列出了厂内再循环原始污水负荷的增长百分数。排除初级处理导致再循环之总氮和总磷达到约 2 倍之多。再循环的 BOD 对于每一方案大致相同。

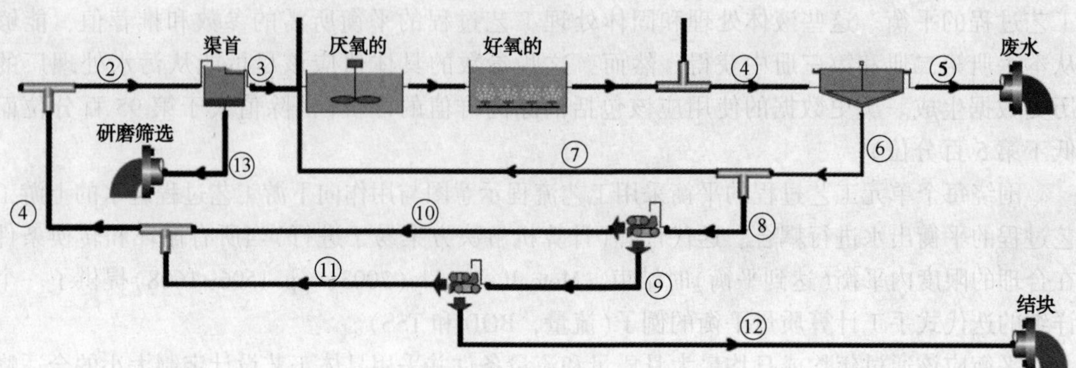

液流 ID	描述	流量/(ML/d)	COD/(kg/d)	CBOD/(kg/d)	TSS/(kg/d)	总氮/(kg/d)	总磷/(kg/d)
1	原始进水	60	16	8	7	1332	264
2	进水+再循环	61	17509	8	7	1386	290
3	生物工艺过程的进水	61	17	8	7	1396	290
4	澄清池的混合液体	105	226	48	177	13085	6371
5	二级出水	60	1	133		315	123
6	澄清池下溢流	45	225	47	177	12770	6247
7	RAS	44	219	48	172	12430	6081
8	WAS	1.2	6	1	4	341	167
9	增稠的 WAS	0.12	5	1	4	302	146
10	上清液	1.08	617	129		39	18
11	滤液	0.11	272	58		16	8
12	脱水生物固体	0.01	5	1	4	286	141
13	筛余物和沙砾	0	0	0		0	0
14	合并的再循环流	1.19	889	186		54	26

图 3.5 无初级处理的质量平衡(图摘自 EnviroSim)

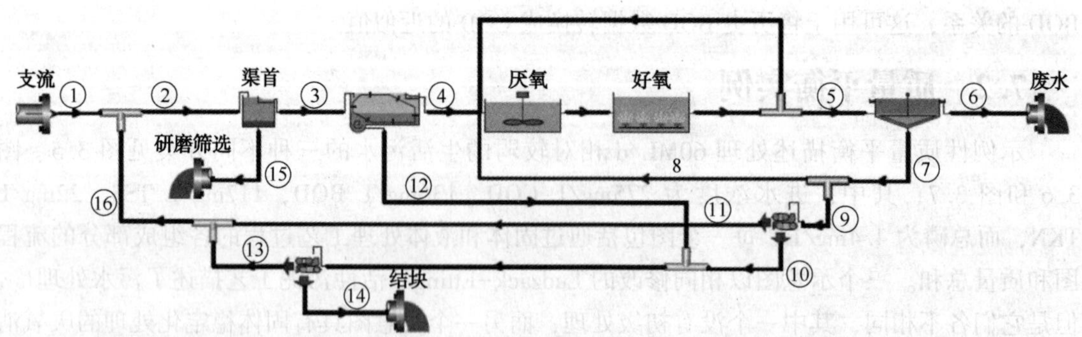

液流 ID	描述	流量/(ML/d)	COD/(kg/d)	CBOD/(kg/d)	TSS/(kg/d)	总氮/(kg/d)	总磷/(kg/d)
1	原始进水	60	16620	8253	7086	1332	264
2	进水+再循环	61	17299	8457	7550	1365	276
3	初级进水	61	17299	8457	6949	1365	276
4	初级出水	60	10428	5683	2432	1172	183

续表

液流 ID	描述	流量/(ML/d)	COD/(kg/d)	CBOD/(kg/d)	TSS/(kg/d)	总氮/(kg/d)	总磷/(kg/d)
5	生物工艺过程进水	105	204418	35288	154800	12454	3977
6	澄清池的混合液体	60	1312	122	310	345	142
7	二级出水	45	203108	35166	154490	12109	3835
8	二级澄清池下溢流	45	200940	34791	152842	11980	3794
9	RAS	0. 48	2166	375	1648	129	41
10	WAS	0. 04	1944	337	1483	114	36
11	增稠的 WAS	0. 44	223	38	165	15	5
12	上清液	0. 15	6873	2793	4517	193	93
13	滤液	0. 18	457	166	300	18	7
14	脱水生物固体	0. 01	8362	2965	5700	289	122
15	筛余物和沙砾	0	0	0	601	0	0
16	合并的再循环液流	0. 62	679	204	465	33	12

图 3. 6　采用初级处理的质量平衡(图摘自 EnviroSim)

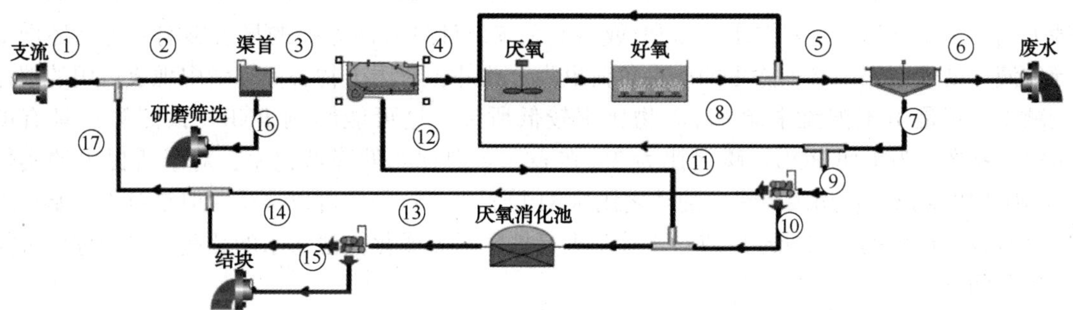

液流 ID	描述	流量/(ML/d)	COD/(kg/d)	CBOD/(kg/d)	TSS/(kg/d)	总氮/(kg/d)	总磷/(kg/d)
1	原始进水	60	16620	8253	7086	1332	264
2	进水+再循环	61	17140	8372	7438	1429	319
3	初级进水	61	17139	8372	6637	1429	319
4	初级出水	60	10382	5642	2393	1239	228
5	沉降池的混合液体	105	205127	35688	155342	12595	4070
6	二级出水	60	1312	122	311	397	187
7	二级沉降池下溢流	45	203816	35446	155031	12198	3884
8	RAS	45	201642	35068	153377	12068	3842
9	WAS	0. 48	2174	378	1654	130	41
10	增稠的 WAS	0. 04	1951	340	1488	115	36
11	上清液	0. 44	223	38	165	15	5
12	初级污泥	0. 15	6757	2730	4444	190	91

续表

液流 ID	描述	流量/(ML/d)	COD/(kg/d)	CBOD/(kg/d)	TSS/(kg/d)	总氮/(kg/d)	总磷/(kg/d)
13	消化的污泥	0.19	5257	1185	3733	295	128
14	滤液	0.18	296	81	187	82	50
15	脱水生物固体	0.01	4961	1104	3546	213	77
16	筛余物和沙砾	0	0	0	601	0	0
17	合并的再循环液流	00.62	520	119	352	97	55

图 3.7 采用厌氧消化的质量平衡(图摘自 EnviroSim)

表 3.6 处理方案对厂内再循环负荷的影响

	COD	%原始进水负荷的再循环			
		BOD	TSS	总氮	总磷
无初级处理	5.3	2.3	9.7	4.1	9.8
初级处理	4.1	2.5	6.6	2.5	4.5
初级处理+消化	3.1	1.4	5.0	7.3	20.8

具有初级澄清池的污水处理厂增加厌氧消化池，导致再循环总氮增加了三倍，再循环总磷大约增加了五倍。这对要求除氮和/或磷的系统设计具有两方面的显著影响。再循环增加导致液体处理序列中必须除去的质量负荷更高。此外，对于生物脱氮除磷中现成可用的碳比例减少，这是由于侧流中碳-营养物比率较低所致，这可能影响 BNR。预测侧流具有的 BOD：氮之比为 1 而 BOD：磷之比为 2。在表 3.7 中预测的降低比率，对于所提出的实例(采用消化池 BOD：初级出水中的磷之比从 31 降低至 25)仍然可以接受，但是对于原始污水中具有较低比率的污水处理厂或对于接受大量外部污泥或化粪池污水的那些污水处理厂可能会出现问题。

表 3.7 处理方案对初级出水 BOD/氨氮和 BOD/磷之比的影响

	BOD：氮	BOD：磷
无初级处理	6	29
初级处理	5	31
初级处理+消化	5	25

8 参考文献

Albertson, O. E. (1995) Is CBOD5 Test Viable for Raw and Settled Sewage. *ASCE JEnviron. Eng. Div.*, 121(7), 515-520.

Albertson, O. E.; Young, J. C.; Clesceri, L. S.; Kamhawy, S. M. (2007) Of: Changes in the Biochemical Oxygen Demand Procedure in the 21st Edition of Standard Methods for the Examination of Water and Wastewater. *Water Environ. Res.*, 79, 453-456.

American Public Health Association; American Water Works Association; Water Environment

Federation(2005) *Standard Methods for the Examination of Water and Wastewater*, 21st ed.; American Public Health Association: Washington, D. C.

American Society of Civil Engineers(2007) *Gravity Sanitary Sewer Design and Construction*, 2nd ed., ASCE Manuals and Reports on Engineering Practice No. 60; American Society of Civil Engineers: Reston, Virginia.

D'Antoni, J. M.; Bahl, V. (1990) *Designs for the Future*. Abstract submitted to the 63rd Annual Water Environment Federation Technical Exposition and Conference, Washington, D. C., Oct. 7-11; Water Environment Federation: Alexandria, Virginia.

Ekama, G. A.; Marais, G. v. R.; Siebritz, I. P.; Pitman, A. R.; Keay, G. F. P.; Buchan, L.; Gerger, A.; Smollen, M. (1984) *Theory, Design and Operation of Nutrient Removal Activated Sludge Processes*; Water Research Commission: Pretoria, South Africa.

EnviroSim Associates Ltd. (2006) BioWin Process Simulator. EnviroSims Associates Ltd: Flamborough, Ontario, Canada.

EnviroSim Associates Ltd. (2008) BioWin Process Simulator. *EnviroSims* Associates Ltd: Flamborough, Ontario, Canada.

Mara, D.; Horan, N. J. (2003) *Handbook of Water and Wastewater Microbiology*; Academic Press: London, United Kingdom.

Melcer, H.; Dold, P. L.; Jones, R. M.; Bye, C. M.; Takacs, I.; Stensel, H. D.; Wilson, A. W.; Sun, P.; Bury, S. (2004) Methods for Wastewater Characterization in Activated Sludge Modeling, Project No. 99-WWF-3. Water Environment Research Foundation: Alexandria, Virginia.

Metcalf & Eddy(2003) *Wastewater Engineering, Treatment and Reuse*, 4th ed.; McGrawHill: New York.

Park, J. K.; Wang, J.; Novotny, G. (1997) Wastewater Charactization for Evaluation of Biological Phosphorus Removal, Research Report 174. Wisconsin Department of Natural Resources: Madison, Wisconsin.

Rochester, NH(1997) Authorization to Discharge Under the National Pollution Discharge Elimination System, NPDES Permit No. NH010068, July 1997.

Scituate MA(2004) Authorization to Discharge Under the National Pollution Discharge Elimination System, NPDES Permit No. MA0102695, November 2004.

U. S. Environmental Protection Agency(1994) *NPDES Compliance Inspection Manual*, EPA-300/B-94-014; U. S. EPA Office of Enforcement and Compliance Assurance: Washington, D. C.

U. S. Environmental Protection Agency (2009) Sampling and Testing Procedures. *Code of Federal Regulations*, Part 133. 104, Title 40.

Water Environment Federation (2004) *Control of Odors and Emissions from Wastewater Treatment Plants*, Manual of Practice No. 25; Water Environment Federation: Alexandria, Virginia.

Water Environment Federation (2005) *Biological Nutrient Removal Operation in Wastewater Treatment Plants*, MOP-30; Water Environment Federation: Alexandria, Virginia.

Water Environment Federation (2009) *An Introduction to Process Modeling for Designers*, Manual of Practice No. 31; Water Environment Federation: Alexandria, Virginia.

Young, J. C.; Clesceri, L. S.; Kamhawy, S. M. (2005) Changes in the Biochemical Oxygen Demand Procedure for the 21st Edition of Standard Methods for the Examination of Water and Wastewater. *Water Environ. Res.*, 77(4), 404-410.

Young, J. C.; Riley, K. A.; Baumann, E. R. (1995) Effect of Trichloromethyl Pyridine on Carbonaceous Biochemical Oxygen Demand in Wastewater. *Proceedings of the 70th Annual Water Environment Federation Technical Exposition and Conference*, Chicago, Illinois, Oct. 18-22; Water Environment Federation: Alexandria, Virginia.

9 推荐读物

Baird, R. B.; Smith, R-K. (2002) *Third Century of Biochemical Oxygen Demand*; Water Environment Federation: Alexandria, Virginia.

Great Lakes-Upper Mississippi River Board of State Sanitary Engineering Health Education Services Inc. (2004) *Recommended Standards for Wastewater Facilities*. Albany, N. Y.

U. S. Environmental Protection Agency (1989) *Analysis of Performance Limiting Factors* (PLFs) at Small Wastewater Treatment Plants, EPA-WH-546/OMPC-10-89; U. S. Environmental Protection Agency, Office of Water: Washington, D. C.

Water Pollution Control Federation (1989b) Technology and Design Deficiencies at Publicly Owned Treatment Works. *Water Environ. Technol.*, 1, 515. Washington, D. C.

第 4 章　选址和装置的排布设计

1 引 言

选择新污水处理厂的厂址，在近年来已经变得更加复杂，因为公众意识已经提高，选址监管的规定也越来越严格。现今污水处理厂的选址，通常涉及判定优选厂址选择的各个备选厂址的研究，并应该加入公众和监管机构的参与。由于所有工程项目的情况是不同的，则没有专门定义的方法进行选址研究；然而，在制定和实施这种研究时还是存在可以使用的指导方针。

本章的整体目标是提供实施涉及污水处理厂（WWTP）选址研究和在既定厂址上进行污水处理厂的规划或布局的框架。在某些情况下，选址工作可能会影响整个工程项目的成功；如果选址和归档良好，则该项目可能会避免长时间的备选厂址研究和/或诉讼。在最低情况下，这种研究或诉讼可能会增加工程项目成本，并造成不必要的延误，而在极端情况下，还会终止该项目。因此，具有充分论证的逻辑方法学评价备选方案而推荐优选的厂址和规划布局，是任何污水处理厂项目成功的关键。本章提供了开发和实施适合某一具体项目的选址和布局方法学的工具。

2 选址过程

2.1 前言

对于 WWTP 选址而言，还没有特殊的范式。虽然一般准则可能适用于许多工程项目，对于具体工程项目开发专用方法还是很重要的。为了使这个过程适应于该项目，项目经理和所有者必须首先对一些基本选址变量及其对选址的影响具有清醒的认识。根据这个实际做法，项目经理或所有者对选址工作的复杂性将会获得全面的感觉，这是建立适合该项目的选址过程的关键。

2.2 影响选址的变量

项目经理应该首先对可能影响选址工作的变量作出一个列表，并指出他/她的权限范围和在该项目内每一个可能发挥重要性的相对水平。这些变量应该至少包括以下内容：

- 项目规模/技术的复杂性，
- 对实际或可能环境的影响程度，
- 政治议程，
- 客户的历史，
- 项目总成本和资金，
- 监管驱动程序和要求，
- 利益相关者的角色（包括公众），
- 地理基础和股权。

一些这种变量的重要性可能直到选址研究按部就班地进行时才会变得显而易见；然而，在开始认真选址之前提供尽可能多的备选厂址，允许项目经理预测障碍发生之前的潜在障碍。例如，这是已知的，所有者具有以前成功的公共关系经验将使项目经理和所有者在选址过程中充分利用这些积极的经验。

表 4.1 提供了几个影响选址项目的主要变量，包括与每个倾向于复杂化或简化选址的变量相关的特性的清单。例如，关于"项目规模/技术的复杂性"方面，技术上具有挑战性的项目的选址过程，除了需要许多附属结构(即，新的下水道，泵站，排污管和残余物管理)的评估，很可能是比具有标准设计和有限附属结构的较小项目的选址过程更为复杂。

表 4.1　影响选址的变量

影响选址工作的变量	通常复杂化选址的特性	通常简化选址的特性
项目规模/技术复杂性	• 多构件 • 多附属结构 • 技术上复杂 • 大型区域设施	• 少构件 • 少附属结构 • 技术上直观 • 局部设施
影响水平	• 主要的环境影响 • 主要的人类健康关注 • 不利的新闻媒体	• 少环境影响 • 少人类健康关注 • 有利的新闻媒体
政治议程	• 项目需要未能充分确立 • 选举年 • 选址决定由具有不同政治实体的委员会或董事会作出 • 不只涉及一个社区	• 项目需要确立充分 • 非选举年 • 选址决定由一个政治实体作出 • 仅仅涉及到一个社区
客户的历史	• 没有以前的选址经验或以前的不成功经验	• 过去选址的成功经验
项目成本	• 项目设计和施工成本高	• 项目设计和施工成本低
监管驱动程序和规定	• 没有同意令或等价令 • 没有具体的选址监管规定 • 需要关键性审批努力	• 项目从属同意令或等价令 • 按规定需要选址研究 • 需要较少的审批努力
利益相关者及其角色	• 多利益相关者和/或公众关注水平高	• 利益相关者少和/或公众关注水平低
地理基础和股权	• 研究区域内包含多个社区 • 地域面积大	• 研究区域只包含一个社区 • 地域面积小

表 4.1 中列出的特性是通用性的；也有例外。例如，工程设计和施工低成本可能并不总是能够简化选址工作。此外，协议仲裁可以帮助选址项目保持正轨，而就这个意义上而言，有助于简化这个过程。然而，例如，如果存在许多利益冲突的各方，则协议仲裁可能有时会使该过程变得复杂。同样，具体的监管法规，通过准则和标准可以简化项目。然而，监管法规也可能在其中存在冲突的当局或禁止性规定的情况下成为障碍。因此，虽然表 4.1 提供了在简单和复杂选址项目之间进行区分的一般性准则，但是应认识到，这并没有明确的范式可循。

项目经理应该审查具体的项目特性，以确定每个选址变量的作用和预期复杂性的总体水平。从这些信息中，选址过程可以更好地进行调节从而满足该项目。

2.3 选址过程中的步骤

2.3.1 工程计划的制定和实施

选址过程中的第一步是制定一个工作计划，这包括选址的技术性方法。虽然有很多其他选址过程的难题困扰，但是这种技术性的方法是成功选址的基石。如果技术性方法不合理而经不起推敲，则整个选址过程可能无法幸免于公众和监管机构的密切关注。本节描述了技术性方法的要素，而随后讨论了如何将这些要素拼凑成一个连贯的过程。

图 4.1 说明了一个简化的技术性方法，这结合了以下基础要素，并按照系列步骤进行组织：

- 识别项目构件，
- 引入设计信息，
- 制定评价标准，
- 应用标准，
- 公众参与，
- 缓和与补偿。

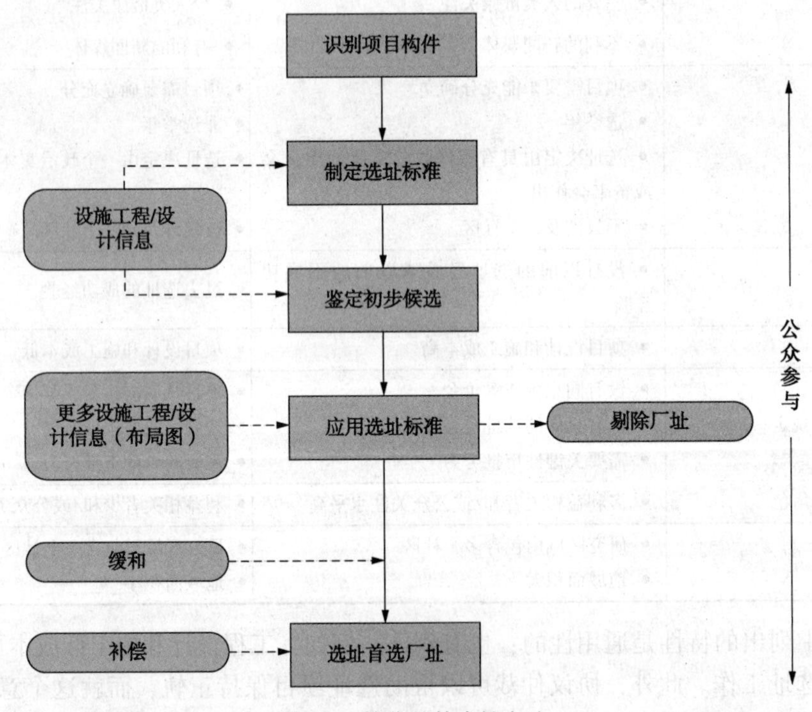

图 4.1 简化的技术性方法

其中一些要素在本节的其他部分将会更详细地讨论。在图 4.1 中提供的方法仅仅是一个相当直观的项目典型方法的实例。正如在本章后面的内容，对于更复杂项目的方法，可能会涉及更多。然而，无论复杂程度如何，相同的要素都适用于所有选址项目。

2.3.2 识别项目构件

这个初始步骤可能是显而易见的，但值得进行一些讨论，因为它在任何选址研究中都是非常重要的。具体构件将不仅影响厂址比较的标准，而且还会影响技术性方法的结构。所有项目必须选址或可能影响选址的构件(包括主要设施，从属结构，管线，排污口，进出通道等)，都应该进行确定。在某些情况下，独立选址的努力对于各个构件都是所需的。例如，如果项目包含一个新污水处理厂、排污管和残余物管理，则关于每一构件最初都可能会进行一个单独的选址研究。然后，对于各个构件的最佳位置可能会突显而形成深入考虑的备选计划。图 4.2 中提供了这种复杂选址研究的一个实例。请注意，该图可能过于简化了许多选址过程，没有指出三个选址活动之间相互作用的全部程度。例如，污水处理厂的选址可能会依赖于排污口的选址。此外，在某些情况下，一个污水处理厂厂址可能被认为(并评估)为共同定位的厂房和残余物处置场所。图 4.2 只提供了复杂项目的一个“一目了然的”概观。

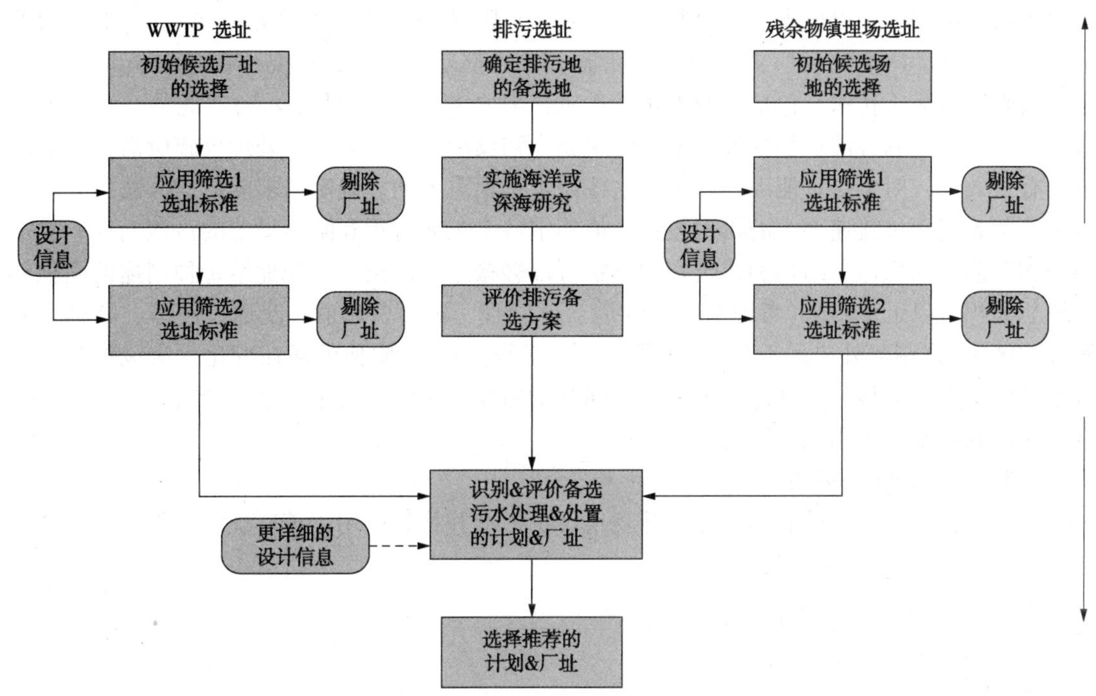

图 4.2　样本复杂的 WWTP 选址方法

2.3.3　确定厂址面积的条件

一个厂址应该适应目前和预期的未来要求。随着服务区域内产生的增长，新属性添加到服务区，和/或处理需求的增加，污水处理厂将可能会需要额外的空间。这种需求的潜在可能在选址时应该加以考虑。

一个特定容量的污水处理厂所需的面积取决于以下考虑因素：需要处理污水的程度；所使用的处理工艺；必要的冗余度；操作和配套、辅助和储存设施的空间要求；通道、通风和维护所需的空间；动力设施，包括院内管道，电力管道，排水沟的空间；和缓冲区、环境控制和泄漏隔离区的空间。在可能范围内，为当前和未来发展的可利用土地不应该侵犯指定的缓冲地带，需要特别小心地避免接近水和自然保护区和敏感栖息地。

工艺过程单元的布局和形状可能会显著影响土地面积的需求。工艺过程单元堆叠的代价是高昂的而复杂的操作和维护(O&M)，但有时这种做法能满足有限的空间。使用紧凑的处理技术和设计技术，还可以节省空间。同样，正方形或长方形罐池采用常见的墙施工，与圆形罐池相比，能够节省相当大的空间，但可能会增加到维护成本中，并对于某些工艺过程在操作上可能无法令人满意。

维护、管理、存储、实验室和工作人员服务的空间需求，都会影响总的空间要求。在某些情况下，相关活动，如污水收集系统的维修人员和设备，机构的工业污水监测机构分部，或可再生能源(即，风力涡轮机和太阳能电池板)，可能会被安置在污水处理厂现场。在所有情况下，都应该提供这些服务的空间需求。

对于推算污水处理厂的平均面积需求是很难的，因为存在诸多影响变量，包括气味控制，出水水质，生物固体处理，可再生能源系统(即，太阳能电池板和风力涡轮机)，以及其他因素。例如，如果出水总氮限制为 2.5mg/L，则其他工艺过程单元，如臭氧/生物活性炭过滤器或移动床生物反应器，带有过滤器，可能都是需要的，这要根据进水流量特性而定。太阳能污泥干化床，包括污泥进料输送机，需要大面积(参见图 4.3)。此外，还有各种最小化面积需求的方法，如堆放工艺和使用膜生物反应器。因为关于处理设施所需土地的决策具有长效性，对于尽可能准确地确定这些需求是很重要的。确定需求的最佳方法之一就是采用停留时间、过流速率等的典型教科书值确定各个工艺过程和附属设施的占地面积。暂定布局和工艺过程罐池、结构和建筑物的形状可以轻松地制定出来，分配给每种用途的面积和土地总面积可以近似出来(考虑到院内管道、导流管、沟渠、通道、交通、停车、园林绿化和缓冲区)。强制额外单元工艺过程(即，去除营养物)排放限值的潜在变化，应该作为重要因素考虑在内。应该估计和考量未来的访问和动力设施走廊。为了在这种分析中容许未知因素，所需的面积应该高估而不是低估。

2.3.4 定制评价标准

为了比较潜在厂址的利弊，必须开发出评价标准并将其应用于该厂址。以下四个类别的选址标准经常用于选址研究：

- 环境标准，
- 技术标准，
- 制度标准，
- 成本。

环境标准是在项目的环境影响评估中很可能会检测到的问题，包括自然资源和人为资源。他们还可能包括监管约束或将会需要环境准入的项目方面。

技术标准是工程设计和实施的约束条件或目标。他们包括具体的工程要求和可能会限制或增强项目在具体现场上的技术可行性的厂址特定条件。

制度标准是对于在其他利益相关者掌控之下或重要问题的“以上绝无仅有”的类别。场地新置，与公共政策目标发生的冲突，以及许可证，都是这一类标准的一些实例。

成本包括现场项目实施的资金和运营成本。此外，在选址过程的后期，厂址成本应包括缓和确定影响的成本。在评价和选址中能够使用成本的程度往往取决于对项目的监管环境。

在编制具体项目评价的标准清单中应该考虑许多因素。这些因素说明如下：

驱动选址的监管过程，将会强烈地影响选址标准的选择。如果具有涉及到该项目的具体选址法规，这个标准应该体现监管规定。例如，一些国家具有作为其固体废物、危险废物或

UHLMANN ROAD

太阳能污泥干燥装置

Burpengary East 污水处理厂

Australia

Moreton Bay
Regional Council

Copyright Moreton Bay Regional Council and Dept Of Natural Resources and Water

While every care is taken to ensure the accuracy of this data, Moreton Bay Regional Council and the Dept Of Natural Resources and Mines make no representations or warranties about its accuracy, reliability, completeness, or suitability for any particular purpose and disclaims all responsibility and all liability (including without limitation, liability in negligence) for all expenses, losses, damages (including indirect or consequential damage) and costs which might be incurred as a result of the data being inaccurate or incomplete in any way and for any reason.

Scale 1:2009

Oct 2, 2008 8:26:18 AM
sanathpalipana

图 4.3　太阳能污泥干化床的鸟瞰图，包括污泥进料传送机

地下水保护条例部分的评估废物处理设施场地的具体标准。在编撰标准列表时应该审查合适的法规。

地方政策和利益，也将在标准成形中发挥作用。地方利益标准的一个例子是“区域资源的公平分配”。这个标准是否重要，取决于拟建设施的服务领域和在确保公共设施也同样在其服务的社区内传播的有关社区的利益。这些地方标准的输入信息最好从当地官员和公众处获得。

提供厂址间差别的标准的能力，是选择标准中的另一种考虑要素。如果所有厂址都同样受到同一个环境问题或技术问题的制约，那么这一特定问题不会有助于选择一个优选厂址。例如，如果所有候选厂址都在地震活跃地区，而且也同样很容易受到地震破坏，地震活动的准则在选址研究中价值不大。但是，这种标准将在项目可行性研究报告和项目环境影响文件中不得不进行处理，因为他们可能会影响整个项目可行性研究、设计和缓解措施。

任何标准是否是“双重计算”，也是一个在标准的制定中应考虑的因素。重要的是要选择相互独立的评价标准，以避免双重计算。在选址研究中，这种双重计算经常发生于技术标准和成本之间以及环境和制度标准之间。技术标准和成本之间双重计算的一个例子是具有有限空间的污水处理厂厂址。堆叠澄清池的空间节省解决方案可能会导致较差的技术等级和较高成本——对同一问题为之而生的双重冲突。这种隐含的双重计算，对这个标准比其他具有更高的权重。一个比较客观的方法是，避免重复计算并对更重要的标准明确加权。

其他潜在的双重计算的实例包括以下内容：

- 敏感地皮使用的近邻、噪声、气味或空气质量影响；
- 损失树木、对陆地栖息地影响或视觉效应；
- 对湿地的影响、法规约束。

将上述准则牢记于心，注意到每一项目是不同的。此处提供的一般准则，应该经过调节而适用于具体的项目条件。

2.3.5 标准的应用

一旦编撰了标准的主要列表，接下来的步骤是根据应用顺序排序标准，并选择应用的方法。

标准应用最好按照步骤顺序完成，这种步骤数根据项目复杂性和需要评价的厂址数而变化。

2.3.6 确定初步候选厂址

在任何选址研究中第一步都是识别初步候选厂址。初步候选厂址能够通过以下方面的任意组合而确定：

- 确定以前对相似用途或开发强度所考虑的厂址，
- 主动公开征集的可利用土地，
- 使用设施不应该设置的“禁止区域”映射的标准，并确定作为审议的可能区域的其余地区。

典型地，地理信息系统（GIS）模型和属性都用于确定候选区域而有时候也用于专用厂址。

用于制定候选厂址列表的标准是项目特异性的，但通常包括最低项目要求，如场地大小，邻近现有设施或服务区域，以及厂址的可用性。如果信息是现成的，而且如果合适，诸如湿地、河漫滩、陡峭的山坡、地下水补给区、土壤贫瘠、监管受挫和专用公共土地的特性都可以映射为“禁止区域”，这应该从选址研究的深入考虑中剔除。一旦计划绘制出禁止区域，将从其余地区选出候选厂址。

这个初始步骤的目的是组建一个满足最低项目要求并属于应该从深入研究中排除的外部区域的厂址列表。一旦初始名单构建完成，就能够如下所述进行厂址评估。

2.3.7　厂址评价阶段

厂址评估通常是由几个阶段完成；然而，阶段的数量要依据候选厂址数量和项目的复杂性而定。简单的项目可能只涉及一个阶段。更复杂的项目可能有四或五个阶段。为了介绍此讨论，就假设一个两阶段的评估过程。

第 1 阶段基于最明显的发展问题或制约因素从深入考虑中剔除厂址。第 2 阶段和后续阶段涉及对要对比的其余厂址进行更详细的评估。每个阶段都会出现不符合为那个具体阶段定义的指定标准的厂址被剔除。目标是系统地缩小该领域，而使最不可行的厂址在该过程中较早地被淘汰，只留下了最可能可行的厂址进行更详细的研究。

第 1 阶段的标准一般是两种类型——约束条件(包括“致命缺陷”和强制性的法规约束)和技术目标。致命缺陷就是在一个特定位置具有禁止发展该项目的高可能性的问题(该术语“致命缺陷”在这里宽松使用；大多数法规和地方性问题将不会绝对禁止在具体位置开发，但是会使之变得更加困难)。强制性法规约束，是该设施需要满足的不可协商的条件，或属于该设施禁止入内的保护区。技术目标是对于该项目正确发挥作用必须满足的工程和设计条件。

正如以上的候选厂址标准的讨论中所涉及，一些关键项目的约束条件和技术目标应该用于在开始筛选之前确定初步候选厂址。在初始列表编撰时未知的约束条件和目标，可能作为第 1 阶段标准应用。第 1 阶段标准的例子包括以下内容：

- 土地使用兼容性(这样的例子包括避免开发的住宅区和联邦、州和当地的公园)；
- 国家或联邦政府指定的湿地和/或其他官方保护区；
- 已经列入的、待列入的或推荐列入的国家注册的历史地方(国家和本地注册的历史和考古遗址，也可以包括在这里)；
- 国家编目的濒危物种的栖息地；
- 国家或联邦政府指定的惰性危险废物处置场址或矫正性活动场所或其他已知受危险废弃物污染的位置(根据污染的严重程度，可能是单纯的成本问题。此外，一些指定为“棕色地”的厂址可成为污水处理厂发展的首选地区。)；
- 地下水补给区；
- 设施和缓冲区的可用空置土地；
- 交通、铁路和/或水通道；
- 地形(即，避免陡坡)；
- 场地配置的适用性。

对于上述标准还要作出两个重点。首先，一些决策所需的信息可能在第一阶段是不可用的，尤其是具有大量厂址时更是如此。例如，地下水的深度可能要等到现场钻孔才能准确定义，而湿地的边界如果仅仅基于现有的大比例尺地图可能是不准确的。其次，一些标准可能只适用于某些项目的组成部分。上述标准只作为可能的第 1 阶段标准的例子。在某些情况下，它可能更适合将其应用于以后的筛选阶段。

约束条件和目标的映射(通常是利用 GIS)是一种进行第 1 阶段研究特别强大的方法。缓冲区、强制性外墙缩进距离、保护区和不相容性的土地用途，都能够识别而映射于候选厂址或研究区域中。这些约束条件，或禁止区域，能够被满足技术目标的地点或地区覆盖。未覆盖的禁止区域的地点或地区，随后进入第 2 阶段评估。

第 2 阶段提炼的标准适用于评估第 1 阶段之后余下的相对较优的地方。在这个阶段，它通常假设该设施可以在任何正在考虑的地点兴建。它仍然只是用以从环境标准、技术标准、制度标准和成本标准的角度确定哪个位置是最好的。

不管这个阶段如何，在可行的情况下，建议在将备选厂址的信息提供给客户或公众之前进行实地考察。当前 GIS 信息不可用时，可能导致数据过时和/或不准确，这尤为重要。因此，即使在最初的筛选期间，如果可能的话，以现场调查映射信息，是可取的。例如，对周围的土地使用进行快速的"挡风玻璃式调查"，可能有助于验证从航拍照片解释的敏感受体的位置是否是准确。

一旦第 2 阶段标准选定并由所有利益相关者一致同意，这些标准定义和将用于评估这些标准的评估方法，也应该进行审查并由所涉及的各方接受。

2.3.8　标准的定义

按照合适标准的选择，每个标准必须依据影响水平进行定义，而使这些地点能够相对于这些标准进行统一衡量。例如，"与相邻的土地使用兼容性"是什么意思？它将如何衡量？许多定义都是主观的；因此，在开始选址过程时进行定义是至关重要的。

这些标准如果有一个监管的基础和数值阈值，则最容易进行定义。例如，"空气质量的影响"可能由该设施在一个特定地点满足某些联邦和/或国家空气污染阈值的能力进行衡量。然而，许多标准不是那么容易定义的。一般情况下，关键是要确定相对于不可接受的影响，什么会构成可接受的影响(通常分为三类，显著的、中度和不显著的)。如果有一个数值基础可用于界定什么是可接受或不可接受的影响，那么就应该使用。如果没有数值甚至连监管基础(即"与相邻土地使用兼容性")都没有，易于采取对评审人具有意义的措施，是非常重要的。例如，"与相邻的土地使用兼容性"可能是通过该地点的一定距离内住宅用地的百分比相同面积的规划，以及该地区未来的使用计划进行衡量。

对于更复杂的项目，有时要定制具体的书面协议，依据将会用于评估用以评价措施的这些标准和方法的措施定义每一标准。例如，对湿地的影响将会通过使用现有的映射信息或为该项目专门收集的场地数据进行评估么？而且，什么科学方法将被用来确立湿地边界？有时，监管机构将需要以书面形式定义的这种信息。对于较直观的项目，书面协议文件可能会太多。然而，无论标准的定义如何记录，但是在标准适用之前定义必须达成一定协议。

标准的定义、这些标准的具体措施、每项措施相关的影响水平根据项目不同会有所不同。然而，如前所述，无论具体选址项目如何，都共同需要建立这种标准、措施和影响水平，并将其统一适用。在应用之前定义标准，确保其一致地适用于所有厂址并可以淡化这种定义预定要达到一定结论的批评。

2.3.9　厂址的评价和选择

一旦项目小组已选定标准并对其进行定义，这些标准就必须进行应用和评估。如前的讨论，对于复杂和简单的项目，选址一般都会涉及相对于一套统一的标准进行每个候选地点的评估。诚然，每个地点按照每一标准类别都会有自己的优点和缺点。一个地点按照所有的评价标准比其他所有地点具有压倒性优势是罕见的。那么，如何按照来自利益相关者们不同观点的挑战中脱颖而出的方式选择出一个地点？

答案就是由混合的标准组评价得出的支撑结论尽可能是系统性的和客观的。评估标准和选址具有两种类型的方法——定性和定量的方法。定性选址方法一般适用于相对较小、简单、直观的项目，或对其只有很少的选择标准相关的项目。定量方法涉及面广，但是对于复杂的和有争议的项目是有价值的工具，会考虑到许多标准。定量模型也允许从几个不同角度，成本效益分析和确定最有效的备选地点对所有地点进行系统评价，而不是仅仅在每一类的标准中认同是最佳。

一个量化决策模型的实例是称之为 STELLA(系统思考体验式学习的动画实验室)软件的系统动力学模型，由高性能系统公司(High Performance Systems Inc.)(现在 ISEE 系统公司，黎巴嫩，新罕布什尔州)开发。利用系统动力学方法的优点，例如这是其能够构建多变量和组合于模型中，容许评价各种“假设”场景而辅助整体决策和规划，这在设计多个项目构件和多个具有不同意见的利益相关者的复杂选址项目中可能是特别具有价值。

在这个过程中最后一步是按照既定的项目目标达成一致的一个选址决定。项目经理可以建议所有者的最终选择，或提出几个各具利弊的备选方案。但在所有最直观的项目中，通常是项目经理面向所有者提出“入围”的地点，从而容许所有者作出最后的选择。一种方法是关于每个标准类别(即“最好”的技术地点和成本最低的地点)的最佳地点进行推荐，并随后容许所有者作出最后的选择。一旦选址作出决定，建立场地收购和开发程序(而往往是补偿)的协议，就应该与所在社区尽可能适当地完成。

2.4　选址中的环境考虑因素

2.4.1　通用考虑因素

在理想情况下，污水处理厂的新址是一个经济上开发可行而强调环境的地点。

污水处理设施几乎普遍被大众认为是不可接受。公众的反对可能会很强烈；然而，在规划过程中早期公众参与并真诚希望倾听和减轻其疑虑，许多反对意见都能够最小化。公众参与，或分享，在选择和评估备选地点中是最重要因素之一。这将在本章稍后更详细讨论(参见选址中制度考虑因素这一节)。

考虑任何形式的厂址开发时，一般经验规则是通过保持所需或保护的地域特性而首先避免环境影响；然后，最大限度地减少任何可能不可避免的影响；而最后在所有其他可能性已经用尽之后减轻对任何那些不可避免的影响。实际上这三步序列是在该厂发展规划期间实施的，但应该更早地考虑到选址过程中。例如，明知某具体地点具有很大应该避免的区域(即湿地)，最大限度地减少湿地的影响可行性，以及所需的缓解的可能程度在决策这个地点是否适合建设污水处理厂的关键考虑因素。

2.4.2　土地用途

具体地点当前和以前的用途对于其开发潜能是很关键的。一方面，未开发之地(即“绿地”)可能是理想的，因为整地成本和潜在污染可能较低，要解决的潜在的基础设施冲突比目前被占之地或以前已经开发的工业用地(即，“棕地”)少得多。然而，由于未开发之地，尤其是在市区内变得难以找寻，而强调保护和节约不受干扰的土地日渐增加，则对于污水处理厂最可用之地往往目前或以前已经开发。此外，监管当局更可能偏向于重建而非新建。在许多国家，对于重建还有法规和/或财政奖励，特别是改扩建用地，这可能是受到污染的，而需要在进一步开发之前进行清理。

可能污染土壤和地下水以及未知地表的破坏都在污水处理厂现场从以前的土地用途中保留，往往会影响开发该地的成本，而因此，对于污水处理厂选址是一个重要标准。在选址过程中的首要步骤之一是查询现任和前任土地使用的可利用信息，包括建筑物的前位置，结构，铁路线，地下油罐和可能污染物(通常是通过监督污染土壤和地下水清除的合适国家监管机构提供)。可能的资料来源，包括旧航拍照片，土壤图，土地利用图。后来在选址过程中，如果可能的污染问题仍然存在，这就适合执行阶段 I 的环境现场评估(ESA)，而确定受污染的土壤比例；填埋的渗漏油箱；埋除草剂和杀虫剂的容器；及其他倾倒活动。尽管这些污染来源在市区较为普遍，但是他们也能够在农村地区发现。考虑拆除现有的结构时，就应该确定石棉隔热，地板，屋面材料的存在，因为这些将会对开发成本具有显著影响。阶段 I 的 ESAs 通常便宜，并可以在购买土地之前由有经验的人迅速完成。

2.4.3 周边土地用途

确定在该地区周围土地上的污水处理厂的影响，应该考虑区划法规(包括异味法规)，对相邻属性值的影响，以及与邻近物业活动的相容性。通常情况下，在工业的邻近区域兴建工厂，而非住宅区内，更容易接受和更便宜。污水处理设施如果位于机场附近，可能需要美国联邦航空管理局(Washington，D. C.)的批准，因为飞机滑行斜坡可能会决定一些建筑物的高度。氧化沟和池塘吸引鸟类，这也影响空中交通运行。

如果所选地点由住宅包围，则应该采取措施，以确保该污水处理厂在施工和营运期间成为一个好邻居。这些措施包括最大限度地降低噪声、气味、气溶胶、空气中的微粒、危险化学品、昆虫、侵扰性照明和交通影响。保持较低的厂外形轮廓也可以减少侵扰。用该地点的实际照片的三维计算机图像—强化显示施工后的条件—能够用以评价视觉屏蔽和缓解措施，同时也为公众提供了一些视觉上的保护。

迷人的建筑和景观以及适当考虑的优势风向有助于使污水处理厂成为更易接受的邻居。

2.4.4 自然资源

一般情况下，专门指定的自然区域应尽量避免。根据《野外风景河流法》(1968 年)被指定为野生，风景，或康乐地区，或珍稀、受威胁或濒危物种的栖息地的开发，可能会被禁止或至少非常困难。同样，海岸线往往保留供公众使用；在可供出入的开放海岸线短缺的都市市区这是特别重要的。这些地点也应该检测敏感特性，如湿地、水体、河漫滩和独特的栖息地的存在。虽然这些特性可能不会禁止开发，但是因为它们是由联邦，州和/或当地法律和法规保护，他们可能会延长许可过程和/或严重限制污水处理厂建设的可用面积。

在确定是否存在一个敏感特性，如湿地，会影响该地点的适用性时，在该地点其大小和位置都同样重要。例如，就以两个同等大小的地点(即，2 公顷[5 ac])考虑，每一个具有相同划分大小的湿地(即，2.5 公顷[1 ac])，并不一定意味着这两个地点将同样适合(或不适合)用于污水处理厂的建设。如果在地点 A 的湿地是位于该地点上的外围，而在地点 B 上的湿地处于该地点的中心，则地点 A 可能是一个显著可开发之地，因此，是相比于地点 B 的首选之地。

2.4.5 历史和文化意义

在选址阶段而确定该地点是否有历史或文化意义期间，应该联系保持重大考古和历史地区和资源目录的联邦，州和地方实体。在理想的情况下，该地点不应该包含历史或考古价值的资源。如果有理由相信该地点可能具有历史或文化意义，就应该在购置之前由具有资格的考古学家或历史学家进行初步现场研究。这种研究将确定对前建筑的搬迁或保存的需要，施工期间现场的考古学家或历史学家的需要，以及缓解措施，而确保敏感特性在搬迁之前妥善保存或记录归档。如果这些资源存在，则可能需要由历史文物咨询委员会(《36 CFR 分卷800》)(U. S. EPA，2009)和国家历史古迹保护部门规定程序，以限制任何不良影响。

2.4.6 缓冲地区

污水处理厂工艺和敏感特性之间以及污水处理厂工艺和其他物业所有者之间所需要的隔离和缓冲区数目影响该地点的适用性和处理设施所需的土地数量。通常情况下，例如，在湿地或水体和所提出的开发之地之间具有规定最小距离的法律法规。对于污水处理厂的国家和地方的设计标准和建筑规范和区划法通常包含处理设施和周围土地用途之间的缓冲区(“缓冲带”)的规定。

推荐使用额外的缓冲区，而减少气味和噪声侵扰周围社区。随着更多的设施位于市区，保持适当的缓冲地带是很困难的。因此，需要更多的开发用地产生减缓作用。如果具有可利用之地，则所有者可能要考虑尽可能多的土地购买价格实惠，确保可以在未来工厂或住宅增长的情况下保持足够的缓冲。此外，施工清场时，在可能的情况下，树木应该保持留下作为该地点的增强作用。

2.4.7 空气质量

污水处理厂可能是气味、化学物质排放、微粒和气溶胶之源，所有这些都必须加以控制。一些国家和地方的司法管辖需要空气质量管理机构获得许可。这些机构往往需要在施工开始之前的许可证和营运之前的许可证，后者仅仅在成功证实具体设备或工艺过程符合规定之后才被授予。许可证批复过程，可能是费时，并可能需要专门研究，如分散模拟和健康风险评估。对于洗涤器、发动机、压缩机和天然气火炬往往需要获得许可。在选址过程中，易于获得所需的空气质量控制许可证的能力是一个重要的考虑因素。气味法规和社会影响的讨论，请参阅第7章。

2.4.8 噪声影响

噪声管理，具体而言，在布局和设计中是一个重要考虑因素，而且还可能影响选址过程。需要考虑两个方面——(1)超出工厂边界的噪声传输，(2)在污水处理厂工作人员的健康和福利上过量噪音的影响。应该纳入到选址过程中的因素是第一个方面。在农村地区定址污水处理厂，没有直接近邻，例如，可能会比将那个相同的污水处理厂定位于具有紧邻邻里的郊区更有利。正如在“污水处理厂规划”的这一节中进行的深入讨论，具有许多可用于将噪音降低至可接受水平的缓解措施。

2.4.9 危险化学品

存在潜在的化学品溢出和泄漏。然而，污水处理行业在化学处理中具有示例性纪录，这主要是因为那些操作人员接受过训练并严格遵守程序所致。尽管具有这样的纪录，远离敏感受体，如学校、医院、托儿所和疗养院的地点是首选的。液体化学品应储存在灌装区域。以隔离泄漏出该地的风险。

美国环境保护署(Washington，D. C.)(U. S. EPA)的风险管理计划规定(《40CFR 分卷68》)，1996年颁布，解决意外化学品释放的风险。法规的目的是保护工人和公众免受特殊危险化学品的意外释放。该计划包括对周围环境的任何泄漏进行评估和强制预防和应对计划。这项立法和由此所需的文件为设施和运营商提供了最小化风险的措施，同时无论其是否偏远，也提供了应对突发事故所需的工具和培训。

然而，如果在一个拟议地点附近具有敏感受体，则液体化学品的使用，正好与压缩气体化学品相反，却是首选的。现场生成消毒剂或其他消毒剂的使用，如紫外线照射，可能是有利的。然而，这些备选措施一般比压缩的气体化学品成本更高。在选址评估过程中应考虑这些额外成本。

2.4.10 缓解/补偿措施

缓解措施和补偿/激励措施是两种用于提高项目的监管和公众可接受程度的通用方法。一般来说，缓解措施涉及到具体的物理效应并设计用于减少或消除所确定的效果。它们包括在设施和厂址设计、运营和建设相关的限制因素方面的改变或改进。缓解措施，往往是监管机构作为其许可证审查过程的一部分进行规定的。相比之下，补偿或奖励措施，属于更广泛的平衡行为，目的是为了使整个项目及其影响更容易被邻里和社区接受。补偿性激励一般没有法律规定，除非它们专为拟议的项目(即，协议备忘录)而包含于工程项目倡议者和所在社区之间制定的合同中。虽然一般不是由监管机构要求的，但是补偿往往是获得项目的政治和公共接受所必要的。

用于区分减缓和补偿措施的重要准则是缓解措施对于舒缓影响是必要的。例如，为设施邻里建造降噪影响的屏障，就是一条缓解措施，而为邻里建造公园则是一项补偿性措施，这不仅物理上降低项目的影响，而且向邻居贡献性地提供一些平衡性的受益。

为什么区分补偿和缓解措施是很重要的，这有几个原因。首先，因为缓解只包括那些被认为缓解影响是必要的措施，这一般都是由监管机构规定并在成本上一般小于补偿。此外，缓解影响的能力往往是备选地点进行评估和比较的基础，而补偿是在缓解实施之后才加以考虑。补偿是一种一旦缓解的可能性都已用尽时应该考虑而更适合保留用于所在社区协商过程中的工具。

2.5 选址中的技术考虑因素

2.5.1 海拔和地形

低洼之地有利于服务地区通过重力引流污水而最小化污水收集系统中的泵站数量。然而，这样的地点也可能需要防洪。图 4.4 显示了一个污水处理厂和进一步处理污水处理厂出水的水再生厂。部分污水处理厂低于百年一遇洪水高程以下。只要围绕此地周边的土堤防不产生水道阻塞，就能通过该堤防提供足够的保护。工艺过程所用的罐池、建筑物顶部的施工，以及管道坑道入口和建筑物完成地面高度超过预期的高水位，也能够提供防洪保护；这些方法可能成本较高而实际上可能会否定选择一个低洼之地的优势。

当考虑使用河漫滩之地时，设计者应该联系当地的洪泛区管理部门，以确定因为上游土地所有者可能的影响而产生的地产开发的任何限制。设计工程师可能不得不通过计算机建模证明，污水处理厂建设将不会增加百年一遇洪泛事件的上游或下游的洪水水位。在一些地区河漫滩上蚕食性使用可能被禁止。一般情况下，在指定的泄洪道内建设是严格禁止的。

一个相对平坦之地一般会有助于建筑施工活动。然而，该地点应该有一定的轻微坡度，以简化液压设计，并有助于重力液流通过污水处理厂，从而避免使用中间泵站。该地点具有显著的地形变化，可能对车辆的出入、重力管线和建筑物与工艺过程之间相互靠近产生了挑战。

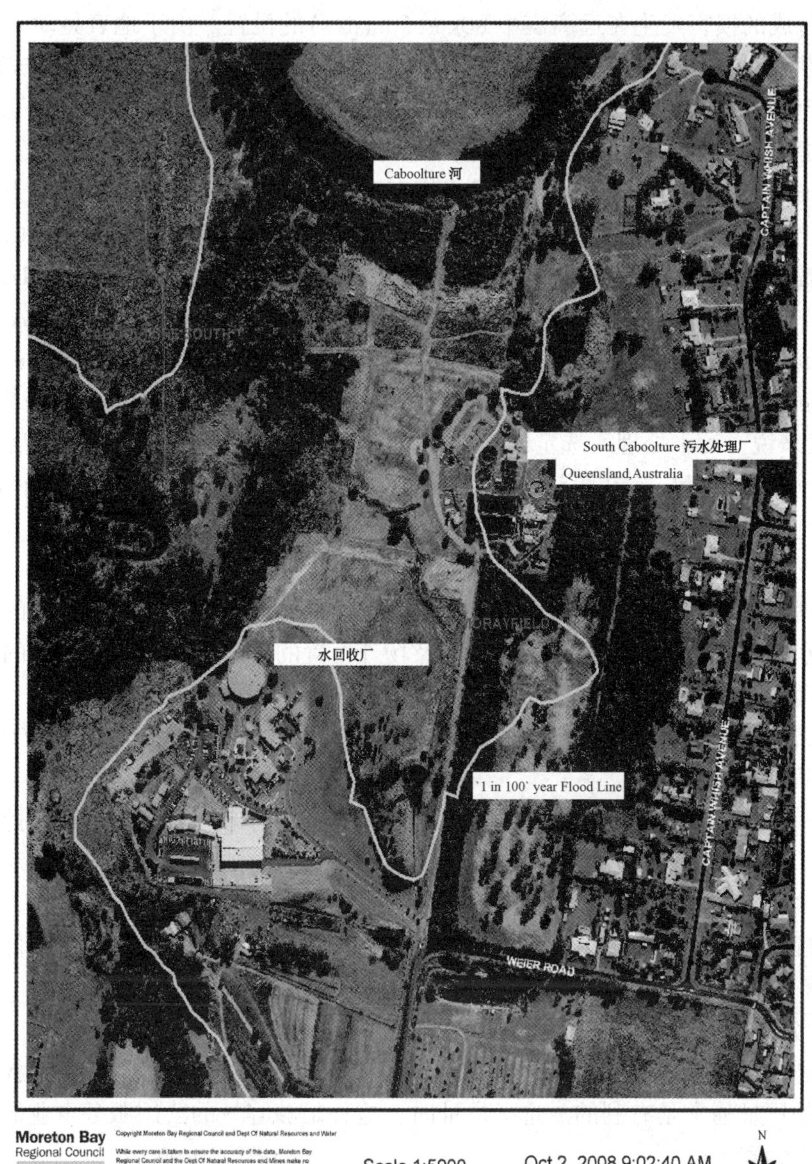

图 4.4　污水处理厂和进一步处理该污水处理厂出水的水回收厂

2.5.2　地质、水文地质和土壤

该地点的地质、水文地质和土壤类型显著影响建设成本，因此，在选址中都属于重要考虑因素。此外，当某地之下具有不只一种土壤类型，或如果需要爆破岩石时，设计问题会更复杂。高地下水条件也增加了建设成本，因为在施工期间要求脱水是非常广泛的。脱水可能导致邻近结构的下降和损坏。高地下水在施工后也具有负面影响——也就是说，它可能会更加难以实现地基固定、深干井和隧道干燥，并存在空槽漂浮的可能性。

2.5.3　地震活动性

一个污水处理厂的选址和厂内布局应满足该地区地震活动的可能性。在过去，污水处理厂由于地震造成的损害发生在远离震中 80km(50mai/s)的位置。由于地表晃动，罐中液体运动(振荡)产生力的作用，土壤液化，地表位移，斜坡失稳而侧向土壤蔓延造成破坏。海啸(海底地震产生的波)和湖震(压力诱导波)会对毗邻沿湖海之地的设施造成破坏。

这种危害程度在全世界是有所不同的。在大多数地区，详细的地震和岩土工程分析是必要的，用以确定地震预期的最大强度，发生概率，地面运动的来源，以及地下土壤材料可能的行为。作出这种分析的步骤和程序由联邦紧急事务管理署(Washington，D. C.)和国家地震减灾计划提供大纲。设计的程序描述于美国混凝土学会(Farmington Hills，Michigan)(ACI)的《结构混凝土的建筑规范和评论》(*Building Code Requirements for Structural Concrete and Commentary*)(ACI，2008 年)和《环境工程混凝土结构和评注》(*Code Requirements for Environmental Engineering Concrete Structures and Commentary*)(ACI，2006 年)中的法律规范(ACI，2006)。一般来说，污水处理厂选定的厂址不应该是位于活动断层上或附近。活动断层的移动可能会超过数米(英尺)，在设计中难以应对。研究活动断层的存在，应该在已知的地震活动地区内进行。

2.5.4 交通运输和现场出入

污水处理厂场地对于职员和递送人员在任何时候都可以出入，这是很重要的。靠近全天候公路的污水处理厂有助于设备和化学品以及场外处置的砂砾、筛余物和固体的递送。出入道路具有合理的梯度和足够的半径曲线允许大型车辆和重型设备的来去和迁移。

靠近铁路支线的污水处理厂可选择铁路运输，从而降低了批量交货的单位成本(即，氯和其他化学品)。

当评估一个厂址时，在施工期间的通道是一个重要的考虑因素。出口过度挖掘或运输混凝土、砂石、设备和建筑工人的车辆，可能影响周围邻居。如果合适，应该制定交通管理计划，确定运输通路和运行时刻。这种信息应与邻里进行讨论。

当扩建现有设施时，应该设计逐步实施的出入模式和施工，并应该尽量降低污水处理厂日常运转的影响。

2.5.5 公用服务事业

污水处理厂应该具有防火水源、饮用水、可靠的电力和电话通信。此外，找到一个附近天然气供应的厂址通常是有利的。选择厂址时，这种足够容量的公用服务事业的可用性是一个重要的考虑因素。

在概念层面上，设计工程师应与会公用事业公司的代表，例如，讨论所需公用服务范围的位置，路域和大小。厂址范围内公用事业服务的要求可能对动力设施服务有一个显著的容量和预定的影响。因此，在所有者和公用事业公司之间可能需要一些费用分担。对公共事业服务扩展和容量增加的规划，可能需要几年时间；这在污水处理厂规划和选址时就应该进行考虑。

2.6 选址中的制度考虑因素

制度标准包括对于其他利益相关者比较重要的问题，或在其他利益相关者的控制之下的问题。现场调研，与公共政策目标发生冲突，和许可证都属于这一类的标准的例子。国家、地区和当地政策和利益在制定标准时也将发挥的作用。

2.6.1 可持续性

正如在第 5 章将进行更详细的描述，污水处理厂设计中的可持续目标近年来已经变得很重要。这在污水处理厂设施的备选厂址的评价过程中对可持续性目标也适用同等关注。有些州，甚至区域和地方机构，在某些情况下，有关选址、建材和施工都采纳可持续发展的政策和规定，包括对能源与环境设计(LEED)认证中领导阶层的规定。例如，在马萨诸塞州，所有国家机构的任务要满足“可持续发展的原则”，这不仅适用于国家项目，而且也适用于需要国家批准和/或资助的项目。在污水处理厂的选址(和工厂布局)期间可能涉及的一些相关原则包括以下方面：

- 集中发展(即，阻止扩张)和混合用途(住宅、保护区和商业)。这包括重用以前开发的地点(即，棕地)的重新利用。
- 提前权益(即，促进社会，经济和环境公平性)。
- 保护土地和生态系统。
- 合理利用自然资源。
- 推广清洁能源。
- 区域性规划。

2.6.2 土地征用和所有权

拟议地点的产权所有者的数量和类型，可能显著影响收购该地点的困难程度。理想的情况下，该地点已经由工程项目发起人所有或只有一个属于卖主的地产主人。由于所有者数目和销售阻力增加，这就可能会在收购该地中涉及到时间和难度。因此，所有权和收购问题需要考虑在备选厂址的评价中，并可能影响选址中相对于相互之间选择的可行性。

征用土地，也适用于异地的基础设施(即，收集水管的地役权)。理想的情况下，管道能够安装在现有的地役权和路域中；然而，如果需要大量新的地役权，这种考虑因素也应纳入选址过程中。

2.6.3 环境公平性

环境公平性，也称为环境或社会权益，代表了社会和环境运动的交汇点，并处理由少数群体承担的不公平的环境负荷。在污水处理设施的选址中环境公平性的重要性在近几年显著增加。现在，污水处理厂的选址可能要经历联邦、州或区域环境的司法程序，要求根据少数民族和其他不具代表性的群体，如老年人，记录所在社区的人口特征，并评价所提出的项目对这些群体福祉的影响。因此，评价和最终选择污水处理厂厂址，应该包括有关环境公平性因素的评价。

2.6.4 许可证要求

推动选址的监管过程(ES)将强烈影响选址标准的选择。如果存在涉及到项目选址的专门法规，则该标准应该反映这些法规的规定。虽然不同的州各有不同，但是污水处理厂都需要许多许可证。这是势在必行的，所有的许可证在规划过程中都要确定，有关选址决策相关性的决定都应该确定。例如，如果在某地具有湿地，选址决策可能部分依赖于获得美国陆军工程兵部队(U. S. Army Corps of Engineers)(Washington，D. C.)容许湿地填埋的许可。地方分区条例是另一个可能严重影响选址决策的批准性规定。

2.6.5 利益相关者和公众的参与

在污水处理厂选址的情况下，对于术语“利益相关者”一般是指将在选址过程中发挥了重大作用的团体或个人。

项目所有者和/或代表，在确定项目的过程中和确保它保持在预定的过程、进度和预算内一定程度上会发挥关键作用。其他利益相关者可能包括必须对该项目满足法规要求感到满意的监管机构，地方官员/团体，以及广大市民的成员，通常占主要的是邻居或其他在所在社区内受拟建设施直接影响的人。

在选址过程中，早些时候就必须确定所有参与人员、其角色和参与选址的合适机会。本次讨论的其余部分，特别注重公众的作用，而其通常比其他利益相关者的角色难预测，其他这些利益相关者可能更多的是规定和要求的。

市民在制定和实施技术的选址方法中可以发挥非常重要的作用，尤其是对更有争议的项目，更是如此。选址管理者应该制定一个公众参与计划，介绍公众参与的形式和水平。

公众参与的合适类型和程度取决于以下几个因素。选址研究的地理范围，推荐地点的位置，争议的预期水平和政治议程，都只是贡献于公众参与过程中的一些因素。然而，在一般情况下，尤其是在一个有争议的选址研究中，当项目的成功可能在很大程度上取决于公众认可时，“多”和“早”是公众参与成功的关键。

在制定公众参与计划——公众教育和公众参与中要考虑两个方面。公共教育，对于更直接的项目，可能只包括对利益相关的市民展示选址研究的结果和裁决的公开会议。对于更复杂的项目，教育可能包括定期邻里会议，新闻发布，项目传单，电子房间(erooms)和网站。对于复杂的项目，公众往往在选址过程中通过提供选址标准的输入，评价方法和结果而起着直接的作用。这种输入一般来自公民团体，这种团体是专为提供公共投入的目的而形成的。

然而，不管项目的复杂性或可能出现的争议水平如何，任何公众参与过程中取得成功的关键是一个周密计划的组织和实施。在项目启动时必须指定一个计划，确立公众的关切和预期的利益，以及他们将如何、何时和何地解决。随着公众接受，污水处理厂的选址一般更加顺畅。因此，处于所有者和项目团队的最佳利益之间的是促进整个选址过程中公众的沟通。

2.7 选址中的成本考虑因素

2.7.1 资本和营运成本

在选择污水处理厂的具体厂址上的决定，可能会对污水收集系统的总生命周期成本具有显著影响。负责污水处理系统是机关或公司可能无法负担依据地点、地形和岩土工程条件都理想之地的市场价值。

一个理想的地点应该接近原始污水的收集系统，经处理的污水出水处置点(或再利用施用点)和生物固体处理地点。如果在处理过程包括脱盐，则有可能也有必要考虑盐水的处置。除了购买土地兴建污水处理厂的成本，还有必要考虑运输进厂的原始污水和从污水处理厂运出的处理出水和残余物的资本和运营成本。污水处理厂出水处置可能涉及施工建设河流或海水扩散的排水口，这可能需要广泛的研究和监控。在涉及渗透流域的情况下实施长期钻孔监测方案可能是必要的。

靠近该地点具有可靠的电源供应也是重要的。电源的成本可能是显著的，而这可能包括输变电线路和变电站的建设和提供备用发电机。如果该地点偏僻，提供电话设施的成本，也可能是显著的。新污水处理厂的遥测系统与当局现有的遥测系统集成可能很昂贵，而这可能包括建造昂贵的通信电缆或电塔。防火及饮用水供应是必须考虑的其他方面。建设一个新的通路，或升级现有的道路，以便施工机械和设备及化学物质输送车的成本可能相当显著，而这可能涉及升级涵洞和桥梁，改变道路的几何形状，和取得土地及地役权。雨水管理是另一个需要专门考虑的因素。

理想的地形条件促进重力流而尽量减少土方工程。非理想的条件，可能需要中间泵抽的额外基础设施，而这将增加 O&M 成本。该地地形可能显著影响基础设施的资本成本，需要昂贵的挡土墙建设和工程填充，复杂的院内管道系统，排水系统，及出入公路。

该地的岩土工程条件，可能对一个兴建污水处理厂的资本成本产生重大影响。有些地方可能需要广泛的岩土工程勘察和特殊的地基和结构设计，包括打桩地基，脱水和板桩，特殊土体开挖；和脱水管理计划，包括昂贵的处理和土壤稳定。克服地下水问题有关的实际成本在研究阶段可能并不明显。高地下水位可能会产生特殊的施工问题和结构性的问题，导致资本成本显著增加。

2.7.2　资金的可用性

充足的资金，应该可用于满足有关兴建新污水处理厂的直接成本和有关解决本章前面讨论的问题的间接成本。当为了降低污水处理厂成本而可能会出现要作出一些妥协的情况，以减少对工厂的成本，但这些妥协应该在操作上、社会上和环境上是可以接受的。

3　污水处理厂的布局

3.1　布局类型

污水处理厂布局的基本类型是线性的、校园式的紧凑布局。每一布局各有优点和缺点。对每种布局和与该种具体布局相关的优点和缺点的简要介绍，如表 4.2 所示。

表 4.2　污水处理厂布局、优点和缺点的描述

布局类型	优　点	缺　点
线性布局 单元操作和工艺过程单元沿斜坡向下按序布局	• 概念简单 • 相邻的处理单元能够通过管道 或共用墙壁上端口液压连接 • 通过修建并行工艺过程序列而轻松地扩大建设	• 化学品进料管线长 • 气路管线长 • 由于长距离所致的非理想操作条件
校园式布局 建筑结构相互独立而结构建筑之间存在明显间隔	• 便利通道使建设工作和维护工作容易 • 可容纳差异性的沉降 • 更好地抗地震 • 能够易于扩展 • 操作安全	• 需要大面积 • 厂内管线架设长导致高水头损失 • 长程造成操作不便 • 高施工成本 • 地下设施和化学品进料管线
紧凑布局 集成了类似的工艺过程单元和工艺过程的机械和设备，优化污水处理厂的运行	• 较低的面积要求 • 高效运行 • 短服务线和化学品进料线 • 厂内管道短和水力损失少 • 气味易控制 • 厂内管道架设端和共用墙壁而导致成本低	• 维护困难 • 服务拥挤 • 存在安全问题

具体布局的选择取决于许多因素、包括可用地皮，地面条件和地形。

3.2 处理工艺过程的布局

3.2.1 通用考虑因素

在污水处理厂区的处理工艺过程的布局影响总生命周期成本。在将任何设施定位于新址之前，设计师应该制定一个初步水力学剖面图而确立主要建筑物顶部和底部。使用这些关键的海拔高度，最大化该地点的地形特征和地貌起伏。处理工艺的布局，按照该地的轮廓，有助于最大限度地利用自然地形并降低泵送要求和新结构开挖成本。分流是需要适当考虑的另一个方面。

将原始污水泵站定位于下水道进入厂区附近，最大限度地降低兴建深重力下水道额外长度的成本。初级处理单元放置靠近泵站，减少水锤的影响。

各种设施应该经过布局而尽量减少连接和再循环管道的长度。化学品散装储存设施和氯的储存区应位于沿主要服务的道路，而使递送更加便捷。此外，设计者应尽可能地隔离气溶胶，颗粒物排放，气味和有害气体的潜在来源，并找到他们顺风向的最敏感的相邻土地用途。固体颗粒脱水设施或液体污泥装卸站也应该位于沿主要服务道路并远离敏感的气味受体。潜在的气味源的位置，如入口车间；厌氧工艺过程单元，包括发酵罐；和彼此接近的污泥脱水设施，可能使气味控制更容易。

在定位化学品贮存和计量加料的设施中，法规、规章、安全、不同化学物质的相容性和O&M 方面都应该予以考虑。例如，公众出入访问和存储氯的容器的地方之间应该有一个最小的间隔空间。不相容的化学品不应该彼此接近存储。石灰料仓应尽可能靠近投加点，以尽量降低堵塞造成的 O&M 问题。氯采样点应位于尽可能接近分析仪的地方。

在可能的情况下，设计师应该将类似单元工艺过程分组到一起，以方便操作，最大限度地减少管道架设，而允许扩展(Kawamura，2000)。这种分组包括以下内容：固体增稠、消化、脱水和处置；进水泵送和初步处理单元，如过筛、除砂和砂砾脱水；和初级和二级处理单元。

电机控制中心，变压器和备用发电机都应该尽可能靠近鼓风机或机械增氧机、臭氧化单元、紫外单元和膜等这些高耗电单元。

3.2.2 未来扩展的预备

污水处理设施的规划周期，可能是 10 至 20 年，这要取决于社会、经济和环境因素。污水处理厂的设施经济寿命的范围可以为从机械设备，如化学计量泵的 5 年至混凝土结构的50 年。污水处理厂通常经过广泛的规划并与有关各方协商之后才能定位，而找到兴建另一污水处理厂经济上为相关各方都可接受的不同地点，也可能是非常困难的。因此，在污水处理厂的布局设计期间作出预备，而允许为未来扩展、升级、修改或翻新预留空间。升级、翻新或修改现有的污水处理厂可能会远远比新开发更加困难。升级、翻新或修改污水处理厂可能涉及在危险环境中工作，昂贵的临时旁路系统，污水处理厂停工，以及广泛的规划，以避免违反环保法规。在操作阶段的期间将管道连接到一个过程单元或分流器，将比在施工阶段的期间提供为未来连接提供轴端更加困难。附加厂内管道架设的开挖因为现有地下基础设施可能变得很困难。

设计者应该谨记而确定具有未来扩展的污水处理厂液压情况。而且，设计者应该在各个工艺过程阶段之间提供足够的落差，允许在流量增加和在多个罐池之间足够的流量分布。此外，现有的污水处理厂应该在其正在扩建的同时能够正常运行。这通过在腔室和渠道中放置未来必须要连接至此的砌筑插头和挡板凹槽而变得更加方便。阀上游安装盲板法兰或其他管线插头能够使堵死的管线进行连接时无需关闭整个单元。

处理单元布局设计期间维持足够的空间，有利于未来的施工。在邻近现有浅地基或罐池之处将会兴建深地基或罐池的地方提供足够的空间，将能最大限度地减少未来挖掘损害。对于规划和布局之目的的一个很好的基本原则是从现有结构的浅地基底部向下和向外 45 度延伸而保持一个干净的区域。包括在已建污水处理厂上的未来施工，都应该确保预留足够的空间。为有利于未来变化而作出的预备预留，也应该考虑短期效率和便利，技术的变革和未来发展趋势。

3.2.3　罐池的几何结构

污水处理厂各个处理单元的几何形状(圆形、方形、长方形、椭圆形等)，可能对选址和该厂的布局设计，具有显著的影响。选址、工艺设计、污水处理厂布局和结构设计，包括选择处理单元的几何形状，都是相互依存的。在选择处理单元的形状中需要考虑的因素包括以下各方面：

- 地点约束。长方形或正方形罐池需要的土地面积小于圆形罐池。而且，长方形或正方形罐池，允许修建共同的罐池壁。如果厂内面积有限，长方形或正方形罐池可能是一个比圆形罐池更好的选择。然而，这一决定可能并不简单。例如，一个长方形二次沉淀池的性能在相同峰值表面溢流率和固体负荷率下可能并不与圆形二次沉淀池相同。
- 工艺设计。椭圆形的氧化沟渠操作简单，而通过使用这种氧化沟渠作为生物反应器能够有可能避免使用鼓风机、扩散器和再循环泵。它们还可以采用长龄污泥工作而产生熟化污泥，这可能并不需要好氧或厌氧污泥处理。然而，可用的土地面积或形状可能会妨碍氧化沟渠的施工。
- 结构设计。壳结构能够使用薄混凝土墙。然而，支撑模板却变得更加复杂。
- 地面条件。当地下水位较高时就可能考虑使用浅澄清池。这可能会降低资金成本。然而，性能可能赶不上深澄清池的性能。如果在该厂址上地基条件并不均匀一致，并且还潜在地存在差异性沉降，则在可利用的地皮上，可能就更值得考虑各种结构的不同几何形状。
- 风的影响。大型二级沉淀池的性能可能会受到湖震涌流的影响。在这些条件下，根据可用的地皮，一些较小的单元可能就值得考虑，这也可能提高运行的可靠性。
- 搅拌条件。工艺过程单元，如氯接触池，需要活塞流条件而有利于长矩形罐池(或折流壁)。可用的土地面积和形状可能会影响决策。

3.2.4　维护考虑因素

在布局设计污水处理厂时，应该考虑维护需要而确保合理成本之下的安全、高效、方便的操作。这通过获得参与规划和设计阶段的 O&M 工作人员和设计审查而实现。

过剩的设备导致维护加重；保持最低要求的设备是理想的，但不能以牺牲安全、高效、操作简便为代价。最小化设备使用的方法之一是分期建设，而使所有的设备并不同时安装。例如，在初始施工阶段的期间安装所有的泵抽单元(以满足最终的需求)，可能是没有必要的。

3.3 管理、职员和配套设施

3.3.1 通用考虑因素

提供足够的配套设施，确保污水处理厂高效的 O&M 并容纳操作和维护该污水处理厂的职员，是必要的。配套设施的预备程度取决于各种因素，包括污水处理工艺过程的规模和复杂性，位置和所有者的喜好。一些污水处理厂，可能需要高层次的配套设备，包括控制室、行政办公室、午餐餐厅、培训/会议室、更衣室、维修车间、储藏室、实验室、员工和访客厕所，接待区，以及访问者教育设施。在这些设施和地面的布局设计中，需遵守美国人残疾人法案(http：//www.ada.gov)和对公众开放地区有关残疾人访问出入的其他法规。在这些设施的规划和设计中，谨记男性和女性都可以使用的这些设施。对于其他规定，参照地方法规。

3.3.2 维护和储存设施

维护和储藏的设施都取决于污水处理设施。污水处理厂的规模决定了维护人员队伍大小，内部完成的服务，和要提供的工具。位于中心的维修车间(其将服务许多污水处理厂)的可能性或使用或扩展位于另一个污水处理厂内的维修车间的可能性，都应该在规划阶段进行考虑。

维修车间的最佳位置是位于污水处理厂的中心或该污水处理厂设备密集度最高的附近。具有高度仪器仪表的污水处理厂可能需要独立的仪器仪表室和维修人员。设计者应划出该区域的大小，用以收藏除了设备记录之外的维修设备手册和施工图。此外，还应该提供人员查阅文档记录和维修记录、库存记录和维护时间表计算机化的设施。

污水处理厂的备用零部件和维修供应库存的存储区最好位于该车间区域附近并应该足够大而容纳大量的架、箱和抽屉。油漆、润滑油、杀虫剂、除草剂和类似的有毒、易燃和有害物质应该存放在一个独立的通风良好的安全区域。为了方便运送，通常安全的存储区域，应该位于主厂房巷道的附近。该建筑应该对维修和送货车完全可进入，并应该包括拖拉机、手推车和其他机动设备通过的坡道。

3.3.3 实验室设施

为了操作控制和监管监控的目的进行样品分析，是必要的。实验室有助于对所需参数进行样品分析。污水处理厂规模、提供的处理类型以及现场实施样品分析的程度，决定了实验室的规模和布局(Great Lakes-Upper Mississippi River Board of State and Provincial Public Health and Environmental Managers，2004)。对于许多小型污水处理厂，所有测试都签署协议而到外部实验室进行最简单的分析，也可能更具成本有效性。在厂内提供一个小实验室，进行日常操作控制测试，而在厂外便利的位置提供大型实验室，为该污水处理厂进行复杂测试和为外来者提供测试，可能是比较经济的。在设计阶段的期间，设计者应该确定进行测试的类型和预期频率和需要使用而完成这些测试的分析设备。未来的操作和监控要求，应该进行评估，并纳入到布局设计中。

3.3.4 行政管理办公室

小型污水处理厂可能仅需要该厂操作员的工作站，这种工作站可能与控制该污水处理厂的计算机终端放置于同一房间。大型污水处理厂可能具有行政办公的综合设施，包括办公区、大堂和接待区，以及培训和会议设施。

在提供行政办公室而公众可出入访问的情况下，这些行政办公室就应该位于该污水处理厂正入口的附近，以便游客可以很容易找到。具有与会空间的私人办公室，为污水处理厂管理人员提供需要处理人事问题的私人空间，举行工作人员会议的空间，并方便使用工厂运行记录、人事档案、成本记录和O&M手册。

如果污水处理厂具有不同的组织团体或部门，则每个经理可能需要一个私人办公室。分组这些管理团队的个人办公室，能够促进各个团体之间的沟通。在较大型的污水处理厂内，大至足以容纳该厂所有工作人员举行会议、现场培训、游客和公众集会的会议室是合乎需要的。

3.3.5 员工设施

员工设施，必须遵守职业安全及健康管理局(Washington，D.C.)的规定和其他联邦、州和当地的法律法规以及国家和地方标准、指导方针和守则。这类设施的设计者应该充分考虑到这些设施可能会由永久或暂时残疾人、男性或女性使用的事实。

厕所应该为整个污水处理厂所有的O&M人员提供，特别是在员工设岗的地方和更衣室。

确保污水处理厂安全高效的重要组成部分，是提供培训室。房间应该专为使用视听教具，如DVD播放机、电视机、投影机、视频监视器、白板和画架的示范和演示进行设计。应急避难场所也应该指定为员工在飓风、龙卷风、地震和其他自然灾害时使用。隧道或地下室，可能是这种避难所的最佳地点。用于这种避难所的地下结构设计，应该设计用于抵御地震活动所致的动态土壤压力。在庇护所区域的空间应该用以提供应急设备、食品、生活必需品和帆布床。大型污水处理厂可能还有单独急救室进行充分服务。

3.3.6 辅助和公用设施

在有可能的情况下，变电站、电动机控制中心和发电设施应该靠近主要的电力使用。如果推荐现场存储压缩天然气或丙烷，则这些仓储设施应该靠近使用点。

3.4 其他布局设计考虑因素

3.4.1 巷道和人行道

巷道必须提供所有点进行递送或物料装载到卡车并运离现场的出入通道。拖拉机拖车装置和起重机所处的现场之地，路面宽度，曲线半径，以及等级都应该进行相应规划。宽度6m(20英尺)的主干道和宽4.9m(16英尺)的服务道路已经足以适用于大多数污水处理厂(J. M. Montgomery Consulting Engineers，1985)。然而，3.6m(12英尺)是单行道的建议使用的最小宽度。

大于1.5%的路面斜坡能够最小化路面和递送区域上积水和水冰冻的潜势。最大的斜坡应该限于一般的旅行和装卸区的7%，但是高达12%的斜坡也可用于短距离，如具有非常陡峭地形的斜坡和地区。斜率超过7%对于较大型和重型的车辆难以爬升，并可能会在经受冰雪的寒冷天气的地区导致安全和维修问题。如果可能，提供通道的视程和曲率应该允许车辆安全运行速度可达56km/h(35英里)。围绕罐池、建筑物和其他结构应该提供足够的视界。所有十字路口和装卸区应该保持最低8m(25英尺)清晰的视距三角形。

这是一个很好的做法，提供足够封闭的机动区域，以使重型车辆可以现场掉头并以前进档离开。在大型污水处理厂中，具有两个出入口——一个出入口用于工作人员和访客，而另一个出入口用于运送和移走残余物。入口类型的安全性要求可能会有所不同。公共出入口可能在工作日期间保持开放的大门控制，而该污水处理厂其余出入口可能需要按需进出。

应急通道应该始终为救护车和消防车提供。当地消防部门可能对装备车辆的周转和消防通道的宽度和位置具有特殊要求。

铺设至少 1.2m(4 英尺)宽人行道，应该提供于污水处理厂的所有区域。虽然比较便宜，但是砂石路面的人行道需要更频繁的维护，而仅推荐用于在交通预计最少的区域使用。相反，取样站、建筑物、罐池和其他需要经常监测的区域，应该与铺设路面的人行道连接。这在大多数情况下要提供安全的基脚，而有助于最大限度地减少厂内景观客流量的影响。人行道布局设计应该与厂内操作人员进行讨论，以使人行道位于实际每天的日常操作中使用的路径上。

在大面积区域上扩展并处于恶劣天气环境的污水处理厂，可能会使用隧道进行正常服务。隧道设计，连接主要的工艺过程区域，也许采用双管道回廊有利于管道架设、电力管道或仪表电缆的固定、修理或延伸。为隧道和管道回廊提供大舱口、天窗或可移动的顶板部分有助于该厂扩展时安装管道和设备。隧道需要光线充足，通风，并提供紧急情况下使用的额外出口。它们也应该足够宽，而允许小型车辆，如高尔夫球车通过而进行维护和样品采集。

3.4.2 安全

该地点的出入必须加以控制。应该提供外围栅栏和可上锁的门，至少要有 3m(8 英尺)的高度。在一些地区，铁丝网是必需的。门警系统通过刷卡出入或电话系统可以远程控制。在大型污水处理厂内，闭路电视可用于控制该污水处理厂的出入而维持安全。然而，在设计安全措施时，应该考虑到外部应急响应小组的出入。对于其他信息参见联合水环境联合会®(Alexandria, Virginia)(WEF)/美国土木工程师学会(Reston, Virginia)/美国水务协会(Denver, Colorado)的安全准则。

3.4.3 工地排水

土方工程，包括道路，停车区和毗邻建筑物的草坪区，应该设计主动排水。在建筑物出口，拱顶和地下室附近应该避免积水，因为在寒冷气候条件下水浸入会有结冰的可能。如果可能，应该促进草地洼地和渗透，以减少可能会与其他厂内设施管道架设发生冲突的硬排水管道架设。因为具有吸引有害物种(即，鹅和蚊子)的可能和额外的维护要求，应避免雨水积水。

该地点开发之处的雨水，有时在没有许可证的情况下不能及时排出至接受水域。因此，设计者应该征询联邦、州和地方的有关雨水处理规定。该地点开发之地的雨水排水系统可能不得不在流出之前进行收集和处理。为了尽量减少所处理的水量(应该要进行处理)和雨水滞留池的大小，自然和未开发的地区应该由主厂房雨水排水系统独立排出。理想的情况下，雨水滞留池将设在最低点，而容纳任何罐池过流，溢出或泄漏。这将防止昂贵的异地排放。独立处理雨水的另一最佳管理做法(即，湿地，沼泽地，植被洼地，雨水花园)，也可以考虑代替引导雨水通过污水处理厂的渠首。这些方法符合可持续发展的 LEED 准则。

3.4.4 物料递送、处理和处置

污水处理厂是一个接收各种物质的多元化设施。化学品、润滑剂、消毒剂、备件、实验室用品，以及各种液体废物都经常包含于递送至给大多数污水处理厂的物质之中。此外，许多污水处理厂的卡车运送出各种各样的物质，包括污泥，生物固体，空化学品容器和固体废物。安全处理和存储这些递送物品需要作出适当的规定。车流应提供装卸区、脱拖车区和掉头区。

3.4.5　废弃物和残余物

递送液体污物，如排泄物和渗滤液，提出了一系列不同的问题。由于高有机物和悬浮物浓度，应该提供地下储存罐池。对于渗滤液的接收，储存罐池应该用以存储废物料直至能够对于物料进行分析是否对生物工艺过程有毒、生物固体或出水再用有害，或不利于污水处理厂。装卸区应靠近渠首地区，以使废物可以通过重力从储存罐池排向进水原始污水泵站，或泵抽至过筛，计量加料，和脱沙砾设施。排泄物处理的另一种方法是提供一个地下粉化泵站而排放至厌氧消化池。装卸区应该进行遏制和控制气味设计，并提供冲洗设施。

递送排泄物、污泥和生物固体的处置会产生出入厂地的显著交通容量。应该为此交通流量提供单独的大门和出口线路——远离该污水处理厂的行政大楼。通常也提供一个独立的装载和称重站。如果货车通行频繁，应该提供方便装车站的候车区。也应提供冲洗区而在离开该地时清洁装货卡车和拖车外部。

3.4.6　车库和停车场

对于所有人员，残疾雇员和游客都应该提供停车。游客停车应该标示，并靠近行政大楼，以便游客可以进行停车登记，而无需不得不驾驶穿过厂区。预计来自民间团体或学校访问的大型污水处理厂应该提供巴士停车空间。员工停车位应该位于尽可能接近工厂人员下班的地方。对于大多数污水处理厂的工作人员，这个区域是更衣室。行政办公大楼的行人通道和其他开放区域，为了代替主要入口楼梯或除了入口楼梯之外，应该有坡道系统。

3.4.7　气候

设计人员应该在污水处理厂设施和道路的设计和布局中考虑寒冷天气和积雪的影响。考虑不周的污水处理厂布局，可能妨碍正常操作和维护工艺过程设备所需的出入。以下一般原则能够尽量降低经受极端条件的地区的积雪影响（U. S. Department of Defense，2004）：

- 在飘雪正达到该地之前使用乔木，灌木，雪地围栏，或积雪结构。从任何方向可能会出现风暴的地方，提供其他象限的保护。
- 并行于风向设置主干道。
- 不要设置大型障碍物直接逆风或顺风的道路。
- 沿路设置停车位，可以起到缓冲区作用。不要沿着建筑物设置停车位。预计沿着停泊的车辆的额外积雪，并为远离道路的下风向终点停车位上提供积雪储存的充足空间。
- 沿着建筑物和车库设置停车台口——不能使其逆风或顺风。
- 具有平行风向的最长边的向东表面结构。门最好沿着这些侧面，朝迎风尽头设置。该结构顺风向上放置的门要经受吹积积雪形成期间的吸力，并迅速受阻于漂雪积雪。迎风面上的门很难密闭。
- 垂直风向设置结构成行，它们之间有足够的空间，允许有效除雪。如果第二行结构是必要的，则将其设置于第一行直接顺风位置。
- 将优先的建筑朝向该设施向顺风风向设置，这种情况会由不太重要的上风向结构提供给予其保护。
- 提供堆雪区域，消除厂区内大堆积雪和雪堆。堆积积雪和雪堆产生障碍作用并增加任何未来除雪的要求。
- 考虑提供额外的自由空间和特殊的防风措施，以尽量降低结冰问题。

3.4.8 建筑学和造景

宜人的建筑和迷人的造景，将大大提高污水处理厂的形象，并为员工提供一个愉快的氛围。如果工厂位于一个景区或一个居民区内时，这点特别重要。在这种情况下，特殊的建筑学处理和美化环境的额外费用是合理的。在居民区，建筑物和厂房设计应该融入到周围邻居中。在旧工业区，一个新的、美观的污水处理厂能够形成对周边地区振兴的核心。

LEED 和其他可持续性准则促进原生植被的种植，而将灌溉成本降至最低。在停车位和毗邻建筑物战略性植树可以为建筑物和停车位提供树荫而实现降温和绝热性能。草甸种植代替修剪整齐的草坪可以减少维护并为野生动物提供食物和掩护。常绿植物和高大的树篱起到防风作用。

处理并消毒的污水出水可以经济地用于浇灌植被，而帮助创造丰富的景观。经处理的污水出水和再生水管道，应清楚标明出水口和饮用水管。该地区的原生植物往往是耐寒，抗病的植物，就会需要最少的维护或补充浇水。植物分组应扩大到厂房和结构，并应该适合用于屏蔽不良视野，并在适当位置提供焦点兴趣。园林绿化不应要求广泛除草或特殊护理。此外，落叶树木和灌木，不应该位于敞开工艺罐池附近或吸气天窗的外部。应该避免小草地地带或部分封闭的小草地地区，因为其难以维护。相邻建筑物和结构的碎石刈条能够降低人工或成串修剪的需要。

倾斜度 1%~3%的草坪区排水良好，能够很容易地维护。不到 1%的平坦地区应该避免。在平坦区域防渗的土壤可能需要地下排水。堤防如果表面进行修剪，通常有一个 3：1 的最大横纵向坡度。如果覆盖地毡，施工之时这种地毡需要足够密集才能抑制杂草生长，并可以使用较陡峭的斜坡，但可能需要土工织物稳定材料。在所有情况下，灌溉的饮水设施，应该使用原生景观，以尽量减少对水的需求。

3.4.9 公众出入和安全

各种机构经常将其污水处理厂作为一个公众意识和教育计划的一部分，并鼓励学校、青年和社区团体参观他们的设施。如果该设施是展示新的或创新的技术，专业人士还经常对此饶有兴致。然而，接待公众需要认真规划和厂内布局设计。指示标志和便捷停车将会受公众欢迎，并避免使污水处理厂厂址周围的游客产生迷惑驾驶。

如果预计使用游览车，则应该提供足够的停车和掉头空间。接待处和行政大楼内的接待室，可用于最初的情况介绍。提供厂内观光的地方，该机构应该为每个访问者尽可能合适地提供一个安全帽、护目镜和耳朵保护。在行政大楼应提供存储这种设备的空间。对有关设计问题的安全考虑因素的更多信息，可以查询世界经济论坛实务手册第 1 册，《污水处理系统的安全与健康》(*Safety and Health in Wastewater Systems*)(WEF，1994)。

3.5 环境问题

3.5.1 通用考虑因素

选址过程应该剔除具有重大环境约束条件的地址。然而，即使是最好厂址往往具有敏感特性，必须考虑到设计过程中。例如，一个小湿地可能不一定是排除具体厂址的选择，但可能会显著影响设施在该址上的布局。存在环境特性，如湿地，水体，河漫滩，指定栖息地，和历史/考古的特点，在确定厂房设施布局中是很关键的，而必须权衡非环境因素确定的最佳工艺布局。

为了减少敏感的环境特性和相邻不协调的土地用途的影响，往往划出缓冲区或缓冲带，以确保在项目组成部分和相邻特性或待保护的土地使用之间维持最小距离。举例而言，往往是当地的土地使用条例和/或分区附例，将会指定出与建筑地界线的最低缓冲带。一些州和社区可能划分出结构或土方活动和湿地或水体之间的缓冲地带或”无接触”地带，以确保足够的径流，防止泥沙淤积，或土壤运动保护湿地水体。

3.5.2 噪声控制

噪声管理是一个在布局和设计中的重要考虑因素。必须考虑到噪音越过工厂边界传输和过量噪音对工厂人员的健康和安宁的影响。后者通过适当的设备及吸音罩或隔离规范最小化。根据联邦职业安全和卫生法，规定了工作区的最大噪音水平。

为了减少污水处理厂边界的声级，设计人员应考虑封闭鼓风机、压缩机、大型水泵、离心机，以及其他高速运行的设备于合适的声音衰减建筑的建筑物内。通常，声级随着离声源距离的增加而降低。如果可能，产生噪音的设施，应该尽可能远离潜在的受体的地方，并应该在周边区域树立隔声墙，土堤和重型景观，以尽量减少污水处理厂噪声。

建议在任何拟议的污水处理厂厂址进行一项确定环境噪声水平的调查。污水处理厂比环境噪音水平提高 3 分贝，很少或没有对周围环境造成影响；提高 3 至 15 分贝的噪音水平会有中度的影响；而噪音水平提高超过 15 分贝，会严重影响周围环境。

3.5.3 排气

任何污水处理厂都是气味和其他气体排放的潜在来源。工艺过程干扰可能会发生，如果不妥善处理，可能会产生臭味。挥发性有机化合物(VOCs)是受特别关注的，因为其中很多被认为是致癌物质。在选址和设施布局期间，设计者应考虑盛行风向。在风变化频繁，公众暴露很大的地方(即，邻近繁忙的高速公路，学校，住宅开发区)的位置，气味和挥发性有机化合物的封闭和处理可能是唯一的选择。

4 参考文献

American Concrete Institute (2008) *Building Code Requirements for Structural Concrete and Commentary*; American Concrete Institute: Farmington Hills, Michigan.

American Concrete Institute (2006) *Code Requirements for Environmental Engineering Concrete Structures and Commentary*; American Concrete Institute: Farmington Hills, Michigan.

Great Lakes-Upper Mississippi River Board of State and Provincial Public Health and Environmental Managers (2004) *Recommended Standards for Wastewater Collection and Treatment Facilities*; Great Lakes-Upper Mississippi River Board of State and Provincial Public Health and Environmental Managers: Albany, New York.

J. M. Montgomery Consulting Engineers (1985) *Water* Treatment *Principles & Design*; John Wiley & Sons: New York, 469.

Kawamura, S. (2000) *Integrated Design of Water Treatment Facilities*, 2nd ed.; John Wiley & Sons: New York.

U. S. Department of Defense (2004) *Unified Facilities* Criteria *Wastewater Treatment Systems Augmenting Handbook Operation and Maintenance*, UFC 3 - 240 - 03N; U. S. Department of Defense: Washington, D. C., Jan 16.

U. S. Environmental Protection Agency (2009) Protection of Historic Properties. *Code of Federal Regulations*, Part 800, Title 36.

Water Environment Federation (1994) *Safety and* Health *in Wastewater Systems*, Manual of Practice No. 1; Water Environment Federation: Alexandria, Virginia.

第5章　可持续发展和能源管理

1 概 述

21世纪第一个十年里，人们对节约能源和可持续发展的设计的关注呈爆炸性增长。能源价格波动和全球气候变化，“碳足迹”，以及温室气体(GHGs)已引起广泛关注。不同源头的排放受到越来越多的监督。据估计，在美国使用的3%能源被污水处理设施消耗。水和污水能源消耗被作为30%至60%的典型市政当局能源账单(U. S. EPA，2008)。据估计，污水处理设施因为GHGs排放量而成为能耗名列前10种类型行业。节约能源和可持续发展已成为常见的“最佳业务实践”。

1.1 可持续发展的概述

对能源和可持续发展越来越关注已经成为污水和供水设施设计的一部分。水环境联盟©(Alexandria，Virginia)(WEF)认可在这个独一无二的发布会上题为“可持续发展(sustainability)2008”的发言，该会议接收到超出专业会议典型数量的摘要。2008 WEF残余物和生物固体会议(2008 *WEF Residuals and Biosolids Conference*)包括一个碳信用额度的会前研讨会，并有几篇论文或讨论会处理能源与可持续发展问题。可持续发展是一个相对较新的热点，当考虑到能源和可持续发展时由环境直接影响污水处理设施，并又直接影响环境。

设计可以按照两种主要方式解决可持续发展问题——缓解和适应。通过缓解措施，设施设计可以最大限度地减少对资源的利用，减少温室气体的生产，并限制碳足迹的设计项目。适应措施则是指考虑潜在的气候变化或其他未来的问题在设计过程中的影响。适应措施将在“气候变化考虑因素”的章节中进一步解释。可持续发展的设计，包括缓解和适应这两方面的考虑因素。

1.2 能源管理的概述

节约能源一直都是在市政污水处理设施的设计和运行中的考虑因素。然而，早在21世纪能源成本的不稳定或上升对节能的关注显著增加，往往与可持续发展的概念联系到一起。能源情报署(Washington，D. C.)的网站(http：//www. eia. doe. gov)可以找到公共事业成本信息，历史趋势，预期趋势的见解。有限的预算和能源成本的增加，使得市政污水处理设施设计中慎重考虑节约能源和管理成为必要。

1.3 范围

本章将讨论几个能源和可持续发展的设计考虑因素。能源和温室气体排量范围的定义和确定往往具有挑战性。仅仅是初步影响，由该设施拥有或控制之源，通常被称为范围1和范围2(购电和热)将得到解决。范围3能源和温室气体的影响将不会得到解决，这是该设施活动的结果，但都在其中处理设施所用的物料和设备生产的远程设施中处理这些能源和其他影响。此外，本章中的信息并不打算成为节能设计实践的完整呈现。个别系统设计包括于本手册的其余部分的各章节和单独的世界经济论坛手册(WEF，2009)中。可持续发展和节能的非工艺系统的设计信息涵盖于其他出版物中，而在这里不会重复。在整个本章或本章之末列出了其中一些。最后，从其他常见的参考资料中易于获得的材料也将不会重复叙述，但其对处理设施设计的应用将会进行讨论。

本章也不会讨论其他可以产生电力，如太阳能或风能的可再生能源技术，因为这些技术在其他非污水处理手册和资源中讨论。然而，如果这些系统将考虑以其作为处理设施设计的一部分，则应该早在设计过程中完成，要对由于污水流量和强度的季节性和日常变化所致的能源需求和消费变化纳入考虑因素。

2 可持续发展的设计

2.1 可持续发展的定义

可持续发展最常见的定义是援引《联合国世界环境和发展委员会报告》“我们共同的未来”(United Nations，1987)，又称布伦特兰报告(Brundtland Report)，其将可持续发展定义为“发展，要满足当代人的需求又不损害后代满足自身需要的能力”。另外一个有趣的定义如下(美国内政部，美国地质调查局，http：//acwi. gov/swrr/whatis-sustainability-wide. pdf，2009 年 5 月登录)，称为“达利规则”(在马里兰大学的赫尔曼戴利教授之后)：

(1) 可再生资源，如鱼、土壤和地下水，使用必须不会高于其再生速度。

(2) 不可再生资源，如矿物和化石燃料，使用必须不会比可以代替它们的可再生替代品快。

(3) 污染和废物排放必须不会比自然系统可以吸收，回收，或使之无害快”。

2.1.1 经典三重底线

三重底线基于活动后项目的经济、环境和社会影响的测定结果(Elkington，1997)的测量，是评估可持续发展的常见框架，并将在本章中进一步进行讨论。

2.1.2 四大支柱

美国环保署(Washington，D. C.)(U. S. EPA)的可持续水资源基础设施的倡议是围绕四个优先领域，所谓的支柱进行组织的。

(1) 更好的管理——转向超出遵循可持续发展的公用事业公司管理；

(2) 全成本定价——通过有效的定价结构，帮助公用事业公司和客户了解服务的全部成本；

(3) 用水效率——促进提高生活和商业部门的用水效率；

(4) 流域法——鼓励公用事业公司管理实践中实施流域管理方法(U. S. EPA，2006)。

2.1.3 污水设施中的应用

污水管理的历史方法是收集污水并将其传送到一个远程排放地点，以保障公众健康。实施排放处理，是为了进一步最小化对公众和环境的不良影响。通过《清洁水法》(1972)后，这种趋势走向“集中”的设施，以实现排放污水的处理和监管效率。目前的趋势是基于污水管理的复杂健康和环境影响更广泛的理解。三重底线和四大支柱的概念，准确地涵盖污水处理厂(WWTP)设计师面临的多方面挑战(Daigger and Crawford，2005)。

2.1.4 相对可持续发展的概念

所有者、设计者、管理者和利益相关者群体，对什么是可持续发展的污水处理方法，可能持有不同的观点。这个问题可以用提出的相对可持续性概念解决。关于可持续发展的重大决策应该通过捕捉有关方面的经济、环境和社会价值而确定标准纳入早期的规划和设计过程中。然后这些标准可以对相对重要性进行加权，并在辅助设计决策中的考虑因素下应用于备选方案。首选备选方案将是结合技术评估使用以该值为基础进行加权而最有效地平衡经济，环境和社会性能的那些方案。按照这个定义，三重底线的平衡作用被认为是相对可持续性的(Daigger and Crawford，2005)。

2.2 可持续的设计标准、准则和方法

本小节旨在引进一些污水处理设施的设计师、所有者和经营者可以利用的而将有利于可持续发展设计、施工和运营的既定资源。需要注意的是新的设计工具、准则和其他资源每一天都在出现，这一点很重要。资源分为两类——第一类资源，是在项目规划、设计和施工阶段使用；而第二类资源，是在污水处理设施运行和维护期间使用。当然，两类之间也有重叠，而对一种类型的理解一定程度上有助于另一类型的实施。

2.2.1 规划、设计和施工

2.2.1.1 能源和环境设计中的领导关系

在能源与环境设计(LEED)绿色建筑评级系统中的领导关系是一个由美国绿色建筑委员会(Washington，D.C.)(USGBC)的制订和管理的一个计划，以鼓励和促进可持续发展的绿色建筑全球采用并通过建立和实施普遍理解和接受的工具和性能标准而制定常规惯例。LEED的计划是对高性能绿色建筑的设计，施工和运行进行第三方认证。

根据这项计划，符合既定标准的建筑物，可授予下列称号：通过认证，银级，金级，或白金级。LEED的计划，适用于建筑物而不适用于工艺过程，如罐池，管道和设备。然而，具体的建筑物，如行政大楼或维修大楼，能够符合LEED认证。在LEED计划中的设计原则可以适用于非建筑物施工(即，再循环物料的物质内容)；然而，这些非建筑构件的最终认证，可能不符合采纳该计划。许多城市都鼓励或强制规定：由该都市所拥有的任何新建筑都要达到一定程度LEED认证。例如，北卡罗莱纳州达勒姆的三角污水处理厂，在2005年建造一个LEED认证的行政大楼，而戈利塔(加利福尼亚州)水区在2007年完成LEED认证的实验室，行政和控制大楼。

有关LEED计划可持续设计和性能构件分为以下人类和环境健康五个关键领域：

- 可持续的地区发展和
- 节约用水和
- 能源效率和
- 材料选择和
- 室内环境质量。

LEED的计划在项目规划阶段开始时，最有效。指导性文件、参考手册和项目模板，都能够在USGBC(美国绿色建筑协会)网站(http：//www.usgbc.org)找到。

2.2.1.2　绿色地球

绿色地球是一个在线工具，为绿色建筑物设计、运行和管理提供评估协议，评级制度和准则。这个在线工具是一个基于网络的应用程序，提供一种方法评估，量化和改善新建筑项目和重大整修项目的环境功能性和可持续性。类似于 LEED，它也适合主要面向商业和住宅楼宇。该计划通过正式认证体系为设计、施工、建筑物运行的第三方认证提供机会。指导性文件和其他信息，可以在绿色地球网站(http：//www.greenglobes.com)找到。

在 LEED 计划和绿色地球计划之间有显著的重叠。在明尼苏达大学完成的一项研究估计，绿色地球系统中近 80%的点都可以在 LEED 2.2 中定址而超过 85%在 LEED 2.2 中指定的点定址于绿色地球系统中绿金球奖系统(Smith et al.，2006)。

2.2.1.3　美国测试与材料协会

美国测试和材料协会(West Conshohocken，Pennsylvania)(ASTM)定制了一致标准，并提供了一个可持续发展标准的清单(http：//www.astm.org/COMMIT/sustain.html)。作为 ASTM 委员会如何解决可持续发展的复杂课题的一个实例，以下是建筑物可持续设计的三个 ASTM 标准：

- ASTM E2114 ——有关建筑物性能可持续发展的术语(ASTM，2008c)；
- ASTM E2129——建筑物数据收集可持续发展评估的标准惯例(ASTM，2008B)；
- ASTM E2432-05——有关建筑物可持续发展通用原则的标准指南(ASTM，2008A)。

2.2.1.4　碳足迹

“碳足迹”往往被定义为规定活动对环境，尤其是气候变化的影响的测定。它涉及到通过燃烧化石燃料供电力、供热、交通和其他活动产生的温室气体量。碳足迹往往分为两个来源——初级足迹和次级足迹。初级(范围 1 和 2，在“范围”章节中进行了描述)足迹是能源、交通的化石燃料燃烧和其他来源的二氧化碳(CO_2)直接排放，或二氧化碳当量的测定。一般来说，个人、设施或组织直接控制初级来源。次级(范围 3)足迹是所用产品整个寿命周期间接二氧化碳排放的测定(即与他们的生产和最终废弃相关)(Carbon Footprint，Basingstoke，Hampshire，United Kingdom，http：//www.carbonfootprint.com)。

温室气体估算和清单的资源包括以下内容：

- 政府间气候变化专门委员会(Geneva，Switzerland)(IPCC)《国家温室气体清单指南》(*Guidelines for National Greenhouse Gas Inventories*)(IPCC，2006)提供估算人为排放源和温室气体吸收清除的国家清单的方法。正在进行的相当多的研究是有关污水处理设施排放的 GHG 质量和数量，特别是一氧化二氮排放。应该指出的是，这项正在进行的研究限制了估算污水处理设施温室气体排放清单的准确性。具体而言，第 5 卷第 6 章，“污水处理和排放”，涉及相当广泛的污水处理替代品相关的甲烷和氧化亚氮的排放。
- 联合国气候变化框架公约(2007)——核算排放量和分配量的京都议定书的参考手册。

2.2.1.5　寿命周期评价

全生命周期评价是一种“摇篮-坟墓”的整体性方法，从原材料提取，通过产品生产和运输，通过使用，至其再循环和/或最终处置，量化产品对环境的影响。适用的标准和相关生命周期评价的资源包括以下内容：

- 生命周期评价的美国中心(http：//www.ACLCA.org)；
- ISO 14040——环境管理—生命周期评价—授权和框架(国际标准化组织，2006d)；

• ISO 14041 ——环境管理—生命周期评价—目标和范围定义与清单分析(国际标准化组织, 2006a);

• ISO 14042——环境管理—生命周期评价——生命周期影响评价(国际标准化组织, 2006b);

• ISO 14043——环境管理—生命周期评价—生命周期的释义(国际标准化组织, 2006c)。

生命周期分析不同于生命周期成本分析, 这描述见于第 2 章中。

2.2.1.6 材料认证

认证可能是有争议的, 因为它是一种私营部门内的自我调节和品牌的形式。一些认证似乎比别人更好, 而读者应该考虑在其设计中这个信息的来源和价值。美国绿色建筑委员会(USGBC)出版了讨论新建筑和翻新的材料和资源的先决条件的出版物(USGBC 2007 年)。

2.2.2 运行和维护

2.2.2.1 环保署

美国环保署提供了以下与水和污水公用事业相关的能源管理指导性文件和工具:

• 确保可持续发展的未来: 污水处理和自来水公司的能源管理指南(U.S. EPA, 2008)。此目的是为水和污水公共事业管理者提供分步方法的指南, 这是基于计划-执行-检查-法案管理系统的方法, 而识别, 实施, 测定, 并提高在其公共事业公司中的能源效率和可再生的机会。

• "能源之星投资组合经理"(U.S. EPA)(http: //www.energystar.gov/index.cfm? c_ evaluate_ performance.bus_ portfoliomanager)是一个交互式的能源管理工具, 允许公共事业公司通过基于网络计划跟踪和评估整个设施的能耗和水耗。

2.2.2.2 环境管理系统

• ISO 14001 ——环境管理体系(EMSs)(国际标准化组织, 1996)提供建立、实施、维护和改善环境管理体系的指导方针。该标准适用于在该组织可以控制和影响的环保方面。例如, 国家生物固体伙伴关系(Alexandria, Virginia)(NBP)描述了诸如角色和职责, 业务控制, 以及监测和测量的参数, 作为其建议的环境管理体系程序的相关方面。正如该标准指出, 其自身并不会规定具体的环境绩效标准。

• ISO 14004 ——原则、体系和支持技术的一般准则(国际标准化组织, 2004)是一个指导性文件, 更详细地解释了 14001 条规定。该标准提出了一种设定环境目标和指标并建立和监测营运控制的结构化方法。

• NBP 生物固体 EMS 指导手册(NBP, 2006)提供了都市和公用事业机构如何制定和实施满足该手册第 4 章规定的要求的管理系统的准则, "生物固体的 EMS 要素"

2.3 设计

2.3.1 物料和设备选择

2.3.1.1 耐用性和可靠性

耐用性和可靠性是可持续设计的核心概念, 目的是为了减少维修和更换的浪费。本手册第 10 章讨论了污水处理特殊性质的设计考虑因素, 包括腐蚀性, 潮湿, 和其他潜在的恶劣条件。适应条件变化的灵活性和方便性, 也最大化了工艺过程组件的使用寿命。

2.3.1.2　低影响选择

条件允许时，应该考虑低影响的选择。下面讨论低影响选择的选项。这些选择必须权衡“耐用性和可靠性”这一节中讨论的耐用性和可靠性考虑因素。

2.3.1.3　可持续源化的材料

可持续设计的污水处理设施，应该尽可能减少在施工中使用的材料对环境的影响。打捞材料，具有再循环使用的意义，被认为是可迅速再生的，或来自于具有节约不可再生资源潜力的区域的来源，含有较低的建材能耗，并降低了生态破坏和排放。这样的一个例子是，包括具有回收成分(即，粉煤灰或燃烧或生产过程中的炉渣副产品)的水泥。详细说明可以参考 ASTM E2129-05 建筑产品可持续发展评价数据收集的标准规范(ASTM，2005)和其他现有标准。

2.3.1.4　室内空气质量/低排放材料

这意味着确保室内空气质量有助于操作者的健康。在条件允许的情况下，应该指定低排放的黏合剂，密封胶，材料，饰面和绝缘物质。

2.3.1.5　污染预防

可持续发展的设计，最大限度地减少持久性生物累积性有毒化学品的产生，通过消除，减少或指定含有或产生汞、铅、镉和二噁英的设备和材料的替代品。

2.3.1.6　可再循环性

设计最终可再利用的材料和部件而不是处理掉的设施被认为是更可持续的(Green Guide for Health Care，2007)。

2.3.2　运行考虑因素

2.3.2.1　化学品

可持续发展的设计，最大限度地降低危险性泄漏和溅漏的风险。在设计中，通过最大限度地减少危险化学品的使用和提供安全功能减轻释放而实现。

2.3.2.2　耗材

可持续发展设计就是引入一套手段，减少和再循环该设施整个寿命期内的废弃物。

2.4　厂址

2.4.1　选址

节能特性和可持续性，可以纳入选址考虑因素中。在第 4 章中包含了选址和工厂布局设计的详细讨论。通过适当的选址，设施车辆的能源成本可以降低。例如，某个地点可以最大限度地减少公用设施载具或生物固体牵引车辆通行的距离，或可以尽量减少泵抽成本或其他工艺过程相关的能源需求。这些需要更高级维护或可能需要未来改建的厂址可能会增加耗材使用和能源消耗。

2.4.2　厂内布局设计

除了良好的常见设计实践，考虑未来污水处理厂的改造和扩建——已被视为一个可持续发展的实践做法——之外其他可持续性因素能够在厂内布局设计中进行考虑的有如下方面：

- 对现有土地功能破坏最低的地点能降低成本和能耗并限制所有环境的影响。
- 天然材料的使用降低所有环境影响，而适当的人造景观会降低该地的维护工作量。

- 对选址和布局设计有益，而在施工期间降低能耗。
- 紧凑厂房能够降低维护设备、照明和其他辅助系统的能量需求。

2.5 雨水

市政当局通常对于新的商业及住宅开发使用“无净影响”的概念。这个概念一个共同特点就是解决雨水的管理。污水处理设施厂内的雨水可能包含处理工艺过程或厂内使用的其他材料的成分。审议“无净影响”的概念能够按照以下方式应用于处理设施的设计中：

- 减少不透水表面而限制径流和潜在的地表水污染，
- 包括透水表面，如多孔混凝土或沥青路面，
- 提供现场保留池塘，控制地表径流的速度，并可能接收任何污染物，
- 考虑新兴技术，如“屋顶绿化”和雨水花园，而减少径流，
- 考虑收集雨水的现场再利用。

国家法规制定了在施工期间，以及随后在后续运行期间雨水污染预防计划的规定，以符合最佳环境管理惯例的格式(对于环境管理惯例的其他见解参阅“环境管理”章节)。

2.6 设计期间的施工考虑因素

2.6.1 废弃物管理

因为包括于 LEED 评级系统，则建筑垃圾管理已日益成为主流。这样做的目的是为了从填埋场和焚化炉转走施工和拆迁的碎片。许多施工和拆卸的物料，能够现场废物再利用或回收。这项规定应包括于这个规范(USGBC，2007)中。

建筑材料回收协会(CMRA，2006)制定了可能成为惯例并包含于施工文件中的规范(见表 5.1)。

表 5.1 建筑材料再循环协会规范(CMRA，2006)

新施工	• 部分 01151［或部分 017419］——固体废弃物管理和再循环利用 • 部分 01151［或部分 017419.01］——承包商固体废弃物和再循环利用计划 • 部分 01151B［或部分 017419.02］——承包商再利用、再循环和处理报告
建筑物拆除	• 部分 02060［或部分 024116］——固体废弃物管理和再循环利用 • 部分 02060A［或部分 024116.01］——承包商固体废弃物和再循环利用计划 • 部分 02060B［或部分 024116.02］——承包商再利用、再循环和处理报告

2.6.2 环境管理

工程施工阶段的环境管理体系的要求，也应包括于规范内。其目的是确保承建商能够实施施工现场与材料的管理惯例，而尽量减少不利影响。这些规范应包括参考文献 ANSI A10.34-2001，《施工现场或附近对公众的保护》(Protection of the Public on or Adjacent to Construction Sites)(Associated General Contractors of America，2004)。

联邦雨水污染防治计划，由每个州实施，在施工期间拥有具体规定。各州(即，在切萨皮克湾流域的那些州)对于施工期间的径流控制拥有具体规定。

如果不能通过地方性法规解决，就可能包括关于噪声和排放的具体规定。这些文献包括《加州空气资源委员会零排放汽车计划》(California Air Resources Board Zero Emissions Vehicle Program)(萨克拉门托，加利福尼亚州)和《美国能源之星计划》(华盛顿特区)。

2.6.3　启动和调试

启动和调试是根据所有者的要求、设计标准和施工文件确保污水处理设施功能的重要环节。该规范应包括对承办商记录污水处理设施的正确启动和调试而确保可持续发展的概念正确施工和运营的规定。

2.7　经济状况

2.7.1　“水的价值”

“水的价值”，基于其用户及其近邻的适用性是不同的。水满足用户的适用性，取决于其化学、物理和生物参数的质量。整个城市供水系统用户需求和可利用的水具有一定范围。根据水源，从传统的地表水和地下水源到雨水，泥水和其他再生水源，水质是不同的。每一种水源为水提供鲜明的化学、生物和物理特性，这些都必须加以解决而满足社会的需要。同样，用户要求的水质根据化学和生物纯度的具体需求而不同。这些对比的供应和需求的一个例子如图 5.1 所示。少污染物的水一般可被认为比污染物多的水具有更高的价值，根据污染物类型具有一些差异(即，铁和病原体)。

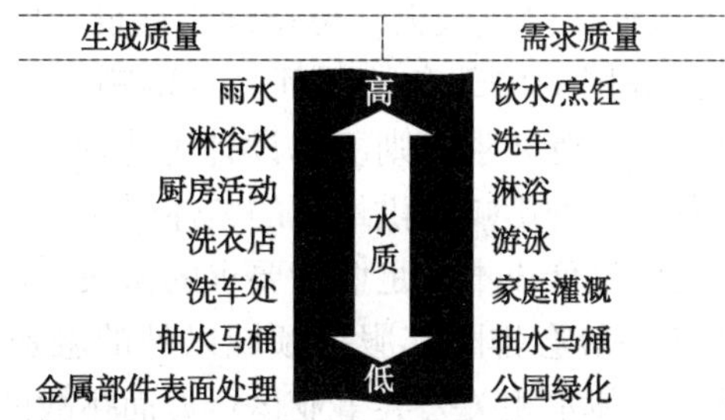

图 5.1　产生和需求的水质量范围(Norton，2008b [经 ASCE 准许])

由于更高质量的水比低质量的水具有更高的价值，则人们可以建立一个成本和质量之间的广义关系。图 5.2 显示了城市系统内水成本和质量之间的广义关系。最低质量的水，一般是在集中式污水处理厂收集的水。这种水经过处理至相当高的质量，然后排放到环境中而混合天然水供应。因为美国环保署反降解条例，这种水能够比环境中的天然水质量更好。

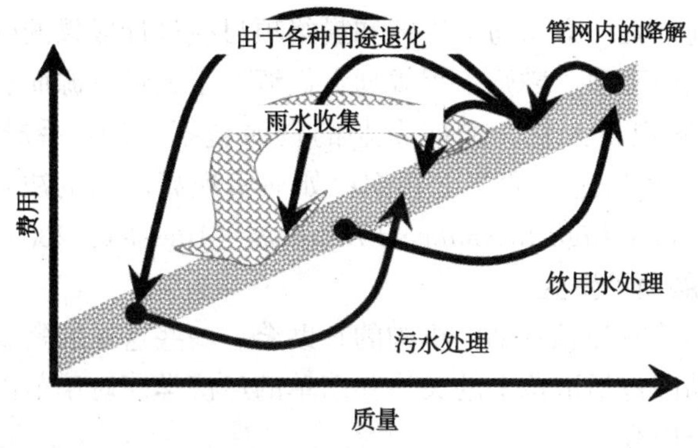

图 5.2　整个城市系统的一般化质量(Norton，2008a)

2.7.2 可持续发展的市政水系统

可持续城市水系统，是满足消费者在该系统内当前和长远需要的水系统，这种系统如此设计不会降低系统产生不良的外部效应。可持续发展的市政水系统的理解和执行范围跨多个尺度和维度。例如，设计一个可持续发展的系统涉及从水资源至组件级设计的方方面面。虽然组件级设计能够而且也应该纳入可持续发展的设计方案(即，灵活控制，能源管理技术，和减少“嵌入碳”，这是指生产产品相关的温室气体)，最大的环境“效率”将会来自考虑所有有关环境成本和效益的系统级分析。系统级分析会考虑各种引入需求和来源的范围、系统几何形状、污染负荷、残余物管理和其他需求和约束条件的系统设计的净环境受益。

2.7.3 净环境受益

可持续发展设计会考虑评估、选择和实施污水处理系统及其备选方案的净环境受益。净环境受益的定义是减去负面效应总和的积极效益总和。净环境受益还必须计算整个受影响的系统范围。例如，场外发电产生的二氧化碳和污染物排放应该在评估设施的设计中考虑其影响。各种备选方案，在公用事业单位服务区域内部和外部的整个系统中具有不同的影响。“最佳的”可持续发展设计将在整个受影响系统(实际评估的各种受益提出综合评分的难度将在下一节讨论)的范围内成本最低而受益最大。可持续发展设计的一个相当大的挑战是，具体方法可能对公用事业单位服务区的内部和外部都具有影响，而这些影响在设计上各有不同。因此，即使只考虑满足相关监管要求，则所选设计可能能够最大限度地减少内部影响，但并不能为公用事业单位服务区外的影响提供最大的整体受益。

大多数公用事业单位遵循以最低成本满足监管要求的做法。虽然公用事业单位很显然是“市民好管家”，其集资的义务一般会排除其服务领域以外的融资受益。因此，他们被迫选择可能会导致更大的开支或对其他水相关公共事业运行方面挑战的服务选项。例如，从饮用水公共事业公司正上游排放的污水处理公共事业，可能满足其排放许可，但是在饮用水公共事业公司却造成代价不菲的处理改建。这种情况的一个例子是北肯塔基州卫生区 1 号污水排放影响，沿着俄亥俄河流仅仅只是辛辛那提水务(俄亥俄州)摄入的上游几公里的影响。对于这些情况面临的挑战是跨辖区内公平地分摊成本和资源——采用利益相关者研讨会建立共识的问题。

2.7.4 利益相关者研讨会和建立共识

利益相关者研讨会对于重要考虑因素和有分歧的公用事业单位利益之间协商共识，以及在建立非经济考虑因素的权重(即，流域多样性或温室气体排放)方面是很重要的。利益相关者研讨会能够有效地加强公众参与，反馈和最终项目或设计成果的受益。这种研讨会应该旨在回答某个具体问题或事项。鼓励工程规划者们调查了大量资源而有助于举行利益相关者研讨会的利益和效益实现最大化。面向企业的资源包括《变化手册》(*Change Handbook*)(Holman et al.，2007)和《通过会话建立共识：如何实现高承诺的决定》(*Consensus Through Conversation*：*How to Achieve High Commitment Decisions*)(Dressler，2006)。

2.7.5 可持续发展项目资金

资金来源还包括由政府和私营部门机构的补助金。一些这样的资金是公共政策和立法举措的结果，但其他的动因包括道德上的关注和简单的经济学。对于节能项目提供可利用的融资政策的例子包括以下内容：

- 联邦资助的研究和示范项目，如美国能源部(华盛顿特区)(U. S. DOE)热电联产

(CHP)计划；

• 污水处理设施节能项目提供可利用的融资的立法倡议；

• 州公共事业委员会要求电力公用事业单位资助替代能源项目，如威斯康星州，伊利诺伊州和加利福尼亚州。

一个潜在的重大新颖而独特的资金来源是出售“碳信用度”。普遍认同对全球变暖的温室气体贡献，已经产生了国际性倡议，如“京都议定书”，由此各个国家有义务减少温室气体排放。

根据现行的“京都议定书”，发达国家(除美国，尚未通过协议)温室气体排放量将要减少到低于 1990 年水平的 5%。认识到减少温室气体排放的成本根据来源差异很大；在 20 世纪 90 年代发起的二氧化硫排放量交易市场类似建立了“碳交易”市场。这个市场基本上允许能够成本有效地减少温室气体排放量低于强制水平的组织，向其他组织作为碳降低信用度或“碳信用度”销售其过量的碳减排。反过来，购买碳信用额(或“补偿”)，将用于帮助满足购买者的温室气体排放义务。

目前，一些市场具有货币化的碳信用度，包括芝加哥气候交易所和欧洲气候交易所。每次交易都有利于促进某一具体区域的碳交易。虽然有资格出售碳信用度的项目的规则是复杂的，但是他们代表了污水处理项目中温室气体降低的资本项目融资的潜在来源。

同样，销售环境属性，如可再生能源信用认证和碳补偿，可能都可以提供项目可再生燃料产生电力的资金来源。由于生物燃料被认为是“可再生的”，使用厌氧消化的甲烷发电，也可能有资格作为可销售的能源信用额之源。

应该强调，碳信用度、能源信用度和类似的项目资金潜在来源的市场正处于发展阶段，而在特性方面属于地域性的。应该注意到环境属性必须完全—综合地—进行销售而不能单独出售，这也是很重要的。尽管如此，看起来这些市场还会继续发展，并应考虑作为项目融资的一个潜在来源。

较大的节能项目融资的主要来源是常规来源，如收入和一般责任债券。其他的可能包括低利率国家循环贷款基金。在任何情况下，对于承担债务的公共事业单位的动力或激励之源是能源成本的根本性变化。在评估可再生能源或能源管理相关的项目时，应考虑投资回收期和投资回报率。

截至编写本手册之时为止，许多发展中的技术正在实施从而节省和/或供应能源。随着经营经验不断积累而生产的单位数量增加，这些技术的成本将会下降而与传统能源成本产生竞争。与此同时，金融激励措施，如赠款，贷款，税收抵免，都有利于新兴技术与传统解决方案竞争。目前一系列财政激励措施可以加以利用，并且预计新的措施也将会在本手册提供给广大民众之时能够进行利用。

2.7.5.1　能源服务承包

能源服务承包(ESC)是一种另一种项目交付过程，其中节能项目、可再生能源项目，或其他设施的改善产生的节省，都能用于支付资本改善的成本。

ESC 能够通过降低运营成本和对资本预算产生积极作用使政府机构改善基础建设和设施。通过实施节能措施(ECM)，降低经营成本，从而减少废物。这使得项目得到资助，而无需增加税收，发行债券，或资本预算的前期款项。其他信息可从能源服务联盟(http：//www. energyservices coalition. org)获得。

市政或其他政府机构将通过与有资质的能源服务公司(ESCO)一起工作而实施 ESC。能源服务公司(ESCO)一般对于项目开发广泛的任务起到项目开发商作用，并承担与项目相关的技术和性能的风险。通常情况下，能源服务公司提供以下服务(http：//www. naesco. org)：

- 开发，设计和安排能源效率项目的融资；
- 安装和维护所涉及的能源效率设备；
- 测量，监测和确认项目节能；
- 承担该项目将节省所保证能源量的风险。

这些服务都捆绑到项目成本上，并通过产生的资金节省偿还。能源服务公司一般根据批准的工程协议跟踪能源节约(即，国际性能测量和核查议定书[Efficiency Valuation Organization，2002])。NAESCO(2008)提出了有关能源绩效承包、承担能源绩效合同指导的其他信息，是寻找合格能源服务公司的一个信息源。

地方州 ESC 法律应该检查具体规定，但 ESC 具有以下共同要素(ESC，2008)：

- 确定是否 ESC 合同具有特殊机会的优点，
- 以资质为基础选择能源服务公司，
- 进入能源服务公司的协议，确定节能的机会，
- 协商长期合同，实施 ECM，
- 验证节省，享受受益。

2.7.5.2 公共事业服务承包

政府机构也可通过与公共事业单位，也就是这些通过称之为公共能源服务合同(UESC)的协议提供电能的公共事业单位的合伙关系实施节能或可再生能源项目。

根据 UESC，这些公共事业单位通常筹划融资而支付项目的资本成本，然后随着不同时期通过 ECM 产生的节省偿还。这种筹划使政府机构实施 ECM 而不需要初始资本投资。

《联邦能源管理计划》(华盛顿特区)(U. S. DOE，2005)报告，超过 45 个电力和天然气公用事业单位为联邦设施的能源和用水效率升级的项目提供融资。

2.7.5.3 购电协议

一些公用事业单位和相关企业也将制定电力购买协议。这些公共事业单位建立电力单元并对所产生电力收费。这可以为污水公用事业单位在其协议生命内恒定的单位电力成本，其中，电价率波动的时候，有助于在预算过程而因此能够保持公共事业的价率不会升高。

2.7.5.4 捐款和贴现

这种激励措施的信息来源之一是各个州的能源办事处。另一种是由北卡罗莱纳州太阳能中心在北卡罗莱纳州立大学(罗利，北卡罗来纳州)已经建立和维护的激励机制数据库。虽然只是在太阳能中心的赞助下，该数据库仍涵盖了所有 50 个州和地区的所有可再生能源形式。该工具名为“州可再生能源及效率的激励机制(DSIRE)数据库”，也就是通常所说的 DSIRE 网站(http：//www. dsireusa. org；North Carolina State University，2007)。该网站声称按照可用信息以通常的日常更新，更新数据库。除了提供有关可再生能源和能源效率的激励机制的信息访问之外，该网站还提供由联邦和州政府机构、公用事业单位和地方组织管理的监管政策的访问。

2.7.5.5 私有化

私有化牵涉到由独立开发商对该发电设施的开发、所有权、经营和维修，以及从该设施

向污水处理厂输电量的销售。例如，污水处理厂可能因为高风险、资本成本和/或其他问题而不愿意承担发电厂的开发，可以采取外部开发商评估和建设一个合适的发电设施，以满足污水处理厂的电力需求，与污水处理厂兼容运营，而为开发商产生足够的经济效益。

2.7.5.6　联合所有权和/或开发

在单独开发与污水处理厂所有者和私有化的所有权之间，存在广泛的各种能够利用的项目结构，这要根据各自的项目参与者所承担的财务风险和回报的程度而定。协商的关键要点包括：

- 由污水处理厂向该项目作为燃料提供的经济价值归属的消化池气体；
- 该项目厂地的经济价值归属用途(即，出租或租赁费用)；
- 项目设备的所有权。

可协商的合同点考虑因素包括以下内容：

- 承诺具体的服务水平，例如，
  — 热能的数量和质量，
  — 电力的数量和质量，
  — 提供服务的时间，
  — 合作协定。
- 项目参与者的赔偿方法，例如，
  — 独立开发商承担开发风险、经营风险，以及污水处理厂在一定折扣的基础上承担的电力资本和付费的成本；
  —污水处理厂所有者和独立开发商按照一定基础(一般按照股权的贡献成比例)共享开发成本、风险和受益。

2.7.5.7　共享节省的受益

由能源管理公司提供，但也可以通过一些热电联产设备制造商加以利用的一个共同的机制，被称为共享节省的受益。根据共享的方法，能源管理公司在对能源用户无风险下融资和实施 ECM。能源管理公司将以共享节省受益的形式获取其补偿；也就是说，实施这些 ECM 的成本加上投资回报的一些成分，由公共事业动力和燃料采购的成本降低助资。

对于这种结构可以利用的变化，包括以下内容：

- 能源管理公司可能支付固定的年度管理费；
- 能源管理公司能源成本节省的份额在幅度或年数上可能会经历最低或最高；
- 共享节省受益的期限，在有或无续约的前景下可能会经历固定期限。

对于一个发电项目，大型设备制造商可能提供热电联产机组，或整个发电厂的一揽子承包，污水处理厂所有者没有前期成本。制造商的补偿，随后将在通过购电成本中预期的节省受益资助的款项流基础上结构化。

2.8　气候变化考虑因素

污水处理设施在气候变化上的立场应该认识如下：

(1) 一个科学共识，在大气中人源性温室气体的积聚正造成全球气温增加并威胁地球气候的稳定，

(2) 这种影响的理解逐渐变得更清楚，而这些迹象是，在各地区的自然水文循环中存在显著的中断，

(3) 水文变化将会显著影响水的质量和供应(WEF，2006)。

气候变化的影响，根据地理区域而不同；因此，由气候变化对设计的影响是地域特异性的。

对基础设施设计具有两个主要的影响——减轻对气候变化影响的策略，和适应气候变化的策略。

2.8.1 缓解措施

污水处理设施的设计越来越多地要考虑减少温室气体产生的措施。将缓解策略纳入设计中，首先要知晓温室气体的潜在来源。

污水处理设施是耗电大户，其中大部分是由碳基燃料的燃烧所占。发电厂的二氧化碳和氮氧化物的排放量，贡献了水或污水设施的碳足迹。在生物处理中有机物氧化为二氧化碳和水，将产生温室气体排放。其他温室气体排放源来自用于操作备用发电机的燃油和用于运输处理生物固体的动力卡车的燃料。固体废物的处置，也将具有与其相关的温室气体排放。

具有污水池或污泥池的污水处理设施，可能会产生有机废物分解的甲烷释放。这些排放将贡献设施的碳足迹。同样，在厌氧污泥消化池中产生的甲烷也产生了温室气体排放——如果在火焰或工艺焚化炉中燃烧就直接作为二氧化碳和一氧化二氮；或如果在涡轮或内燃机中燃烧产生电力或向泵或鼓风机供电则就作为二氧化碳和一氧化二氮。

先进的处理工艺需要相对大量的能源，其中大部分体现在为了诸如磷沉淀，难处理有机物的去除和脱盐等用途而添加的化学品上。为了计算碳足迹，可能需要考虑体现于生产和运输的这些化学品中的能源量。

减少温室气体排放量的设计策略正在不断发展。这样的例子可能包括开展不太可能产生显著的一氧化二氮和甲烷排放的工艺过程构造设计结构或在评估备选方案时进行生命周期成本分析。

2.8.2 适应策略

对气候变化的适应策略当前的设计实践正在迅速演变。如下所述，污水处理设施的设计中考虑因素越来越多。

- 鉴于历史参数基的污水处理设施规划已经成为行业标准，则气候变化的影响预计将会产生更多可变的自然水文功能。因此，历史数据作为预测流量、负荷和其他设计标准的一种手段也变得越来越不可行。
- 不可靠的供水对于污水管理和处理正产生挑战。在频繁发生干旱的地区中，继续倾向于更高效用水，从而导致更多的中水回用应用和更集中的污水进水。
- 地表水温度升高促进藻类大量繁殖，而污水处理厂正采用脱氮除磷技术，最大限度地减少对水体的其他影响。
- 对于处理雨流的市政系统，强降水越来越需要增加更多的容量。
- 污水处理厂的选址必须考虑洪水风险和海平面上升的修正。
- 设计正引入更加频繁和严重的热带风暴的标准(NSTC，2008)。

2.9 监管

目前还没有在市政或其他公有污水处理工程中强制采纳或使用可持续发展技术或节能的联邦法规，也没有国家能源管理计划。然而，目前的状态和其他未决的立法表明了一个走向解决可持续发展法规的不断发展的趋势。影响污水处理设施设计的一般监管问题，将在第 2 章中讨论。

在编写本手册的时候，参议院还有未决的立法(Boxer-Lieberman-Warner [S. 3036] Climate Security Act，2008 年 5 月 20 日推出，2008 年 5 月 27 日颁布)(Arroyo，2008)，这将限制温室气体的排放并授权碳市场效率局(Carbon Market Efficiency Board)使用成本纾解措施，包括(1)放宽或紧缩借贷或抵押的限制，(2)调整贷款期限和利率。

各州正在开展建立自己的法律规范的温室气体排放，尤其是加州议会条例草案第 32 号(AB 32)，也被称为“努涅斯空气污染温室气体：2006 年加州全球变暖解决方案法”(HTTP：//www.leginfo.ca.gov/pub/05-06/bill/asm/ab_0001-0050/ab_32_bill_20060927_chaptered.pdf)。2007 年 7 月 13 日佛罗里达州州长已经发布行政命令 07-128，制定“能源和气候变化的州长行动小组”，而建立了一个从佛罗里达州政府减少温室气体排放量的气候变化领导层建议行动的例子。

2.9.1　联邦

《利伯曼-华纳 2008 年气候安全法案》(Lieberman-Warner Climate Security Act of 2008)(S. 2191)于 2007 年 10 月推出，而该法的修订案就是已知的 Boxer-Lieberman-Warner (S. 3036)，这是 2008 年 5 月 20 日推出(2008 年 5 月 27 日发布)。表 5.2 列出了温室气体排放的主要来源。所列出的部分占美国温室气体排放的约 87%(Pew Center on Global Climate Change，2008)。

美国总排量的削减将取决于(1)未揭示部门的增长速度和(2)各种因素的使用，如“补偿”，“信用”，“交易”，“借贷”，“津贴”，“封炉”，或其某些组合。

作为拍卖总收入百分比的“拍卖的分配”收入如下：

- 能源技术部署=52%，
- 能源消费者=18%，
- 工人培训计划=5%
- 美国适应=18%，
- 国际适应和国家安全=5%，
- 高级能源研究=2%。

(拍卖所得首先用于资助美国环保署和其他[S. 2191]所需的机构活动)

表 5.2　温室气体排放主要来源(Arroyo，2008)

来　源	数　量
使用煤的电厂和其他工业	4535 公吨(5000 吨)
石油基产品的生产者、制造商和进口商	未陈述
甲烷(CH_4)、氧化亚氮(N_2O)、六氟化硫(SF_6)和全氟化碳(PFC)的制造商或进口商	大于 10000(CO_2 当量)
作为生产氯氟烃(HCFCs)的副产品排放氟代烃(HFCs)的任何设施	大于 10000(CO_2 当量)
从这些行业并未涵盖的排放——水泥，石灰，铝生产	大约 104 公吨(CO_2 当量)
这些排放并非是涵盖农业过程、垃圾填埋场等的	大约 826 公吨(CO_2 当量)

在“拍卖分布”之下考虑的其他地方有(1)家用机械设备提高的能源效率，如热水器和空调等；(2)更新的建筑规范。其他因素如下：

• 消费和进口的氢氟烃有一个独立的下降拱顶，从2010年开始到2050年将下降到70%，而2031年将有100%拍卖过渡。

• 应该注意的另一个减排行动是“低碳燃料标准”。到2010年在生命周期温室气体排放量将会减少5%，而2020年减少10%。

还有两个其他可关注的点如下：

• 拍卖补贴将被用作“赤字削减基金”的工具，

• 总统以其判断可能修改本法的任何规定，而根据本法，这种权利并未授权任何其他人。

国际标准惯例是以二氧化碳当量表示温室气体。除二氧化碳之外的气体排放，使用全球变暖的潜势换算成二氧化碳当量。IPCC(2006)建议使用100年。这样的实例包括以下方面(1公吨=2204.6磅[Interactive Learning Paradigms Incorporated，2008])：

(1) 从碳当量(CE)换算成二氧化碳当量(CO_2当量)如下：600万公吨碳当量(6MMTCE)=(6MMTCE)×(44公吨/公吨摩尔二氧化碳)/(12公吨/公吨摩尔C)=2200万公吨二氧化碳当量。

(2) 二氧化碳当量到碳当量(CE)的换算如下：1100万公吨二氧化碳当量=(1100万公吨二氧化碳当量)×(12公吨/公吨摩尔C)/(44公吨/公吨摩尔二氧化碳)=3MMTCE(U.S. EPA，2005)。

2.9.2 州

2.9.2.1 加州

称之为“努涅斯空气污染温室气体：2006加利福尼亚全球变暖解决方案法”的议会法案第32号(加州，州立，AB 32，2008)，2006年9月27日通过，并要求州委会(加州空气资源委员会，萨克拉门托，加州)按规定采纳到2020年将实现相当于1990年全州温室气体排放量的全州温室气体排放量限制。在条例草案中有一个定义列表(第3章)。然而，没有具体的限制，排放水平，或提出的开始日期。

州委会被规定对以下方面进行确定并提出建议：

(a) 直接减排措施，

(b) 其他履约机制，

(c) 以市场为基础的达标机制，

(d) 将会需要用以辅助实现到2020年的温室气体减排的潜在货币和非货币性的激励机制。

在作出这些决定时，州委会应该考虑一切涉及来自其他地区如(1)各州，(2)各省，(3)各地区，(4)国家，以及(5)地区(新英格兰，美国，加拿大，欧盟)的温室气体减排计划的有关资料。

2011年01月01日或之前，州委将按规定采纳温室气体排放限制和减排措施，以实现技术上可行的最大力度。成本有效性的温室气体减排以推动实现全州范围内的温室气体排放限制，将于2012年01月01日开始。州委会已经被赋予无限权力，在2011年01月01日之前采纳温室气体排放量限制或减排措施；2012年01月01日之前施加强制实施这样的限制或措施；或酌情提供早期的减排信用度。

2.9.2.2　佛罗里达州

在 2007 年 7 月 13 日行政命令 07-128 下，在佛罗里达州成立了“能源和气候变化州长行动小组”。颁布行政命令，建立一个全面的计划，使佛罗里达州可以采取必要的积极措施，以解决能源和气候变化问题。2007 年 7 月 13 日签署行政命令 07-126，“设立气候变化领导层实例：从佛罗里达州政府立即采取行动减少温室气体排放”。该行政命令指示州政府，达到以下温室气体的减排：

- 至 2012 从目前排放水平减排 10%，
- 至 2017 年从目前的排放水平减排 25%，
- 至 2025 年从目前的排放水平减排 40%。

行政命令 07-127，“设立气候变化领导层实例：从佛罗里达州政府立即采取行动减少温室气体排放”，2007 年 7 月 13 日签署，规定如下：

- 至 2017 年温室气体排放减少至 2000 年的水平；
- 至 2025 年温室气体排放量减少至 1990 年的水平；
- 至 2050 年温室气体排放量减少至 1990 年水平的 80%；
- 至 2009 年 7 月 1 日从目前标准就将适用于消费类产品的效率提高 15%；
- 不迟于 2007 年 9 月 1 日开始，启动规则制定，要求公用事业单位生产的至少 20%电力要来自可再生能源(即，太阳能和风能)；
- 通过修订建筑物施工的能源法案，至 2009 年 1 月 1 日起，提高新建筑中能源效益至少 15%。

佛罗里达州已经签署了注明日期 2008 年 2 月 1 日的“佛罗里达州环境保护部和气候战略中心之间的协议备忘录”。然而，没有具体的限制，排放水平，或陈述起始日期(Florida，2008)。

3　能源管理原理

3.1　污水处理厂中的能源用途

污水处理厂严重依赖能源，充足的能源才能提供满足排放标准所需的处理水平。许多污水处理厂，节约能源是排在满足污水排放许可规定之后的第二重要性。具有前瞻性的污水处理厂经验表明，节能与满足排放许可是相容的，并且可以促进高水准的性能。

3.1.1　能量用途的意义

桑迪亚国家实验室(2006)向国会报告了能源和水之间的关系，现在被称为“能源-水关系”的报告。这份报告指出，能源生产需要可靠的、丰富的和可预见的水源——在美国和世界的许多地方已是开始短缺的资源。电力工业仅次于作为在美国最大的水用户的农业的第二用水大户。发电厂是水用大户；大量的水是高温水返回到环境中。能源-水关系报告接着陈述了几个相关的因素并提出问题，将来是否存在稳定的、负担得起的水供应支撑国家未来的电力需求。

- 虽然美国的人口预计将显著上升，可用的淡水供应却并非如此。在 20 世纪 90 年代的美国，最大的地区的人口增长(25%)出现在西部最缺水的地区之一——西部山区。水的利用度在东南部也正成为一个严重的问题，自1990年以来这些地方人口增加了近14%。

- 处理和递送水所需的能量，占其成本高达80%，而负担得起的能源供应不足，将对水的价格和可用性产生负面影响。

美国市长会议(ICLEI，2005)报告指出：

“从全国范围来看，饮用水和污水处理系统成本超过每年40亿美元用于泵抽、处理、递送、收集和净化水的能源成本……。运行饮用水和污水处理系统的能源成本能够占据市政能源账单的三分之一，而这往往是城市单个最大的公用事业单位支出。”

卡尔森(2007年)报告了美国水务协会研究基金会(American Water Works Association Research Foundation)(丹佛市，科罗拉多州)/加州能源委员会(萨克拉门托，加利福尼亚州)项目“基准公用事业发展能源指数”的结果指出，60，000个供水系统和15，000污水处理系统占国家电力使用的3%，而公用事业的总营运成本10%或更多都用于能源。

图5.3图示说明了污水曝气，泵抽，以及照明和建筑物在厂区对能源使用的重要性。常见的报告和实地观察的能量用途如下：

- 曝气=35%~75%(通常为50%)；
- 污水泵抽(进水)=10%~25%(通常为15%)；
- 设施(照明和加热，通风，和空调)=5 %~15 %(一般在10%)。

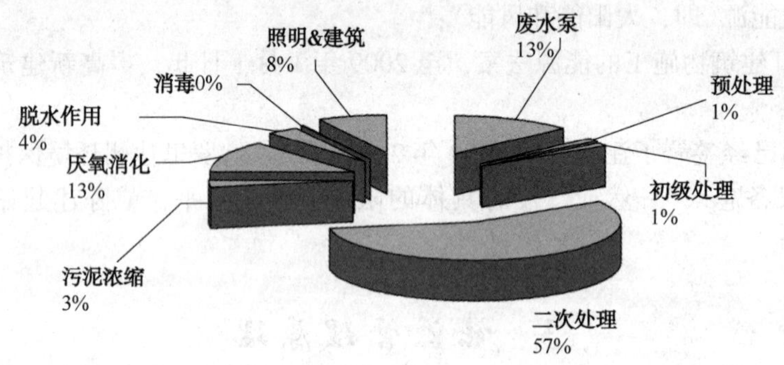

图5.3 污水处理工艺过程中所用能量的相对量(WEF，1997)

3.1.2 用电历史

在2007年就污水处理厂能源消耗量的第一个全国性调查进行了报道(Carlson，2007)。在此之前，几经努力，估计出污水处理中所消耗的能源量，如下所述，这是基于通过计算各个工艺过程所需功率而对整个污水处理厂功率作出的估计。这表明，通过细化估计或消费的实际增长，污水处理的能源强度(每单位体积处理的污水所需的能量)从20世纪70年代初到21世纪初期翻了一番。

美国环保署公布了《市政污水处理的电力消耗》的研究报告(Smith，1973)。该报告是促进技术进步和应用计划项目的一部分。通过将各个工艺过程的功耗加和而估计整个污水处理厂的电功率。这些信息取自美国环保署研究项目提供的设备制造商和信息。结论指出，在城市污水处理中消耗的电力，约占住宅的平均消费电力的1%。在1968年的市政废物处理设施清单(FWQA，1970)中处理方案的分布是该估算过程的基础。结论接着指出，“如果所有社区都通过活性污泥处理厂服务，所使用的电力将是这一数量的两倍左右”。传统污水处理厂总耗电量如下：在 1mgd 下为 1004kWh/d(955kJ/m^3[1004kWh/mil · gal])，在 10mgd 下为 8218kWh/d(782kJ/m^3[822kWh/mil · gal])，而对于 100mgd，为 75864 kWh/d(722kJ/m^3[759kWh/mil · gal])(722~955kJ/m^3)。传统的污水处理厂包括初步处理，污水进水泵抽，初级沉淀，活性污泥空气扩散，氯化，重力增稠，溶气浮选，厌氧消化，真空过滤和焚烧。

电力研究所(加利福尼亚州，帕洛阿尔托)(EPRI，2002)估算了在预测经济的所选部门电力总需求中使用的单位电力需求。公有的污水处理工程的典型单位电力要求为，滴滤池车间 908kJ/m^3(955kWh/mil · gal)，活性污泥车间 1257kJ/m^3(1322kWh/mil · gal)，高级污水处理(附加过滤)1466kJ/m^3(1541kWh/mil · gal)，高级污水处理(附加过滤和硝化)1817kJ/m^3(1911kWh/mil · gal)。

以下是四类 WWTPs：

- 滴滤污水处理厂，
- 活性污泥污水处理厂，
- 高级污水处理厂(添加化学品和无硝化的过滤)，
- 高级污水处理厂(添加化学品和硝化过滤)。

通过使用扩散曝气(除非滴滤池是重点)，溶气浮选增稠和带式压滤机脱水是处理工艺过程的特征，而在紫外线消毒之前制备，并采用膜生物反应器(MBR)工艺。表 5.3 以 kWh/mil · gal 报道了单位电力的使用。活性污泥处理法的污水处理厂的该值范围为 951~2111kJ/m^3(1000~2220kWh/mil · gal)。

表 5.3　不同处理工艺和容量的单位耗电量　　mil · gal

污水处理厂容量	滴滤污水处理	活性污泥污水处理	无硝化高级污水处理	有硝化高级污水处理
3.8ML/d(1mgd)	1722kJ/m^3 (1811kWh/mil. gal)	2127kJ/m^3 (2236kWh/mil. gal)	2469kJ/m^3 (2596kWh/mil. gal)	2807kJ/m^3 (2951kWh/mil. gal)
18.9ML/d(5mgd)	930kJ/m^3 (978kWh/mil. gal)	1302kJ/m^3 (1369kWh/mil. gal)	1496kJ/m^3 (1573kWh/mil. gal)	1832kJ/m^3 (1926kWh/mil. gal)
37.9ML/d(10mgd)	810kJ/m^3 (852kWh/mil. gal)	1144kJ/m^3 (1203kWh/mil. gal)	1339kJ/m^3 (1408kWh/mil. gal)	1703kJ/m^3 (1791kWh/mil. gal)
76ML/d(20mgd)	713kJ/m^3 (750kWh/mil. gal)	1059kJ/m^3 (1114kWh/mil. gal)	1239kJ/m^3 (1303kWh/mil. gal)	1613kJ/m^3 (1676kWh/mil. gal)
189ML/d(50mgd)	653kJ/m^3 (687kWh/mil. gal)	1000kJ/m^3 (1051kWh/mil. gal)	1157kJ/m^3 (1216kWh/mil. gal)	1510kJ/m^3 (1588kWh/mil. gal)
379ML/d(100mgd)	640kJ/m^3 (673kWh/mil. gal)	978kJ/m^3 (1028kWh/mil. gal)	1130kJ/m^3 (1188kWh/mil. gal)	1482kJ/m^3 (1558kWh/mil. gal)

卡尔森(2007 年)对文献综述、污水处理厂调研和随后的统计分析的结果进行了报道，结果发现，能源使用是污水进水流量，进水和出水生化需氧量(BOD)，平均每天流量与设计流量之比，生物处理的类型，和营养物去除的函数。卡尔森报告的数据表明，能源强度可能为 476~5707kJ/m^3(500~6000kWh/mil · gal)不等，平均耗能为 1664~2378kJ/m^3(1750~2500kWh/mil · gal)，如图 5.4 所示。

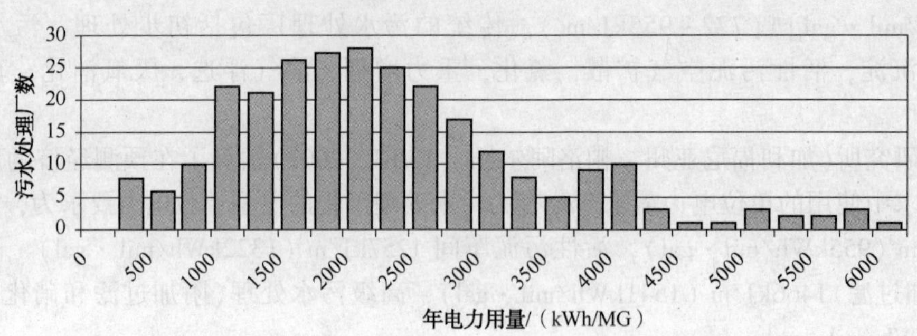

图 5.4 美国水务协会研究基金会的污水处理厂调查

3.1.3 影响能源的技术

排放限值、设备设计、工艺设计和设计惯例的演变，都会影响运行和维护污水处理厂所需的能源强度水平。以下是在行业中观察到的趋势实例：

- 在需要硝化和脱氮作用的污水处理厂中，改进的卢扎克-艾丁格(Ludzack-Ettinger)工艺恢复了硝酸盐的氧值，并能够降低15%~30%的总空气需求(见第14章)。
- 膜生物反应器包括除了曝气鼓风机之外的设备，如提供跨膜压降的水泵，内部循环泵，和空气冲刷鼓风机，这都增加到能源强度中(见第14章)。
- 与生物固体相容的废弃物(食品废弃物，动物/植物油脂和其他浓缩材料)的共消化作用，有效地提高了消化池气体的生产量(在具有未使用的消化池容量的污水处理厂中)，这随后可用于热电联产电厂或其他消化池-气体-至-能量的工艺过程。
- 侧流处理工艺过程，减少了来自厌氧消化的固体脱水或沥出上清液的曝气池氨氮返回到曝气池的量，从而减少曝气需求(见第17章)。
- 化学强化的一级处理需要向初级进水中加入三氯化铁。三氯化铁经常使用，是因为它具有降低气味的第二益处。这是通过将污水处理厂的处理从有氧处理更多地转换成厌氧处理而实现。曝气需求将在二级处理工艺过程中减少，而消化池气体生成将在厌氧消化中增加。
- 溶解废弃物活化细胞的技术已被证明能够提高消化池气体的生产量，这适用于热电联产电厂或其他消化池气体为能源的工艺过程中使用。确保能源净增益的类似污泥绩效评估是可以实现的(见第27章)。
- 紫外线消毒是污水消毒的一个极佳选择，但是它增加了污水处理厂所需的电力。紫外线消毒的创新之处，如低强度的灯泡，电子镇流器，基于污水透过率的输出功率控制和脉冲技术，都应该作为设计方案进行评估(见第19章)。
- 离心泵制造商提供创新的叶轮设计，降低能源消耗。
- 工艺改进，旨在减少需要处理的生物固体量，应当对将会需要的净能源，包括泵抽和曝气，进行评估。
- 污泥干燥机，将固体含量提高至90%或生产更多优异的产品。同时，污水处理厂将会经历运行设施所需的天然气和电力的数量显著增加(见第26章)。

3.1.4 能源建模

能源建模是一种帮助设计师评估设计方案的能源强度净效应的工具。建模可以用于评估特定的设备、系统、工艺或设施的能耗。用于估计的方法和工具，将取决于诸多因素，如所需要的输出(能源成本或单位)，正寻找的信息目的或价值，所需要的精度，估算所需速度，通过了解该估算过程对成本或节省受益的潜在影响，以及可用于施工建模的努力或预算数量。

所有者可能对应用建模评估现有设施的能源强度而确定它是否作为一种控制当前和今后的经营成本的方式追求节能而感兴趣。在设计过程一开始就可以使用输出建模，建立基准评价。工艺设计工程师可能希望使用能源建模评估备选的污水处理工艺的相对能源强度，或评估潜在的工艺过程变化对能源强度的影响。能源模型在复杂性和成本上是不同的。一些例子如下：

- 每体积所处理污水的能源强度的一般规则。例如，一个 38-ML/d[10mgd]的污水处理厂可能会使用(1902kJ/m^3[2000kWh/mil · gal])，导致日消耗 20000kWh/d。
- 运行模型可以使用电脑的电子表格制备，其中列出了每一块能量化的设备，具有安装的马力(hp)(或最大能耗的其他测定方式)，预计作业的运行时间和负荷。对各个功耗的估算求和而提供系统、工艺过程或整个污水处理厂的估算。
- 目前可用的商业动态模型的应用(Desjardins et al. , 2001)。

污水处理厂能耗基准评价的一个重要在线工具，由"美国环保署能源之星计划投资组合经理(Energy Star Program Portfolio Manager)"(U. S. EPA，2007)提供。这个工具在 2007 年 10 月推出，并以卡尔森(2007)的研究为基础。美国环保署报道，投资组合经理所使用的模型适用于具有或不具有营养物去除的初级、二级和高级处理设施。该工具的目的是为了使设施确定其能耗如何在相同的地理区域，规模，日均流量和污水强度与其他污水处理厂相关。在基准评价部分进一步讨论了基准评价。

美国能源部(DOE)提供了泵抽系统评估工具(PSAT)，它可以帮助用户评估泵抽系统的运行效率。PSAT 使用了来自液压研究所(帕西帕尼，新泽西州)标准的可实现泵性能数据和来自 MotorMaster+数据库的电机性能数据(美国能源部，2005)计算潜在的能源和相关的成本。MotorMaster+是一个辅助电机选择和管理的工具。美国能源部(2005 年)报道，这些由工程师应用于奥内达加县水环境保护部(Onondaga County Department of Water Environment Protection)(纽约)使用，评估污水处理过程中的电机，结果经过改进，每年取得了 $207，500 的节能，降低电耗 281 万 kWh/y，减少了约 2. 85 亿 kJ/y(270MMBtu)天然气购买量，并实现了 13 个月的简单投资回报。

3. 2 工艺设计考虑因素

设计者在设计过程中能够考虑的因素包括测量的重要性，减少能源需求的措施，以及可用于增加供给或降低供应成本的措施。

3. 2. 1 测量

公用事业单位计量仪提供了月付费的基础。就电力的情况而言，这种计量仪(或计量仪输出)，应该安装于方便的位置并方便污水处理操作者接近。污水处理厂内辅助计量，允许运营商确定关键工艺过程(或设备)如何有效地运行。耗电量(kWh)和需求高峰(kW)的信息可以为污水处理厂监督控制和数据采集(SCADA)系统所用。需求收费通常基于最高 15 分钟间隔内的最大需求，可能会或可能不会受到使用时间的影响。向运营商提供他们是如何对电力(或其他能源)付费的有关信息，将大大提高能源消耗的管理能力。

纳入工艺过程控制系统并基于当地公共事业单位用于计算电费的方法的数据读取，将提供宝贵的信息来源。一旦记录和存储，这些信息可能适用于以下方面：

- 优化污水处理厂的效率。
- 验证能源用途和认可电费。
- 建立某个工艺过程或整个污水处理厂的能源基准。
- 支撑维护，因为能耗经常开始增加成为一个正在发展的问题。倾向于这些测量结果容许污水处理厂职员提供及时的维修。

3.2.2 降低需求和消耗

电力是污水处理厂所使用的能源最常见的形式。电力公用事业单位一般对电力使用的速率(需求表示为 kW)和消耗量(消耗量表示为 kW · h)进行收费。第二个能源常见形式是天然气，对此用户收费的基础是所消耗的气体 Btu(kJ)含量。基于这天内使用时间的速率可能存在差异，而一些公用事业单位可能随季节进行变化。常见降低需求或消费的 ECM，包括以下方面：

- 细孔或膜扩散的空气系统降低曝气所需的电量。提供易于维护的系统，将允许污水处理厂可靠地实现良好的效果。
- 使用大量开阀技术并基于总流量控制风机输出而控制自动溶解氧，是两种有潜力提供成本节约的策略。
- 安装优质高效电机更换现有污水处理厂的电机，采用生命周期成本评估这可能是合理的(WEF，1997)。
- 正确进行泵、电机和驱动器选型。包括小型薄膜泵可能会有助于一些设计最小化能耗(见第 4 章)。
- 注意罐池之间的落差，以使污水流只需泵抽一次(见第 6 章)。
- 使用节能照明和照明控制，如运动传感器，定时器和光电池(见第 9 章)。
- 修理或更换污水处理厂可能会导致需要增加曝气鼓风机和水泵运行的漏气水管线。
- 大楼自动化系统，监测和控制温度、湿度，以及厂房中的其他环境参数(见第 9 章)。

3.2.3 供给影响

供应方的管理提供了所有者/运营商降低购买能源数量和设施运营获取能量总成本的许多机会。污水处理厂已经使用的一些思想包括以下方面：

- 一些电力公用事业单位提供减少或减负荷的低率关税。通过自愿在短暂的高峰用电需求期间削减用电，这些公共事业单位能够推迟需要额外的发电容量。作为回报，用户接收基于负荷削减的货币补偿。这种节省可能足以购买运行限制负荷的备用发电容量。
- 根据污水处理厂的位置，可能有机会获得“高压线”价格的电力。高压是电力公共事业单位在传输电压时对可用电功率使用的术语，而污水处理厂必须提供自己的变压器，才能将电力降至厂内使用的电压。
- 功率因数校正。这是一个纳入许多污水处理厂的升级设计的常见改进。
- 高效变压器。在一些公用事业领域，该设施拥有主要降压变压器作为厂内进入电力，而高效变压器可能会节省成本。
- 具有厌氧消化池稳定固体的污水处理厂，可能会发现安装使用消化池气体发电而以引擎废热加热消化池的热电联产电厂是有益的。废热还可以用于向厂内建筑物提供舒适的热量。

- 有些污水处理厂从附近的垃圾填埋场获取甲烷气体而受益。这种气体是类似消化池气体，可以用来补充消化池气体供给。污水处理厂使用填埋场气体，一般具有大于垃圾填埋场产生的经济价值，因为产生的能量能够用于抵消零售价格购买的电力。
- 太阳能电池板(热或光伏)应用于一些污水处理厂。此类应用一般限制于这些激励使用太阳能发电的州。

3.3　能源管理和节能方法

3.3.1　能源审计

能源审计的目的是要确定提高污水处理厂效率和降低运营成本的机会，并量化这些备选方案的成本和节省受益。一个良好的能源审计，对于污水处理厂改进方案是一个有价值的决策工具。应该由那些具有污水处理厂设计经验并具有电力公司税率表和能源管理策略知识的人实施。虽然一些大机构具有这些领域内的人才，但是大多数却没有。缺乏这种专门技术人员的设施，应该聘请一个合格的外部顾问。现在，许多电力公共事业单位和州机关提供免费的审计。对于污水处理厂兴建一个能量平衡，确定该污水处理厂最高耗能的工艺过程，并对任何工艺过程确定是否具有证明任何能源效率改进项目的充足低能效，是非常重要的。设备现场测试，在经常可以识别55%或更少的“丝-水”效率的泵并从财务上判断该泵和/或电机重建/更换是否合理，这也是很有价值的。

能源审计主要目标如下：

- 确定污水处理厂工艺相关的能源使用优化改善；
- 评估污水处理厂潜在的能源使用减少和成本节省；
- 制定初步的施工成本估算；
- 制定所估算的项目成本节约条目，包括材料/服务合同的成本和能源成本；
- 总结简单的投资回收期和净现值的经济学分析。

审计应该决定如何，何处，以及多少能量在污水处理厂内消耗。每个单元工艺过程应该分析节省成本的机会。审计应该涵盖系统前景，研究各个组成部分如何相互作用和在污水处理厂内潜在的变化如何能够影响其他工艺过程。首先应该考虑更简单的变化。通常情况下，改变电费率或操作方法，如复杂的昂贵设备改造可以节省一样多的能源。对于每一方案应该基于电税率表估算年节省电费和成本，而且也应该包括非能源的成本和节省，这些都可能会导致化学品的使用、维护需求、材料和劳力的变化。在理想的情况下，应该进行生命周期对比评价，这将对所提出的修改在预测寿命内解释所有可能产生的影响。

能源审计通常包括 1~2 天实地考察设施，在这期间，审计师与污水处理厂职员会谈，确定具有节能潜力的预计面临资本改进的项目，检查设备并收集信息。经过初步讨论和实地考察，确定出将会提供能源和成本节约的潜在能源利用优化改进的初步清单。从这个初步清单，可以从有关一些或所有的确定的改善项目(基于设施的愿望)的现场访问收集的信息而实施其他的节能评价。

污水处理厂内传统认为具有较高节能可能性的一些领域如下：

- 干管/原始污水泵送。变速泵泵送溶液可提供操作上的灵活性，并在某些情况下，显著降低能源成本。

• 曝气系统。根据现有的曝气系统，可能存在提供或改善溶解氧鼓风机或增氧机的反馈控制和/或提高曝气系统氧传输效率的潜力。

• 消化池气体热电联产设施，减少排放，降低对电气/天然气公用事业的依赖，并降低能源成本。

• 许多其他节能的机会存在，如 SCADA 的 EMSs，能量高效的照明、锅炉/冷却替代，以及渗漏阀门维修。

• 在能源审计期间，下面的信息通常是必需的：

-如果可用，污水处理厂 SCADA/控制系统的历史数据；

-平均流量和负荷数据；

-泵曲线；

-鼓风机曲线；

-实际运行数据(电机电流强度)；

-电力/天然气公共事业的费率和票据；

-扩散器制造商的数据；

-以前的建设项目(管道配置，曝气扩散机布局设计等)的杂项规划图纸。

能源审计结果在实施改造之前通常需要额外的详细研究或详细设计。能源审计作为一个良好的工具，也可用于某个组织建立一个能源基准计划，监控短期和长期的改进并与同行业进行性能对比。

3.3.2 基准测试

能源基准测试是用于评估能源需求而产生特定产品单位的一种工具。在污水处理行业中，基准测试是一种正在越来越多地用于帮助公用事业了解设施内的能量消耗于何处，在该设施内一定时期内能源用途的趋势(内部基准测试)，以及能源使用如何与类似大小设计的设施(外部基准测试)进行比较的工具。为了在某个设施中实施基准测试，首先，必须建立能源基线，这涉及在某一时刻各种指标的检测，然后在一个给定的时间内反复更新该信息。在那段时间，收集到的信息应与先前的“即时快照”和其他类似设计的设施比较。在污水处理行业内能源基准测试中通常监测的指标如下：

• 总用量((kWh)，

• 总成本($)，

• 单位总成本($/kWh)，

• 能源成本($/mil·gal)，

• 能源密集度(kWh/mil·gal)，

• BOD 去除率($/lb 去除的 BOD)。

当执行外部基准测试并与其他类似大小设计的设施进行性能对比时，了解地理位置、BOD 负荷、峰值和平均流量以及所用的处理工艺类型，实施精确评价，也是非常重要的。此外，基准测试应该细化至具体工艺过程，如泵抽、曝气、过滤、固体处理、消化和化学品处理。污水处理设施的能源基准测试公布的一些非常好的信息，可从以下资源获取：

• EPRI—http：//www.epri.com；

• 水环境研究基金会(Water Environment Research Foundation)(Alexandria，Virginia)—

http：//www. werf. org；

- 美国水务协会研究基金会（American Water Works Association Research Foundation）（Denver，Colorado）— http：//www. awwarf. org；
- U. S. EPA/U. S. DOE—http：//www. energystar. gov；
- 纽约州能源研究与开发管理局（New York State Energy Research and Development Authority）—http：//www. nyserda. org；和
- CEC—http：//www. energy. ca. gov。

3.3.3　能源目标设置

如果没有确立简洁明了的目标，能源审计和以下基准测试计划的结果将无法以其最大程度使用。能源的目标对于不同设施会有所不同，并应该考虑未来扩建，资金经费，人员的能力和环保法规而制定；然而，正式确立目标，而使该设施需要如何发展具有一条清晰的思路，是很重要的。一些目标的主题可能包括电力使用量减少，电力高峰减少，能量回收，以及可再生能源。

3.4　管理

3.4.1　宗旨

为组织工作提供目的，不仅将有助于通知和引导其资源的开支，而且更重要的是，这将有助于集中其成员的思想和行动。该目的经常被称为宗旨。无论是适用于任何组织任何分部，或组织的任何重大举措，具有宗旨都是值得商榷的。毫无争议的是，确定什么对于组织是重要的，及其目标明确陈述的需要，因此，虽然达成这些目标有可能采取几条路径，但是它们都共享一个共同方向的效率。

曾经有人说过，如果有什么不写下来，则其就从来没有发生过。如果要有可持续发展或能源管理的组织承诺，应该记录下来，无论它是一个新的宗旨，还是现有的宗旨或政策的增添。该宗旨应该具有对关键的或潜在含糊不清条款的定义进行传播。在组织中所有利益相关者之间应该建立共识，而这个宗旨应该可以用于经常性参阅。这样一个直接解决可持续发展的宗旨可能阅读起来如下："这个组织的使命是，通过当地领导和我们的能源和水资源的保护以提高地球全球生态系统的一般和谐的方式实现其宗旨。"

3.4.2　能源经理

公用事业单位应该考虑确定一个"能源经理"——一个负责该组织能源使用监督的人。公用事业单位的能源使用可以在其每一项活动的核心找到。尽管泵和曝气设备的电力使用的重要性是显而易见的，但是用于召开会议或在零下温度保持在修理作业的船员驾驶室温暖的燃料可能并不明显。更不明显的可能是在建设一个新的压力干路或生产更省油的替代车辆中使用的能源。

对于这种广泛使用的能源，显而易见，更有效地使用它的宗旨和努力必须扩展到所有该组织的部门。同样重要的是，它必须是在知情的情况下完成。这表明，需要一个具有合理评估整个组织能源使用效率的具有必要技能的人，建立现有和拟议的运营和/或举措的成本/受益和按照组织整体使命优先考虑的任何举措。

一个如此坚定的组织应该在其所有活动的重点具有能源经理。此外，为了实现能源使用或减少温室气体排放的显著成效，这个能源经理应该是在一个确保减少能源使用措施具有拥护者的位置。在这种情况下，“拥护者”是对倡议和节能目的具有明显远见并具有不断主动推进该组织的价值和重要性的热情之人。

3.4.3 财务和会计

公用事业的财务和会计标准，如政府会计准则委员会(Governmental Accounting Standards Board)(诺瓦克，康涅狄格州)34(34 GASB)，超出了本章的范围。然而，也存在节能项目财务融资和典型地同时减少具体涉及到可持续发展和能源管理的温室气体排放的专门问题。

目前还不清楚何时提供积极支持污水公用事业减少能源使用的第一笔补助金。为1972年的《联邦水污染控制法》提供了现场发电的联邦基金。虽然这种基金提供用于资金支持减少温室气体排放，或对本地电网有限容量提供必要的支持是不太可能的，但是这些项目目前正在为上述目的而助资。

公共事业当前激励之源，在任何情况下，如果要承担债务，就是在能源成本和甲烷气体的生产和使用的新工艺方案上产生根本性的变化。一个较大的节能项目融资的主要来源，可能来自传统来源，如收入和一般责任债券。其他来源可能包括低利率国家循环贷款基金。还有其他来源则是描述在本章的前面几节中，如ESCs，UESCs，和立法上启用专用补助金和退税。

一种新的独特资金来源是出售“碳信用度”。这些在本章前面有所讨论。它们代表了项目的筹资和融资的潜在来源。

3.4.4 采购

美国环保署热电联产伙伴关系已出版了项目开发初级读本(U.S. EPA CHP，2008)，其中概述了典型可持续发展和能源管理项目的五个阶段。这五个阶段如下：

(1) 资格。考虑这样一个问题，“我们的设施哪一个是一个可持续发展的或能源管理计划的最佳备选设施?”和“我们有能力促成该计划的必要元素吗?”从办公照明效率，车队的燃油经济学，到更严格的曝气系统控制，到现场发电，潜在的项目范围是巨大的。例如，由美国环境保护署卫生防护中心的伙伴关系的出版物，《污水处理设施热电联产的机遇和优势》(Opportunities for and Benefits of Combined Heat and Power at Wastewater Treatment Facilities)(U.S. EPA，2007)，调查了美国各地的污水处理厂。该报告的结论包括：“如果在美国具有厌氧消化池和进水流速超过19 ML/d(5mg/d)的所有544家WWTFs安装热电联产系统，则可产生约340兆瓦的清洁电力，抵销了230万吨二氧化碳排放”。这种抵消估计相当于种植259万公顷的森林(640000ac)或从高速路上撤走430000辆汽车。

(2) 第1级的可行性分析。确定监管或当地公用事业单位的障碍，确认现有的经济利益的潜力，并提供备选设计和初步分级的信息。这种情况通常会由经验丰富的专业人士完成。

(3) 第2级的可行性分析。在第1级可行性分析基于良好的大致信息的情况下，第2级的可行性分析“投资级别”的研究，并确认所有第1级分析中包含信息的准确性。

(4) 采购。“可持续发展”或“能源管理”项目的实现过程中显著不同于传统施工中使用的采购过程。按照确定技术和财政可行性的可行性分析，项目设计工程、许可证、施工合同制定、承包商选择、施工和启动都要遵循。特殊要求可由融资机构放置于这一阶段，其应该作为可行性分析的一部分建立。

(5) 运行和维护。如果新设施不正确运行和维护，所有的规划、工程设计、融资和建设工作都付诸东流。这个阶段无疑是最重要的，而往往是最容易被忽视。记录并强调延续实际性能，提高了项目不断取得成功的机会。

3.4.5 文献记录和项目控制

任何可持续发展或能源管理工作的中心是确定目标、定义里程碑并确定何时和是否努力取得成功的结果——以及，如果没有实现的原因等等。

按照这个思路每个活动应量化并记录。在最简单的例子中，在广泛记录转换为高效率照明而节约电力中可能几乎没有明显价值。另一方面，许多这样的项目对于整个工厂或整个组织不能立即完成。有数据支持与里程碑相关的目标顺利完成，就可以协助项目以更快的步伐向前推进。

在更复杂的例子中，如果在处理池中溶解氧浓度并不通过鼓风设计和运行的变化进行监测和控制，在设施中替换曝气扩散器可能不会产生任何省电。相反，其结果可能只是一个不必要的高混合液体溶解氧浓度。

同样，没有良好的文献记录文档支持实际结果，则用心良苦的资本开支可能只会导致金钱浪费。如果不知道和没有记录节能的项目目标，就没有实现确立成功的措施并以此为基础支持进一步的节能倡议。

3.4.6 能源目标的设置

如果污水处理设施已不参与其能源用途实践的评估，可能出现的第一个问题是，是否要开始寻找小节能活动的方案或开始立即寻找能够获得主要节省受益的地方。

为了帮助设施了解是否能够利用主要的节省受益，与其他设施和现有技术状态的设计比较，是一个良好的开端。正如在“操作和维护”章节和“基准测试”章节中的讨论及参考文献，能够提供有价值的信息和对自有设施及其潜力的洞察。

作为一个组织，考虑节能和一般可持续发展的目标是否只是根据生命周期的经济分析而设定，也是很重要的。鉴于能源成本的新经济形势，常规设计和操作惯例，至少应该重新审视。有潜力的项目目前还不确定的较大环境受益，如通过温室气体减少对全球气候变化的影响，也应考虑在当地的目标设定和项目评估中。

3.4.7 风险分析

几十年来，污水处理厂设计都由性能可靠性控制。然而，可持续性发展的设计可能面临作为压倒一切的设计考虑之可靠性的挑战。风险分析能够有助于促进重要设计的决策，平衡与成本和处理性能问题的可持续性。以下是在重要设计和/或经营决策中可能要考虑风险分析的两种情形：

(1) 传统的设计往往要求所有污水处理厂设备具有冗余度。这已经完成而实现接近100%的服务可靠性。卓越的可持续发展设计——即，最大限度地提高可持续发展技术的使用，以获得最大的整体环境和经济的影响——可能需要将可接受的服务可靠性降低到一个更合适的水平。

例如，一个由消化池气体供给燃料的新发电设备项目，可能使用两台发电机在经济学上是最低限度的，但不是充分冗余的。安装备用目的所需的第三个发电机，会使该项目变得不可行。一台发电机解决方案明显拥有第一的成本优势，但降低了该厂的发电能力而抵消了温室气体排放。风险分析，将有助于解决哪一个是合适的设计的问题。

(2) 工艺过程运行经常狭隘地集中于满足许可证的规定，并防止违犯许可条件。除非设计和后续的资本性支出有改善，以优越的可持续发展性能运行可能会造成偶尔许可证违规。

这些改进的资金可能无法获取，除非提供更大允许灵活性否则就排除了潜在的经济效益和环境效益。

例如，一个硝化活性污泥设施期望减少电力使用而最大限度地实现其可持续发展的性能。在较低的混合液体溶解氧浓度下运行能够引起工艺过程中同步硝化和反硝化。由此产生的硝酸盐氧“再循环”降低了电力消耗和相关的温室气体排放。虽然以这种方式经营，可以促进优异的可持续发展性能，但是运营商会冒着增加氨泄漏到污水处理厂出水中并可能违反排放许可。此运营方法也可能招致其他不确定的风险(即氧化亚氮排放的潜力)或其他不确定的受益(即减少对接收水体营养物质的排放)。

本文中，通过重新设计提高可靠性，能够保留氨氮的去除性能，并减少电力的使用。然而，重新设计可能需要的资金，这可能无法使用，或其他更为关键的的社会需求，就必须改行的资本。在这种情况下，可持续发展措施的可识别改进和氨氮遗漏风险之间存在对立面。改善整体环境质量和运营成本效率而不潜在违犯许可和资本利用度之间的合适平衡，目前尚不清楚。而且，风险分析将有助于解决是否应该尝试这样的操作程序修改的问题。

还没有最好的通用解决方案适用于所有情况。然而，在决策过程中所有利益相关者意识到任何风险和回报在考虑可持续发展的污水处理厂的设计或营运中是成败攸关的，这是很重要的。这些决策的参与者应该包括监管机构、投资者、政府官员、环保组织、邻居和用户以及设施的工作人员。

3.4.8 公众教育

有关可持续发展、全球变暖和为保护环境偿付合适的价格的问题，还存在大量的公开争论。在给定的能源效率项目的财政和后勤支持的需要下，在公共政策决策中获得的利益相关者的支持是很重要的。虽然这并不一定是能源经理的责任，但是公众教育是其应该发挥重要作用的地方。

显然，关于针对可持续发展的重大项目的科学，工程和经济学需要对政治家和普通市民进行教育。然而，与可持续发展相关的的伦理和道德选择也是值得提高公众意识的问题。在引发公众争议的这些地方，关于与可持续发展相关的选择进行有效沟通领域还涉及避免对个人价值的辩论，而相反应该寻找产生明智行动的共同点。经过时间考验的技术，包括寻找和讲述令人信服的事实，指导现实人们如何对环境和观众可以甄别的事故作出道德选择(Elder，2002)。

3.5 可再生能源系统

3.5.1 能源生产

可持续发展的能源生产，普遍已经在许多市政污水处理设施实行。到目前为止，最常见的是通过厌氧消化产生的甲烷气体的使用。几十年来，消化池气体已经用于提供工艺过程加热的能量。在北方气候中，多余的气体还用于建筑供暖。许多设施，具有消化池气体驱动的的设备。一些设施使用这种气体驱动连接到产生电力的发动机。当这些发动机多余的热量有益地应用于该处理设施其他地方时就会产生热电联产(CHP)系统。

源自消化池气体的能源生产，真正是一个可持续发展的能源。只要该污水处理厂将继续为贡献挥发性固体和BOD的住宅，商业和工业用户服务，以及处理设施继续正确运行，则就有可用于产生甲烷气体的消化池系统的污泥。

最近的研究正在评估新兴技术，如污水中生长藻类的营养物，随后用于生产生物柴油的利用。也正在进行促进更多的厌氧处理而最大限度地利用污水进水的能量值的研究。

圣地亚哥(加利福尼亚州)市污水处理厂处于太平洋之上。污水处理厂的落差为污水处理厂提供一个优异的能源。该污水处理厂目前使用涡轮机产生的能源占其显著数量的能源需求。

3.5.2 能源回收

在过去，曾经有人尝试从污水排放中回收潜热，或利用它在温暖的气候中降温。其他能源的低成本利用度，加上这些系统较高的资本和经营成本，造成该系统成本低效性。近日，随着能源成本不断攀升和对可持续发展的关注，人们对这种热量的潜在应用更加重视。在加拿大至少有一个设施目前正在利用污水处理厂出水的潜热。

4 再 利 用

处理后的污水循环再利用，是一个可持续发展的做法，因为它可以减少对额外的饮用水的需要，既节省了天然水资源的量又节省了生产饮用水和灌溉水的成本(即，能源和化学品)。在第 2 章中包含了水回用的详细讨论。

5 参考文献

American Society for Testing and Materials(2008a) *Standard Guide for General Principles of Sustainability Relative to Buildings*, ASTM E2432-05; American Society for Testing and Materials: West Conshohocken, Pennsylvania.

American Society for Testing and Materials(2005) *Standard Practice for Data Collection for Sustainability Assessment of Building Products*, E2129 - 05; American Society for Testing and Materials: West Conshohocken, Pennsylvania.

American Society for Testing and Materials(2008b) *Standard Practice for Data Collection for Sustainability Assessment of Buildings*, ASTM E2129; American Society for Testing and Materials: West Conshohocken, Pennsylvania.

American Society for Testing and Materials(2008c) *Terminology for Sustainability Relative to the Performance of Buildings*, ASTM E2114; American Society for Testing and Materials: West Conshohocken, Pennsylvania.

Arroyo, V. (2008) *Primer on Lieberman-Warner Climate Security Act(S. 2191)—As Reported Out of Senate EPW Committee*, http://www.pewclimate.org/docUploads/Arroyo-PPT.pdf(accessed June 2008).

Associated General Contractors of America(2004) *Constructing an Environmental Management System: Guidelines and Templates for Contractors*; Associated General Contractors of America: Arlington, Virginia.

Carlson, S. (2007) Development of a Utility Energy Index. Presented at Sustainable Energy Management Approaches in Wastewater Treatment Facilities, Preconference Workshop, *Proceedings of the 80th Annual Water Environment Federation Technical Exposition and Conference* [CD-ROM]; San Diego, California, Oct. 13-17; Water Environment Federation: Alexandria, Virginia, 103.

Construction Materials Recycling Association (2006) *Master Specifications for Construction and Demolition Recycling*; Construction Materials Recycling Association: Eola, Illinois.

Daigger, G. T.; Crawford, G. V. (2005) Wastewater Treatment Plant of the Future—Decision Analysis Approach for Increased Sustainability. In *2nd IWA Leading-Edge Conference on Water and Wastewater Treatment Technology*, Loosdrecht, M. V., Clement, J. (Eds.); IWA Publishing: London, United Kingdom, 361-369.

Desjardins, M-A.; Belanger, G.; Elmonayeri, D. S.; Stephenson, J. (2001) Wastewater Treatment Plant Optimization Using a Dynamic Model Approach. *Proceedings of the Sixth International Water Technology Conference, IWTC* 2001, Alexandria, Egypt, March 23-25.

Dressler, L. (2006) *Consensus Through Conversation: How to Achieve High Commitment Decisions*; Berrett-Koehler Publishers: San Francisco, California.

Green Guide for Health Care (2007) Green Guide for Health Care, version 2.2, http://www.gghc.org (accessed December 2008).

Efficiency Valuation Organization (2002) *International Performance Measurement and Verification Protocol*; Efficiency Valuation Organization: Washington, D. C.

Elder, J. (2002) The Art of Communicating About Ethics. In *Ethics for a Small Planet: A Communications Handbook on the Ethical and Theological Reasons for Protecting Biodiversity*; The Biodiversity Project: Chicago, Illinois.

Electric Power Research Institute (2002) *Water & Sustainability, Vol. 4: U. S. Electricity Consumption for Water Supply & Treatment—The Next Half Century*; EPRI: Palo Alto, California, 3-11.

Elkington, J. (1997) *Cannibals with Forks: The Triple Bottom Line of 21st Century Business*; Capstone Publishing: Oxford, United Kingdom.

Federal Water Quality Agency (1970), Municipal Waste Facilities in the U. S.: Statistical Summary, 1968 Inventory, Publication no. CWT - 6; U. S. Department of the Interior: Washington, D. C.

Holman, P.; Devane, T.; Cady, S. (2007) *The Change Handbook: Today's Best Methods for Engaging Whole Systems*; Berrett-Koehler: San Francisco, California.

ICLEI (2005) *U. S. Mayors' Climate Protection Agreement, Climate Action Handbook*, ICLEI—Local Governments for Sustainability, City of Seattle, U. S. Conference of Mayors, U. S.

Mayor's Council on Climate Protection, Feb, http://www.iclei.org/index.php?id_iclei-home&no_cache_1 (accessed April 2009).

Interactive Learning Paradigms Incorporated (2008) *The MSDS HyperGlossary: Mass Unit Conversions*; Interactive Learning Paradigms Incorporated: Blackwood, New Jersey, http://www.ilpi.com/msds/ref/massunits.html (accessed June 2008).

Intergovernmental Panel on Climate Change (2006) 2006 *IPCC Guidelines for National Greenhouse Gas Inventories*, prepared by the National Greenhouse Gas Inventories Programme,

Eggleston, H. S. , Buendia, L. , Miwa, K. , Ngara, T. , Tanabe, K. (Eds.); IGES: Japan.

International Organization for Standardization (2006a) *Environmental Management—Life-Cycle Assessment—Goal and Scope Definition and Inventory Analysis*, ISO 14041: 2006; International Organization for Standardization: Geneva, Switzerland.

International Organization for Standardization (2006b) *Environmental Management—Life-Cycle Assessment—Life-Cycle Impact*, ISO 14042: 2006; International Organization for Standardization: Geneva, Switzerland.

International Organization for Standardization(2006c) *Environmental Management— Life-Cycle Assessment—Life-Cycle Interpretation*, ISO 14043: 2006; International Organization for Standardization: Geneva, Switzerland.

International Organization for Standardization(2006d) *Environmental Management— Life-Cycle Assessment—Principals and Framework*, ISO 14040: 2006; International Organization for Standardization: Geneva, Switzerland.

International Organization for Standardization(1996) *Environmental Management Systems*, ISO 14001: 1996; International Organization for Standardization: Geneva, Switzerland.

International Organization for Standardization(2004) *Environmental Management Systems—General Guidelines on Principles, Systems, and Support Techniques*, ISO 14001: 2004; International Organization for Standardization: Geneva, Switzerland.

National Biosolids Partnership (2006) *Biosolids EMS Guidance Manual*; National Biosolids Partnership: Alexandria, Virginia.

National Science and Technology Council (2008) *Scientific Assessment of the Effects of Global Climate Change on the United States—A Report of the Committee on Environment and Natural Resources*; National Science and Technology Council: Washington, D. C.

North Carolina State University (2007) *Database of State Incentives for Renewables & Efficiency*. North Carolina State University: Raleigh, North Carolina, http: //www. dsireusa. org (accessed April 2009).

Norton, J. W. Jr. (2008a) Economic Analysis of Distributed Wastewater Treatment Units to Address Emerging Contaminants of Concern. *Illinois Water Environment Association Annual Conference*, Peoria, Illinois, March 18-20; Illinois Water Environment Association: West Chicago, Illinois.

Norton, J. W. Jr. (2008b) Water, Energy, and Carbon Emissions: Drivers for Integrated Urban Water Systems. World Environmental and Water Resources Congress, Honolulu, Hawaii, May 11-16; American Society of Civil Engineers: Reston, Virginia.

Pew Center on Global Climate Change(2008) *Summary of the Boxer Substitute Amendment to the Lieberman-Warner Climate Security Act*; Pew Center on Global Climate Change: Arlington, Virginia, http: //www. pewclimate. org/docUploads/L-WFull Summary. pdf(accessed June 2008).

Sandia National Laboratories(2006) Energy Demands on Water Resources, Report to Congress on the Interdependency of Energy and Water; U. S. Department of Energy, Sandia National Laboratories: Albuquerque, New Mexico, http: //www. sandia. gov/energy - water/nexus _ overview. htm(accessed April 2009).

Smith, R. (1973) *Electrical Power Consumption for Municipal Wastewater Treatment*, EPAR2/73-281; U. S. Environmental Protection Agency: Washington, D. C.

Smith, T. M.; Fischlein, M.; Suh, S.; Huelman, P. (2006) *Green Building Rating Systems—A Comparison of the LEED and Green Globes Systems in the U. S.*; University of Minnesota.

UN Framework Convention on Climate Change (2007) *Kyoto Protocol Reference Manual on Accounting Emissions and Assigned Amounts*; UNFCCC Secretariat: Bonn, Germany.

United Nations (1987) *Our Common Future*, *Report of the World Commission on Environment and Development*, *World Commission on Environment and Development*. Published as Annex to General Assembly document A/42/427, Development and International Co-Operation: Environment.

U. S. Department of Energy (2005) Energy Efficiency and Renewable Energy (EERE), Industrial Technologies Program, DOE/GO-102005-2136; U. S. Department of Energy: Washington, D. C., http://www1.eere.energy.gov/industry/bestpractices/pdfs/onondaga_county.pdf (accessed April 2009).

U. S. Green Building Council (2007) *LEED for New Construction and Major Renovations*, 3rd ed. (LEED-NC); U. S. Green Building Council: Washington, D. C., http://www.usgbc.org (accessed April 2009).

U. S. Environmental Protection Agency (2005) *EMISSION FACTS—Metrics for Expressing Greenhouse Gas Emissions*: *Carbon Equivalents and Carbon Dioxide Equivalents*, EPA-420/F-05-002; U. S. Environmental Protection Agency, Office of Transportation and Air Quality: Washington, D. C.

U. S. Environmental Protection Agency (2007) Energy Star Portfolio Manager, Wastewater Treatment. U. S. Environmental Protection Agency: Washington, D. C., http://www.energystar.gov/index.cfm?c_evaluate_performance.bus_portfoliomanager (accessed June 2008).

U. S. Environmental Protection Agency (2008) *Ensuring a Sustainable Future*: *An Energy Management Guidebook for Wastewater and Water Utilities*; U. S. Environmental Protection Agency: Washington, D. C.

U. S. Environmental Protection Agency (2006) *Sustaining Our Nation's Water Infrastructure*, EPA-852/E-06-004; U. S. Environmental Protection Agency: Washington, D. C.

U. S. Environmental Protection Agency Combined Heat and Power Partnership (2008) *CHP Project Development Handbook*; U. S. EPA Combined Heat and Power Partnership: Washington, D. C., http://www.epa.gov/chp/documents/chp_handbook.pdf (accessed July 2008).

U. S. Environmental Protection Agency Combined Heat and Power Partnership (2007) *Opportunities for and Benefits of Combined Heat and Power at Wastewater Treatment Facilities*; U. S. EPA Combined Heat and Power Partnership: Washington, D. C., http://www.epa.gov/chp/documents/wwtf_opportunities.pdf (accessed April 2009).

Water Environment Federation (2009) *Design of Municipal Wastewater Treatment Plants*, Manual of Practice No. 8; Water Environment Federation®: Alexandria, Virginia.

Water Environment Federation (1997) *Energy Conservation in Wastewater Treatment Facilities*,

Manual of Practice No. MFD-2; Water Environment Federation ®: Alexandria, Virginia.

Water Environment Federation(2006)*Resolution on Climate Change*; Water Environment Federation ®: Alexandria, Virginia, http://www.wef.org/Government Affairs/Policy Position-Statements/ClimateChange.htm(accessed Nov 30, 2008).

6　推荐读物

Alliance to Save Energy(Washington, D.C.)http://ase.org/.

American Council for an Energy - Efficient Economy (Washington, D.C.) http://www.aceee.org/.

Iowa Energy Center(Ames, Iowa)http://www.energy.iastate.edu/.

U.S. Department of Energy, Energy Efficiency and Renewable Energy; Industrial Technologies Program, http://www1.eere.energy.gov/industry/; Best Practices http://www1.eere.energy.gov/industry/bestpractices/.

U.S. Department of Energy, Energy Information Administration (2007) Official Energy Statistics from the U.S. Government, Annual Energy Review 2007, Report No. DOE/EIA-0384 (2007). Table 6.8—Natural Gas Prices by Sector, 1967-2007(http://www.eia.doe.gov/emeu/aer/natgas.html); Table 8.10—Average Retail Prices of Electricity, 1960 - 2007 (http://www.eia.doe.gov/emeu/aer/elect.html).

U.S. Environmental Protection Agency(2008)*Effective Utility Management, A Primer for Water and Wastewater Utilities*; U.S. Environmental Protection Agency: Washington, D.C., http://www.epa.gov/waterinfrastructure/pdfs/tools_ si_ watereum_ primer foreffectiveutilities.pdf(accessed July 2008).

U.S. Environmental Protection Agency(1982)Energy Management Diagnostics, EPA-430/9-82-002; U.S. Environmental Protection Agency, Office of Water, Programs Operations (WH-547); U.S. Environmental Protection Agency: Washington, D.C.

Wilkinson, R. (2000) Methodology for Analysis of the Energy Intensity of California's Water Systems and an Assessment of Multiple Potential Benefits Through Integrated Water-Energy Efficiency Measures. Exploratory Research Project supported by Ernest Orlando Lawrence Berkeley Laboratory, Agreement No. 4910110; California Institute for Energy Efficiency, Environmental Studies Program, University of California, Santa Barbara, California.

Manual of Practice No. MFD-2; Water Environment Federation ®: Alexandria, Virginia.

Water Environment Federation(2006) Resolution on Climate Change; Water Environment Federation ®: Alexandria, Virginia; http://www.wef.org/GovernmentAffairs/PolicyPositionStatements/ClimateChange.htm(accessed Nov. 30, 2008).

6　推荐读物

Alliance to Save Energy(Washington, D.C., http://www.ase.org/).

American Council for an Energy-Efficient Economy(Washington, D.C.) http://www.aceee.org/.

Iowa Energy Center(Ames, Iowa)(http://www.energy.iastate.edu).

U.S. Department of Energy, Energy Efficiency and Renewable Energy Industrial Technologies Program, http://www1.eere.energy.gov/industry/; Best Practices, http://www1.eere.energy.gov/industry/bestpractices/.

U.S. Department of Energy, Energy Information Administration (2007) Official Energy Statistics from the U.S. Government; Annual Energy Review 2007, Report No. DOE/EIA-0384(2007); Table 6.8—Natural Gas Prices by Sector, 1967–2007(http://www.eia.doe.gov/emeu/aer/natgas.html); Table 8.10—Average Retail Prices of Electricity, 1960–2007(http://www.eia.doe.gov/emeu/aer/elect.html).

U.S. Environmental Protection Agency(2008) Climate Change Resources: A Primer for Water and Wastewater Utilities; U.S. Environmental Protection Agency: Washington, D.C. http://www.epa.gov/climatechange/pdfs/tools/gi/watercenter-primer-for-electric-utilities.pdf(accessed July 2008).

U.S. Environmental Protection Agency(1992) Energy Management Diagnostics, EPA-430/09-92-002; U.S. Environmental Protection Agency, Office of Water, Program Operations(WH-547); U.S. Environmental Protection Agency: Washington, D.C.

Wilkinson, R.(2000) Methodology for Analysis of the Energy Intensity of California's Water Systems and an Assessment of Multiple Potential Benefits Through Integrated Water-Energy Efficiency Measures; Exploratory Research Project supported by Ernest Orlando Lawrence Berkeley Laboratory, Agreement No. 4910110; California Institute for Energy Efficiency; Environmental Studies Program, University of California, Santa Barbara, California.

第6章　污水处理厂水力学和泵送

1　概　　述

在处理概念已被选定而初步现场布局已确定之后，下一步将是确定污水处理厂(WWTP)及其单元工艺过程的水力学分布概况(水面线或水力学梯度线[HGL])。目标是确保有足够的压头使污水从一个单元工艺过程流向下一个单元工艺过程，并建立适当的控制堰高度和每个单元工艺过程中的水面高度，以确保提供足够的干舷。这可能包括使管道和渠道足够大，并满足未来超出设计年期间所需的容量时的扩建。应该提供充足的压头而容许污水处理厂流量对所有处理工艺过程在预期的流量条件范围内分配良好，而不会过量。在水力学分布概况的计算期间，兴建较深的装置结构的经济学应该被视为泵送替代。泵站导致运行与维护(O&M)成本较高而可靠性降低。根据选定的工艺过程，可能需要中间泵站。上游生物塔、滴滤池和四级工艺过程是很常见的。

本章回顾了制定水力学分布概况的方法和步骤。这都假设了设计师了解基本的流体力学和水力学。还有许多有助于这个领域可供使用的教科书。在本章末尾的参考文献部分也包括许多书籍。本章包括泵送污水的概述；在第 21 章中描述活性污泥和生物固体的泵送。有关泵和泵送水力学的其他信息描述于《污水和雨水泵站的设计》(*Design of Wastewater and Stormwater Pumping Stations*)(WEF，1993)和《泵站设计》(*Pumping Station Design*)(Jones，2006)中。

2　水力学考虑因素

2.1　水力学分布概况

水力学分布是基于确定流过污水处理厂的污水每一处理工艺过程所需水位的合理水力学原理。由此产生的水面线高度通常以图表显示于污水处理厂施工图的图纸上。水力学分布概况通常为从污水处理厂入口下水道延伸至接受水的主液流路径，但也可以为辅助液，如固体处理和处置设施预备。当工艺过程单元之间具有重力流时后者是尤其有用的。水力学分布也为污水处理厂将会经受的流量峰值(即，雨雪天气高峰流量)进行测定。然而，这种分布也可能为平均和初始最低的流速进行测定。水力学分布概况应该描述水面高度，水力学控制装置，如控制阀门和堰，以及工艺过程结构、渠和管道，以及这些结构的顶部和底部的临界高度。水力学分布也可能包括地面高度，管道尺寸和其他将会增强对图纸的理解的具体性质(参见图 6.1，图 6.2 和图 6.3)。

2.2　计算方法和步骤的概述

如果设计现有工厂的改建，制定水力学分布的第一步是获取污水处理厂的全部图纸，特别是，民事、工艺、机械和结构的图纸。关键高度，如结构的顶部、堰、出水管弯头，应该经过调查，并相对于平面高度验证实际高度。在旧的污水处理厂中，随时间产生的结构沉降和调查数据中的差异是常见的，这需要在计算开始之前进行重新协调一致。对于一个新的污

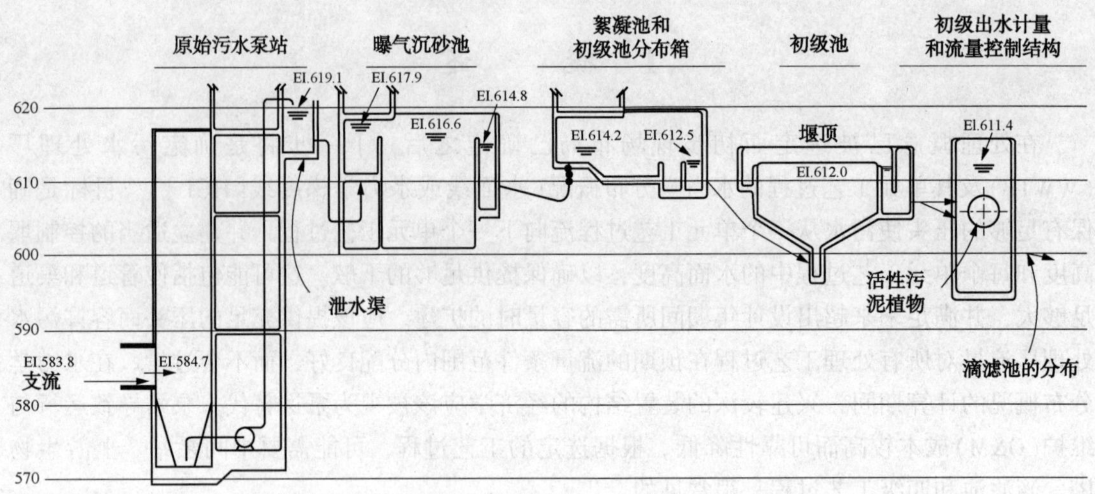

图 6.1 进水泵送和初级处理的典型水力学分布概况。高于平均海平面的英尺计数水面高度表示 16 万 m^3/d(42mg/d)的流量

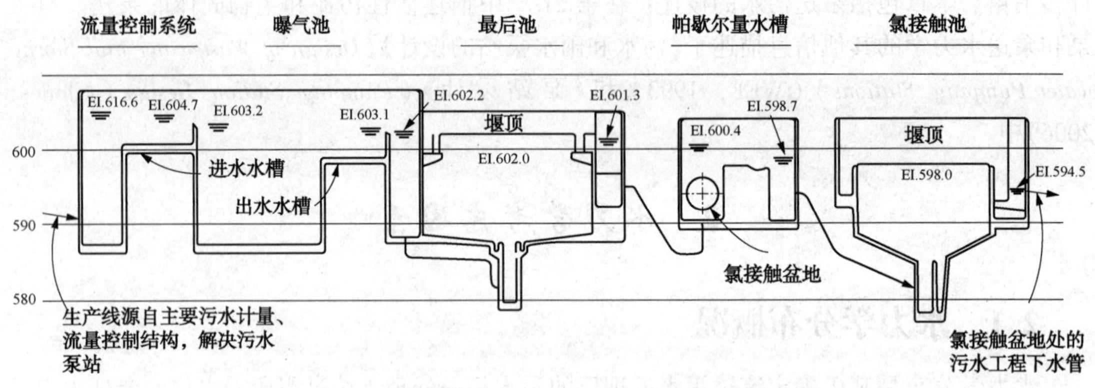

图 6.2 活性污泥装置的典型水力学分布。高于平均海平面的英尺计数水面高度表示 16 万 m^3/d(42mg/d)的流量

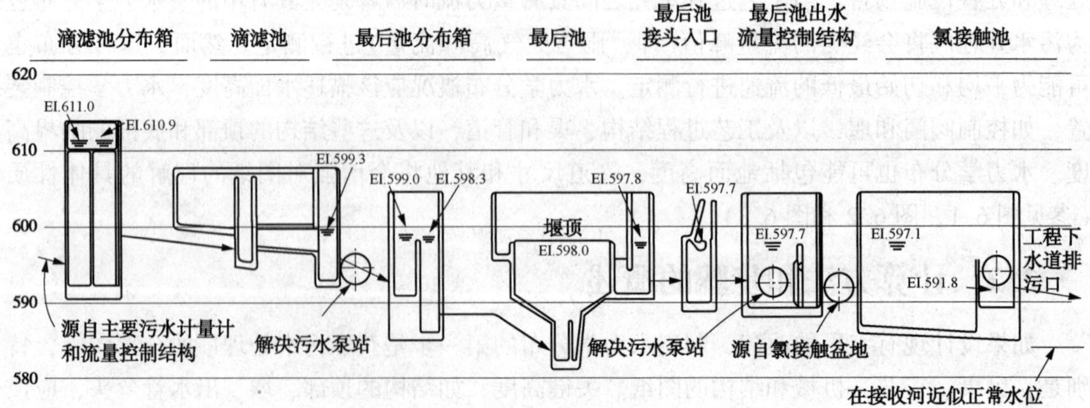

图 6.3 滴滤池车间典型水力学分布。水面高度表示 85000m^3/d(22mg/d)的流量

水处理厂，最初没法获得详细的图纸，因而处理工艺过程的罐池设计结构的初步草图，包括毛坯尺寸和水位控制；显示管道连接的初步厂内布局设计；和概念性分级平面图，都将需要进行制定。这将提供一个良好的起点。

水力计算在控制点开始——通常水面高度是已知位置的最下游位置。这通常是污水处理厂排放到接收水道、水体或出水泵站湿井。然后计算向上游推进，通过渠首工程的所有单元工艺过程，占各组件和水力学元素的扬程损失。如果存在多个罐池，水力学分布沿最长的流动路径计算。虽然一般认为平行罐池的流量将平分，但是这种假设必须通过实际计算进行验证。水力学设计可能需要调整。

如果在污水处理厂入口的可用压头基于水力学分布不足以满足所需的压头，就需要修改水力学结构的大小和高度。如果修改不产生预期的效果，则就需要考虑泵抽。泵抽能够位于污水处理厂进水口和/或沿着流过污水处理厂的路径的其他地方。为了确定合适的泵站位置，应该进行成本效益分析。从 O&M 和可靠性的角度来看，相比于泵抽原始或过筛污水，优选泵抽初级或二级出水。如果不会导致建设过度深层结构，则考虑泵抽初级出水胜过泵抽原始污水或过筛污水。如果要选择泵抽进水或泵抽出水，则应该泵抽出水。这是因为出水已经净化了倾向于堵塞泵的物质，而出水泵比无堵塞污水泵效率更高。此外，在低的污水流动期间，重力卸料可能在某些时候是可能的，而出水泵站可以被绕过，从而节省能源。因为絮凝体解体的潜力和随之而来的固体分离较差以及因为泵抽返流活性污泥(RAS)和污水流产生的能源成本，不推荐从活性污泥曝气池至二级沉淀池泵抽混合液。如果绝对必要，阿基米德螺旋泵可能导致絮凝体解体更少，而可能适合此用途。如果中间泵站是必要的，则应该放在初级沉淀后或三级处理之前。

水力学分布和相关压头损失采用本章介绍的方程和水力学和流体力学的教科书如 Benefeld et al.(1984)，Bergendahl(2008)，Boulos and Nicklow(2005)，Davis and Sorensen(1969)，King and Brater(1963)等中查阅出的方程就能够计算。软件和电子表格，也可用于确定水力学分布。工程师采用计算机计算技术进行水力学分析时，应该具有污水处理厂水力学和通用工艺过程设计的经验，才能确保所有的水力学细节处理和计算结果准确。水力学分布计算的计算机程序的使用，将在本章后面讨论。

2.3　初始水面高度和水力学控制

如果接收水体是河流或小溪，控制高度就是所需的防洪高度(通常为百年一遇洪水水平)，接收水水文方法计算，或从机构如美国陆军工程部队(华盛顿特区)，或从联邦应急管理署(华盛顿特区)洪水地图获得。由管理各个地区污水处理厂设计的环境监管机构确立防洪水平。对于蓄水池或池塘，控制水位就是池塘最高水位——通常池塘溢流高度加上由于通过溢流的峰值流量导致的压头损失。对于更大的水体，如湖泊，除了湖的最高水面高度还应该考虑风增水和湖震。对于排放到受潮汐作用的海洋或河流，控制水位是根据选定的设计暴风雨的高潮汐高度。对于海洋排放，设计者还必须考虑相对于污水比重(1.00)的较高海水比重(1.025)。对于海水面以下每 12m(40 英尺)的深度，必须提供 0.3m(1 英尺)的压头克服较重的海水。对于在海洋表面以下 60m(200 英尺)的深度排放的海洋排水口，需要 1.5m(5 英尺)的压头克服密度差。这是超过并高于排水口的管道和扩散口一般遇到的压头损失。

污水处理厂的出水除了在高洪水或潮汐阶段大部分时间能够由重力流入接收水体，出水泵站代替将整个工厂提升到更高的高度，在经济上可以认为是合理的。在这种情况下，重力流在条件允许时就可以绕过泵站设计。在泵抽条件下，污水处理厂水力学分布的控制点将是泵站湿井中最高水面高度。

最小接收水体高度从工艺过程的角度而言，当排水口部分满流时可能是重要的。如果排水口的行进时间是所需要的消毒接触时间，则部分满流可能将保留时间减少到超出可接受的值。此外，混合区可能也会受到影响。

2.4 流速

通常情况下，雨雪天气的高峰流量适合水力学设计而确立最高水位并确定罐池和水渠中最小干舷水平。最小流速用于确定最低速度，堰和渠道出口的最大自由落体高度，以及设备上的最低淹没深度。这将确定固体沉积可能发生的地点(低速)和可能出现气味问题的地点(原始污水或初级出水的大自由落体距离)。

单元工艺过程应该适应雨雪天气的高峰流量，除非该流量会造成污水处理厂的水力学失效。在这种情况下，设计者应该考虑使用均衡或尽量降低对处理工艺过程产生任何不良影响的蓄水池。在二级处理设施中，RAS、滴滤池或生物塔再循环流，以及其他类型的工艺过程循环流都必须加到峰值流量中。然而，对于水力学计算，在峰值流量条件下，RAS 流速和生物塔再循环流很少是进水流的相同百分比，因为它们都是平均流量。第 3 章中所述的质量平衡计算，通常显示每个单元工艺过程的流量，并包括循环流量。这应该是水力学分布中使用流量的基础。

2.5 服务之外的工艺过程水力学影响

工艺设计通常包括单元工艺过程冗余度，这意味着，每个单元工艺过程，根据机械设备，可以有一个或多个服务之外的处理池。水力学计算必须考虑采取服务之外的并行单元工艺过程的影响，因为在管道和水渠系统以及其他在线工艺过程中的流速将发生变化，并影响水面高度。对于服务之外的处理池，正在服务的单元工艺过程的流量可能超过引入到其中的导流管、堰等的容量。一个常用的方法是提供水力学容量，结合峰值流量处理每一个服务之外的主要工艺过程，通常相对于距离和/或流量是最差的流动路径(最长的流动路径)。应该审查在这种条件出现的时间内对处理工艺过程的影响；然而，在任何情况下，都不应该超出结构墙。

2.6 单元工艺过程的液位和干舷

每个单元设计过程水力学上应该在所有条件下防止液体结构墙漫顶。结构顶部标高设置，要使干舷维持超过高水位。根据预期的表面扰动和条件的相对频率，干舷可以从一个极端低值 150mm(6in)至 1m(3.3ft)或以上的范围。前者对于沉淀池是可以接受的，因为其水面是静态的；后者适用于曝气池，因为其中存在液体曝气和可能的起泡以及导流弯管和汇流，这可发生面波和飞溅。最高水位条件下的典型最低干舷为约 0.3m(12in)。监管机构可能已经确立了最低干舷的规定。附加干舷可能是地震条件或某些条件如持续高风的地点所必需的。通常，在峰值流量条件下不应该出现控制堰淹没。然而，当峰值条件判断为是罕见(即，极端高峰潮湿的天气)时某些淹没是允许的，而为了改善这样的条件，将会需要特殊的措施。然而，在任何情况下，如果发生淹没都应该考虑对流量分布和工艺性能的影响。

在堰上有关自由下落余量存在许多不同的设计理念。采取保守方法的设计师在堰高度和接收堰沟水表面高度之间可以设计容许80~150mm(3~6英寸)的自由下落。其他设计师可能设计无干舷堰的分布，或容许在峰值流量下漫过这些堰。这些理念都是基于污水处理厂的可利用压头和泵抽液体的成本而建立的。如果有足够的压头存在，即使没有泵抽或兴建过度深度或高度结构，应该能够使用低于堰顶(或在“V”槽堰上的V型底部)至少50mm(2英寸)的压头。这个原则应该相对于额外开挖的成本，或由于更陡的水力学分布所致的填充进行平衡。然而，过大的未经处理或初级出水的自由下落，会释放出硫化氢，有异味，有潜在危险，并会造成腐蚀。过大自由下落高度可能会在混合液体分流结构处导致絮凝体解体。可能需要额外的自由下落高度，才能适应未来的流动。

2.7　污水处理厂压头损失准则

通过污水处理设施的总压头损失取决于处理工艺的类型和该污水处理厂是否包括三级处理。表6.1中描述了初步规划草图设计的典型压头损失准则。

虽然污水处理厂可以经过设计在水力学上超出典型规范而运行良好，但是对于二级处理的污水处理厂常见的总压头范围为4.3~5.5m(14~18ft)。这个总压头范围，适用于具有流量测定、预处理和消毒设施的污水处理厂。

在美国对于污水处理设施的2008 WEF调查(发送至制定本手册的WEF市政委员)中，通过初级/二级活性污泥(或等价物)的污水处理厂的中值压头损失为3.9m(12.9ft)；在具有三级化学沉淀或过滤的污水处理厂中，中值压头损失为5.8m(19ft)。存在显著可变性，标准偏差分别为2.9m(9.7ft)和4.4m(14.4ft)。具有滴滤池或生物塔的污水处理厂具有更高的总压头损失。数据调查支持以上段落中的结论。

2.8　导管尺寸设计和速率准则

一般来说，原始污水平均设计流量下最低速度要求0.6~0.76m/s(2~2.5ft/s)，才能防止固体沉积于渠道和管道。在最低流量下，速率需要0.3~0.45m/s(1~1.5ft/s)才能传送有机物质。在低流量期间获得最低流速0.3~0.46m/s(1~1.5ft/s)是不可行的情况下就可以考虑每天实现颗粒物再悬浮的速率0.9~1.1m/s(3~3.5ft/s)。在某些情况下，因为具体的工艺要求，不能维持最低的速率，而应该考虑提供冲洗和固体清除通道。在输送脱沙砾污水的管道中速率通常为至少0.45m/s(1.5ft/s)；输送初级出水的管道中速率通常为至少0.3m/s(1ft/s)。如果可能的话，速度应约为0.6~0.9m/s(2~3ft/s)。通常情况下，处理工艺单元之间的渠道，应该基于1~2m/s(3~6ft/s)进行大小设计。为了尽量降低管道的尺寸和成本，可以接受更高的速率，但压头损失可以变得显著。

污水处理厂的最大速率通常并不是一个考虑因素，因为管道和渠道斜坡是平坦的，而压头损失也被最小化。速率很少高到足以引起人们的关注。对于泵抽系统，在泵抽吸入中最大速率不应该超过 2. 4m/s(8ft/s)，但最好低于 1. 5~2m/s(5~6. 5ft/s)。在主干线和泵排放泵抽中的推荐最大速率为 3. 7m/s(12ft/s)(Jones，2006)。然而，为了最大限度地减少水锤和过度压头损失的影响，速率应该低于 2m/s(6. 5ft/s)。

表 6. 1 通过单元工艺过程的典型压头损失

单元工艺过程	典型压头损失/mm(ft)
格筛①	300~600(1~2)
涡流或曝气除砂	300~750(1~2. 5)
活性污泥反应器	450~900(1. 5~3)
初级、二级或三级沉淀	600~1 200(2~4)
消毒接触池	450~900(1. 5~3)
三级过滤②	1000~3000(3~10)
单元工艺过程之间的导管，包括进口和出口损失	150~1 050(0. 5~3. 5)
流量分配箱	300~750(1~2. 5)

① 容许部分堵塞

② 取决于是否使用低压头类型或传统过滤器

分配渠道通常采取低速设计(0. 3m/s 或更少 1ft/s)，才能尽量减少压头损失，确保良好的流量分布。凡发生因低速而固体沉淀的情况下，提供曝气，才能保持渠道内混合。如果渠道是厌氧区的上游，则在渠道中应该考虑液体(泵)混合。

3 水力学要素

以下各节描述的主要方程，用于计算水力学分布。这仅仅预想是一个简要的概述。设计者应查阅先前引用的参考文献，了解其他信息和方程。

3.1 基本方程

3.1.1 伯努利方程

伯努利方程是流体流动的基本方程之一，是根据能量守恒定律建立的。经典的伯努利方程已被重写，z 值是管道仰拱，而不是水面，在以下方程 6. 1 中 $P_1/\gamma=y_1$ 而 $P_2/\gamma=y_2$。

$$Z_1+y_1+V_1^2/2g+H_L=Z_2+y_2+V_2^2/2g \tag{6.1}$$

式中 下标“1”——下游；

下标“2”——上游；

Z_1，Z_2——分别是渠底下游和上游仰拱高度，m(ft)；

y_1，y_2——渠道中水深度或分别超过下游和上游渠道仰拱的测压水位高度，m(ft)；

V_1，V_2——分别是渠道下游和上游中的流速，m/s(ft/s)；

H_L——1 和 2 之间的压头损失，m(ft)；

g——重力加速度，9. 8m/s²(32. 2 ft/s²)。

3.1.2　体积流速

流速，速率和液流截面积之间的关系可表示如下：

$$Q=AV \tag{6.2}$$

式中　V——渠中液流速率，m/s(ft/s)；

Q——渠中液流流量，$m^3/s(ft^3/s)$；

A——液流横截面积，$m^2(ft^2)$。

3.2　水力学损失

污水处理厂的水力学损失包括以下方面：

- 通过孔口(穿孔挡板墙和闸口)的压头损失，
- 超过堰的压头，和
- 渠道和管道中的摩擦和微量阻力。

这些都能够利用教科书中的方程进行计算——其中有几个方程在本章开头已经提到。

3.2.1　孔口压头损失

通过水下控制闸口或入口闸口至处理工艺过程，挡板墙上开孔，水下流槽，穿孔管和过滤器暗渠的压头损失通常采用孔口方程计算。

$$H=(Q/CA)^2/2g \tag{6.3}$$

式中　H——通过闸口或孔口开口的压头损失，m(ft)；

Q——流量，$m^3/s(ft^3/s)$；

C——闸口或孔口系数，无量纲；

A——闸口或端口开口的面积，$m^2(ft^2)$；

g——重力加速度，$9.8m/s^2(32.2\ ft/s^2)$。

压头损失是闸口或孔口上游和下游两侧之间水位之差。闸口，或孔口的值，在改变条件下计算通过端口的压头损失的系数可以查阅 Davis and Sorensen(1969)，King and Brater(1963)等文献。C 值可以不同，但通常对于锐边开口为 0.6，而对于圆边开口为 0.9，$C=0.6$ 通常是保守使用。

孔口方程，正如方程 6.3 的定义，只有当闸口或开口完全淹没时才适用。请注意，当闸口或开口在上游侧淹没而在下游侧是闸口自由排放时，H 从开口或孔口的垂直中心线至上游水面进行测量。如果开口不完全淹没，这经常会出现于罐池出口处，水面上游应该作为淹没堰计算。参见文献 King and Brater(1963)和以下进行的讨论。

3.2.2　堰压头损失

虽然堰有时用于污水处理厂的流量测量，但是它们更常见是作为控制装置，保持单元工艺过程中所需的水位。堰按照开槽的形状进行分类——矩形，V 形槽，梯形和比例形。有时梯形堰也被称为 Cipoletti 堰。比例堰，有时也被称为 Suttro 堰，排放压头随流量呈线性变化；它们用于砂砾渠而随深度保持恒定速度。在矩形堰和在 V 形槽或梯形堰底部的情况下，堰或堰板的上缘就是堰顶。超过堰顶的水深度就是压头或测量堰上游一定距离的 H(参见图 6.4a)。这个距离可以高达上游 H 的 4~5 倍(Ackers et al.，1978)。

堰也分类成锐顶的或宽顶的，如图 6.4(a)和图 6.4(b)所示。堰也可以被淹没或露出水面。堰通常设计成露出水面(即，不受下游条件影响)。

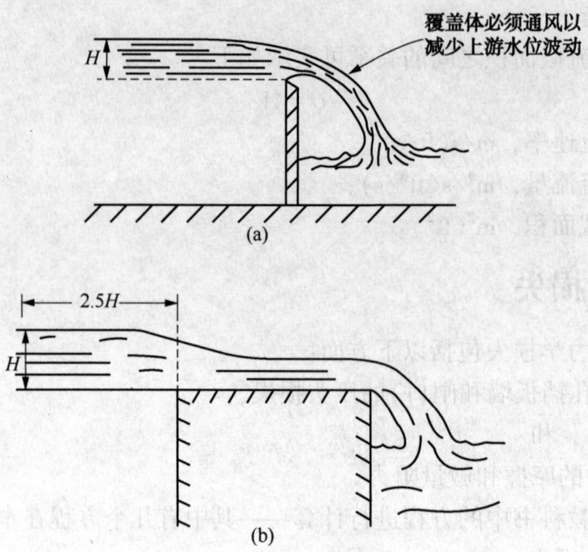

图 6.4　堰部分：(a)锐顶堰和(b)宽顶堰

V 型槽堰角范围从 22.5～120°不等，90°V 型槽是最常见的。根据自由流动(露出水面的)的条件，如图 6.5a 所示，锐顶 V 型槽堰的压头可以使用以下方程计算：

$$H=[Q/(C\tan\varphi/2)]^{0.4} \tag{6.4}$$

式中　Q——流量，$m^3/s(ft^3/s)$；

φ——槽角度，(°)；

H——过顶压头，m(ft)；

C——堰系数(90°堰对于 SI 为 1.38[对于英制为 2.5])。

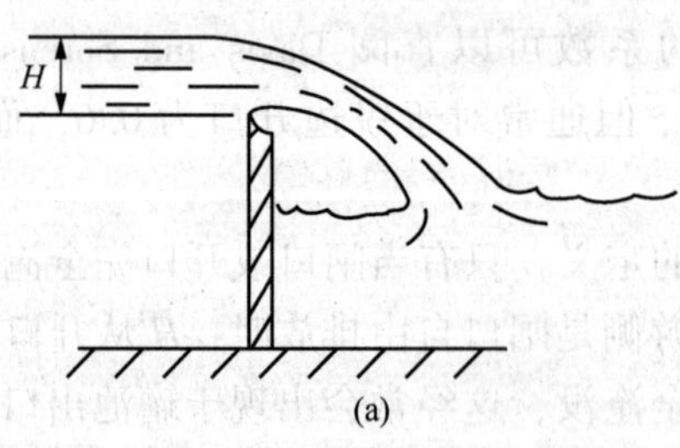

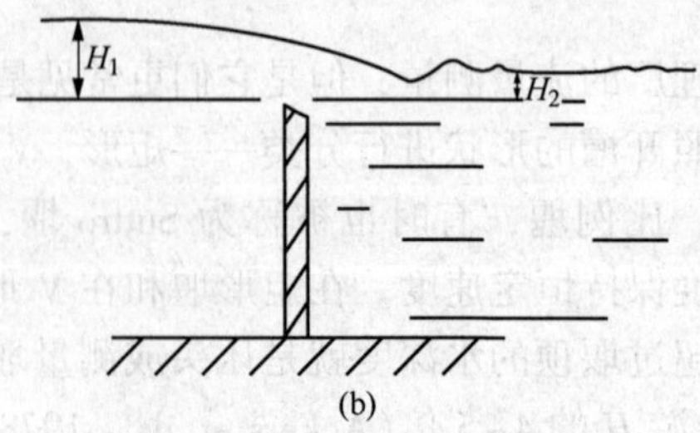

图 6.5　堰流条件：(a)自由流动和(b)淹没流动

自由流动条件下超过锐顶矩形堰的压头可以使用以下方程计算：

$$H=[Q/(CwL)]^{0.67} \tag{6.5}$$

式中　Q——流量，m^3/s(cu ft/sec)；

L——堰长度，m(ft)；

H——过顶压头，m(ft)；

Cw——依据堰板深度对过顶压头的比率解释说明行进速率的系数。该值范围较宽，要取决于行进速率。最常用的值，对于 SI 为 1.82(对于英制单位为 3.3)，精确表示上游深水条件，如罐池中的条件，而对于锐顶矩形堰行进速率极低。

流体力学教科书经常描述具有“端收缩”的矩形堰。端收缩出现于堰板覆盖渠端仅仅一部分。经过调整，降低 0.2H 的堰顶长度，L，而解释说明端收缩。这已略有增加 H 的效果。在实践中，这往往被忽略，因为 H 的值通常与 L 相比是很小的。

方程(6.4)和方程(6.5)在自由流动条件下适用。当下游堰水面高度升高超过堰顶时，堰被淹没，如图 6.5b 所示。淹没的堰并不适用于流量测量，因为堰方程不直接适用于淹没条件，从而产生相当大的误差。过顶压头能够由方程 6.4 和方程 6.5 进行计算；然而，排放流量 Q，必须通过使用实验确立的曲线进行校正(Chin，2006；King and Brater，1963；Street et al.，1996)。在引用的教科书中，关系的基础是由 Villemonte(1947)完成的工作。应该指出，Chin(2006)包含了一个由 Abu-Seida and Quraishi(1976)确定的另一关系。淹没堰上游压头将会大于自由排放条件的情况。

3.2.3　沟渠压头损失

连接单元工艺过程的沟渠中存在两种类型的流量条件——自由表面流(称为明渠流)，和压力流。连接单元工艺过程的沟渠中的压头损失包括摩擦损失和微量阻力。摩擦损失可以使用达西-魏斯巴赫(Darcy-Weisbach)方程，曼宁(Manning)方程，或哈森-威廉姆斯(Hazen Williams)方程确定。达西-魏斯巴赫方程适用于任何流体(水，空气，化学品等)，而被认为是最准确的，但在其应用中比较复杂，因为它需要一个迭代方案，才能确定摩擦系数。曼宁方程，通常适用于明渠，也适用于封闭管渠；哈森-威廉姆斯方程通常只用于全流管渠。

这些方程和对于各种沟渠管道材质的特性摩擦系数都能够在水力学和流体力学教科书中找到(例如，Benefield et al.，1984；King and Brater，1963；ASCE and WEF，2007)。

达西-魏斯巴赫(Darcy-Weisbach)方程：

$$h=f(L/D)(V^2/2g) \tag{6.6a}$$

式中　h——压头损失，m(ft)；

f——摩擦系数，基于渠管材质和雷诺数；

L——渠管长度，m(ft)；

D——渠管直径，m(ft)；

V——流速，m/s(ft/s)；

g——重力加速度，9.8m/s^2(32.2 ft/s^2)。

由“穆迪(Moody)图”(以上引述的教科书中可以找到)，并根据渠管壁相对粗糙度，e/D，和雷诺数，确定 f 值。

e——渠管壁粗糙度，m(ft)；

$$RN = VD/\upsilon \tag{6.6b}$$

式中 RN——雷诺数(无量纲)；

υ——流体的运动黏度，$m^2/s(ft^2/s)$。

e 值，可以在以上提及的教科书中找到。对于非圆形渠管，当量 D 可确定如下：

$$D_{当量} = 4R \tag{6.6c}$$

式中 R——水力半径=流体面积/润周。

曼宁方程：

$$Q = (k/n) A R^{0.67} S^{0.5} \tag{6.7}$$

式中 Q——流量，$m^3/s(ft^3/s)$；

k——1(1.486，英制系统)；

A——流体面积，$m^2(ft^2)$；

R——水力半径=流体面积/润周，m(ft)；

S——能级线斜率，有时称之为摩擦坡度 S_F，m/m(ft/ft)或摩擦损失 m/m(ft/ft)；

n——曼宁粗糙度系数，在引述的教科书中能够找到。

哈森-威廉姆斯(Hazen-Williams)方程：

$$Q = K C A R^{0.63} S^{0.54} \tag{6.8}$$

式中 K——0.849(1.318，英制系统)，

C——哈森-威廉姆斯粗糙度系数。

其他参数如上定义。

微量阻力是指因为阀、弯管和其他类型的配件产生的那些压头损失。采用“K 系数”方法或“当量长度”方法可以将微量阻力纳入的水力计算中。在前者方法中，压头损失是速度头的函数，如方程 6.6a 所示。

$$H = K V^2/2g \tag{6.9}$$

式中 H——配件等引起的压头损失，m(ft)；

K——压头损失系数，无量纲；

V——渠管中是速率，m/s(ft/s)；

g——重力加速度，$9.8m/s^2(32.2\ ft/s^2)$。

当量长度方法将配件或阀门的压头损失转换成直径相同的管道当量长度。K 和当量管长度值，可以在上述引述的流体力学教科书中找到。K 值方法是在实践中最常见的。除了配件压头损失，压头损失在流体进入一个管道和退出的管道之处也会产生，(即入口和出口压头损失)。这些都利用方程 6.6a 确定，入口 K 值为 0.04~1.0，这取决于入口“圆形”的程度；它通常选用 0.5。出口压头损失，K，通常为 1.0。

术语“微量阻力”有些用词不当，因为这些压头损失通常超过污水处理厂的渠管中的摩擦压头损失，这是基于污水处理厂渠管都相对较短并具有许多配件的事实。

明渠，或自由表面流，是平稳或不平稳的经流。在稳态流中，流量随时间和沿渠内的距离是恒定的。这是典型的情况。非稳态流(流量随距离或时间变化)出现在堰槽和收集和分配渠内，将在本章后面讨论。此外，稳态流可以是均匀的或不均匀的。在非均匀流中，流深度或导管宽度，或这二者，沿渠道的长度而变化。在污水处理厂中，这是相当常见的。

在明渠中水面线计算结合使用先前提出的方程 6.1 伯努利方程并采用曼宁方程(方程

6.7)完成。在公式 6.1 中，H_L如下：

$$H_L = S_{Fave} \times L \tag{6.10}$$

式中　H_L——下游和上游位置之间的压头损失，m(ft)；

S_{F1}，S_{F2}——渠下游和上游中的摩擦坡度，m/m(ft/ft)；

$S_{Fave} = (S_{F1} + S_{F2})/2$——下游和上游之间的平均摩擦坡度，m/m(ft/ft)；

L——下游和上游部分之间的距离，m(ft)。

参数 S_{F1}和 S_{F2}通常使用曼宁方程(方程 6.7)基于流下游和上游的深度分别确定。对于污水处理厂的明渠流，下游值通常是已知的而上游值是未知的，有待确定。这在非均匀流中是一个迭代过程，S_{F1}值取决于上游的深度。如果存在任何微量阻力，他们都应该被包括在内。微量阻力可以使用类似于管道的 K 值方法确定。

当开始计算明渠中水深时，计算临界深度是非常重要的。临界深度在流收缩之处变得很重要。对于矩形渠而言，临界深度，D_c，采用方程 6.11 确定。

$$D_c = (Q^2/b^2 \times g)^{0.33} \tag{6.11}$$

式中　D_c——临界深度，m(ft)；

Q——流量，m^3/s(cu ft/s)；

b——渠宽，m(ft)；

g——重力加速度，$9.8 m/s^2$($32.2 ft/s^2$)。

采用金和布拉特等(King and Brater et al., 1963)的方法，就可以确定非矩形渠的临界深度。如果下游水深度大于临界深度，渠水深度就是下游深度。如果下游的水深度小于临界深度，就发生收缩，而收缩之处的下游深度将是临界深度。

有关明渠流量计算的其他信息能够在流体力学教科书中找到。

3.3　水力学要素

前面几节介绍了通常用于水力学分布计算的基本水力学方程。以下段落要讨论具体的水力学要素和在一个污水处理厂中值得特别注意的特点。

3.3.1　流量分配

为了确保正确处理，对构成单元工艺过程的每一处理池实现等流量分配是很重要的。这就要求按每个处理池或反应器的容量比例对污水处理厂总流量进行分流。这可以通过各种各样的手段来完成。

分配箱，渠首和头管是用于此目的。虽然调节端口、堰、闸或阀门可以提供等量分配，但是它们需要共享任何电气和机械系统固有缺点(即，故障和高昂维修)的控制系统。只要有可能，静态设备，如固定堰，闸门和割喉式水槽，都是污水处理厂人员控制流量分配的首选，而不是不断地调节设备。

3.3.2　分流结构

单独使用对称，并不能总是确保等量流量分配，因为在工艺过程单元的流径中压头损失有微小差异，将导致流量上产生巨大差异。微小的施工或结构沉降可能会导致对称性缺乏。由于圆形澄清池与长长的围堰有关，即使澄清池结构产生轻微差异性沉降，都将不利于流量分配，而使进入罐或澄清池的流量产生巨大差异。

不需要机械设备，如速控阀，堰就能提供良好的流量分配，并且很少发生堵塞。因此，围堰一般能够为流量分配或分流提供最佳技术解决方案。在大量分流，例如，超过2~3m³/s(50~75mgd)的情况下，固定堰分流结构可以变得庞大而复杂。类似矩形沉淀池中的那些堰，许多堰槽通常用以实现足够的堰长。南内华达州水资源管理局河山水处理厂(饮用水)有一个大的圆形结构(直径约30m)，将26m³/s(600mgd)流量分成四个6.6m³/s(150mgd)的处理模块。

含堰的分流结构兴建的位置是需要进行分流之处。图6.6a图示说明了两个澄清池的这种类型的布局设计。图6.6b图示说明了污水处理厂非对称布局设计流量的控制结构。

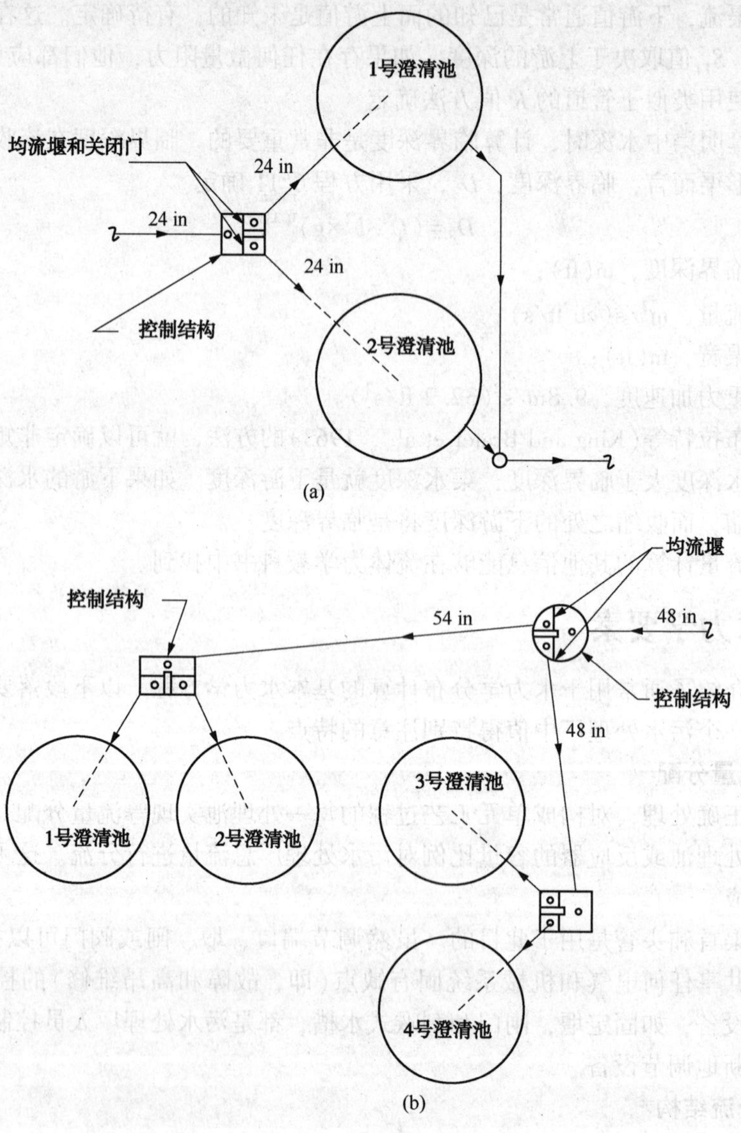

图6.6　澄清池之间等流量分配的典型设计实例

(a)对称布局设计和(b)不对称布局设计(in.×25.4=mm)

分流堰的设计中，上游水面分流堰设计应该尽可能是静态的。实现这一目标的方法之一是让将液流引入分流结构的渠管垂直插入底部。速度应该较低；否则，就要安装冲击挡板。

如果可能，分流堰上游室内“上升速度”或垂直速度都应该是 0. 3m/s(1ft/s)或更低。如果液体(即原始污水或消化后的污泥)正在运输重固体，则需要更高的速度，才能防止沉积，但将会产生更多的涡流，而分流就不可能最佳。

离开分流结构的管渠顶部必须恰好放置于在分流箱下游室内的水面之下，才能确保在任何时候都淹没在水下而避免发生涡流，因为涡流会截留空气。这种空气累积于管渠中会导致强烈回冲或带到下游的工艺过程单元中导致浪涌。

分流堰尺寸设计基于方程 6. 5 完成，并假设使用矩形堰。如果希望进行等量分流，则所有的堰长度必须相同；如果下游工艺过程单元并非相同容量，则堰长度按照比例调节。理想情况下，在堰顶和下游水面高度之间应该有一个约 75~150mm(3~6 英寸)的自由落差。

对于大型或复杂的流量分配结构，利用三维计算流体力学(CFD)建模，能够对设计进行优化。请参阅本章“计算机模拟”这一节中的更多信息。

3. 3. 3　分配歧管和渠道

进水管头或分配渠道，也可用于将流量分配至单元工艺过程。然而，在这种情况下，每一处理池的进口端口或闸门，应该设计具有足够的压头损失，才能确保良好的流量分配。至于流量分配，也应该维持将固体等量均分到处理工艺过程。除非在设计中提供，否则这种固体等量均分至处理单元，不可能同时等量分配流量。通过使用渠道分配流量是特别常见的。使用渠道之处，如砂砾池上游，污水流应该充分混合，才能保证固体随流量等量分配。为此目的，经常使用渠道曝气。

在分配渠道或管头的端口或闸门有时用于单元工艺过程来实现流量的等量分配。为了等量分流，通过进口开口的压头损失必须比分配渠道或头管中的总压头损失更大。方程 6. 12 (Camp and Graber，1968；Fair et al. ，1968)描述了头管或分配渠道的摩擦损失和出口闸门或端口之间的水力学关系。该方程假设了流出流通过许多等距端口或闸门。

$$hp = \Delta h / (1 - m^2) \tag{6.12}$$

式中　hp——过端口的压头损失，m(ft)；

Δh——沿着分配渠道或管道的水力学坡降差，m(ft)；

m——通过各个端口的最低流量和最高流量之比。

方程 6. 12 用于确定由确保从常见的进口管头或分配渠道向所有处理池均匀分配流量的入口闸门或端口所导致的压头损失。例如，在 5%的其他处理池中为了保持每个处理池的流量($m=0.95$)，通过闸门进入该处理池的压头损失应该是超过分配渠道或管头整个长度的水位差的约 10 倍。为了确定通过闸门或端口的实际压头损失，孔口方程 6. 3 是适用的。

当加压压头的出口流量沿着管头长度近似为均匀连续流出流时，沿管头的压头损失可以通过计算如同管头进流将会沿着管头整个长度载送的压头损失并将结果除以 3 进行估算。这个估算过程对于方程 6. 12 中的 m(通过各个端口的最低流量和最高流量之比)大于 0. 9 时是成立的。

作为从分配渠道进入处理池而使用闸门端口的另一备选方案，堰或割喉式水槽都可以使用。

理想情况下，管头或分配渠道必须作成足够大，才能使之从一端到另一端的压头损失最小。这可以通过使用低速——小于 0. 3m/s(1ft/s)实现；对于很长的渠道，速度小于 0. 15m/s(0. 5ft/s)，是合适的。

分配渠道的公式，详细介绍于《明渠水力学》(Chow，1959)中，是随降低排放的流动流体的微分方程。这个公式可以用来分析渠道分配管头的水力学特性。然而，大多数设计师喜欢使用计算机程序来求解这个方程。Benefield 等(1984)举例说明了一个略有不同但等效的方法。蒙哥马利(1985)提出了类似于 Benefield 等(1984)的方法。近似作法是假设分配渠道是一个恒流的明渠(即，入口或最大流量)。然后，利用方程 6.1、方程 6.7 和方程 6.10 计算压头损失，如同整个流程是分配渠道的整个长度。实际的压头损失将是所计算的压头损失的约三分之一。

值得注意的是，如果在分配渠道的压头损失太大，这种情况有时会发生在现有小型污水处理厂进行扩建之时，这将需要大孔口压头损失，才能确保良好的分流。这对进入处理池或罐可能会产生过大的入口速率，并产生工艺过程问题(即，绕流和喷射流)。这将需要足够的挡板，或需要扩大分配渠道。

分配渠道，将夹留浮渣，除非向反应器或澄清池的排放是自由的和敞开式的。安装向下开口的浮渣闸门于分配渠道末端，将有利于清除浮渣，并最大限度地减少维护。堰或割喉式水槽的使用将最小化浮渣积累(割喉式水槽仅仅是一个帕歇尔水槽，除了平行的喉节被切除，而底部与通过水槽长度的渠道仰拱处于相同高度。其仅仅由一个锥形入口进入渠道和一个锥形出口排放渠道构成。水槽制造厂商将这作成标准产品。然而，他们并不推荐用于流量测量)。

3.4 流水槽和低沟

出水流水槽，典型地出现在沉淀池和过滤池中。流水槽可以是自由落体型，此处来自单元工艺过程中液流绕着堰向下流进低沟；或淹没，此处来自沉淀池的液流低于水面截走。

3.4.1 自由下落的流水槽和低沟

这些流水槽，或渠道，沿其长度随着流体流向出口端向下游移动而收集液流。沿着流水槽传送液流需要压头克服沿渠道的摩擦损失和作为水流垂直下落到流动流中并沿着流动方向加速的动量交换。侧溢流公式，详细介绍于《明渠水力学》(Chow，1959)中，是随排放增加流量的微分方程。大多数设计师喜欢用计算机程序求解这个方程。由于沿整个流水槽长度的雷诺数平均值低，通常建议使用超标准摩擦系数(即，高出 50%)。由于通过下落流体流和速度分布的对应扰动作用产生的混合作用，速度头 α 值，记为 $V^2/2g$，可能大于 1，高达约 1.3。

托马斯，在有关外侧泄洪渠道的托马斯阵营(Thomas Camp)论文(Thomas，1940)讨论中，近似处理了水面，假设它是抛物线。以上文献 Chow(1959)的方程提供了沿着流水槽长度的各个位置的水深度。对于设计目的而言，这并非必要的；在实践中，在流水槽或低沟上游端的深度，通常是需要确保从堰槽至水面具有足够自由下落的全部。

托马斯基于流水槽出口是否是自由的或淹没的而开发了一些简化方程(Benefield et al.，1984)。如果流水槽末端的下游水位小于流水槽或低沟仰拱加临界深度的总和，就会发生自由排放。临界深度采用矩形槽的方程 6.11 确定。如果这种情况是不真实的，则低沟被淹没。如果流水槽或低沟的排放是“自由的”，则上游末端的低沟中最高水位如下：

$$y_{上} = 1.73 \times D_c \tag{6.13}$$

式中 $y_{上}$——低沟中最大水深度，m(ft)；

D_c——由矩形槽方程 6.11 确定的临界深度，m(ft)。

在以上方程中，假定了低沟或流水槽是水平的(典型情况)，忽略了摩擦损失(合理的，因为低沟通常较短)。如果低沟或流水槽不是矩形，或排放并不是自由的，则设计师应该查阅参考书。

3.4.2 淹没式流水槽

淹没式流水槽往往代替自由下落式流水槽而用于初级沉淀池中，以尽量减少异味。初级出水流落入传统流水槽中将会汽提硫化氢和其他挥发性的异味化合物。采用淹没式流水槽，消除了自由下落和相关的气味；然而，它们却有些复杂。对于淹没式流水槽，沉淀池的水位由液位控制阀——通常是蝶阀或蝴蝶闸和传感沉淀池中水位的液位控制回路进行控制。控制水位对于确保最佳去除漂浮物是非常重要的。

在具有大峰值流量的设施，淹没孔口和V型槽口组合使用可能是恰当的。当峰值流量发生时，处理池中水位上涨溢出堰，从而避免通孔口的水力学限制。孔口方程，方程6.3，可用于确定进入淹没式流水槽的压头损失；而且，根据构造结构不同，可能还有使用方程6.9确定的配件压头损失。

3.5 阀和流量和压力控制阀

通过任何类型的阀门的压头损失都能够采用K值和方程6.9或使用以下介绍的控制阀方程(方程6.14和方程6.15)进行确定；后者更准确。在进行流量和压力控制阀尺寸设计时必须小心。这些阀门必须大小合适，才能使通过阀门的压头损失显著，而控制阀在一个可接受的开放范围内运行——在其最小流量(最大压力)下不能太靠近其阀座或在最大流量(最小压力)下不能打开太宽。控制阀的尺寸设计和压头损失的计算，能够采用SI系统中的流量系数K_v和英制单位中的C_V。

在SI单位中：

$$K_v = Q \times [1/\Delta p]^{0.5} \tag{6.14}$$

式中 K_v——阀系数；

Q——流量，m^3/h；

Δp——通过阀门的压降，bar。

在英制单位中：

$$C_v = Q \times [1/\Delta p]^{0.5} \tag{6.15}$$

式中 C_v——阀系数；

Q——流量，gal/min；

Δp——通过阀门的压降，lb/sq in。

而且，将C_v转换成K_v，

$$K_v = C_v/1.16 \tag{6.16}$$

C_v和K_v的值能够从阀门厂商获得。

通过计算K_v，或C_v并将其与阀门制造商制备的图表比较就可以确定打开的尺寸。

3.6 挡流板

在单元工艺过程中挡流板可以是(1)上-下式，(2)左-右式，(3)包含横穿挡流板整个或部分的开口或穿孔，或(4)这些的组合式。

对于上-下式挡流板，挡流板“上”流的压头损失能够采用淹没式堰方程(King and Brater，1963)建模或计算；“下”挡流板的液流压头损失，能够采用孔口方程(方程 6.3)进行计算，其中面积是挡流板下面液流的总面积。

对于左右式挡流板，液流发生 180°弯折。这可以使用方程 6.9 按照微量阻力计算。*K* 值变化范围为 2~3.5(AWWA，1969)。3.2 和 3.3 的值已被成功地应用于挡流渠管絮凝器设计的实践中(Reichenberger，1984)。在穿孔挡流板中，穿孔能够当成孔口，并可以使用方程 6.3 进行计算。

上-下式挡流板应用于曝气池的情况下，需要使用过顶流才能避免夹留浮渣。这通常有 25mm(1 英寸)左右。这种情况随着挡流板下流动或通过挡流板上掩模的开孔会同时发生。挡流板上下(或通过)的压头损失是相等的并通过同时求解淹没式堰和淹没端口或闸门的方程进行计算。

3.7 交汇和汇流

但凡渠道和管道中液流汇集在一起时，就会产生湍流，并会有一些能量损失和由此产生的压头损失。有许多方法可以用来确定汇聚成流产生的压头损失。最简单的，虽然不一定是最准确的，以估计的 *K* 值采用 *K* 值方程(方程 6.9)估算压头损失。Benefield 等人(Benefield et al.，1984)提出，在 T 型物中对于 90°转弯 *K* 值为 1.8，对于 T 型物直线部分 *K* 值为 0.6。蒙哥马利(Montgomer，1985)提供的图表用于确定通过交汇处的压头损失。一个更准确的方法是使用压力和动量方法，例如由加利福尼亚州洛杉矶市开发的方法(Pardee，1968)。

$$\Delta y \times (A_1 + A_2)/2 = M_2 - M_1 - M_3 \times \cos\Theta \quad (6.17)$$

参见图 6.7a 和图 6.7b。

其中 Δy=交汇处水位变化，m(ft)；

$\Delta y = z + D_1 - D_2$，m(ft)；

z=汇流中仰拱高度变化，m(ft)；

D_1，D_2=分别是 HGL 上游和下游的流深度或距离，m(ft)；

A_1，A_2，A_3=流面积，sq m(sq ft)；

$M_1 = Q_1^2/A_1 \times g$，m^3(cu ft)；

$M_2 = Q_2^2/A_2 \times g$，m^3(cu ft)；

$M_3 = Q_3^2/A_3 \times g$，m^3(cu ft)；

Θ=汇流角度，(°)；

g=重力加速度，9.8m/s^2(32.2 ft/s^2)。

对于明渠(自由表面流)条件，方程 6.17 需要迭代求解。

3.8 曝气渠

用于形成混凝土渠道的曼宁粗糙系数范围为 0.013~0.015。曝气分配渠道的摩擦损失大于未曝气的渠道。对于速率为 0.4m/s(1.3ft/s)的曝气渠道的曼宁 *n* 建议值为 0.035，而对于速率为 0.3m/s(0.9ft/s)，为 0.0425(WPCF，1959)。这些值都是基于 20 世纪 30 年代中期汤森的实验(Townsend，1935)。

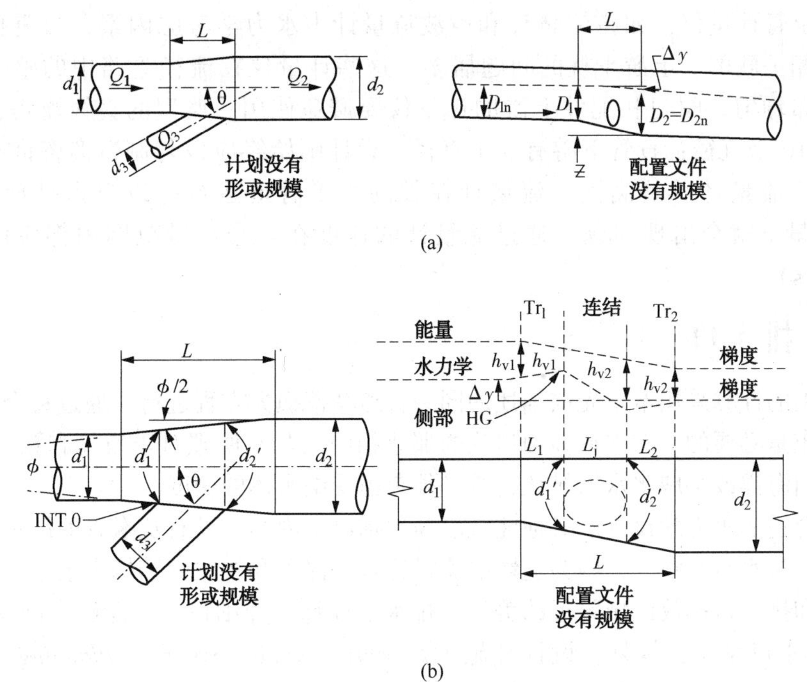

图 6.7　采用压力和动量方法的汇流分析

(a)明渠(自由表面)流的汇流分析和；(b)压力导流的汇流分析

(City of Los Angeles Bureau of Engineering，1968)

3.9　水槽和计量仪

虽然有几种类型水槽可用于污水处理厂的明渠流量测量，但是帕歇尔水槽，到目前为止，是最常见的。帕歇尔水槽压头计算方程能够在许多出版物中查到(例如，Benefield et al.，1984；U.S. Department of the Interior Bureau of Reclamation，2001)。帕歇尔水槽设计的关键是选择将为预期流量提供所需的容量范围的最低颈部宽度。污水处理厂具有相比于初始流量的较大未来流量，会发生常见的问题。对于这种情况下，制造商可能会提供流量增加时的可拆除喉式插入物。另一种方案是平行安装水槽并对流量求和。这将需要仔细设计上游路径，才能确保水槽合理的等量分流。在计量精度变差之前，大多数水槽对于能够容忍的下沉深度量具有限制，(下沉深度是下游深度与上游深度之比，二者都是相对于水槽上游仰拱高度。一般情况下，对于小于 0.3m[12 in.]的喉式插入物，应该小于 0.6，对于较大的喉式插入物应该小于 0.7)(Benefield et al.，1984)。在设置水切口高度时，设计者应检查最小、平均和峰值流量条件下的水槽下沉深度，才能确保所有条件下下沉深度处于可接受的限度内。如果在下游工艺过程中如沉砂池中存在控制水位的长堰，则最小流量条件下可能问题重重。在这些情况下，在水槽下游最低流量和峰值流量下水面高度之间不会有太多变化。然而，水槽的压头将显著不同。虽然水槽在峰值流量条件下可能有满意的下沉深度，但是在最小流量下，可能会出现问题。

为了确保计量精度，水槽流径应该尽量伸直，而速度分布应该如同其流径尽可能均匀。水槽入口直接上游渠道的急转弯会造成非均匀的流量分布和流量测量不畅。

在选择全管计量仪，如磁流量计和声波流量计中水力学考虑因素，与避免上游和下游的干扰是相关联的。上游干扰的问题居多。这些计量仪在流径管路中的整个横截面上需要速度分布均匀。阀门和配件上游的计量仪要避免使用。典型的直线流程，无阀门及配件，上游 10 个直径；直管下游有 5 个直径。设计师始终应该与制造商咨询有关安装的问题。磁和声流量计总是满流。流量计在长的水平管道运行并以自由排放结束流程，如果在低流量下就会出现问题。通过流量计的速度在整个流量范围内都应该保持超过 0.3m/s(1ft/s)。

3.10 排水口

压头损失的计算采用本章先前描述的同一管道摩擦损失方程进行。通过每个排水口孔口达到均匀分布是必要的。在本章前面讨论的那些相同的基本原理对于歧管和孔口是适用的。如果排水口向海洋或半咸水水域排放，就必须考虑受纳水体的密度。

排水口合适的水力学设计的其他注意事项包括以下内容：具有长喉管的深水隧道扩散器的海水清洗；排水口的空气，因为它影响流量容量、浮力和相关的结构失效，以及涌动和相关的水锤；和排水口排放区域附近的美学。排水口设计的详细讨论，能够查阅诸多出版物，如《海洋的排水口系统：规划，设计和施工》(*Marine Outfall Systems：Planning，Design and Construction*)(Grace，1978)和《沿海城市污水管理：海洋处置方案》(*Wastewater Management for Coastal Cities：The Ocean Disposal Option*)(Gunnerson and French，1996)。扩散长度、深度、方向、配置、羽状分散等的设计方法，可以在别处查到。

3.11 套筒阀

套筒阀有时是用以维持处理池和罐中水位，或倾倒出上清液。套筒阀将起到圆堰作用，利用方程 6.5 计算，L 等于套筒阀周长(即，π×套筒阀管直径，压头损失小于30%或因此直径也是如此)。对于超过套筒阀管的直径超过 50%的压头，孔口方程是适用的(方程 6.3)。两个方程都应该进行检查，并应该采用最大压头值。H 值，在这两种情况下，都从套筒阀管的边缘进行测量。除了这方面的损失，套筒阀入口至管道出口的摩擦和微量阻力将需要加上。

4 单元工艺过程的水力学

每个单元工艺过程的水力学计算需要使用本章“水力学要素”这一节中讨论的和在水力学手册和教科书中查阅的方程。例如，图 6.8 中所示的出水井盖和澄清池之间水面高度之差的计算，需要使用下列方程：

- 涉及井盖和澄清池之间管中的摩擦损失(方程 6.6a，方程 6.6b，方程 6.6c，方程 6.7，方程 6.8 和方程 6.10)、微量阻力以及入口和出口损失(方程 6.9)的基本管线压头损失的计算；
- 计算澄清池出水流水槽中最高水位高度(的堰槽方程公式 6.13)；
- 计算超过流水槽堰顶压头的 V-型槽堰方程(方程 6.4)。

水力学设计人员必须了解液流如何流动通过每个单元工艺过程和这些工艺过程所需的水深度。在每个单元工艺过程中，使用设备进行流量分配，维持一定的水深度和控制流量。典型设备包括截流闸门、堰闸门、阀门、端口、堰、挡流板、孔口、流水槽和暗渠。这些设备每一个对系统都会产生压头损失，必须在水力学计算中加以考虑。每个单元工艺过程，其各自的流量设备，以及相互连接的管道，都应该仔细分析。以下小节介绍了在污水处理厂中通常发现的许多单元工艺过程考虑要素的一些关键点。对每个处理工艺过程和有关工艺过程设计和操作信息的详细讨论，将在本手册的后续章节中介绍。

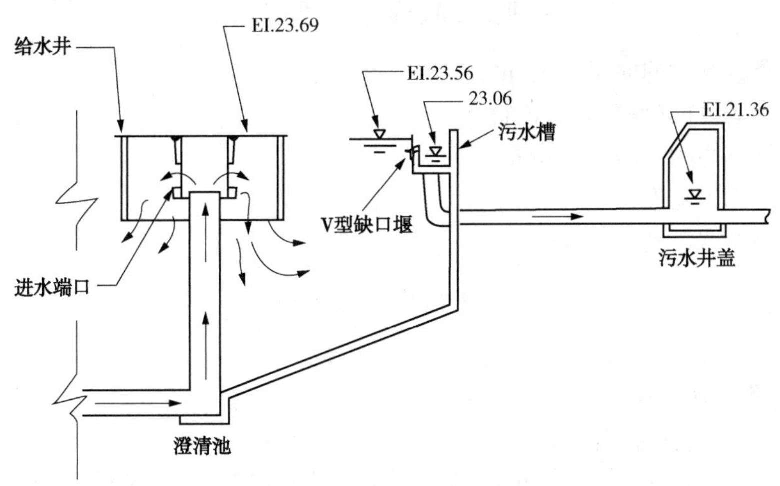

图 6.8　典型澄清池单元工艺过程的水力学

4.1　过筛

污水流过筛栏架之间会产生压头损失。压头损失取决于筛类型(粗栏架，条状筛或细筛)。对于所生产的筛子，如粉碎机，研磨机，“松饼怪兽”(Muffin Monsters)(JWC 环境公司(JWC Environmental Inc.)，加利福尼亚州科斯塔梅萨)和转鼓筛，这种压头损失可以从厂家获得。然而，设计师应该清醒，这种压头损失通常是“干净筛”压头损失。随着筛子被碎渣部分堵塞压头损失会增加(不过，通过机械耙其他工具清洗筛子，压头损失会降低。这种清洗作用通常基于一定时间间隔或穿过筛子的位差才启动实施)。对于部分堵塞的筛子应该留有余量，因为清洗通常是间歇性的。通常要增加超过“干净筛子压头损失”的 150mm(6 英寸)或更高的任意余量。

通过栏架和手工与机械清洗的条筛的压头损失可使用峰值流量和以下方程进行确定(Metcalf & Eddy，2003)：

$$h=k(V^2-v^2)/2g \tag{6.18}$$

式中　h——通过筛子的压头损失，m(ft)；

V——通过条筛(即，筛条之间)的速率，m/s(ft/s)；

v——条筛的上游速率或流径速率，m/s(ft/sec)；

g——重力加速度，9.8m/s^2(32.2ft/s^2)；

k——压头损失系数(通常为 1/0.7)。

通过条筛开口的速度，可以由以下方程确定：

$$V=Q/A_o \tag{6.19}$$

式中 V——通过条筛(即，筛条之间)的速率，m/s(ft/sec)；

Q——流量，$m^3/s(ft^3/s)$；

A_o——条筛开口的面积，$m^2(ft^2)$。

$$A_o=[W_{clr}/(W_b+W_{clr})]\times W\times(D_{DS}) \tag{6.20}$$

式中 A_o——条筛开口的面积，$m^2(ft^2)$；

W_b——筛条宽度(厚度)，m(ft)

W_{clr}——筛条之间的净空，m(ft)

W——总筛道宽度，m(ft)

D_{DS}——下游水深度，m(ft)

$$v=Q/(W_{us}\times D_{us}),\ m(ft) \tag{6.21}$$

式中 v——条筛上游速率或流径速率，m/s(ft/sec)；

W_{us}——条筛上游筛道宽度，m(ft)；

D_{us}——上游水流深度，m(ft)。

在上述方程中，D_{us}通常是未知的，而必须采用伯努利方程(方程6.1)和已知y_1与D_{us}相同进行迭代求解。为了体现筛子堵塞，以上的A_o值可以减去一定百分数。经常使用50%的堵塞筛子。这将增加通过筛子的速度和增加压头损失。

设计师可能打算考虑安装一个被动溢流堰，以调节极端峰值流量或堵塞的或故障筛子设备。

细筛压头损失采用孔口方程，并如下进行介绍(Metcalf & Eddy，2003)：

$$h=(1/2g)\times(Q/CA)^2 \tag{6.22}$$

式中 h——通过筛子的压头损失，m(ft)；

g——重力加速度，$9.8m/s^2(32.2\ ft/s^2)$；

Q——流量，$m^3/s(ft^3/s)$；

A——淹没于污水中的开口面积，$m^2(ft^2)$；

C——筛子排放系数(通常为0.6)。

在方程6.22中，压头损失是净水净筛的压头损失。至于条筛，应该为部分堵塞留有余量。应该咨询筛子制造商。

4.2 除砂

有三个类属型除砂系统——曝气沉砂池，涡流沉砂池和恒速沉砂渠。无论使用哪种类型的除砂系统，各个单元的流量和砂砾的等量分配是很重要的。虽然流量能够平均分配，但是平均分配砂砾是不太可能发生的。这在使用进口分配渠时更是如此。沿入口分配渠的流量分离点(即，在尖角发现的那些)，可产生死区，在此处砂砾会析出。一旦发生沉降，砂砾最终往往迁移到最接近的处理池中。除了消除死区出现的可能之外，进口分配渠道可以进行曝气，以保持水流充分混合和砂粒悬浮。使用空气保持砂砾悬浮和充分混合可能需要气味控制设施处理气体逸出。

4.2.1　曝气沉砂池

在曝气沉砂池中，液流流入方向和流出方向通常是相互垂直的，通过沉砂池而实现螺旋转动。通常情况下，在沉砂池末端有一个溢流堰控制水位，并且在该沉砂池中有可能还安装挡流板提高性能，所有这些都需要体现于水力学中。

4.2.2　涡流除砂

有一些是专有涡旋式除砂系统。设计数据，必须从供应商处获得，必须认真遵守。尤其重要的是流径构造设计和速度。排放在任何时候必须是自由排放。

4.2.3　恒速渠道

恒速渠道使用成比例式或苏特罗式堰保持长方形砂砾渠恒定速度(这也可能使用矩形狭缝或帕歇尔水槽并结合抛物线形砂砾渠保持恒定速度)。这些系统有显著的压头损失，因为使用比例式堰，就必须在所有流量条件下自由排放。详情请参见雷诺兹和理查兹的论文(Reynolds and Richards，1995)。

4.3　流量均分

流量均分，可以是在线的或离线的。对于在线流量均分，所有的流量都进入流量均分池，并保持一个恒定的流出率。对于离线流量均分，只有部分上述给定的流量(通常平均流量)被转移到流量均分池。随后，累计流量在低流量时段释放，而将总流量平均为该天的平均流量。流量均分的工艺设计和充分混匀的需要，将在第 11 章中讨论。

在线流量均分是最容易控制的。通常情况下，泵出流量使用流量控制变速泵或使用流量控制阀和流量计泵入和通过重力流出。如果使用后者，需要精心挑选的流量控制阀，才能防止堵塞，即使过筛或经过初级处理后的污水进行均分时都是如此。

对于离线流量均分，流量控制闸或变速泵都可以使用。如果使用恒定高度的侧堰，实现过侧堰的流量控制是很困难的，也是不推荐的。变速泵是更好的选择。

4.4　初级沉降

通过圆形初级沉降池的压头损失包括通过进水管道和进水柱的压头损失，通过静水井中进口柱管末端的孔口的压头损失，通过静水井中任何流量分配孔口的压头损失，和过出水堰的压头损失。如果这是一个边缘进料澄清池，总压头损失包括通过入口槽孔口的压头损失，分配槽压头损失和过出水堰的压头损失。

对于长方形的处理池，压头损失包括入口闸门，能源耗散三通和或其他系统，以及过出水堰的压头。对于通过进口能量耗散三通的压头损失，K 值等于 3，已经由加利福尼亚州洛杉矶市通过实验确定(Betz，1981)。

4.5　曝气池

至于任何单元工艺过程，流量均分给各个处理池和每一单元工艺过程是重要的。正如在本章前面几节所述，需要压头损失，才能确保平分流量。这可以通过入口闸(孔口压头损失)，进口堰或割喉式水槽实现。在本章前面已经讨论了设计和水力学系统。为了保持固体悬浮和充分混合，混合液的渠道应该进行曝气。然而，入口渠曝气在处理工艺过程中将会受到影响的情况下并不是一个可供选择的方案(即，上游无氧或厌氧池)。上游无氧或厌氧区的渠道，可以使用螺旋桨混合器或喷嘴进行混合。

曝气池的操作模式，应该在水力学分布计算中解决。曝气池可以按照全混流，活塞流，或加强流动(进料)及其变体进行操作。计算水面分布的设计师应该预见，在设计过程中选定的操作模式可能会发生改变，因为未来的操作要求可能是未计划的。沿着提供最大总压头损失的路径应该进行水力学分析。超出服务的罐池维修也应予以考虑。流经曝气池的压头损失小，通常是忽略不计的。如果使用离心曝气鼓风机，则曝气池的峰值流量和初始最低流量之间的水位波动应该保持最低，从而使风机的性能不会受到影响。

在入口闸门、曝气池端堰和内部挡流板的水力学分析中使用的流量，必须适当地包括RAS和内部混合液再循环(通常用于生物脱氮除磷设施)。

4.6 生物塔和滴滤池

为了滴滤池正常运行，必须存在足够的水面高差(压头)，才能克服固定喷嘴阻力并使分配器旋转。在分配臂进口的压头要求通常是约2m(6.5ft)。设计者应该向厂商咨询实际的压头损失要求。在分析中，再循环流量必须包含在总流量之内。

4.7 二次沉降

二次沉淀池的压头损失计算类似上文所述的初级沉降池。进入二次沉淀池的流量必须包括活性污泥车间的RAS。对于滴滤池和生物塔车间，再循环流量典型地通常被转向二次沉淀池上游；因此，它们并不需要包含于进入二次沉淀池的流量内。然而，这并非总是如此。

对于一些活性污泥二次沉淀池，该RAS是通过位于入口柱内的管道或管道系列(风琴管澄清池)去除的。在这个系统中压头损失应该进行分析，才能确保最高预期的RAS能够通过重力退出并流向RAS泵。

4.8 消毒系统

因为固体沉淀不受太大的关注，处理池设计成低速工作，而相应的压头损失较低。浮渣控制，如果需要，可以由斜管撇渣器或类似的系统提供。

4.8.1 氯化作用

在氯接触室的设计中最小化短流是至关重要的。氯接触池应该设计为活塞流式反应器，采用大的长度/深度或宽度比(即，40∶1或更大)。内部穿孔挡流板应该安装于正好处于进水口下游，并处于该处理池的每一“转角”之处。为了确保均匀的流量分布，挡流板应该安装于出水堰上游(参见适用于其他设计信息的Metcalf & Eddy [2003])。氯接触池中的主要压头损失是由于内部挡流板(如上所述)和端堰所引起的。

4.8.2 臭氧处理

臭氧接触器通常设计成内部上/下挡流，而端堰控制水位。上挡流板可以作为淹没堰进行计算，下挡流板可以作为孔口进行计算。臭氧接触器经常采用CFD模拟进行分析，这在本章稍后进行讨论。

4.8.3 UV辐照处理

在明渠紫UV系统中水位必须保持尽可能恒定，才能确保正确消毒。这通常采用恒定高度的闸门或由设备供应商提供的类似设备完成。重要的是，这个水位控制仪有一个自由未淹没的排放口进行正常运行。而且有效紫外线消毒的关键是接近紫外线灯的均匀速率分布。有些州如加州规定了符合国家水资源研究所(加州芳泉谷)(NWRI，2003 年)的速度分布。这可能需要在入口处增加额外挡流。在紫外线系统的压头损失数据可从 UV 供应商获取。计算流体力学建模，对紫外线反应器的设计非常有用，在本章稍后进行讨论。

4.9　后曝气

级联曝气，或具有向下出水级联的序列步骤，如果有足够可用的压头，经常用于后曝气。这些系统的水力学设计的讨论，将在别处介绍(Metcalf & Eddy，2003)。这些步骤作为宽顶堰，采用方程 6.5，以 $C=3.086$ 进行分析。

4.10　间歇反应器

对于序列间歇反应器一个重要的水力学考虑因素是“卸载率”或滗析率。这个比率是相对较高的——经常大于进入污水处理厂的日均流量许多倍。这种“卸载率”将影响到所有下游由水力学载入控制的工艺过程(即，过滤和消毒)。提供的流量均分能够将这种影响减到最小。应该咨询系统供应商。卸载率能够通过将反应器的滗析体积除以滗析时间而很容易确定。

4.11　移动床生物反应器和膜生物反应器系统

筛子通常用于移动床生物反应器中，将固定膜模块保持于反应器内。在该系统中每一筛子通常容许 50mm(2in)的压头损失。这容许一定的堵塞。正常运行的压头损失接近 6mm(0.5 英寸)(Sen，2008)。

对于膜生物反应器，主要压头损失是作为跨膜压降出现的。这采用泵抽进行克服。设计者对具体的压头损失信息应该咨询各种 MBR 供应商。从膜面积至反应器入口内部再循环率是比较显著的；然而，这通常体现在供应商的设计中。

4.12　三级处理工艺过程

常见三级处理过程包括混合和絮凝和过滤。三级沉淀的水力学考虑因素类似于以上初级和二级沉淀处理。

4.12.1　混合和絮凝处理

絮凝和混合处理池通常包含穿孔挡流板。压头可以使用孔口方程(方程 6.3)确定，正如以前对挡流板的描述。

4.12.2　过滤

重力过滤器，具有水力学的要求，其中有些对其设计是专有的和特殊的。对于出水的重力过滤器，足够的水面高度必须高于过滤器介质存在，才能将液体传输通过介质和暗槽。因此，这些和其他处理单元的制造商都应该咨询，而收集有关各个设备的水深度、速率和压头损失要求的信息。

在一个典型的过滤器中，针对过滤和反冲洗模式的运行都进行水力学分析。在过滤模式下，压头损失包括入口压头损失(堰或孔口闸门，通过介质自身的压头损失，通过暗渠系统的压头损失，以及通过流量计量仪、流量控制系统和过滤出水管道的压头损失)。

对于单种介质，两种或多种介质过滤器，通过介质的压头损失可以采用许多方程进行确定。Rose 方程是常用的，但是还有其他的方程，如 Karman-Kozeny 方程，Fair-Hatch 方程和 Hazen 方程(Metcalf & Eddy，2003)。Rose 方程及类似方程提供“清洁过滤器压头损失”。为了体现运行中介质的堵塞，向清洁过滤器压头损失中加上任意流程压头损失 1.8~2.7m(6~9ft)。通过暗渠系统的压头损失取决于使用的暗渠类型。有关压头损失的数据可从制造商获取。通过砾石负载介质的压头损失是微不足道的。

在反冲洗模式下的压头损失包括，向过滤器输送反冲洗水的管道阻力，控制所施用的反冲洗水的控制阀阻力，通过暗渠的压头损失，通过膨胀(流化)床的压头损失和越过过滤池冲洗水的流水槽的压头损失。根据文献 Metcalf & Eddy(2003)中的方程，就能够确定通过膨胀介质的压头损失。暗渠压头损失可以从系统制造商获取，而越过流水槽的压头损失可以采用堰方程(方程 6.5)确定。槽的设计与澄清池流水槽的相同如上文所述。

过滤器在工艺过程干扰期间会经受致盲或结垢，因此对于高水位的规定，应急溢流可能被认为是防止设备损坏，或罐池漫壁的措施。

4.13 化学品进料系统

化学品计量系统通常使用正排量泵。有些类型的泵会引起脉冲(即，隔膜和电磁泵)。这些泵会产生高于脉冲周期期间内平均水平的速度。这特别影响吸入泵中的压头损失，这反过来影响可利用的净正吸头。压头损失的计算必须考虑化学品的黏度。必须使用魏斯巴赫-达西(Darcy-Weisbach)方程(方程 6.6a)进行这些计算。其他信息可以从泵和化学品供应商获取。

5 泵送

污水处理设施的设计使工程师面临范围很广的泵送应用，包括：原始污水，经过处理后的污水，生活和工艺过程的污水混合物，原始污泥、增稠污泥、生物固体和砂砾，含油脂、漂浮固体和废料混合物的浮渣，回收和废弃活性污泥，化学溶液、冲厕水、喷洒水和泵密封水；水箱排水；和污水泵之水。污泥和生物固体的泵送在第 21 章介绍。

表 6.2 中描述了这些泵的一些典型污水处理应用。参考文献，如《泵的应用工程》(*Pump Application Engineering*)(Hicks，1971)；《水力学工程研究所数据手册》(*Hydraulic Institute Engineering Data Book*)(Hydraulic Institute，1979)；《离心、旋转和往复泵的水力学会标准》(*Hydraulic Institute Standards for Centrifugal，Rotary，and Reciprocating Pumps*)(Hydraulic Institute，1983)；《泵站设计》(*Pumping Station Design*)(Jones，2006)；《离心泵》(*Centrifugal Pumps*)；《选择、操作和维护》(*Selection，Operation，and Maintenance*)(Karassik and Carter，1960)；《泵手册》(*Pump Handbook*)(Karassik et al.，1986)；《泵的选择：顾问工程师的手册》(*Pump Selection：A Consulting Engineer's Manual*)(Walker，1972)；以及其他书籍，都将有助于对设计需求匹配具体的泵特性。文献 Metcalf & Eddy(2003)提供了为不同温度提供了有关水性质的数据。

表 6.2　污水处理行业中泵的分类和应用

主要分类	泵类型	泵描述	主要泵送应用
动力学	离心泵(蜗壳)	-独立耦合 -封闭耦合 -可淹没 -轴向分流 -径向分流	-原始污水 -RAS 和活化废弃物 污泥(WAS)(未堵塞) -沉降的初级和增稠污泥 -二级或三级处理水
	涡旋泵 (转矩流)	-独立耦合 -封闭耦合 -径向流 -嵌入式叶轮	-原始污水 -浮渣 -RAS 和 WAS -稀污泥 -稀的消化污泥
	垂直泵(涡轮)	-总轴 -可淹没 -水平安装 轴向流 -立式涡轮固体 处理(VTSH①)	-过筛污水(VTSH) -初级出水(VTSH) -二级或三级出水
正排量	往复泵	-柱塞 -活塞	-浮渣 -初级、二级和沉降污泥 -消化污泥 -增稠污泥 -化学溶液
		-隔膜	-浮渣 -RAS 和 WAS -消化污泥 -增稠污泥 -化学溶液
	旋转泵	-正弦 -螺旋	-原始污水 -消化污泥(旋转叶) -增稠污泥 -化学溶液
		-渐进腔	-浮渣 -污泥(当泵送初级污泥时， 碾磨机通常在泵送之前) -消化污泥 -增稠污泥
	螺旋泵	-螺旋式螺杆	-原始污水 -沉降的初级和二级污泥 -增稠污泥
	气动泵	-气举 -喷射器	-RAS 和 WAS -小装置的原始污水 -浮渣

① VTSH 是专属专利设计(费尔班克斯莫尔斯，堪萨斯州堪萨斯城)。

5.1 系统曲线、泵曲线和泵操作

在为具体应用选择泵时，设计工程师必须将泵性能与扬程容量曲线匹配，要考虑到流体黏度和预期操作液流的范围。

通过首先对系统扬程曲线进行计算和绘图而确定每个泵送单元的具体要求。系统扬程曲线通过对在不同(假设)排放流量下系统中静压头和压头损失之和描点作图而生成。静压头代表湿井中低水位和排放压力干管高点或排放处高水位之间的高度差，无论哪一个更高都是如此。摩擦损失是通过吸入管、吸入配件、输送管、输送配件和各个流量处的压力干管的摩擦阻力之和。下一步骤是在同一图中绘制泵的性能曲线，或"泵曲线"，正如其俗称。这对泵而言是独特的而可以从泵制造商获取。它涉及泵的容量和输送压头(或压力)；通常情况下，也绘制效率曲线。

琼斯(Jones，2006)有许多典型系统扬程曲线的例子，指出了包含静压头和摩擦压头损失的部分总动力压头。在绘制系统曲线时同样重要。而值得注意的是，单泵、双泵和并行操作的三泵压头容量曲线的差异。多台泵并联运行的压头容量曲线通过加上每个给定压头处的每一泵容量并将每个泵编组结果绘图而获得。

系统压头和泵的容量曲线可以综合并解决许多复杂的泵送问题。在两个远程泵站向一个共同压力干管排放的情况下，系统扬程曲线对于每一以下条件将是具有分段的复合曲线：

- 泵 A 开，泵 B 关；
- 泵 A 关，泵 B 开；
- 泵 A 开，泵 B 开。

当两泵运行时，每台泵贡献容量会有所不同，这取决于静压头，摩擦阻力和各个泵扬程容量曲线。因此，该系统的泵选择是一个反复的过程(参见图 6.9)。

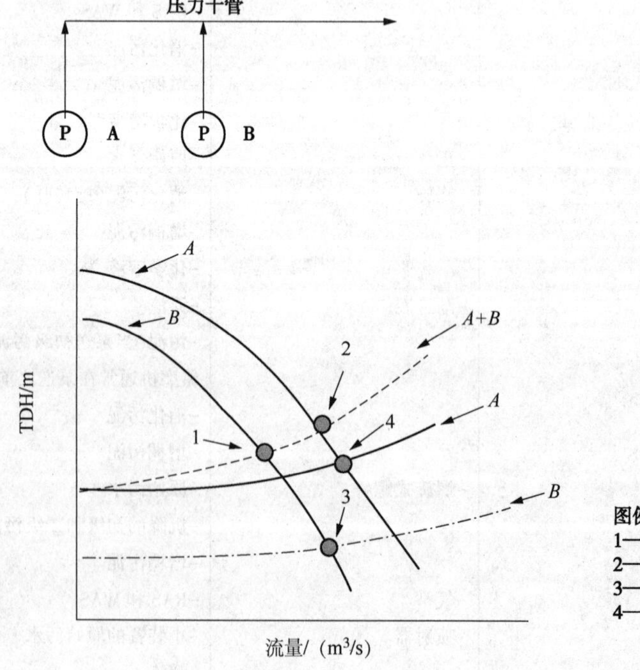

图 6.9 进入共同压力干管的多个泵

串联运行的离心泵压头容量曲线通过加上给定容量的每一泵的工作压头而获得。应该在设计串联泵应用之前咨询泵制造商，才能确保正确选择泵，从而避免了潜在的空化或电机过载条件。

曲线族代表变速泵的扬程和容量(排量)。每个单独的曲线对应一个独立的工作速度。不同运行速度的性能曲线能够从供应商获得或采用泵的相似定律确定，其中涉及速度，流量，扬程和功率。有关扬程排量曲线族的系统扬程曲线的迭加确定系统具体的工作点。

在变量和恒速泵向共同集管排放之处，对所有工作速度进行完全水力学分析，才能防止再循环气蚀。琼斯(Jones，2006)关于泵气蚀进行了充分讨论。

5.1.1　功率要求

由泵进行必要的功率输出是由接触流体所需能量决定的，如方程 6. 23a 和 6. 23b 所示。

$$P=\gamma QH \tag{6.23a}$$

式中　P——水功率，kW；

γ——流体比重，kN/m^3；

Q——流量，m^3/s；

H——总动压头，m。

在美制单位中，功率方程如下：

$$P=\gamma QH/550 \tag{6.23b}$$

式中　P——水功率，hp；

γ——流体比重，lb/ft^3；

Q——流量，ft^3/s；

H——总动压头，ft；

550 = lb ft/s 换算成 hp 的换算因子。

因为泵在不同的效率下工作，选择电机之前必须将泵的效率纳入考虑。制动功率定义为由泵所需的输入功率(电机的输出功率)，这需要考虑体积，机械和水力学能量损失。电机铭牌的额定功率，kW(hp)，就是其输出功率。

$$b\text{kW}=\gamma QH/E_p \tag{6.24a}$$

式中　E_p——泵效率；

bkW——泵所需的制动功率(所有其他值都对方程 6. 19a 定义)。

以下给出了制动马力(美制单位)的方程。

$$b_{hp}=\gamma QH/(550*E_p) \tag{6.24b}$$

式中　E_p——泵效率；

b_{hp}——所需的制动功率(所有其他值都对方程 6. 19b 定义)。

由于制动功率的要求随着流量、扬程和效率而变化，泵排放压头的变化将会影响制动功率的要求。沿泵的性能曲线，在不同的点应该检查泵的制动功率要求，才能确保电机的铭牌额定值等于或大于所有点所需的最大制动功率。

为了确定对于电机的总电功输入而进行电力成本研究，所需制动功率应该除以电机效率

5.1.2 黏度的影响

由泵处理的液体会影响其工作扬程和排量，泵所需的输入功率和构造材料。泵的类型和选择，必须考虑流体黏度。虽然黏度对泵性能的影响已经进行过测试，但还是很难准确预测输送高或低黏度液体时泵性能和输送冷水时的泵性能之间的差异。高黏度流体需要对给定流量提供更高的压头，而导致需要更大的功率。水力学研究所(Hydraulic Institute)(新泽西州帕西帕尼)提供了分析离心泵的黏度影响的方法。

对于旋转和往复泵，泵速会因为黏性液体而降低。由于泵容量取决于泵的转速，泵的容量会随着黏度增加而降低。黏度对泵的影响应该咨询泵制造商。

为了克服泵送污泥或生物固体中黏度的某些影响，有时候会向液流中加入聚合物。聚合物通过降低流体内粒子之间的内聚力而降低液体黏度。另一方面，在污泥或生物固体中使用的某些类型的聚合物在泵送期间，实际上会增加压头损失。在这种情况下，更换聚合物类型可能能够减少泵送压头损失。第 21 章详细讨论污水污泥的泵送问题。

5.1.3 恒速与变速

恒速，多泵泵站一般都会用于连续排放并非必要之处。恒速驱动器更简单，更可靠，而成本也低于变速或多速驱动器。恒速控制系统也简单，可靠而经济。

如果泵站排放必须是连续的，则需要变速驱动器调节进水流量的泵送速度。大流量变化的泵站需要更多具有恒速系统而不是多个或变速系统的泵送单元。

恒速泵的使用，当从小型提升站向成套污水处理设施排放时，就可能会产生问题。由于提升站容量较小，平均和峰值流量之间的差别不大。因此，如果不使用变速驱动器，澄清池、消毒池和所有其他处理工艺过程，必须按照泵排量率进行设计。然而，即使设计大小适当，性能可能还是会因为水力学激增和间歇负荷而受到影响。只要有可能，当需要直接泵送至污水处理设施时，就应该采用变速泵。

5.2 泵类型和应用

还有水力学研究所定义的两种主要的泵分类——动态泵和容积式泵。表 6.2 中列出了这些分类中每一分类的不同类型，包括这些主要的应用，这些不同类型的泵都应用于污水处理设施中。

5.3 泵站配置

表 6.3 提供了污水处理厂使用的泵站配置不同类型的简要总结。更多的信息和细节可以查阅其他文献(Jones，2006)。

表 6.3 污水处理厂污水泵站配置的总结

配置	注释	应用
湿坑/干坑	–典型用于大泵送容量 –推荐用于电气设备的更覆盖区、表面结构 –干坑所需的通风及照明 –经受管破被淹；需要污水泵 –一般要求密封水系统 –维修用起重机/卷扬机	–所有泵送系统

续表

配　置	注　释	应　用
可淹没	-易于施工，成本较低 -不太碍眼，占地面积小 -经常用于容量较小的泵站 -维护更加困难 -移除泵需要起重机介入 -不需要密封水 -马达湿度监控	-进水，RAS/WAS -中间和 再循环 -浮渣 -出水
湿坑/干坑中的可淹没泵	-类似于湿坑/干坑 -不需要密封水 -泵和电机对淹水安全	-所有泵送系统
自启动注满	-泵安装于地表或浅层深度 -吸入上扬限于约 6m(20ft) -易于维持 -泵可能效率降低	-进水，RAS/WAS -中间和再循环 -出水
自清洁，沟槽湿井	-成功用于更大的提升站 -比传统设计更易于维护 -结合湿坑/干坑装置使用 -比传统的占地更小 -湿井施工更加复杂 -详细参见文献 Jones(2006)	-进水
湿井之上的立式泵	-用于过筛污水或初级出水的垂直涡轮固体处理泵 -成本有效性 -占地小 -需要起重机接近进行维修	-进水，RAS/WAS -中间和再循环 -出水
阿基米德螺杆	-低压头应用；限制于约 10m(30～35 ft)提升 -高效率 -基本无堵塞 -变速泵送，即使在恒定转速下 -泵送中的湍流和排放都能释放异味 -应该封闭开放螺杆进行气味控制 -封闭的螺杆内部难以保护不受腐蚀 -需要重设备进行轴承维护	-进水，RAS/WAS -中间和再循环 -出水

5.4 湿井选型

对于湿井选型，并无某种单一方法适用于所有的设计情况。湿井正确选型要考虑三个关键因素——保留时间、泵循环时间和泵进口湍流。

作为良好惯例，湿井保留时间对于平均流量一般不应该超过 30min，才能尽量减少产生难闻的气味。在较冷的气候下，较长的保留时间是可以接受的。在这种停留时间限制是不切实际的情况下，气味缓解，必须考虑到湿井设计中。减轻气味的惯常手段从提供气密性盖到化学品进料或废气洗涤系统不等。

“泵循环时间”是指连续电机启动(即，补湿井时间加上排空的时间)之间经过的时间。过度电机磨损和缩短服务寿命时间都是由于泵循环时间低于制造商推荐时间所致。最小循环时间范围从 4kW(5hp)电机的大约 5min 至 150kW(200hp)电机的超过 30min 不等。对于最低循环时间或具体的电机设计，应该咨询电机制造商。

最低湿井体积能够由以下方程确定：

$$V = CQ/4 \tag{6.25}$$

式中 V——湿井体积，m^3(gal)；

C——循环时间，min；

Q——泵排量，m^3/min(gal/min)。

对于恒速泵，如果进口流量等于 50% 的额定泵排量时就获得最小循环时间。这种限制经常决定单和多泵装置的湿井体积。对于多泵装置而言，在每个泵送循环之后轮换头泵，能够有效加倍循环时间，并相应地减少了湿井体积。湿井体积也可以采用策略性的泵“开”和“关”设置而优化。在多个恒速装置中，所需湿井容量，代表各个泵所需湿井容量的总和。这种余量在延迟或备用泵单元进入服务时将会妨碍循环过程。

有些设计人员在淹没式进水管道中使用延迟容量，通过设置泵“关”水平超过淹没式进水道仰拱高度最大限度地减少湿井体积。这种做法在大型装置中可能会是可接受的，因为这种装置中进水污水速度足以最小化进水污水中的固体沉积。

变速泵系统的湿井可能显著比同等大小的恒速站更小。在确定变速泵应用所需的体积时，有两个因素需要考虑：(1)泵最低速度的容量，和(2)恒速下的泵运行。如果变速驱动控制失效，后者就会发生，而该泵将“被迫”在一个恒速模式下运行。如果有足够的备用容量，可能不会关注该问题。最低速度下的容量会随着每个装置而变，并可以从先前提出的系统扬程曲线分析进行确定。方程 6.25 可以使用，但 Q 值是最低速度下的泵容量。如果泵有可能恒速运行(以上条件 2)长时间，就应考虑增加可用于恒速泵的湿井体积。这是由采用 Q 等于最大排量的方程 6.25 确定的。

在多个变速装置中，湿井所需容量是各个泵所需湿井容量之和。这种余量，类似于多个恒速装置，在滞后或备用泵单元进入服务时将能够防止进行循环。

当确定湿井中泵运行水平时，设计工程师需要考虑泵的净正吸头(NPSH)的要求。湿井设计应该允许足够的淹没度和泵进口之间的间隙，才能防止湍流和涡流，否则可能降低泵的效率或容量。这些要求可能会要求停留时间比那些要满足泵循环要求的时间更长。对于水坑尺寸设计和湿井配置，应该查阅泵制造商的建议和水力学研究所《离心、旋转和往复泵的标准》(*Hydraulic Institute Standards for Centrifugal, Rotary, and Reciprocating Pumps*)(Hydraulic

Institute，1983)。遵照这些建议，基于几个泵制造商的测试，将有助于确保正确的泵站设计，避免昂贵的未来翻修。对于大型复杂的湿井系统和巨型泵而言，由于已经确立的设计规范是不适用的，有必要进行水力学(物理)建模，才能确保实现可接受的湿井性能(见 Jones，2006)。

5.5　泵施工

5.5.1　物料

污水中运行的泵，所需材料要求承受恶劣工作条件。内部涂料和叶轮材料的通用标准，不可能优先选取区域性发现的可接受地充分实施的那些。许多更有效的泵涂料是昂贵的，必须由供应商许可的承包商或涂料供应商自己安装。长效水泵叶轮材料是昂贵的，具有明显延长交货时间要求，可能导致设备需要提前购买。典型的叶轮材料范围从铸铁至 CA15 不锈钢钢 41010BHN，其硬度和耐久性是铸铁多倍，这概述于水力学研究所标准 ANSI/HI 9. 1-9. 5-2000《泵的一般准则》中。这也是伴随着成本比铸铁呈比例增加。铸铁叶轮材料在许多污水应用寿命较短。

由于在电气设备的寿命降低的关键因素是发热，则水泵电机中所用绝缘类型的选择取决于电机将会经受的工作温度。国家电气制造商协会(National Electrical Manufacturers Association)(弗吉尼亚州罗斯林)绝缘分级假设了电机在其额定环境温度下运行。H 级绝缘在 180℃下提供 20000 小时的寿命，然而具有 A 级绝缘在相同的温度下运行的电机估计的使用寿命只有 300h。

其他要考虑的因素包括机箱类型和服务因素。一些污水应用可能需要完全封闭的风扇冷却，即暴露腐蚀最小且无爆炸条件的外壳。一些无水应用可能需要完全封闭的防爆外壳。服务因素是指无损伤的可用额外马力百分比。1. 20 服务系数是指电机可以无损伤提供额外 20%的马力。

5.5.2　密封

5. 5. 2. 1　机械密封

离心泵通常都配有机械密封，尽量减少泵轴周围的泄漏。机械密封对于一般在高吸入压头下工作的泵而言，是推荐的。密封面之间保持接触，在大多数情况下，都是由弹簧加载。机械密封一般采用水润滑，但是其他润滑流体也可以根据专门设计的密封使用。对于杆轴密封需要清洁的水。密封水压一般应该等于 110%的最大泵出口压力或切断压头。污水处理厂服务用水、处理后的出水或饮用水都能用作密封水。如果使用饮用水，供给源应该通过气隙设计保护，以防止泵液体回流。如果使用经处理的出水或工厂服务水，必须无沙砾物质，这种物质会污染密封或划伤泵杆轴。一般而言，密封水只有当泵运转时才会供应。电磁阀安装于密封的供水管道上并与泵启动器互锁。密封水可能具有流量指示器(转子流量计)并随着泵的冷却水压力信号，可传输到污水处理厂的监控和数据采集(SCADA)系统。在使用密封水的所有位置需要提供排水。

5. 5. 2. 2　封装

进行封装，可以尽量减少泵轴周围的渗漏，否则会渗出蜗壳。封装正在过时，不会受到操作者青睐。可以使用广泛的各种针对特定应用的材料封装。封装通常由几个独立的浸渍石墨的石棉环构成，安装于轴周围。对于污水泵，封装安装于密封箱内并固定于具有填料压盖的位置。泵工作时，封装必须不断冷却，适当调整，并得到润滑。在污水和污泥的应用中，润滑液就是密封水，如上面所述。

5.6 泵控制系统

要确定任何应用控制的合适类型，必须建立参数组，包括压力、水位和流量。然后，就能够选择控制系统，这将使泵产生预期的效果。不过，效率和/或功率因素的考虑不应该取代泵控制的主要目的。然而，功率成本不断增加，致使功率因子校正和泵效率更加显著。大多数无功率因数校正的污水处理厂都会受到其电力供应商的严重经济处罚。

在给定的工艺过程中不同的处理过程或不同的泵送系统，将需要不同程度的主要水力学参数—压力、液位和流量—的控制。最令人满意的的是，易于提供可靠有效结果的最简单系统。

没有硬性规定必须控制分配给确定大多数适用于任何给定应用的控制类型的任何考虑因素的权重。最终，诸如资本和运营成本、效率、功率因数、可靠性、操作效果操作方便性的变量，必须彼此权衡而确定最适合所选应用的系统。这种选择并不总是显而易见的，而需要周密考虑泵送效应。

变速系统的整体效率，尽管失去控制，可能会超过开-关闭系统。对于前者系统，泵可能相对于较低平均摩擦压头运行，节省泵功率，以抵消变速控制中损失的功率。

所选控制系统必须与操作者的训练和经验相容，或很少会达到满意操作。

5.6.1 泵启动

5.6.1.1 手动控制

手动控制系统一般由按钮站或选择器开关，对泵马达启动器通电或断电。手动控制，也可以通过 SCADA 系统实现。按键站(有时也被称为三线控制)电气互锁，使该单元在停电后手动重新启动，而同时选择器开关(有时也被称为两线控制)仍然保持在“ON”位置，并自动重新启动。有些系统需要在停电时自动重新启动。手动控制对于所有系统进行维护是必需的。

5.6.1.2 自动开关或速度控制

自动控制系统通常基于时间、压力、流量或液位实现。下面对这些情况进行简要介绍。

(1) 时间

泵定期启动，工作预设的时间长度。时间控制系统通常用于抽污泥，因为污泥泵通常在小型污水处理厂是过尺寸设计的，这是为了确保具有足够的运输速度。

(2) 压力

压力，一般通过水力学气动箱中标准压力开关传感，用以启动污水处理厂服务水系统中的泵。压力也可用于关闭容积式泵，防止损坏。

(3) 流量

泵在所需流量超过一定限度时就可能打开，或在所需的流量低于某一极限时关闭。污水处理厂进水流量的变化也可以用来启动或关闭回流污泥或化学品进料泵或改变其速度。

(4) 液位

液位信号控制大多数自动控制的恒和变速系统。泵随着湿井液位上升的开启或加快，随着湿井液位下降关闭或放缓。这种方法经常控制进水和出水泵、污水泵、以及某些厂内传送泵。

(5) 启动

除了功率因子校正，降低电压的起动器可能是必要的。启动“跨线”接触的马达，除了电容而无任何辅助，可能会导致具有不良结果的动力高峰。一些类型的降压启动器，当连接了大型感应载荷时，可能需要降低某些类型的线路功率电压下降。这可能需要当地的公用事业单位授权。

降压启动器是机电的或固态的。机电启动器属于自耦变压器，部分绕组和初级阻抗器。这些启动器是可靠的，而一些会容纳特殊的绕组电机。固态降压启动器通常使用旁路接触器，以使电流换向，而使组件不处理电机运行时持续期间的满负荷。

5.6.2　变速运行

变速驱动器，用于在不同的运行速度下驱动污水泵的一般设备类型，通常是由基于液位、压力或流量的信号控制，正如在上一节中所述，或手动可调速度控制。来自这些测量系统之一的信号控制变速驱动器，反过来，这些变速驱动器会控制泵速度和最终的流量和排放压头。变速控制在第 9 章中讨论。

5.7　泵监控准则

需要对泵运行数据，如运行状态、电流、电压、功率因子、电功和运行时间进行存储和监视。对于大型电机，还应该存储温度和振动数据。这一切都可以通过 SCADA 系统完成。这些数据在评估泵运行问题和计划调整日常维护时可能很有价值。

5.8　测试和验收的规范要求

为了确保泵送设备符合规范，推荐进行测试。测试程度取决于泵的大小，及其操作在处理系统中的严格程度。在工厂和现场就可以进行测试。不论泵的应用如何，现场测试始终是推荐的。

5.8.1　厂内监察

在涂漆之前和最后精饰之后，在厂内应该检审泵铸件。泵和各自的控制加上控制编程应该在出厂前测试。在许多情况下，这些元件需要从一个工厂运输到另一工厂进行元件测试。运输和单元装置测试，可能需要额外费用，但是如果使用机械驱动(即，柴油或汽油引擎，这是强烈推荐实施的。)验证旋转是非常重要的，因为这在后来是不可能很容易进行固定的。

5.8.2　认证测试

认证测试是在具有特定的水力学，开关装置和机械安装要求的受控环境中完成的。泵测试采用特定的方法(水力学研究所 2.6.5.5，4a)完成。测试结果包括泵效率，制动马力和 NPSH 要求。对于大型泵，测试管道配置应符合实际的设计情况。

5.8.3　工厂见证检测

这些测试在工厂内由所有者或所有者代表见证完成。这就要求制定时间表而成本比测试更高。通常情况下，所有者要为旅行、住宿等买单。经常设计工程师或代表也在场。这些测试通常是针对较大型泵实施的。

5.8.4　现场测试和验收

这些测试在任何限制存在的场地条件下完成。限制可能包括计量差，夹带的空气，涡流和不完整的功率测量。现场测试应该按照水力学研究所的测试程序，第1.6节，第2.6节和第11.6节进行。现场测试结果和认证测试之间的比较，能够为所有者提供泵送设备验收的指导。

6 水力学建模

为了完成系统水力学的了解，应该开发基于计算机的模型，或在某些情况下的物理模型。该模型应该精确和精密，并也允许其能够在设计过程中作出变化并具有适应不同场景而辅助设计过程的灵活性。

6.1 计算机模型

最常见的模型是计算机模型。计算机模型有多种类型，包括二维流量的软件模型、三维流量的计算流量模型和为具体应用建立的专业模型。计算机模型能够广泛获得，是最常用的模型。当为某个项目进行开发或使用计算机模型时，特别要重视模型校准技术。计算机模型优于物理模型之处在于计算机模型设计、开发和建立成本低且计算机模型可以方便地进行设计变化和调节适应。缺点是物理模型专门为项目开发且非常详细。然而，它提供的信息无法单独通过计算机分析(即，涡旋和绕流)确定。

6.1.1 软件类型

软件计算机模型是最常见的，而且非常丰富。这些模型都以4种格式出现——基于电子表格的模型、商业建模软件、商业计算软件和开放源码的模型。

6.1.1.1 基于电子表格的模型

设计顾问大部分都使用基于电子表格的模型，这是从平台应用程序如微软Excel(华盛顿州雷蒙德，微软公司)，Quattro Pro(Corel公司，加拿大渥太华)和Lotus(IBM，纽约阿蒙克)定制。有些用户为每一项目建立新模型或电子表格，而一些用户则使用已开发的模板。最复杂的电子表格模型使用以代码编写的宏命令完成所有用户输入的水力学计算。一些基本的模型是由用户开发的，而仅仅只有逐行型格式对系统建模。在每种方法中，电子表格用于创建污水处理厂的模型——逐地段、逐配件和逐个工艺过程——计算通过该系统的损失。

电子表格模型的优点是它完全为任何位置定制，而任何专业流量元件也可以建模。主要缺点是所有计算不能通过逐行进行，这使得模型很难为其他人修改或捕获错误，除非是充分注明。这些模型还需要一个重要的时间投资进行开发。

6.1.1.2 商业建模软件

软件公司已经开发出市售的模型，它可以在几乎任何具有标准操作系统的计算机上运行。最常见的模型是ARTS(Hydromantis公司，加拿大安大略省汉密尔顿市)和可视水力学(Visual Hydraulics)(Innovative Hydraulics，宾夕法尼亚州匹兹堡市)。这些模型使用简单的图形界面，而具有所有普通水力学型的计算能力。一些其他可以利用的模型，如水CAD(宾夕法尼亚州埃克斯顿，宾利)，下水道CAD(宾夕法尼亚州埃克斯顿，宾利)和H_2O MapSewer(MWH Soft，布鲁姆菲尔德，科罗拉多)，也能用于水力学系统。虽然这些模型大多数设计用于分配或收集系统建模，但是它们都能够在必要时对基本系统进行建模。

使用商业化基础模型的优点是来自制造商的软件支持。这些模型一般操作更简便，更容易学习。这些模型也更容易理解和检查错误。缺点是，对于具体流量元件缺乏细节数量，而且也没有对具有空间变量的明渠流建模。此外，模型的支持与适应和成长的能力都仅限于开发商。

6.1.1.3　商业计算软件

可以使用和按照类似基于电子表格的模型的方式开发的软件有，诸如 MathCAD (Parametric Technology 公司，马萨诸塞州尼德翰市) 和 MATLAB (MathWorks 公司，马萨诸塞州内迪克市)。这些模型依赖于由用户以其具体的语言编程而开发各个流量元件的模型。这些模型在工程咨询领域广泛使用，但也已经在学术界中模拟非常具体的应用。这种类型模型的优点是对具体实例的无限适用性。主要缺点是用户学习曲线陡峭。

6.1.1.4　开放源代码模型

现有的免费建模软件，可应用于污水处理厂的水力学。在一些情况下，免费可获得的最初为明渠、自然系统开发的模型已经经过改写而适用于污水处理厂的水力学分析，因为水力学元素的性质类似。这些模型的问题在于，它们缺乏许多在其他开发的模型中发现的流量元件如堰、闸门和独特的配件。在某些情况下已使用的开放源代码模型包括 EPA NET (美国环保署，华盛顿特区) (U. S. EPA)，SWMM (美国环保署) 和 HEC-RAS (美国陆军工程兵)。

6.1.1.5　专业模型

专业模型包括专门为特定的任务、流量元件或目的而设计的模型。这些模型包括 CFD-型的建模、流量元件建模和为具体项目建立的专属模型。

CFD 建模用于模拟二维或三维液流。这并不适用于整个污水处理厂的水力学，但可以应用于部分工艺过程，如罐池、泵站湿井、处理池混合、分流结构和分配结构。这种类型的模型可以为混合给出非常准确的结果，这些结果可能有助于不易照看的地方或未知地点。CFD 模拟的缺点是学习曲线、安装和运行的时间、以及购买软件的费用。

专属模型由咨询公司供自己使用进行开发而完成特定的目的。这些模型通常针对工作现场具有详细的流量元件细节。它们可以从电子表格模型或商业建模软件中开发。

6.1.2　模型校准

开发一个和现场实际非常相似的模型是非常重要的。使用方程常数和因素 (即，K，n，和 C) 合适的值是至关重要的。使用过于激进或保守的值，可能会产生多米诺骨牌效应，而对输出结果产生显著的影响。

任何模型，无论是电子表格类型或是专业软件，都应该相对实际场地条件进行校准，以验证输入参数。在流量计读数最大流量下的罐池和管渠中对水位进行测量，可用于验证模型。理想的情况下，校准应在不同的流量下实施，但是这并不总是可能的。如果可能，对输入因素应该作相应调整，使该模型模拟在 30mm (0. 1ft) 内的实际水面高度。

6.1.3　瞬态流量

快速的流量变化对污水处理厂水力学 (即，从泵开启或关闭) 可以采用水文建模软件进行模拟，如宾利/海思德法的国内暴雨动力学 (Bentley/Haestad Methods' Civil Storm Dynamic)。污水处理厂的处理池和罐池按照通过管道串联的雨水池进行建模 (Walski, 2008)。在泵站的设计中，快速的流量变化引起的水力学瞬变会导致排放管道内压力的变化 (水锤)。过高的正压和负压都能够出现；后者取决于管道分布概况。当泵的排出管道速度超过 1. 5m/s (5ft/s) 时，就应该进行压力激增的详细分析。这能够手动完成，但最好是采用计算机程序执行。这有许多商业化的可用程序(例如，宾利/海思德法的“锤子”)。在必要之处，应该设置合适的瞬态压力控制方法。

6.2 物理模型

有时，可能有必要制定独立于计算机模型或验证计算机模型的物理模型或设计。对于具有特殊设计约束的污水处理厂，如在紧凑场地上的现有污水处理厂扩建，可能需要使用复杂的水力学结构。当水力学结构的设计离偏规范时，就可能需要物理尺度的建模。水力学建模包括基于已经建立的水力学建模(相似性)原理，遵循其水力学性能的研究，构建所提出的水力学结构的物理模型。在研究阶段，模型属性可能会有所调整，以实现充分运行。随后在研究结果的基础上，设计原型。水力学结构可能会有助于建模研究的实例是沉降池入口部分、特殊流量分配设施、泵站湿井、连接室、涡流压降结构和氯接触池。由于这种物理水力学模型需要专业知识，其一般通过在这样的工作中经验丰富的水力学实验室完成。有关建模的其他信息，请参阅文献(Jones，2006)。

7 示踪剂测试

示踪剂测试采用荧光染料(若丹明 WT)，或稳定而随时可回收的且分析起来廉价的其他染料。除了染料之外，可能会使用其他无机示踪剂，如氟化物和可能的氯化物。这些化学品的使用取决于背景浓度。背景浓度必须在测试过程中几乎不变，否则将会产生不准确的结果。与背景浓度相比，所使用的化学品的浓度必须较大。在选择染料或其他化合物之前，应该确保它在测试过程中不会反应或吸附于颗粒物或各种表面上。示踪剂测试可用于验证反应器，如消毒单元中的停留时间；验证流量计；确定短路；和验证搅拌强度。书籍(Metcalf & Eddy，2003)及其他文献包含了示踪剂测试的信息。《旋转器设计》(Turner Designs)(加利福尼亚州森尼韦尔市)具有丰富的示踪剂测试信息(http：//www. turnerdesigns. com)。

8 设计实例

8.1 设计实例——SI 单位制中部分水力学分布

污水处理厂的初级和二级处理工艺过程的水力学分布概况，应该基于如图 6.10 所示的规划示意图和和图 6.11 所示的分布概况图。初级出水通道的仰拱高度和初级澄清池出水堰的缺口高度都应该进行设置。

8.1.1 输入参数

- 设计峰值流量=630m^3/h=0. 175m^3/s。
- RAS=50% 的进水污水流量并返回至初级澄清池下游的连接箱。
- 初级和二级澄清池是圆形的，具有 90 度 V 型槽，230mm 心距；所示堰高度处于该槽的底部。
- 初级澄清池出水渠横截面是矩形，460mm 宽；仰拱水平(斜率=0)。
- 每个曝气池都具有出水堰，矩形并具有 1. 8m 堰顶长度。

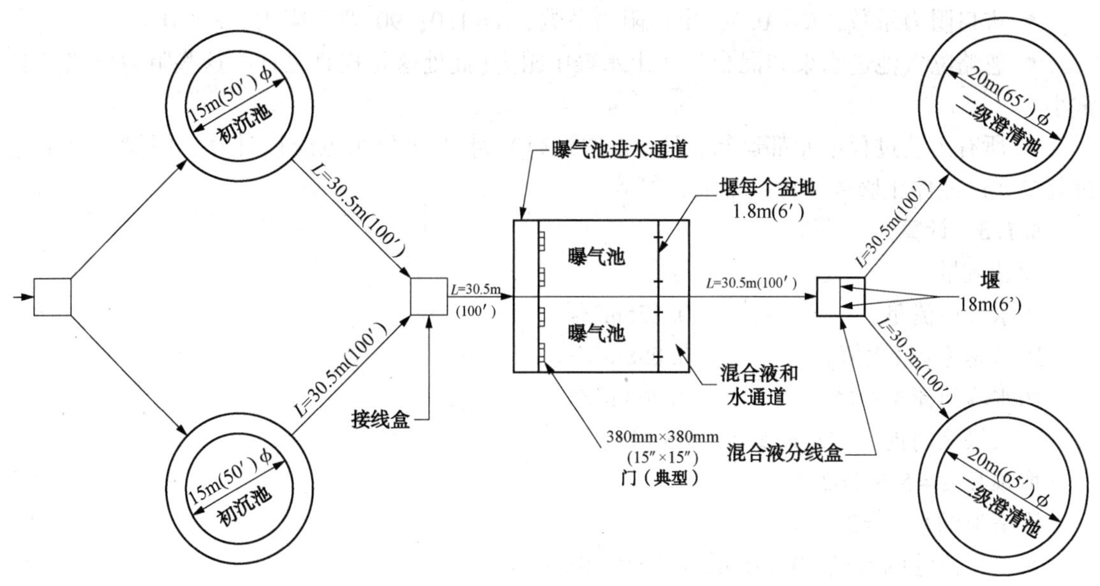

图 6.10　规划——设计实例——部分水力学分布概况

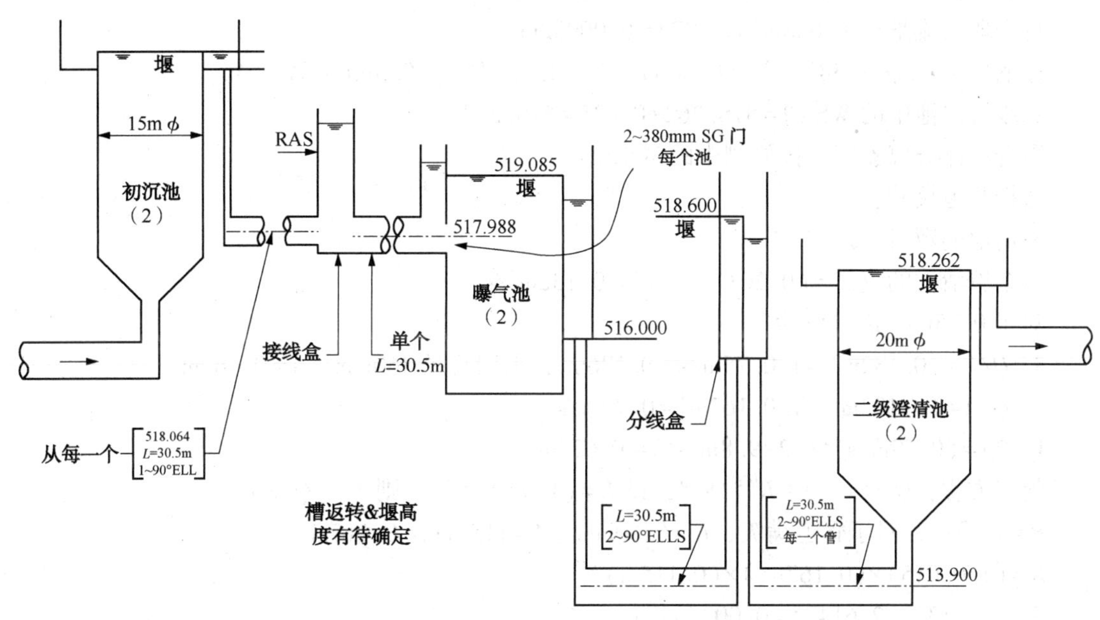

图 6.11　分布——设计实例——部分水力学分布概况

- 混合液体分流器箱具有两个矩形堰，每一个具有 1.8m 堰顶长度；每一个二级澄清池都具有一个混合液体分流器箱。

8.1.2　假设

- 所有堰都是锐顶的；矩形堰系数 = 1.82；V 型槽 = 1.38。
- 闸门和孔口系数 = 0.60；锐利，未圆润化。
- 忽略堰的端收缩。
- 用于渠道和管道的曼宁方程 $n = 0.015$。

• 进口阻力系数，$K=0.5$；出口阻力系数，$K=1.0$；90°弯管阻力，$K=0.4$。

• 忽略曝气池进水渠和混合液体出水渠中阻力(此处这是权宜之计。这些阻力可能是非常小)。

• 所有工艺过程单元都运行(即，正常运行)(水力学分布也应该计算，假设一个工艺过程单元已经停止服务，检查干舷，等等)。

8.1.3 计算

设计流量：

污水峰值流量 $0.175m^3/s$

RAS 速率(最大值) $0.088m^3/s$

污水峰值流量+RAS $0.263m^3/s$

在二级澄清池中的水面高度(WS El)：

堰顶高度=518.262

澄清池的数目=2

每个澄清池的流量$=0.175m^3/s/2=0.088m^3/s$

堰的周长=π×直径=π×20m=62.8m

90 度 V 型槽的数目=62.8m/0.23m 中心距=273

每个堰的流量$=(0.088m^3/s)/273=0.00032m^3/s$

过堰压头$=(Q/1.38)^{1/2.5}=(0.00032m^3/s/1.38)^{0.4}=0.035m$(方程 6.4)

二级澄清池中的 WS El=518.262+0.035=518.297

混合液体分离器箱的排放侧中的 WS El：

选择管道尺寸：

澄清池的数目=2

每个澄清池的流量$=(0.263m^3/s)/2=0.132m^3/s$

对于 0.75m/s 进行设计

$A=Q/V=(0.132m^3/s)/0.75m/s=0.176m^2$，采用直径 460mm，$A=0.167m^2$

$V=Q/A=(0.132m^3/s)/0.167m^2=0.79m/s$

$V^2/2g=(0.79m/s)^2/(2\times9.8m/s^2)=0.032m$

曼宁方程：$Q=(1/n)A\ R^{0.67}\ S^{0.5}$；设 $K=(1/n)A\ R^{0.67}$，则 $S=(Q/K)^2$

R=直径/4，对于管道满流；R=(460mm)/4=115 mm=0.115m

$K=(1/0.015)\times(0.167m^2)\times(0.115m)^{0.67}$

$S=[(0.132)/2.614]^2=0.0025m/m$

管长度=30.5m；摩擦阻力×30.5 m×0.0025 m/m=0.76m

微量阻力，K：$V^2/2g$

进口阻力，$K=0.5$；90 度弯管阻力 $K=0.4$；出口阻力 $K=1.0$

总 $K=0.5+2(0.4)+1.0=2.3$

微量阻力=2.3×0.032m=0.074m

混合液体分离器箱的排放侧中的 WS El=518.297+0.076 m+0.074m=518.447

混合液体分离器箱堰上游的 WS E1：

设计总流量$=0.263m^3/s$

堰的数目=2；每个二级澄清池有一个

每个堰的流量=(0.263m^3/s)/2=0.132m^3/s

堰长度=1.8 m；矩形堰板

堰系数=1.82

过堰压头，$H=(Q/C\ \_\ \ L)^{0.67}$；$=[(0.132m^3/s)/(1.82\times1.8)]^{0.67}=0.116$ m

堰顶 El=518.600

混合液体分离器箱堰上游的 WS El=518.600+0.116 m=518.716

曝气池混合液体出水渠中的 WS E1：

设计总流量=0.263m^3/s

选择管道尺寸：

对于 0.75~0.9m/s 进行设计

$A=Q/V=(0.263m^3/s)/0.75m/s=0.351m^2$，直径=0.68 m

$A=Q/V=(0.263m^3/s)/0.9m/s=0.292m^2$，直径=0.60m

采用的直径 600mm，$A=0.292m^2$

$V=Q/A=(0.263m^3/s)/0.292m^2=0.90m/s$

$V^2/2g=(0.90m/s)^2/(2\times9.8m/s^2)=0.041$ m

曼宁方程：$Q=(1/n)A\ R^{0.67}S^{0.5}$；设 $K=(1/n)A\ R^{0.67}$，则 $S=(Q/K)^2$

R=直径/4，管道满流；R=(600mm)/4=150mm=0.150m

$K=(1/0.015)\times(0.292\ m^2)\times(0.15)^{0.67}=5.46$

$S=[(0.263)/5.46]^2=0.0023$ ft/ft

管道长度=30.5 m；摩擦阻力=30.5 m×0.0023 m/m=0.070m

微量阻力，K：$V^{2/}2$g

进口阻力，$K=0.5$；90 度弯管阻力 $K=0.4$；出口阻力 $K=1.0$

总 $K=0.5\times2(0.4)+1.0=2.3$

微量阻力=2.3×0.041 m=0.094 m

曝气池混合液体出水渠中的 WS E1=518.716+0.070m+0.094 m=518.880

曝气池中 WS El：

设计总流量=0.263m^3/s

堰的数目=2；每个曝气池一个

每个堰的流量=(0.263m^3/s)/2=0.132m^3/s

堰长度=1.8m；矩形堰板

堰系数=1.82

过堰压头，$H=(Q/C\times L)^{0.67}$；$=[(0.132m^3/s)/(1.82\times1.8)]^{0.67}=0.116$ m

堰顶 El=519.085

曝气池中 WS El=519.085×0.116 m=519.201

曝气池进水渠中 WS El：

设计总流量=0.263m^3/s

闸门的数目=4；每一曝气池 2 个

流量/闸门=(0.263m^3/s)/4=0.066m^3/s

闸门宽度 = 380mm

闸门高度 = 380mm

闸门面积，每一个 = (0.38 m)×(0.38 m) = 0.144m^2

闸门孔口系数 = 0.60

闸门压头损失 $H=(1/2g)\times(Q/C\times A)^2=[1/(2\times9.8)]\times[0.066/(0.6\times0.114)]^2=0.030$m

检查通过该闸门的速率 $V=Q/A=0.066$m^3/s/0.144m^2 = 0.46m/s OK

压头损失 = 0.03 m；应该提供良好的流量分配，因为进水渠中的压头损失自身非常小。注意，该堰或割喉式流水槽能够用于代替这个闸门。

曝气池出水渠中 WS El = 519.201+0.030m = 519.231

连接箱中 WS El：

设计总流量 = 0.263m^3/s；包括在该点的 RAS

采用直径 600mm 的管道，因为流量与来自曝气池的流量相同

$V=Q/A=(0.263\text{m}^3/\text{s})/0.292\text{m}^2=0.90\text{m/s}$

$V^2/2g=(0.90\text{m/s})^2/(2\times9.8\text{m/s}^2)=0.041$ m

曼宁方程：$Q=(1/n)A\ R^{0.67}S^{0.5}$；设 $K=(1/n)A\ R^{0.67}$，则 $S=(Q/K)^2$

R = 直径/4，满流管道；R = (600mm)/4 = 150mm = 0.15 m

$K=(1/0.015)\times(0.292\text{m}^2)\times(0.15\text{ m})^{0.67}=5.46$

$S=[(0.263)/5.46]^2=0.0023$ m/m

管道长度 = 30.5 m；摩擦阻力 = 30.5 m×0.0023 m/m = 0.070m

微量阻力，K：$V^2/2g$

进口阻力，$K=0.5$；出口阻力 $K=1.0$

总 $K=0.5+1.0=1.5$

微量阻力 = 1.5×0.041 m = 0.062 m

连接箱中的 WS El = 519.231+0.070m+0.062 m = 519.363

初级澄清池通过出口的出水处的 WS El：

设计总流量 = 0.175m^3/s

初级澄清池的数目 = 2

每一初级澄清池的流量 = (0.175m^3/s)/2 = 0.088m^3/s

选择管道尺寸：

对于 0.9m/s 进行设计

$A=Q/V=(0.088\text{m}^3/\text{s})/0.9\text{m/s}=0.098\text{m}^2$，直径 = 350mm

采用直径 300-mm，$A=0.071$m^2（注意，能够使用 350mm；设计师首选）

$V=Q/A=(0.088\text{m}^3/\text{s})/0.071\text{m}^2=1.23\text{m/s}$

$V^2/2g=(13\text{m/s})^2/(2\times9.8\text{m/s}^2)=0.077$m

曼宁方程：$Q=(1/n)A\ R^{0.67}\ S^{0.5}$；设 $K=(1/n)A\ R^{0.67}$，则 $S=(Q/K)^2$

R = 直径/4，管道满流；R = (300)/4 = 75 mm

$K=(1/0.015)\times(0.071\text{m}^2)\times(0.075\text{ m})^{0.67}=0.83$

$S=[(0.088)/0.83]^2=0.011$m/m

管道长度 = 30.5 m；摩擦阻力 = 30.5 m×0.011m/m = 0.336m

微量阻力，K：$V^2/2g$

进口阻力，$K=0.5$；90 度弯管阻力 $K=0.4$；出口阻力 $K=1.0$

对于连接箱，假设入口总能量损失—保守假设。作为备选方案，能够使用汇流压力和动量方程(方程 6.17)。而且，能够使用稍微较大的管道直径降低这种压头损失。

$$总K = 0.5+1(0.4)+1.0=1.9$$

$$微量阻力=1.9\times0.077m=0.146m$$

初级澄清池出水槽出口处的 WS E1=519.363+0.336m+0.146m=519.845

WS El 初级澄清池出水渠中最大 WS E1：

设计总流量=0.175m^3/s

初级澄清池的数目=2

每一初级澄清池的流量=(0.175m^3/s)/2=0.088m^3/s

循环澄清池中每一出水渠中的两路分流流量=0.088m^3/s/

2=0.044m^3/s

初级澄清池渠宽度=460mm

临界深度=$D_c=[Q2/(B^2\times g)]^{0.33}=\{[(0.044)^2/(0.46)^2]/9.8\}^{0.33}=0.10m$

初级澄清池自由流量出水渠的最低仰拱高度=519.845+0.10m=519.945

堰槽仰拱高度设置为 519.97(容许渠末小股自由下落)

初级澄清池出水渠中最大水深度=1.73×Dc(因为其属于自由流动)

初级澄清池出水渠中最大水深度=1.73×0.10m=0.173m

初级澄清池出水渠中最大 WS E1=519.970+0.173m=520.143

初级澄清池出水堰顶设置为 520.200(容许小的压降)

初级澄清池中的 WS E1：

堰顶高度=520.200

总设计流量=0.175m^3/s

澄清池的数目=2

每个澄清池的流量=0.175m^3/s/2=0.088m^3/s

堰的周长=π×直径=π×15 m=47.1m

90 度 v 型槽的数目=47.1/0.23 中心距=205

每个堰的流量=(0.088m^3/s)/205=0.00043m^3/s

过堰压头=$(Q/1.38)^{1/2.5}=(0.00043m^3/s/1.38)^{0.4}=0.04m$(当量 6.4)

初级澄清池中的 WS E1=520.20+0.04=520.24

参见图 6.12，其中具有计算出的高度，完成了水力学分布概况。

8.2　设计实例——美制单位中的部分水力学分布概况

污水处理厂初级和二级处理工艺过程的水力学分布，应该基于先前在图 6.10 所示的规划示意图和图 6.13 所示的分布概况。应该设置初级出水渠的仰拱高度和初级澄清池出水堰的槽口高度。

8.2.1　输入参数

- 设计峰值流量=4mg/d。

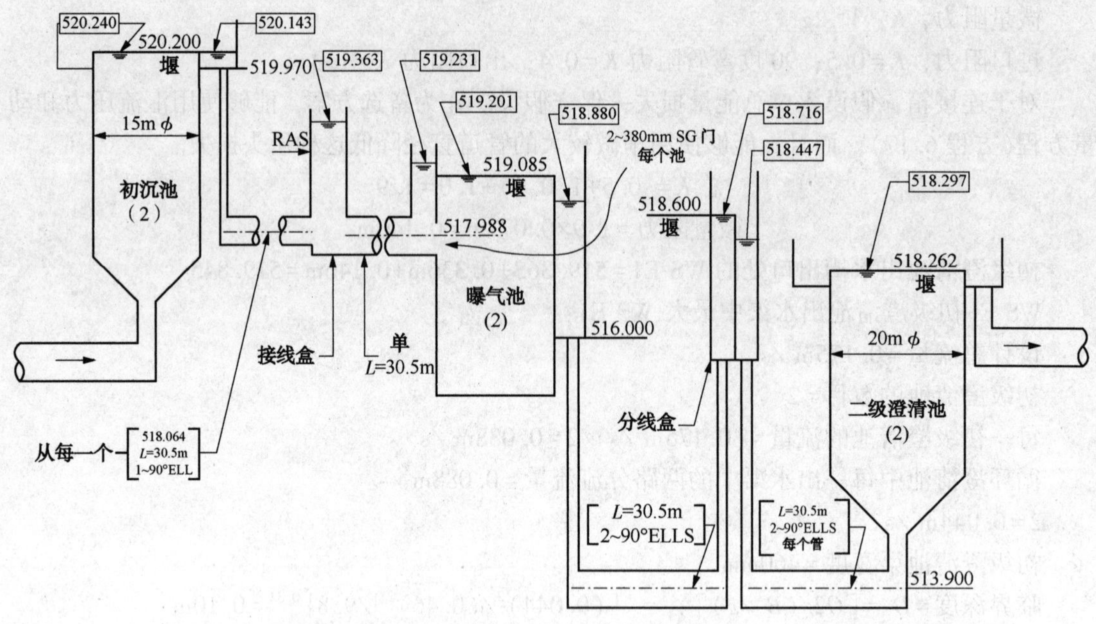

图 6.12 分布概况——设计实例——具有计算出高度的部分水力学分布概况

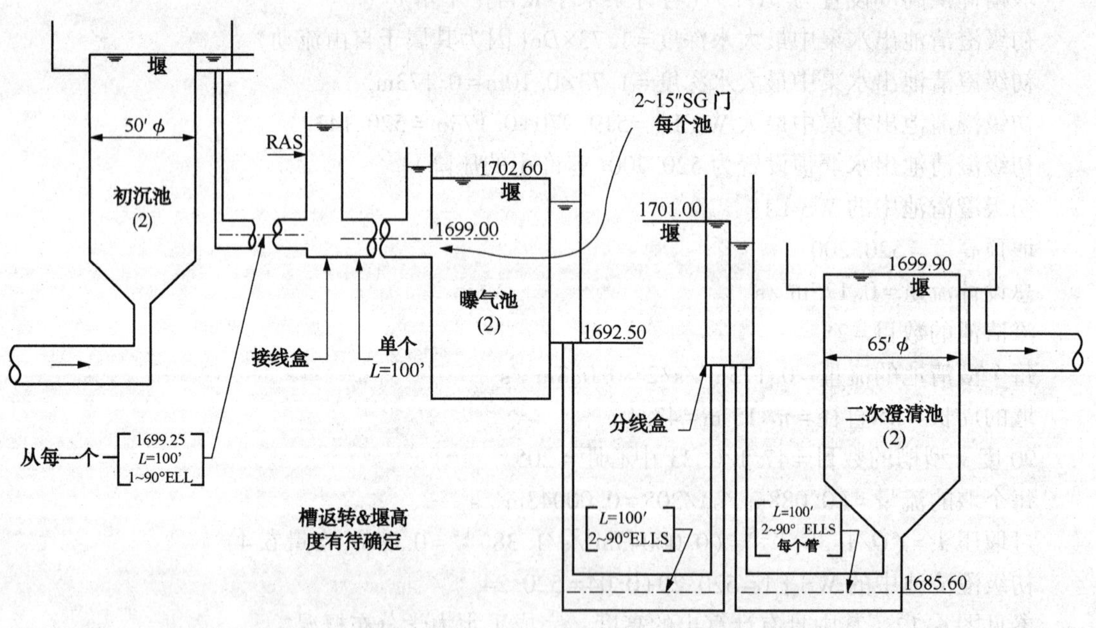

图 6.13 分布概况——设计实例——部分水力学分布概况

- RAS＝50% 进水污水流量并返回至初级澄清池下游的连接箱。
- 初级和二级澄清池是圆形的，具有 90°V 型槽，9in 中心距；所示堰高度处于该槽的底部。
- 初级澄清池出水渠横截面呈矩形，宽 18in；仰拱水平(斜率＝0)。
- 每一曝气池都具有一个出水堰，矩形，堰顶长度 6ft。

- 混合液体分离器箱具有两个矩形堰，堰顶长度 6 ft —每一个二级澄清池一个。

8.2.2　假设

- 所有堰都是锐顶；矩形堰系数=3.3。
- 闸门和孔口系数=0.60；锐边，未圆润化。
- 忽略堰端处收缩。
- 渠道和管道的曼宁方程 $n=0.015$。
- 进口阻力系数，$K=0.5$；出口阻力系数，$K=1.0$；90 度弯管阻力，$K=0.4$。
- 忽略曝气池进水渠和混合液体出水渠中阻力(此处是权宜之计。这些阻力可能是非常小)。
- 所有工艺过程单元都运行(即，正常运行)(水力学分布也应该计算，假设一个工艺过程单元已经停止服务，检查干舷，等等)。

8.2.3　计算

设计流量：

污水峰值流量　4mgd(6.19 cu ft/s)

RAS 速率(最大值)　2mgd(3.09 cu ft/s)

污水峰值流量+RAS　6mgd(9.28 cu ft/s)

在二级澄清池中的水面高度(WS El)：

堰顶高度=1699.90

的数目澄清池=2

每个澄清池的流量=6.19 cu ft/s/2=3.09 cu ft/s

堰的周长=π×直径=π×65 ft=204.2 ft

90 度 v 型槽的数目=204.2/0.75 ft 中心距=272

每个堰的流量=(3.09 cu ft/s)/272=0.0114 cu ft/s

过堰压头=$(Q/2.5)^{1/2.5}=(0.0114\ \text{cu ft/s}/2.5)^{0.4}=0.12$ ft(方程 6.4)

二级澄清池中的 WS El=1699.90+0.12=1700.02

混合液体分流器箱排放侧中的 WS El：

选择管道尺寸：

澄清池的数目=2

每个澄清池的流量=(9.28 cu ft/s)/2=4.64 cu ft/s

对于 2.5 ft/s 进行设计

$A=Q/V=(4.64\ \text{cu ft/s})/2.5\ \text{ft/s}=1.85$ sq ft，采用直径 18in.，$A=1.76$ sq ft

$V=Q/A=(4.64\ \text{cu ft/s})/1.76\ \text{sq ft}=2.63$ ft/s

$V^2/2g=(2.63\ \text{ft/s})^2/(2\times32.2\ \text{ft/s2})=0.11$ ft

曼宁方程：$Q=(1.49/n)A\ R^{0.67}S^{0.5}$；设 $K=(1.49/n)A\ R^{0.67}$，则 $S=(Q/K)^2$

R=直径/4，满流管道；$R=(18\ \text{in.}\times1\ \text{ft}/12\ \text{in})/4=0.375$ ft

$K=(1.49/0.015)\times(1.76\ \text{sq ft})\times(0.375\ \text{ft})^{0.67}=90.96$

$S=[(4.64)/90.96]^2=0.0026$ ft/ft

管道长度=100ft；摩擦阻力=100ft×0.0026 ft/ft=0.26 ft

微量阻力，K：$V^2/2g$

进口阻力，$K=0.5$；90 度弯管阻力 $K=0.4$；出口阻力 $K=1.0$

总 $K=0.5+2(0.4)+1.0=2.3$

微量阻力 = 2.3×0.11 ft = 0.25 ft

混合液体分离器箱的排放侧中的 WS El = 1700.02+0.26 ft+0.25 ft = 1700.52

混合液体分离器箱堰上游的 WS El：

设计总流量 = 9.28 cu ft/s

堰的数目 = 2；每一个二级澄清池一个

每个堰的流量 = (9.28 cu ft/s)/2 = 4.64 cu ft/s

堰长度 = 6 ft；矩形堰板

堰系数 = 3.33

过堰压头，$H=(Q/C\times L)^{0.67}$；$=[(4.64\ \text{cu ft/s})/(3.3\times 6)]^{0.67}=0.38$ ft

堰顶 El = 1701.00

混合液体分离器箱堰上游的 WS El = 1701.00+0.38 ft = 1701.38

曝气池混合液体出水渠中的 WS E1：

设计总流量 = 9.28 cu ft/s

选择管道尺寸：

对于 2.5~3 ft/s 进行设计

$A=Q/V=(9.28\ \text{cu ft/s})/2.5\ \text{ft/s}=3.71$ sq ft，直径 = 2.2 ft

$A=Q/V=(9.28\ \text{cu ft/s})/3\ \text{ft/s}=3.09$ sq ft，直径 = 2.0ft

采用直径 24in，$A=3.14$ sq ft

$V=Q/A=(9.28\ \text{cu ft/s})/3.14\ \text{sq ft}=2.96$ ft/s

$V^2/2g=(2.96\ \text{ft/s})^2/(2\times 32.2\ \text{ft/s}^2)=0.14$ ft

曼宁方程：$Q=(1.49/n)A\,R^{0.67}\,S^{0.5}$；设 $K=(1.49/n)A\,R^{0.67}$，则 $S=(Q/K)^2$

R = 直径/4，管道满流；$R=(24\ \text{in.}\times 1\ \text{ft}/12\ \text{in.})/4=0.50$ft

$K=(1.49/0.015)\times(3.14\ \text{sq ft})\times(0.50\text{ft})^{0.67}=195.92$

$S=[(9.28)/195.92]^2=0.0022$ ft/ft

管道长度 = 100ft；摩擦阻力 = 100ft×0.0022 ft/ft = 0.22 ft

微量阻力，K：$V^2/2g$

进口阻力，$K=0.5$；90 度弯管阻力 $K=0.4$；出口阻力 K = 1.0

总 $K=0.5+2(0.4)+1.0=2.3$

微量阻力 = 2.3×0.14 ft = 0.32 ft

曝气池混合液体出水渠中的 WS E1 = 1701.38+0.22 ft+0.32 ft = 1701.92

曝气池中的 WS El：

设计总流量 = 9.28 cu ft/s

堰的数目 = 2；每一曝气池一个

每个堰的流量 = (9.28 cu ft/s)/2 = 4.64 cu ft/s

堰长度 = 6 ft；矩形堰板

堰系数 = 3.33

过堰压头，$H=(Q/C\times L)^{0.67}$；$=[(4.64\ \text{cu ft/s})/(3.3\_\ 6)]^{0.67}=0.38$ ft

堰顶 El = 1702.60

曝气池中的 WS El = 1702.60 + 0.38 ft = 1702.98

曝气池进水渠中的 WS El：

设计总流量 = 9.28 cu ft/s

闸门的数目 = 4；每一曝气池 2 个

流量/闸门 = (9.28 cu ft/s)/4 = 2.32 cu ft/s

闸门宽度 = 1.25ft

闸门高度 = 1.25ft

闸门面积，每一个 = (1.25 ft)×(1.25 ft) = 1.56 sq ft

闸门孔口系数 = 0.60

闸门压头损失 $H=(1/2g)\times(Q/C\times A)^2=[1/(2\times 32.2)]\times[2.32/(0.6\times 1.56)]^2=0.10\text{ft}$

检查通过该闸门的速率 $V=Q/A=2.32$ cu ft/s/1.56 sq ft = 1.5 ft/s OK

压头损失 = 0.10ft，应该提供良好的流量分配，因为进水渠中的压头损失自身非常小。注意，该堰或割喉式流水槽能够用于代替这个闸门。

曝气池出水渠中的 WS El = 1702.98 + 0.10 = 1703.08

连接箱中的 WS El：

设计总流量 = 9.28 cu ft/s；包括该点的 RAS

采用直径 24in. 的管道，因为流量与来自曝气池的相同

$V=Q/A=(9.28\text{ cu ft/s})/3.14\text{ sq ft}=2.96\text{ ft/s}$

$V^2/2g=(2.96\text{ ft/s})^2/(2\times 32.2\text{ ft/s2})=0.14\text{ ft}$

曼宁方程：$Q=(1.49/n)A\,R^{0.67}\,S^{0.5}$；设 $K=(1.49/n)A\,R^{0.67}$，则 $S=(Q/K)^2$

R = 直径/4，满流管道；$R=(24\text{ in.}\times 1\text{ ft}/12\text{ in.})/4=0.50\text{ft}$

$K=(1.49/0.015)\times(3.14\text{ sq ft})\times(0.50\text{ft})^{0.67}=195.92$

$S=[(9.28)/195.92]^2=0.0022\text{ ft/ft}$

管道长度 = 100ft；摩擦阻力 = 100ft×0.0022 ft/ft = 0.22 ft

微量阻力，K：$V^2/2g$

进口阻力，$K=0.5$；出口阻力 $K=1.0$

总 $K=0.5+1.0=1.5$

微量阻力 = 1.5×0.14 ft = 0.20ft

连接箱中的 WS El = 1703.08 + 0.22 + 0.20ft = 1703.50

初级澄清池出水渠出口处的 WS El：

设计总流量 = 6.19 cu ft/s

初级澄清池的数目 = 2

每一初级澄清池的流量 = (6.19 cu ft/s)/2 = 3.09 cu ft/s

选择管道尺寸：

对于 3 ft/s 进行设计

$A=Q/V=(3.09\text{ cu ft/s})/3\text{ ft/s}=1.03\text{ sq ft}$，直径 = 1.1 ft

采用 12in. 的直径，$A=0.79$ sq ft

$V=Q/A=(3.09\text{ cu ft/s})/0.79\text{ sq ft}=3.94\text{ ft/s}$

$V^2/2g=(3.94\ ft/s)^2/(2\times32.2\ ft/s^2)=0.24\ ft$

曼宁方程：$Q=(1.49/n)A\ R^{0.67}\ S^{0.5}$；设 $K=(1.49/n)A\ R^{0.67}$，则 $S=(Q/K)^2$

R=直径/4，满流管道；$R=(12\ in.\times1\ ft/12\ in.)/4=0.25\ ft$

$K=(1.49/0.015)\times(0.79\ sq\ ft)\times(0.25\ ft)^{0.67}=30.85$

$S=[(9.28)/30.85]^2=0.0101\ ft/ft$

管道长度=100ft；摩擦阻力=100ft×0.0101 ft/ft=1.01 ft

微量阻力，K：$V^2/2g$

进口阻力，K=0.5；90 度弯管阻力 K=0.4；出口阻力 K= 1.0

对于连接箱，假设入口总能量损失—保守假设。作为备选方案，能够使用汇流压力和动量方程(方程 6.17)。而且，能够使用稍微较大的管道直径降低这种压头损失。

总 K=0.5+1(0.4)+1.0=1.9

微量阻力=1.9×0.24 ft=0.46 ft

初级澄清池出水渠出口处 WS E1=1703.50+1.01 ft+0.46 ft=1704.97

初级澄清池出水渠中最大 WS E1：

设计总流量=6.19 cu ft/s

初级澄清池的数目=2

每一初级澄清池的流量=(6.19 cu ft/s)/2=

循环澄清池中每一出水渠中两路分流流量=3.09 cu ft/s/2=1.55 ft^3/s

初级澄清池渠宽度=1.5ft

临界深度=$D_c=[Q^2/(B^2\times g)]^{0.33}=\{[(1.55)^2/(1.5)^2]/32.2\}^{0.33}=0.32$ ft

自由流动的初级澄清池出水渠最低仰拱=1704.97+0.32 ft=1705.29

堰 槽仰拱高度设置为 1705.40(提供小压降以确保自由排放)

初级澄清池出水渠最大水深度=1.73×Dc(因为其属于自由流动)

初级澄清池出水渠中最大水深度=1.73×0.32 ft=0.55 ft

初级澄清池出水渠中最大 WS E1=1705.40+0.55=1705.95

初级澄清池出水堰顶(切口高度)设置为 1705.85+0.25=1706.20 容许 0.25ft 压降)

初级澄清池中 WS E1：

堰顶高度=1706.20

总设计流量=6.19 ft^3/s

澄清池的数目=2

每个澄清池的流量=6.19 cu ft/s/2=3.09 cu ft/s

堰的周长=π×直径=π×50ft=157.08 ft

90 度 v 型槽的数目=157.08/0.75 ft 中心距=209

每个堰的流量=(3.09 cu ft/s)/209=0.0148 cu ft/s

过堰压头=$(Q/2.5)^{1/2.5}=(0.0148\ cu\ ft/s/2.5)^{0.4}=0.13$ ft(eq 6.4)

初级澄清池中 WS El=1706.20+0.13=1706.33

参见图 6.14，其中具有计算出的高度，完成了水力学分布概况。

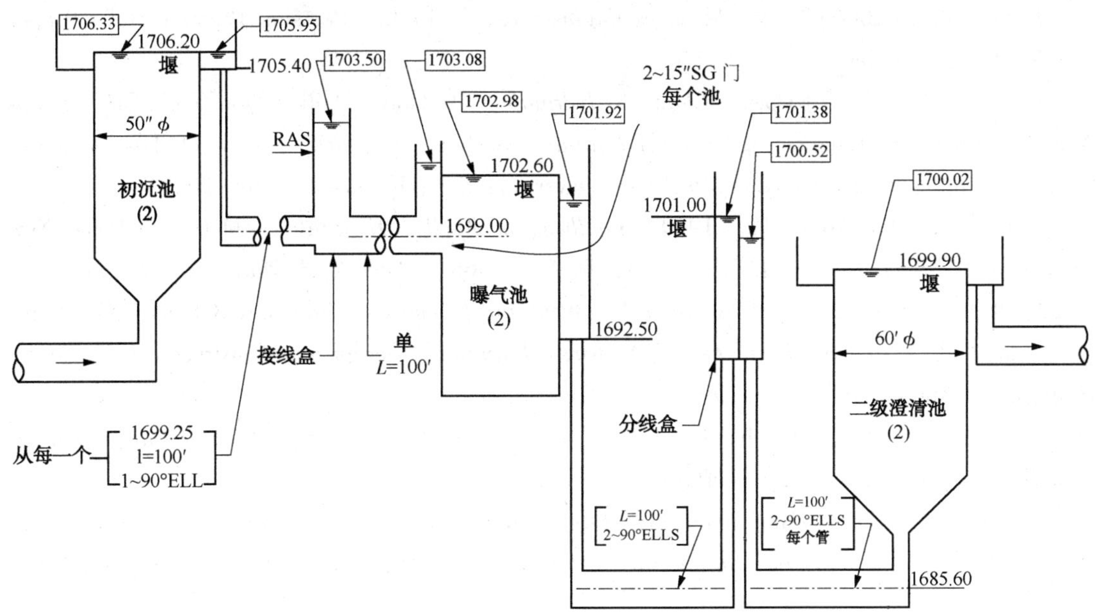

图 6.14　分布概况——设计实例——具有已经计算出的高度的部分水力学分布概况

9　参考文献

Abu-Seida, M. M.; Quraishi, A. A. (1976) A Flow Equation for Submerged Rectangular Weirs. *Proc. Inst. Civil Eng.*, 61(2), 685-696.

Ackers, W. R.; White, W. R.; Perkins, J. A.; Harrison, A. J. M. (1978) *Weirs and Flumes for Flow Measurement*; John Wiley & Sons: Chichester, West Sussex, United Kingdom.

American Society of Civil Engineers; Water Environment Federation (2007) *Gravity Sanitary Sewer Design and Construction*, 2nd edition; ASCE Manuals and Reports on Engineering Practice No. 60, WEF Manual of Practice No. FD-5; American Society of Civil Engineers: Reston, Virginia.

American Water Works Association (1969) *Water Treatment Plant Design*; American Water Works Association: Denver, Colorado.

Benefield, L. D.; Judkins Jr., J. F.; Parr, D. A. (1984) *Treatment Plant Hydraulics for Environmental Engineers*; Prentice-Hall: Englewood Cliffs, New Jersey. Bergendahl, J. (2008) *Treatment System Hydraulics*; American Society of Civil Engineers: Reston, Virginia.

Betz, J. M. (1981) Unpublished Notes of a Head Loss Test at the Los Angeles-Glendale Water Reclamation Plant, Aug 26. Los Angeles-Glendale Water Reclamation Plant: California.

Boulos, P. F.; Nicklow, J. W. (2005) *Comprehensive Water and Wastewater Treatment Plant Hydraulics Handbook for Engineers and Operators*; MWH Soft Press: Broomfield, Colorado.

Camp, T. R.; Graber, S. D. (1968) Dispersion Conduits. *Am. Soc. Civ. Eng J. Sanit. Eng. Div.*, 94(1), 31-39.

Chin, D. A. (2006) *Water-Resources Engineering*, 2nd ed.; Pearson-Prentice Hall: Upper Saddle River, New Jersey.

Chow, V. T. (1959) *Open - Channel Hydraulics*; McGraw - Hill: New York. City of Los Angeles Bureau of Engineering (1968) *Hyraulic Analysis of Junctions*. City of Los Angeles: California, http://eng.lacity.org/techdocs/sewer-ma/haj.pdf(accessed June 2009).

Davis, C.; Sorensen, K. (1969) *Handbook of Applied Hydraulics*; McGraw - Hill: New York. Fair, G. M.; Geyer, J. C.; Okun, D. A. (1968) *Water and Wastewater Engineering, Vol. 2: Water Purification and Wastewater Treatment and Disposal*; John Wiley & Sons: New York.

Grace, R. A. (1978) *Marine Outfall Systems: Planning, Design and Construction*; Prentice-Hall: Upper Saddle River, New Jersey.

Gunnerson, C. G.; French, J. A. (1996) *Wastewater Management for Coastal Cities: The Ocean Disposal Option*; Springer-Verlag: New York.

Hicks, T. A. (1971) *Pump Application Engineering*; McGraw-Hill: New York. Hydraulic Institute (1979) *Hydraulic Institute Engineering Data Book*; The Hydraulic Institute: Cleveland, Ohio.

Hydraulic Institute (1983) *Hydraulic Institute Standards for Centrifugal, Rotary, and Reciprocating Pumps*, 14th ed.; Hydraulic Institute: Parsippany, New York.

Jones, G. M. (Ed.) (2006) *Pumping Station Design*, 3rd ed.; Butterworth - Heinemann: Burlington, Massachusetts.

Karassik, I. J.; Carter, R. (1960) *Centrifugal Pumps; Selection, Operation, and Maintenance*; McGraw-Hill: New York.

Karassik, I. J.; Krutzsch, W. C.; Messina, J. P. (1986) *Pump Handbook*, 2nd ed.; McGraw-Hill: New York.

King, H. W.; Brater, E. F. (1963) *Handbook of Hydraulics*; McGraw-Hill: New York.

Metcalf & Eddy (2003) *Wastewater Engineering: Treatment and Reuse*, 4th ed., Tchobanoglous, G., Burton, F. L., Stensel, H. D. (Eds.); McGraw-Hill: New York.

Montgomery, J. M. (1985) *Water Treatment Principles and Design*; Wiley-Interscience: New York.

National Water Research Institute (2003) *Ultraviolet Disinfection Guidelines for Drinking Water and Water Reuse*, 2nd ed.; National Water Research Institute: Fountain Valley, California.

Reichenberger, J. C. (1984) Unpublished notes for the design of Three Valleys Municipal Water District, Miramar Treatment Plant, Claremont, California.

Reynolds, T. D.; Richards, P. (1995) *Unit Operations and Processes in Environmental Engineering*, 2nd ed.; PWS Publishing Company: Boston, Massachusetts.

Sen, D., Aquaregen, Mountain View, California (2008) Personal communication.

Street, R. L.; Waters, G. Z.; Vennard, J. K. (1996) *Elementary Fluid Mechanics*, 7th ed.; John Wiley & Sons: New York.

Thomas, H. A. (1940) *Discussion of T. R. Camp's paper, Lateral Spillway Channels. Trans. Am. Soc. Civil Eng.*, 105, 627.

Townsend, D. W. (1935) Loss of Head in Activated Sludge Aeration Channels. *Transactions*, *Am. Soc. Civ. Eng.*, 100, 518.

U. S. Department of the Interior Bureau of Reclamation (2001) *Water Measurement Manual*, Chapter 8, Superintendent of Documents; U. S. Government Printing Office: Washington, D. C., /(accessed Nov 11, 2008).

Villemonte, J. R. (1947) Submerged Weir Discharge Studies. *Eng. News Record*, Dec 866-869.

Walker, R. (1972) *Pump Selection*; *A Consulting Engineer's Manual*; Ann Arbor Science Publishers Inc.: Ann Arbor, Michigan.

Walski, T. (2008) Understanding the Dynamics of Treatment Plant Hydraulics. Haestad Methods, Inc.: Waterbury, Connecticut (unpublished draft).

Water Environment Federation (1993) *Design of Wastewater and Stormwater Pumping Stations*, Manual of Practice No. FD-4; Water Environment Federation: Alexandria, Virginia.

Water Pollution Control Federation (1959) *Sewage Treatment Plant Design*, Manual of Practice No. 8; Water Pollution Control Federation: Washington, D. C.

10　推荐读物

Miller, D. S. (1990) *Internal Flow Systems*, 2nd ed.; Gulf Publishing Company: Houston, Texas.

Pulsafeeder Inc. (2005) Designing a Trouble-Free Installation. Pulsafeeder Inc.: Rochester, New York, http://www.pulsa.com/downloads/npsh.asp (accessed July 5, 2008).

Qasim, S. R. (1999) *Wastewater Treatment Plants*: *Planning*, *Design*, *and Operation*, 2nd ed., CRC Press: Boca Raton, Florida.

Vesilind, P. A. (2003) *Wastewater Treatment Plant Design*; WEF and IWA Publishing: London, United Kingdom.

Water Pollution Control Federation (1989) Technology and Design Deficiencies at Publicly Owned Treatment Works. *Water Environ. Technol.*, 1(4), 515.

Townsend, D. W. (1935) Loss of Head in Activated Sludge Aeration Channels. *Transactions Am. Soc. Civ. Eng.*, 100, 318.

U. S. Department of the Interior Bureau of Reclamation (2001) *Water Measurement Manual*, Chapter 8. Superintendent of Documents, U. S. Government Printing Office: Washington, D. C. (Accessed Nov 11, 2008).

Villemonte, J. R. (1947) Submerged Weir Discharge Studies. *Eng. News-Record*, Dec 866–869.

Walker, R. (1972) *Pump Selection: A Consulting Engineer's Manual*. Ann Arbor Science Publishers Inc.: Ann Arbor, Michigan.

Walski, T. (2008) Unit Limitations: the Dynamics of Treatment Plant Hydraulics. Haestad Methods, Inc.: Waterbury, Connecticut (unpublished draft).

Water Environment Federation (1993) *Design of Wastewater and Stormwater Pumping Stations*, Manual of Practice No. FD–4; Water Environment Federation: Alexandria, Virginia.

Water Pollution Control Federation (1959) *Sewage Treatment Plant Design*; Manual of Practice No. 8; Water Pollution Control Federation: Washington, D. C.

10 推荐读物

Miller, D. S. (1990) *Internal Flow Systems*, 2nd ed.; Gulf Publishing Company: Houston, Texas.

Pulsafeeder Inc. (2005) Designing a Trouble - Free Installation. Pulsafeeder Inc.: Rochester, New York. http://www.pulsa.com/downloads/appli.asp (accessed Jul 5, 2008).

Qasim, S. R. (1999) *Wastewater Treatment Plants: Planning, Design, and Operation*, 2nd ed.; CRC Press: Boca Raton, Florida.

Vesilind, P. A. (2003) *Wastewater Treatment Plant Design*; WEF and IWA Publishing: London, United Kingdom.

Water Pollution Control Federation (1989) Technology and Design Deficiencies at Publicly Owned Treatment Works. *Water Environ. Technol.*, 1 (1), 15.

第 7 章　气味控制和排气

1　排气控制的设计基础

本章基本上都是基于水环境联合会(Water Environment Federation®)《实践手册》第 25 章,“污水处理厂气味和排放的控制”中所包含的信息(WEF, 2004)。如需进一步信息，这应该作为第一参考点。本章重点介绍污水处理厂(WWTP)各处理工艺过程中的气味和排气的表征、评价、捕捉和处理。设计工程师需要考虑各个污水处理工艺过程单元减少排放的方法。在专门针对各个处理工艺过程单元的章节中将会描述这些减排策略。

在排放控制技术可以选择而随后进行选型之前，设计工程师必须定义正在处理的气体或废气流的气体流量(AFR)，所关心污染物或气味物质的负荷率和要达到的性能标准或控制效率。

1.1　气体流量

排放控制技术经过设计能够用于处理具体的 AFR 或气体流。在确定 AFR 中的主要驱动力是对正在收集空气的工艺过程装置单元或区域的通风要求。通风需求由许多因素决定，包括工作者健康、安全性和舒适性、防火和防爆、以及防腐。为了满足这些要求，设计人员对要求通风的工艺过程装置单元需要进行全面了解，包括温度、压力、含水量和气体流的气体组成。为了处理来自锅炉、发动机、烘干机、热处理系统的废气，设计师可能需要保证该系统的质量和能量平衡，才能获得必要的气体流信息。

1.2　污染物负荷

空气和气味控制系统设计用于处理具体的污染物或污染物组。了解最大的污染物负荷，会影响系统规模选型。平均污染物负荷也影响到寿命周期成本。在气流中除了目标污染物以外，如果还存在各种化合物，则能够促进或阻碍单元装置的控制效率或增加运营成本。例如，二氧化碳(CO_2)会增加苛性化学品在填充床、湿式洗涤塔系统中的消耗。

气味控制系统如果需要对不只一种气味物质进行有效处理，则可能需要使用多级处理系统。因此，有必要既从气味测定法-特性又要从化学组成的角度了解异味空气流的复杂性。

1.3　排放控制目标

对于标准污染物的排放控制目标通过空气质量-审批过程建立。在某些情况下，需要分散建模分析证明并未超出环境空气质量标准。

建立气味控制性能标准，能够最小化异味投诉，或防止滋扰条件。可能需要社区输入信息才能建立环境气味阈值，这种气味阈值能够作为开发气味控制策略的基础。

1.4　气味参数

人对气味的感觉——嗅觉是检测环境空气中存在一些化学物质的能力。并非所有的化学品都有气味；然而，当它们属于有气味的物质时，人能够在极低浓度下检测到它们的存在，起到污水处理设施气体排放存在的早期预警或简单地标记。嗅觉是强大的，因为它有能力触发情感与记忆。因此，气味检测可能是令人厌烦的或可能造成生理反应，从而导致投诉。

当污水处理气味影响空气质量并引起市民的投诉时，对这些气味进行调查研究需要测定具体的气味物质，并使用可靠的、重复性好的、客观而定量的气味感知标准化方法测定有异味的空气。

气味可以采用客观、科学的方法进行定量和定性分析。气味术语学与标准方法相关。气味的四种可测量的客观参数是浓度、强度、持久性和特性描述符。这些将在下面的章节讨论。

1.4.1 气味浓度

气味测试过程中测定的最常见的气味参数是气味浓度(检测阈值和识别阈值)。气味浓度的测定采用称之为嗅觉计的仪器完成。特殊气味物质的浓度，如硫化氢(H_2S)，百万分之几的体积或摩尔分数(摩尔/1000000mol [ppm_v])就可以测量。

实验室嗅觉计模拟环境空气中气味的稀溶液。气味浓度，作为检测阈值，是一个需要使实际气味排放不可检测的稀溶液浓度的估计值。识别阈值表示需要使气味样品依稀辨识的稀溶液浓度。气味物质浓度的巨大值表示强烈的气味。气味浓度较小的值代表微弱的气味。

气味浓度是需要使实际气味不可检测的稀溶液浓度的估计值。实际气味排放的稀溶液是气味源顺风的大气中发生的物理过程。受体(社会个人)嗅到稀释后的气味。如果受体检测到气味，则在大气中气味含量就高于受体的检测阈值水平。

1.4.2 气味强度

感知的气味强度是超过气味识别阈值(上阈值)的相对强度。《上阈值气味强度测量的标准规范》(*Standard Practice for Suprathreshold Odor Intensity Measurement*)(ASTM E544-99)提出了两种参照环境气味强度的方法—动态的方法(方法 A)和静态的方法(方法 B)(ASTM, 1999)。

气味强度的检测结果是以体积或摩尔为基础的标准参照物百万分之几的分数(mol/1000000mol [ppm_v])。空气中的参照物是正丁醇(1 ppm_v的正丁醇等于 3.03mg/m^3正丁醇)。正丁醇的值较大意味着更强的气味。正丁醇的值很小是指较弱的气味强度。

1.4.3 气味持久性

气味持久性是一个术语，用来形容气味的感知强度随着气味稀释(即，从气味源顺风的大气中)而降低的速率。图 7.1 图示说明了气味强度如何随着气味稀释而降低。不同气味以不同的速率随着稀释作用而气味强度下降。气味强度以幂定律(斯蒂文定律)(Steven's law)关联于气味浓度。

1.4.4 气味特性描述符

气味特性是一个标称(明确的)气味测量的品级。采用味道、感觉和气味描述符的参考词汇能够表征气味。

众多标准气味描述符列表可用作气味评审员(小组成员)的参考词汇。1986 年国际水污

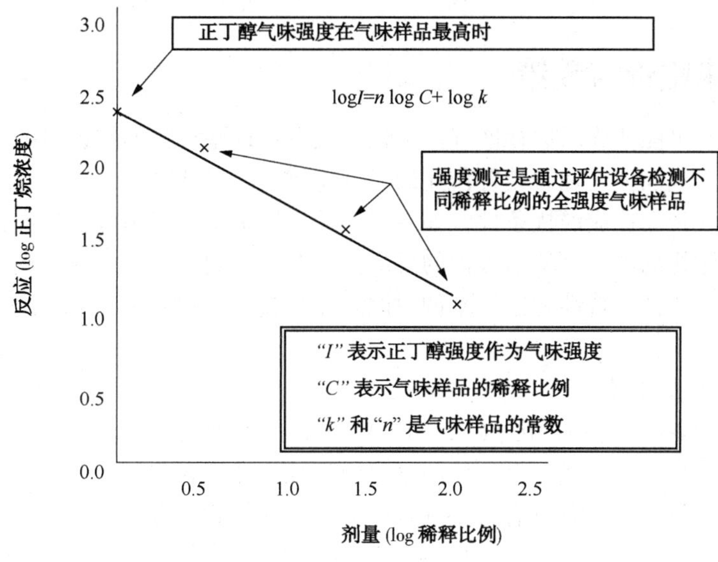

图 7.1　气味稀释和强度之间的关系

染研究与控制协会提出了以下八个主要的气味描述符分类：蔬菜、水果、花卉、药材、化学品、鱼腥、恶臭和土腥味(IAWPRC，1986)。八大类别中的每一类都可以具有具体的描述符，这些描述符可在使用范例的培训中介绍。例如，“蔬菜”的主要类别包括采用现实生活的项目(范例)举例说明的词汇，如芹菜、黄瓜、大蒜、洋葱和番茄。

这些气味参数是客观的，因为它们都是采用科学技术，参考尺度和标准类别进行测定，而并非依赖于个人的观点。

另外，主观气味参数有：

- 快乐基调—愉悦与不愉快；
- 烦恼—生命和财产舒适享受受到干扰；
- 令人生厌—引起回避或生理反应；
- 强度—词语尺度，如“淡”到“强”。

这些气味参数是主观的，因为它们是由个人依靠自己对词语尺度解释和个人意见、情感、信念、记忆、经验和偏见进行报告的。

2　气味调控和社会影响

空气质量法规包括建立国家环境空气质量标准，明确界定了污染物，初级和二级处理浓度的限制，相应的平均周期和确定达标的基础。燃烧源的排放限值是通过许可证审查过程中建立的。

当为气味控制系统设置性能限制时，以前现存的环境空气限值或性能标准还没有统一建立。定量气味标准的努力通常以其气味水平对影响人群可检测到的讨论开始。可检测性或阈值是指产生嗅觉反应或感觉的气味的最低浓度。这种阈值通常由指定的多人组成的气味评定小组确定，而这个数据结果通常表示当有 50% 的小组成员正确检测到气味时的出现值。

2.1 气味监管与政策

污水处理厂有可能造成周边社区气味滋扰的投诉。这些气味的投诉可能会因为污水处理系统、污水处理厂或固体处理和处置作业的意外排放而源自社区。

哪一级别的气味会造成滋扰条件？如果我们的目标是避免气味滋扰情况，则通常应该努力定义构成气味滋扰的内容。评估人群的反应类型取决于测量的具体感官属性。这些属性包括气味强度、可检测性、特性和愉悦基调(愉悦/不愉悦)。这些属性的综合效应涉及到可能由气味造成的烦扰。

2.1.1 州和地方的责任

美国环境保护署(华盛顿特区)(U. S. EPA)认为，因为气味并非由单一污染物造成的，这很难将给定的气味浓度关联上对具体的健康或福祉的任何影响。因此，美国环保署决定将气味法规的立法交给州和地方政府，特别是因为美国环保署负责监管公共福祉和非公众造成滋扰。美国环保署的报告(Wahl，1980)证实了这种做法，对此指出，联邦政府涉及气味控制的监管，似乎没有必要，而地方和州的气味控制程序，一般似乎已经足够，并可能比全国根据《清洁空气法案》(Clean Air Act)(1990)(CAA)统一监管程序更成本有效。

1995年，实施了气味控制法规调查(Leonardos，1997)，该项调查通过向所有50个州空气污染控制机构发出问卷。调查结果总结于表7.1。据泊辟(Pope，2000)报道，50个州中多达40个州通过了滋扰法。气味滋扰法基于普通法的一般规定，气味是一种空气污染物，是如果"无理干涉生命或财产的享受"时的滋扰。气味滋扰法规可能包括一项相对气味影响频率的陈述，规定了在定义的时间内从独立家庭收到的投诉数量。一些州和地方监管部门已经建立了环境空气/气味标准或基于投诉的法规。这样一些监管气味的替代方法总结如下。

表7.1 美国自1995年起气味法规状况的概述(摘自Leonardos，1997)

气味滋扰/恶臭/空气污染类型法规	25个州
无专门的气味法规	14个州
现场气味计量仪或D/T	6个州
化合物特殊限制(不包括总还原硫)	2个州
调查无反应	3个州

2.1.1.1 气味测量为基础的监管方法

气味排放造成滋扰投诉往往是许多有气味的化合物的复杂混合物。除硫化氢之外，对气味中存在的各个化学化合物进行分析监测，通常是不切实际的。因此，气味传感方法通常用于测量这种气味而非仪器方法。这些气味的传感方法依赖于评价小组各人的嗅觉反应。

越来越多的人关注将监管标准建立在识别或滋扰阈值的基础上，而非检测阈值。识别阈值根据不同的化合物而不同，但据信对于大多数化合物是检测阈值的约3至5倍。所使用的稀释至阈值的限制值(D/T)的实例，描述于表7.2中。表7.3总结了一些在比较不同的D/T数值气味标准时要考虑的因素。

表 7.2　使用 D/T 限的实例

位置	厂外标准和准则	平均时间
新南威尔士州(澳大利亚)	2OU/m^3(都市点源)	1s(99.5%达标)
	7OU/m^3(农村点源)	1s(99.5% 达标)
	15OU/m^3(地区性污染源)	1h(99.5% 达标)
昆士兰州(澳大利亚)	10OU/m^3	1h(99.5% 达标)
西澳大利亚	2OU/m^3	1h(99.9% 达标)
	7OU/m^3(家禽准则)	1h(99.9% 达标)
塔斯马尼亚州(澳大利亚)	1OU/m^3	3min(99.9% 达标)
安大略(加拿大)	1OU/m^3	10min
丹麦	0.6~1.2OU/m^3	1min
小蚝湾 WWTP(香港)	5OU	5s
荷兰	1OU/m^3(新源)	99.5%达标
迪拜 WWTP(UK)	5OU/m^3	98%达标
滨海纽比金(UK)	5OU/m^3	98%达标
新西兰	2OU/m^3	1h(99.5% 达标)
阿勒格尼县 WWTP,		
宾夕法尼亚州(U.S.)	4D/T(设计目标)	2min
BAAQD①(U.S.)	5D/T	在 90 天的时间内至少 10 次投诉之后适用
科罗拉多(U.S.)	7D/T(呼吸测污仪)	
康涅狄格州(U.S.)	7D/T	
新泽西(U.S.)	5D/T②	5min 或更少
北达科他州(U.S.)	2D/T(呼吸测污仪)	
俄勒冈州(U.S.)	1~2D/T	15min
奥克兰，加利福尼亚(U.S.)	50D/T	3min
圣迭戈 WWTP，加州(U.S.)	5D/T	5min(99.5% 达标)
西雅图 WWTP，华盛顿(U.S.)	5D/T	5min

(Mahin，2001；由《水科学和技术》(*Water Science and Technology*)重印，获得版权所有者的许可，IWA)

① 海湾区空气质量管理区(圣弗朗西斯科，加州)。

② 生物固体/污泥处理和处理设施。

表 7.3　相比不同 D/T 气味标准需要考虑的因素

对气味分散分析指定的模型	ISCST3，ISC Prime，AERMOD，ASMS 第 3 版，SCREEN3，等
对此气味模型规定的平均时间	60min，15 min，10min，5 min，3 min，等
作为气味测定样品分析的部分规定实验室空气流量	3 L/m，20L/m，等
该标准是否不得不满足模型预测的所有时间	100%，99.50%，99%，98%，等。
适用于气味样品收集的模型类型	流通池，风道，等。

2.1.1.2 基于各种气味性物质的方法

虽然硫化氢被认为是目前污水中存在的最普遍的有气味化合物，但是不应该推定，在任何情况下，气味问题都是由硫化氢引起的。污水气味通常是硫或氮化合物、有机酸、醛、酮(Gostelow et al., 2001)。与污水处理厂关系最密切的气味是硫化氢和还原硫有机物(硫醇，二甲基二硫，二甲基硫醚)。

表 7.4 列出了一些污水中发现的有气味化合物及其气味检测和识别阈值。在标准大气条件下有气味物质大多是气体，或至少具有显著的挥发性。这种挥发性在表中表示为每百万的的分数(PPM)和等于蒸气压。这些物质的分子量通常范围为 30~150。通常情况下，低分子量化合物，蒸气压较高并具有排放到大气中的潜力。高分子量物质一般不易挥发，因此，一般造成异味投诉的影响作用较小。

表 7.4 污水中的气味性化合物[①]

化合物名称	结构简式	分子量	25℃挥发性/ppm(v/v)	检测阈值/ppm(v/v)	识别阈值/ppm(v/v)	气味描述
乙醛	CH_3CHO	44	气体	0.067	0.21	辛辣，果味
烯丙硫醇	$CH_2=CHCH_2SH$	74		0.0001	0.001 5	不愉快，蒜味
氨	NH_3	17	气体	17	37	辛辣，刺激性
戊硫醇	$CH_3(CH_2)_4SH$	104		0.0003	—	不愉快，腐烂
苄硫醇	$C_6H_5CH_2SH$	124		0.0002	0.002 6	不愉快，强烈
丁胺	$CH_3(CH_2)NH_2$	73	93000	0.080	1.8	酸味，氨
氯	Cl_2	71	气体	0.080	0.31	刺鼻，令人窒息
二丁胺	$(C_4H_9)_2NH$	129	8000	0.016	—	鱼腥味
二异丙胺	$(C_3H_7)_2NH$	101		0.13	0.38	鱼腥味
二甲胺	$(CH_3)_2NH$	45	气体	0.34	—	腐败，鱼腥味
甲硫醚	$(CH_3)_2S$	62	830000	0.001	0.001	腐烂白菜
二苯硫醚	$(C_6H_5)_2S$	186	100	0.0001	0.002 1	不愉快
乙胺	$C_2H_5NH_2$	45	气体	0.27	1.7	类氨
乙硫醇	C_2H_5SH	62	710000	0.0003	0.001	腐烂白菜
硫化氢	H_2S	34	气体	0.0005	0.004 7	臭鸡蛋
吲哚	$C_6H_4(CH)_2NH$	117	360	0.0001	—	粪便，令人恶心
甲胺	CH_3NH_2	31	气体	4.7	—	腐臭，鱼腥味
甲硫醇	CH_3SH	48	气体	0.0005	0.001 0	腐烂白菜
臭氧	O_3	48	气体	0.5	—	辛辣，刺激性
苯硫酚	C_6H_5SH	110	2000	0.0003	0.0015	腐臭，蒜味
丙硫醇	C_3H_7SH	76	220000	0.0005	0.020	不愉快
吡啶	C_5H_5N	79	27000	0.66	0.74	辛辣，刺激性
3-甲基吲哚	C_9H_9N	131	200	0.001	0.050	粪便，令人恶心

续表

化合物名称	结构简式	分子量	25℃挥发性/ppm(v/v)	检测阈值/ppm(v/v)	识别阈值/ppm(v/v)	气味描述
二氧化硫	SO_2	64	气体	2.7	4.4	辛辣，刺激性
甲硫酚	$CH_3C_6H_4SH$	124		0.0001	—	臭鼬，刺激性
三甲胺	$(CH_3)_3N$	59	气体	0.0004	—	辛辣，鱼腥味

(American Industrial Hygiene Association, 1989; Sullivan, 1969)

① 不同来源报告了气味检测或识别阈值的范围，尤其是对于一些化合物，如硫化氢或氨气。对于硫化氢的取值范围一般是 0.47~9 ppb。在本手册中提到的气味阈值可能会有所不同，而在测量气味阈值时并不因为气味测试方法的差异而专门进行限定。相对于本手册所包括的气味阈值的具体章节，这些气味阈值给读者提供了什么气味水平属于潜在问题的意识。

在有关对于任何具体化合物的气味阈值浓度的文献中的数据，在许多情况下，可能会存在 10 倍或更多的显著差异。这由于设备不足或方法不充分，评定小组太小，或气味浓度逐步变化大的早期值尤其如此。与污水处理厂相关的许多不同的气味化合物存在，在使用各种化合物作为评估气味的基础时就产生了问题。此外，文献和法规中引述的检测和气味滋扰阈值对于这些化合物，如硫化氢，各不相同。表 7.5 总结了环境气味化合物的标准方法的例子。

2.1.1.3　气味强度方法

气味强度是衡量气味感觉强度的测量值，并与气味浓度有关，这是一种不同类别的测量方法。气味的强度直接感知，而不需要任何气味浓度或空气，需要消除有异味样品的气味物质浓度和空气稀释度的认知。

表 7.5　对于导致异味的化合物的环境标准监管机构实例①

位置	化合物	标准和准则
维多利亚(澳大利亚)	硫化氢	0.1ppbv①(0.14 $\mu g/m^3$)
	甲硫醇	0.42ppbv(0.84$\mu g/m^3$)
	氨	830ppbv(600$\mu g/m^3$)
	氯	33ppbv(100$\mu g/m^3$)
阿尔伯达(加拿大)	硫化氢	10ppbv(1h)环境空气质量准则
	氨	2000ppbv(1h)环境空气质量准则
魁北克(加拿大)	硫化氢	10ppbv(平均 1h)
WHO(欧洲)	硫化氢	0.13~1.3ppbv(0.2 to 2 $\mu g/m^3$)30min 平均(准则)
日本	硫化氢	20~200ppbv(标准根据位置而不同)
	甲硫醚	9~100ppbv
	甲硫醇	2~10ppbv
	丁酸	1~6ppbv
	氨	1000~5000ppbv
新西兰	硫化氢	平均 7$\mu g/m^3$(5 ppbv)30min 但推荐变化至 1h 平均

续表

位置	化合物	标准和准则
加利福利亚(USA)	硫化氢	30ppbv(1h 平均)环境空气标准。在加州至少一个空气污染控制区域将气味滋扰定义为地界线下 5ppb H_2S 的 Jerome 读数
康涅狄格州(USA)	硫化氢	6.3μg/m³
	甲硫醇	2.2μg/m³
明尼苏达州(USA)	硫化氢	30ppbv(平均 30min)② 50ppbv(平均 30min)③
内布拉斯加(USA)	总还原硫	100ppb(平均 30min)
新墨西哥(USA)	硫化氢	10ppbv(平均 1h)或 30ppbv(平均 30min)或 100ppbv(平均 30min),取决于空气质量控制区域
纽约州(USA)	硫化氢	平均 10ppbv(14μg/m³)1h
纽约市	硫化氢	1ppbv
北达科他州(USA)	硫化氢	50ppbv(即时的,间隔 15min 的两次读数)
弗吉尼亚(USA)	硫化氢	100ppbv(1h 平均) 5ppbv(24h 平均)
德克萨斯(USA)	硫化氢	80ppbv(平均 30min)—住宅/商业 120ppbv—工业或空置或牧场用地

(Mahin,2001;《水科学与技术》(*Water Science and Technology*)重印,经版权所有者准许,IWA)

① ppb 级体积分数

② 在 5 天时间内不超出 2 天。

③ 每年不超过 2 次。

一个分类范围包括一系列指定语言描述符的数字。例如,系列数字 0,1,2,3,4 和 5 可能对应无异味,几乎难以察觉、轻微、中度、强烈和非常强烈。分类尺度简单易用,但都必须考虑的若干问题。首先,这种数字与所感知的气味强度并不成正比,相反,它们与所感知强度的对数成正比。第二,人们对给定分类的尺度解释不同,这就需要小组成员进行专门培训。第三,气味的敏感性不同的人差异相当大。尽管存在这些问题,但还是有一些城市使用 7 或 9 点的强度尺度监测污水处理厂的气味顺风排放。

美国试验与材料学会(Conshohocken,宾夕法尼亚州)(ASTM,1988)的正丁醇气味强度参考尺度 E544-88 可用于测量环境空气中的气味强度。评定小组将其与正丁醇参考尺度比较,而将所感知的环境气味强度进行匹配。小组评定人员的判断,应该通过参照环境空气的气味强度测量之间的正丁醇标准而增强。正丁醇气味强度尺度实例提供于表 7.6 中。

表 7.6 正丁醇气味强度参考尺度

正丁醇参照尺度值	空气中正丁醇浓度值/ppm	鉴 定	气味强度描述
$n=1$	15	很微弱	空气中存在的气味物质几乎不能感知而如果没有专门吸入进行气味检测是不可能检测到的
$n=2$	30	非常淡	空气中存在的气味物质激活了嗅觉,但是其特征不可能进行辨别
$n=3$	60	淡	空气中存在的气味物质激活了嗅觉并可以辨别,但是短期内没有必要识别

续表

正丁醇参照尺度值	空气中正丁醇浓度值/ppm	鉴　定	气味强度描述
$n=4$	120	淡至中度	空气中存在的气味物质激活了嗅觉并可以辨别，并且有时是令人生厌的
$n=5$	250	中度	空气中存在的气味物质激活了嗅觉并可以辨别，并且可能倾向于令人生厌和/或是刺激性的
$n=6$	500	中度至强烈	空气中存在的气味物质激活了嗅觉，非常独特并倾向于令人生厌，而有时所感知的辛辣足以使人完全避开
$n=7$	1000	强烈	空气中存在的气味物质令人生厌，而使人尽量完全避开
$n=8$	2000	非常强烈	空气中存在的气味物质如此强烈而令人无法抗拒并使人任何时间都不能忍受

（ASTM E544-88；ASTM，1988）（重印，经过批准，来自参照上阈值气味强度的 E544-88 标准惯例，国际 ASTM 版权所有，100Barr Harbor Drive，West Conshohocken，PA 19428）

2.1.1.4　气味的控制技术方法

最佳可行的控制技术涉及要求对于新的或升级设施（有时是出于经济因素考虑）的“最佳”气味处理控制的方法。根据《参照上阈值气味强度的 E544-88 标准惯例》（*E544-88 Standard Practices for Referencing Suprathreshold Odor Intensity*）（ASTM 国际组织的版权，100Barr Harbor Drive，West Conshohocken，PA 19428），一些监管机构更依赖于最佳气味控制技术应该用于控制一定规模的污水处理或工业设施气味的这种要求，而不是依赖于监管气味许可证的一些其他方法。

2.1.2　环境气味限制

一种具体类型的环境气味标准规定，在指定的厂外区域或超出地界线不能检测到异味。这种类型的标准在地方法规中比州立法规定更普遍。嗅觉的激活并不一定导致人的滋扰或不愉快。环境空气异味的限制也可以依据所有类型的土地使用标准而建立，或者也可以有多个层次，区分住宅、商业、工业和非规划区。

气味也可以由训练有素的监督员使用两个标准惯例之一直接在环境空气中进行测量和量化。第一种方法是使用构成标准气味物质 1-丁醇的标准气味强度参考尺度（OIRS）量化气味强度。第二种方法采用现场气味计，用独特的 D/T 中的碳过滤空气动态稀释环境空气。

2.1.2.1　环境空气强度

客观上采用如同《上阈值气味强度测量标准惯例》（*Standard Practice for Suprathreshold Odor Intensity Measurement*）（ASTM，1999 年）的 OIRS（ASTM E544-99），可以测量环境空气中的气味强度。气味强度对照过程将环境空气中的气味对比于一系列浓度的参照气味物质的气味强度。常用的参照气味物质是 1-丁醇。仲丁醇是标准参照气味物质 1-丁醇替代物质。空气污染督察员、工厂操作员或社区气味监测员，观测环境空气中的气味并将其与 OIRS 进行比较。

OIRS 提供客观量化环境空气中气味强度的标准惯例。为了让来自不同数据源的结果能够进行比较并维持可再现性的方法，报道了当量正丁醇浓度，或者以该尺度范围和起点报道了有关 OIRS 的数目。图 7.2 给出了四个 OIRS 选项。

12点尺度	8 & 10点尺度	5点尺度
1<10>	1<12>	1<25>
2<20>	2<24>	2<75>
3<40>	3<48>	3<225>
4<80>	4<96>	4<675>
5<160>	5<194>	5<2025>
6<320>	6<388>	
7<640>	7<775>	
8<1280>	8<1550>	
9<2560>	9<3100>	
10<5120>	10<6200>	
11<10240>		
12<20480>		

关键词：<×××>是每百万份 1–丁醇等价气味强度

图 7.2　气味强度参照尺度

2.1.2.2　环境气味浓度

1958 年，美国公共卫生服务署(华盛顿特区)启动现场气味测定仪器和方法(环境气味强度测量)的开发。第一个现场气味测定仪，被称为气味计(scentometer)，由巴恩贝–切尼(Barnebey–Cheney)公司(美国俄亥俄州哥伦布市)(1974 年)制造出来。

现场气味测定仪通过将有异味环境空气与无味(碳过滤)空气混合而构成系列稀释溶液。美国公共卫生服务署方法定义稀释系数为 D/T，这个 D/T 需要使有异味环境空气不可检测的稀释溶液数量的度量。

用现场气味测定仪生成 D/T 的方法包括用指定体积的有异味环境空气混合两体积的碳过滤空气。现场气味测定仪计算 D/T 的方法如下：

$$\text{稀释系数} = \frac{\text{碳过滤空气的体积}}{\text{有异味空气的体积}} = \frac{D}{T} \tag{7.1}$$

现场气味测定仪，D/T 术语和 D/T 计算方法在现有的许多州和地方机构的气味法规和许可证中都用作参考。因此，现场气味测定仪，由训练有素的空气污染调查员掌控，是量化环境气味强度的行之有效的方法。

2.2　标准和危险空气污染法规

污水处理厂的气体排放源，必须在设施的建设或计划修改完成之前进行审查。《清洁空气法》(Clean Air Act)要求设施经过两个步骤的空气许可证审查过程，并接受审查机构(美国环保署区域办事处或授权的国家或地方监管机构)批准后方可开始施工。设施场地、当地气象或地形特征和州监管要求的达标状态，将会影响到设施可能适用的具体排放限制。一旦该设施完成后，就进行性能测试，而证明已经达到施工前的限制。随后需要递交申请经营许可证，并为设施颁发继续经营的许可证。在项目前期规划和设计阶段必须仔细考虑废气排放源的空气许可证要求。

2.2.1　项目规划：预准许

监管审查和排放限制的本质取决于设施类型，潜在排放量的大小和污水处理厂所在地区的达标状态。如果设施位于没有达到《国家环境空气质量标准》(National Ambient Air Quality Standards)(NAAQS)的地区，将会适用严格的空气污染控制规定和排放限制[CAA，标题 I，C 部分，对不达标地区的规划要求(Plan Requirements for Nonattainment Areas)，修订本]。位于满足 NAAQS 地区内的设施仍可能会受到全面的许可证审查[CAA，标题 I，C 部分，防止空气质量严重恶化(Prevention of Significant Deterioration of Air Quality)，修订本]，但所产生的排放限值，可能会没有位于不达标区内的设施那么严格。

为了预测废气排放许可证审查的性质和可适用的排放限制，当有关拟议设施的详细信息仍在制定中时，废气排放许可证应该在项目规划阶段中就开始。在这个规划阶段获得的信息，可包括以下内容：

- 拟建设施位置的标准污染物的达标状态；
- 作为主要或次要的废气排放源，关于其状态的该设施分类，要考虑相邻的设施和工业分类的所有权；
- 新设施的潜在排放率或现有设施排放的净变化。

2.2.1.1　达标状态

美国的空气质量标准由《清洁空气法案》及其《修正案》规定。美国环保署空气质量规划和标准事务所(U.S. EPA Office of Air Quality Planning and Standards)(北卡罗莱纳州的三角研究园，Research Triangle Park，North Carolina)为六种主要污染物设立了环境空气质量标准，称为标准污染物。这六种污染物，在美国《联邦法规法典》(*Code of Federal Regulations*)(CFR)标题 40，第 50 部分中定义，包括以下几种：

- 一氧化碳(CO)；
- 二氧化硫(SO_2)；
- 二氧化氮(NO_2)；
- 臭氧(O_3)；
- 颗粒物的各种类别，包括小于 10μm(PM10)的颗粒物和小于 2.5μm(PM2.5)的颗粒物；
- 铅(Pb)。

美国环保署已对这些污染物确定了以下两种类型的标准：

(1) 主要环境空气质量标准，定义了以足够安全限保护公众健康必需的空气质量水平；

(2) 次级标准，根据任何已知的或预测的污染物不良效应定义需要保护公众福祉的水平。

这样的标准都经历过修订。其他主要和次级标准可以按照美国环保署认为有必要保护公众健康和福祉而进行颁布。

在满足所有标准污染物 NAAQS 的地理区域被称为“达标区”，在违犯其中一个或多个标准的地区被称为“非达标区”。“非达标区”必须制定和实施计划，满足和维持《清洁空气法》的标准。当非达标区再次符合标准时，该地区可以重新指定为“维持区(*maintenance area*)”。维持区是由于达标的监控并由美国环保署批准维持至少10年期空气质量标准的计划而由美国环保署从非达标至达标过程重新指定的地理区域。这个决定以特定污染物为基础建立；例如，一个地区可能臭氧非达标而其他标准污染物实现达标。因为氮氧化物(NO_x)和挥发性有机化合物(VOCs)的排放可能导致臭氧的形成，被认定为臭氧非达标地区，也对NO_x和VOCs有更严格的限制。例如，一个地区可能列为了臭氧非达标区，导致氮氧化物和挥发性有机化合物更低的排放阈值限制，但要对于一氧化碳、二氧化硫和颗粒物却归类为达标。

达标状态认定的官方列表位于《40CFR 81 分卷标准》子部分 C——第107条，“达标状态认定”。联邦法规的这个子部分由州和空气质量控制地区列出了达标地区。这些规定，可通过网上资源访问查询。美国环保署还设立了一个称为“绿皮书”的网页，其中列出了标准污染物不达标的地区(http：//www. epa. gov/oar/oaqps/greenbk)。该网站提供搜索地区达标认定(根据州、县或污染物)的多种方式。

2.2.1.2　设施分类

设施分类由三个因素决定：共同所有者或经营者，邻近设施和同一产业分类。对于市政设施，污水处理厂的运转，可能处于公共工程主管的管理之下，该主管也可能监督其他市政设施。即使处理设施为多个社区的人提供服务，地区管理局可能仅仅对污水处理业务负有责任。私营污水处理厂的经营者将仅对该污水处理厂的运转负责。即使污水处理厂的其余部分由市政或地区管理局运行，固体处理设施仍有可能私有化。在这种情况下，固体处理设施的所有者/经营者只为与该工艺过程相关的排放负责。

如果地区管理局负责不只一个污水处理厂和相关的固体处理，则只要这些污水处理厂彼此并不相邻，都将被视为单独设施。两个设施之间传递的公共道路并不足以处理设施单独运转。例如，地区管理局可能有几个地理上是分开的区域性污水处理厂。这些污水处理厂的运转将被视为单独设施。然而，如果所有区域性污水处理厂的固体处理设施毗邻这些污水处理厂之一，那么该污水处理厂和固体处理设施将被视为一个设施，因为它们处于共同的所有权之下并彼此相邻。

1990年《清洁空气法修正案》也通过主要行业分类对设施进行分组。卫生服务事务所属于美国劳工部(华盛顿特区)(美国劳工部)标准产业分类(SIC)主要集团4900(美国劳工部SIC访问主页是 http：//www. osha. gov/pls/imis/sic_ manual. html)的部分。该子组(行业组4950)包括收集系统和垃圾系统。因此，经营涉及邻近资产的污水处理厂和固体废物管理设施的市政或地区管理局必须将二者的经营考虑为同一设施的一部分。

2.2.1.3　潜在排放

如果该设施连续以其设计容量运行，则潜在排放就是年度基础上将会发生的排放。如果存在限制该工艺过程以其设计容量连续运转的物理限制，或采纳联邦强制执行的运营限制时，这会限制运营(例如，年度处理固体总量)，则潜在的排放就可能降低。如果新源的潜在排放大于联邦许可证审查的排放阈值，如表7.7中的介绍，则该设施就是新的主要排放源。排放量小于主要排放源阈值的设施被认为是次要源，并接受州许可证审查的规定。

表 7.7　主要源和主要修改的排放阈值水平　t/a

污染物	污染物达标状态	阈值①	阈值②
CO	CO 达标	100	100
	CO 严重不达标	50	50
SO_2	SO_2达标或不达标	100	40
PM10	PM-10 达标	100	15
PM10	不达标	70	15
PM2.5	PM-2.5 达标或不达标	100	15
NO_2	NO_2或臭氧达标	100	40
	中度不达标或臭氧运输区	100	25
	严重臭氧不达标	50	25
	严重臭氧不达标	25	25
	极度臭氧不达标	10	实际排放的任何增加
VOC	臭氧达标	100	40
	严重臭氧不达标或臭氧-运输区	50	25
	严重臭氧不达标	25	25
	极度臭氧不达标	10	实际排放的任何增加
铅	铅达标或不达标	100	0.6

① 40*CFR* 51.165(a)(1)(iv)主要固定源。

② 40*CFR* 51.165(a)(1)(v)重大修改。

如果拟议的行动是现有设施进行修改，则现有设施的排放需要量化，才能确定现有源是否是主要的或次要废气排放源，或者拟议的修改是否会导致废气排放净增加或减少。如果排放的净变化大于修改的排放阈值，则所提议的行动是一个重大修改。在计算净变化时可能涉及确定哪一个排放信用度适用的过程，并可能需要排放抵消信用度。可能需要咨询管理监管机构，才能确保净排放量变化正确计算。

在规划阶段，与拟议行动相关的细节可能无法得到充分制定。然而，潜在排放量的估算，是确定未来监管审查的关键。例如，多膛炉或流化床焚烧炉的排放量初步估计可以使用排放因子完成。基于通用排放因子的排放率不应该是确定排放限制的唯一方法。特定源排放测试和供应商履约担保是设定排放限制的首选方法。

州和地方的监管机构也相继建立排放阈值，确定设施是否经受监管审查。这些阈值低于表 7.7 中定义的主要来源和重大修改阈值。设施应该与合适的监管机构进行磋商，才能确定排放阈值是什么和需要什么样的信息才能满足州和地方许可审查的要求。

用于估算拟议的废气排放源的排放率或确定可适用的排放限的排放因素，可以在美国环保署的技术转移网络(U.S. EPA's Technology Transfer Network)(http://www.epa.gov/ttn/chief/ap42/index.html)中找到。《合理可行的控制技术/最佳可行控制技术(BACT)/最低可实现的排放率(LAER)情报交换所》(Reasonably Available Control Technology/Best Available Control Technology(BACT)/Lowest Achievable Emission Rate(LAER) Clearing house)(RBLC)(美国环保署)就是这样一个包含来自全国的排放限制的数据库(http://cfpub.epa.gov/rblc/

htm/bl02. cfm)。该数据库可供搜索各种源组采纳的排放限制。

2.2.2 项目实施：施工许可证

特定源类别的排放限制按照 NSPS[CAA Sec. 111,《新固定污染源实施标准》(Standards of Performance for New Stationary Sources)]和《危险性空气污染物国家排放标准(NESHAP)条例》(CAA Sec. 112)构建。这些限制是最低要求。预防显著恶化(PSD)的规定[CAA Sec. 165, 施工前的要求(Preconstruction Requirements)], 由于最佳可行控制技术(BACT)审查过程可能会产生更严格的限制。新源审查(CAA Sec. 173, 许可证要求)过程包括导致最低可实现的最低排放率(LAER)的排放控制评价。

为了开始空气许可证审查过程，需要足够的信息定义工艺过程的要求，使之能够计算排放率和评估控制策略。然而，许可证过程是一个申请人和污染物排放限值及履行标准评估的审查机构之间的反复过程。因此，最好是在最终工艺设计进行决策之前就开始许可证审查过程。在传统的设计-投标-建设施工过程中，30%的设计点都是准备和提交空气许可证申请的良好时期。准备好足够的技术信息定义该工艺过程，而这在设计过程中的早期就足以对工艺过程中的设备或空气污染控制设备作出修改。

2.2.2.1 许可证申请的规定

审查和阈值水平的类型基于该设施所在地区的达标状态。审查要求取决于整个设施每年潜在的排放率或拟议修改的年度潜在排放率。典型的许可证申请将包含下列要素，但是格式和表述会因审查机构而不同：

- 许可证的形式——每个机构都有一套要求许可证申请人使用的标准形式。许多机构都具有从该机构网站获得作为可下载文档的电子格式或直接送入数据库中的在线互动形式。
- 过程描述——以足够的细节描述设施运行而支撑和确认排放量计算和控制策略的详细过程描述。通常情况下，要提供工艺流程图和工艺设备数据表。
- 排放量估计——每种污染物排放率的基础，应该与支撑信息，如类似单元的排放测试结果，供应商履约担保，或质量衡算，一起提呈。
- 控制技术评估——这可能是 BACT 或 LAER 的决策，取决于该地区的达标状态。
- 排放限制——确保达到法定的排放限制的评估。应该确定联邦和州的排放限值。
- 空气质量达标——扩散建模分析可能是必要的，以此才能确定 NAAQS 或 PSD 增量是否超标。
- 特殊问题——州和地方机构可能要求额外的论证而证明有害空气污染物(HAPS)，噪音和气味在可接受的限度内。

许可证审查时间会有所不同，这要取决于许可证申请的复杂性。为了确保以最短的时间完成许可证审查，最好提前与会监管机构，了解该机构需要什么样的信息才能完成其审查，并提供尽可能完整的许可证申请。典型的许可证时间安排如下：

- 许可证的完整性确定——2 至 4 周，
- 技术审查——4 至 12 周，
- 技术评论响应——2 至 8 周，
- 公众意见征询期——4 至 8 周，
- 草案许可证的核发条件——2 到 4 周。

上述时间表不包括最初许可证申请准备所花费的时间。

2.2.2.2 联邦监管规定

联邦监管许可证审查的规定定义于《40CFR 51 和 52》中。美国环境保护署已委派许多州和地方政府监管机构的审查机关。因此，州和地方机构可以审查申请，并遵照联邦、州和地方的许可证规定进行评估。对于美国环保署保留审查权威的州和地方机构，美国环保署区域办事处将作为达标联邦法规的审查机关。州或地方机构将审查和评论州内特殊规定。

2.2.2.3 非达标新源审查

对于位于污染物浓度大于 NAAQS 的地区内的设施要实行新源审查。该标准没有得到满足的程度将会提供减排和排放抵消的要求。排放控制策略必须论证 LAER。

2.2.2.4 显著恶化的预防

对于 NAAQS 达标的污染物，PSD 审查(40CFR 52.21)是必需的。这种审查旨在通过空气质量影响限制于超过基线浓度的增量限额而保持环境空气浓度低于 NAAQS。排放控制策略必须证明它们代表考虑环境、能源和经济影响的 BACT。也可能需要论证保护野生动物区和国家公园的潜在影响。

2.2.2.5 新源履行标准

新源履行标准是一套指定来自新的、修改的或重建的固定源类别的污染物排放标准。NSPS 法规定义于《40CFR 60》中。

2.2.2.6 有害空气污染物的国家排放标准

NESHAP 是一套具体的新的和现有源排放的所列 HAPs 的排放标准。NESHAP 法规定义于《40CFR 61》中。

除了由 NAAQS 监管的标准污染物，还有另一组联邦监管的空气污染物，称之为 HAPs。有害空气污染物是一组 188 种由美国环保署专门监管已知或认为超过由该机构规定的水平会导致人体健康受到影响的化学品。

排放超过 9Mg/a(10 吨/年)的单种 HAP 或超过 23Mg/a(25 吨/年)的多种 HAPS 被认为是显著的 HAPs 源。HAPs 的显著源可能要达标最大可实现的控制技术条例(40CFR 63)。

2.2.2.7 州和地方监管规定

即使废气排放源相对较小，但可以申请州施工前许可证要求。虽然审查要求可能不太严格，但是可能适用相同的排放限制。大多数州都要求 BACT 分析，才能确定适当的空气污染控制设备和排放限值。

许多州也有关于有毒空气污染物排放量的特殊规例。有些州法规定义了有毒空气污染物排放(T-BACT)的控制技术评估。其他州要求扩散建模评估，以表明有毒空气污染物排放达标许可证的环境水平。州空气有毒物质的计划也有可能建立一些 HAPs 排放限值。

附加的规定，关于噪声和气味方面，也可能适用。可能要求潜在噪音和气味影响的特殊达标论证或施工前评估。可适用的标准，可能在逐案之基础上制定，且包括与公众和其他有关各方进行沟通。可视粉尘排放受混浊度限制监管，这在许多州立法规中都有定义。

2.2.3 施工：开工建设

为了加速将项目从概念带到营运所要花费的时间和节省资金，构建设计的方法已经拟议作为传统设计—竞标—建造方法的替代方案。虽然在《清洁空气法案》中还没有会妨碍设计-建造方法的内容，但是一些注意事项是必要的。设计-建造的方法旨在简化设计和采购过程，而使拟议的设施能够更早地建造。直到废气排放许可证颁发才能开工建设。开工建设是指任何人不得建造新源，或改变现有源；某些现场筹备工作可以开始，但不能建造永久设施。

有关施工的限制，也可能延伸到建筑协议或义务，对处理设备或施工服务作出承诺，在对于所有者或运营者无重大损失的情况下不能取消或修改。废气排放许可证审查过程中可能会导致更严格的排放限制，这可能会影响工艺过程—设备或控制—技术的选择。因此，设施所有者/运营者和设计—建筑服务提供者，都必须共享接收废气排放许可证或由于提高排放标准而设施设计变更产生延迟相关的风险。

2.2.4 设施运营：许可至运营

一旦拟议设施开始施工，就开始了性能测试的过程。在许可至施工建设中定义所测试污染物的排放。测试程序定义于《40CFR 60》附录 A 或由审查机构批准的方法中。制定的测试方案介绍了如何进行测试和报告排放。如果测量的排放率比在许可至施工中确立的排放限值更高，则即时的舒缓措施就要贯彻落实。这些措施可包括空气污染控制设备的修改或该设施的重定许可。

2.2.4.1 联邦法第 V 篇运营—许可计划

设施开始营运之后不久，经营许可证计划要确保继续达标和报告主要设施的实际排放。经营许可的计划(CAA 的第 V 篇)巩固整个设施设立的排放限值并定义了该限值监测达标的措施。

一旦设施开工，施工前许可证可能要求性能测试，这旨在论证该运营的设施已经满足许可证规定的排放限值。对于设施继续运营，可能需要废气排放测试和经营许可证申请提交的圆满完成。

如果该设施是一个主要源，可能就需要第 V 篇运营许可证(40CFR 70，州运营许可证的计划)。营运许可证确定设施目前所有废气排放源，总结前施工许可证已建立的排放限制和特殊条件，并概述能够证明继续达标排放限制的过程。

2.2.4.2 州运营-许可计划

州运营-许可计划适用于已接受将年度排放限制至低于主要源阈值或大的次要排放源水平的联邦强制执行营运限制的主要排放源，而潜在排放却低于主要源阈值，但大于州运营-许可计划。州营运-许可证计划除了该计划的达标是通过州管理之外，其余都类似于联邦的经营许可程序。

2.2.4.3 意外释放防范计划

化学事故防范预案要求定义于《40CFR 68》。使用或存放超过阈值量的设施，必须制定和实施风险管理计划(RMP)。这项规定可能适用于污水处理厂的消毒工艺过程。

一般责任条款，如对 RMP 的监管，都是基于性能的，而达标方法绝大部分都是由源确定。

《1990 年国家清洁空气法修正案》第 112 条(R)规定，使用极其有害物质的所有者“必须坚持最低行业标准和惯例(以及地方，州和联邦法律和法规)，才能达标该《一般责任条款》。因此，在建设中需要储存的所有潜在有害物质，要有单独的填埋区及管道架设和完整容器围堵，并以每个适用规范和标准的物理距离分隔，以确保万一容器损失整个储存化学品不发生混合。此外，填充管道、罐池和装卸区，必须清楚标识。

2.2.4.4　污水残余物管理(CFR 503 部分)

由《1987 年清洁水法修正案》规定的污水处理厂残余物的处理和处置的执行标准，包含于《40CFR 503》，这也称之为《503 分卷条例》(《58 FR 9387》，1993 年 2 月 19 日颁布)。第 B 子部分包含土地施用现场上生物固体放置的规定。第 B 子部分定义了各种类生物固体及其土地施用的适用性。第 E 子部分定义了焚化炉焚烧的残余物的规定。

2.2.4.5　空气质量达标

达标-保证-监测(CAM)的要求界定于《40CFR 64》中。CAM 的条例适用于必须获得第 V 篇许可证的主要来源的特定污染物排放单元装置。该条例适用于受排放标准或限制的排放单元装置，使用控制装置实现达标，并超出了无控制排放标准。

根据《清洁空气法》的许可证要求过去已经演化发展了 30 年。由于《清洁空气法》的修订，现有法规进行了新的诠释，并添加了额外的要求。因此，对于废气排放源，认真审查其适用于每个位置的空气质量许可要求，是很必要的。圆满完成废气排放测试和营运许可证申请的准备，是继续运营所需的。定期监测、记录和报告可能是污水处理厂运营的后续条件。

2.3　与公众的沟通

与污水处理厂的绝大部分不一样，污水处理厂运行时的废气排放，可能对周围社区有一个直接的、立即的最重要的显著影响。异味废气排放不可能完全消除。异味产生是污水处理和污水残余物管理的固有部分。气味是直接送入污水处理厂周围社区的不受欢迎的副产品。污水处理厂的气味往往被广大市民认为至少造成滋扰，而在最糟糕的情况下，会认为对健康不利。此外，恶臭影响生活质量并潜在地可能被看作影响地产价值。出于所有这些原因，设施周边社区既是最终的调节者，又是任何气味控制计划成功或失败的仲裁者。因此，任何气味控制计划的重要组成部分，都要与公众合作，让他们知晓排放了哪些气味，并正在采取什么措施防止气味释放。以下是一个成功的设施气味消减计划公共宣传部分的基本要素：

- 管理层和污水处理厂员工认识到，该厂正产生问题，而必须解决问题，
- 管理层解决这个问题的承诺，
- 关于这些问题和邻居对需要采取措施和能够如何更快完成的现实期望，与邻居诚实和富于同情心地沟通，
- 兑现承诺，让公众了解进展情况。

由于设施气味控制方案由公众最终判断，必不可少的是，不仅让公众知晓气味控制系统，而且还要使之知晓污水处理厂所有相关内容。表 7.8 列出了一些有效与公众沟通的步骤。

表 7.8　沟通方法

要　素	行　动
员工	训练员工理解公众关注和如何与之应对
	代表该设施，指定专人与公众沟通
公众教育	邀请公众访问该设施
	提供简讯
	邀请新闻界参观设施

续表

要 素	行 动
提供公众反馈	通知和涉入所选举的官员
	成立社区气味-顾问委员会
	参加居委会或协会会议
诚实可信	保持承诺的时限
	完全达标承诺行动

沟通计划的细节将取决于周围社区的需求和参与。然而，重要的是设施带头，而不是等待市民为此而来。在《WEF 实践手册 25，污水处理厂气味和排放的控制》(*WEF Manual of Practice* 25，*Control of Odors and Emissions from Wastewater Treatment Plants*)(WEF，2004 年)中关于这个问题和表 7.8 中列出的条目可以找到更多细节。

2.4 公众健康与公害滋扰

市政污水处理厂的气味主要是由氮和硫化合物造成的。EPA 列出了它认为属于 HAPs 的所有化合物，而每个州都有自己的 HAP 清单，或采纳联邦的 HAP 清单。此外，职业安全及健康管理局(华盛顿特区)(OSHA)和国家职业健康和安全研究所(亚特兰大，格鲁吉亚，疾病控制和预防中心)(NIOSH)都对可能对个人有害的任何化合物发布了短期和长期暴露的限制。这些列出的化合物可能存在于城市污水处理设施中。然而，这些限制主要涉及工作者接触，因此，同样可能对于公众暴露的关注意义不大。

然而，认识到气味能够发出强大的刺激作用是很重要的。零售商使用香味增加冲动性购买。在疗养院，香味在用餐区使用可以增加一些患者食欲。通过感觉就可能形成这种气味影响情绪和行为的能力的看法。道尔顿(Dalton，1999)报道，接触到的气味许多与健康相关的影响并非是由气味直接影响导致的，而是通过气味和健康的认知关联作用产生。在这项研究中(Dalton，1999)，作者发现，被提供有害偏见的个人据报道比那些接收相同气味物质被指无害作用的人一旦接触具有更显著的健康症状。因此，笔者得出的结论是，对气味有偏见的看法和反应强调气味感觉令人难以置信的歧义，并认为，类似的非感官因素在人们对环境气味的日常反应中发挥了很大的作用。当气味是持久时，可能导致潜在的健康影响。

气味感知已被证明能够影响、紧张、压力、抑郁、愤怒和疲劳。这些条件可能会导致具有后续健康影响的生理变化(Bolla-Wilson et al.，1988；Shusterman et al.，1988，1992)。

除了特殊化合物，其他可能影响人类健康的可能排放是病原体和生物气溶胶。与特殊化合物一样，在任何设施的工作者是最容易暴露的，从而最有可能受到影响。然而，设施附近高度虚弱的个人或免疫能力较差的个人可能比工作者的风险更大。

3 气味采样和测定

量化有气味气体排放并了解其成分化合物，是任何控制系统设计的重要组成部分。通过量化有味气体排放，就能够采用大气分散建模确定所需要处理的程度。了解组成成分化合物，使设计人员能够选择合适的控制技术。为了实现这些目标，必须采集和分析排放样本。

对于收集这些样品，具有标准化的科学方法，而选择的方法取决于排放源和要收集的所需数据。使用正确的采样方法是至关重要的，因为用于采集样品的方法对采样结果具有显著影响。设计者必须对如何收集数据具有全面透切的理解，才能够正确地解释采样工作的结果。本节的宗旨并非提供现场采样手册，而是为设计师提供一个了解已采集而用于气味控制系统设计的数据的梗概。

3.1　现场采样途径

排放源对于采样过程与步骤分成以下几个类型：

• 点源——排放物浓度高并通过一个相对较小的开口释放到大气中。这些包括如烟囱、管道和通风口的这些源。

• 曝气区域源——通过主动曝气迫使排放物质通过相对较大的表面。这些来源包括诸如曝气池、生物过滤器和主动曝气堆、肥堆的那些源。

• 非曝气区域源——这些排放来自风向、自然对流、或表面和周围空气之间的温差较大作为排放唯一动力的相对较大的表面区域。

• 背景——背景大气的样品可以直接采样。设计师需要小心谨慎的是，虽然这些样品可能对运行或合规性进行定期检查具有价值，但是对于设计过程而言因为大量变量并未受控而很少或没有价值。

表 7.9 列出了用于上文所述的各种源类型最常见的收集方法。这些方法代表一定范围的标准，包括随着时间演变的取样艺术，书写标准和这二者的组合。设计者必须意识到适用的采样法和所收集数据的分析标准。例如，美国 EPA 和 NIOSH 方法对采样和分析特定化合物和化合物组规定了具体的采集方法。

表 7.9　采样方法

源类型	方法与步骤	其他要求
点源	• 用真空从源向采集介质中抽取样品（参见图 7.3 和 7.4）	• 可能需要水分或液滴的夹留阱，防止采集介质中形成凝结
		• 对于大直径烟囱，必须进行横向往复移动才能确保样品具有代表性 • 对于高温排放可能需要非反应（零空气）冷却气体
曝气区域	• 将被动的烟囱设置于多个地点，采用点源方法烟囱采集样品（参见图 7.5） • 另一种方法使用点源方法将烟囱连接至通量室，然后用于从烟囱样品采集样品	• 这最好在平静条件下完成；风导致烟囱内产生回火效应而可能会歪曲结果 • 对于这种替代方法，示踪剂气体以测量的速率注入废气流。如果在样品中示踪气体所占比例适量，则样品被认为是有效的
非曝气区域	• 分离通量室采用吹扫气体而采用点源方法从该通量室收集样品（见图 7.6）	•必须允许足够的时间，稳定通量室内气体，这通过使用吹扫气体对通量室内体积进行足够时间的完整气流变化而实现。吹扫气体载入速率限制为 5.0L/min
背景	•直接采用现场气味测定仪设备就能够测定气味浓度 •特殊化合物或化合物家族能够采用比色管或专门设计的传感设备进行测定	• 可能适用于狭窄室内，但是仅仅在敞开的空间中，测定结果几乎没有设计价值

用于所采集样品保存和运输至实验室的介质取决于采样的目的。表 7.10 总结了用于各种样品类型的介质。

除了排放源类型和排放的温湿度，采集方法还可能取决于数据的最终用途。通常，当对于特定化合物或化合物组的达标采样时，可能要由监管机构指定采样和分析方法。例如，如果必须为达标而量化氨(NH_3)的释放，则监管机构可能要求采用 NIOSH 方法。然而，在某些情况下，更廉价的近似采样方法可能也是接受的。对于氨的采样，用于确定合适技术选择的近似浓度，使用比色管可能就能够满足要求。

表 7.10　样品介质

搜索的数据	样品采集介质
气味评定小组的气味浓度	10~12L 具有聚丙烯配件的泰拉德采样袋
总还原硫化合物	1.0L 具有聚丙烯配件的泰拉德采样袋
氨浓度(NIOSH 方法 6016)	硅胶管
氨浓度(未指定方法)	比色管
特殊 VOC 化合物(U. S. EPA 方法 TO-14 和 TO-15)	真空苏玛罐
总非甲烷 VOCs(U. S. EPA 方法 TO-25)	真空苏玛罐
各种化合物或化合物组的电子传感器	这些可能直接从源使用或可能需要在泰拉德袋中进行样品收集，用探针插入袋中获取读数。

从样品采集的数据，只有当样品收集条件是已知的并且这些条件对于正常运行的关系全面接受理解时才具有价值。除了采集样品，以下是一些使采样数据有意义所需的其他信息：

- 来自源头的废气流；
- 来自源头的载入条件，如污水流或工艺过程运行参数；
- 温度；
- 通过改变通风速率或组成气体来源的变化稀释采样源的能力；
- 该过程对于采样源和采样之时实际条件的每日和季节性变化。

对于抽样方法和现场实践的具体信息，设计师参照可能需要的美国 EPA 或 NIOSH 的具体采样方法和《WEF 实践手册 25》，“污水处理厂的气味和排放控制”(WEF，2004)。

对气味使用标准化的科学方法是可以测量的。采样能够针对点、面和体积排放源进行，而样品则送到气味参数(即，气味浓度、强度、持久性和描述符)测试实验室。气味也可以在环境空气中，在地界线内和在社区内，使用标准的强度和现场气味测定仪的惯常方法进行直接测量和量化。

3.2　现场采样方法

有气味的空气样品能够从点排放源(例如，烟囱或通风口)和表面区域排放源(例如，液体或固体表面)采集。通常，用于实验室气味测试的空气样品收集于 10L 泰拉德气体采样袋中运送至气味测试实验室。

气味采样往往是气味研究、气味控制系统性能测试或污水处理设施日常性能测试的一部分。气味采样的目的，往往是对设施各种生产工艺过程中的气味进行对照，或确定气味控制系统是否根据规范履行。

除了收集样品进行气味参数测试之外，采样计划可能要求将成对样品(即，复制样品)

收集于泰拉德袋或化学化合物分析(如，还原硫化合物气体分析或 VOC 分析)的不锈钢硅酸盐衬里或无衬里罐中。该方案还可能要求采用便携式仪器(如，硫化氢分析仪)对空气中的特定化学气味物质进行测试。

3.2.1　采样排气烟囱和通风口

消化池污泥罐排出的废气样品，将从排风扇之上的短烟囱排放的点源采集。从重力带增稠机排出的废气样品，将在其引入到重力带增稠器生物过滤池之前从点源采集。除了废气样品，现场技术人员也应该测量两个排烟风机的气流速度、压力和温度。现场技术人员准备采样管、真空室、10L 的泰拉德采样袋和泵。真空导致样品袋填充来自排气管的有异味气体。图 7.3 说明了采样装置。

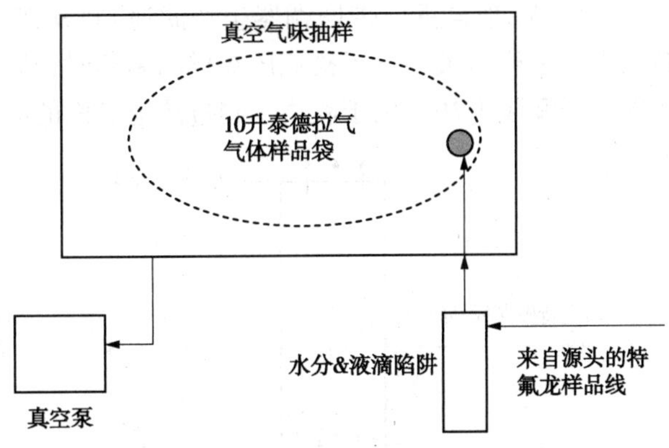

图 7.3　气味采样的真空室

如果排出的废气饱含水分或如果排气露点高于周围空气温度，则必须结合其他的采样方法和步骤。在真空室之前，需要采样线中水分的截留阱收集可能会在采样线凝结的水分液滴。此外，样品袋可能需要预充干燥的零度空气或高纯度氮气，以防止在样品袋中暖湿排气冷凝。对某些样品的采集情况可能需要动态稀释采样探头。动态稀释采样探头(图 7.4)是一种同时收集和用稀释气体，如零度空气混合废气源的样品的设备。在这些情况下对于专门设备，必须咨询采样专家。

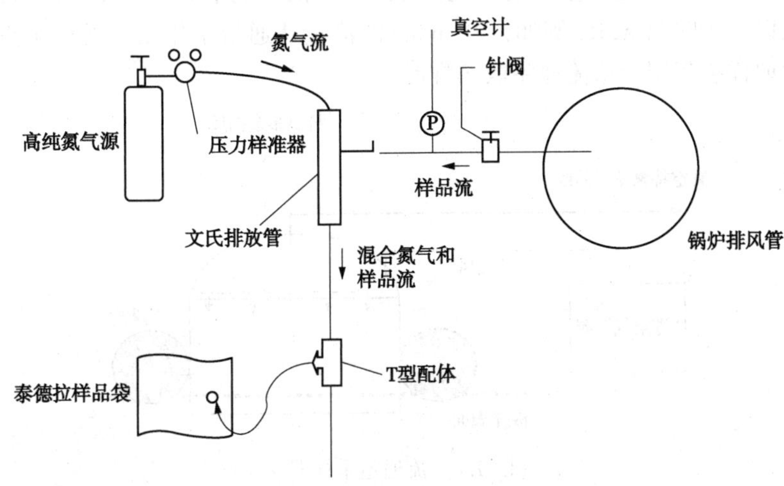

图 7.4　动态稀释采样探头

含有氧化性化学物质，如臭氧或氯气的废气异味，可能会随时间变化。在这些情况下，可能需要额外的采样预防措施或程序，并且必须先咨询分析实验室。

3.2.2 采样表面

异味气体样品，可以从表面收集，有时被称为面源。风速和风向，温度和相对湿度，以及太阳辐射都影响静态表面(例如，初级沉淀池进水渠)的异味排放速率。在空气扩散过程中或生物滤池表面的曝气鼓风机的流量也影响曝气表面。由风机或排风扇的流量(m^3/s)乘以气味浓度(即每立方米气味单位的伪二维尺寸)就能计算曝气区域源(如曝气池或生物过滤器)的排放率。

高的被动烟囱或模拟烟囱是用来收集曝气表面排放样品的仪器。图7.5图示说明了隔离曝气表面的采样方法。废气样品(来自重力带增稠器生物滤池)将从废气向上流动的生物过滤器表面取样。高的被动烟囱采样器最小化了横流风在样品采集时的影响。真空室，采用为点源样品采集描述的相同袋子灌装方法，用于收集生物过滤池表面的废气的整体气体样品。

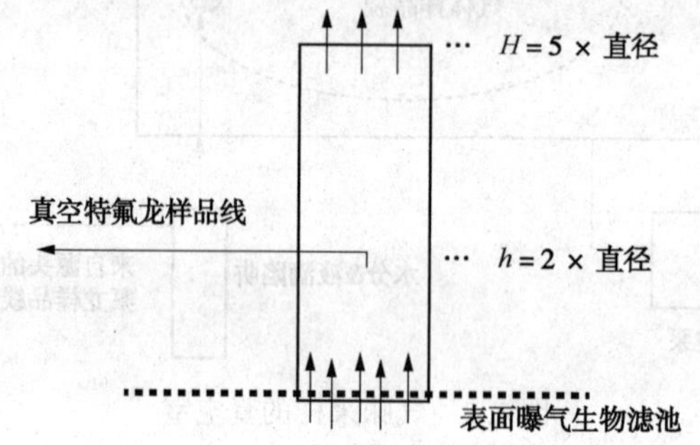

图7.5 高的被动烟囱采样器

采用通量室浮动于进水渠表面上就会采集空气样本(初级沉淀池的进水渠道)。通量室(也称为表面排放隔离室)最初是在20世纪70年代开发出来，量化土壤中无机气体的排放。图7.6说明了从静态液体或固体表面采集整体空气样本的方法。通量室采用浮动环，而将该通量室浮于液体表面上。干净无异味载气(例如，干的零度空气或高纯度氮气)以已知流量(例如，5L/min)计量进入通量室。这种流称为通量室的“吹扫气”。在3~4个停留时间的平衡期后，样品以小于吹扫AFR(例如，2L/min)的流量从通量室排出。类似于点源取样，真空室和泰拉德取样袋都用于从流通室收集样品。

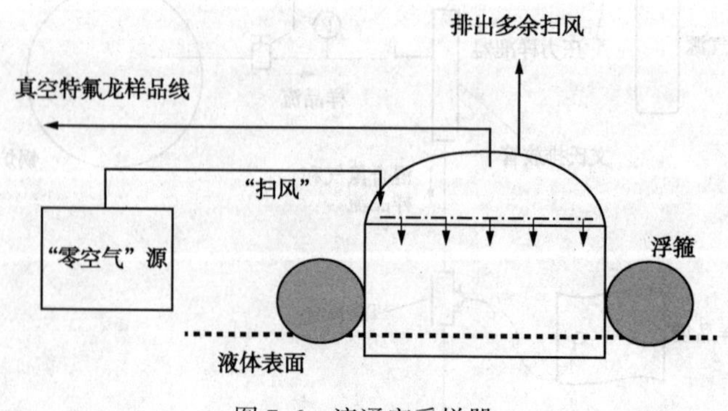

图7.6 流通室采样器

面源的气味排放速率通过用于收集表面排放气味样品的通量室的吹扫 AFR($m^3/m^2 \cdot s$) 乘以气味浓度(气味单位/m^3)进行计算。

3.3　气味测定的标准

废气样品的气味评价按照 EN13725 和 ASTM E 679 标准惯例采用训练有素的小组成员，如同口味测试仪，在受控的实验室条件下进行。在气味实验室测试的早些年中，ASTM D1391 注射器稀释技术用于测量从气味源收集的样品在实验室里的气味(ASTM，1978)。1979 年，ASTM D1391 被 ASTM E 679，《限值强制选择递增浓度系列之法测定气味和味道阈值的标准惯例》(Standard Practice for Determination of Odor and Taste Thresholds by a Forced-Choice Ascending Concentration Series Method of Limits)代替。2003 年，欧盟批准了 EN13725：2003，《空气质量—动态气味测定法测定气味浓度》(Air Quality— Determination of Odour Concentration by Dynamic Olfactometry)(EN 13725，2003)。当前版本的 ASTM E679 进行了修订，并于 2004 年批准为 ASTM E679-04(ASTM，2004)，在附录Ⅲ中引入了 EN13725：2003(ASTM，2004)。

气味实验室是一个无异味的空间。每个气味小组成员(评价人员)，当进行气味评价工作时，集中于气味样品提呈时观察气味样品的任务。评审员等候区尽可能地与测试区分开。气味评价小组包括按照遴选和培训感觉小组成员的准则(ASTM，1981)和 EN 13725(EN 13725，2003)经过遴选和培训的各个成员(评价人员)。气味评价人员从社会招聘。吸烟、使用无烟烟草、可能或正怀孕或有慢性过敏或哮喘的人员将被排除作为气味评价小组的候选人。要坚持评价人员参与气味测试协议的一部分的气味评价小组规则。评价人员接受的培训包括嗅觉意识、嗅探技术、标准化描述和嗅觉反应。

3.4　特殊气味物质的分析

污水输送系统和污水处理设施所观察到的气味，包括各种气味物质和其他化合物。作为气味的研究和调查的部分，特殊气味物质和气味物质-化学品类都能够取样进行分析。例如，硫化氢是一种污水中释放的常见气味。硫化氢是还原硫气体化合物族中的化合物之一。约 20 种还原硫化合物可以按照 ASTM D5504-01 分析方法(ASTM，2001)使用配备化学发光检测器的气相色谱仪(GC)进行鉴定。第 3 章 MOP 25(WEF，2004)介绍了鉴定其他气味物质和气味物质化学家族的许多取样和分析方法。

3.5　废气和气味采样计划

气味标准或有害空气化合物的采样和分析的问题，一般应该遵循美国环保署空气质量规划和标准办公室已开发出的空气采样程序的规划和质量控制的标准化方法(参见，例如，http：//www. epa. gov/ttn/amtic/airtox. html)。标题为“质量保证项目计划”(QAPP)的文件，具有 16 个章节，涵盖了采样、分析和数据管理的所有方面。

QAPP 应包含预定项目的描述。它应该包括地图、场地描述、公司和预期的项目成果。组织结构图和团队的联系人名单，用于沟通项目团队成员之间的几个后勤问题，包括现场提供的设备和服务、航运指令和保管链、以及设备清单。质量保证/质量控制(QA/QC)计划的目的，是生成满足项目目标已知质量的数据。QA/QC 计划必须做到以下几点：

- 提供一个测量数据质量的持续控制和评估机制；

- 依据准确性、精密性、完整性、代表性和适用于数据解释的可比性而提供数据质量估计。

数据验证是通过将质量保证目标对照测量数据确定是否发生性能问题而完成的。有五种处理各种数据使用的分析水平和要求实现所需质量水平的方法，如下所示：

- 筛选，
- 现场分析，
- 设计，
- 构造，
- 非标准。

评估精度、准确性、完整性、代表性程度和可比性的正规方法在采样计划中应该进行描述。

3.6 采样方法与步骤

采样方法分成点源测试，面源测试，环境监测。此外，工艺过程的数据和液体特性可能对于量化潜在的有毒废气排放是很重要的。当设计采样方案时，重要的是，使用的测试方法要对合适的规管司法标准达标。由于采样是昂贵的，推荐采样和分析计划结合归趋建模，这可以减少采样工作。

在所有测试工作期间的样品存留从采集直到结果核实和报告必须是可追踪的。样品监管程序提供与样品收集和实现这个目标的处理相关的所有信息的存档记录。装订记录簿中应该保留所有现场活动纪录，包括观察结果、问题、现场测量结果、环境条件和其他有关信息。

数据缩减、验证和报告程序确保完整的文档文件维持整个计划，誊写和数据缩减误差最小化，数据质量要进行审查和记录，而报告的结果要适当限制并具有传统的格式。

校准方法与步骤和测试过程中收集的废气样品分析的分析方法的简要介绍，都应该进行描述。实验室方法包括 ASTM，NIOSH 等出版的那些方法。

单种含硫化合物可以采用配备火焰光度检测器的气相色谱仪或配备硫化学发光检测器的气体色谱仪进行分析。还有利用配备电化学检测器的气相色谱技术。美国环保署开发的环境试验方法 TO-14、TO-14A 和 TO-15，都可以用于整体空气样品的气相有机化合物分析。美国 EPA 方法 TO-15 在许多实验室广泛使用，能够可靠地分析低于 ppbv 水平的大多数所关注的有机物。按照 SI 单位，ppbv 表示为每十亿 mol(mol/10 亿 mol)所占摩尔数。

胺(和碳-氮环化合物)还没有标准的分析方法。它们能够在 GC—质谱仪(MS)上分析，这种仪器对胺分析设计了专用冷柱。然而，如何使这些化合物进入 GC-MS 可能是一个问题。高压液相色谱仪是唯一通用的方法，可以以气味阈值附近的检测限分析这些化合物。有机酸也没有标准分析方法，可以达到有意义的检测限。硅氧烷通过分析方法 TO-15 进行分析，这种方法采用特殊制剂能够分析这些化合物。此外，使用甲醇溶液的冲击器也可用于硅氧烷分析。

污水液相参数分析方法几乎总是选自《水和污水检验的标准方法》(*Standard Methods for the Examination of Water and Wastewater*)(APHA et al.，1998)。潜在的有毒有机物，使用美国 EPA 方法 624 或 8240。

根据 QAPP 和描述现场测试适用标准作业程序中的方案，所有现场分析测量数据都会缩减。在计算中使用的信息被详细地记录，以便在日后重建最终结果。

健康和安全是采样团队的重要问题。这是场地的特异性。对于污水处理厂，具有安全和安全计划是很常见的。该计划通常作为附录附加于 QAPP。

4　评估嗅觉及空气污染物排放

污水处理系统排放的化合物包括气味物质、VOCs、HAPs 和燃烧产物。空气污染物排放的准确表征是很重要的，因为排放水平可用于确定监管可适用性和后续是否达标监管要求，如排放控制的需要、施工和运营的空气许可证书。对于选择气味或废气排放控制技术，废气排放的正确表征也是很重要的。

4.1　污水处理系统的气味排放

新的含氧污水含有很多带有气味的化合物，如吲哚、粪臭素、有机酸、酯类醇类和醛类物质。从污水收集、处理和处置几乎所有的阶段都散发出气味，就像污水特性随着处理工艺过程中而发生变化，所以污水也排放空气污染物。虽然在一般情况下，处理工艺过程中几乎所有工艺过程的排放都被认为是不良的，但只有一些有能力影响设施界限外的社会。需要以下三个要素才能产生异味排放：

- 源污水中的气味化合物；
- 裸露的表面区域，这些化合物由此排放；
- 导致这些化合物从污水向汞齐中传送的动力。

污水处理厂的气味是多种化合物的复杂组合；然而，对于设计师而言，还有某些化合物和化合物组显著贡献于污水气味，也显著影响控制技术的选择。这些化合物包括以下物质：

- 硫化氢，
- 有机硫化物化合物，
- 氨和氮化合物。

在厌氧条件下硫酸盐(SO_4^{2-})或硫代硫酸盐生物还原就会产生硫化氢。硫化氢是在渠首和处理过程早期阶段或在固体厌氧消化中最常见的问题。硫化氢是一种无色的，具有潜在毒性，具有特殊臭鸡蛋气味的气体。暴露于 300ppmv 的硫化氢浓度的空气中就可能导致死亡。表 7.11 总结了硫化氢气体的主要特点。硫化氢气体中度可溶于水，而根据 pH 值，解离成其他形式的硫化物，取决于 pH 值。

$$H_2S = HS^- + H^+ \tag{7.2}$$

$$HS^- = S^{2-} + H^+ \tag{7.3}$$

表 7.11　硫化氢的特性①

分子量	34.08	气味识别阈值	约 5 ppbv
蒸气压，-0.4℃	10atm	气味特征	臭鸡蛋气味
25.5℃	20atm	典型的 8h 加权平均暴露限值	10ppmvb②
比重(相对于空气)	1.19	逼近生命威胁限值	300ppmv
气味检测阈值	约 1ppbv		

① 不同源对于硫化氢气味检测或识别阈值报道一个范围值。所报道的硫化氢气味阈值范围为 0.47~9ppb。在该手册中提及的气味阈值可以是不同的，预想因为在测定气味阈值时所用的测试方法差异而不同。

② 根据州职业安全机构而不同。

污水 pH 值在确定硫化氢气体分子可能散发到下水管道大气中的含量中具有重要作用。图 7.7 显示这个关系。在 pH 为 6.0 时，超过 90%的溶解硫化物将以溶解气体存在。在 pH 为 8.0 时，不到 10%从污水中以气体形式散发出来。因此，污水中降低 1 个 pH 单位可能显著增加硫化氢气体散发，潜在地引起气味和腐蚀问题。影响硫化氢散发的另一个主要因素是湍流。

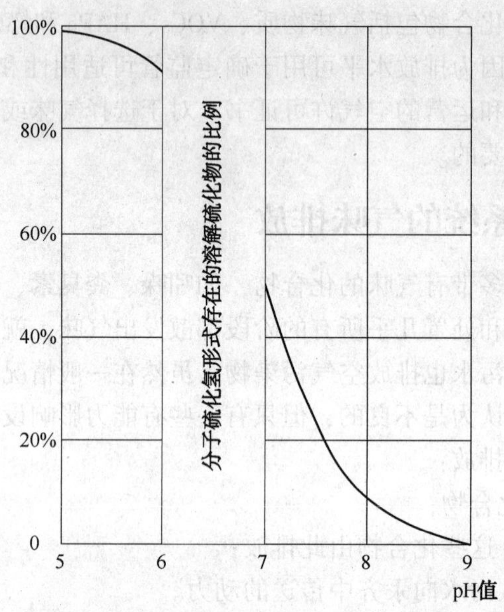

图 7.7 溶解的分子硫化氢的相对浓度

腐蚀是一个硫化氢存在导致的重大问题。硫化氢直接腐蚀金属，如铁、钢、铜等。更重要的是，硫化氢通过噬硫杆菌细菌在水分存在下生物氧化成硫酸(H_2SO_4)。

4.1.1 有机硫化合物

一些有机硫化合物，如硫醇，在整个处理工艺过程中，都能够发现，而同时其他有机硫化合物如二甲基硫醚和二甲基二硫，能够发现于固体处理操作如堆肥中。污水和残余物经过厌氧条件通常包含还原硫化物而不是硫化氢，这些还原硫化物可能对特性气味作出贡献。在液体输送和处理工艺过程中，有机硫化合物可能不如硫化氢那么重要，因为它们存在浓度相对较低。

从这些废气排放中去除硫化氢，往往会导致气味显著降低。然而，在固体处理的过程中，如增稠、存储和脱水，有机硫化合物变得更加突出，经常构成了主要的气味物质。从这些废气排放中仅仅去除硫化氢，可能只会导致气味轻微降低。这些化合物中有些物质比硫化氢难溶而可能更难处理，经常需要多个阶段才能实现使气味充分降低。表 7.12 列出了许多贡献于污水及其残余物气味的一些化合物。

4.1.2 氨和含氮化合物

污水及其残余物包含各种形式的氮。其中有很多是氨或有机氮。氨通常出现在脱水工艺过程中和由脱水作用而产生的固体中。在消化的固体中，尤其如此。污水中氨浓度据发现有 12~50mg/L(Metcalf & Eddy，1972)。然而，在中性 pH 条件下，污水废气中少量的氨，对废气异味排放的贡献不大，因为气味通常是以含硫化合物为主。因此，很少有必要在处理液体污水处理工艺过程中的废气中提供除氨步骤。

表 7.12　污水处理厂废气排放中的气味性含硫化合物(WPCF，1979)①

物质	结构简式	特性气味	气味阈值/ppbv	分子量
烯丙硫醇	$CH=C-CH_2-SH$	强烈蒜味、咖啡味	0.05	74.15
戊硫醇	$CH_3-(CH_2)_3-CH_2-SH$	令人不愉快，腐臭	0.3	104.22
苄硫醇	$C_6H_5CH_2-SH$	令人不愉快，强烈	0.19	124.21
丁烯硫醇	$CH_3-CH=CH-CH_2-SH$	类臭鼬味	0.029	90.19
二甲硫醚	CH_3S-CH_3	腐败蔬菜味	0.1	62.13
二甲基二硫	$CH_3-S-S-CH_3$	腐败蔬菜味	1	94.20
乙硫醇	CH_3CH_2SH	腐败卷心菜味	0.19	62.10
硫化氢	H_2S	臭鸡蛋气味	0.47	34.10
甲硫醇	CH_3SH	腐败卷心菜味	1.1	48.10
丙硫醇	$CH_3-CH_2-CH_2-SH$	令人不愉快	0.075	76.16
叔丁硫醇	$(CH_3)_3C-SH$	类臭鼬味，令人不愉快	0.08	90.10
甲苯硫酚	$CH_3-C_6H_4-SH$	类臭鼬味，腐臭	0.062	124.21
苯硫酚	C_6H_5SH	腐臭，大蒜味	0.062	110.18

① 不同的源报告了气味检测或识别阈值的范围值，尤其是诸如硫化氢或氨的这些化合物。硫化氢所用的范围值为 0.47~9.00ppb。在该手册中提及的气味阈值可以是不同的而预想因为在测定气味阈值时所用的测试方法的差异并非是确定性的。

当污水固体在高 pH 值工艺过程中进行处理时，如石灰稳定化处理，或高温过程，如堆肥处理等，释放的氨和其他氮基气味就成为异味排放的一个重要因素。厌氧消化和自热高温好氧消化，也可引起如胺类物质的氨和化合物的生成和散发。胺类物质是一类氮基气味物质，经常是以鱼腥气味为特征。表 7.13 列出了一些有气味的含氮化合物及其特性。由于气味阈值的测定采用人为小组成员而实验方法可能在研究人员之间会有所不同，则报道的范围较宽。

表 7.13　污水中气味性含氮化合物(IWA，2001；WPCF，1979)①

物质	结构简式	特性气味	气味阈值/ppbv	分子量
氨	NH_3	刺鼻辛辣	130~15 300	17.03
甲胺	CH_3NH_2	鱼腥，腐臭	0.9~53	31.05
乙胺	$C_2H_5NH_2$	氨味	2 400	45.08
二甲胺	$(CH_3)_2NH$	鱼腥味	23~80	45.08
三甲胺	$(CH_3)_3N$	鱼腥味		59.12
吡啶	C_6H_5N	不愉快，刺激性	3.7	79.10
粪臭素	C_9H_9N	粪臭味，反感	0.002~0.06	131.2
吲哚	C_2H_6NH	粪臭味，反感	1.4	117.15

① 不同的源报告了气味检测或识别阈值的范围值，尤其是诸如硫化氢或氨的这些化合物。硫化氢所用的范围值为 0.47~9.00ppb。在该手册中提及的气味阈值可以是不同的而预想因为在测定气味阈值时所用的测试方法的差异并非是确定性的。

4.1.3 其他污水气味物质

虽然大多数气味表征和控制力度，都重点针对含硫化合物，而在较小的程度上针对含氮化合物，但是在污水中还有许多化合物贡献于污水气味。表 7.14 列出了其他有气味的化合物——酸类物质，包括挥发性脂肪酸，以及醛和酮。虽然这些化合物对污水和污泥的臭味具有贡献，但是它们很少成为主要的气味物质或成为气味控制努力的目标。

4.1.4 工业之源的气味物质

如果污水处理厂接收来自工业的高流量或负荷贡献，则工业排放中存在的气味物质许多都贡献于气味排放，而甚至可能改变污水处理厂排放的气味特性。根据工业的不同，气味物质有关种类和浓度千差万别。挥发性有机化合物往往有特殊气味，可以影响从污水收集和处理工艺过程的气味排放。随着污水处理厂显著载入这些化合物，这些化合物有时可引起液体处理工艺过程和曝气池的排放产生独特的气味特性。例如，高负荷纺织印染工艺过程污水，可能导致各个单元污水处理操作释放溶剂气味。有关工业工艺过程具体化合物的信息可以查阅其他参考文献(Buonicore and Davis，1992；Rafson，1998)。

表 7.14 污水中的其他气味化合物(IWA，2001；Verschueren，1983)[①]

物质	结构简式	特性气味	气味阈值/ppbv	分子量
酸类物质				
乙酸	CH_3COOH	醋味	0.16	60
丁酸	$CH_3(CH_2)_2COOH$	腐臭	0.09~20	74
戊酸	$CH_3(CH_2)_3COOH$	汗臭味	1.8~2 630	102
醛和酮类物质				
甲醛	$HCHO$	酸味，令人窒息	370	30
乙醛	CH_3CHO	果味，苹果味	0.005~2	44
丁醛	$CH_3(CH_2)_2CHO$	馊味，汗臭味	4.6	72
异丁醛	$(CH_3)_2CHCHO$	果味	4.7~7	72
戊醛	$CH_3(CH_2)_3CHO$	果味，苹果味	0.7~9	86
丙酮	CH_3COCH_3	果味，甜味	4 580	58
丁酮	$CH_3(CH_2)_2COCH_3$	绿苹果味	270	86

① 在该手册中提及的气味阈值可以是不同的，而预想因为在测定气味阈值时所用的测试方法的差异并非是确定性的。

具有高生化需氧量(BOD)排放的工业可能间接地造成下游气味散发。即使工业废料可能本质上不是有气味的，但是高 BOD 排放可能导致快速氧耗和接受汇集系统硫化物生成增加。高温排放可能对生物活性增加，溶解氧浓度降低和创造厌氧条件具有类似效应，这都导致生成的硫化氢增加。

4.1.5 暴露的表面区域

在确定哪些气味来源可能对周围社区具有最大的影响中，研究污水向空气中逸出气味物质的可利用途径是很关键的。具有最高气味浓度的源对周围社区可能比气味较低而暴露表面积显著更大的源的影响显著较低。在污水处理厂中这种情况的典型实例是在渠首工程入口渠和初级沉淀池的对照。这种渠在设施中经常将会有最高气味浓度，但是它们所具有的暴露表面积却较小而因此对厂外气味影响较小。相比而言，初级澄清池比入口渠道所具有的气味浓度低出多倍，但是可能会对厂外气味影响提供最大贡献。

4.1.6　动力

驱使化合物从液相向空气中散发的主要驱动力包括以下方面：

- 液体湍流；
- 空气湍流和液面运动；
- 强制通风(气-液比越高，散发越大)；
- 温度(温度升高，气体溶解度降低，而传递速率越大)；
- pH 值(pH 值较低有助于硫化氢释放，高 pH 值有助于氨释放)。

虽有预测气味化合物从水到气质量传递的理论方程，如亨利定律(Henry's Law)，但是在实践中，下水管道或封闭池顶空中的气味物质浓度，如硫化氢，很少达到这些方程预测的平衡值。

表 7.15 总结了污水液体和固体处理常见区域性废气排放。

表 7.15　处理-工艺过程-排放的总结

区　域	排放特性
渠首工程	硫化氢是主要的气味物质
进水渠	气味浓度极高
过筛	液体涡流可能较高
沙砾分离	曝气沙砾去除具有较高排放潜势
初级沉降	硫化氢是主要的气味物质
分流器箱	对罐池具有较大暴露表面积
沉降池	堰和分离器箱内湍流导致气味浓度较高
排放堰	沉降池大暴露表面经常会导致该池成为污水处理厂最显著的排放源 曝气除砂具有高排放潜势
生物处理	除了厌氧区外很少或无硫化氢
悬浮生长	低浓度硫醇和其他有机硫化合物产生气味
活性污泥	气味浓度低
曝气池	高湍流和大表面积
	除了厌氧区之外一般对场外排放影响较小
	曝气机理通过改变气-液比影响排放
	滴滤池具有显著暴露的表面
	被动曝气滴滤池经受快速环境气温变化的快速排放变化
	随着进入二级处理池 RAS 渠或 RAS 的重新曝气
二次沉降	气味化合物浓度极低
分流器箱	对罐池大表面暴露大表面积
沉降池	堰和分流器箱内湍流导致高气味浓度
排放堰	一般对厂外气味不具有影响

续表

区 域	排放特性
三次过滤	气味化合物浓度极低 一般对厂外气味不具有影响 过滤池反冲洗具有产生气味潜势
消毒	气味化合物浓度极低 一般对厂外气味不具有影响 从排放至接收水可能产生高湍流
污泥储存罐	高气味化合物浓度 硫化氢再次出现 中等暴露表面积
脱水和增稠	高气味化合物浓度 氨可能变得显著，尤其是与消化的污泥一起 脱水方法影响气味特征(离心中的剪切作用可能比其他脱水类型产生更大的气味)
碱稳定作用	高气味化合物浓度 氨释放非常显著 飞尘产生显著 最终产物保持气味较长时间
堆肥	高气味化合物浓度 二甲基二硫、二甲硫醚是主要的气味物质 随着低曝气或消化的污泥一起变得显著 飞尘产生严重 对于主动堆肥堆暴露表面积大
消化	盖或阀上系统密封的气味泄漏 排放废气经过燃烧产生能量或火焰化，由此气味生成非常少

4.2 燃烧源的废气排放

许多工艺过程常用于燃烧燃料的公有处理工厂(POTWs)。对于这些燃烧源，气味比污染物可能不太显著，例如以下污染物：

- 氮氧化物；
- 一氧化碳；
- 碳氢化合物，包括非甲烷烃类；
- 硫氧化物；
- 可吸入颗粒物；
- 水银(汞)。

氮氧化物，主要是一氧化氮(NO)和二氧化氮(NO_2)，通过两种机理——热或燃料 NO_x 中之一或二者一起形成。热 NO_x 由用于燃烧的空气中氮和氧之间的反应形成。燃料 NO_x，来自于燃料，如生物固体燃料，或含有有机氮的重油燃烧产生。

一氧化碳源自含碳燃料，如天然气和沼气不完全燃烧。当燃料中存在的含硫化合物在燃烧过程中氧化时就形成硫氧化物。沼气中通常包含以硫化氢形式的硫化物。有时沼气要经过处理而去除硫化物。燃油和生物固体中也含有硫。

颗粒物和金属可以来自燃烧后的物质，如被焚烧的生物固体。对于多炉床焚化炉，滤饼灰分 15%~30%，将成为焚烧炉尾气中的飞尘。这种微粒物质通过排放控制设备，可以去除绝大部分。少量的微粒也来自可能存在于燃烧燃料中的非可燃性灰烬。其他燃烧过程排放的颗粒物通常因为燃料中存在的灰分量较少而一般都较低。

燃料中有机物不完全燃烧就会造成碳氢化合物的排放。对于焚烧和干燥，碳氢化合物也可以来自可能存在于生物固体中的挥发性有机物。

如果沼气不能在发动机或锅炉中使用，则就在火炬中烧掉。需要用火炬减少气味，避免发生爆炸或火灾危险，同时破坏挥发性有机化合物。这种火炬通常旨在通过将沼气通过一个环型的天然气引燃器产生的一团火焰而点燃沼气。沼气由挡流板作用而偏转横穿整个火焰引燃器。有些火炬或沼气燃烧器设计用于高效破坏 VOCs，并提供一个大的封闭燃烧室以增加停留时间。火炬有机废气，大部分是未燃尽的甲烷——在美国通常是不会监管的污染物。

锅炉将会燃烧燃料，将水加热而产生蒸汽或热水。这部分能量主要用于取暖和消化池生物固体的加热。POTWs 的锅炉设计用于燃烧沼气、天然气和燃油。通常锅炉排放的污染物含量相对较低——特别是燃烧天然气或燃烧前除硫的沼气。锅炉能够经过设计，而产生较低水平的排放——主要是氮氧化物。

内燃机通常用于 POTW，其中存在过量的沼气可以用作发动机燃料进行燃烧。沼气含有甲烷，并具有作为甲烷(天然气)约 60%的能量值。这种发动机用于发电，所发之电用于本厂或出售给电力公司。有些发动机直接驱动设备，如大型空压机或泵。使用天然气或柴油燃料的内燃机，也用作后备应急发电机。许多类型的内燃机，都可能产生显著的污染物——NO_x和 CO 的来源。

通常设计用于燃烧沼气的发动机能够燃烧天然气或天然气和沼气混合物。有些发动机经过设计能够贫燃料燃烧，这意味着它们以高空气-燃料之比运行，减少温室气体排放。贫燃料燃烧的发动机通常采取预室点燃而主燃烧室贫燃烧。

焚烧过程中通过其作为燃料并将这种燃料与氧气化合而燃烧或烧掉生物固体。生物固体可燃元素是碳、氢和硫，这些元素在化学上结合而作为油脂、碳水化合物和蛋白质的生物固体。如果生物固体燃料的含量足够高，则生物固体就能够不需要补充燃料燃烧或自生燃料燃烧。然而，补充燃料通常是必需的，而且通常使用天然气或燃油。污泥焚化炉常见的两种类型是多炉膛焚化炉和流化床焚化炉。多炉膛焚化炉是圆柱形，耐火内衬的不锈钢外壳，其中包含了一系列位于其他之上的水平耐火炉膛。燃烧发生于干燥区，燃烧区和冷却区。流化床焚烧炉通过将生物固体和沙床以流体状态放置并将燃烧空气以均匀的燃烧状态流动通过流化床区而运转。由于燃烧固体由空气包围，氧气迅速发生反应，而燃烧固体。焚化炉的废气流通至空气污染控制设备。通常情况下，湿式除尘器，用来控制颗粒物，而有时采用热氧化作用控制碳氢化合物的排放。

用于干燥生物固体的热烘干机，有两种主要类型——直接和间接加热。直接加热烘干机加热空气并使用风扇将热空气吹过干燥器，在烘干机中空气接触泥饼将其干燥。这可能会产生含有颗粒物和从干燥器排放的其他污染物的大量空气，这可能需要高效颗粒物控制系统，如湿式静电除尘器。一些制造商将大部分直接加热烘干机的这种空气再循环返回至烘干机进料端，从而降低烘干机排出的空气量，节约能源，减少排放，并降低污染控制设备的大小。

直接加热烘干机能够经过设计而使用天然气、沼气或燃油作为燃料加热空气。

间接烘干机用热加热金属表面的一侧，而该表面用来加热污泥而蒸发水分。这种间接系统相比于大多数直接烘干机，产生的排风量和污染物负荷较低。

4.3 排放估算方法——一般归趋模型

经常用来估算污水处理设施 VOC 排放的一种方法是使用一般归趋模型。这些模型，顾名思义，就是随着这些 VOC 通过处理工艺过程时预测这些挥发性有机化合物的归趋(命运)。VOCs 的归趋机理，包括挥发、吸附和生物降解。挥发是 VOCs 从液相转移到气相的损失或传递。生物降解是指通过生物吸收和转化的 VOCs 损失，而吸附是指 VOCs 结合到固体。任何给定的化合物挥发、吸附或生物降解的程度，取决于具体的化学性质、环境条件和处理设施的运行条件。

估算排放量的模型实例包括 TOXCHEM(Hydromantis 公司，加拿大安大略省汉密尔顿市)和"海湾地区污水有毒物质排放"(Bay Area Sewage Toxic Emissions)(BASTE)模型(CH2M Hill，科罗拉多州恩格尔伍德市)。这两个模型是专利性，都可以商购获得。其他模型如 WATER9，可以免费从美国环保署获得，并可以从美国环保署的网站(http：//www. epa. gov/ttn/chief/software/water/index. html)下载。TOXCHEM 1 模型(Sterne，2001)，BASTE(BASTE，1992)和 WATER9(U. S. EPA，2002)通过先前讨论的三种机理的每一种机理而估算 VOCs 排放量。每个模型以工艺单元为基础估算排放量，以处理进水位置开始并逐个单元朝下游方向按序对排放估算求解。

因为化合物特异性影响竞争归趋机理的相对显著性，则大部分模型都具有内置化学数据库，包含对污水 VOCs 排放量分析中经常遇到的许多 VOCs 建模所需的数据。此外，该模型具有允许用户模拟该数据库中未包括的其他化合物的能力。排放模拟潜在所需的物理数据实例包括化合物分子量、气相和液相扩散系数、亨利定律系数、生物降解率和辛醇-水分配系数。

进水条件也是每一模型所需的，并可能包括进水 VOCs 浓度、污水温度和流量，以及固体浓度。

对每一工艺过程单元都要进行排放估算，同样，排放取决于工艺过程单位的具体信息，如表面积、液体深度、以及表面是否是静态的(例如，曝气、堰落差高度和混合液悬浮固体浓度)。

一旦所有的所需化合物特异性的、环境的和处理工艺过程特异性的数据输入，采用通用化的稳态质量平衡方法求解以下的一般方程：

$$\text{液体 VOC}_{\text{进}}+\text{液体 VOC}_{\text{出}}+\text{挥发的 VOC}+\text{生物降解的 VOC}+\text{吸附的 VOC}+\text{固体 VOC}_{\text{出}}=0 \tag{7.4}$$

式中 液体$_{进}$——以液相进入工艺过程单元的化合物质量速率(g/s)；

液体$_{出}$——以液相退出工艺过程单元的化合物质量速率(g/s)；

挥发的 VOC——化合物挥发的质量速率(g/s)；

生物降解的 VOC——生物降解速率(g/s)；

吸附的 VOC——污泥的吸附和随后的失去速率(g/s)；

固体$_{出}$——污泥流液相中化合物的损失率(g/s)。

一般质量平衡适用于每个工艺过程单元，并根据需要进行简化。例如，对于初级处理工艺过程单元，生物降解假设可以忽略不计，则生物降解项设置为零。虽然吸附程度被认为是基于平衡的，但是挥发的程度是传质驱动的，因此需要对传质系数进行估算。每个模型使用估算传质系数的算法。虽然建立和执行模型所需的努力程度最初可能是劳动力密集型的，但是建模方法的一个优势是能够进行敏感性分析或评估归趋条件。例如，可能会对某一具体参数进行分析，而确定该参数对排放的灵敏度(即，污水温度或流量)。如果在归趋条件下，流量水平预期发生变化，则对排放的影响可以很容易通过改变模型中的流量条件而进行估算。

4.4　气味控制策略

无论所关注的排放量如何，为之建立管理策略的一般过程包括以下几个基本步骤：

- 确定该设施的排放目标，
- 量化所有源的排放量，
- 确定排放对周围社区的个体和整体影响，
- 制定控制的备用方案，
- 验证控制措施的有效性，
- 与公众沟通。

每一步骤都在下面的章节更深入研究。

4.4.1　确定减排目标

驱动排放目标的主要力量是法规、保护工作者和邻居健康的需要，污水处理厂基础设施防腐的需要，以及防止恶臭达到周围社区的需要。

至于具体的化合物，监管驱动力包括《联邦清洁空气法案》，其中规定了主要污染物。这些条例通常适用于热或能量生产运转可能受到影响的大型设施。许多州也有主要污染物法规，可能比《联邦清洁空气法》规定更为严格。其他州，如加利福尼亚州，除了主要污染物之外，还有有关 VOCs 的严格规定；OSHA 和 NIOSH，规定了某些潜在的有毒化合物浓度。这些更多涉及工艺流程内的浓度，而通常会影响对通风的要求。

地方或州法律可以监管气味。这些法规，在地界线或最近的接受者对气味浓度设限至产生滋扰的最常见禁令各不相同。最终，设施邻居是监管者，并且，如果他们都在抱怨，则设施就发生了违规。

在缺乏具体的监管浓度目标时，必须建立气味浓度的目标。在实际应用中，不存在这样的无异味的情况。所有类型的气味，从各种不同类型的来源，无处不在。当在设施地界线或最近接受者内确定目标气味浓度时，必须考虑以下两个因素：

- 允许的气味浓度，
- 阈值浓度仍然存在的最短持续时间。

其他地方条例可用于确定最大允许滋扰阈值。另外，气味排放属性本身也可以使用。

利用斯蒂文(Steven)定律和现场气味取样的剂量反应数据，阈值气味浓度可通过设置强度为 3.5 进行确定。

$$I=aC^{b} \tag{7.5}$$

式中　I——强度；

C——D/T 中的气味浓度；

a 和 b——通过对气味评定小组的气味样品强度分级进行回归分析而确定的剂量响应常数。

对气味的敏感度因人而异。此外，气味可以触发情绪反应。通过过去暴露已对气味敏感的邻居可能会有较低的耐受性；因此，应考虑更严格的阈值。

一旦建立气味浓度阈值，就必须确定该浓度的持续时间。为了达到滋扰，气味影响必须触发行为反应或变化。与阈值浓度一样，在没有规管准则的情况下，必须建立最低时限。

4.4.2 源头的量化排放

无论是处理主要污染物还是气味，具有所有排放源及其对整个污水处理厂排放的贡献和对周围社区的影响的详细目录清单是非常重要的。要做到这一点，必须确定源头并对每个源取样。要归属于排放源，任何工艺过程或地点必须具备以下三个要素：

(1) 必须存在所关注的化合物(有异味的或主要的污染物)。

(2) 表面积，由此这些化合物能逸出至大气中。

(3) 驱动力，如强制通风，周围环境和污水或固体表面之间的温差，或暴露于风。所有这些都将化合物从源头移动到大气中。

一旦确定源头，就必须直接从这些源头收集空气样品，才能确定排放率并对源头建模。如果主要污染物或 VOCs 就是所关注的问题，这些都必须直接测试。对于气味处理，应该以最低限度收集以下类型的样品：

- 气味，
- 总还原硫化合物，
- 固体处理工艺过程的氨，
- 设施入口的连续硫化氢监测，
- 排风源的排气速率。

空气样品经过分析，才能确定气味的浓度、强度、特性和享乐调(hedonic tone)。其中，特性和享乐调价值有限。特性可适用于判断是否发现递归模式。浓度，相对于源排放率或通量率，适用于计算源气味排放率。强度可以用来确定滋扰气味阈值浓度。

正当污水移动通过处理工艺过程时其特性就会发生变化，正在进行排放的异味化合物也是如此。在处理工艺过程的早期阶段硫化氢是一种显著的异味化合物；在污水处理厂处理工艺结束端很少能够观察到。通过固体处理过程，氨和二甲基二硫可以对气味提供显著的贡献，但它们对污水处理厂的其他部分并没有的显著影响。对一些这些化合物排放率进行了解才能够选择和正确地估计气味控制技术，这是至关重要的。

污水处理厂经受各种气味化合物循环载入。在处理工艺过程的初始处理阶段，气味排放是受化合物，尤其是硫化氢浓度波动显著影响的。因此，一个不错的做法是在渠首或进口渠的硫化氢排放连续监测至少几天。这可以使用数据记录传感器，如 Odalog(App-Tek International Pty Ltd.，Brendale，澳大利亚)。如果可能，这应在采集其他样品之前完成，才能在最大气味排放之时收集这些样品。

对于强制通风的源，排气点测量空气流量，对于确定该源的排放率是非常重要的。另外，整个排气扇的压降，加上风扇曲线，可以用来确定空气流量。

有两个主要方法从源头采样——用于强制通风源的肺泵和用于通风不良源的隔离流通室。采集的空气样品通过实验室气味评定小组和以上所列的化合物组分的独立实验室进行分析。对于气味浓度分析，不同的实验室可能会利用小组成员的不同呈现率。所用呈现率对气味浓度的结果具有显著的影响。在测试中使用的呈现率包括 0.5L/min、3.0L/min 和 20.0L/min。要确切知晓和指定小组呈现率，这一点非常重要。如果要使用过去气味研究的数据或与新的数据相对照，则已知呈现率是至关重要的。

所有上面的讨论涉及到排放源样品采集。从周边区域收集样品也是可能；然而，这些数据的价值不大。排放对周边区域的影响不仅取决于排放本身，也是由不断变化的气象条件决定的。从周边区域采集样本，只提供了一个简要印象；很难在适当条件下采集有意义数据的足够样品。因此，最大的价值是该源头取样并使用计算机模型预测所排放废气的影响。

4.4.3 周边社区影响的确定

经清点排放源并确定污水处理厂循环负荷中的最大排放之后，就要确定这些排放对毗邻的影响。对此，采用计算机建模。虽然模型对于确定排放对周围社区的影响是至关重要的，但是同样重要的是要记住它们只是估计和近似。该模型表明趋势，而必须如此看待。考虑到这一点，应该遵循一些惯例：

- 应该对源头单独和整体建模；
- 应选择一些有代表性的各个受体位置，并应审查滋扰阈值达到和超过次数；
- 在可能的情况下，使用多年的气象数据，避免歪曲结果。

分别考虑这些源，提供这些源有关其产生滋扰影响的相对排序。最大排放的源可能并不会造成最大影响。气味排放迅速分散，将会降低对毗邻的影响。排气的速度和高度显著影响这种分散作用而由此影响周边地区。例如，高度有味的渠首建筑物通过屋顶通风器高速排气可能会比一组低于地面的初级沉淀池排出更多的总气味量。然而，沉淀池将对周围社区产生较大影响也是可能的，因为气味是在较大面积上低于地面低速排出。

所有源头必须进行综合考虑。虽然一组源头不可能个别地产生滋扰条件，但是当它们一些组合在一起时，就可能会实现这种效果。观测个别受体位置是有益的。如果所有源头一起建模而非它们进行个别建模时某个位置的影响效果总和较大，则由源头组就正在产生这种影响作用。对不同源头分组建模而确定哪些组合导致滋扰影响可能是必要的。

4.4.4 控制备选方案的制定

以下要素是排放控制的要素：

- 预防，
- 捕获，
- 控制，
- 排出。

排放预防可以采取的操作变化的形式，如消除入口渠和管排水口释放气味的涡流。新污水处理厂的设计过程，除了对污水进水的提供的贡献之外，还应该审查其对气味提供的贡献。例如，大部分污水处理厂中初级沉淀池就是显著的气味源。在某些情况下，从处理工艺过程中减少或消除之，也是可能的。

其他预防措施包括污水化学品剂量计量，防止化学或生物形成有气味的化合物。化学品剂量计量在收集系统最常见；然而，它已成功地用于污水处理厂内的目标地区。必须小心选择化学物质，才能确保化学品具有充分混合和接触化学时间而发挥效能，并且这些化学品不会对工艺过程，如污水处理厂的生物除磷，产生不利影响。

在排放的废气能够处理之前，必须捕获它。在空气收集系统设计中，除了简单地捕捉和移走气味之外，还有几个必须考虑的问题。在这些系统中必须关注的是它们如何影响工作者。常见的错误包括抽吸有味废气经过工作者；当门敞开时不考虑空气流动条件；以及提供不充分的空气流动，而使工作者被迫让大门保持敞开。只要有可能，在源头以罩或盖设阱或捕获排放废气都是可取的。然而，必须谨慎关注，允许工作者进入和为了工作之便而进入，或盖子和检修门将关闭或打开。空气收集必须始终考虑这个区域如何排风而进行设计。

一旦捕获和收集，空气在耗尽之前，可能需要进行处理。在某些情况下，只需在适当的高度，有足够的速度耗尽空气创造足够的分散度，就能防止厂外气味的影响。然而，当处理是必需之时，对正在接受处理的废气排放选择最佳技术是很重要的。通过处理工艺过程的污水不断前进，其性质发生变化——从该污水发生的废气排放和由其除去的固体也同样发生变化。

4.4.5　控制备选方案的有效性评价

在措施执行之后验证其有效性的最佳方式，就是对新的废气排放重新取样分析。有些州会要求取样验证最初建模和设计的排放指标是否满足。与初始取样一样，采样设施周围地区取样分析的价值不大。如果空气许可证要求不断验证，则是非常重要的。

5　气味和废气排放的分散建模

同一源头释放的两种气体，在不同的时间和明显相同的气象条件下，在同一下风位置会导致两种不同的测量浓度。这些差异是由大气中可能的(随机的)湍流和扩散的性质造成的。出于这个原因，浓度的准确预测是不可能的，而所有的预测都应该当作实际值的估计值。

当空气污染物，包括有气味的化合物，排放到大气中时，这些污染物从排放源由风运输而载离并通过与周围空气混合而稀释。地形、气象条件和源特性都影响顺风向的地面水平位置的污染物浓度。

在实际执行污水处理厂气味分散计算或建模时，本章或任何教科书的方法在不寻常的大气或源条件或不规则地形情况下都是不充分的。在这些条件下，分散建模需要高度的专业知识并可能涉及其他预测或诊断辅助。本章旨在为设计工程师提供关于分散建模者需要什么样的信息才能建模分析的指导，并提供一些建模者可能提供的什么样信息将会有助于工程师设计气味或废气排放控制系统的有关信息。

5.1　源头特性

源头特性是界定排放点的物理尺度或参数。尽管分散建模的大多数讨论都集中于点源的释放(即，工艺过程的烟囱或排风口)，但是污水处理厂的许多气味源是从敞开的处理池或结构不受限释放的。以下讨论对一些类型的污水处理厂释放，如面源或体源的表征。

5.1.1　点源

分散建模所需的工艺过程烟囱或排风口参数，包括烟囱高度、烟囱出口内径、排气温度和排出废气经过烟囱出口的速度。如果工艺过程单元有独立的烟囱，烟囱基部高度是显而易见的。如果通过建筑物屋顶的烟囱排出废气，则烟囱基部高度也是建筑地基高度。

5.1.1.1　烟囱或通风口的设计

工艺过程区域的烟囱或排风口排放的动量、热和污染物。工艺过程烟囱或排风口羽毛状烟云的高度是由废气速率和大气温度之间的温差(上升浮力)和废气流速率与水平风速之间的差异(上升动量)控制的。由此产生的烟柱抬升在其达到地面之前增加了污染物分散。在设施的设计期间，排放源的物理参数应该设计用于提高或至少不妨碍烟柱抬升和分散。污水处理厂的大部分空气排放源是中立上浮的(排气温度接近环境空气温度)。因此，排气速度或动量对于烟囱或排风口释放污染物是很重要的。

改善烟柱抬升的策略应该包括在所有排气烟囱或通风口的设计中。来自几个集合点的废气应该混合于安全之处并按惯例而进行处理。通过将各个工艺过程区域的流混合，工艺过程区域的污染物浓度增加就会在其释放于环境中去之前而被稀释。增加的废气流量提供了更大的烟羽抬升而提高了分散性，最大限度地减少顺风影响。工艺过程的烟囱和通风口应该垂直定向和不封顶。雨帽和U形喷口偏转排气喷射，降低了烟羽抬升，并增加屋顶浓度。图7.8图示说明了不会对烟羽分散造成不良影响而提供足够雨水保护的烟囱设计(ASHRAE，2005)。

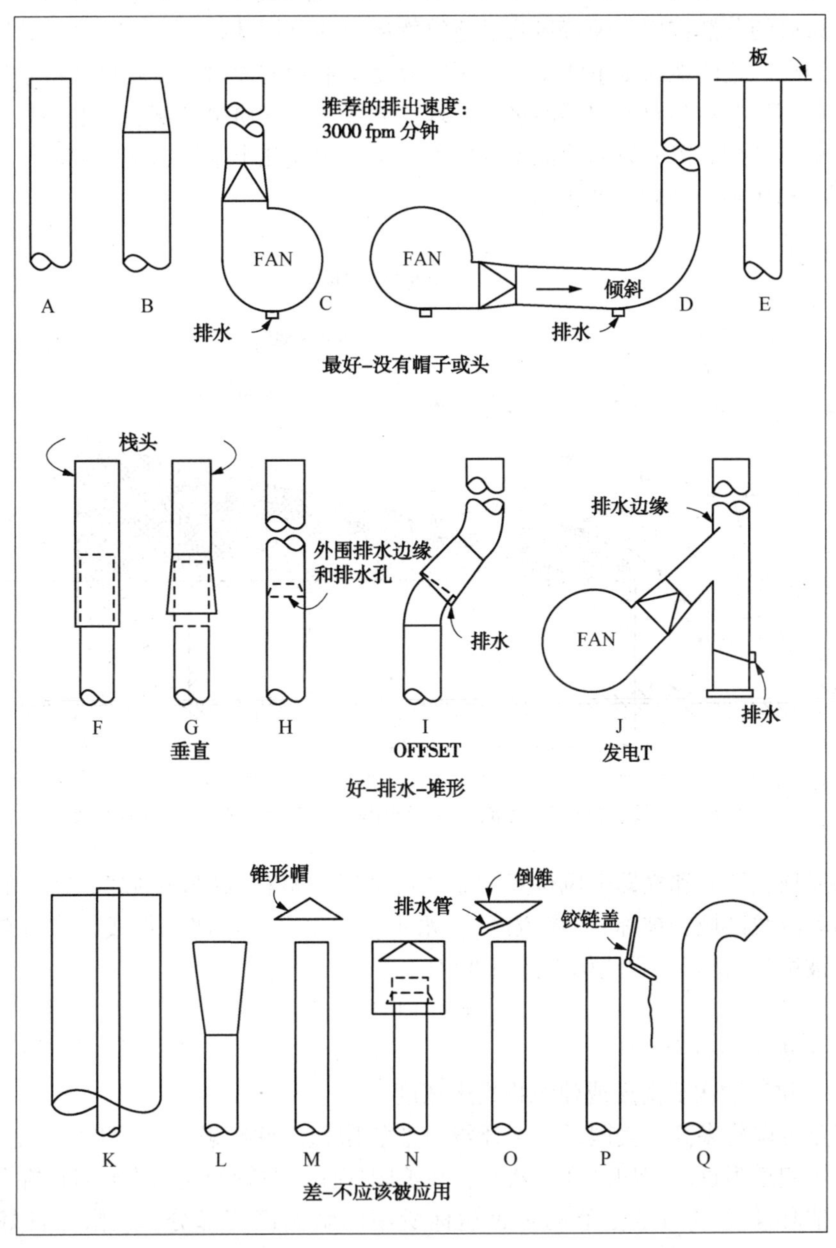

图7.8　烟囱设计提供垂直排放和雨水保护(ASHRAE，2005)(fpm×5.080=mm/s)

当低动量排放时由于烟囱立即下风向低压作用而向下抽吸作用而烟囱顶端发生下冲，降低了烟柱抬升并增加了下风向位置的影响。为了减少烟囱顶部气流下洗的影响，废气的速度应该是设计水平风速的 1.5 倍。废气的速度应保持 10m/s(2000ft/min)以上，才能提供足够的烟柱抬升和分散。12m/s(500ft/min)的烟囱速度通常能够防止流失冷凝水分流下烟囱并防止雨水进入。

出口喷嘴应该用于获得产生烟柱抬升和避免气流下洗的排气速度(ASHRAE，2005)

5.1.1.2　建筑物空腔和尾流效应

在建筑物和结构附近周围的环境空气流动变化，可能通过降低烟羽抬升大大影响工艺过程烟囱和排风口的分散作用。随着风吹过建筑物形成的再循环区域，可能会导致废气吸到进气口而增加顺风位置的地面水平浓度。甚至中等复杂形状的建筑物，就可能产生过于复杂的流动模式而在简单的数学模型中不能进行处理。大多数空气质量模型会将这些复杂的结构简化成简单的矩形结构。需要风洞才能预测中等复杂结构或几个附近结构的流动模式。这描述见图 7.9 中(ASHRAE，2005；Wilson，1979)。

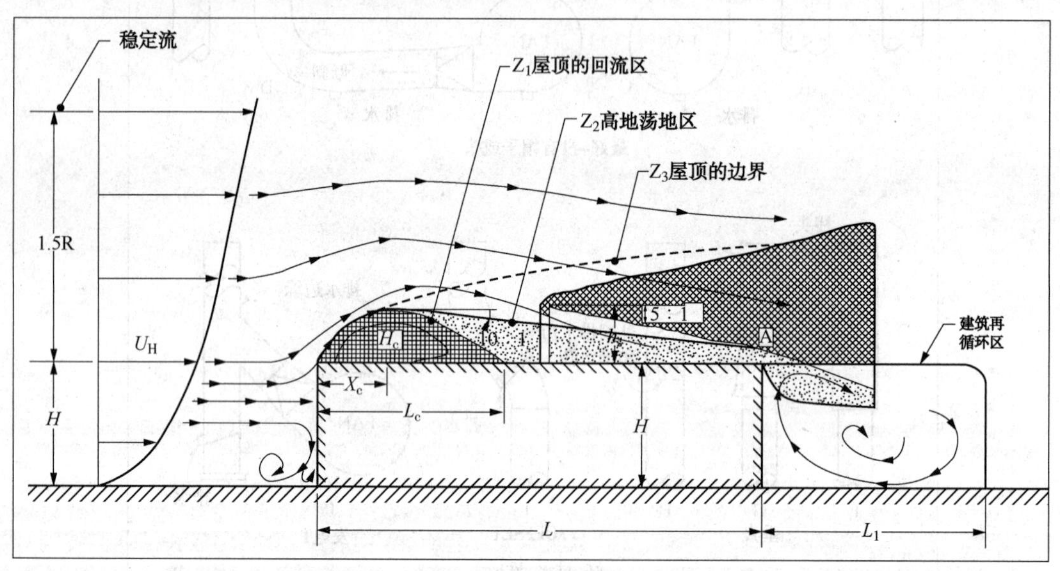

图 7.9　建筑物空腔和尾流区域(ASHRAE，2005；Wilson，1979)

建筑物屋顶、两侧和立即下风位置的循环流动区域被称为“腔区域”。结构的进一步下游的向下移动流线区域，被称为“尾流区”。水平风并不会受该建筑物或结构所造成湍流影响的高度，被称为“良好工程范例烟囱高度(H_{GEP})”。

$$H_{GEP}=H_B+1.5\times H_L \tag{7.6}$$

式中　H_B——建筑物高度，

H_L——建筑物次要高度或建筑物投影宽度。

烟囱究竟可以建多高，美国环保署还没有监管限值。联邦航空管理局(华盛顿特区)可能会限制机场跑道附近的烟囱高度。然而，在美国环保署监管的应用中，可以在分散建模研究中用以评估环境空气质量标准的是否达标所用的烟囱高度部分，仅限于良好工程范例(GEP)烟囱高度。比 GEP 烟囱高度短的烟囱在分散作用建模分析中必须评估建筑物气流下洗的影响。

在标准完善的建模分析中，方向特异性建筑物高度和投影宽度需要作为建模分析的输入。美国 EPA 大厦外形输入程序可以用于评估附近的结构并对下洗气流具有控制效应的建筑物尺寸赋值。

5.1.2　面源

面源用于对没有烟羽抬升的低水平释放建模，例如敞开的罐和池。分散作用模型在其调节大多数面源的各种形状的能力得到完善。对于大的或不规则的面源而言，该源可以细分而容许更大的灵活性。对于面源必需的输入信息包括释放高度、侧面长度(东西和南北侧面)、取向角度和面源烟羽抬升最初垂直尺寸。

被动面源是通过其表面没有可量化的蒸气通量的那些表面。典型的源包括澄清池表面、均衡化池或填埋场表面。质量传递关系由亨利定律常数和表面边界层现象控制。

活动面源具有可量化的蒸气通量，往往由一个风扇或鼓风机驱动。典型的源包括曝气池、生物滤池、曝气渠。活动表面释放可能具有面源烟羽的初始垂直尺寸。通过罐、池或渠表面的空气速率和释放的潮湿空气和环境空气的密度差都驱动这种初始分散作用。然而，估算这种初始分散参数的方法和步骤还没有明确定义。

5.1.3　体源

如果污染物释放是失控的或所具有初始分散特性不能通过标准点或面型释放进行充分表征时就使用体源。在标准监管模型中，虚拟点源算法模拟定义了初始垂直和水平分散作用系数的体源。体源必需的输入信息包括释放高度(体积中心)、体源烟羽初始水平尺寸和体源烟羽初始垂直尺寸。以下将讨论几个常见的例子。

建筑物废气排放，通过蘑菇型屋顶通风口时，将会向下朝建筑物屋顶排放，或通过侧百叶时，就会通过建筑物侧面水平排放废气。在这两种情况下，废气可能夹留于建筑物周围的空气流中，并最初与建设横截面积按照比例混合。在这种情况下，在顺风位置影响可能通过污染物和该相同结构尾流影响的体源顺风分散的假设能够更好地表示。

同样，敞开的门或卡车的道路可能是异味排放源。最初来自这些源头的异味空气与该结构周围空气流混合。顺风位置的影响可以通过假设污染物从体源顺风分散，初始横向和纵向的尺寸与建筑物横截面积成正比。通过建筑物内气味浓度乘以敞开的面积和穿过开口的假设速率而可以估算排放量。

5.2　气味排放速率

对于点源或体源，排放表征为单位时间的质量，而对于面源表征为质量通量速率(单位面积单位时间的质量)。这些都可以通过记录的污染物或气味的浓度乘以 AFR 直接测量。排放率也可能衍生于归趋模型，质量平衡计算和排放因子。被动表面的排放可以直接使用通量室测定，使用质量排放模型进行估算，或通过逆向建模(从该物质所测定的环境空气浓度逆向计算源排放强度)进行预测。主动表面的排放可以直接使用通量室测定，记录罐池表面附近的浓度，使用质量排放模型，或通过逆向建模预测。

体源排放表示为单位时间的质量，可以直接通过记录气味的浓度并乘以 AFR 进行测量，或使用该结构内对于那些工艺过程单元的质量排放模型继续估算。

5.2.1 实例问题

填充床湿洗气器安装于渠首设施用于降低邻居社区的气味影响。洗气器系统的设计AFR为4.72m^3/s(10000cfm)。采样袋样品从洗气器排放尾气采集，而由气味评价小组进行评估。所报告的气味强度为75*D/T*。计算适用于气味分散作用模型的气味排放率。定义任何专门的建模问题。气味阈值(*D/T*)是稀释比率。它等于样品最终体积(V)除以初始体积。

$$D/T=(V_{样品}+V_{稀释空气})/V_{样品} \tag{7.7}$$

尽管无量纲，但是单位能够表示为m^3/m^3。采用米制单位是与分散模型中的单位保持一致所需的。

ARF乘以气味阈值而获得气味排放率(OE)。OE以立方米每秒为单位进行表示。

$$OE=D/T\times AFR \tag{7.8}$$

这表示稀释洗气器烟囱的气味至气味阈值所需的总空气体积。有些作者报道气味速率为D/T每秒(D/T/s)或气味单位每秒(OU/s)。

气味速率现在可以代替分散模型中的质量排放速率。分散作用建模方程的简化形式为：

$$X=OE\times DF \tag{7.9}$$

式中 *X*——预测的影响(无量纲)，

DF——分散作用因子(s/m^3)。

分散作用模型具有缺省的排放转换因子，用于将排放速率项中的克转化成预测浓度箱中的微克。这个缺省因子1×10^6必须变为1.0。

预测浓度项(*X*)是将稀释洗气器烟囱的气味稀释至气味阈值所需的空气总体积与该距离下烟羽体积的的比率。如果预测浓度为1.0，则分散烟羽的体积足以将洗气器烟囱的气味稀释至气味阈值。

5.2.2 谨记

不同源的气味影响作用不是加和性的。具有不同特征的气味源由接受者感知识别的也可能不同。

5.3 分散作用模型

分散作用模型定义了排放源和顺风受体之间的关系。与任何数学方法一样，分散作用模型是用来预测未来的条件(新源)或模拟各种代价高昂或不可能采用传统测定方法定义的条件。分散模型可用于在项目设计阶段(当20%~30%设计完成时)评估备选空气污染控制策略。分散作用模型也用于支撑空气质量影响评估或空气质量许可证的申请，以证明空气质量标准或气味阈值水平达标。这种达标证明是在设计完成了70%至80%时执行的。这些模型是评估拟议的新的或修改源潜在影响，证明环境空气质量标准达标，或评估现有设施具体气味事件的可能原因的有用工具。

几个计算机化的分散作用模型可以获自美国EPA支撑中心(U.S. EPA's Support Center)监管空气模型(SCRAM)网站(http://www.epa.gov/scram001/)和软件商。使用美国EPA网站分散作用模型的主要原因是他们共同的可用性及其同时处理多种源的能力，包括点(烟囱)，体(易变)和面(曝气池和填埋场)源。它们既可以处理热排放废气又能处理具有烟羽漂浮和动量算法的冷废气。所列的模型可以使用而没有正式证明适用性。许多模型已经采取与所观察的空气质量数据对照的方式进行性能评价。这些模型适用于有毒空气污染物论证和气味影响评估。

5.3.1 监管模型

实施空气质量分析论证这些污染物对所建立的环境空气质量标准达标的准则，提供于《40CFR 52》附录 W 中颁布的“空气质量模型准则”。美国 EPA 主要负责确保环境空气质量标准受到保护。这个权威被委托至州和地方管理机构。当对污染物采用所建立的空气质量标准进行建模分析时，对于指定建模方案，概括要遵照的具体方法与步骤经常都是必要的。

评价环境空气中的有毒空气污染物的影响主要是州和地区监管机构的责任。不同的监管机构其程序和工作方法不同。在需要进行分散作用建模的那些情况下，要遵照适用于环境空气质量建模的模型和方法。推荐的做法是，保持与会审查机构，而讨论实施分散建模分析之前要遵照的程序和方法。

气味滋扰标准的达标通常是地区或地方监管部门的责任。气味研究可能是气味影响评估或气味控制设施设计的一部分。这样的研究被用来作为一种规划工具，而不可能由监管机构进行审查。然而，如果监管机构启动达标行为，那么气味建模程序可能需要在分析之前进行讨论。

人们越来越依赖于模型的浓度估算结果，已经将其作为监管决策关注的源许可和排放控制规定的主要依据。在许多情况下，例如拟议源的审查，并不存在切实可行的选择方案。

5.3.2 建模方法

空气质量分析或气味影响评估的一般方法总结如下。这要遵照《分散作用建模清单》(U. S. EPA，1977)中提供的准则。建模方案的文件，总结了分析的关键要素，应该成为分散作用建模评估的部分。

(1) 确定要达标的空气质量标准，空气有毒的限制或气味阈值水平。对于已经建立 NAAQS 的污染物，需要定义待建模的污染物、预测浓度要进行平均的时间周期和超标频率。

(2) 选择对于正在执行的分析类型最合适的气象数据。筛选气象条件可能是由用户输入或在筛选模型内部定义。当检查数量有限的源时，筛选气象数据是有用的。当评估定义了多个排放源的较大污水处理厂的影响时，更完善的模型可能是必要的。对于完善的建模研究，可能需要代表拟议项目现场的 1~5 年的每小时气象数据。

(3) 从美国地质调查局(U. S. Geological Survey)(弗吉尼亚州雷斯顿市)获取地形数据。这个信息可以以地形地图或电子数字海拔高度模型而获得。分散作用模型中地形数据的需要，取决于排放源的类型和周围地形。

(4) 表征周围的土地用途。污水处理厂周边的土地用途可能对于烟羽分散和预测影响的程度具有显著影响。

(5) 确定可适用的分散作用模型。一旦定义了可适用的标准，则就能确定要使用的气象数据类型，并可以表征周边土地的用途，选择合适的模型应该是以下类型之一：

- 筛选模型使用限制的或用户定义的气象数据并预测有限数量的排放源的影响；
- 完善模型使用的每小时气象数据，可以结合当地的地形特征，并能够对多个数据源和源类型进行建模；
- 专用模型只有在与其设计如有毒物质排放一致的特定条件下使用。

(6) 定义污染物或气味排放速率。为每个要模拟的源排输入排放速率。排放可能在特异性的化合物基础上或作为气味水平表示。

(7) 定义源物理的参数。排放源可以作为点、面或体源进行定义。点源的废气排放可能极大地受到附近建筑物的影响。分散作用模型可能需要输入建筑物的外形信息。

(8) 准备建模输入内容和选项。分散作用模型包括控制参数，其定义了如何实施分散作用的计算。对于将要用于论证环境空气质量标准的达标分析，美国环保署规定要使用监管的默认选项。在大多数其他应用中，这些选项也是推荐的。

(9) 将模型输出内容对照于相应标准或限值。这对于了解在实施建模分析之前数据如何将与合适的标准对照是必要的。该模型可以创建各种不返回模型就不可能获得输出格式。

5.4 结果显示

在大多数情况下，将预测浓度对照于对应阈值水平的表格就已经很充分。然而，输出结果也可以进行图形显示。较常见的图形格式之一，是最大浓度的描点作图。该模型可以制成的描点图形文件，包含受体坐标和该受体的最高预测浓度。此表能够导入绘图软件包。结果是浓度等值线，这可以通过基础映射表绘制。

另一种常见的输出格式是超标频率描点绘图。该模型将创建一个最大值文件，其中包含每次阈值超标的事故。通过计数每一受体发生的超标数，这就能够转化成频率曲线图文件。这种方法是有用的，特别适用于显示气味滋扰问题是重要的情况下的结果。以百分点为基础确定达标的情况下，通过讲超标次数对照于预测总数就能够很容易地将频率关联于百分点。

5.4.1 平均时间周期

美国环保署的监管模型在标准准污染物(具有环境空气质量标准的)建模时对分散系数不能做出调节。虽然建模准则认为采用现场代表性的国家气象局(National Weather Service)(马里兰州银泉市)数据预测的最短时间周期是1小时，但是这是一个设计成保护性的空气质量标准的模型结果的保守解释。更长的平均时间周期(即，3h、8h、12h和24h平均)，是这些1h浓度的算术平均值。

对于气味分散作用建模，可能需要预测小于1h的时间周期平均的气味影响。如果预测的浓度需要代表10~15min的平均时间周期，则采用分散系数的分散作用建模结果，可能无需修改就能使用。然而，为了在气味影响评价中提供额外的保守测定值，分散作用模型的结果能够作为1h平均进行解释并按比例调节至所关注的平均时间周期。

从湍流理论推演的分散系数并非基于采样数据或特定的平均时间周期。美国环保署进行的验证研究中使用的环境空气平均浓度是1小时的平均时间周期。如果气象数据可以以小于1小时的平均时间周期获得时，烟团模型(Puff models)能够是较短的平均时间周期。

在选择气味影响评估的平均时间周期时，必须考虑这种分析的局限性。气味投诉是气味强度(浓度)、持续期(平均时间周期)、频率(气味事件数)和感受(不愉快)的函数。虽然一个人可能在一次或两次呼吸(1~3s)中检测到气味，但是即使是极为反感的气味也不可能挑起反应，除非这种气味持续足够长的时间或以改变人的行为(关闭窗户或到室内)的频率发生。持续3~5min的气味影响，可能导致气味的投诉。然而，如果峰值气味浓度在5min后降低，这是难以回应和验证的投诉(可能需要提交正式投诉的文件)。量化源头的气味排放或污水处理厂地界线上的影响，可能需要10~15min的采样周期，这要取决于收集样品的尺寸大小和采样器泵的速度。如果气味频繁发生并持续长时间，即使是将被表征为愉快的气味也可能导致气味的投诉。因此，在建立气味标准时，气味影响评估必须考虑很多因素——而不仅仅是平均时间周期。

5.4.2　峰值比平均值的比例系数

克拉默(Cramer，1959)提出了基于烟羽中心线附近浓度波动的观察结果为基础的 1/5 幂律。因为污水处理厂的排放源是中性浮力和相对低水平(近地面水平)散发，最大的影响可能发生在或接近烟羽中心线。遵照环境气味标准也要求最高预测浓度低于既定的限值；因此，达到或接近羽中心线的峰值浓度将是论证达标的基础。幂律关系定义如下：

$$C_1 = C_0 \times (t_0/t_1)^p \tag{7.10}$$

式中 C_1——所需平均时间周期的浓度；

C_0——初始(1h 平均)浓度；

t_0——初始(60min)平均时间周期；

t_1——所需的平均时间周期(min)；

p——幂律指数(0.2)。

一些作者，包括王和斯基普卡(Wang and Skipka，1993)，提出了推导稳定性依赖的峰值/平均值之比的方法。稳定性依赖的峰值/平均值之比在考虑不稳定条件下波浪形烟羽或在稳定条件下蜿蜒烟羽的浓度波动时使之更为直观。

这种方法被气味建模从业人员作为将额外的保守主义应用于建模分析中而解决气味影响评价的许多固有局限的手段广泛地进行应用。这些局限性包括量化气味排放源的采样数据有限，观察员对发出的气味的灵敏度、以及采样时间相对于气味的响应时间的差异。

在运用这种方法中具有几个常见的错误。最常见的错误是将不稳定条件的最大峰值与平均值之比的系数应用于最有可能发生在稳定的条件下的预测的气味浓度。尽管提供了实际峰值气味浓度的保守高估，但是这可能会导致过高预测和不必要的控制策略。

另一最常见的错误是定义与预想的气味控制策略相反的峰值浓度。检测气味的观察员的响应时间、气味识别、不愉快性的发现、投诉实施、以及将该投诉验证为滋扰条件，可能很大程度上是变化的。调峰系数应该进行计算并对预想的平均时间周期进行调节。

6　排放遏制和通风

处理市政和工业污水处理厂释放的滋扰气味和 VOCs 的技术有现成可供利用的。然而，如果捕获、遏制和通风系统不能够保持易逝气味不会逸出，或随着时间推移合适的操作和维护(O&M)不能保持系统的完整性，则花费在控制设备上的金钱和辛勤都付诸东流。因此，任何异味处理系统的关键因素是遏制和通风系统的有效设计。这些系统决定了气味控制系统的大小，并也防止排放废气在控制设备能够处理之前逸出。本节提供了如何从源头上遏制排放，尽量减少需要处理的空气体积和将排放废气捕获并运输至所选处理装置的信息。这些项目是通过以下方式实现：

- 气味遏制，通过封闭湿井、泵坑、敞开渠道、分流结构、罐池表面、固体存储或工艺设备进行气味遏制；
- 气味捕获和运输，通过在封闭空间内提供负压通风实现；
- 合适设备中的气味处理；
- 处理的气体排放具有在周边区域内增强稀释和最小化视觉效应的足够分散。

6.1 气味遏制

现有整个范围的现成气味封盖和遏制系统的替代方案。适当的封盖和遏制系统的选择取决于几个因素。

- 区域气候——热增益或冻结的问题，
- 工作者的安全——日常例行检修进出或密闭空间的问题，
- 易于施工，
- 可操作性和可维护性——设备入口和采样便利性，
- 美学——邻里的视觉暴露，
- 有效性，
- 耐久性——正确选择材料和涂料，
- 运营成本——减少空气流动降低处理成本。

考虑到这些重要的因素，还存在几种可以利用的不同封盖或密封变体。

6.1.1 平板封盖

平板封盖作为封盖之选已经变得越来越流行，因为其安装最小化了封盖和水面之间的空气空间。最大限度地减少这个空气空间，对于传输管道工程的最终尺寸估算，鼓风机容量和气味处理技术，都是至关重要的。异味顶空越小，需要除去和处理的空气量越小。这就转化成建设气味控制系统较小的资本成本投资，并降低了每年的营运成本。

平板封盖设计常用于渠道、湿井、排渣管、罐池(方形、长方形、圆形)、分配箱和分流结构。它们在仅仅需要源部分封盖之处，如初级澄清池堰，也可能是有效的。平板渠道盖的例子如图 7.10 中所示，而罐池封盖如图 7.11。根据不同的应用，对于具体的平板封盖装置需要内部或外部的支撑结构可能是必需的。在大多数情况下，尽管有时是非美学外观的，外部支撑是首选的。内部支撑不断暴露于腐蚀性气体，这可能会影响封盖的结构完整性并降低其寿命。图 7.12 和图 7.13 中，分别举例说明了圆形和矩形罐池具有外部支撑的平板封盖的实例。

图 7.10 平板渠道封盖—亚利桑那州皮马县罗杰道污水处理厂(Roger Road WWTP)(Pima County, Arizona)

图 7.11　平板罐池封盖——加州洛杉矶县卫生区的联合水污染控制厂

图 7.12　具有外部构架支撑的平板圆形罐池封盖——汉密尔顿小镇水污染控制厂(WPCP)(Hamilton Township，New Jersey)

图 7.13　具有外部支撑的平板矩形罐池封盖——亚利桑那州凤凰城的第 91 大街污水处理厂(Phoenix，Arizona)

当使用平板封盖时，设计者为操作者提供采样和观察出入口时要小心从事。污水处理厂的人员通过使用其直觉判断性能和影响特性已经操作运营污水处理厂几十年。限制操作者的视觉和嗅觉参考将会妨碍其有效预测和对污水条件变化作出反应的能力。

6.1.2　桶形曲拱封盖

桶形曲拱封盖具有半圆形的横截面而适用于相对狭窄的罐池或渠道，并不适用于广泛开阔的表面。图 7.14 呈现了桶型曲拱系统的例子。影响曲拱高度的因素，包括所需的间隙、结构需要、美学和水面的能见度。查看窗口和检查/检修口，在两端和沿盖的长度，为操作者提供了水面的扩展和不间断的浏览。然而，设计者在考虑观察窗时必须考虑在封盖之下可利用的光线和雾条件。当需要大的入口面积时，桶形曲拱能够通过截面拆除或可以沿着其长度在任何位置配备回滚功能。具有以上列出的功能和灵活性，桶形曲拱的实例如图 7.15 所示。

图 7.14　桶形曲拱封盖——明尼苏达州圣保罗市新城污水处理厂（Metro WWTP，St. Paul，Minnesota）

图 7.15　桶形曲拱封盖——纽约科尼岛水污染控制厂（Coney Island WPCP，New York）

6.1.3　坡面封盖

坡面封盖与桶型曲拱类似，因为它们都适用于具有一般狭窄宽度的长分布区域。其外部轮廓的视觉效果也类似。坡面封盖在斜坡两侧均匀地搭盖成峰形，如同房子屋顶。坡面封盖的一个潜在缺点是，根据其跨过开口宽度，可能需要内部构架系统，才能支撑面板盖子。这种构架支撑限制内部能见度并消除了盖子回滚的能力。这种盖子不得不通过截面拆除才能容许封闭区域内出入。因此，坡面封盖最适用于需要有限能见度和最少工作者入口的地方。坡面封盖在污水处理厂的应用是很有限的。

6.1.4　延伸部分或封闭体的建设

当需要频繁的工作者出入区域时，就要使用某些建筑物形式。这可以采取相邻结构的延伸形式或独立的建筑，如耳房或圆顶。图7.16说明了耳房封闭体。图7.17是网格球顶的一个例子。因为这些类型的封闭体是在需要工作者经常出入之时使用，则设计者必须严格达标健康和安全规定。即使在高通风率下，该区域可能被视为一个具有每次进入封闭体的相关入口规定的密闭空间。规定可能包括培训课程，填写表格和空气监测(进入之前和在封闭体内存在期间两种情况)。

图7.16　耳房封闭体——纽约北河水污染控制厂
(North River WPCP，New York)

图7.17　球形网格圆顶封闭体——新泽西迪克斯堡污水处理厂
(Fort Dix WWTP，Fort Dix，New Jersey)

设计师应当警惕，简单地提供高通风率并未消除潜在的安全隐患。通风供气和有异味的计量器的合理放置是确保新鲜空气供应针对工作者而并不会产生停滞的空气死区的关键。一般的规则是设计通风系统，在释放气味之处抽出气味。例如，在建筑物或封闭体内，散发气味的源通常是在污水或固体表面。为了保持站立于污水或固体表面的工作者处于空气清新的环境，就应该将通风供气调节器放置于工作或高维护地区之上的封闭体天花板上，而同时在污水或固体表面上或附近排出异味空气。按照这种方式，气味不会飘过整个工作者的脸，而是随着新鲜空气从天花板上流动的，飘过整个身体到达源头并通过排气调节器排出，使工作者始终都受益于新鲜空气供应。

大多数污水处理厂硫化氢等还原硫化合物是主要的气味滋扰要素，在这些气味要素到达工作空间之前排出这些气味物质的这些通风方案是有利的。硫化氢气体等其他还原硫化合物比空气重，往往积聚在位置较低的区域。

6.1.4.1 球形圆顶封闭体

虽然建筑物和封闭体可以放置在任何形状的处理池或单元工艺过程气味源之上，但是球形圆顶一般用于封盖圆形处理池。污水处理厂的圆形处理池通常是沉淀池、重力增稠池、固体储罐、溶气浮选单元或滴滤池。像桶形曲拱一样，球形圆顶结构具有一个敞开的内部空间（支撑所用的桁架是不必要的）并在其抬升高度内是可变的；抬升高度越大，需要处理的有味气体体积就越大——尤其是工作运转时。

封盖圆形澄清或沉淀池圆顶的标准特征是，包括单门，提供用于获得圆顶内部的出入。这意味着圆顶是辅助用房区域，而同样，圆顶内的空气总量应该符合工作者的安全标准。以下选项可供选择，以降低开放的内部空气空间通风所需的空气体积：

- 当职员存在时直接在工作空间区域上提供新鲜空气供给。
- 避免工作者进入圆顶密闭环境的需要。在网格圆形穹顶结构中可利用独立进出路径。这些进出路径都是与内部圆顶的环境分开的和独立的。图 7.18 描绘了大气相通的步行通道，而图 7.19 显示了一个封闭的网格球顶走道，与圆顶内部气味空气分隔开。

图 7.18 具有大气相通的走道的网格圆顶封闭体——亚利桑那州凤凰城第 23 大街污水处理厂（23rd Avenue WWTP，Phoenix，Arizona）

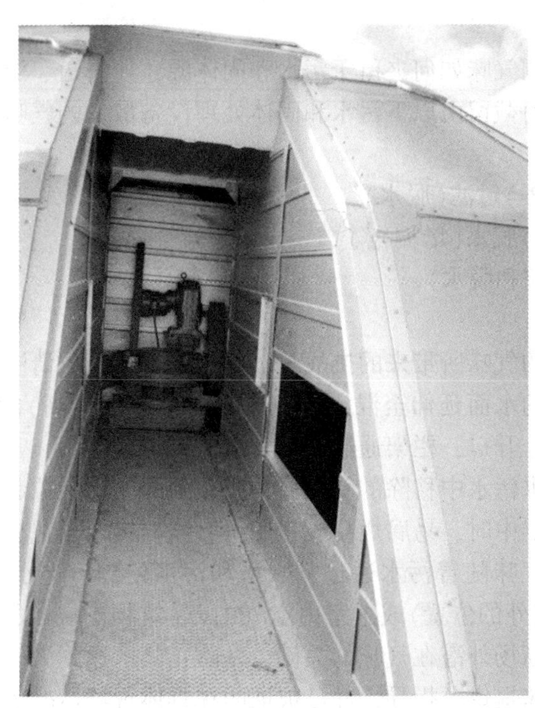

图 7.19　具有封闭走道的网格圆顶封闭体——新泽西州汉密尔顿小镇水污染控制厂
(Hamilton Township WPCP, Hamilton Township, New Jersey)

表 7.16 中总结了供人出入封盖方案和独立进出入口封盖方案的优缺点。

表 7.16　工艺过程单元所用封盖的对比(内走道与独立进出道)

内走道封盖方案:	
优点	缺点
完全访问	对于工作者进出需要高空气交换速率
完全的能见度	要处理的空气体积大
-污水表面	考虑密闭空间
-机械设备	气味控制系统更大
-堰溢流	外部高度可见
-表面收集器	如果密闭空间，需要进入许可证
O&M 容易	在进入之前需要访问空气环境
有限的差异 vs 未封盖	成本更高
易于收集样品	
独立出入通道封盖方案:	
优点	缺点
工作者在令人愉快的环境中执行任务	能见度有限
	可达到性受限
要处理的空气最小	更难以完成 O&M
气味控制系统较小	需要挪走封盖面板才能进入内部
工作者不能进入封闭空间	
外形轮廓低	
电动驱动外封盖	
-易于维护	

6.1.4.2 设备封装

以前的讨论中都强调气味如何夹留于污水和固体源，如渠道、湿井、坑、罐池和分流结构中。以下各节解决如何截留由以下污水和固体处理设备散发的气味：

- 条杆筛过筛，
- 带式压滤机(BFPs)过滤(脱水)，
- 带式增稠器(BTs)脱水(增稠)，
- 离心机离心(增稠和脱水)。

6.1.4.3 棒条筛

由夹留来自棒条筛的气味所带来的挑战是，他们要进行机械清洗，因此拦截了有害物质的条棒结构从低于斜坡的水面延伸至混泥土地板之上(3m 或更高)的楼梯井。基于此操作，通过混凝土地板存在一个开口，栏架通过这个开口。

通常情况下，与进水污水中移除的新筛分物质相关的气味和拉起栏架的气味都不会导致厂外气味。当积累于容器中时，易腐烂物质将变得有味。然而，在栏架的混凝土地板上的开口导致污水散发气味，气味随着污水通过下水道和污水处理厂进水渠道，而逃逸到大气中(条杆筛在开口处露出在外的位置)或至室内空气中(建筑物围绕条杆筛的位置)。控制这些与污水渠顶空相关的较高场外潜在气味的关键，是防止其逃逸到大气中。以下三种备选方法为控制来自条杆筛的气味提供了指导，并已被证明在具体现场情况下是有效的：

(1) 在栏架开口周围创建一个负气流影响区域。这种方法假设条杆筛开口上游和下游污水渠道被封闭，而条杆筛处的开口容许气味逸出。临时排气通风点位于条杆筛上游和下游封闭的渠道上。每一位置的空气设计体积通过空域截面积乘以确保负气压维持穿过开口的面速度确定。

通道渠道开口通常较大，具有相应的大型通风流量要求。改性塑料带式窗帘用于减少开口，而维持负气压的影响和面速度并降低通风流量。尽可能接近地放置栏架，而不干扰渠道位置上下游位置正常运行的情况下，聚氯乙烯(PVC)条带窗帘绑扎于渠道盖下侧或悬挂支撑杆上。PVC 带的长度设计成勉强达到渠道高水位处的水面。PVC 带将在 1.3~2.5cm (0.5~1in)宽度的重叠点处具有剪切口。通风通过确定切口的开口面积并应用 2.5~5.0m/s (500~1000ft/min)的面速度而计算。较低的面速度范围适用于在室内条杆筛渠，而较高的面速度范围适用于户外或暴露的装置，在这些地方涉及大气风的条件。创建影响区域，降低条杆筛处污水相关的气味，行为类似于气味罩。

(2) 在气味渗透混凝土地板至其上升顶部之处的条杆筛上面放置封盖。此方法假设了条杆筛开口上游和下游的污水渠道被封盖。在工作的条杆筛和封盖自身之间存在最小间隙。

这些封盖通常是涂漆的金属而由条杆筛厂商提供或定制。这些封盖或封闭体提供了临界条杆筛机械面积的出入口，而使工作人员能够执行例行的 O&M，并观察其运行情况。有些 O&M 过程和步骤需要挪走面板才能使工作人员进入。当务之急是事后替换面板；否则，将失去气味遏制完整性而使气味逸出。

(3) 将条杆筛放置于建筑物内，并提供完整的工作空间通风。不需要特定的盖板；然而，需要捕捉和夹留气味的空气体积明显比前两种方法大。在这种方法中，通风布局应该设计成吸留源头的气味，而不是将其拖曳通过建筑物的工作空间。因此，供气调节器在高位置提供新鲜空气，而废气排气调节器位于地板/水面水平附近。

6.1.4.4 带式压滤机和带式增稠机

带式压滤机和带式增稠机都处理污水污泥和生物固体，都可能产生异味。假设气味遏制是必要的，则以下三种方法已成功应用：

(1) 气味罩已经设计用于捕获其运行而散发的气味。这些气味罩悬垂于 BFP-BT 上面的帘子上，并创建主要针对单元顶侧的负压气流影响。读者可以参考《美国采暖，制冷和空调工程师协会，公司(佐治亚州亚特兰大市)(ASHRAE)应用手册》——第 30 章：气味罩通风速率评价的工业局部排气系统(Industrial Local Exhaust Systems to Assess the Hood Ventilation Rate)(ASHRAE，2003)。

虽然气味罩可以有效地捕捉 BFP-BT 重力部分释放的气味，但是它们并不能总是成功地捕捉脱水辊和/或污水坑散发的气味。固体的性质关于气味潜力起着重要的作用。例如，新污水活性污泥法不如存储或厌氧消化的生物固体味道强烈。污水坑的气味可以通过硬管道引流重力和脱水部分滤液直接至污水坑排放管，避免容易带起气味的涡流激荡深坑喷溅。

(2) 部分厂家提供其 BFPs-BTs 的涂漆金属盖。这种封盖更像手套的封闭体而包被该单元，限制操作员进出和可见性。在某些情况下，仪器仪表取代需要了操作者可见性。类似于条杆筛封闭体，BFP-BT 封闭体的进出面板必须拆除才能完成具体的 O&M 过程和步骤。如果面板不被替换，则通风和遏制作用就会受到损害。通风的要求，由制造商提供，并将会根据单元尺寸和制造材质有所不同。定制封闭体也可以利用，其设计由所有者或工程师详细说明。

(3) 用于遏制 BFP-BT 气味的最常用方法是将其放置于建筑物内并向整个建筑空间通风。完成这种遏制作用的所需空气量是很显著的，因为 BFPs-BTs 通常位于具有高天花板的大房间中。工作空间通风规定是适用的(整个房间量一般为每小时 12 次空气变化[AC/h])。

要减少通风量，有些所有者在围绕 BFPs 或带式增稠机周围设置永久墙(即砖墙)，有机玻璃墙，或更多的临时墙(塑料条带帘)。通过以这种方式隔离单元，其目的是，只有 BFP-BT 墙封闭区域内的体积需要遏制和气味控制。相比于宽松的临时墙模式式(塑料条帘)，更永久的或结构化的墙设计(砖或有机玻璃)遏制更有效。塑料条帘是挂在天花板上或中间框架上，往往在单元停工时可以拆除(如同浴帘)而敞开该区域。也适用相同的工作空间通风规定的原则；然而，遏制气味区域的体积大大减少。

6.1.4.5 离心机

离心机是脱水或增稠污泥和生物固体需要气味控制时的理想工艺过程单元。除了滤液和固体下落流槽之外，离心机基本上是封闭设备。最小通风率对于遏制气味是必需的。通常情况下，每一下落流槽 70~120L/s(150~250CFM)的流量都需要进行气味遏制。这些收集点的水龙头，可能位于下落流槽的垂直腿上，比较接近于离心机。为了避免将滤液或固体排排放至通风管道，定位连接处从垂直腿向上拉。设计者应该小心遵循离心机分离液的排水路径，以避免检修孔或其他排放点的气味排放。

6.2 气味遏制所用材料

封盖施工架设的合适材料选择是一个关键问题。在一般情况下，施工材料应该经过选择而提供耐用性、易维护性、良好性能、耐腐蚀性而成本较低。现场特异性条件，尤其是关于遏制空气潜在的腐蚀性质，在评估施工的合适封盖材料时是很重要的。某些封盖类型可能会限制所用材料的选择。此外，选中的材料也取决于工作服务时间的预期长度。施工材料的正确选择应该使之适应其预想服务的预期和需要。

污水处理厂遏制气味使用的最常见材料如下所述：混凝土、铝和玻璃纤维强化的塑料(FRP)都是最流行的。

混凝土能够支撑相当大的重量，而且作为封盖材料还引入最大静负荷。因此，混凝土封盖可能会限制污水处理厂维修人员挪走封盖系统进行主要检修或根据需要提供出入访问的能力。此外，当作为平板封盖使用时，可移动的混凝土板的重量使之在被移除时更加难以为这些单元提供足够的储备。如果设施空间短缺，平坦的混凝土封盖能够经过设计而容许其他结构放置于其上。例如，气味处理系统或其他厂房设施能够位于平坦混凝土封盖的顶部。混凝土也会受到腐蚀，而需要保护性的表面/表层涂层防止腐蚀。混凝土通常是最高的资本投资成本，尤其是作为翻新改造进行安装时更是如此。

图 7.20 是圆形罐池上面的平面铝质封盖的实例。铝封盖能够提供高拉伸强度，横截面薄，框架重量轻。这种材料的某些腐蚀作用将能预测，但是阳极化涂料应该辅助腐蚀防护。此外，铝盖也可以具有工厂适用的环氧涂料，而提供增强的防腐蚀保护作用。铝轻巧的性质和薄的横截面面积，使之在维修操作期间更容易移走和储备。虽然通常比 FRP 和混凝土廉价，但是铝具有较高的残值而防护被盗可能会成为一个难题。因此，当选择铝时，厂内安全性是一个重要的考虑因素。此外，铝封盖系统的设计应考虑与其他材料，如混凝土和其他金属(如不锈钢)的不相容性。如果不解决不相容材料适当分隔的问题，铝就可能消解，系统的结构完整性可能会招致破坏。

图 7.20　铝质平板封盖

FRP 封盖的例子，在图 7.21(圆顶球形封盖)、图 7.22(平板封盖)、图 7.23(平堰面堰式封盖)中图示说明。

玻璃纤维封盖提供对污水处理厂排放废气最大的防腐蚀性。当 FRP 安装在室外时，通常需要以紫外线抑制剂涂层形式对耐久性和寿命保护进行定期保养，尤其是当材料招受阳光直射时更应该如此。玻璃纤维强化塑料也相对较轻，一般可通过厂内员工移除并在维护操作期间储存起来。封盖厚度将取决于装置承重要求：装载要求越大，蜂窝网结构(厚度)就需要越深。虽然强度低于混凝土和铝，但是 FRP 单元成本却介于两者之间。

图 7.21　FRP 圆顶球形封盖——爱达荷州西博伊西污水处理厂
(West Boise WWTP, Boise, Idaho)

图 7.22　FRP 塑料平板封盖——纽约北河水污染控制厂
(North River WPCP, New York)

图 7.23　FRP 平面堰区域封盖——德克萨斯州沃斯堡村河污水处理厂
(Village Creek WWTP, Fort Worth, Texas)

不锈钢已几乎完全用作平面系统的封盖材料，而最典型地用于封盖狭窄渠道。不锈钢具有良好的耐腐蚀性，且如同铝一样，以薄的横截面面积提供高拉伸强度。然而，它比铝重而成本更高。虽然比铝和 FRP 重，但是不锈钢平板封盖一般按照一定尺寸定制而使厂内职员能够在维修过程中挪移并存放。两个级别的钢是常用的——304 和 316。304 型钢具有广泛的应用而耐受中等温度下的硫酸腐蚀。316 型钢比 304 型钢略含较多的镍并含 2%~3%的钼，这赋予其比 304 型钢更好的抗腐蚀性，特别是在易于引起点蚀的氯化物环境中。316 型钢也耐受可能在污水处理厂中偶尔会遇到的硫酸和其他腐蚀性化合物的腐蚀。

图 7.24 是小长方形的罐池上的帆布封盖的实例。帆布模式的封盖已被用来作为渠道、湿井、罐池(方形、长方形或圆形)和处理池封盖的替代手段。通常在较小的污水处理厂用于封盖小的(以面积计)罐池和渠道，帆布模式的封盖并不如混凝土、FRP 或铝耐用。基于帆布平板封盖设计，帆布封盖可以提供以下优点：

- 易于维护，通常是通过拉链式入口部分出入；
- 遏制气味；
- 耐腐蚀(帆布具有抗降解的外层涂层)。

图 7.24 帆布平板封盖

根据开口的尺寸大小，帆布封盖可能需要支撑结构，特别是当跨越较大开口时，才能防止下垂和雨水积累，并使之能够承载雪负荷。帆布封盖之下放置的支撑结构必须能够抵抗封闭区域顶空中的腐蚀。拉链部分允许进入封闭区域；然而，因为工作人员不能在帆布封盖上行走，因此到达并打开拉链部分总是并不容易。帆布的耐久性不如铝、钢、混凝土和不锈钢。成本比最初预计的要高(考虑到需要支撑结构)，但仍然会小于上述材料的施工。

较新风格的帆布封盖是空气支撑系统。正空压支撑帆布封盖应用于大表面积之上。只有帆布暴露于封闭的污浊空气。拉索卷扎于外圈帆布封盖周边而维持帆布封闭设计尺寸。通风空气交换最小，这使得内部空间是非环境友好的。必须格外小心防止支撑帆布封盖的内部正气压污浊空气释放。

木材也已用作封盖材料，一般用于与湿井、分流结构、坑、渠道和流槽相关的狭小开口。木盖之下没有结构组件支撑，因此木材封盖上行走被视为安全行走。海洋级胶合板是与污水封盖应用相关的潮湿或含水环境的首选木材。然而，木材通常被认为是短期的封盖材料，而不是长期的封盖解决方案，因为木材在不利环境下不能支撑。随着时间的推移，胶合板开始卷曲，而不能保持良好的密封。

封盖构建材料的有关关键决策要素，包括易维修性、耐久性、耐腐蚀、短期或长期应用和成本的比较描述于表 7. 17 中。

表 7. 17　封盖构建材料的对照

封盖构建材料	易维护性①	耐久性①	耐腐蚀性①	应用②		成本③
				短期应用	长期应用	
混凝土	E	E	P	N	Y	E
铝	E	E	G-E	Y-N	Y	E
FRP	G-E	G-E	E	Y-N	Y	E
不锈钢	E	E	G-E	N	Y	E
帆布	G	P	G-E	Y	Y-N	M
空气支撑的帆布	P-G	P	E	Y	N	I-M
木材	P	P-G	P	Y	N	I
塑料	G	P	E	Y	N	I

① 差-P，好-G，优异-E。

② 可以-Y，不行-N。

③ 廉价-I，中等-M，昂贵-E。

6. 3　入口

为了理解入口的需要和适应运营商的关注，强烈推荐设计师邀请操作人员和维修人员参与到早期概念性封盖设计过程中。如此一来，封盖将包括合适的附属物（即入口通道）和最适合每天将会使用的那些人——操作者需要的功能特性。设计意图将会使封盖系统更加操作者友好，而使例行维修和 O&M 具有更好的即时完成机会。

在一般情况下，封盖入口通道可以细分为以下两大类：

（1）足够大而供操作者访问但又小至足以限制人员进入到封盖空域中的小开口。这些封盖入口通道将允许下列事项：

-肉眼观察污水和污泥表面；墙壁、封盖盖和金属支架的腐蚀；曝气模式；喷雾头和喷嘴；和表面的泡沫和浮渣积累的情况；

-污水或污泥采样；

-清洁堰；

-测量污泥覆盖深度；

-O&M 程序。

（2）允许职员进入工艺设备单元完成以下行动的大开口：

-完成罐池内机制去除，

-清洁停工单元装置，

-完成罐池大修。

封盖入口通道的类型取决于封盖构建材料。封盖供应商通常提供所有者能够从其中进行选择的大范围入口通道。一般来说，封盖的入口通道需要尽最大可能的密封，才能最小化周围接缝处逸出的气味。增强橡胶或弹性材料制成的传统衬垫(例如，海帕伦[特拉华州威尔明顿市的杜邦高性能弹性体有限责任公司]和乙烯丙烯二烯单体)，目前就用于外边沿接缝处提供良好密封。

封盖入口通道，尤其是由操作人员频繁出入而执行其职责的地方，最好具有铰链的入口门。如果封盖是贴附着的要比其松散搭盖时关闭盖子的可能性要高得多。设计人员应该小心的是，舱口或门必须要轻，且易于打开或提供辅助升降设备，否则就将其保持敞开。

6.4 通风速率

负气压必须维持于封盖、建筑物或封闭体之下的空气空间中，才能遏制和防止滋扰气味释放到大气中。在封闭的空气空间中的负气压，通过创造空气通过任何裂缝，通风口，或设计开口向内流动而防止易逝气味气体的散发。

风扇设计用于通过以大于向相同空气空间腔室中供给空气的速率排出异味空气而在空气空间中产生负压。相对于时间由此空间排出的空气量称之为通风速率。通风速率基于现场特异性信息，如遏制类型，存在或不存在工作者，以及扩散到污水处理单元的空气是否被截留，而有所不同。

基于对类似系统设计的经验，可以选择的通风速率要求能够遏制异味，减少腐蚀，提供安全、舒适的工作者环境，并尽量减少要处理的空气体积。设计师通常依赖于建筑法规，其中包括机械、防火、电气规范和其他行业标准作为其通风设计的基础。不幸的是，通风速率和方法很少列于针对市政污水处理厂相关空间的州和地方建筑规范中。某些外部团体，如国家防火协会(National Fire Protection Association)(美国马萨诸塞州昆西)(NFPA)和工厂互检(Factory Mutual)(罗德岛约翰斯顿市)，提供了有关通风特定区域的推荐惯例的信息。例如，NFPA制定了标题为《标准820-污水处理和收集设施的消防标准》(*Standard* 820— *Standard for Fire Protection in Wastewater Treatment and Collection Facilities*)(NFPA，2008)的通风标准。这个标准已经以汇编法律的语言编写；然而，迄今为止，还没有通过任何州立法正式采纳。该标准将结构的消防安全连接至其通风速率。然而，该标准预想并非有助于有关合适的工作人员安全、舒适或气味控制遏制的通风设计师(对于有关NFPA 820的信息，因为它涉及到消防安全和电气规范分类，请参见第9章)。

在对封盖的单元工艺过程区域制定通风速率之前，理解工作人员出入便利性是很重要的。通风速率对于非工作者和工作者可出入的空间两种类型是不同的。通风速率较高，适用于封盖的单元过程区域，此处工作人员出现而完成其所需的任务。作为一般规则，以下的通风速率，已经有人应用：

- 非工访空间——4~6AC/h，
- 工访空间——12AC/h。

然而，现在评价的多种方法都能够用于评估独立通风速率的要求。由这些不同的方法确定的有限的或更高的通风速率，则一般适用于封盖的单元工艺过程区域。

6.4.1　非工访空间

对于非工访空间的通风，适用于净化封闭体内空气并抑制对封盖系统、控制机制和自身的混凝土或金属结构的腐蚀作用。

适当的通风流量，以立方米每秒(m^3/s)(ft^3/min[CFM])计，通过多达三种方法评价而进行确定。第一种方法是，通过估算封闭体积，假设平均低水或污泥水平，对该体积施加空气变化速率(AC/h)，并随后计算通风率。作为对于非工访区域的一般规则，最小空气变化率应该为 3~4 AC/h，才能维持负压，而常见的范围应该为 3~6 AC/h。

当将应用空气变化速率的第一通风流量方法相比于第二种方法时，应该考虑对所关注的空间至少计算 3~4 AC/h 的最低空气变化速率，才能评估对于低端应该考虑哪一速率，在此较低端处保护内部基础设施是一个重要的问题。

第二种方法，显著更难以计算，是在给定的压力差下整个封盖系统中所有开口流量的计算。封盖盖板、阀门和闸门杆开口、舱口、控制端口、检查端口等等之间的裂缝和接缝，必须列入清单而制定全部开口的大小(面积)。此封盖的孔隙率(以平方米或平方英尺计)，乘以通过该开口区域的比速(米每秒[英尺每分钟])，将会确定具体的压差下通风系统的 AFR。例如，6.4m/s(1265ft/min)的速度就需要制定封盖空气空间和大气之间 0.02488kPa(0.1in.)水表压压差。此处所作的假设是，压差相当于速度头。NFPA 标准 820 和其他设计指南书籍规定 0.02488kPa(0.1in.)作为气味控制遏制系统的设计标准。

第三种方法考虑需要用于降低高浓度的特定化合物所需的通风。高浓度的特定化合物，如硫化氢，可能具有多重效应，包括以下方面：

- 腐蚀混凝土和金属表面；
- 使气味控制技术不能达到所需的排气浓度；
- 限制常规取样、观测和维护操作的访问。

通风速率的提高是基于现场特异性的信息。当对非工访空间分配设计通风速率时，提出的三个方法每一种的值都进行评估和比较。通常情况下，其中保守的最高通风速率被选定为设计通风速率。

另一种方法用于确定非工访空间的设计通风速率。例如，平板封盖系统的一些厂商建议应用每单位表面积的标准流量($m^3/s \cdot m^2$或 cfm/sq ft)。一些厂商也愿意保证使用他们的平板封盖并应用其每单位表面积的标准流量时实现气味遏制作用。这些标准值在不同厂商之间有很大的不同，一般都没有考虑现场条件。强烈建议，在考虑使用单位表面积的标准流量时，所有者和顾问应该与供应商密切联系，将以上介绍的前三种方法与所计算出的通风速率对比，并从供应商寻求履约担保。

上述非工访空间的通风流量的讨论假设，封盖下方的液体或固体表面是非曝气的。较高的空气通风流量需要考虑空气扩散通过液体固体而在表面释放。估算经过调整后的通风速率最简单最行之有效的方法是首先计算出不存在扩散空气的通风流量，接着完成前面的段落中讨论的步骤和程序。接着，空气流量注入或扩散至应该测定的液体或固体基质中。如果 AFR 变化，则应该使用最大流量，才是保守的。然后，该注入或扩散的 AFR 应该加至非曝气计算的通风速率中。两个流量的总和代表封盖和遏制的空气空间的设计通风速率。

非工封盖或封闭体区域的通风系统布局设计应该包括排气点，而非强制送风。与其说是强制送风，倒不如推荐被动补风装置(即，进气框、百叶窗或鹅颈管)，并在策略上定位远离排气而达到气流运动所需的扫描方向。为了避免气味释放通过补风装置，在正压建立于封闭顶空中的情况下应该使之平衡至关闭。

在某些情况下，不需要补风装置，因为存在送风的其他源。例如，当污水处理厂进水渠封盖时，下水道顶空空气通常提供补风空气。对于其他污水处理厂的位置，如松散搭盖，条杆筛周围的开口(未处理)、滑动闸门和阀门结构，补风空气将通过这些现有的裂缝和开口供给，而补风装置是不必要的。

基于进水下水道的物理特性，特别应该考虑污水处理厂进水渠道通风。对于那些在进水下水管道和污水处理厂进水渠之间没有共同顶空的污水处理厂而言，通风的决策应该遵循先前提出的方法。

对于那些进水下水道与进水渠具有共同顶空的污水处理厂，额外的通风量是必要的，才能支撑下水道空气空间体积的正压。为了估算额外通风量，下水道液压系统的审查是必要的，如此才能确定将会创建最坏情况下正压条件的临界流状态。

6.4.2 工访空间

工作者工作的建筑物和结构，按照 NFPA 820 准则通常以较高的空气变化率进行通风。供气通常要经过过滤，回温至 12.8℃(55℉)，并机械提供至一般由工作者占据的区域。通风系统排气侧应该从硫化氢浓度较大或空气流动有限的空间内吸入空气。另一个排风更积极的形式是封盖有气味的工艺过程并从此封闭体或空间内排气(即，封盖位于渠首工程建筑物内的渠道上方或在沙砾垃圾箱上安装气味防护罩)。共同的主题都是遏制气味并在其源头捕获它。

工和非工访问空间的通风速率评价方法的总结如图 7.25 所示。

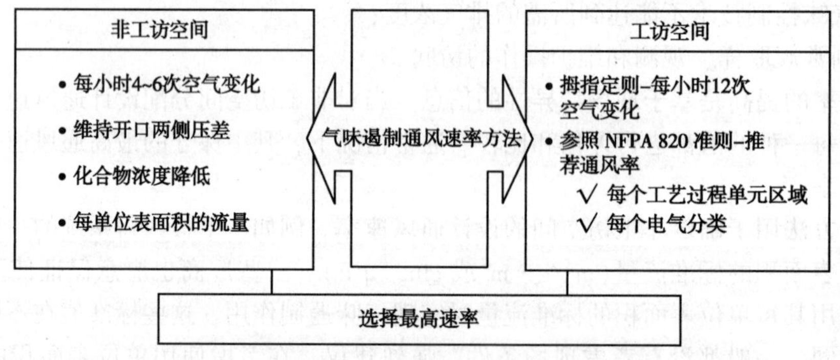

图 7.25 工和非工访空间通风速率评价方法的总结

罐池通风速率取决于封盖或封闭体系统设计紧密的有效性(即，无泄漏)。因此，最终的罐池通风速率选择也依赖于封盖或封闭系统的类型，因为有些是更加需要防漏。

在为所占据空间设计通风系统布局时的主要目的是，在工作空间区域，以工作者沐浴着清新空气的方式向工作空间区域提供清新补充空气。为此目的进行设计，使工作者工作于更加舒适的工作环境中，最大限度地降低工作者安全有关的问题，并提高工作者态度，而因此改善生产力。

对于工作空间用地，强迫(风扇)送风和排气(风扇)都是推荐的，而排气 AFR 经过选择超过送气 AFR 不大于 10%。更高的排气 AFR 提供建筑物或封闭体内的负气压。NFPA 820 对大多数工作空间应用都规定了强制送风和排气。这种方法对工作者环境和封闭空间内的负气压提供了较好的控制。被动送气(即，敞开天窗)和强制排气提供单向的空气流动而对封闭体的那些区域而非被动百叶窗和主动排气调节器之间产生了停滞空气带。气味和腐蚀性化合物积累于这些停滞的空气带，而对工作人员创建了恶劣的工作环境并有可能损害封闭体基础设施。

工作空间区域的通风系统布局是现场特异性的。然而，也有几个设计标准拇指规则要考虑的，包括以下内容：

● 将通风系统排气点定位于或接近气味源。避免工作空间区域结垢。

● 了解受控气流的有气味组分。例如，硫化氢比空气重。为了有效地捕获硫化氢的气味，排气点应该较低——接近地面水平或水面。

● 补充送风位置较高——接近封闭体屋顶或天花板，而有气味的废气排放较低——在地板水平，在那些位置通常发现气味源。

● 这种定位也支撑保持工作者沉浸在新鲜空气流中的理念。

● 避免将送风和排气调节器定位于相同高度和相同的封闭体墙上，因为这可能支撑通风系统短路。即使使用正确的通风速率，短路仍将发生。

● 强对工作空间的区域制送风和排气是推荐的(NFPA 820 规定了对大多数应用的强制送风和排气)。强制送风和排气为封闭体提供了最佳通风覆盖。例如，被动送风百叶窗式的进气口送风，太单向，并使之短路和产生死区(没有明显的通风或空气运动区域)，在这些区域可以积累异味和有害化合物。

● 为补充送气和排气调节器配备量阻尼器而控制和平衡空气流速率。量阻尼器适用于通风系统现场流量平衡之时。

● 补充送风应该稍低于(10%)创建封闭体内负压的排气。

这些标准将有助于有效通风系统的设计，这也提供了舒适的工作环境。

6.4.3　封闭空间

气味控制结构可能会产生增加与进入密闭空间相关的危险的情况。雇主在法律和道义上具有确定其设施的密闭空间和有效告知可能进入其间的员工和承包商可能会在哪些的空间存在危险的义务。在批准 OSHA 计划的州或州立法中，雇主必须制定、维护、并实施有效的密闭空间进入程序。设计者会发现，提供有害气体检测设备和对所有潜在危险的封闭区域的报警，即使不被视为密闭空间，也是很审慎的。

6.5　管道系统和风扇

将捕获和截留的异味物质从源头传送到气味控制设备的能力，依赖于管网和风扇的设计。风扇提供动力，而创建有异味的空气通过管道系统的运动。管道设计尽量减少泄漏，与封盖和封闭体设计减少泄漏同样重要。气味控制系统中每种要素(即封盖、截留、输送和处理)应视为在气味控制链中的环节；这个链将仅仅与最薄弱的环节一样薄弱。因此，应该坚持注重细节才能提供每个要素的设计。

6.5.1　管道系统

管道气味控制系统上游的管道系统，应该具有足尺足寸和足以承受应用所施加压力的材料。如果污浊的空气随时含有硫化氢气体，则因为噬硫杆菌的氧化作用而在管道内部产生酸。气味控制管道中使用的材料和施工方法应该考虑，管道可能会暴露在低 pH 的酸性攻击条件。管件、阀门、减震器、垫片和其他在管道施工中使用的接头也应该在设计时考虑连带防腐蚀保护。

管道将污浊空气从源头传送至气味控制系统。通常情况下，源空气具有较高的相对湿度和接近水温的温度。在许多情况下，管道壁比源空气冷，而管道内壁发生凝结。冷凝物汇集并流向管道系统的低点。在某些情况下，通过管道系统中凝结产生的水量可能很可观。如果冷凝水不会被移除，则就会填充管道、增加压头损失、增加管道重量、从而在管道支撑物上产生额外的应力，并最终影响气流。

6.5.1.1 管道构建材料

管道构建材料类似于封盖和封闭体中所用的防腐材料，包括以下材质：

- FRP，
- 不锈钢，
- 铝，
- PVC。

对于腐蚀性气味环境，FRP 和 316 型不锈钢是首选材料。纤维缠绕或接触模压乙烯酯 FRP 和 316 型不锈钢是更加优异的构建材料，已成为大多数市政污水气味控制装置的标准。对于较温和的气味腐蚀性环境，铝和 304 型不锈钢可供选择。

聚氯乙烯已用于小流量装置，但仅限于小于 46cm(18in)的管径。还有值得关注的问题是随着时间推移在不利的腐蚀性环境中保持其形状的能力。

地面以下，构建材料之选较窄。最常用的有以下几种：

- 高密度聚乙烯(HDPE)。与厂家一起核对才能确保所考虑的高密度聚乙烯是额定的地下应用级别。
- FRP。适用于卡车和车辆通行可能会对埋地管道施加重压的条件(即，如果管道埋设在污水处理厂频繁出入的巷道下)。

6.5.1.2 形状

用于气味控制的管道形状通常是圆形或长方形。在某些情况下，管道形状的选择取决于构建材料。例如，铝质管道构建多为长方形。在其他情况下，这种形状可能需要加固固件装置，因此这种管道路由空间限制。

圆形是更有效的；即，对于相同截面积，圆形具有的圆周周长比矩形管周长小。因此，需要较少的材料。对于 FRP——对污水处理设施中遇到的气味具有最高防腐性的材料——采用提供高度质量控制和最小化手动贴层需要的纤维缠绕技术很容易制成圆形导管或管道。

6.5.1.3 尺寸选择标准

管道尺寸选择标准是根据有气味的 AFR 和管网中维持的压力。气味控制管道的良好设计范围是 10~15m/s(2000~3000ft/min)，每 30m(100lin ft)管道的管道压降损失为 0.025~0.062kPa(0.1~0.25in)水表压。速度可能超出 15m/s(3000ft/min)；然而，设计师必须准备针对以下方面提高输送管和风扇的设计：

- 增加整个输送管网中的压力损失；
- 修改或重新设计风扇，以更大静态压力的要求传输相同体积的空气；
- 更高的速度下产生噪声的潜势；
- 传送管道承受压力增加(增加厚度)的潜在需要。

根据《ASHRAE *HVAC* 应用手册》(*HVAC Applications Handbook*)(ASHRAE，2003)，或钣金和空调承包商国家协会，公司(Sheet Metal and Air Conditioning Contractors' National Association，Inc.)(弗吉尼亚州尚蒂伊)(SMACNA)《HVAC 系统的风道设计手册》(*HVAC Systems Duct Design Manual*)(SMACNA，1990 年)的标准，压降计算应该在整个系统范围内实施。

在导管设计中必须作适应试验才能解释说明热胀冷缩。这一过程将会如何严重，取决于现场经历的极端温度和管道的位置(内容或外部)。伸缩缝用于解决热胀冷缩。

管道必须倾斜至位于系统低点的排水渠。伸缩缝应设在管网中的高点，因为它们往往会抑制管道中的水流。通常在气味源收集到的空气是湿润的。沿着管道随着气温下降，发生冷凝，就会在管道工程中累积凝结水。在户外的情况下常用的不锈钢和 FRP 管道行为稍有不同。不锈钢是优良的温度导体，在较凉的月份水分就凝结出空气流。玻璃纤维增强塑料是热的不良导体。然而，冷凝仍会发生，但程度较轻。

管道排水应该包括水封阱，这使得冷凝水排出而不会使环境空气进入和/或气味空气逸出系统。水阱应该基于工作管道系统压力选型，才能避免迫使水流出水阱。当地气候条件也应该进行考虑，才能确定是否需要伴热而保持排水管线和水阱在寒冷月份不会冻结。

风扇上游配置管道，增强气味截留。在下游位置的风扇沿管道长度创建真空(负压)。因此，管道内任何泄漏，将通过该泄漏回吸空气，从而防止任何气味逸出释放。

6.5.2　风扇

风扇，通过在源头创建负压，提供截留，将气味传送至控制技术，并将处理后的空气排向大气，代表气味控制系统的心脏。最常见的气味控制风扇底座固定的离心风扇，向后倾旋转。向后倾斜旋转，保证电机不会在不同的系统压力出现时发生超载。这种基座固定设计可以便于维修轴承、皮带、电机。所有风扇罩应该设计排水道而限制冷凝液体积聚。其他风扇设计包括底座固定的径向叶轮风扇和在线离心式风扇。

由于异味空气流的腐蚀性质，特别是当风扇定位于气味控制技术的上游时，必须要求使用防腐蚀材料。气味控制风扇最常见材料是 FRP，采用石墨浸渍轮。此构造设计需要对在运行期间遇到任何静电累积接地。不锈钢轮，尤其是应用于暖湿气候中，FRP 可能受热影响的情况下，已经变得越来越普遍。当气流中颗粒物可能发生降解而损坏 FRP 时，或对于高压和由此产生的每分钟高风扇旋转的应用，也会使用不锈钢轮。

风扇也将容易在风扇外壳内产生冷凝。大多数风扇都配备外罩排水道而将这种冷凝水排出。除非对着压力夹留足够的水阱，外罩排水可能成为局部气味之源。如果外罩不能排掉冷凝水，就可以损坏风扇。风扇如果输送硫化氢气体，也将要经受腐蚀。所有的风扇都具有不能完全密封或防腐蚀保护的轴和轴承。对于离心式风扇，316L 不锈钢轴将能够抵御腐蚀的影响。使用其他金属或不锈钢合金通常获得有利的效果不大。

将风扇定位于管道网络和气味控制技术内，设计师要慎重考量。然而，一些推或拉定位的优点受限于场地约束和正在使用的设备。

将风扇定位于系统末端有助于管道中传送有异味的空气。整个管道的长度维持负压，就排除了气味从漏处，裂缝或小开口逸出。

某些气味控制技术，通过设备对空气施加作用力。例如，与活性炭和某些生物过滤器相关的风扇几乎总是通过气流被推动通过各个介质床实现处理。

湿洗气味控制技术，可以按照这种推或拉的设计有效运行。虽然风扇构建材料经过选择能够抗有味气体流的腐蚀性质，但是将湿洗气下游风扇置于拉过或诱导通风式设计排布中将会消除风扇上未处理的有异味空气流的腐蚀作用。下游定位也将能防止任何异味逸出风扇外壳，管道接头和传动轴，这有时候也会使用湿洗涤器上游风扇设计。然而，下游的湿洗涤器的风扇必须能够承受洗涤溶液中使用的化学物质的腐蚀性质。例如，次氯酸钠(氯)常用于污水处理厂的湿洗涤器中。

上游安装风扇，可以最小化单级和多级湿式洗涤系统的管道。推动异味空气通过单级或多级系统，允许处理后的废气排放出单元顶部。抽吸空气通过诱导通风设计装置，需要管道从最后单元的顶部串联至稍微位于其下的风扇，这增加了管道的长度。设计师在选择适当的风扇布局设计之前，必须权衡这两种方法的优点和缺点。

6.5.2.1 风扇平衡作用

气味管道系统内的空气流动应该经过平衡，才能确保设计空气量从其预定位置被抽出。测试，调节和平衡(TAB)服务，是确认设计空气流量达标的方式。这些 TAB 服务通常承包于独立的挂牌的平衡公司。

TAB 服务应该在完成之后才由所有者验收安装。差异必须立即解决，或至少在验收系统之前立即固定。TAB 服务也应该使用——该系统已经运营之后，以确定是否一直维持设计空气流量水平；并随时修改管道工程、废气排放点或节气阀设置。

在每个平衡节气阀的上游，钻一个足够大的孔，以便插入速度探头，测定导管内的空气流量。在探头移走后应该提供封盖塞住该孔道。

6.5.2.2 节气阀

在任何管道通风系统中一般都需要使用节气阀。节气阀常见用于平衡空气流量，是独立于系统的装置，或，在某些情况下，二者兼有之。送气系统上的节气阀应该遵照 ASHRAE 或 SMACNA 的准则。

下面的讨论集中于污浊空气排气系统的节气阀，从排气点开始行进至风扇和控制设备。节气阀应设在每个管道接头或每一进气调节器处。这些节气阀器允许每个点源独立平衡。在排气调节器装置中，应该安装高质量的风量节气阀代替可能作为调节器之选的风量节气阀，因为作为可靠和可重复的控制装置，它通常不具有足够的质量。此外，分支管道应该有自己的平衡节气阀，以平衡独立来自主干管道的支流。永久测试端口应该安装于节气阀的下游，允许采取气体流量测定。

每个风扇在其上游和下游应该有一个隔离节气阀。风扇上游可能增加入口叶片节气阀，因为它们可以作为高效系统流量控制手段。最后，所有的碳容器应该在入口和出口管道连接上具有隔离节气阀。允许碳吸附剂容器在该单元处于闲置状态时只关闭氧流，这些都是很重要的。这有助于防止着火。

节气阀可以使用管道系统相同的材料(即 FRP、不锈钢、铝和塑料)。最常见安装的节气阀对于圆形管道装置是蝴蝶型的，而对于矩形装置是翼状相对的桨型。

7 气味和排放控制

气味和废气排放控制，通过防止化合物形成或释放或从工艺单元捕获和处理废气流而实现。通过改善工艺过程单元的设计和运行防止气味形成和散发以及废气排放将在本章针对具体处理单元进行讨论。在某些情况下，能够通过处理液相中溶解的硫化物而预防气味产生。对于气相中的气味和废气排放的处理，以下将会讨论几种技术。

7.1　液相处理

有许多不同类型的控制措施，能够应用于硫化物和其他有气味性化合物在其能够排放之前在液相中进行处理。控制方法可能涉及增加空气或氧气而降低硫化物的形成。另一种方法是使用化学品，阻止硫化物生成或与硫化物在液相中发生反应。

以下各节详细讨论了气味控制的各种化学处理方法，包括其化学和工艺过程的描述。对于每一液相控制方法，采用典型的剂量速率讨论了主要的优点和缺点。化学品价格根据地区随时间变化而不同，因此，并未提供成本信息。

7.1.1　空气/氧气的注入

污水中如果溶解氧浓度保持至少 0.5～1.0mg/L，大多数气味的产生都可以防止(U.S. EPA，1985)。氧气可以直接氧化产生气味的化合物，或利用好氧细菌通过代谢过程实现此功能，并通过防止出现厌氧条件而防止硫化物化合物的生成。

空气是一种现成的氧气源，已被用于控制硫化氢气味。如果有气味的化合物存在于空气注入点的污水中，气味会扩散到未溶解的空气中而逃逸到大气中，有时会造成气味增加。根据空气喷射方法，湍流也可能散发气味，使问题更糟。

当向污水中加入纯氧气时，相比于空气有一个主要的优势，因为它在水中的溶解量高达五倍之多。这意味着，需要较小体积的气体就能达到相同的氧转移效果，而气袋形成的可能性降低。在安装以下的氧注射设备之后，也有报道 BOD 发生了降低。对于大于 900kg/d(2000lb/d)氧气(O_2)的要求能够进行现场制氧，或对于用量较少可以商业购买而由卡车运送。

现场存储和应用所需的设备包括液氧储存的特种钢双壁承压容器，蒸发器——压缩机、稳压器、控制阀、压力调节器、流量计(转子流量计)、管道和注射器(图 7.26)。该设备可以从氧气供应商购买或租用。液氧需要一个复杂的承装容器保持其处于液体所需的 1730kPa 表压(250psig)。当控制需要调用氧气运送时，氧气罐上控制阀打开并向蒸发器中释放液氧。蒸发器是一种加压的类辐射器设备，用于提高了液态氧的温度使其汽化。氧蒸发时，会产生自压，因此，不需要压缩机。蒸发器排放端的另一个控制阀和调节器对施氧点的气化氧气进行计量。

7.1.2　化学氧化作用

化学氧化剂从化学上进攻产生气味的化合物，并通过氧化还原反应将其消耗。虽然这一类化学物质中有些化学品可能含有氧作为其分子结构的一部分，但是其主要作用是直接与溶解形式的气味化合物反应，而不是由细菌释放使用的氧。氯、次氯酸盐、过氧化氢、高锰酸钾和臭氧都是化学氧化剂的例子。

7.1.2.1　含氯化合物

氯是一种价格相对低廉的强氧化剂，而其使用所需的设备价格低廉，使用广泛。市售次氯酸钠或次氯酸钙的溶液是最常见的形式。无论是使用氯气还是次氯酸盐溶液，氯在水中的活性成分都是次氯酸根离子。污水 pH 值，可能会受到所加入含氯溶液的轻微影响。氯气的溶解产生酸性的产物，而次氯酸盐溶液呈碱性。

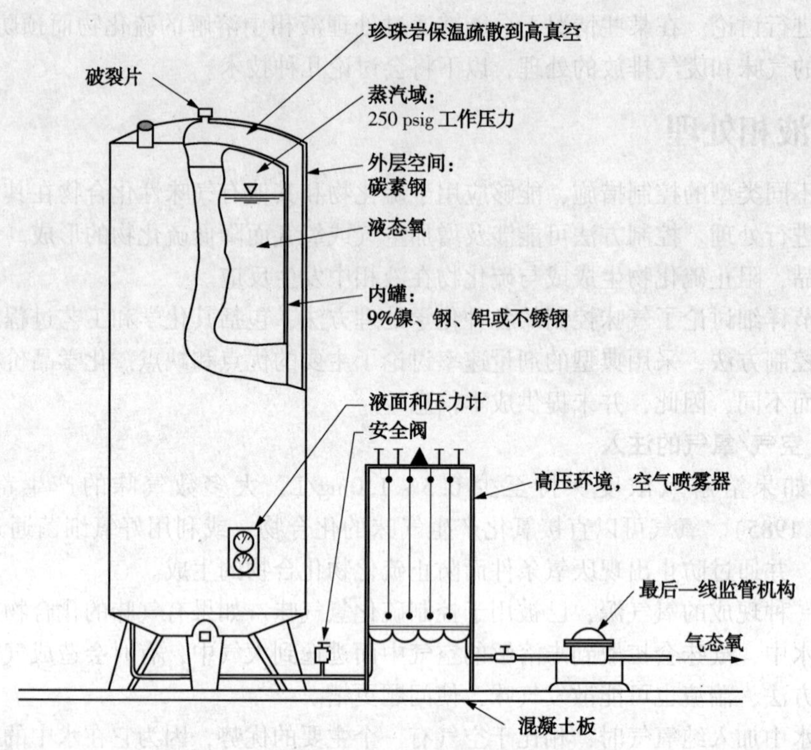

图 7.26 液氧注射系统

(psi×6.895=kPa)

氯与原始市政污水中发现的许多化合物都能发生反应，包括硫化氢。氯和市政污水中的硫化物之间的反应如下：

$$HS^- + 4Cl_2 + 4H_2O \longrightarrow SO_4^{2-} + 9H^+ + 8Cl^- \quad (酸性\ pH) \tag{7.11}$$

$$HS^- + Cl_2 \longrightarrow S + H^+ + 2Cl^- \quad (碱性\ pH) \tag{7.12}$$

方程式 7.11 需要 8.9 重量份氯气氧化每一重量份硫化物，而方程式 7.12 每重量份硫化物只需要 2.2 重量份氯气。氯反应活性是不利的，因为它随意氧化污水中的任何还原性化合物。这些竞争性副反应需要过量进料，才能确保硫化物发生氧化。实际的惯例表明，根据 pH 值和其他污水的特性，每重量份的硫化物需要 5~15 重量份的氯(U. S. EPA，1985)。

氯还可以充当杀菌剂，因为它是强力消毒剂。根据施用点和剂量，它可以杀死或灭活许多引起气味的细菌。然而，因为氯是非选择性的，它也将杀死有益于污水处理工艺过程的生物体。因此，如果在污水处理厂渠首添加氯气进行气味控制，应该谨慎使用。

当氯与水或污水中的某些有机成分发生反应，形成氯化有机物。这些化合物的一些实例是氯仿、氯甲烷、氯酚。这些化合物，以及许多氯与污水反应形成的其他化合物，可能有潜在的毒性，致癌性，并赋予其不良气味。在氯施用于污水气味控制应用之前应该考虑氯化 VOCs 增加的潜势(WEF and ASCE，1995)。

7.1.2.2 过氧化氢

过氧化氢是一种常用的氧化剂，通过化学氧化将硫化氢氧化成单质硫或硫酸盐，这要取决于污水 pH 值。过氧化氢与硫化氢根据下面的方程式发生反应：

$$H_2S+H_2O_2 \longrightarrow S+2H_2O \quad (pH<8.5) \tag{7.13}$$

$$S^{2-}+4H_2O_2 \longrightarrow SO_4^{2-}+4H_2O \quad (pH>8.5) \tag{7.14}$$

大多数污水应用基本上是一个中性的 pH 值，因此理论剂量的要求是每份硫化物 1 份过氧化物。然而，像其他化学氧化剂一样，过氧化物与污水中有机物质都发生反应，因此通常需要更高的剂量。对于某些应用，成功的处理据报道过氧化氢与硫化物之比为 2∶1，但其他应用所需的比例高达 4∶1(Van Durme and Berkenpas，1989)。通过适当的混合，过氧化氢作用迅速，这使其适用于在上游之处立即加入。然而，其消耗也迅速，因此，在针对问题之处时，应该考虑消耗率。

所需的过氧化氢进料设备的类型取决于所施加的用量。对于需要小于 0.08m³/d(20gpd)的小型应用，转鼓递送提供相对简单的操作，而仅仅需要计量泵、管道、阀门和注射器。大容量存储对于需要超过 0.08m³/d 的应用是最经济的。过氧化氢可以按浓度为 35%~50%重量计算的桶装或散装购买。根据过氧化物浓度的不同，储罐的材料有所不同，从高浓度使用不锈钢和高纯铝，至低浓度使用聚乙烯不等。管道通常可以采用聚氯乙烯；然而，非反应性材料，如聚四氟乙烯和不锈钢，通常用于湿的泵部件。典型的过氧化氢输送系统如图 7.27 所示。

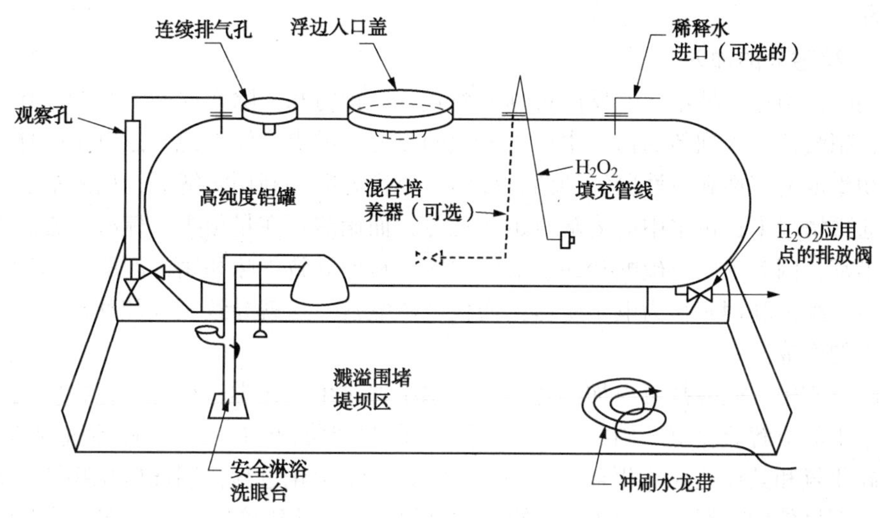

图 7.27 散装过氧化氢储存和递送系统

7.1.2.3 高锰酸钾

高锰酸钾($KMnO_4$)是一种强化学氧化剂，根据以下方程式与硫化氢发生反应：

$$3H_2S+2KMnO_4 \longrightarrow 3S+2H_2O+2KOH+2MnO_2(\text{酸性 pH}) \tag{7.15}$$

$$3H_2S+8KMnO_4 \longrightarrow 3K_2SO_4+2H_2O+2KOH+8MnO_2(\text{碱性 pH}) \tag{7.16}$$

在实际的实践中，在这两个反应范围内，可能发生几个反应，而生成单质硫，硫酸盐，六代硫酸盐，连二硫酸盐和氧化锰，这要根据当地污水化学情况而定。现场研究表明，每个份硫化物发生氧化需要 6~7 份的高锰酸钾(U. S. EPA，1985)。

高锰酸钾可以以干燥的晶体微粒，或颗粒形式获得，在使用之前必须与水混合而成约 3%~4%的溶液。当保持干燥和阴凉，高锰酸钾是相对稳定的。然而，受到有机物或酸污染时，就可能变得不稳定而发生分解，引起潜在的危险状况。市售高达 20%的高浓度液体高锰酸盐最近被引入到污水处理行业。这些溶液易于处理和应用。典型的液体高锰酸钾喷射系统仅仅由高密度聚乙烯罐、计量泵、控制面板、阀门和管路组成。

典型的高锰酸钾应用所需的设备从简单的进料斗和溶解装置到自动配料系统不等。对于大量的高锰酸钾处理，已经开发出在线进料设备，这需要操作者有限参与，而对于最低化学物质接触是完全封闭的。高锰酸钾通常以间歇式为基础使用，因为这种化学品对于连续大流量处理成本高得惊人。

高锰酸钾反应生成副产物二氧化锰(MnO_2)。二氧化锰是一种蓬松的棕色絮状物，实际上几乎无反应活性，在污水处理车间沉积为化学固体，而会稍微增加固体生产。锰是生物固体有益再利用的监管重金属之一。高锰酸盐通常不能进行足够大量加入，是其自身的固有问题，但对于具有生物固体的设施，因为由于其他来源而已经接近其锰限值则可能成为一个关注的问题。

7.1.2.4 臭氧

臭氧是一种极强的氧化剂，可以将硫化氢氧化成单质硫。细菌含量低时，它也是有效的消毒剂。虽然臭氧实际上与污水中所有物质反应，包括溶解的硫化物，但是其主要用途是处理有气味的气体流。臭氧不稳定，必须现场产生。它在空气中 1 ppmv 或更大的浓度对人类有潜在毒性。

7.1.3 硝酸盐的加入

加入硝酸盐通过两种不同的反应机理或模式——预防和去除而控制溶解的硫化物。在预防模式下，硝酸盐加入到新的污水中作为替代的氧源，或更具体地说，是电子受体。负责气味和硫化物生成的兼性和专性厌氧细菌，按照这个优先顺序利用溶解氧、硝酸盐和硫酸盐作为氧源。通常情况下，污水中的溶解氧迅速耗尽，而硝酸存在量很少。硫酸通常在原始市政污水中很丰富，因此细菌将硫酸盐还原成硫化物，从而导致气味和腐蚀问题。当硝酸盐添加到污水中时，细菌利用其作为电子受体，而代替硫酸盐。这就导致氮气和其他含氮化合物而不是硫化物的生成。

在清除反应中，硝酸盐可添加到化粪池污水中通过生物化学过程将硫化物转化成硫酸盐而去除污水中的溶解硫化氢。硝酸盐向污水中存在的细菌(可能是噬硫杆菌脱氮作用)供应氧而代谢硫化氢和其他还原硫化合物。去除反应是一个生化过程，因此硫化物还原并不是瞬间完成的，而最佳效果可能需的 1~2h 的反应时间。根据液压停留时间，在污水处理厂现场应用时，这可能会限制其效力。去除机制需要三分之一的硝酸盐量作为预防机制。

硝酸盐能够用于清除既存的溶解硫化物。该产品通常是含有 0.42kg/L(3.5lb/gal)的硝酸盐氧的硝酸钙水溶液。该溶液能够针对不同的应用而可能含有硝酸钠，其与某些工业污水更加相容。

7.1.3.1 硝酸盐反应机理

硝酸盐化合物作为干燥化学品使用，但干料需要在使用前用水和沉淀杂质混合。干料是吸湿性的，而倾向于在存储期间结块，这就导致处理问题。在未经处理的污水中，碳源(BOD)通过厌氧反硝化反应消耗。为简单起见假设单一碳源(甲醇)，反应如下：

$$SO_4^{2-}+4CH_3OH \longrightarrow S^{2-}+4H_2O+2CH_4+2CO_2 \quad (7.17)$$

[未处理的反应]

在该过程中，使用 0.25 份的硫酸盐，而消耗每 mol 的碳生成 0.25 份的硫化物。

硝酸盐对于细菌通过在硫酸盐之上的黏液层中作为优先的氧源，可防止硫化物的形成。为简便起见再次假设单一碳源，反应如下：

$$6NO_3^- + 5CH_3OH \longrightarrow 5CO_2 + 3N_2 + 7H_2O + 6OH^- \tag{7.18}$$

[预防反应]

在该过程中，使用 1.2 份的硝酸盐，而消耗每 mol 的碳生成 0 份硫化物。防止生成的每单位硫化物的硝酸盐需求表示如下：

$$(1.2 \text{ 份 } NO_3^-/\text{mol C})/(0.25 \text{ 份 } S^-/\text{mol C}) = 4.8 \text{ 份硝酸盐/mol 硫化物}$$

以质量为基础，每公斤预防生成的硫化物需要 9.3kg NO_3(或 7.2kg NO_3-O)。对于含有 0.42kg/L(3.5lb/gal)硝酸盐氧的溶液，这相当于预防 17.2L/kg 硫化物生成(预防 2.1gal/lb 硫化物)。这表示对于预防最简单有机物形式的最小化学计量要求。实际计量率往往会更高。

清除机制利用天然细菌在硝酸盐存在下生化氧化溶解的硫化物。溶解的硫化物可能在硝酸盐施用点上游产生，或可能通过旁支进入该线下游液流。加入硝酸盐导致硫化物根据下列反应发生生化氧化作用：

$$8NO_3^- + 5H_2S \longrightarrow 5CO_2 + 5SO_4^{2-} + 4N_2 + 4H_2O + 2H^+ \tag{7.19}$$

[去除反应]

该反应发生于总体流动和黏液层外区中。硝酸盐并未以足够量加入到充分饱和的黏液层，因此硫化物生成继续在内部区中发生。当硫化物到达外区或总体流时硫化物就被去除。在这个反应中，每 mol 硫化物去除要使用 1.6 份硝酸盐。以质量为基础，每 kg 去除的硫化物需要 2.4kg 的 NO_3-O。对于 0.42kg/L(3.5lb/gal)硝酸氧的溶液，这需要 5.7L/kg 去除的硫化物(0.7gal/lb 去除的硫化物)(Hunniford，1990)。

7.1.3.2　设备要求

硝酸盐所具有的优点是所有硫化物控制的化学品处理最安全的一种。一般来说，硝酸盐溶液被认为是无害的物质，而并未列入联邦美国环保署或州的《环境破坏、补偿和责任法案》(Conservation Environmental Response，Compensation，and Liability Act)(CERCLA)清单。标准硝酸盐溶液也豁免于美国交通部(华盛顿特区)的标语牌规定。典型的硝酸盐注入平台包括高密度交联聚乙烯罐、计量泵、控制面板、阀门和 PVC 管。许多结构和材料可用于非危险化学品储存系统，包括水平、低外形或直立的垂直储罐。最终的选择取决于当地美学和公共关系方面的规定。

7.1.4　铁盐

铁盐见效快，而经常只适用于污水处理厂的上游，消除渠首设施之前的硫化物。铁沉淀物在静止的池中迅速沉积。铁沉淀物在污水处理厂中增加总固体产量，数量上依赖于硫化物的处理量。即使在高浓度硫化物的系统中，所加的固体通常不到总固体 5%。

除了硫化物，铁盐与污水中的磷酸盐也发生反应而沉淀为磷酸铁。这就增加了上述单独硫化物化学计量要求的化学品需求。在该领域已经建立的广泛经验是，3.5kg Fe/kg 硫化物对于大多数应用都是最佳计量率(Van Durme and Berkenpas，1989；Wong et al.，1992)。在典型污水 pH 值下硫化亚铁的溶解度仅仅允许控制硫化氢为 0.05~0.1mg/L。即使加入过量的亚铁盐，溶解的硫化物浓度不会降低至低于该水平。在大多数情况下，这样的处理水平对于防止气味和腐蚀是令人满意的。然而，在涡流区域，硫化氢的散发仍可能是一个问题。在局部 pH 值降低的区域，如 pH 值下降到低于 6.5，硫化亚铁部分解离，并可能向污水中释放硫化物。此外，已知亚铁盐会对在污水处理厂的紫外线消毒设备造成不良影响。如果亚铁盐正在考虑用于紫外线消毒的污水处理厂进行气味控制时，这是应该考虑的。

铁和其他金属化学上可以与溶解的硫化物化合而形成相对不溶性沉淀。铁盐沉淀是黑色或红褐色絮状物形式，这很容易与在污水处理厂其他固体一起沉积。铁盐在整个美国的输送系统中广泛使用。其他金属盐类，如铬、铜和锌，也与硫化物反应，但是这些都属于监管的重金属。高浓度重金属，使生物固体危险，且处置困难而成本高昂。

亚铁和铁金属盐都能与溶解硫化物反应。以下四个类型的铁盐溶液能够商购获得：硫酸亚铁、氯化亚铁、硫酸铁和氯化铁。加入硫酸根基盐一直受到质疑，因为硫酸盐能够还原成硫化物。然而，这通常在城市污水系统并非是一个值得关注的问题，因为硫酸盐通常是过量存在，而硫化物的生成并未显著增加。污水的硫酸盐来源包括饮用水、工业污水排放和含硫有机废物的水解。大多数市售铁盐属于高质量的产品，污染物最少，但购买者应该从供应商处获取分析数据。

7.1.4.1 铁盐反应

亚铁(Fe^{2+})盐与溶解的硫化物发生反应，对于两种亚铁溶液都是相同的，因为阴离子载体离子(硫酸根或氯离子)不进入反应中。可能会形成许多硫化铁络合物，但最简单的反应如下：

$$Fe^{2+}+HS^{-}\longrightarrow FeS+H^{+} \tag{7.20}$$

对于该反应，所需要的铁化学计量用量为 1.6kg Fe^{2+}/kg 硫化物。

铁(Fe^{3+})盐与溶解的硫化物根据以下反应按照亚铁盐相同的方式进行：

$$2Fe^{3+}+3HS^{-}\longrightarrow Fe_2S_3+3H^{+} \tag{7.21}$$

实践中，生成了许多不同的硫化铁物种，而所得结果是黑色硫化物沉淀。所需铁化学计量用量为 1.1kg Fe^{3+}/kg 硫化物。

7.1.4.2 铁溶液

硫酸亚铁($FeSO_4$)在采矿业作为与二氧化钛的共生产物而生产。在同一矿石中能发现铁和钛，通过将矿石溶解于硫酸中并沉淀为硫酸盐铁七水合物晶体($FeSO_4+7H_2O$)而除去铁。它也可能在钢用硫酸进行酸洗(废酸被称为酸浸液)过程中生成。浅绿色的溶液强度为 8%~16%不等，而以铁重量计为 3%~6%的 Fe 和 0.06~0.08kg Fe/L(0.5~0.7 lb Fe/gal)。从晶体生产的溶液，如果控制游离酸，则能够具有大于或等于 2.0 的 pH 值。根据《资源保护和回收法案》(Resource Conservation and Recovery Act)(RCRA)，pH 值 2.0 或更大则分类为无腐蚀性的材料；然而，泄漏大于 454kg(1000lb)就要上报。从酸浸液衍生的溶液可能含有较高的游离酸且 pH 值小于 1。这些溶液由 RCRA 归类为典型的危险物质，并需要额外控制泄漏和与人类的接触(U.S. EPA，1990)。在这种情况下，要上报的泄漏量下降到 0.38m^3(100gal)。硫酸亚铁也可以以各种干料形式(包括一水硫酸亚铁)获得，这些干料形式在使用前需要与水混合。干硫酸亚铁通常并不能用于收集系统控制的硫化物。液体溶液可存储于 FRP，高密交联聚乙烯或或橡胶内衬钢罐中。pH 值小于或等于 2.0 的溶液需要对溢出采取预防措施，如在图 7.28 所示。冰点为-22℃(-8℉)，因此在某些地方需要绝热保温。所有配件、管道和阀门必须是相同的材料。这种溶液腐蚀许多金属(如，黄铜和铜)，因此接液部件应采用 316L 不锈钢或防腐塑料。

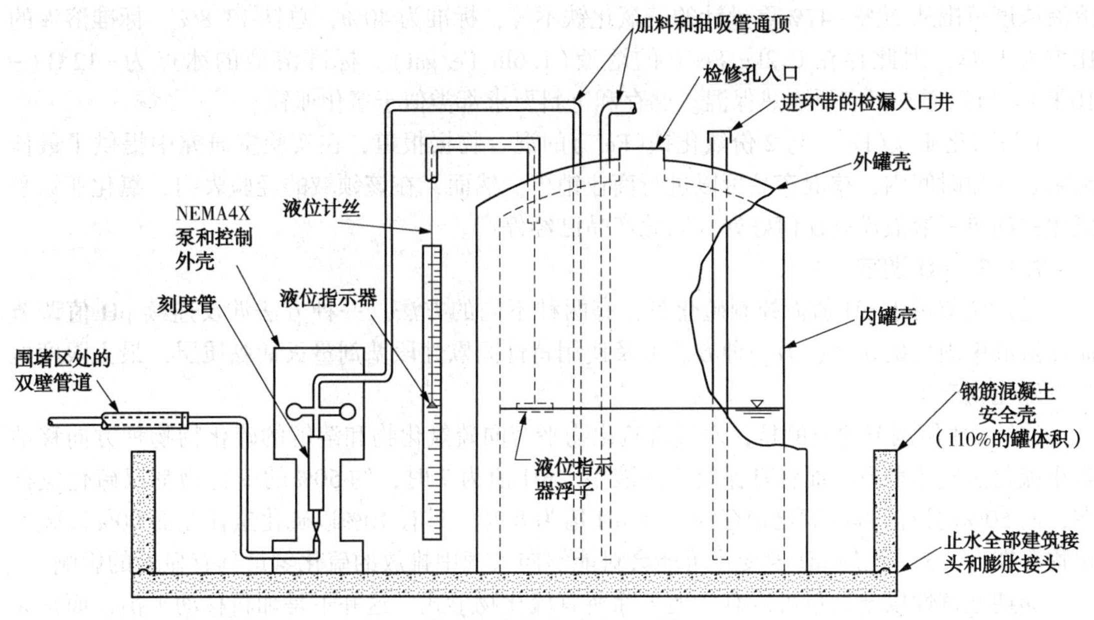

图7.28　典型危险化学品递送系统(3ft=1m)

硫酸铁[$Fe_2(SO_4)_3$]是由天然富含铁的矿石与硫酸反应或氧化废酸浸液而生产。硫酸铁通常用在水和污水中作为混凝剂和澄清助剂。橙褐色的液体，通常是含约10%铁的45%~50%的溶液。比重为1.44，因此大约有0.14kg Fe/L(1.2 lb Fe/gal)。pH值小于1.0，因此根据RCRA被列为腐蚀性的危险材料。硫酸铁的冰点-22℃(-8℉)，因此通常不需要绝热保温。另外，存储和进料要求类似于硫酸亚铁。

氯化亚铁($FeCl_2$)能够通过酸洗钢或用盐酸处理天然矿石而生成。氯化亚铁具有高溶解性，溶液强度为18%~28%。23%的溶液中含有约10%按重量计的铁。比重为1.23，因此，存在0.12kg Fe/L，(1.0lb Fe/gal)。浅绿色溶液通常pH值小于1.0，因此它们也被分类为典型的有害物质。氯化亚铁广泛地应用于气味控制，因为它往往是最便宜的铁盐化学品。这些溶液能够存储于FRP或橡胶内衬钢罐中。罐子应该有防溢出围封。冰点是-20℃(-4 ℉)，所以在某些地区可能要求保温。供应商可能在冬天降低溶液强度，以避免在寒冷的气温下产品发生结晶。氯化亚铁是腐蚀性的并能快速侵蚀大多数金属。所有接液部件应该是哈氏合金C，钛、或钽。铝、黄铜和不锈钢很容易受到侵蚀而绝不应该接触三氯化铁($FeCl_3$)使用。在湿井应用中具有潜水泵或不锈钢叶轮泵以及其他接液部件，可能值得关注。如果没有通过本体流对此化学品进行足够稀释，则长时间与不锈钢接触可能导致点蚀和腐蚀，可能需要增加泵维护。为了确保该化学品在低流量条件下充分稀释，采用步速流量进料控制或计时器进料，是一个良好的设计惯例。

氯化铁应用于铜雕刻行业中，而在污水处理设施通常作为混凝剂应用，因此通常可以获得高纯度产品。氯化铁能够从含有铁和钛氧化物的天然矿石作为二氧化钛的共生产品生成。通过氯气与铁，硫酸亚铁或氯化亚铁反应，可制成高质量产品。另一个工艺方法涉及废酸洗液，盐酸，氯气和铁屑的控制反应。最终产品的纯度随着生产过程而不同；买者应该从供应商获得有关污染物的信息。液体三氯化铁是一种橙褐色的溶液，酸性，对金属具有腐蚀性。

溶液浓度范围从 28%~47%重量计的三氯化铁不等，标准为 40%，总铁 13.8%。标准溶液的比重为 1.43，因此存在 0.2kg Fe/L 的溶液(1.6lb Fe/gal)。标准溶液的冰点为-12℃(-10℉)，所以通常不需要隔热保温。储存和进料要求都类似于氯化亚铁。

1 份氯化亚铁(Fe^{2+})与 2 份氯化铁(Fe^{3+})的混合物据报道，在实验室研究中提供了最佳结果。在短时间内，掺混产品可以进行商业销售。然而，在该领域的经验表明，氯化亚铁和氯化铁的单一溶液没有任何好处，因此产品已经停产。

7.1.5 pH 调节

通过调节污水 pH 值而控制硫化氢，有两种不同的方法。一种方法涉及连续 pH 值调节而在溶液中固定硫化氢；另一种方法涉及使用苛性间歇性段塞剂量灭活黏质层，最大限度地减少硫化物产生。

连续 pH 值调节的目的是，通过将硫化物平衡向硫氢化物和溶解的硫化物物种方向移动防止硫化氢气体散发，而将其保留于溶液中。pH 值为 7 时，约 50%的硫化物都以硫化氢存在，而 50%的以溶解硫氢化物存在。在 pH 值为 8 时，只有 10%以硫化氢存在而 90%以硫氢化物存在。0.5 单位的 pH 值变化可能会对能够向大气中排放的硫化氢量具有显著的影响。

周期性苛性段塞剂量可以有效地去除所有硫化物形式。这并不是加料移动平衡，而是灭活或杀死将硫酸盐还原成硫化物的生物黏液层。暴露于高 pH 值水平，会破坏黏液层，而导致其脱落。黏液层将立即开始重新形成，但它可能需要数天或数周再次达到完全硫化物生产。段塞给药后黏液层恢复成长所需的时间是 pH 值、温度和接触时间的函数。

污水处理厂附近苛性腾涌可能因为局部 pH 值升高而不良影响 pH 敏感性处理工艺过程和出水排放的限制。如果均衡设施齐备，它们可以用来储存缓慢释放到污水处理厂的高 pH 污水。如果这些设施不到位，能够使用酸中和，但是这会增加费用。一些设施据报道 pH 值高达 8.5 也没有对二级处理工艺过程产生不利影响，这可能是由于活性污泥工艺中二氧化碳缓冲作用所致。

7.2 生物处理

本章提供了实用生物学基础的气味控制系统的概述。在关于这一主题的其他实践手册中，提供了更多的设计细节。用于与污水运送和处理相关的气味控制技术，在其过往历史上都使用化学和物理方法。化学洗涤器和活性炭吸附器已经证明是利用化学吸附、吸收和化学反应从空气流中去除气味的方法。然而，这些气味处理过程根据条件可能需要相当数目的操作预算。采用纯物理和化学方法能够处理污水气味，但细菌和其他微生物可能更有效地完成这项任务，而操作控制更少。这直接转化为动力和其他污水相关气味控制的实体的成本的节省。

生物气味处理技术，与传统的化学和物理处理技术相比，也提供了其他优点。用来控制污水气味的大多数化学品是强氧化剂，或具有使之危险或甚至处理、运输和存储危险的 pH 值范围。生物工艺过程的本质性质排除了危险化学品的使用，因为对人类产生不良影响的相同化学物质将会对微生物产生同样的影响。

7.2.1 生物气味处理的生物化学

本章所讨论的所有生物的气味控制技术，都通过以下三个基本的生化过程——自养、异养和生物摄取过程而发挥效应。

7.2.1.1　自养生物过程

“自养”，该术语是指自给营养。属于这一类别的细菌有时也简称为“化学自养菌”，因为他们使用无机化学品作为能量来源，并从二氧化碳获得其细胞生长的碳。微生物学家使用这个术语“自养”，是为了确定这种使用无机化合物作为其能源和碳源的细菌的种属类型。相比之下，异养生物必须使用有机化合物，满足其能源和碳的需求。

自养菌通常有一个薄的细胞壁，允许化学物质自由流动进出细胞。由于自养菌没有从无机物转化中得到如同异养菌从有机物中获得一样多的能量，自养菌就必须以更快的速度转换更多的化学品。因此，自养菌可以迅速吸收和转化大量的无机化合物。后者的这种能力，导致下水道中的硫化氢气体迅速转化为硫酸而迅速损坏污水基础设施。在生物气味处理系统中，这些细菌提供了硫化氢去除作用。

7.2.1.2　异养生物过程

术语“异养”(有时也简称为化学异养)用来表示另一属微生物类，这类微生物消耗有机化合物(即，含碳原子的化合物)。异养生物必须获得其能量和对其细胞生长消费食物的碳，然而，在自养情况下，碳和能量是从不同来源获得。异养微生物不能使用二氧化碳作为碳源细胞合成，必须打破碳-碳键而吸收碳同化。

因为在含碳的环境比不含碳的环境中有更多含碳的化合物。因为他们有能力降解很多种有机化合物，异养适用于生物气味控制过程而去除有机物和 VOCs。

7.2.1.3　生物摄取过程

第三个过程，能够让细菌消耗和去除异味化合物，这个过程可分类为直接生物吸收。生物摄取不同于食物消费碳源和能源生产，因为气味化合物并不是主要的食物或碳源，而是作为细胞功能，呼吸和新细胞合成过程中的第二组分使用。摄取的一个例子是由细菌的养分消耗。气味化合物是用来直接作为营养或加工成细胞功能所必需的其他化合物。摄取过程负责曝气池和返回活性污泥(RAS)再循环的工艺过程中的硫化氢气体去除。当使用这种曝气池混合液体进行气味控制时，这是主要的机理。在细胞壁内反应中使用的过程中，气味化合物被转换成无气味化合物或用作更多的细胞物质构建材料。异养就主要负责这一过程。

所有这三个生物过程(自养降解，异养降解和生物摄取)，都用于各种生物控制技术。所有气相生物气味控制技术的主要设计基础将会构建一个场所，理想地适用于具体的生物类型生长，并在最佳生活条件下提供合适的食物、氧气、二氧化碳，温度、养分和水分。

在某些情况下，诸如生物塔，能够创建特定的 pH 值状态，有目的地促进某种或其他基本类型的细菌生长。例如，低 pH 值生物塔将促进消耗氢硫化物的自养菌，而一个较为中性的 pH 值将对广谱去除异味，包括其他有机物基的气味化合物都是理想的。

7.2.2　生物过滤系统

生物过滤池近年来已成为越来越流行，因为如果适当的设计和安装，它们是异味控制非常可靠和经济的方法。

所有生物过滤池包括以下常见组件：

- 空气管道和风扇系统，
- 空气增压系统，
- 地漏管道系统，
- 介质支撑系统，

- 介质，
- 灌溉及加湿系统。

三种基本的生物过滤池结构设计如下：

- 常规地下生物过滤池，
- 常规容器内生物过滤池(包括地上和地下)，
- 预制容器内的生物过滤池(包括地上和地下)。

为了举例说明之便，典型的常规地下生物滤池装置包括连接至穿孔管网的风扇，这会散发异味空气至压力通风系统，然后通过介质床(图 7.29)。

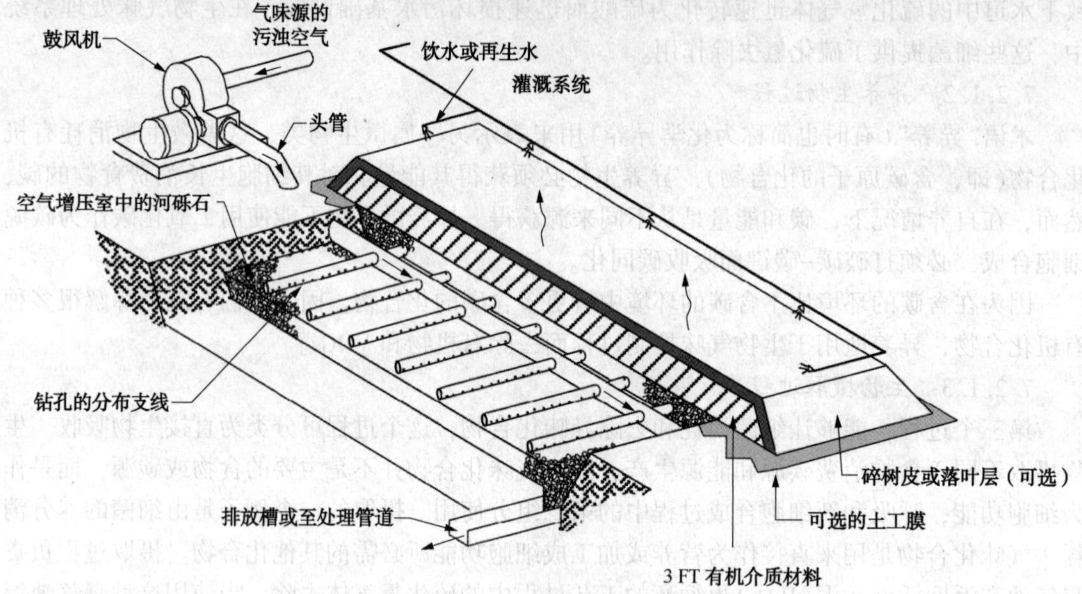

图 7.29　典型的地下生物滤池

以下各节将更详细地讨论常见的生物过滤池的基本组成部分，并提供基本的设计和材料选择指南。

7.2.2.1　空气导管和风扇系统

所有的生物过滤池必须接受从源头至生物过滤池的异味空气。通过管道和风扇系统的空气流动是由机械工程设计的基本原则控制。然而，还有生物技术诱导的工艺过程相关的问题，这种问题必须在该系统的设计和选择中加以考虑。生物过滤池空气分配系统的设计中最重要的因素之一是腐蚀控制。

生物过滤池上游的管道工程应该足尺足寸，所用材料足以承受由应用过程所产生的应力。在生物过滤池管道工程中使用的材料和构建方法应该考虑管道可能会暴露在低 pH 值受酸攻击的条件。管件、阀门、节气阀和在管道架设中使用的其他接头，在设计时头脑中应该具有防腐蚀保护的概念。通常情况下，空气源具有较高的相对湿度，管道内壁上发生凝结。冷凝物汇集并流向系统中的最低点。如果冷凝水未被除去，则将会填充管道，增加压头损失，并最终阻止所有气流。

将生物滤池排布于几个处理池中或独立单元装置中在更换介质时这往往是一个优点。一个滤池或单元装置可以采取离线介质更换，而不会失去总气味控制能力。使用多个滤池或单元装置，就有必要在进料滤池或单元装置的独立导管管头上使用隔离节气阀。

生物滤池最常用的加压风机是后斜式叶轮玻璃纤维离心加压风机。这种类型的风机可以产生生物过滤系统中最常见的空气流动和压力。生物过滤池，无论是传统的或预制的，工作压力的一般范围为 0.12~3.0kPa(0.5~12in) 的水压。一些土壤床过滤器操作压力为 5.0kPa (20in) 的水压。这个范围的压力需要克服常见的管道和介质压头损失。管道压头损失基于气流，直径，长度，节气阀，阀门和其他所用附件是固定的。通过典型的 1m(3ft) 深度的有机介质床的介质压头损失可能的范围为启动时的 0.12kPa(0.5 in) 水压至其有用寿命之末附近的 2.5kPa(10.0in) 或更大。

7.2.2.2　空气增压系统

生物过滤池的空气增压系统通常是岩石介质填充的或开放的增压系统。介质增压系统包含包围空气分配管道并支撑有机介质的某些类型的介质，而开放式增压系统不包含介质，并使用专门的介质支撑系统。图 7.30 显示了典型的土堤常规生物滤池，具有河沙砾岩增压系统；图 7.31 图示说明了一个典型开放式增压系统的生物过滤池排布设计，适用于常规生物滤池的设计。介质直接受模块化塑料网系统支撑。全长塑料支脚插入 HDPE 支撑网而形成下面的开放式增压系统，而同时支撑上面的有机介质。空气被迫向上通过支撑网中的狭缝，在此于这些介质中得到处理。

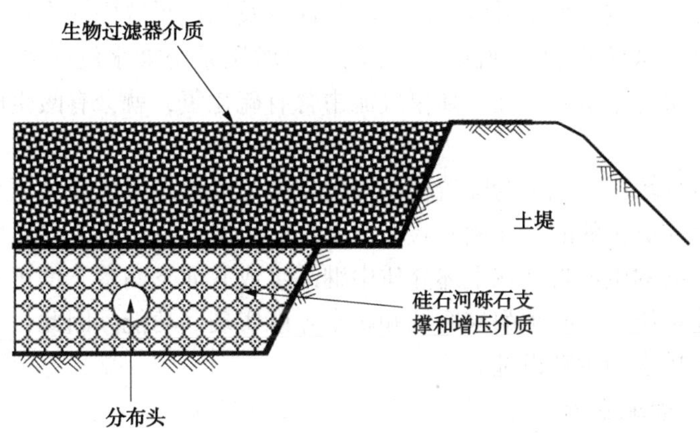

图 7.30　典型二氧化硅—砾石—介质支撑增压系统

在介质增压通风系统的情况下，穿孔 PVC 管由耐酸颗粒物质包围。粒状增压通风介质及其上生物滤池介质中的酸生成要求增压通风系统中的所有物质，包括空气分配头都是耐酸性的。对于岩块介质的空气增压系统，在整个空气收集和分配系统中最大压头损失等于通过空气分配管道的穿孔孔洞的压头损失是很重要的。这可确保分配头空气通过孔洞平稳分配和气味平稳施加至生物滤池介质表面上。

风量和系统的压头损失设计决定穿孔管道的空气分布孔的直径和间距。通常情况下，孔洞以水平呈 45°角钻于塑料分配头中。钻孔放置于向下的位置，以辅助防止介质发生堵塞。

空气分配头也必须在馆内最低点提供钻于管头内底的排水孔，而定期地从管道中排出冷凝水，或管头必须是专门倾斜而排水。如果不提供排水，管头可填充至空气孔的水平位置，造成生物滋生、积灰、并有可能堵孔。

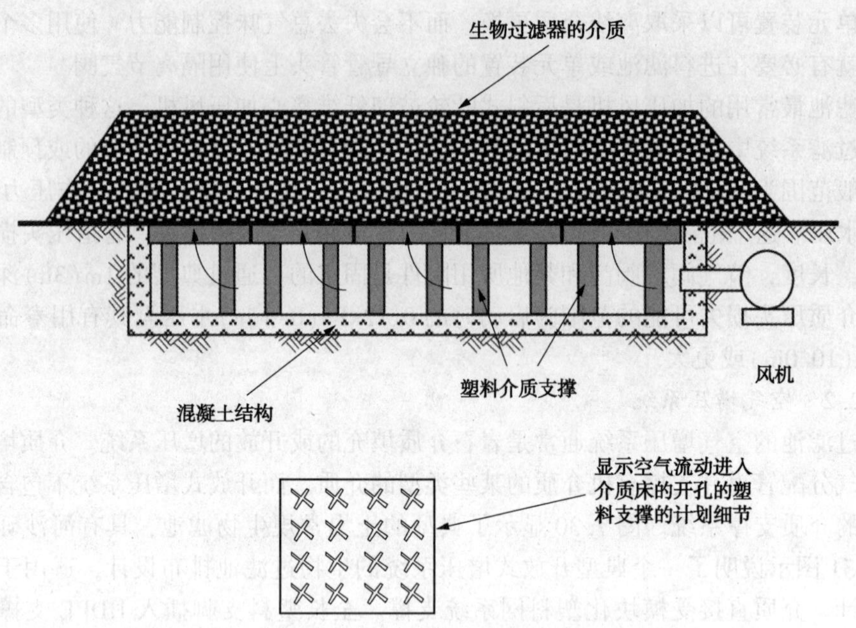

图 7.31　典型开放式增压系统—生物过滤池排布设计

生物过滤器之下的空气增压系统可能会收集冲洗及加湿系统中的大量水和向空气增压系统贡献水的冷凝水。这样的水必须除去，才能避免增压系统被水浸而导致生物滤池发生故障。由于噬硫杆菌寄生于所有表面，如果气流中含有硫化氢，就会有酸生成并降低增压系统中水的 pH 值。

岩石介质在空气增压系统中为噬硫杆菌寄生比敞开式增压系统提供更大表面积，从而比敞开式增压系统生成更多的酸。在敞开式增压系统的情况下，只有支撑系统的壁、地板和底面可供酸生成，但酸的生成将会在上述介质中继续生成并向下滴落于增压系统中。在这两种情况下，生物滤池增压系统必须耐酸腐蚀和防水才能实现其功能。因此，生物过滤器必须提供从空气增压系统排水的主动设施。

7.2.2.3　地漏管道系统

过量的冲洗水和冷凝水必须收集并在接收下水管道中排出或经过适当的处理工艺过程中进行处置。在空气增压通风系统中的防渗塑料内衬，有助于收集水。在岩石介质增压系统的情况下，地板通常是倾斜的并以类似于垃圾填埋场渗滤液收集内衬的 1500m(60 英里)或更厚的 HDPE 内衬覆盖。如此，则水收集于排水管并从生物滤池经重力排出。

在敞开式增压通风系统的生物过滤池情况下，排水很简单。因为生物滤池中增压系统处于压力下，如果没有正确地截留承受生物滤池中的压力，则排水可能成为空气释放的路线。通常，P 型—截留阱，其尺寸适合提供主动控制空气增压系统中预期的最大压力，就能够足以防止这个问题。排水管也收集逐年的碎屑和泥沙沉积以及偶然的介质粒子。出于这个原因，生物过滤池的排水系统应配备所有死角的清扫口和长管斜槽。这使得排水管道一旦发生这种情况，经过喷射或冲洗而除去泥沙和有害材料。

7.2.2.4　介质支撑系统

介质支撑系统提供以上生物介质的结构支撑而通常是空气增压系统中不可分割的组成部

分。如前所述，介质支撑系统的两个基本类型是(1)基于介质或岩石介质支撑系统和(2)敞开式增压系统支撑网。

砾石支撑介质或其他粒状材料必须耐酸，防止硫化氢气体转化为硫酸所造成的损害。最常用的天然颗粒状物质，是纯二氧化硅矿石，如常见的河卵石。圆角河卵石是首选，因为破裂或有棱角的石块介质在岩石介质或空气分配塑料导管的情况下易于穿破或切开塑料内衬。

增压系统中所用的颗粒状介质应该进行测试，才能确保其不受生物工艺过程中形成的硫酸所造成的低 pH 值影响。拟采用的介质样品应该在 10%硫酸中浸泡过夜，并对结果进行评价。很多时候，石灰石、白云石和其他碳酸盐基岩石都能在河卵石样品中找到，而这些材料应该禁止使用于生物过滤器。碳酸盐岩石块与硫酸发生反应而生成的硫酸钙和硫酸镁可能会玷污和淤塞生物滤池增压系统的残余污泥。

岩石介质支撑系统相对于开放式增压通风系统、网格支撑系统既有优点也有缺点。岩石介质，能够为细菌定植和气味去除提供很大的额外表面积。当污浊的空气流中含有高浓度的硫化氢气体时，在岩石介质区中能够除去显著的量。在得克萨斯州的某个生物滤池中，单独岩石介质硫化氢气体去除率就达到 50%。在岩石介质中硫化氢气体(和酸)的去除降低了以上有机介质中的酸化作用，可以延长介质寿命并使有机介质对于有机气味去除更有效。

7.2.2.5　酸性和中性区

当在生物滤池中处理的污浊空气流同时含有硫化氢和有机气味化合物时，在该介质中细菌根据类型分层植生。由于自养生物比异养生物能够更快地转化其食物(硫化氢气体)，则自养生物在生物滤池中控制了生物系统。如果硫化氢气体存在于空气流中，自养噬硫杆菌物种竞争超过其异养同行并作为副产品生成硫酸。酸降低将介质 pH 值降低至低于异养菌的耐受点以下，以至于异养菌不能生长。只有在硫化氢气体已被去除之后而噬硫杆菌物种不再存在于介质中时，消耗 VOCs 的异养生物才能生存而完成其工作。生物滤池中处理 20ppmv 的硫化氢气体所能达到的较低 pH 值为 0.5。大多数异养细菌无法生存于 pH 值低于 6.0 的表面上，而通常喜欢 pH 值 7.0 或更高。因此，在介质中存在某个点，从底部向上移动，pH 值从酸性到中性发生渐变。低于该点就没有显著的 VOCs 或有机化合物去除率。这点确定了酸性和中性区之间的分界线。在酸区中硫化氢气体和氨气被去除，而在中性区有机物和 VOCs 被去除。注意该区域根据硫化氢气体入口浓度按比例将会向上和向下移动。

7.2.2.6　生物滤池介质

介质支撑系统之上是生物滤池的核心——介质。有许多不同类型的介质，能够成功地用于生物滤池，但他们都有其优点和缺点。以下讨论描述了与每种介质主要类型使用相关的显著问题。土壤和其他无机介质的讨论在本文中是为了连续性而包含在内。

如果要确定最佳的生物滤池介质，则需要进行广泛研究。几种介质已经成功地使用，包括堆肥、稻壳、泥煤、土壤、沙子、木屑和这些材料的各种混合物。虽然有些混合物可能会在某些应用中表现出性能稍好，但是当地的条件和要去除的具体气味化合物是选择生物滤池介质时要考虑的首要因素。当地介质的可用性和经济性可能会影响最终的混合物组成。一些生物滤池公司还提供定制生物滤池介质；然而，还没有单一介质显示出在所有工作条件下都能提供最佳处理特性。成本和当地的可用性也是介质选择的主要标准。

介质接触的时间是生物滤池整体效能的重要因素。介质接触时间通常依据空床接触时间(EBCT)表示，而避免介质孔隙率因素。EBCT 是介质深度和污浊空气负荷率的函数。生物滤池的空气负荷率通常以 m^3/m^2 或立方英尺空气/分钟 · 平方英尺(cfm/sq. ft)表示。EBCT 通常以接触时间单位秒表示。

在生物过滤池中自养生物(如果存在硫化氢气体主要是噬硫杆菌)是快速氧化剂，通常在有机介质中需要 15~30s EBCT 就能完其代谢过程。这种迅速发生的氧化作用，部分原因是硫化氢气体溶解度相对较高，并且部分是因为噬硫杆菌细菌具有快速代谢速率。由于有机化合物更大而更难以降解，VOCs 的异养代谢速度较慢。有机化合物在有机介质的生物滤池中的除去可能需要 30~60s 的接触时间，这要根据所存在的具体化合物的溶解度而定。

非常难降解的有机化合物可能需要在有机介质中的接触时间高达 75s，才能彻底清除。EBCT 是最有价值的生物过滤池的设计参数之一，因为去除异味仅仅发生于空气与介质发生接触之时。基于 EBCT 建立设计参数，可能是生物过滤系统设计的有效起点。自养和异养区的体积通过 EBCT 分析一旦建立，则就能够计算出其他设计因素。

7.2.2.7 土壤介质

土壤和无机生物滤池的介质，如沙子和碎石，通过提供细菌的生长表面完成有机介质相同的功能。他们还必须提供所有自养和异养细菌生长的相同环境和营养要求。无机介质通常不包含可用于生物摄取的可溶性营养物质，因此营养成分必须添加到无机介质的冲洗用水中。营养物质，如氮、磷、钾、铁和其他微量营养物，通常加入到冲洗水中为附生细菌所用。

土壤介质通常比有机介质碾磨更精细，因此具有空气必须分配通过的更小孔道。通过介质的狭窄通道限制了空气分布的通道，并产生了更高的压头损失。一些沙子基介质的生物过滤池工作于 5.0kPa(20in.)的水柱压下。通常沙子介质相关的压头损失越高，要求的负荷率越低，才能避免压力过量。沙子基生物过滤池负荷率为约 0.3~0.85m^3/m^2 · min(1~2.5cfm/ft^2)。土壤床过滤池最吸引人的特点之一是其设计和施工简单。许多土壤床生物过滤池没有增压系统，而分配导管简单地掩埋于介质中。当介质准备更换时，空气分配管道挖出来而抽出介质即可。由于具有 10 年或可能更长的寿命，更换价格相对便宜的空气分配管道并不是一个主要的成本项目。

无机介质必须抵御由于硫化氢气体氧化所产生的酸性条件。因为石英砂、花岗岩、玄武岩和其他纯硅矿物能够抗强无机酸如硫酸，则通常使用。应该对拟议的任何无机生物滤池介质进行酸测试，这通过将洗净的样品浸泡于 10%(按重量)的硫酸溶液中过夜并观察任何液体的变色或颗粒发生的侵害而完成。

无机生物滤池材料比有机生物滤池材料更坚硬，并能够更好地耐受潮湿和润湿的条件下长期介质形变。出于这个原因，土、沙和其他无机介质因为紧凑——有机生物滤池介质的最大敌人而不需要更换。

7.2.2.8 有机介质

大多数生物滤池使用有机介质进行微生物饲育。经过许多研究已经确定了各种有机物基的介质制剂的气味去除容量。实验室研究采用实验室规模，往往在完全应用时都得不到令人满意的结果。有许多情况下，都表现出中试研究中的预期结果，但在现场应用时仍然失败。对于介质的最佳测试是在各种操作条件下的全规模应用。

许多有机介质的不同配方已经使用。表 7.18 中包含了生物滤池介质最常用的材料清单，当用于全规模应用时进行评级。

表 7.18　典型生物滤池有机介质材料

材料	总体评级	评论和意见
围场废物堆肥	优异	应彻底堆肥处理。小于 1.27cm(0.5in)的细小颗粒应该筛分出
木屑	好	当作为组分使用而非独立介质时最佳。应该陈化或堆肥而决不能未熟化
污泥堆肥	差	太精细，淤塞，高压头损失
泥煤	差	吸附作用太强而易发生压实
稻壳	差	能够作为调节剂使用，但是在润湿时几乎没有结构而易于压实
树皮	好-优	抗压实，通常用于顶层覆盖生物滤池而防止杂草生长和水分流失

不论其来源如何，有机介质必须满足以下所有生物滤池介质的基本要求：

- 表面积和孔隙率，
- 结构支撑，
- 保湿性，
- 营养利用度。

所有的介质必须提供足够的表面积，微生物才能在其上赖以生长并完成其预定的功能。有机介质生物过滤池表现出表面积和空气透过率(孔隙率)之间的反比关系。随着介质变得更细，空气透过率因为通过的孔道更小引起压头损失而变得更小。经验表明，更大、更多的多孔材料提供了足够的表面积，而同时提供优异的空气流动和异味去除。

有机介质还必须提供处理床的结构支撑，并保持最佳空气流动的孔道敞开。这也许是有机介质最大的单个挑战，也应该是主要的选择标准。所有的有机介质主要包括纤维素及相关木本材料。纤维素纤维是由一种叫做木质素的胶水固定至一起，木质素可软化，随着时间推移而溶解于水中。生物活性和介质中酸的生成也有助于木质素的破坏。由于木质材料中的木质素分解，纤维崩溃，而介质结构发生沉降。这将降低孔隙率，空气透过率和处理效能。压实和沉降都是有机介质的最大敌人而且是介质故障和更换的单一最大因素。

7.2.2.9　冲洗和加湿

冲洗和水分控制是生物滤池的关键。水太多就会有水填充孔道，可能会导致厌氧区出现，而增加介质的单位重量。这样就降低了微生物可利用的表面积并在重力下压实了介质。据观察，遇上大雨的有机介质比覆盖的相同类型的有机介质遭受的压实作用更大。在雨水的事件期间，这个差异就归因于因为水量增加失控而增加单位重量。因此，生物滤池的冲洗和加湿对于避免过量加水是至关重要的，但为了生物活性仍然要提供必需的水分。

生物滤池介质必须保持在潮湿的条件下，才能去除异味。如果进气显著低于 100%相对湿度，往往会从介质中蒸发水而将其干燥。了解生物过滤池中湿度的关键是了解空气温度和含水量之间的关系。由于空气变暖，它可以容纳更多的水蒸汽状态的水(相对湿度)，相反，空气变冷，它不能容纳同样多的水，将会冷凝出水(露点)。根据空气进入滤池时的条件，将吸取(蒸发)或沉降(凝结)水。无论蒸发或凝结出现在生物滤池中，很多时候，两者都是同时发生的。

生物过滤池通常按照以下三种方式进行冲洗和加湿：

(1) 进气口空气流的加湿，

(2) 软管深度冲洗介质，

(3) 喷头表面冲洗。

所有这三种方式，可能有时都会需要。根据当地相对湿度和污浊空气的收集方式，进气口空气相对湿度可能小于100%。如果该气流进入生物过滤池而空气不冷却至低于露点，则会发生气化。根据深床冲洗的体积和位置，有可能没有充足的水分满足气流的用水需求，而蒸发就会发生。开放床式增压系统对入口的相对湿度波动比岩床增压系统更为敏感，因为岩石是从其表面上冲洗润湿，对空气提供了水汽来源。岩石增压系统提供了空气的水分缓冲，这对于开放式增压系统并不适用。因此，岩石增压系统的行为就像低效率的气流加湿系统。

为了减少加湿室的冷凝影响，一些生物滤池系统已经在增压系统的上游使用了小体积、管内喷淋系统。压力雾化喷嘴(275 800Pa[40psi])以4~20L/h(1~5 gph)进行工作，直接安装于引流至生物滤池增压系统的管头，而辅助进气口的气流加湿。广角空心锥形喷雾喷嘴连接至316L型不锈钢管，并插入通过直接耦合至导管空气流的中心的转接器。通常定位喷雾朝着风扇而对着空气流动方向进行喷雾，以提供更多的空气接触时间。图7.32说明了典型的管内加湿系统。喷淋系统所用的水量越低，将会最大限度地减少气流的冷凝影响并提供更远地载入生物滤池的微粒水滴。在管头载入任何过量的水分都排出至增压系统中而与排出水一起除去。这些系统可能容易堵塞，需要使用软水剂。

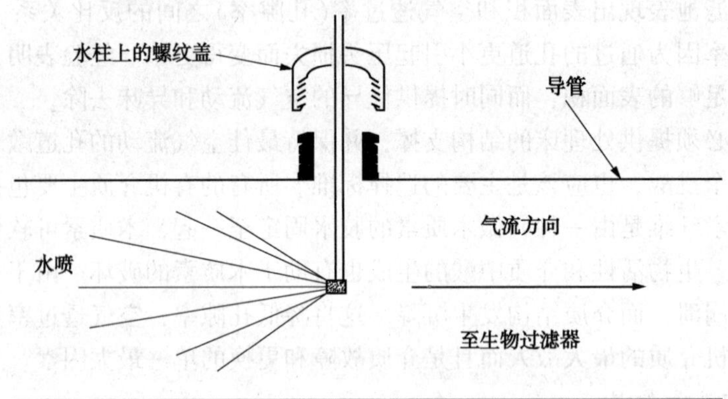

图7.32 常见的管内加湿喷雾系统

另一种类型的空气加湿系统，也是一种床内冲洗系统的形式。水通过冲洗软管提供于略高于增压系统的有机介质底部。在岩石增压系统的情况下，水从岩石上流下，保持岩石润湿就如同空气加湿系统一样工作。在开放式增压系统的情况下，冲洗按照增压通风系统上150mm(6in)深度进行实施。水饱和介质如同蓄水池的作用一样。空气传递通过这个区域时按照所需吸取必要的水分。在有机介质的较低区域饱和的条件下就会导致过早板结和更换。

适用于生物滤池的最后一种类型的冲洗是表面冲洗。这种冲洗方案并不比典型的住宅自动喷水系统复杂而旨在为生物滤池表面覆盖提供固定的或弹出型喷头。表面加湿并不会代替深床冲洗或加湿。试图从表面就实现完全冲洗，压头损失增加和介质早熟压实而对生物滤池有害无益。

地面冲洗常见仅仅用于夏季或当干燥条件最大之时。表面冲洗在干燥期间控制介质干燥和开裂。介质开裂可能导致污浊空气短路，以及气味释放，必须进行控制。介质开裂通常仅仅对细粒度介质才会出现问题，而对于较大堆肥混合物很少发生。

7.2.2.10　营养物质控制

生物滤池中微生物需要养分才能最佳生长和繁殖。所需的营养物质主要是氮和磷，还需要少量的硫、铁、锰、镁、钙和其他微量元素。通常情况下，处理后的出水包含保持生物滤池生物群落处于优异的健康状态的大多数营养物质和痕量的矿物质。

在无机生物滤池介质，如沙或豌豆碎石的情况下，介质不能向细菌提供营养物质。在土壤床生物过滤池中，必须定期加入营养液(每 1~2 周)，才能提供生物生长和细胞功能必要的营养物质。有机生物滤池介质通常将提供绝大多数(不是全部)正常生长所需的营养物质。某些研究表明，在向有机介质生物滤池的冲洗水中加入可溶性营养物质之后可以增强生物滤池性能。然而，通常没有必要向有机介质中加入营养物质。

7.2.2.11　介质寿命

生物过滤池中有机介质因为压实偶尔需要更换。生物过滤池能够以单次填充的介质工作时间长短取决于介质初始的混合物，其所暴露的气候条件、介质中酸的产生、以及提供冲洗的量和类型。简单的有机基介质系统在相当高的负荷下，每 1~3 年就可能需要更换。当介质破碎至空气不再足够通过该床时就需要更换。压力或压头损失监控和定期气流测量可监测这种情况的发生。

7.2.2.12　介质仪器仪表和监测

作为最低要求，生物过滤池应该在每个分布头上配备压力表。监测进入每个生物滤池的空气压力并跟踪随着时间推移的压力读数，指示介质已达到其使用寿命终结的时间。介质在最大风机设计压力下不能达到最小的设计空气流量时就认为需要更换。

其他常见的生物过滤池的仪器仪表包括在节气阀下游的每个主分配头上的流量计，而使之方便实现平衡。热质量流量计通常提供这项服务，但是更为简单的压力表也可以提供准确的数据。具有螺纹盖的样品端口方便使用手持式风速计，也应该提供于每个主分布头。常见的做法是监测风扇性能并向操作者控制面板发送回信号或报警。也应该为风扇电机提供局部热过载保护。

7.2.2.13　杂草控制

生物过滤池为种苗及其他绿色植物提供了极佳的生长介质。风和鸟类向生物滤池带来种子，而种子迅速发芽，长成植物。在敞开式生物滤池上的植被控制在某种程度上是美学问题，因为许多生物过滤池长满草，而有的已用于种植花和其他装饰植物。生物滤池上植物生长最不利影响是表面污浊空气短路，这是由于较大的植物主根所致。在大灌木和树种中，苗木生长长长的主根并将其发送至土壤深处找寻长期的水源。如果主根穿过有机介质，就会形成空气短路通道。

如果想要保持生物滤池无杂草或植被生长，如果不采取措施防止由于根生长所致介质过度压实，则可能需要实施手动除草。通常情况下，在介质之上铺设一些平面的木材或胶合板，就足以防止因为拔草时根带出的过早压实。否则，化学处理，如系统性除草剂，可以定期施用而无损害生物滤池的菌群。

7.2.3　模块式/预制生物滤池

有几种预制生物过滤单元，能够购买而实现快速安装。虽然所有的生物过滤填充单元使用生物过滤的基本原理，但是大多数都有一个或多个能够使之具有吸引力的独特功能。填充式生物过滤单元可以以各种建筑材料、介质类型、操作模式和大小获得。通常情况下，填充生物过滤单元对于空气流量高达约 150m³/min(5000cfm)是更加成本有效的，这要取决于具体的设计参数、施工方法和操作条件而定。

7.2.4 生物洗涤池和生物滴滤池

生物洗涤池和生物滴滤池在欧洲获得普遍接受之后，进入美国气味控制的市场还相对较新。如同任何新兴技术一样，这种生物洗涤术语学并未被广泛接受。

7.2.4.1 生物洗涤池

生物洗涤池是一种生物反应器，用于清除空气流的气味。大多数生物质悬浮于循环的混合液体溶液中，但是还可能附着于填充物上生长。这种类型的生物洗涤池通常被称为悬浮生长的生物洗涤池。容器内的填充物主要用于传质而不是作为生物质的附着介质。在这种构造设计中，这个工艺过程更适合通过异养生物去除有机气味化合物。

7.2.4.2 生物滴滤池

生物滴滤池是一种空气流气味清除的生物反应器。生物质主要附着生长于介质上而非循环水中生活。生物滴滤池通常不循环水，而按照一次通过冲洗水方案进行工作。在此结构设计中，这个工艺过程更适合于通过自养生物去除硫化氢气体。

图 7.33 图示说明了具有二级氧化反应器的悬浮生长式生物洗涤池。生物洗涤池除了化学溶液用生物活性的溶液代替之外功能上很像传统的化学填充床洗涤器。生物活性的溶液分布于容器的塑料填充介质顶部，而同时有异味的空气被迫上升行进。

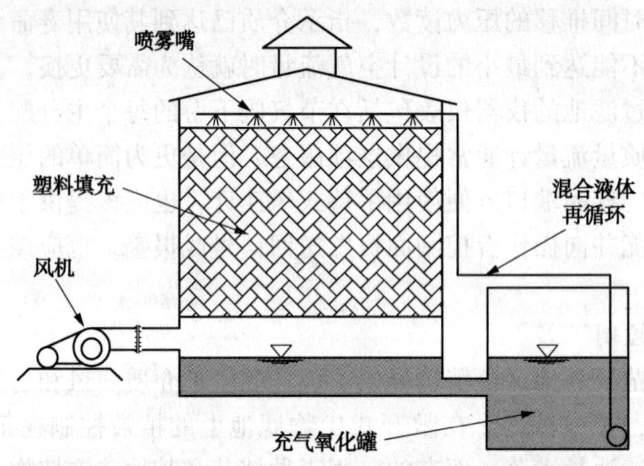

图 7.33 典型的悬浮生长式生物洗涤池示意图

在悬浮生长式生物洗涤池中，气味化合物被吸附或溶解至活性溶液中，在其中微生物将其部分氧化。随后化合物在一个单独的氧化反应器中发生进一步氧化。大的异养生物质的正常生长，可能需要另外加入补充碳的食物来源。在某些情况下，活性污泥混合液用作生物活性的溶液而从污水处理厂的曝气池再循环至洗涤器，并再次返回，如此而使吸收的异味化合物能够在曝气池中进一步氧化。其他系统使用部分 RAS 作为生物活性溶液，并连续排放至曝气池。悬浮生长式生物洗涤池保留驯化生物质于洗涤池储槽(或外部容器)中，补充曝气为生物氧化提供时间。目前，这些类型的生物洗涤池并不常使用，只是供研究应用中使用。

生物滴滤池，如图 7.34 所示，能够是任意预制的单元，或按照常规设计建造。建造的生物滴滤池通常使用熔岩岩块作为介质，一些血管型生物滴滤池也使用熔岩岩块作为介质。熔岩岩块首次在德国被用作生物滴滤池介质，并已经成功使用多年。生物滴滤池介质设计经过改进而使熔岩岩块的使用不太常见。岩浆岩块生物滴滤池通常提供 85%~98%的硫化氢去除率，而最新的合成介质生物滴滤池却能够恒定获得 99%的去除率。熔岩岩块比人工合成的介质重，需要更结实的容器支撑。熔岩岩块单位体积提供的可利用表面积小于最新的合成介质。熔岩岩块中的许多孔道充满了水，使其不太能够用于硫化氢气体的氧化。

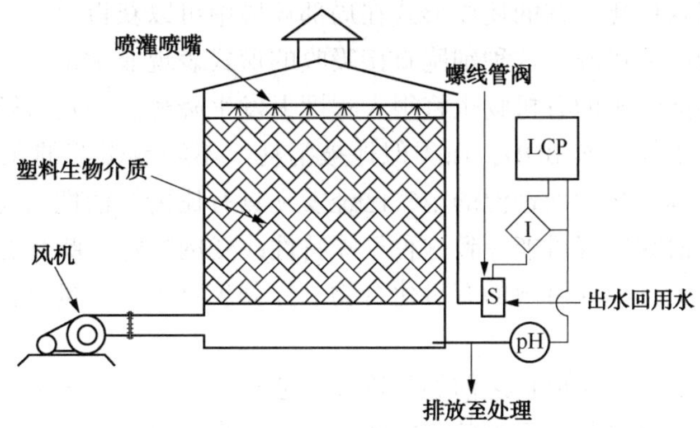

图 7.34　典型的预制生物滴滤池(生物塔)

7.2.4.3　生物滴滤池和生物滤池的组合

在美国，大多数的生物滴滤池目前主要使用于含有硫化氢气体和低分子量含硫有机化合物的空气流。大量的硫酸将由高浓度硫化氢气体(25 ppm_v)的生物氧化而生成，通常对有机介质的生物滤池并不利。酸会降低介质的 pH 值，这会防止异养生物的定植。正是这种异养生物的生长和成本有效地去除有机化合物的能力可能使之成为有机介质的生物滤池最大的受益者。然而，由硫化氢产生酸防止了异养生物使用部分介质。因此，如果某种技术选择性地去除硫化氢气体，则它就可以用作传统的有机介质生物滤池的预处理工艺，就可能实现每一最佳属性。

组合使用时，生物滴滤池和有机介质生物滤池两者都能充分发挥其潜力。生物滴滤池通过提供专门适于自养生物(噬硫杆菌)的环境而最有效地除去硫化氢气体。硫化氢气体一旦被除去，剩下的有机物在有机介质生物滤池中被最有效地处理。因为没有硫化氢存在(就没有酸生成)，则生物滤池的整个深度和 EBCT 都可用于异养生物定植和有机化合物的氧化作用。

7.2.5　其他生物处理方法

典型的活性污泥法曝气池也已经用作气味处理技术。除了污浊空气带给生物质而不是将生物质带给污浊空气之外，这种作用类似于生物滤池或生物洗涤池。应该指出，活性污泥法工艺过程能够以这种技术使用；当使用厌氧消化和固体接触室时就能够实现气味物质的类似去除。

典型的活性污泥混合液是有能力降解和氧化许多不同化合物的自养生物和异养生物混合物。如果气味化合物可溶或微溶于水并能够生物降解，则曝气池处置应该能够除去它。市政气味控制所经历的所有无机气味化合物及大多数有机气味化合物在大气压下都能够溶解或微溶于水性基质。在混合液体环境中扩散气泡的大小和压力(深度)也极大地影响了化合物的溶解度和整个空气—水界面上的传质方向。在一般情况下，一种有机化合物的溶解度随分子量和压力的增加而降低。因此，在大气压力和常温下仅微溶的化合物，能够很容易地在曝气池的深度下溶解(Bowker et al.，1995)。

气味化合物在典型的活性污泥混合液体环境中具有几种降解机理。在某些情况下，自养生物由于较高的溶解度和快速的代谢过程可以迅速氧化无机化合物。此外，还原的无机化合物(H_2S，HS^-和NH_4^+)能够直接在细胞中吸收而用作蛋白、细胞维持和细胞生长的构建材料。通常，在无硫和氮的还原形式的情况下，细胞必须消耗能量，将硫酸和氮化合物还原成蛋白合成的合适形式。当这些化合物的还原形式在局部环境中可以获得时，这些还原的营养素快速直接迁移进入细胞壁的机理。这种细胞直接吸收的形式表现非常迅速。

可溶性或中度易溶于水的有机物也将很大程度上发生降解。一旦溶解，这些有机物在混合液体中就会被异养生物当作 BOD，而类似地被消耗。不溶或微溶的化合物可能在这个过程中不会被除去。处理气味的处理池的空气已经发现具有比传统活性污泥工艺过程略有不同的特性。目前还没有研究发现可能导致这种气味特性改变的特定气味化合物；然而，这些化合物可能是分子量较大，不太可溶的有机化合物。异养生物主要负责直接细胞摄取这些还原的无机化合物。

在引入至污水处理厂主要风机之前如果进口污浊空气流过滤不充分，也会产生问题。根据收集点，污浊空气流可能包含显著负荷的颗粒物、粉尘、薄雾和油脂气溶胶。这些物质会损坏风机内部，涂覆管头内壁和堵塞扩散器。有机气雾和气溶胶因为压力快速变化和高温将会在曝气鼓风机的叶轮或瓣轮上形成污泥沉淀。最终，这些沉淀将导致叶轮或瓣轮不平衡而损失效率并出现风机潜在的故障。

所用扩散器的类型也可能影响这一工艺过程的效能。如前所述，气泡的大小影响气味化合物在混合液体中的溶解速度和效率。这个涉及气体溶解于水基质的工艺过程能够利用亨利定律(Henry's law)描述，该定律认为，直接接触水的气体和水中气体溶解形式倾向于寻求平衡。这种平衡依赖于水面上游离气体和溶液中溶解气体的摩尔分数之比。对于气和水之间快速建立平衡的关键是亨利定律能够在其上发挥作用的足够表面积。越小的气泡就会比越大的气泡产生高得多的气泡表面积/体积比，这有助于小气泡更迅速、更完整地溶解所包含的气体。

因此，小气泡是优选的。然而，一些细微气泡扩散器据报道存在堵塞的最大问题，这种堵塞可能作为这个工艺过程的一部分发生。中等和粗气泡扩散器对于该工艺过程不会出现堵塞问题；然而，气泡越大，提供的表面积就越小，因此降低传质速率。

在技术上能够处理的污浊空气体积受限于曝气鼓风机的容量；然而，在确定这样一个系统的尺寸之前应该遵循实践惯例。污浊空气的源头和污浊空气的氧含量应该进行评估，才能确保不存在负氧转移效应。

7.3 化学和物理处理

7.3.1 气体吸收洗涤器

填充床湿式洗涤器的基本原理是气味污染物，如硫化氢从气流中吸收到循环洗涤液中。气体吸收是气态污染物从空气传质至洗涤液中，随后反应变成稳定化合物。吸收发生在水表面上，在塔中采用填充物打碎水而产生大液体表面(即最大的空气—液体的表面积)。填充材料经过选择能够提供足够的表面积，而使压降降低。湿式洗涤器能够是垂直逆流或水平交叉流，填充床液体分布与空气流方向呈90°角。气味洗涤器能够一次通过喷雾塔，在喷雾塔中雾化喷嘴产生细小水喷雾，这种喷雾分散于容器中而接触气味气流。

7.3.1.1　填充床湿式洗涤器

填充床湿式洗涤器的基本设计标准，包括通过洗涤容器的速率和再循环流量的选择。这些和表 7.19 所示的参数经过选择而防止过多的压头损失(高速)或因为低湍流吸收不足。

表 7.19　填充塔洗涤器处理硫化氢的典型设计标准

参　数	值
空床气体速率	1524~2 540mm/s(300~500ft/min)
填充深度	183~366cm(6~12 ft)
洗涤剂再循环速率	4068~5 424 g/m^2 · s(3000~4000lb/ft^2/h)
气体载入速率	2441~3051 g/m^2 · s(1 800~2 250lb/ft^2/h)
补充水流量	0.0133~0.133 L/min · m^3/min(0.1~1.0gpm/1000cfm)
通过容器的压头损失	0.15~0.75 kPa(0.6~3.0in. H_2O)
控制参数的潜势	–pH(9.0~10.5)和氧化还原电位(600~800mV)

洗涤器速度决定容器的截面积，而传质速率决定填充深度。图 7.35 显示了典型的垂直逆流填充床洗涤器及其组成部分。水平或交叉流洗涤器也经常使用，并能够组合用于气体吸收和颗粒物去除。交叉流洗涤器具有垂直液体流，同时气体水平穿过填充物质。交叉流洗涤器具有较低压降和较低的循环流量，它们能够采用多个填充床，以至于能够使用不只一种类型的洗涤液体。这些水平洗涤器提供较低的外形的优点，因为外形较低的顶空或高度都会成为关注的问题。维护维修口也成为一个优点。交叉流洗涤器的缺点潜在地降低异味去除效率，因为填充物的底部并未接触新鲜洗涤剂水，却实际上接收到如同填充物顶部一样的高强度异味空气。

在洗涤器中待处理的气味化合物包括硫化氢，有机硫化物，如甲硫醇、二甲硫醚和二甲基二硫，氨，以及程度较轻的 VOCs，如酮、有机酸、醛和醇。填充床洗涤器中 VOCs 的化学氧化效率不高。活性炭吸附和热氧化作用是 VOCs 控制的首选工艺。

填充深度由传递单元高度数值测定结果计算并以适用于稀溶液气—液平衡的亨利定律为基础。需要进气特性，包括气味物质的浓度、流量、湿度和温度，才能确定填充物的高度。表 7.20 提供了两个填充剂厂商的传质数据。

表 7.20　硫化氢去除的典型传质性能数据

填充剂厂商	吸收系统	G，kg/m^2 · h/(lb/h · ft^2)	L，kg/m^2 · h/(lb/h · ft^2)	温度/℃(℉)	传递单元高度(HTU)/kPa(in)
1	H_2S-NaOH	6000 (1 230)	6 500 (1 330)	20 (68)	3.25(13.0) [1in 填充物] 4.85(19.4) [2in 填充物] 5.5(22.0) [3.5in 填充物]
2	H_2S-NaOH	13 200 (2 700)	19 500 (4000)	22 (72)	18.1(4.0in)

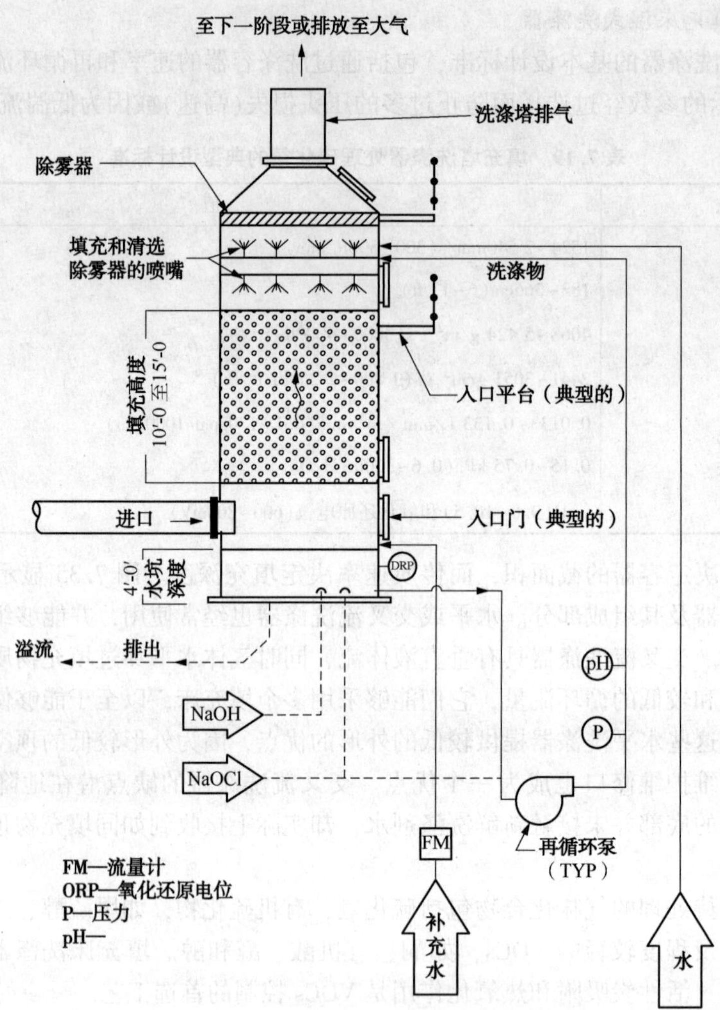

图 7.35　典型的填充塔洗涤器示意图

（ft×0.3048=m）

7.3.1.2　化学

通常情况下，在洗涤器中的化学反应涉及气味化合物转化成无气味的盐。反应通常是酸—碱或氧化还原反应。只要存在足够的化学物质，反应通常很快速并能够持续进行。

烧碱和次氯酸用于大多数处理硫化氢的气味控制洗涤器。相反，氨和三甲胺十余年过采用硫酸的酸性再循环液体(pH=1.5~5)吸收。对于硫化氢的清除，pH 值控制于 9~10.5 的范围，而氧化—还原电位(ORP)应该大于 700mV。在高 pH 值下，硫化氢被吸收到溶液中，次氯酸钠(NaOCl)氧化捕获硫化物。硫化氢去除方程式如下：

$$H_2S+2NaOH \rightleftharpoons 4Na_2S+2H_2O \tag{7.22}$$

$$Na_2S+4NaOCl \rightleftharpoons 4Na_2SO_4+4\ NaCl \tag{7.23}$$

因此，第二个反应的化学计量要求如下(实际 NaOH 要求可能较低，因为 NaOCl 包含了大量的碱)：

2kg(lb) mol NaOH/kg(lb) mol H_2S+4kg(lb) mol NaOCl/kg(lb) mol H_2S 或 2.4kg(lb)

NaOH/kg(lb)H_2S+8.8kg(lb)NaOCl/kg(lb)H_2S。

硫化氢负荷按照如下进行计算：

$$Q\left(\frac{m^3}{min}\right)\times\frac{ppm}{10^6}\times\frac{34g}{gmole}\times\frac{g}{0.0241m^3}\times\frac{60min}{h}\times\frac{kg}{1000g}\times\frac{273+21}{273+T}=\frac{g}{h}$$

$$Q(cfm)\times\frac{ppm}{10^6}\times\frac{34lb}{lb\ mole}\times\frac{lb\ mole}{386ft^3}\times\frac{60min}{h}\times\frac{460+40}{460+T}-lb/h \tag{7.24}$$

其中　T——温度,℃(℉)；

Q——空气流量，m^3/min(cfm)。

在 76cmHg 柱和 21℃下的摩尔体积为 0.0241m^3/mol(1 atm，m^3/min70℉为 386 cu ft/lb mol)。

从先前的例子可以求出硫化氢负荷率为 5.1lb H_2S/h。化学品的剂量如下：

$$2.4kg(lb)NaOH/kg(lb)H_2S\times2.3\ kg\ H_2S/h(5.1\ lb\ H_2S/h)=$$
$$5.52kg\ NaOH/h(12.24\ lb\ NaOH/h) \tag{7.25}$$

$$8.8kg(lb)NaOCl/kg(lb)H_2S\times2.3kg\ H_2S/h(5.1\ lb\ H_2S/h)=$$
$$20.4kg\ NaOCl/h(44.88lb\ NaOCl/h) \tag{7.26}$$

采用 50%的烧碱，这相当于 1.52 kg/L(12.7 lb/gal)和 12.5%次氯酸盐，这相当于 1.27 kg/L(10.6 lb/gal)，所需的化学品消耗量将会如下：

NaOH：

$$\frac{5.52kg/h}{1.52kg/L\times0.5}=7.26L/h\ of\ 50\%$$

$$\frac{12.24lb/h}{12.72lb/gal\times0.5}=1.90gal/h\ of\ 50\% \tag{7.27}$$

NaOCl：

$$\frac{20.4kg/h}{1.27kg/L\times0.125}=128.5L/h\ of\ 12.5\%\quad 次氯酸盐$$

$$\frac{44.88lb/h}{10.6lb/gal\times0.125}=33.9gal/h\ of\ 12.5\%\quad 次氯酸盐 \tag{7.28}$$

化学计量确定大小而处理平均和峰值负荷。然而，一些反应耗时，如通过含氯溶液洗涤有机硫化物的反应。还存在二氧化碳的干扰，因为二氧化碳将会与氢氧化钠发生反应。在生物工艺过程中会产生二氧化碳，如固定膜生物反应器，而来自这些单元的工艺过程和流动缓慢的下水道的空气，经常会在洗涤器中进行处理。二氧化碳可以消耗大量的烧碱，因为它在溶液中形成碳酸。在 pH 值为 9 时，每 mol CO_2消耗大约 1 mol NaOH，而在 pH 值为 10.5 时，每 mol CO_2消耗 1.6 mol NaOH。当洗涤器在超过 pH 11 下运行时由二氧化碳的吸收导致大量的额外烧碱消耗。

对于高含量的二氧化碳，在中性 pH 值含氯溶液(6.5~7.0)下运行比烧碱溶液可能是更加成本有效的。中性 pH 值的含氯溶液含有 50%的次氯酸，这是一种强氧化剂。然而，这可能需要更多的填充物深度和更长的洗涤液槽停留时间。

一些研究表明，在喷雾塔的化学洗涤系统中化学氧化二甲基二硫，用次氯酸钠中和至

pH 为 6.5 时最为有效。氨消耗次氯酸，必须在早期阶段中除去。然而，洗涤器也能够处理 NaOH/NaOCl 溶液中的有机硫化物。采用中性或酸性溶液去除氨的方程式如下：

$$2\ NH_3+H_2SO_4 \longrightarrow (NH_4)_2SO_4 \tag{7.29}$$

$$2kg(lb)\ mol\ NH_3/kg(lb)\ mol\ H_2SO_4 \tag{7.30}$$

或

$$2.88kg(lb)\ H_2SO_4/kg(lb)\ NH_3 \tag{7.31}$$

挥发性有机化合物的去除在洗涤器中变化很大。事实上，洗涤器可能会产生有机氯化合物。在正常运行下，VOCs 去除率从 25%至高达 60%不等。《联合排放清单计划》(Joint Emissions Inventory Program)(JEIP)(南海岸空气质量管理区，1993 年)和水环境研究基金会(弗吉尼亚州亚历山德里亚)(WERF)的《公有处理工程的有毒废气排放的控制和生产》(Control and Production of Toxic Air Emissions by Publicly Owned Treatment Works)(WERF，1994)两项研究都评估了 VOCs 控制的气味洗涤器效率。在 JEIP 研究中，填充床洗涤器没有发现显著的 VOC 去除或生产。

7.3.1.3 溢流速率和补充水

通常情况下，要具有足够的溢流才能维持盐(NaCl 和 Na_2SO_4)浓度低于 5%，才能保持洗涤器中反应的高驱动力，而防止反应接近平衡，这对于洗涤器运行是至关重要的。有时，溢流速率由通过微粒去除的固体清除率控制。从反应可知，每 kg(lb)摩尔 H_2S 生成 7.234kg(lb)摩尔 NaCl 和 1kg(lb)摩尔 Na_2SO_4或每 kg(lb)摩尔 H_2S 生成 11kg(lb)的盐。在这个例子中，水的溢流速率保持盐浓度低于 5%，将按照如下计算：

$$\frac{11kg\ NaCl/kg\ H_2S\times 2.32kg\ H_2S/h}{60min/h\times 0.05\times 1kg/L}=8.5L/min$$

$$\frac{11lb\ NaCl/lb\ H_2S\times 5.1lb\ H_2S/h}{60min/h\times 0.05\times 8.34lb/gal}=22gpm \tag{7.32}$$

补充水基于蒸发速率应该是连续的，因为洗涤器将会饱和空气流，水分接近 100%的湿度。如图 7.36 所示的焓湿图，可用于确定的蒸发速率。因为空气中水分含量增加(没有净传热)，在洗涤器中将会出现绝热饱和。

在 32.22℃(90℉)和假设的 40%相对湿度下，进气口气体每 kg(lb)干燥空气(da)将包含约 0.012kg(lb)的水蒸汽。按照图上绝热饱和线至 100%饱和度线，饱和温度(出口气体)为 22.78℃(73℉)，并包含水 0.017kg(lb) H_2O lb da。

利用焓湿图，气体含有约 0.88m³空气/kg 干空气(14.2ft³空气/lb 干燥空气)。因此，干燥空气的量如下：

$$\frac{283.4m^3/min}{0.88m^3/kg\ da}=319kg\ da/min$$

$$\frac{10000ft^3/min}{14.2ft^3/lb\ da}=704lb\ da/min \tag{7.33}$$

因此，蒸发的水如下：

按照 SI 单位：

出口：319 kg da/min×0.017 kg H_2O/kg da=5.4 kg/min(7.34a)

进口：319 kg da/min×0.012 kg H_2O/kg da=3.8 kg/min(7.35a)

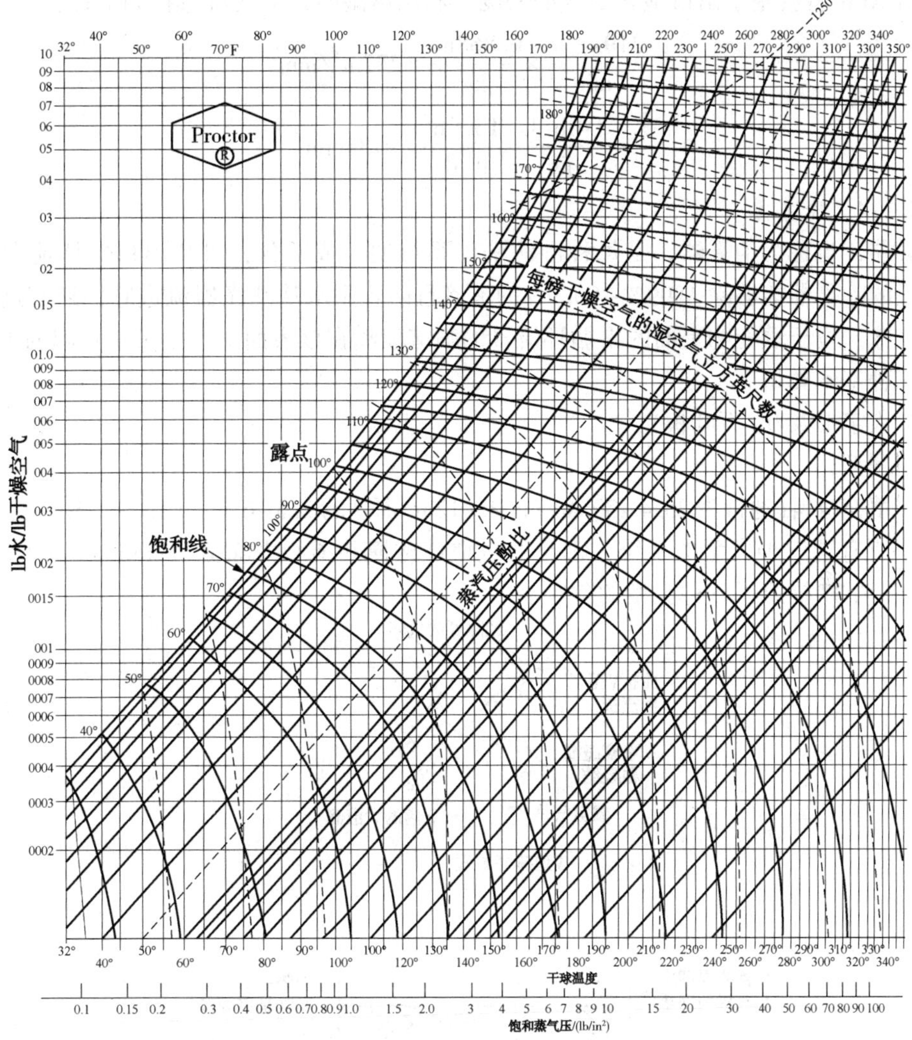

图 7.36　焓湿图(0~316℃[32~600℉]的空气和水蒸气混合物的性质)

差　　=1.6 kg/min

按照美国常用单位：

$$\frac{1.6\text{kg/min}}{1\text{kg/L}}=1.6\text{L/min}$$

出口：704lb da/min×0.017 lb H_2O/lb da=12.0lb/min(7.34b)

进口：704lb da/min×0.012 lb H_2O/lb da=8.4 lb/min(7.35b)

差　　=3.6lb/min

$$\frac{3.6\text{kg/min}}{8.34\text{kg/L}}=0.43\text{L/min}$$

因此，补充水为 10.1L/min(2.6gpm)(假设平均为 11.4L/min[3 gpm])。0~40L/min(0~10gpm)大小的转子流量计足以适用洗涤器上补充水的调节。该补充水速率是避免与洗涤溶液接近平衡所需的最低值。

出口 AFR 将会基于出口饱和空气的密度。利用焓湿图，空气流量将如下计算：

$$\frac{319\text{kg da}}{\text{min}} \times \frac{0.868\text{m}^3}{\text{kg}} = 277\text{m}^3/\text{min} \tag{7.36}$$

$$\frac{704\text{lb da}}{\text{min}} \times \frac{13.9\text{ft}^3}{\text{lb da}} = 9786\text{cfm} \tag{7.37}$$

7.3.1.4 除雾器

除雾器，也称为消雾器，是每种湿法洗涤系统的组成部分，可从出口气体流中去除液滴。有效的除雾器能够除去99%~99.9%的液滴且防止雨水从洗涤器流进它们还有助于控制氯气的气味。位于填充物上面的再循环流量的喷雾喷嘴在该表面上产生了水溅起的水雾。除雾器有三种基本类型。

(1) 人字形桨叶(百叶板),

(2) 网型,

(3) 填充材料(通常为25.4~30.48cm[10~12in]深度的2.5~6.4cm[1.0~2.5in]填充球)。

对于所有这三种类型的系统，都是通过惯性碰撞和离心力除雾(Schifftner and Hesketh, 1996)。图 7.37 描绘了三种类型的除雾器。

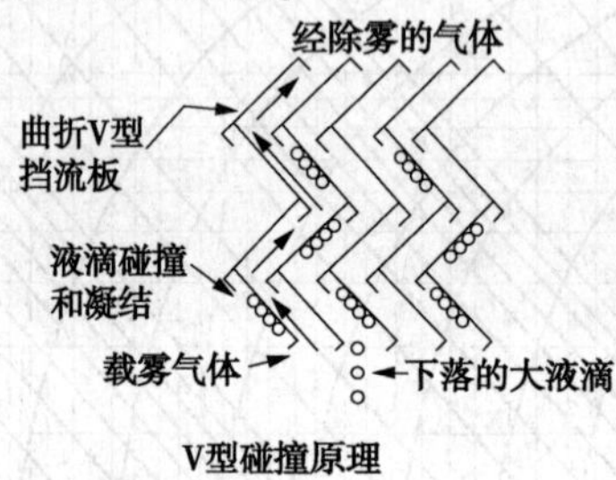

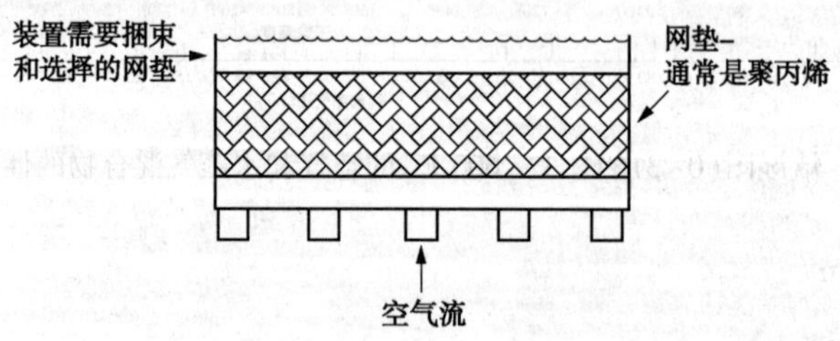

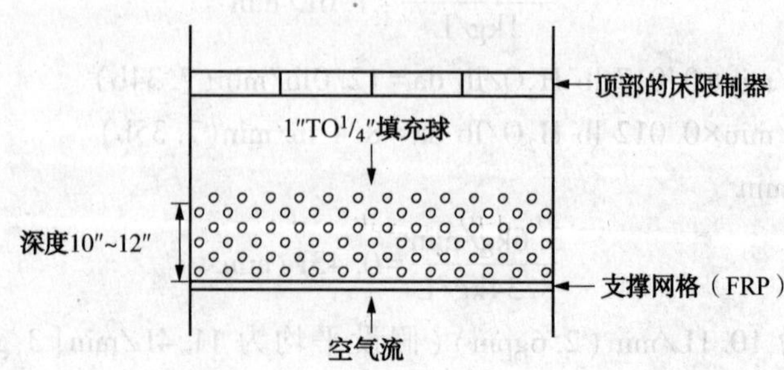

图 7.37 填充床洗涤器中典型的除雾器(in. ×2.54=cm；ft×0.3048=m)

在垂直模式下安装，人字形桨叶非常适合用于颗粒物去除和较大速率。人字形桨叶不易于受到黏性物质堵塞。表 7.21 显示了蒙特 T-272(NALCO 化学公司，美国)的设计特点。

表 7.21　人字形桨叶除雾器的设计特征的实例

速率/(mm/s)(ft/min)	限制液滴大小①/μm	压降/kPa(in)
1016(200)	125	0.0025(0.01)
3048(600)	72	0.0325(0.13)
4064(800)	62	0.0575(0.23)
5080(1000)	50	0.0900(0.36)
6096(1 200)	50	0.1300(0.52)

① 完全除去的最小液滴直径。

网型系统比人字形桨叶系统具有较高的液滴去除效率，但很容易受到堵塞(即，20~40mm 孔径 100%去除效率或 3~5mm 孔径效率 90%去除效率)。通常情况下，采用 10.2~15.2cm(4.0~6.0in)厚的网，速度为 76.2~152.4 m/min(250~500ft/min)。压降同时受到蒸气和液体的流量影响。在较高液体负荷率下，需要较低的速度，才能防止溢流。表 7.22 描绘了湿排水垫 15.2cm(6.0in)厚的网垫压降(Koch 4210— Koch Industries，USA—和 ACS Style 8P— ACS Industries，德克萨斯州休斯顿市)。

表 7.22　湿排水垫的网垫压降(15.24 cm [6 in]厚)①

速率/(mm/s)(ft/min) 压降/kPa	Koch 4210 单元， 压降/kPa(in)	ACS 模式 8P 单元/in
1 524(300)	0.0375(0.15)	0.040(0.16)
2 032(400)	0.0800(0.32)	0.070(0.28)
2 540(500)	0.1050(0.42)	0.1175(0.47)

① 还有其他的网垫厂家，但作者提供这一信息，并不意味着就是认可的。

7.3.1.5　填充物

填充物适用于中等的速率，由底部向上可以清除 14.7~58.7m^3/m^2·d(0.25~1.0gal/ft^2)的喷雾。填充物需要底部上的支撑网格和顶部的床限制器，而应该位于喷嘴之上约半塔直径的位置。速度为 152.4m/min(500ft/min)的压降，对于 2.54cm(1in)填充球为约 0.82kPa/m(1 in/ft)，对于 3.18cm(1.25in)填充球为约 0.53kPa/m(0.65in/ft)，对于 6.35cm(2.50in)填充球为 0.29kPa/m(0.34in/ft)。填充物能够很容易清洗或移除和更换，在速度大于 152.4m/min(500ft/min)下，是网垫的良好替代，在这种情况下需要高液滴去除效率而且颗粒物是一个值得关注的问题。

7.3.1.6　雾化洗涤器系统

雾化洗涤器在一次性通过的工艺过程中会使用液体洗涤溶液。溶液在洗涤室的顶部喷洒而在底部排放至排水沟。由于采用一次通过的模式，没有污染物或盐累积。通过采用空压雾化洗涤溶液形成 10~20mm 的精细液滴而产生洗涤水雾。小液滴提供了气味化合物接触的大表面积。如图 7.38 所示，这些洗涤器内气—液流动是同时进行的，但可以垂直或水平。容器内停留时间为 5~30s，这取决于要去除的气味化合物。

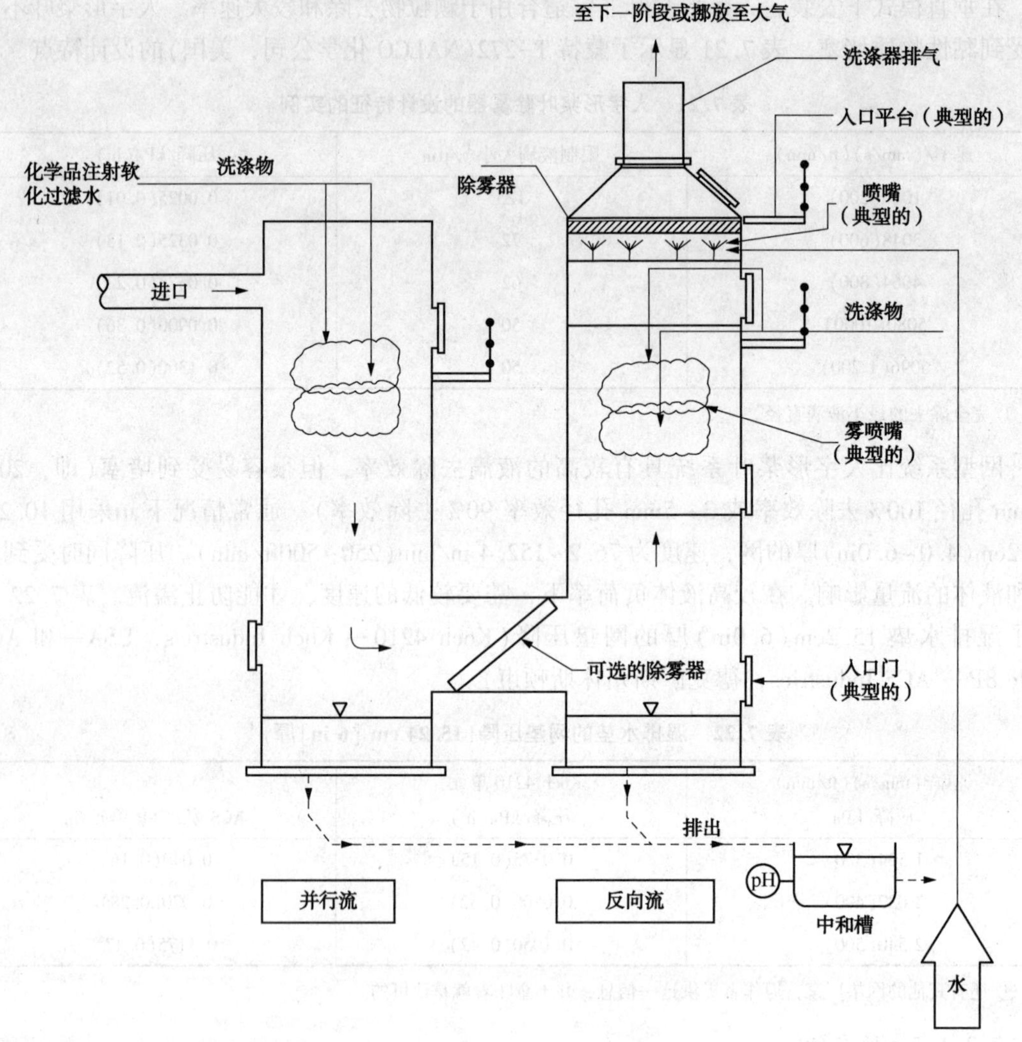

图 7.38 典型雾化-雾洗涤器示意图

雾化喷嘴是雾化洗涤器性能的关键因素。小液滴等同于更多的表面积，而对于给定的洗涤液体液滴之间具有更小的间隙(Hentz and Balchunas，2000)。因此，在理论上而言，许多小液滴比更大的液滴具有更大的机会紧密接触气味分子。

喷嘴是喷雾的关键，并可能导致堵塞问题，这可能需要经常清洗。喷嘴的设计和故障排除的注意事项如下：

- 液滴大小。估计液滴的大小(通常约 20mm)，表面积和液体流量。
- 稀释水。通常约为 0.0133~0.133 L/min · m^3/min(1~10gpm/10000cfm)。
- 喷雾模式。覆盖洗涤容器整个截面。
- 雾消除。采用雾化洗涤器难以实现。需要具体考虑。
- 喷嘴材料。钛对于本体和接触水部件是推荐的。
- 水质。可能需要高效软水剂和过滤器。每周需要检查喷嘴。
- 安装。使用柳叶刀插入和去除。

在美国已经安装有很多细雾洗涤器；然而，作为一种气味控制技术，在污水处理—气味控制行业中很少还有新的应用，许多系统都已被替换。

7.3.1.7　催化氧化

专利性洗涤器，LO—CAT(Gas Technology Products，得克萨斯州休斯敦市)，使用循环螯合铁催化剂加速硫化氢和氧之间的氧化生成硫的反应。催化剂进行再生，硫作为淤浆除去。这种催化剂对于硫化氢具有选择性。这一工艺过程的优点是使用氧气进行氧化，而不消耗催化剂，并且还能够实现高硫化氢去除效率(> 99.9%)。在大型系统中，硫可能进行过滤或离心而形成饼状物。这个单元能够在锅炉或发动机燃料之前用于处理高硫化氢含量的厌氧消化气体而防止腐蚀。在这种情况下，催化剂在独立的容器中用空气重新活化。这种催化剂可能因为一些有机物和金属存在而中毒。

7.3.1.8　多级洗涤器

低外形洗涤器属于填充单元，而适合较小的区域。具有接触室的洗涤器能够按照提供有效清除氨、硫化氢和有机硫的方式运行。典型的示意图如图7.39所示。第一级是上流，第2级是下流，第3级是排气管是上流。在这个例子中，第1级接收，第2级和第3级污水坑的溢流和新鲜的烧碱(pH值控制)而处理70%~80%的硫化氢。氢氧化钠和次氯酸钠加到第2级和第3级，提供pH和ORP控制。这种方法的优点之一是降低了次氯酸钠的成本，因为不太昂贵的氢氧化钠用于去除了70%~80%的硫化氢。补充水也能够加到每一级，为了实现最大灵活性而采用独立溢流。在每一级填充大约1.5m(5ft)。

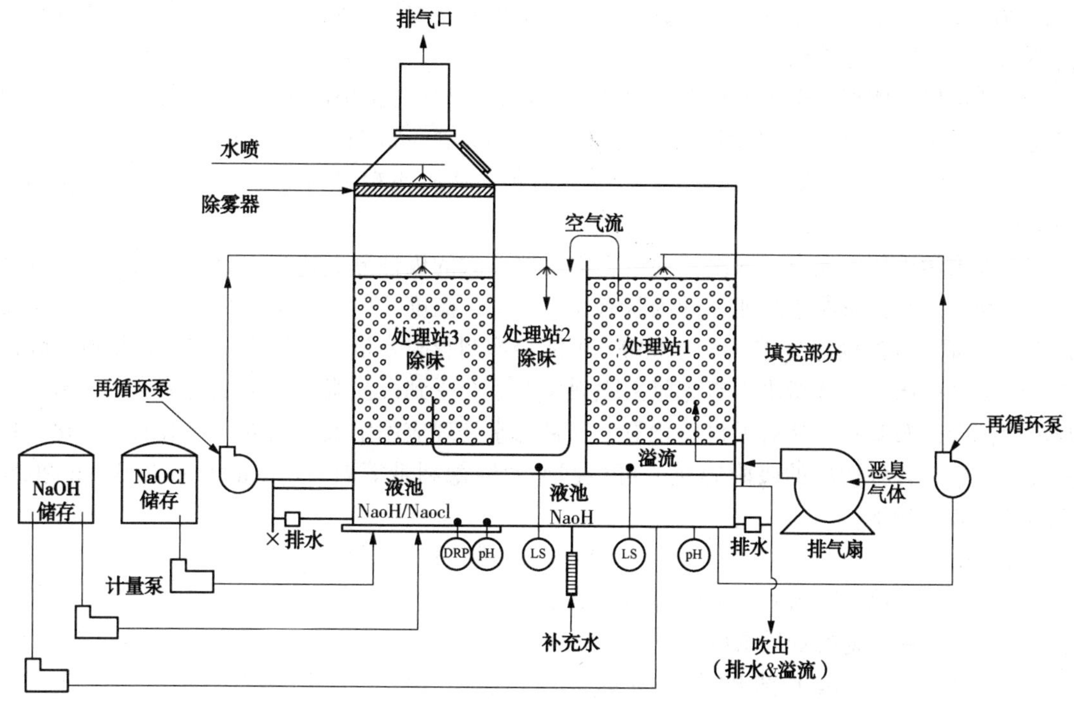

图7.39　去除硫化氢的典型低外形三级洗涤器

对于氨氮去除，第1级加入硫酸维持酸性而第2级和第3级没有溢流。在这些洗涤器中，在第1级之后应考虑使用除雾器，以防止传送高或低的pH值雾至第2级。

这种系统的优点包括以下方面：高度低，属于完全橇装填充单元，基于进口的气味化合物能够适用不同的化学，以及系统是长方形(具有更好的利用空间)。另一种类型的多级气味控制洗涤器是"L"形的系统，卧式洗涤器出口直接耦合于立式逆流填充床洗涤器的进口。这种布局设计可以尽量降低占地面积，并提供采用几种洗涤溶液处理的灵活性。

7.3.2 干吸收系统

颗粒活性炭(GAC)用于气味控制已经超过100年。炭清除气味主要利用称之为吸附的自发现象，其中空气流中的分子通过固体的外表面或内表面截留。这种现象类似于铁屑受到磁铁吸引(Calgon Carbon Corporation, 1993)。

炭吸附通常用于污水处理设施处理低水平硫化氢(小于5ppm_v)的空气，但也用于许多其他应用，包括去除VOCs和其他还原硫化合物。炭吸附并不适用于空气传播粉尘或微生物的控制。

在典型的炭吸附系统中，排气扇强迫污浊空气以15.2~22.9m/min(50~75ft/min)的速度通过0.91m(3ft)深的炭床，导致污浊空气在床内平均停留时间约2.4~3.6s，压降约1.5~3.0kPa(6~12in.)。然后，经过处理的空气直接排放到大气中。炭吸附经常被用作填充床洗涤器完成空气净化而在排放之前去除残留氯；然而，洗涤器的所有水都必须除去，才能防止吸附作用相关的问题。

产生GAC所用的原料可能是具有高炭含量的任何有机物质，包括煤炭、木材、泥炭和椰子壳等。GAC通常通过研磨原料，加入合适的黏结剂提供其硬度，重新压实并将其压碎成合适的尺寸而生产。然后，炭基材料采用高温气体通过热分解转换为活性炭，在活性炭中就创建了复杂的孔隙结构。

活性炭单位体积具有令人难以置信的巨大表面积和产生吸附作用的介孔孔道网络。孔道壁提供了基本上产生吸附作用的分子表面层(Deithorn and Mazzoni, 1986)。通常情况下，1kg炭的表面积，具有大于90ha(公顷)的表面积，从而使炭起到分子海绵的作用(Worrall, 1998)。

炭吸附污染物的能力，取决于污染物的性质。大的极性分子往往比小的非极性分子的吸附更为强烈。其他影响吸附能力的因素有相对湿度、温度、生物的生长和颗粒物。相对湿度大于50%而空气温度超过37.8℃(100℉)可能会抑制吸附容量。生物生长和颗粒物可能降低空气流动通过床。应该指出，硫化氢去除效率并不会受到浸渍炭中的高湿度影响。大部分炭制造商都会公布其炭产品对无机硫化氢，这种污水处理应用中最常见的最普遍的气味化合物的吸附容量。各种物质的吸附容量，可根据弗罗因德利希等温线(Freundlich isotherm)推导的经验式表示如下：

$$X/M = kc^{1/n} \tag{7.38}$$

式中 X/M——单位吸附剂重量吸附的物质重量，

c——吸附的物质浓度，

k——log-log 作图截距(X/M vs. c)，

$1/n$——log-log 作图线斜率。

图7.40是弗罗因德利希等温线的例子。在气味空气流中存在的是要去除化合物的混合物，这些混合物将会占据孔隙空间。因此，采用实际空气源的中试测试，能够更有效地用于生成主要成分的等温线。

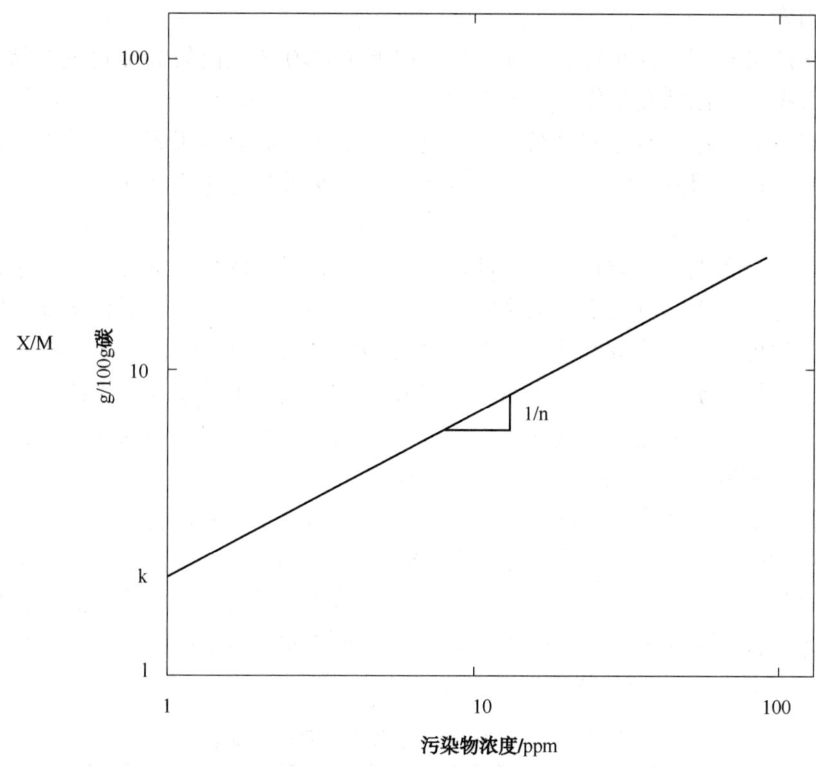

图7.40 弗罗因德利希等温线的实例

7.3.3 炭类型

7.3.3.1 浸渍处理

活性炭常常浸渍化学品，如氢氧化钠或氢氧化钾(KOH)，才能促进所吸附的酸性化合物，如硫化氢，甲硫醇的化学反应，增强炭去除效率容量。然而，浸渍作用降低炭对其他挥发性的气味有机化合物的吸附能力，因为它占据了GAC上的空间，堵塞了吸附孔道(VanStone and Brooks，1996)。浸渍活性炭在氧存在下发生放热反应，如果没有足够的空气流通散热，放出的热能够加热炭而发生闷烧或自燃。这是因为浸渍炭着火温度低增加了这种危险。大多数浸渍炭在200~225℃之间某些情况下会着火，因此，采用浸渍炭的系统应该采用密封节气阀设计，这种节气阀在风机关闭时会隔离填充床。防火系统也可能要考虑。

浸渍炭能够通过在氢氧化钠或氢氧化钾溶液浴池中浸饱，除去硫化氢与浸渍物质反应生成的硫后而再生恢复其去除硫化氢的能力。这个过程也从炭中去除有限量的吸附有机化合物；然而，这不可能恢复最初炭的完整有机物吸附能力。浸渍炭不能像原生炭那样进行热再生，因为浸渍物质和吸附的硫会干扰热再生过程。

废弃的浸渍炭通常可以在填埋场进行处置，但运输过程可能需要采用危险废物处理。一般不建议由污水处理厂的职员进行现场再生，因为这涉及诸多危险和困难。

7.3.3.2 原生炭

原生烟煤和椰子壳活性炭会吸附挥发性气味有机化合物，但吸附无机硫化氢的能力相对较低。因此，在硫化氢属于主要化合物的污水处理厂应用中，原生炭并不太常见。它作为去除VOCs的多级单元的最后洗涤器部分是有效的。原生炭着火温度为380~425℃。因此，它们不太容易引燃。

新颗粒化的可利用活性炭每立方厘米(g/cc)具有约0.3克的较高硫化氢去除能力。产品物理性质的数据表可以从几个供应商处获得。

与浸渍炭不同，原生炭能够进行热再活化，恢复至其原有的吸附能力。设施通常维持完全替代量的炭，这使得其系统保持在线，因为废弃的炭被运送至再活化点。

7.3.3.3 催化炭

催化炭是一种含沥青的颗粒状未浸渍活性炭，具有强化的催化活性。类似于传统的活性炭，但其孔道更加精细，具有更高的密度。从理论上讲，它比未浸渍活性炭能够吸附更多的硫化氢，因为其催化位点促进有味空气流中的硫化氢和氧之间发生反应。超过90%的硫化氢发生反应，而形成硫酸盐和仅仅少量的元素硫。从催化炭上的硫化氢去除反应的大部分产品都溶于水，因此，可通过用水洗涤炭而去除。炭现场用水能够进行再生，直到有机负荷和元素硫耗尽炭吸附容量(Kazmierczak et al，2000)。

催化炭比传统浸渍或未浸渍活性炭更昂贵，但却结合了二者的优点。催化炭能够热再生至接近其最初的吸附能力，具有约193.3~218.3℃(380~425℉)的较高着火温度，(因此，通常不需要火警控制)，而具有未浸渍炭的VOCs吸附能力和高得多的硫化氢吸附容量。

水洗催化炭需要比其他炭更多的劳动付出。冲洗水将是酸性的而需要慎重处理。表7.23提供了所描述的炭类型的物理性质对比。

表7.23 四种炭吸附类型的物理性质比较

性 质	原生	浸渍氢氧化钠	浸渍氢氧化钾	催化性的	高容量
容量(gm H_2S/cc 炭)①	0.02	0.14	0.12	0.09	0.3
着火温度/℃	380~425	200~225	200~225	380~425	380~425
对硫化氢的再生方法	热再活化	NaOH	KOH	水	一次性使用
处置方法	再活化	填埋	填埋	再活化	填埋

① 基于TM-41方法(ASTM，2003)。

7.3.4 各种类型的活性炭的应用

最常见的吸附器类型——深床——通常包含所需尺寸确定的0.91m(3ft)的炭而保持空气流速为15.2~22.9m/min(50~75ft/min)。深床炭单元装置实质上没有移动部件，使该系统易于操作和维护。

深床常用单床和双床设计进行制造。双床吸附器通常将一个床堆叠于另一个床上面，以最大限度地减少空间要求，并适用于空气流量大于141.6m^3/min(5000ft^3/min)和空间受限的应用，如图7.41所示，该图描绘了通过深床吸附的空气流。

深床系统都配备了差压压力表监测整个炭和炭取样探头的压降，允许在床上的不同深度收集炭样品。采用未浸渍炭的系统应该配备灭火设备及密封节气阀，当排气扇关闭时自动关闭系统。

7.3.4.1 多级系统

多级炭吸附器通常是串联设计的深床吸附器。每床通常包含不同类型的炭。例如，多级段系统的第一级可能填充浸渍炭而从气流中去除硫化氢，而第二级可能填充未浸渍炭除去VOCs。这种类型的系统的主要优点是，在每一级炭都会去除设计上需要去除的化合物，产生更有效炭利用率和更高的气味去除效率。

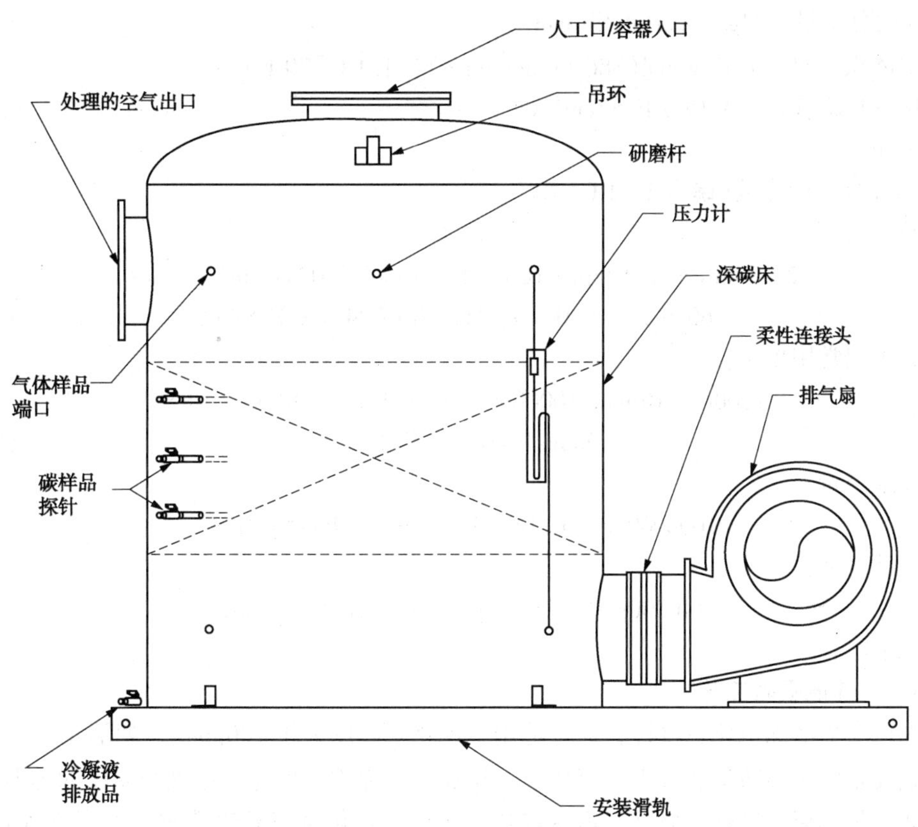

图 7.41 典型的深床炭吸附器(3ft = 1m)

7.3.4.2 滤毒罐

空气引入通过中心增压系统，在此均匀分布至几个充满催化炭而并联排列的径向流滤毒罐。这种罐的总数取决于要处理的空气体积。滤毒罐分成各个隔间，允许某个隔间离线进行水再生，而其余的隔间保持在线。当炭最终用尽而水再生不再能够补充炭发生氧化反应的能力时，罐被拆除，而由该单元的侧门替换出来。

这项新技术的优点在于允许炭全自动水再生而无需采取系统脱机，这就便于快速更换炭。其缺点在于，该技术仅仅能够采用催化炭，水必须过滤和纯化，需要防冻保护，而且主要设计用于去除硫化氢。

7.3.5 炭饱和计算

活性炭的吸附能力取决于许多变量，包括空气中的污染物浓度，湿度和温度。大部分炭制造商都会公布其对具体化合物的吸附容量，并在估算炭寿命和更换成本是加以援手。例如，烧碱浸渍炭对氢硫化物的吸附容量一般为 0.14g/cm^3炭。炭的估计寿命计算在典型的应用中如下所示。

假设以下内容：

空气流量：28.34m^3/min(1000cfm)；

硫化氢浓度：10ppm_v；

1000cfm 吸附器中的炭体积：1m^3(106cm^3)；

H_2S 的分子量：34g/g mol(lb/lb mol)；

摩尔体积：24.1 cm^3/g mol(386 lb mol/cu ft)(21.1℃[70℉])；

硫化氢吸附容量：0.14 g H_2S/cm^3炭。

计算如下：

每小时 H_2S 的克数(磅)(21.1℃[70℉])。

按照 SI 单位：

$$28.34m^3/min\times 10ppm/10^6\times 34\ g/g\ mol/0.0241\ cm^3/g\ mol\times 60min/h = 0.024\ kg\ H_2S/h \text{ 或 } 24.1\ g\ H_2S/h \quad (7.39a)$$

按照美国常用单位：

$$1000cfm\ 10ppm/1000000\times 34\ lb/lb\ mol/386\ lb/cu\ ft\times 60min/h = 0.053\ lb\ H_2S/h \quad (7.39b)$$

炭吸附容量：

$$1000000cm^3\times 0.14\ g\ H_2S/cm^3 = 140000g\ H_2S \quad (7.40)$$

炭估计寿命：

$$140000g\ H_2S/24.1\ g\ H_2S/h = 5809h = 242d \quad (7.41)$$

(不到 1 年)

7.3.6 其他吸附工艺

海绵铁专为清除硫化氢设计，通常适用于硫化氢浓度大于 100ppm_v，如消化池气体净化进行燃烧设备的腐蚀防护和减少二氧化硫的排放。海绵铁是填充可渗透介质床的容器，这种介质床通常是木屑，这种木屑已经饱浸水合氧化铁。硫化氢与氧化铁按照下列方程式反应，生成水和黑色固体硫化铁：

$$Fe_2O+H_2O+3\ H_2S \longrightarrow Fe_2S_3+4H_2O \quad (7.42)$$

海绵铁介质可以通过用水淹没该容器并通过淹没的床进行空气鼓泡而再生。此过程允许去除按照下列反应而累积的硫：

$$2Fe_2S_3+3\ O_2+2\ H_2O \longrightarrow 2Fe_2O_3\cdot H_2O+6S \quad (7.43)$$

该介质通常在三次再生后就要替换。

海绵铁易于操作，对于硫化氢去除是成本有效性的；然而，应注意再生水的处置和废气的介质。海绵铁对于去除其他气味化合物或 VOCs 不太有效。

Sulfatreat(Sulfatreat，密苏里州圣路易斯市)是专门用于去除高浓度硫化氢的海绵铁类似的产品。在去除 VOCs 时不太有效。Sulfatreat 是黑色的粒状产品，大小约是豆砾石的大小，放置于垂直压力容器内而将硫化氢转化成黄铁矿(愚人金)。这种系统通常位于气液分离器紧接下游，而待处理的空气应该为 10~65.6℃(50~150℉)并饱和水。可以采用单或摆振(lead-lag)容器设计。这是一种一次性使用产品而不能再生或重新活化。废弃材料通常可以在填埋场处置。

浸渍活性氧化铝适用于深床，如同浸渍活性炭一样，而往往用于多阶段系统的第 2 级作为吸附剂。它对于硫化氢吸附和氧化具有高容量，而且对吸附醛类，二氧化硫和许多有机化合物都是有效的。活性氧化铝因为浸渍作用而不能进行热重新活化，也不能用水再生。废氧化铝通常在填埋场处置。活性氧化铝能够设计于原生碳之前改善 VOCs 的去除。这种介质必须是干燥的，因为高锰酸钾可以被洗掉。

7.4　燃烧排放控制

7.4.1　热氧化作用

热氧化作用是一种化学过程，使用氧气或空气在高温下破坏气味化合物或VOCs，并适用于造粒或生物固体干燥剂操作。这个过程也可以被称为燃烧或焚烧。热氧化作用通过将异味空气流在氧气存在下经受高温足够的时间而氧化气味的化合物。在理想条件下该过程的结果是碳氢化合物氧化为二氧化碳和水。

热氧化器提供广谱处理所有类型和浓度的气味化合物，并达到90%~99%的典型气味去除效率。然而，这种技术因为潜在的高资本和运营成本(燃料)，除了在干燥器排放气体处理和在高强度气味有机化合物的处理的情况下，并不适用于污水处理厂偶尔遇到的相对较稀薄的气味空气流。热氧化器最有效地适用于具有高气味强度和烃浓度的异味空气流，而保持外部燃料成本较低。基本的热氧化器包括以下两个主要部分：

(1) 空气流中点燃燃料的燃烧器；

(2) 隔间，为氧化过程中提供足够的停留时间。

热氧化作用在理论上是一个相对简单的过程。然而，面临的挑战是维持完全燃烧，同时保持该过程成本有效性。对于完全燃烧，经过处理的空气混合物包含氧气，燃料和气味的化合物，必须经受下列条件：

(1) 温度高至足以点燃混合物；

(2) 化学反应发生足够的停留时间；

(3) 氧气、燃料和气味化合物发生湍流混合。

这三个条件被称为燃烧的3个TS(温度、时间和湍流)。温度、时间和湍流确定了氧化反应的速度和完全性。温度必须足够高，而达到被氧化的化合物着火点温度。各种燃料和化合物的着火点温度能够查阅燃烧手册。大多数有机化合物，可以在593.3~648.9℃(1100和1200℉)的温度下破坏。然而，大多数热氧化作用通常将空气流加热至约760~815.6℃(1400~1500℉)1~2s，才能确保接近完全氧化。该化合物必须经受其着火点或以上温度足够一段时间才能完全氧化。图7.42所示的是时间、温度和污染物破坏之间的关系；温度越高，所需的停留时间越短，就能达到相同的破坏百分比。湍流对于在反应室提供适当的混合和更均匀的停留时间是很重要的。合适的混合作用有助于确保气味化合物与氧气和燃烧产物接触，使燃烧过程能够尽可能进行完全。气味化合物如果没有经历氧和热足够的停留时间就不能完全氧化(即，短路)。

氧化过程要求在空气流中可燃烧反应物浓度足够，才能维持燃烧过程。烃浓度低于爆炸下限(LEL)的空气流，如同大多数气味空气源一样，都需要外部燃料来源，如燃油、天然气、丙烷或沼气、补充燃烧过程。

热氧化过程具有以下四种主要类型：

(1) 直接燃烧或火炬，

(2) 再生热氧化剂(RTO)，

(3) 蓄热氧化剂，

(4) 催化氧化剂。

这些都将在以下章节中详细讨论。

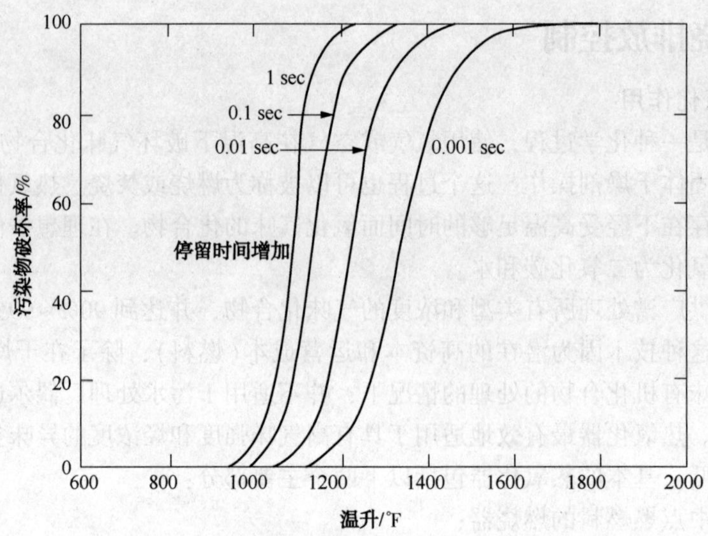

图 7.42 时间和温度对氧化过程的影响(Theodore and Buonicore, 1988)

7.4.1.1 火炬

简单的火炬是一种在空气和其他化合物在燃烧器中反应的设备。燃烧过程必须在瞬间发生，因为通常没有反应室提供停留时间，而火炬能够暴露于风中。具有反应室的火炬效率更高，能够商购获得，例如，污水处理厂中燃烧过量的沼气。

7.4.1.2 再生热氧化剂

再生热氧化器是可用于降低燃料的技术最常见的形式。这种 RTOs 通过将空气流引导通过反应室之前预热进口空气流而减少燃料消耗。图 7.43 是典型的三室 RTO 的图纸。这个 RTOs 使用多个填充从燃烧过程中交替捕获和释放热的陶瓷介质的热回收室。系统中安装阀门进行测序，在一个循环中使每一热回收室从排出的处理后的空气中捕获热量并在下一个循环中预热进气口空气。

对于 RTOs，最常见的是三个室；然而，对于较大的装置，五个甚至七个室都可以设计建造。紧凑型模块化的 RTOs，尺寸低至 0.28m^3/s(600cfm)都能够使用。某些厂家制作了两室 RTO 系统，这种系统需要打开和关闭阀门的定时操作和运行循环周期的定时之间密切协调。图 7.43 提供了以下操作顺序和空气流动的描述：

- 受污染的空气通过控制阀仅仅进入一个室；
- 空气从介质中吸收热量；
- 空气进入氧化室而被加热至 815.6℃(1500℉)；
- 空气通过另一冷室离开氧化室；
- 热空气向介质释放热量而排出；
- 阀门切换而空气进入室内，这是先前的出口室(现在处于热的状态)；
- 出口清洁的暖空气净化第三室而进入燃烧室处理截留的空气；
- 当介质冷却(进口循环)至实际热交换点时就进行切换。

三室 RTO 的典型循环如表 7.24 所示。

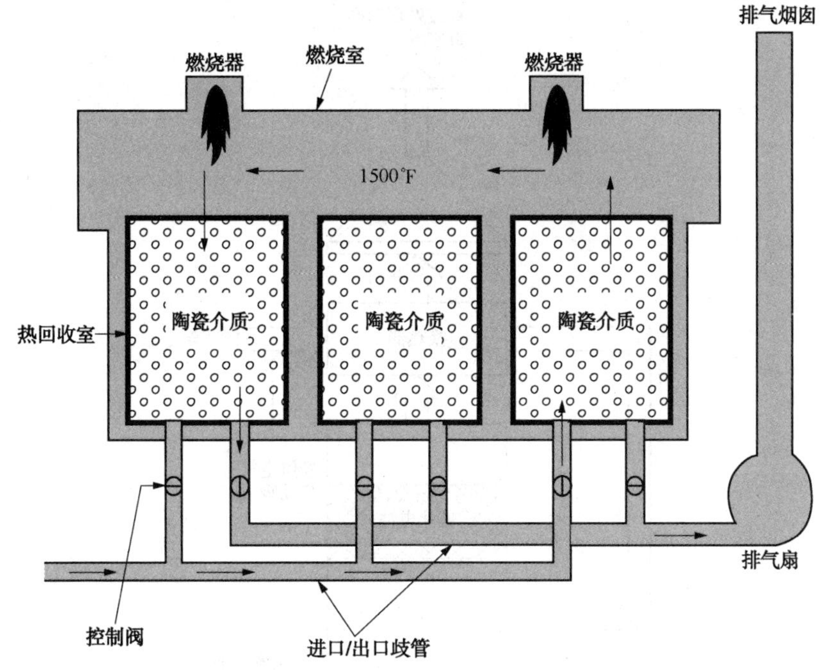

图 7.43 再生热氧化器(GeoEnergy)
(1500°F = 815.6℃)

表 7.24 三室 RTO 的典型循环

时间/s	第 1 室	第 2 室	第 3 室
0~90	进气口	吹扫	出气口
90~130	吹扫	出气口	进气口
80~270	出气口	进气口	吹扫
270~360	进气口	吹扫	出气口

7.4.1.3 蓄热式热氧化器

蓄热式热氧化器是燃料降低的热氧化技术的另一种形式。蓄热式热氧化器引导进气口空气通过壳管式或板式换热器的冷侧，而将热从处理后的热空气传递给进气口空气。预热的进气口空气随后引入到反应室进行处理，并通过热交换器管排气而预热进气口空气。

7.4.1.4 催化氧化器

催化氧化器使用多孔催化剂层降低反应室氧化所需的温度。图 7.44 是典型的蓄热式催化氧化器的原理图。在通过催化剂床之前，相比于蓄热式热氧化器中约 760℃(1400°F)的温度，进口空气仅仅被加热到约 371.1℃(700°F)。这种催化剂有利于催化剂表面上的气味化合物氧化而不会在该过程中被消耗。催化剂作用相比于热氧化作用提高了低温下燃烧反应的速率，需要较少的燃料。催化剂通常是用于空气有毒物质控制的铂或钯。催化剂可能会因为各种元素，如氯，硫或颗粒物而中毒，并且 VOC 负荷突然增加可能会导致温度上升，破坏催化剂。

7.4.1.5 热效率

通常情况下，RTOs 被认为具有 90%~95% 的热效率，而蓄热式氧化器被认为具有 65%~70%的热效率。作为粗略的估计，RTOs 消耗 75~100Btu/h · cfm 的空气流量，没有可

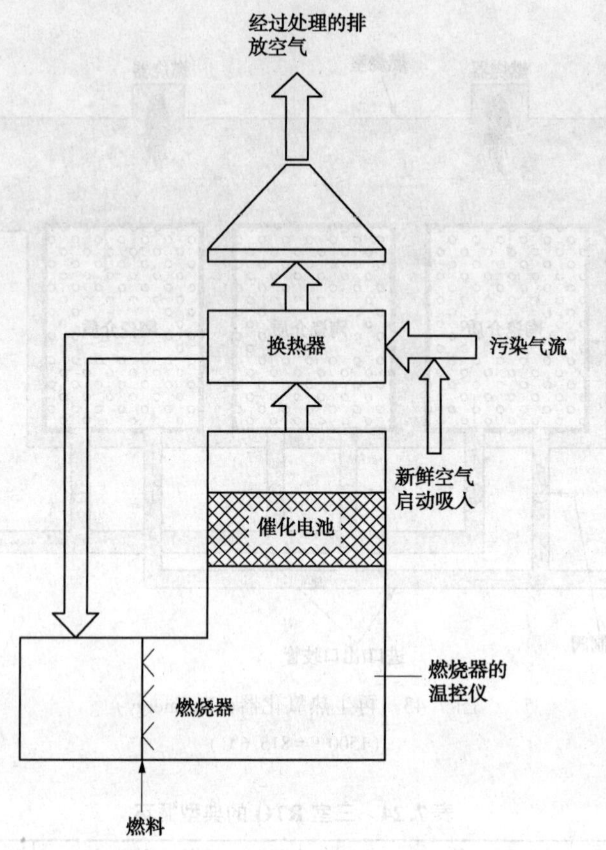

图 7.44　蓄热式催化氧化器的工作原理图

用碳氢化合物在反应中燃烧产生热量。热效率是从可利用的热回收的热量百分数，而这是基于氧化室的排气温度的，如下所示：

$$TE=\frac{T_{op}-T_{ex}}{T_{op}-T_{in}}\times 100 \tag{7.44}$$

式中　TE——热效率，%；

T_{op}——氧化器或燃烧室温度；

T_{ex}——氧化器排气温度；

T_{in}——氧化器进口温度。

以下实例描述于图 7.45 中：

$$TE=\frac{1500-251}{1500-180}\times 100=95\% \tag{7.45}$$

表 7.25 涉及要考虑的典型设计标准。主要的设计考虑要素包括以下方面：

- 气流的热容。气流必须含有较高的碳氢化合物浓度，才能确保运行效率。重要的是要清楚气流 LEL 和 VOCs 浓度。
- 补充燃料源。通常补充燃料来源必须可用于补充燃烧过程。燃油效率的要求和燃料成本是很重要的。
- 颗粒物。在进气口气流中颗粒物在进热氧化器之前必须除去，才能防止堵塞介质、

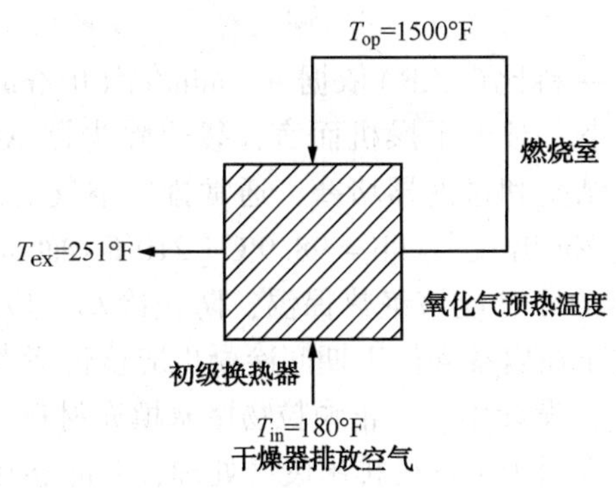

图 7.45　热效率的实例

（1500℉＝816℃，251℉＝122℃，而 180℉＝82℃）

换热器和催化剂床。

- 材料。因为负荷硫化氢的空气流中潜在的腐蚀作用就应该指定不锈钢进气口的组件。
- 其他考虑因素。保险公司可能要求启动清洁空气净化。该系统应该是易进入和可扩展的。排放标准必须考虑 NO_x 和监测规定。

7.4.2　颗粒物去除

一些气味控制系统，如干燥机的处理或造粒机排气，需要颗粒物去除作为第 1 级处理方法，并达到排放标准。这五个一般性分类如下：

（1）重力沉降池；

（2）离心分离器（旋风分离器）；

（3）静电除尘器；

（4）纤维过滤器（带式过滤室）；

（5）湿式洗涤，如文丘里管。

颗粒物属性（数量和大小分类）、气流温度、湿度和去除效率的知识对于设计都是所需要的。保护下游的气味控制系统，如 RTOs、洗涤器或生物过滤器不发生堵塞一般是颗粒物去除步骤的目的。

表 7.25　需要考虑的典型设计标准

典型设计标准		典型设计标准	
空气流量	取决于要处理的空气体积	停留时间	1~2s
要求处理的温度	760~815.6℃（1 400~1 500℉）	气味去除效率	90~99%

旋风分离器广泛应用于工业中。对于气味控制设备，将被视为干燥机排出空气的第 1 级处理方法。旋风分离器对于较大的颗粒物尺寸比尺寸小于 5mm 颗粒物更有效。

袋式过滤器可用于收集含有合适过滤物质和合适范围内的空气水分含量的热干燥机排出废气的颗粒物。袋滤过滤器对于小至 0.5mm 的颗粒物能够实现高收集效率（99%）。空气被迫通过过滤器或过滤袋，而随着灰尘收集，压降增加而过滤器必须要进行清洗。袋挂在袋式过滤器室上并在线间歇式清洗，而允许连续操作。这种过滤袋可以通过震摇或由压缩空气脉冲射流清洗。适合热干燥机排出废气的袋式除尘器材料可以是玻纤毡，特氟隆膜袋或聚丙烯。

袋式除尘器通常基于气—料比(ACR)依据 $m^3/min/m^2(ft^3/min/ft^2)$ 的表面面积或米/分钟(英尺/分钟)确定尺寸大小。对于干燥机而言，袋式除尘器 ACRs 应该为 0.61~1.22m/min(2~4ft/min)。为了防止结露和过滤器堵塞，通常排气空气的湿球(wb)温度应该大于干球温度(db)(即，干燥机，排出废气 db=98.9℃[210℉]而 wb=71.1℃[160℉])10℃(50℉)。滤袋和干燥机可能的导管应该绝热保温，防止冷却。应该选用各种材料进行防腐蚀保护。对于使用加热器防止在启动和停工期间冷凝也应该付诸考虑。滤袋式除尘器是前述 RTO 最适用的除尘器，例如，设计用于防止颗粒物堵塞填充材料。

文丘里管洗涤器也经常应用于干燥机排出废气处理，并能够在洗涤器或生物过滤器之前提供冷却排出废气的额外受益。水注入文丘里管管喉。通过压紧气体流使气体流变成碎片或雾化液体成为高密度的小液滴，在其基础之上颗粒物压实而实现高收集效率。小液滴直径和高的相对速率都能够在文丘里管的管喉中产生。液体(0.80~1.34L/m^3[6~10gal/1000ft^3的空气流量)以直角分配成高流速(3658~7315m/min[12000~24000ft/min)的气体流。通过文丘里管的压降越高，颗粒物去除效率越高，特别是对于小颗粒物更是如此。用于干燥机排出废气处理的文丘里管通常在 2.5~5.0kPa(10~20in)的压差下工作。文丘里管必须处于分离器之前而去除夹留的液滴。如有必要，分离器也能够起到冷凝器作用而冷却空气。文丘里管能够采用固定或可调节的管喉构建或是圆形或长方形的。

7.4.3 氮氧化物和一氧化碳控制

在燃烧过程中，燃烧气体内会生成氮氧化物。三种不同的氮类型可以确定如下：

- 热 NO_x，这是燃烧空气中氮和氧反应生成的。

$$N_2+O_2 \rightleftharpoons 2NO \tag{7.46}$$

燃烧温度是主要的影响参数(热 NO_x 从 2 370℉ [1 300℃]开始生成)，这就强调了避免热点的重要性。

- 瞬态氮氧化物，这在火焰反应区形成。
- 燃料 NO_x，这是燃料内与化学结合的氮形成的。燃料 NO_x 在相对较低的温度下形成(<2370℉[300℃])。燃料 NO_x 含量高度影响燃料空(氧气)—燃比，而受到燃料自身组成的影响程度较小。

燃烧过程的氮氧化物排放据发现存在两种不同的形式——NO 和 NO_2。大多数的氮氧化物排放是一氧化氮；然而，根据国际标准，排放值表示为以参考氧含量干燥的 mg NO_2/Nm^3。

下面的实例举例说明了典型气体如何进行分析而结果如何被转换成图，以确定烟道气中 NO_x 含量：

- NO=200mg/m^3
- NO_2=50mg/m^3
- 烟道气流量=80000m^3/h
- 烟道气温度=392℉(200℃)
- H_2O 含量=15%，以体积计
- O_2 含量=6%，以体积计(湿测量)
- 烟道气污染物参比=在 11% O_2 下干燥的标准 $m^3(Nm^3)$。

对于给定的烟道气 NO_x 量如下确定：

$$烟道气流量 = 80000\times\frac{273}{273+200} = 46173\text{Nm}^3/\text{h} \quad (7.47)$$

$$干烟道气流量 = 46173\times(1-15\%) = 39247 \quad (7.48)$$

$$干烟道气流的 O_2 含量 = 6\%/(1-15\%) = 7.06\% \quad (7.49)$$

$$11\%\ O_2 下干烟道气流量 = 39247\times(21-O_2)/(21-11) = 54715\text{Nm}^3/\text{h} \quad (7.50)$$

$$参考条件下 NO_x = (200\times46/30+50)\times80000/54715 = 521\text{mg} \quad (7.51)$$

在 11% O_2下作为 NO_2的是干燥 NO_x。

有两种不同的方法，能够降低 NO_x——主要和辅助措施。这些都将在下面的章节中详细讨论。

7.4.3.1　主要措施

主要措施通过优化燃烧设计和/或污水处理厂的运行参数在源头降低 NO_x形成。还有许多可能的主要措施降低 NO_x的形成。燃烧工艺设备的设计应该确保完全燃烧/氧化烟气。计算机流体动力学(CFD)建模可用于燃烧设备的几何形状设计和第二空气喷嘴的数量、尺寸、位置的确定。这就能够导致有效的主要 NO_x降低和气体燃烧室内的共同降低。

在燃烧过程中的温度分布应保持尽可能均匀。事实上，NO_x的形成将受益于高燃烧温度。如果热点出现在燃烧室内，即使热点总体积相比于总燃烧室体积比较小，但是在这些热点内 NO_x的形成可以大幅提高该过程的总 NO_x排放。

燃烧空气可以注入到燃烧室的不同区域和高度。最重要的是要能够控制每个区域和高度的空气量，这取决于燃料特性和热负荷。因此，具有频率转换设备的空气控制是首选的，而应该对软件控制该过程的空气供应给予足够的重视。

值得一提的是在燃烧过程中二级和三级空气发挥的特定混合功能。二级和三级空气仅仅在初始燃烧的正下游加入，采用相对较高的速度注入而增强烟气混合，确保完成燃烧，并避免形成热点。

应尽量降低过量空气量，才能防止燃料 NO_x的形成，同时仍然提供足够的空气避免出现热点。因此，往往应用烟气再循环。在热回收设备之后选取再循环烟气，并引回燃烧过程。在此，降低燃烧温度，其机械效应增强烟气混合，与此同时，因为再循环烟气的组成与本体烟气组成相同，则烟气中氧含量没有增加。

7.4.3.2　辅助措施

辅助措施将在燃烧期间通过热还原而除去 NO_x的形成。辅助措施的两个主要类型是选择性非催化还原(SNCR)和选择性催化还原(SCR)。

NO_x的 SNCR 是在其中通过向高温下的燃烧室注入氨水或尿素而化学结合 NO_x的方法。表 7.26 中以简化形式表示了这些化学反应。

表 7.26　NO_x控制的 SNCR 化学反应

试剂	化学反应	温度窗口
尿素	$2NO+NH_2CONH_2+\frac{1}{2}O_2 \longrightarrow 2N_2+CO_2+2H_2O$	900～1 100℃
氨	$4NO+4NH_3+O_2 \longrightarrow 4N_2+6H_2O$	
	$2NO_2+4NH_3+O_2 \longrightarrow 3N_2+6H_2O$	890～1000℃

反应试剂氨和尿素具有明确的温度窗口，在其中最大化 NO_x 的还原。

假设 SNCR 上游 NO_x 含量为 400~800mg/Nm³，SNCR 过程中可实现的去除效率从 50%~70%不等。通过应用烟气再循环，可能实现 80%的去除效率。表 7.27 列出了理论上和可能的去除 NO_x 量与试剂的比率。

表 7.27 NO_x 控制试剂的反应速率之比

	理论值	实际值
尿素	0.5	0.8…1.0
氨	1.0	1.6…2.0

温度窗口对于去除效率具有显著影响。如果温度过高，试剂将被氧化，而 NO_x 的排放量将增加。如果温度过低，将需要更长的反应时间，就会出现试剂逸失。这都将导致氨氮排放量增加和锅炉中盐沉积。这些盐会污染锅炉飞灰和烟气残渣。

以下是 SNCR 的主要组成部分：

- 试剂储存(罐和循环泵)，
- 试剂配料系统控制单元，
- 试剂注射喷嘴。

存储区域类型取决于所选的试剂。氨通常以 25%的氢氧化铵(NH_4OH)溶液提供。储存区必须小心设计，并提供与氨溶液处理有关的所有必要的预防措施。储存和装卸区必须封闭。

这个区域所有的排水都必须引入进行处理。氨检测器必须提供卡车卸货的喷水灭火系统。

尿素能够以溶液(典型地是±40%尿素)或粉末购买获得。对于溶液而言，除了与氨处理相关的注意事项不太适用之外，存储区域相当于氨溶液的存储区。对于粉状尿素而言，必须安装溶液的配制单元。这包括粉末储存仓、筒仓提料和粉末计量单元，具有供水控制的溶液配制罐、混合器、循环泵。该系统还必须有热示踪才能保持溶液温度高于 50℉(10℃)。低于该温度，尿素溶液将发生固化。两种试剂中，氨通常大大低于尿素价格。

该试剂使用循环泵和流量控制阀计量加入锅炉/燃烧室。循环泵为控制阀上游提供恒定的压力。控制阀安装于连接具有不同水平的喷嘴的循环环状干管管道的分支管上。

环状干管管道内压力必须保持足够高，才能提供喷嘴的有效试剂分配。流量控制算法也必须将以下参数纳入考虑：

- 烟气流量，这用于估计烟气中 NO_x 的总量。
- 烟气温度，确定要使用哪个级别的喷嘴。重要的是要记住还原反应的效率取决于反应温度。
- SNCR 系统下游烟气的 NO_x 含量，确定和控制 NO_x 的排放量。

更先进的系统也将考虑 SNCR 系统上游的 NO_x 含量、氨逸失和烟气氧含量。

注射喷嘴的设计将会显著影响合适温度下试剂与烟气的混合。如上所述，这在实现预期 NO_x 去除中同时尽量降低试剂的消耗和氨逸失是至关重要的。

首先，必须确定注射水平。这通过在改变热负荷和燃料组成的燃烧室内模拟烟气温度而完成。根据热负荷和烟气组成中的预期变化，提供一个、两个甚至三个级别的喷嘴。

接下来，研究燃烧室试剂的渗透深度和宽度。必须考虑以下三个因素：

- 在该注射的水平下燃烧室几何形状；
- 将用于确保燃烧室试剂渗透的驱动剂类型（水、蒸汽或压缩空气）；
- 将会使用的喷嘴类型。

在燃烧室狭窄部分注入试剂一般是首选的。在这些狭窄部分处，流动是湍流，从而提高了混合作用。此外，渗透距离也被降低。

水、压缩空气和蒸汽是在两相喷嘴中常用的三种驱动剂类型。水廉价，而由于其比重较大，延长了渗透深度。此外，在试剂释放至烟道气中之前必须蒸发掉水滴。水的主要缺点是注入到燃烧室内会扰乱温度分布，降低烟道能量。

压缩空气相比于水，生产成本较高，单位体积具有较低的机械碰撞作用。然而，它几乎对烟道气温度分布和内能没有影响。由于这些原因，它通常应用于较小的锅炉单元。

蒸汽结合了水和压缩空气的优点。正如水一样，其单位体积的机械冲击较高，而生产却比压缩空气更便宜。然而，与压缩空气一样，并不会显著影响烟气的温度分布曲线。

两相喷嘴通常采用 SNCR 系统。在两相喷嘴中，试剂和驱动剂分开进料并在喷嘴内混合，一起排放。喷嘴的大小和喷嘴的几何形状取决于所需的流量，可用压力，所需的渗透深度和喷洒角度。喷嘴将会安装于锅炉壁上；因此，锅炉管必须绕过喷嘴改道。图 7.46 显示了锅炉管弯曲绕过喷嘴，图 7.47 显示了喷嘴喷洒角度的实例。

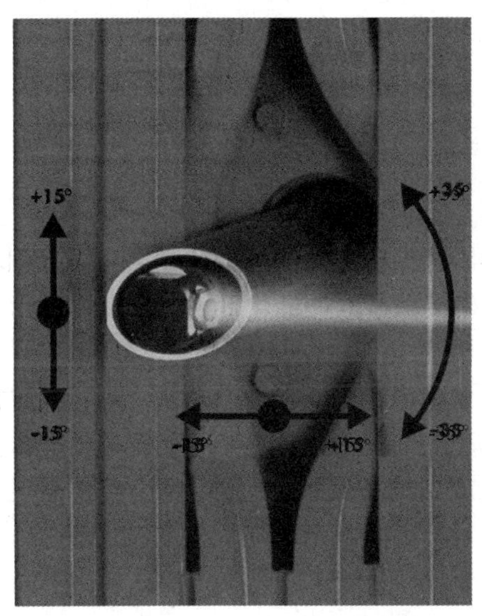

图 7.46　弯曲锅炉管道安装喷嘴

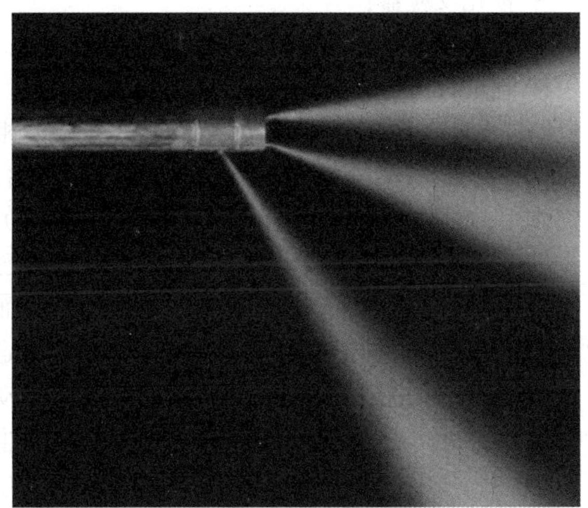

图 7.47　喷嘴渗透深度和喷洒角度

NO_x的 SCR 不同于 SNCR，在于所用的催化剂。催化剂允许在远远低于 SNCR 所需温度的温度下进行 NO_x的去除。此外，氨是唯一使用的试剂。然而，催化剂的存在，允许去除反应在 160~450℃（320~840℉）温度范围内发生。通常使用的催化剂是沸石，主要包括二氧化钛（TiO_2）和氧化钒（V_2O_5）的混合物。简化的反应方程式如下：

$$4NO+4\ NH_3+O_2 \longrightarrow (TiO_2/V_2O_5) \longrightarrow 4\ N_2+6\ H_2O \tag{7.52}$$

$$2NO_2+4\ NH_3+O_2 \longrightarrow (TiO_2/V_2O_5) \longrightarrow 3\ N_2+6H_2O \tag{7.53}$$

除了降低 NO_x的反应之外，还可能发生其他化学反应。最重要的是二噁英和呋喃类化合物在 150~350℃(300~660℉)的温度下氧化，SO_2氧化成SO_3，CO 氧化成CO_2，以及铵盐的形成。这些反应方程式如下：

$$C_{12}H_nC_{18-n}O_2+(9+0.5n)O_2 \longrightarrow (TiO_2/V_2O_5) \longrightarrow (n-4)H_2O+12\ CO_2+(8-n)HCl \tag{7.54}$$

$$C_{12}H_nC_{18-n}O+(9.5+0.5n)O_2 \longrightarrow (TiO_2/V_2O_5) \longrightarrow (n-4)H_2O+12\ CO_2+(8-n)HCl \tag{7.55}$$

$$SO_2+0.5\ O_2 \longrightarrow (TiO_2/V_2O_5) \longrightarrow SO_3 \tag{7.56}$$

$$CO+0.5\ O_2 \longrightarrow (TiO_2/V_2O_5) \longrightarrow CO_2 \tag{7.57}$$

$$NH_3+SO_3+H_2O \longrightarrow (TiO_2/V_2O_5) \longrightarrow NH_4HSO_4 \tag{7.58}$$

$$2NH_3+SO_3+H_2O \longrightarrow (TiO_2/V_2O_5) \longrightarrow (NH_4)_2SO_4 \tag{7.59}$$

催化剂敏感，易于招致灰尘或氨盐沉积而中毒。因此，SCR 反应器通常设计安装于燃料的烟道气净化系统之末，因为烟气净化系统中会发生颗粒物或二氧化硫的排放。氨盐可以通过将催化剂加热至高于 280~300℃(535~570℉)的温度而从由催化剂中除去。

假设 SCR 上游 NO_x含量为 400~800mg/Nm，由 SCR 过程中能够实现的 NO_x去除效率很容易达到 80%~90%，甚至更高。NO_x与试剂的理论和实际之比对于 SCR 过程而言接近 1.0。

以下是 SCR 系统的主要组成部分：

- 氨储罐和试剂溶液的循环泵；
- 催化反应器；
- 具有控制单元的配料系统和喷嘴；
- 辅助设备(即，烟气再加热系统)。

储罐及相关设备与 SNCR 系统的上述氨溶液相同。

催化剂是固体；因此，使用独立反应器容器容纳固体催化剂。固体催化剂，也可起到填充剂作用，并提供表面面积，在其表面上氨和 NO_x发生接触。固体催化剂可以采取两种形式之一——颗粒状或蜂巢状。每一种形式都有其自己的构造结构。

在颗粒反应器中，烟道气通过可渗透壁进入而与催化剂接触，在可渗透壁之后，放置催化剂颗粒。烟道气被迫在离开反应器之前通过一定体积的催化剂颗粒。颗粒状反应器非常优异，适用于低尘应用，通常用于燃气涡轮机、发动机或烟气净化系统尾部之后(条件是足够的备份系统到位，避免向催化反应器失控释放粉尘)。图 7.48 显示了典型的颗粒反应器。

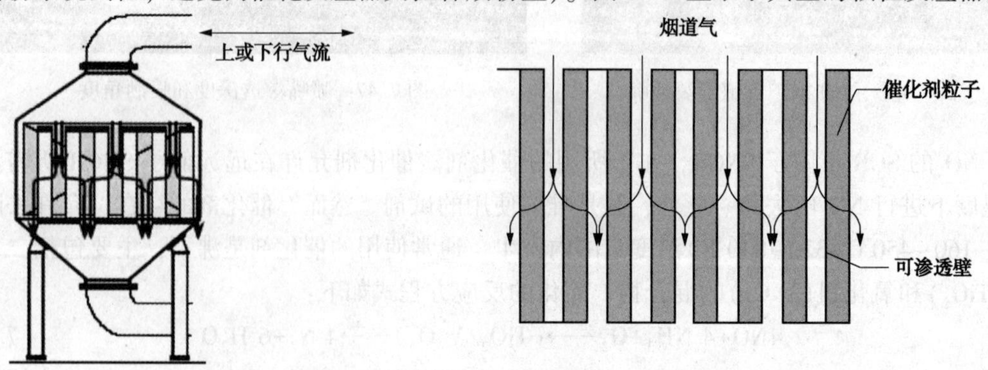

图 7.48 颗粒反应器和横流模块(CRI Catalyst Company，德克萨斯州休斯顿市)

在蜂窝反应器中，不同的组件以模块安装，不同模块构成反应器中的催化剂层。烟道气通过一系列平行通道的蜂窝状组件。通道尺寸是流量、可容许压降、粉尘含量和 NO_x 的水平的函数。速度保持较低水平，以确保烟道气层流通过反应器。

蜂窝反应器对于高低粉尘的构造结构都适用。典型的高粉尘应用包括 SCR 系统，集成于燃煤电厂锅炉、冶金过程的气体流，和污水处理厂的能源锅炉。典型的低尘应用相似于颗粒反应器应用。图 7.49 显示了典型的蜂窝反应器和催化剂组件。

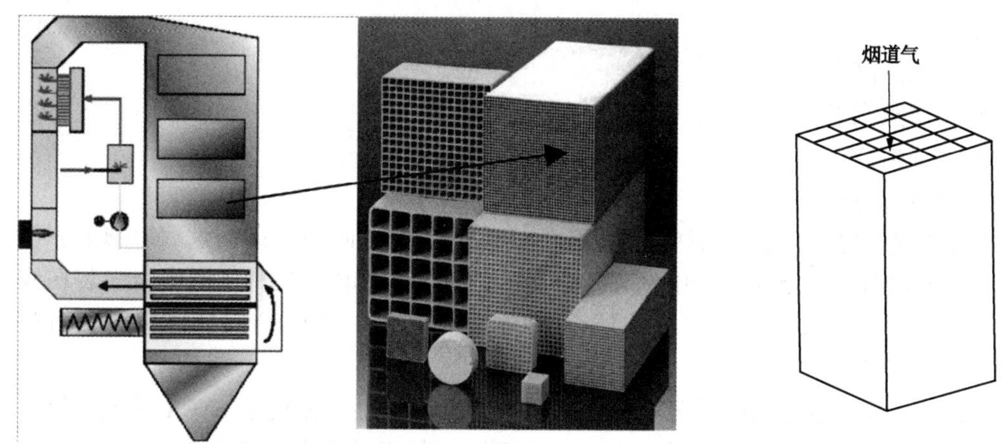

图 7.49　SCR 脱 NO_x 反应器构造结构和典型蜂窝状组件的实例

随着时间的推移，催化剂将失活。需要前摄分析为基础的催化剂更换方案而通过在旧组件中最大限度使用剩余催化剂降低整体催化剂更换成本。图 7.50 显示了蜂窝反应器典型的更换循环。

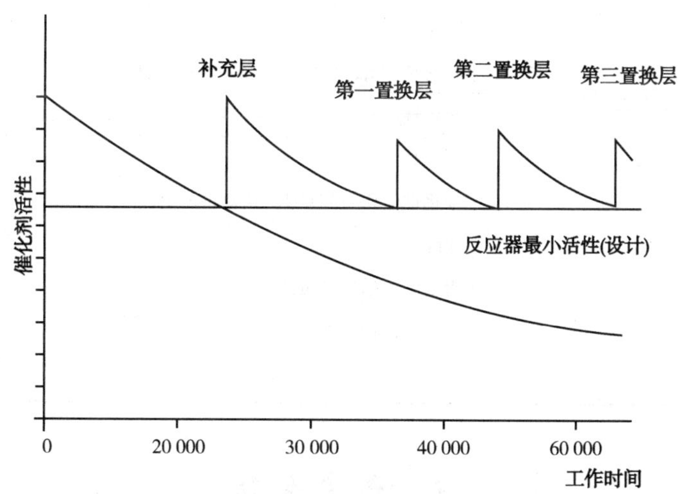

图 7.50　蜂窝状催化剂的典型催化剂更换方案

由于容器独立而工作温度较低，SCR 系统一般是烟气净化系统的最后一步骤。因此，微调计量加入系统的氨计量用量避免氨逸失是至关重要的。因而，必须小心谨慎地在烟道气体中尽可能均匀地分配氨溶液。CFD 分析往往应用于氨溶液注射喷嘴网格设计中。

试剂计量控制类似于 SNCR 系统的描述内容，有一个例外——烟道气温度要求不那么严格，而不需要监测系统，但需要为其他排放标准而进行监测。二氧化硫会使催化剂失活；因此，有必要从 SCR 反应器上游的烟道气中除去。在颗粒反应器中，粉尘也必须从 SCR 反应器上游除去。湿式洗涤系统常常用于去除二氧化硫。然而，湿式洗涤器会将烟道气温度降低至 60~80℃(140~175℉)。随后，烟气必须重新加热至 180~220℃(355~430℉)，具体温度值主要取决于烟道气中剩余的二氧化硫含量。以下方法之一或其组合，都能够用于重新加热烟道气：

- 低压蒸汽组，
- 高压蒸汽组，
- 热交换器，
- 在线燃烧器。

在个案基础之上，必须选择辅助设备的最佳组合。然而，很多时候，使用烟道气/烟道气加热的换热器将会受益于离开 SCR 反应器的烟道气的热能。同样，通常会安装在线燃烧器，因为它可以用来加热 SCR 反应器至 280~300℃(535~570℉)而从催化剂表面蒸发掉氨盐。

专用反应器以及在某些情况下附加附属设备的必要性，相比于 SNCR 系统，使得 SCR 反应器比较昂贵。表 7.28 提供了 SNCR 和 SCR 系统的相对优缺点的总结。

表 7.28 SNCR 和 SCR 的优点和缺点

SNCR 优点	SCR 优点
投资低	去除效率高
单元紧凑	试剂使用低
设备和操作简单	NH_3-逸失低
不需要催化剂	二噁英/呋喃类和一氧化碳的额外氧化
SNCR 缺点	**SCR 缺点**
燃烧过程必须稳定	投资高
(温度窗口小)	催化剂对粉尘和 NH_3-盐敏感易中毒
去除效率较低	压降
试剂使用高	常常需要烟道气重新加热设备
NH_3-逸失较高	设备和操作复杂
N_2O-生成	

8 参考文献

American Industrial Hygiene Association(1989) *Odor Thresholds for Chemicals with Established Occupational Health Standards*; American Industrial Hygiene Association: Akron, Ohio.

American Public Health Association; American Water Works Association; Water Environment FederationR(1998) *Standards Methods for the Examination of Water and Wastewater*, 20th ed.; American Public Health Association: Washington, D. C.

American Society of Heating, Refrigerating and Air-Conditioning Engineers, Inc. (2003) *HVAC Applications Handbook*; American Society of Heating, Refrigerating and Air-Conditioning Engineers, Inc.: Atlanta, Georgia.

American Society of Heating, Refrigerating and Air-Conditioning Engineers, Inc. (2005) 2005 *ASHRAE Handbook FUNDAMENTALS*, Inch-Pound Edition; American Society of Heating, Refrigerating and Air-Conditioning Engineers, Inc.: Atlanta, Georgia.

American Society for Testing and Materials (1978) *Standard Test Method for Measurement of Odor in Atmospheres (Dilution Method)*, ASTM D1391; American Society for Testing and Materials: Conshohocken, Pennsylvania.

American Society for Testing and Materials (1981) *Guidelines for the Selection and Training of Sensory Panel Members— Special Technical Publication* 758; American Society for Testing and Materials: Conshohocken, Pennsylvania.

American Society for Testing and Materials (1988) *Standard Practice for Suprathreshold Intensity Measurement*, ASTM E544-88; American Society of Testing Materials: Conshohocken, Pennsylvania.

American Society for Testing and Materials (1999) *Standard Practice for Suprathreshold Odor Intensity Measurement*, ASTM E544-99; American Society for Testing and Materials: Conshohocken, Pennsylvania.

American Society for Testing and Materials (2001) *Standard Test Method for Determination of Sulfur Compounds in Natural Gas and Gaseous Fuels by Gas Chromatography and Chemiluminescence*, ASTM D5504 - 01; American Society for Testing and Materials: Conshohocken, Pennsylvania.

American Society for Testing and Materials (2003) *Standard Test Method for Determination of the Accelerated Hydrogen Sulfide Breakthrough Capacity of Granular and Pelletized Activated Carbon*, ASTM D6646-03; American Society for Testing and Materials: Conshohocken, Pennsylvania.

American Society for Testing and Materials (2004) *Standard Practice for Determination of Odor and Taste Threshold by a Forced-Choice Ascending Concentration Series Method of Limits*, ASTM E679-04; American Society for Testing and Materials: Conshohocken, Pennsylvania.

Barnebey-Cheney Company (1974) *Scentometer: An Instrument for Field Odor Measurement*; Barnebey-Cheney Company: Columbus, Ohio.

BASTE (1992) *Bay Area Sewage Potentially Toxics Emissions Model User's Manual*; Bay Area Air Toxics Group: Oakland, California.

Bolla-Wilson, K.; Wilson, R. J.; Bleeker, M. L. (1988) Conditioning of Physical Symptoms After Neurotoxic Exposure. *J. Occup. Med.*, 30(9), 684-686.

Bowker, R.; King, A.; Holcomb, G. (1995) U-Tube Oxygen Dissolver Controls Odors. *Water Environ. Technol.*, 7, 20-21.

Buonicore, A. J.; Davis, W. T. (Eds.) (1992) *Air Pollution Engineering Manual*; Van Nostrand Reinhold: New York.

Calgon Carbon Corporation (1993) *Activated Carbon Principles*, TI - 101 - 05/93; Calgon Carbon Corporation: Pittsburgh, Pennsylvania.

Cramer, H. E. (1959) Engineering Estimates of Atmospheric Dispersal Capacity. *Am. Ind. Agr. Assoc. J.*, 20, 183-189.

Dalton, P. (1999) Cognitive Influences on Health Symptoms from Acute Chemical Exposure. *Health Phys.*, 18, 579-590.

Deithorn, R. T.; Mazzoni, A. F. (1986) Activated Carbon— What It Is, How It Works. *Water Technol.*, 9(8), 26-29.

EN 13725(2003) BS EN 13725: 2003 *Air Quality— Determination of Odor Concentration by Dynamic Olfactometry*; BSI: London, United Kingdom.

Gostelow, P.; Parsons, S. A.; Stuetz, R. M. (2001) Odor Measurements for Sewage Treatment Works. *Water Res.*, 35, 578-597.

Hentz, L.; Balchunas, B. (2000) Chemical and Physical Processes Associated with Mass Transfer in Odor Control Scrubbers. *Proceedings of the Odor and VOC Emissions 2000Conference*, Cincinnati, Ohio, April 16-19; Water Environment FederationR: Alexandria, Virginia.

Hunniford, D. J. (1990) Control of Odors and Hydrogen Sulfide Related Corrosion in Municipal Sewage Collection Systems Using a Biochemical Process: BIOXIDE. *Presented at the 63rd Annual Water Pollution Control Federation Technical Exposition and Conference*, Washington, D. C., October 7-11; Water Environment FederationR: Alexandria, Virginia.

International Association on Water Pollution Research and Control (1986) *Identification and Treatment of Tastes and Odors in Drinking Water*. American Water Works Association Research Foundation: Denver, Colorado, 102-120.

International Water Association(2001) *Odours in Wastewater Treatment: Measuring, Modeling and Control*; IWA Publishing, London.

Kazmierczak, M.; Loomis, P.; Johnson, M. (2000) Water Regenerable Catalytic Carbon Adsorption: A Case Study at the Broadwater Water Reclamation Facility. *Proceedings of the Odors and VOC Emissions 2000Conference*, Cincinnati, Ohio, April 16-19; Water Environment FederationR: Alexandria, Virginia.

Leonardos, G. (1997) Odor Control Regulations in the USA, 1997 Update. *Proceedings of the National Workshop on Odor Measurement Standardization*, Sydney, Australia, Aug 20-22; University of New South Wales: Sydney, Australia.

Mahin, T. D. (2001) Comparison of Different Approaches Used to Regulate Odors Around the World. *Water Science and Technology*, 44(9), 87-102.

Metcalf & Eddy (1972) *Wastewater Engineering: Treatment and Reuse*; McGraw-Hill: New York.

National Fire Protection Association (2008) *Standard 820— Standard for Fire Protection in Wastewater Treatment and Collection Facilities*; National Fire Protection Association: Quincy, Massachusetts.

Pope, R. (2000) Establishing Limits and Defining Odor Control Needs. P*roceedings of the*

Odors and VOC Emissions 2000*Conference*, Cincinnati, Ohio, April 16-19; Water Environment FederationR: Alexandria, Virginia.

Rafson, H. J. (Ed.) (1998) *Odor and VOC Control Handbook*; McGraw - Hill: New York. Schifftner, K. C. ; Hesketh, H. E. (1996) *Wet Scrubbers*, 2nd ed. ; Technomic Publishing Company, Inc,: Lancaster, Pennsylvania.

Sheet Metal and Air Conditioning Contractors' National Association, Inc. (1990) *HVAC Systems Duct Design Manual*, 3rd ed. ; Sheet Metal and Air Conditioning Contractors' National Association, Inc. : Chantilly, Virginia.

Shusterman, D. (1992) Critical Review: The Health Significance of Environmental Odor Pollution. *Arch. Environ. Health*, 47(1), 88-91.

Shusterman, D. ; Balmes, J. ; Cone, J. (1988) Behavioral Sensitization to Irritants/ Odorants after Acute Overexposure. *J. Occup. Med.* , 30, 556-567.

South Coast Air Quality Management District(1993) SCAQMD Rule 1179, *Emissions Inventory Report for JEIP Participating Agencies*; *Joint Emissions Inventory Program* (*JEIP*) *Report*; CH2M Hill: Oakland, California.

Sterne, L. , Enviromega, Ltd. , Burlington, Ontario, Canada (2001) *Personal communication.* Sullivan, R. J. (1969) *Preliminary Air Pollution Survey of Odorous Compounds.* National Air Pollution Control Administration: U. S.

Theodore, L. ; Buonicore, A. J. (1988) *Air Pollution Control Equipment*; CRC Press: Boca Raton, Florida.

U. S. Environmental Protection Agency (1990) *Characteristics of Corrosivity*, 40*CFR* 261. 22 (Amendment to 198040CFR 261. 22); U. S. Environmental Protection Agency: Washington, D. C.

U. S. Environmental Protection Agency(1985) *Design Manual*, *Odor Corrosion Control in Sanitary Sewerage Systems and Treatment Plants*, EPA - 625/1 - 85 - 018; U. S. Environmental Protection Agency: Washington, D. C.

U. S. Environmental Protection Agency(1977) *Guidelines for Air Quality Maintenance Planning and Analysis*, *Vol.* 10 (*Revised*): *Procedures for Evaluating Air Quality Impact of New Stationary Sources*, EPA-450/4-77-001, PB274087; U. S. Environmental Protection Agency, Office of Air Quality Planning and Standards: Research Triangle Park, North Carolina.

U. S. Environmental Protection Agency (2002) Water 9— Technology Transfer Network Clearinghouse for Inventories and Emission Factors. U. S. Environmental Protection Agency: Washington, D. C. , http: //www. epa. gov/ttn/chief/software/water/index. html(accessed May 1, 2009).

Van Durme, G. P. ; Berkenpas, K. (1989) Comparing Sulfide Control Products. *Oper. Forum*, 6(2), 12-19.

VanStone, G. ; Brooks, D. (1996) Carbon Clean— A New Version of Activated Carbon Controls Odors. *Water Environ. Technol.* , 8, 40-43.

Verschueren, K. , Ed. (1983) *Handbook of Environmental Data on Organic Chemicals*; Van Nostrand Reinhold: New York.

Wahl, G. H. (1980) *Regulatory Options for the Control of Odors*, EPA-450/5-80-003; U. S. Environmental Protection Agency: Washington, D. C.

Wang, J.; Skipka, K. J. (1993) Dispersion Modeling of Odorous Emissions, 93-RA-114A. 05. *Proceedings of the 86th Annual Meeting and Exhibition of the Air and Waste Management Association*, Denver, Colorado, June 13-18; Air and Waste Management Association: Pittsburgh, Pennsylvania.

Water Environment Federation (2004) *Control of Odors and Emissions from Wastewater Treatment Plants*, Manual of Practice No. 25; Water Environment Federation: Alexandria, Virginia.

Water Environment Federation; American Society of Civil Engineers (1995) *Odor Control in Wastewater Treatment Plants*, Manual of Practice No. 22; Water Environment Federation: Alexandria, Virginia.

Water Environment Research Foundation (1994) *Control and Production of Toxic Air Emissions by Publicly Owned Treatment Works*; Water Environment Research Foundation: Alexandria, Virginia.

Water Pollution Control Federation (1979) *Odor Control for Wastewater Treatment Plants*, 1*st ed.*; Water Pollution Control Federation: Washington, D. C.

Wilson, D. J. (1979) *Flow Patterns Over Flat-Roofed Buildings and Application to Exhaust Stack Design. ASHRAE Trans.*, 85, 284-295.

Wong, P.; Mohleji, S. C.; Occiano, V. Y.; Schafer, P. L. (1992) Odor Characterization and Control by Ferrous Chloride Addition in Sewers. *Proceedings of the 65th Annual Water Environment Federation Technical Exposition and Conference*, New Orleans, Louisiana, Sept 20-24; Water Environment Federation: Alexandria, Virginia.

Worrall, M. (1998) Case Study— Capturing Organic Vapors From Non-Condensable Gases Using Activated Carbon Adsorption Technology. *Chem. Processing*, Jan.

第 8 章　职业健康与安全

1　设计中的健康与安全需要

高效、安全的污水处理厂(WWTP)的设计，是一项复杂而艰巨的任务。设计人员面临着严峻的挑战，要确保该污水处理厂满足所有的性能标准，而同时纳入可适用的安全和健康考虑要素。

本章为污水处理系统的设计者提供了设计的安全考虑要素。这些信息适用于现有正在革新的设施和新设施。在设计阶段，旧的问题可以得到纠正，而新的问题可以得到预防。

本章的重点集中于源自设计者可以控制的物理条件的职业性危害并为之提供最小化这种危险的指导。本章不包括所有情况，如公共安全和安全预案的管理。它不能解决设备或机械的设计，这将是制造商的责任。

1.1　工伤

在污水处理设施工作的员工(操作员、维护人员、承包商和分包商)都会接触到许多危害。

美国劳工统计局(华盛顿特区)并没有公布有关污水处理行业中的受伤率的信息；少数几个州有这样的公布内容。表 8.1 显示了在 2007 年内一些工伤率模式，以每 100 名工人的伤者数表示。

虽然这些数据只适用于本国，是一个非常小的部分，但是这种表观模式是相当惊人的。污水处理工人看起来经历可记录的伤害是私营企业中员工伤害的 3 倍。失时工伤率也是 3 倍以上。由于污水处理所需的工艺过程并非非常耗费体力，某些问题似乎并非如此。

表 8.1　2007 年内州受伤率(每 100 名工人中的伤者数)

辖区	行业	记录的受伤率	失时工伤率
美国	所有私营企业	4.2	2.1
新泽西	所有私营企业	3.5	2.0
新泽西	污水处理	11.3	6.8
康涅狄格	所有私营企业	4.8	2.6
康涅狄格	自来水公司	17.0	10.4

据美国劳工统计局统计，10 起最常见的工伤原因如下：

(1) 从 9.1m(30ft)或更高高度跌落，

(2) 从 6.4~8.8m(21~29ft)高度跌落，

(3) 从 3.4~6.1m(11~20ft)的高度跌落，

(4) 遭受重型设备碰撞，

(5) 开挖大于和等于 4.6m(15ft)深的沟渠，

(6) 开挖小于 4.6m(15ft)深的沟渠，

(7) 遭受大于 480V 电压的电击，

(8) 过顶电线路电击，

(9) 来自接触电源线的设备电击，

(10) 正赶上两种情况之间。

1.2 作为设计部分的安全问题

减灾属于设施所有者和经营者的责任。然而，设计该设施的工程师可以发挥重要的作用。由于工程总是涉及找到安全方式实现物理位置的经济终点，在本书中每一个章节都会提出安全设计的要素。本章侧重于更正式的和规范的职业安全与卫生的考虑因素。

2 因工患病

疾病比许多受伤对工人的影响更少。美国劳工统计局报道，美国工人在 2007 年期间相比于 4000000 受伤，只有 206000 人经历患病。在这些疾病患者中，有 128000 人是未知疾病，皮肤疾病 35000 人，和失聪 23000 人。呼吸系统疾病侵害 16700 名工人。中毒侵害 3400 名工人。

当然，低发病率并非借口无视工人暴露于有毒物质或生物制剂。这种暴露肯定在污水处理现场是可能的，这里有用于处理人类排泄物的强烈化学品。设计团队必须采取措施以避免接触这些危害。

工人也可能会接触到处理系统产生的或排放到下水道的化学物质。虽然在系统中产生的有毒气体在过去已经受到最大关注，加到污水和固体中的化学品潜在危险照旧存在。在污水和固体中已发现的污染物包括氯化烃类、杀虫剂、多氯联苯(PCBs)。工人暴露于这些化学品的主要途径可能是吸入，但是另一个潜在的途径是直接接触污水、浮渣或固体。

其他暴露的可能性也由于维护活动而存在，这可能涉及杀虫剂、除草剂、油漆等的使用。因此，这些物质应该妥善储存和处理。

污水工人暴露于许多致病的微生物。大多数感染是由于直接接触污水和固体所造成的。虽然直接接触可以通过适当的工作惯例控制，但是设计师通过选择尽量减少接触的工艺和设备能够降低潜在的直接接触频率。

在过去，有害物质，如汞、石棉、多氯联苯，都用于污水处理厂的施工建设。与这些物质相关的危害已得到了广泛的宣传，而其使用现已经禁止。然而，现有设施的改造要求对这些物质的潜在暴露进行评估。

雇员意外事故几率升高的环境条件，包括噪声、湿度、气味、温度、照明、振动和化学品的接触。

3 法律、法规和准则

各级政府建立了最低的职业健康和安全标准的法规、条例和规范。法律、法规、守则和机构的指导方针，都规定或提议污水处理厂的职业健康与安全的规定。这些规定以最低要求和准则提供给设施所有者和设计师。其他安全规定也可能是合理的。

大多数污水处理厂必须符合《职业安全与卫生法》(Occupational Safety and Health Act)(OSH 法)的规定(29 CFR 1910 和 1926)。几个行业协会能够为设计师提供更多信息。这些协会包括氯研究所(Chlorine Institute)(华盛顿特区)，化学品厂商协会(Chemical

Manufacturers Association)(弗吉尼亚州阿灵顿)，国家防火协会(National Fire Protection Association)(美国马萨诸塞州昆西)和国家安全委员会(National Safety Council)(伊利诺斯州艾塔斯卡)。

建筑和消防法包含许多职业健康与安全的规定。最相关的一些列于本章末的推荐读物部分。设计人员应该考虑哪一法规适用于污水处理设施。如果合理，就可以申请特别许可证。

3.1　职业安全与卫生法和联邦法规

最有意义的安全法令是《OSH 法》(29 CFR 1910 和 1926)，其建立和指导美国职业安全与卫生管理局(OSHA)(华盛顿特区)。《职业安全与卫生法》的目的，是为了消除在施工期间和在一般行业中的不安全工作条件。虽然公有制处理设施在许多州豁免于 OSHA 执行，但是设计者应尝试满足 OSHA 所定的标准，因为这是社会所期。

OSHA 标准指导工厂设计的许多要素。法规涵盖了建筑和一般行业中的一般安全问题，而应该加以解释和应用适当的判决。在这些文件中所涉及的一些代表主题包括以下内容：

- 工艺安全管理；
- 一般安全和卫生规定；
- 行走/工作表面；
- 逃生通道；
- 动力平台、升降机、车载平台；
- 职业卫生和环境控制；
- 有害物质；
- 个人防护装备；
- 一般环境控制；
- 医疗和急救；
- 混凝土和砌体施工；
- 地面和墙壁开口；
- 密闭空间的入口和救援；
- 停工/挂牌(控制危险能源)；
- 脚手架；
- 焊接和切割；
- 防火和预防工作；
- 压缩气和压缩气设备；
- 材料处理、存储、使用和处置；
- 机械和机器防护；
- 手和便携式电动工具和其他手持设备；
- 电气系统；
- 有毒有害物质。

3.2 州法规

大多数州的环保机构已经制定了工作人员审查计划和规范时使用的手册。这些机构的手册要求设计和施工中注意安全。设计工程师应该确定这些手册提出了哪些安全要素。

3.3 地方法规

许多现有和拟议的消防法规的许多规定比 OSHA 条例的规定更加详细和严格。大多数地方消防技术规范执行国家消防规范或国际消防法的规定。在某些情况下，当地消防法规规定布局设计、施工材料和安全设备。通常，当地消防部门有权设立现场布局的规定，让应急反应设备和消防队员的介入，设立消火栓的数量、位置和类型，并设置其他规定。

在大多数情况下，当地消防部门是具有权限的权力机构，有权设定预防、控制和减轻有害物质相关的危险条件的规定并应急响应人员提供所需的信息。例如，有害物质的定义在《国际消防法》(ICC，2007)中是很广泛的，而包括物理危害(例如，压缩气体)和健康威胁(如，汽油)的材料。

该法提供了有害物质的定义并描述了存储、配制、用法和处理的规定。污水处理厂常用和存储而列为有害物质的实例包括沼气、氯气、二氧化硫、氨、酸、臭氧、氧气、氢氧化钠、燃料和过氧化氢。该法规的有些部分包括如下内容：

- 描述了设施从含有有害物质的区域处理通风排气的规定；
- 概述了烟雾和气体检测报警系统；
- 推荐个人防护装备；
- 确定几个系统组件的地震分析；
- 指定标牌；
- 概述溢出控制的规定；
- 确定排水控制；
- 推荐泄爆或抑制；
- 概述消防准入条件；
- 指定供水标准；
- 确定存储规范。

《国际消防法》确立的规定，要由设计师将功能特性包括在内并在某些情况下由设计师规定具体的分析(例如，地震分析)。

3.4 国家消防协会的推荐标准(NFPA 820)

国家消防协会委员会(National Fire Protection Association committee)，其中包括几个水环境联合会®(弗吉尼亚州亚历山德里亚)的成员，已经在其《污水处理和收集设施的防火标准》(*Standards for Fire Protection in Wastewater Treatment and Collection Facilities*)(NFPA，2008)中确立了污水处理和收集设施的消防措施的推荐标准。本书提供了污水处理厂内防火防爆危险的准则，包括具体区域和工艺过程的危害分类。本书调用了具体火灾风险评估作为项目设计过程中的部分。此外，本书还列出了施工位置、描述、电气分类、火灾和爆炸危险、推荐材料，推荐的通风惯例，以及与市政收集系统的液体流处理和固体处理工艺相关的推荐防火措施。有关火源、危险源和缓解措施的详细信息也进行了陈述。

其他 NFPA 消防技术规范，如实验室、电气系统、紧急出口、易燃液体储存，在污水处理厂设计中也有重要的应用。

4　突发事件、伤害和有害事故

安全计划的目的是为了防止意外事故、受伤、疾病和不必要的损害。术语“意外事故”是健康与安全领域的一些争议的来源。一些美国人理解该术语“意外事故”是指难以预料、难以控制的事件。这一内涵直接违背安全—意外惯例的中心原则——事故是有原因和可以预防的。

本章将使用术语“意外事故”是指任何突发性和不良事件。作者由此并没有对这些无法控制的事件作出任何建议。

4.1　事故原因

事故由这些因素的某种组合造成的：

- 工作场所的条件；
- 不安全的行为；
- 程序；
- 外部影响；
- “天灾”。

OSHA 安全标准主要集中于控制工作场所的条件。不安全的条件，包括工作场所拥挤、有缺陷的设备或工具、噪音过大、火灾和爆炸危险、危险的气氛、支撑不足、警卫不足、预警系统不足、照明差、工地管理不善和通风不畅。许多这些条件都能够通过适当的设计而减少或消除。

安全研究人员在 20 世纪中叶使用这个短语“不安全行为”时，意指员工自愿采取的行动或选择行为，增加了受伤的可能性。这些例子包括当其需要并摘下其护目镜的人。当然，员工经常做这样的选择。现代安全研究人员更感兴趣的是查出员工有如此行为的原因。

管理层经常性地通过暗示鼓励或通过制定这种有困难或不舒适的过程或步骤而鼓励或促进这种不安全行为。如果员工莫名其妙地选择某种有害的行为，这就是不安全行为。如果管理层鼓励或按常规容忍这种行为，这就被认为是工作场所文化的一部分。如果工作条件使安全行为是不可能的(例如，蒸汽在护目镜上凝)，则这些条件或多或少是强迫员工采取不安全行为。许多工作方法所造成的意外事故能够通过设计变化而间接减少。

如果与雇主无关的个人或组织引入外界影响，事故也可能发生于具有近乎完美的工作场所条件的工作场所。驾驶员操近道通过停车场，恐怖袭击或供应商提供缺陷部件，都会使意外事故更容易通过外界影响而发生。

事故可能由“天灾(上帝的行为)”造成。这样的实例包括飓风和龙卷风。这种“天灾”对于大多数污水处理厂的事故发生率具有相对罕见的贡献。

很少有意外事故正好是由这些因素之一所造成。通常情况下，一个或多个条件将配合不适当的过程和步骤正好在同一天有人放松警惕。大多数事故调查员是想要维护他们自尊的监事。如果他们归咎于不安全的行为，则他们可能接收的归咎于条件失控的谴责就会减少。这种动态就会作出类似“90%的意外事故是由人造成的”的陈述，这至少是不完全可靠的。

4.2 所有者的责任

拥有或经营实体，就负有主要责任，要提供没有公认造成或有可能导致疾病，死亡或严重身体伤害的危险的工作场所。所有者必须确保环境有充足的光照和通风、控制噪音水平、整洁的工作空间、卫生设施、安全和妥善防卫机械以及相应的工具。卫生设施也必须提供，包括安全的饮用水供应、洗手间、更衣室和餐厅。所有者还负责充足和安全的工具和检查和操作的设备，急救设施和有关污水处理厂运营的安全规程和规则。

4.3 设计师的责任

所有者通过依靠其他人，包括设计师、供应商、建设者、管理者和员工而管理他们的责任。通常所有者确立设计师在服务合同中的角色。然而，有些合同缺乏设计师对职业安全与健康的责任的具体划分。有几个组织发布服务合同样本。这些之中最著名的是由工程师联合合同文件委员会(Engineers Joint Contract Documents Committee)公布，由国家专业工程师学会(National Society of Professional Engineers)(弗吉尼亚州亚历山德里亚)和美国建筑师学会(American Institute of Architects)(华盛顿特区)共同主办。

设计师和建筑师都忙于创建工作场所的条件。合同通常要求设计人员提供符合适用法规和规章的图纸和详细规范。设计人员必须遵守适当的法令、法规和行业标准，特别是提出安全或健康的那些法令、法规和行业标准。注册的专业工程师要求接受保护公众健康与福祉的法律规定。

然而，包括启动的设计师服务，也可能会确立该污水处理厂作业程序的标准。这些设计人员必须不断地质疑其过程和步骤是否要求员工采取其可能会发现是不可能的、不舒服或不愉快的行动。如果这种过程和步骤有任何这些功能特点，则就更容易出现不安全的行为。

在其固定设施和其他设施的计划和详细规范说明中，设计人员通常明确指定条目，例如便携式灭火器、更换件、便携式维修设备、车辆、实验室设备和供给。设计师很少指定诸如维修工具、个人安全装备、防护服或常规事务管理要求等项目。

5 污水相关的具体安全问题

在其他类型的设施中产生安全问题的设计要素，如绝缘的电气装置、开放式双面地板上的护栏，或清晰标识的出口，在污水处理厂中都是很重要的。本章假定了设计师将自动包括这样的功能特性。本节侧重于污水处理厂的具体需要。将不会描述以下相关的重要安全考虑因素：

- 设计师必须对每一设施考虑的安全考虑因素，
- 设计师通常留给设施管理实施的安全考虑因素。

没有任何工厂将会具有本节中列出的所有操作。将这些操作一并介绍于此，帮助设计人员对以下方面作出选择：(1)他们将使用的工艺过程单元装置，和(2)他们将采取尽量减少相关危害的步骤。

5.1 环境危险

以下因素应该纳入现场布局设计的考虑：

• 污水处理厂周围的围墙、栏杆、墙壁、锁门和其他安全措施，这些地方擅自进入可能会导致意外事故或工厂运营中断(设计师应避免设陷于这些安全措施的人员)；

• 化学品、燃料供应、生物固体和其他材料安全运输的规定。

对于建筑物和工作区，下列因素应该纳入考虑：

• 污水进入进水结构散发爆炸性气体和蒸气的位置直接之前敞开渠道；

• 适当的通风湿井，位于单独的结构或只能从外面进入的位置；

• 监测和警示屏幕空间或粉碎机室，与具有鲜明的外部访问的其他设施分开；

• 防洪措施(应该包括相应的报警器)；

• 设备、管道、阀门和其他设计便于出入和充足空间的结构内附件(包括顶空和步行走道)；

• 可能需要调整、观察、或预防性维护的提升设备的工作平台；

• 访问窗口、灯光和安装在天花板上应该操作或维护的项目；

• 设备维修或拆除的足够空间；

• 有潜在危险的区域的成对出入口；

• 迎着和配备火灾危险性高的区域配备引起恐慌的硬件的相应紧闭自动关闭门；

• 提供泄爆、防爆设施、控制系统或防爆屏障的潜在爆炸区域；

• 化学处理和存储区域附近的安全淋浴和洗眼装置；

• 具有两个合理地相互远离的方便出口的实验室；

• 安全的样品收集的规定；

• 控制危险能量(停工/挂牌)的规定。

对于人行道、梯子、楼梯和坡道，应考虑下列因素：

• 罐、池或湿井在紧急情况下进入或退出的检修孔台阶或永久连接的梯子；

• 配备与安全笼或阶梯安全装置而超过 6.1m(20ft)长的固定梯子；

• 齐平安装防止跳闸的提环和栅格锁。

对于开口和舱口，应考虑下列因素：

• 具有固定该盖子处于打开状态(除非它们无开口摆回和平躺)的弹簧或主动锁扣装置的舱口；

• 帮助人进入或离开舱口的弹出握把；

• 防止人落入舱口的弹出式的栏杆。

污水处理厂的设计人员，应该通过下列方法尽可能减少密闭空间的暴露：

• 移动过程，通常发生于限制人可以自由进入的密闭空间内(例如，泵工作的地下室)；

• 修改工艺过程必须在密闭空间内发生，以至于员工很少需要进入(例如，职员应该能够无需进入该空间就能移出和维护泵)；

• 提供进入满足所有 OSHA 标准的空间的装置(则该空间根据 OSHA 并非封闭的)；

- 配置入口，使救援绞车和/或梯子易于安装。

5.2 工艺过程的设备

对于具体工艺过程单元，应考虑下列因素：

- 提供满足 OSHA 标准 29 CFR1910.23(e)而围绕周边螺杆泵的护栏。
- 封闭尽可能有利于通风的污水进水过筛设备。
- 提供用于连续读取渠首工程空气质量的计量仪。对于许多污水处理厂，富天然气计量仪是合适的。
- 处理加压氯化铁或铝溶液附近每一位置提供洗眼和安全淋浴器。
- 使用絮凝聚合物的操作附近提供洗脸水的源。
- 使用絮凝聚合物的操作附近提供容易排水的表面。
- 在每个曝气和沉淀池、澄清和沙砾室提供救援柱和救生物品。
- 为出水流水槽提供自动冲洗系统。
- 封闭尽可能有利于通风的溶解气浮选设备。
- 考虑使用脱硝的非可燃碳源。

对于旋转和往复机械，应考虑下列因素：

- 外露的旋转杆轴和其他所有需要看护的运动部件；
- 开放式网格类型的帽子或护卫，允许观看设备不能移走；
- 润滑配件应该指定于雇员能够够得着而不需要破坏机械防护装置的泵上；
- 防护装置应该是很容易的更换和固定；
- 杆轴上彩绘回纹或其他标记，能够显示运行状态；
- 气室和压力开关将会保护过压正排量泵；
- 无火花滑轮、皮带、风扇轮毂都应该用于易爆区域；
- 警示标志应该出现于自动启动或远程位置的设备上。

对于管道和阀门应考虑下列因素：

- 阀门易于接近和操作；
- 阀门明确标示封闭式和开放式的位置；
- 电力操作的大型经常操作的阀门；
- 位于链头以上的链式传动或电动操作的阀门；
- 隔离的管道和水泵，以使其拆除不会造成污水、固体、气体或化学品排放；
- 与管道内容物，尤其是对腐蚀性或氧化性溶液相容的管道；
- 在行走或工作区域之内或之上的管道尽可能要小；
- 在行走或工作区域之内或之上尽可能减少管接头和管件，这些东西进场比直管更频繁发生泄漏；
- 提供向安全区域泄压的化学压力管道系统；
- 对于日常操作和维护不会堵塞或限制进入的管道；
- 具有泵停工时指示气体累积的压力表的固体处理泵；
- 换热器上的安全和救援设备；
- 接近热管道周围的网罩和防护装置；

- 设计使之未来建设不会出现危险的预防设备；
- 围绕检查阀外部杠杆的安全防护装置；
- 工艺过程管道和应急设备的标准化彩色编码。典型的颜色编码如下所示：

-橙色：通电的设备和可燃气体管线，
-蓝色：饮用水，
-黄色：氯，
-黑色：原始污泥，
-褐色：处理后的生物固体，
-紫色：辐射的危害，
-绿色：压缩空气，
-翡翠绿：非饮用水的过程或冲洗水，
-灰色：污水，
-蓝字橙底：蒸汽，
-白色：交通和内务管理操作，
-红色：消防设备和沼气管线。

对于气体收集的管道及附件，应考虑下列因素：

- 按照制造商推荐的气体保护装置；
- 具有足够防焰器的沼气池上的煤气管道和压力真空释放阀；
- 设计用于防止气体释放的滴水收集器；
- 与建筑建筑物具有安全距离的废物燃烧器和通风口；
- 容许气体设备维修的旁路和阀门；
- 燃气设备如锅炉和发动机的通风房间；
- 预设压力下的气体系统自动关机。

5.3　动力设施

电气系统，应考虑下列因素：

- 完全封闭于导管或覆盖托盘内并充分标识对职员其内容物的中高压电缆；
- 开关、设备、灯具在潮湿地区的防潮箱；
- 易爆危险区避免静电火花的地面设备；
- 防止正在工作或停工状态的机械和设备意外启动的电气锁的便捷附着点；
- 配备为电机在油达到着火温度之前断电的热探测器的充油式潜水电机；
- 严格照明、通风和感应器和报警器的备用电源；
- 对于今后的建设，涉及预防措施使之不会成为危险。

对于照明应考虑下列因素：

- 整个污水处理厂充足的外部和内部照明，特别是在操作活动的区域，如设备、阀门的维修和维护，以及控制；
- 即时照亮危险和内部区域的灯；
- 应急照明灯(电池供电的灯)和内部区域的出口灯，特别是在楼梯附近的灯；
- 警示标志照明。

对于通风应考虑下列因素：

• 为某些独立的机械强制通风，如进水渠道、进水室、湿井、干井、过筛室、粉碎机室、沉砂室、消毒区、检修孔、污水坑、坑道、固体泵区、固体存储区、固体消化区、气体控制室、固体存储和缓冲罐、离心机、固体处理区、消化池建筑、锅炉房、机房、焚烧室、实验室、车库、维修店、洗衣房和淋浴房(甚至低于地面无盖的结构都是危险的；在某些条件下自然通风不充分，造成死亡)；

• 湿井清新空气的强制通风，而使排气扇不会从进水下水管道向湿井抽入下水道气体；

• 机械强制通风，当化学品处理室和实验室被占用时自动启动；

• 如水灾，火灾，风暴，或电源故障等紧急期间维持紧急通风；

• 充分分散和位于进气口空气不会污染地方排放的通风排气口；

• 充分提供补充空气通风；

• 通风排气中处理有害物质(某些消防法规要求)。

对于供水，应考虑下列因素：

• 饮用水通过回流抑制器、真空断路器，或所有软管、泵密封等空气断路器保护饮水管线；

• 每个非饮用水出口附近的警告标志和颜色编码的非饮用水管线；

• 消防用的充足水源；

• 清洗水龙带的重组压力(过压可能危险)。

5.4 专业设备

对于气味控制系统，应考虑下列因素：

• 系统应防止所收集的气体释放到操作空间，

• 占用空间应该监测可燃和/或有毒气体。

对于焚化炉，应考虑下列因素：

• 干固体处理方法应排除导致潜在的粉尘爆炸的粉尘积累；

• 焚烧炉熄火的自动信号；

• 焚烧炉熄火事件的自动关机控制；

• 全自动点火启动控制；

• 辅助燃料系统燃料供应传入的燃烧和回流控制；

• 燃烧器系统控制确保足够的吹扫时间，包括中断的试点、火焰扫描器和防止有潜在危险气氛中的燃烧器可能点火或重新点火的安全控制；

• 充分的温度控制和警报。

5.5 支撑功能

对于实验室应考虑下列因素：

• 足够的补风通风，防爆电机和在特殊的测试区域的实验室罩；

• 危险废物的决策和储存区；

• 洗眼和洪水倾泻，及其排水；

• 压缩气体储存和管道隔离区域；

- 配备大量把手而明显确定的气体出口,;
- 仓储货架的边沿。

对于维修店，应考虑下列因素：

- 防护燃烧单元的红外辐射、弧焊的 UV 辐射和放射性物质的电离辐射的规定；
- 焊接和研磨的废气排放设施；
- 喷砂、溶剂清洗和喷漆区域的封闭和通风；
- 足够的材料处理设备，包括起重机和升降机。

对于物料的处理和存储，应考虑下列因素：

- 化学品储存的区域，是位于人员不跨越安全处理限制的地区；
- 最小化人力抬升的规定；
- 使用手推货车的规定；
- 电起重设备的仓储货架的入口；
- 具有提升重载荷的顶棚悬吊设备的固定式或便携式电升降机，包括化学品、水泵、电机和维修或更换的设备的电升降台；
- 移除或降低设备至坑道区域的升降台；
- 装载点的化学电梯的除尘器；
- 滚筒式处理设备。

5.6　有害物质

对于有害物质，应考虑下列因素：

- 卸载设施，光线充足和方便应急反应人员出入；
- 如果混合在一起会发生剧烈反应化学物质的独立接收和存储区域；
- 屏蔽热源的容器；
- 提供漏检；
- 罐上的真空泄压装置；
- 提供的罐池液位测量装置(质量或体积)和报警；
- 使用时拉链或脚踏式洪水倾泻报警器，以及邻近正在处理或储存危险化学品的区域的地漏；
- 设备和储油罐附近防止车辆损坏罐池的矮柱，包括地下的罐池；
- 气体燃料和氧气瓶的单独存放位置；
- 气体钢瓶存放的限制；
- 当化学品室被占用时启动强制通风和照明的自动控制；
- 位于可能受有毒物质排放影响的外部区域的光和通风开关；
- 通风排气口充分分散和定位而使排放废气不会污染其他区域的空气进气口。
- 有害气体排放处理系统；
- 提供的自助式呼吸器；
- 可燃物、稀释剂、溶剂等的批准存储；
- 足以满足需求高峰的存储空间；
- 能够保持存储量加上安全余量的护堤和围栏；

- 标准封闭的外部可接近的隔离阀门的控制区域的地漏；
- 在每种液体化学品储存区容许化学品回收的集水池或低位点；
- 与所涉及的化学品相容的危险化学品储存、运输或混合所用的材料和设备；
- 对于氯消毒

-确定谁必须完成风险管理计划的详细说明；

-分隔氯化器/蒸发器和氯气储藏室，每个只有向外面空气的地面通风；

-混凝土地板和来自其他设施的足够而独立的排水设施；

-外部观察储氯室的观察窗；

-通风良好，防护阳光直接暴晒的防火结构。

- 干次氯酸钠存放在阴凉干燥的地方；
- 两关闭阀门之间从来没有夹留液体的的次氯酸钠溶液传输管线；
- 为通常由这个过程产生的氢气提供通风的次氯酸钠溶液生成系统；
- 为通常这个过程中产生的氢气提供防爆安全的次氯酸钠溶液生成系统；
- 地震地区所用材料的主动柜锁。

对于化学处理，应考虑下列因素：

- 与高作用强度的酸或碱相反而使用缓冲的酸或碱。

对于燃料储存，应考虑下列因素：

- 汽油、柴油、沼气、液体燃料和丙烷独立的或受保护的储存；
- 带有锁的帽和适当标签的化学品填充端口；
- 分散区域可利用的足够接地和粘接；
- 遏制泄漏和溢出；
- 燃料泄漏的地漏疏水阀。

对于气体监测设备和警报，传感装置应配有视觉和声音警报，检测以下物质：

- 爆炸性或可燃气体；
- 在过筛或粉碎机室、消化池区域、可燃物储存和其他地方需要的蒸气；
- 供氧钢瓶的氧气泄漏。

5.7 安全资源

污水处理厂的设计人员应提供个人防护和安全设备的储存，包括以下方面：

- 安全帽、工作服、听觉保护器、面罩、护目镜、胶靴、高筒靴、高筒防水胶靴、安全鞋、雨具、手套、化学围裙和防寒服；
- 实验室的防护装备；
- 呼吸设备；
- 安全帽、护目镜和访问者耳塞；
- 便携式通风设备，如鼓风机和硬管足够的管道长度；
- 硫化氢、可燃气体、甲烷、氯气、一氧化碳和氧气不足和充电站的指示牌；
- 呼吸器和复苏器；
- 噪声分析仪；
- 手电筒；

- 便携式起重设备；
- 急救包；
- 绞车和安全带、绳索、三脚架和进入拱顶的吊重机；
- 安全杆、救生衣、救生圈或在需要区域的这些组合；
- 消防灭火器；
- 路障、交通锥标、警示标志、闪光器、反光背心；
- 电话、对讲系统、无线电通讯设备和通信对讲机；
- 安全库；
- 培训室和培训器材。

安全设备应设在紧急情况下方便地接近的地方。

卫生设施，应考虑下列因素：

- 步行通过具有冷热水的淋浴设施；
- 每个员工的两个储物柜——一个用于工作服而另一个用于休闲服饰；
- 踏板操作式实验室水槽、厕所和洗手池；
- 消毒剂分配器、液体肥皂分配器和毛巾分配器。

对于厂内内务管理，应考虑下列因素：

- 充足的存储区域；
- 漏溢区的水龙带龙头、水龙带、喷头和水龙带架；
- 为清理目的的拒水性墙面；
- 快速关闭取样阀的泵；
- 方便清洗的倾斜和排水地面；
- 挡泥板和滴盘；
- 排放到设备相邻或整体组成部分的枢纽排水渠的密封水。

对于物资储存，应考虑下列因素：

- 存储空间足以满足需求高峰；
- 良好内务管理的存储；
- 货架边缘上的唇沿。

对于噪声控制，应考虑下列因素：

- 降噪设计的设备；
- 将要完成这项工作的最低噪声的设备；
- 设备之上或附近的吸音；
- 空气压缩机，过滤单元的真空泵、离心机、鼓风机、备用电源单元和位于隔音室或声学隔音结构内产生高噪声水平的其他设备。

5.8　紧急事件

对于火灾控制，应考虑下列因素：

- 自动灭火系统；
- 在存储多种类型的化学品的库房内的喷头(消防技术规范的要求)；
- 位于可能大火区域的入口附近可接近点的每一单独结构的消防设备；

- 适用于这个区域和要保护设备的灭火器;
- 不可燃或防火材料制成的建筑物;
- 有害物质、消防水流和降水截留遏制;
- 消防水流的定尺定寸的严格排水;
- 允许使用充分处理后的污水作为备用消防供水的规定。

5.9 通信

危险的沟通，应考虑下列因素:

- 具有信息的指示标识，如“禁止吸烟”、“禁止奔跑”、“穿救生衣”、“戴安全帽”、或“佩戴护目镜”;
- 指示危险，如爆炸性气体、密闭空间、噪音、化学品、可燃物、冰、湿滑的地面、高压容器、高压管道、架空设施和地下动力设施的危险识别标志;
- 指示严格位置和严格操作的正确程序的指令标识;
- 限制访问的标识;
- 套筒风标。

5.10 固有的更安全的工作场所

除了执行本手册和现有法规、标准和条例的推荐标准之外，设计者应积极尝试设计固有的更安全环境。任何减少环境中危险能量的步骤，无论是否通过较稀的危险化学品形式，设计操作更接近环境条件，或者尽量降低潜在的跌落高度的工艺过程，都将使工作场所更安全。

6 施工安全的设计

虽然施工安全，一般是建筑承包商全权负责，但是施工期间发生意外，对于公用事业具有负面后果，因为这可能导致以下问题:

- 项目延误;
- 正在兴建的结构损坏;
- 诉讼(即使公用事业单位或设计师是无责的，但是辩护律师费用可能会非常昂贵);
- 宣传影响较坏;
- 日常业务中断。

因为在生产中已经证实，减少事故发生的步骤也改善工作产品的质量。采取合理步骤降低意外事故、伤害和疾病的项目团队，将会具有更佳、更流畅和更少问题的施工经历。

6.1 联邦法规

OSHA 的多雇主工地引述政策往往认为总承包商对其分包商违规负责。设计师和污水公用事业单位通常并不够紧密控制自己的承建商，使他们容易接受这一政策。

选出聘请承包商处理该项目一小部分的公共事业单位，可能在不知不觉中成为这一政策的总承包商。OSHA 也可以考虑管理建设项目风险的设计公司成为总承包商。在这些情况下，本节所提供的意见对于公共事业单位或设计师是不充分的。

6.2　义务

发生事故的责任传递给那些负责安全的人。施工安全应是施工承包商的义务。在侵权行为法中，总承包商往往为意外发生的分包商员工负责，因为总承包商控制许多工作场所的条件。设计师或管理安全的公共事业公司，如果他们“假设以行动的控制权”，就太过直接地能够找到自己共享的这一责任。

然而，设计师和公用事业公司通过鼓励建筑承包商运作安全的工作场所可以提高其施工经验。以下各节提供如何将会获得更安全的工作场所，更好的项目并降低成本而并没有将设计者或公共事业公司变成“安全顾问”的过程和步骤，设计者或公共事业公司只不过有责任提醒和纠正现场的每一危险潜势。

6.3　“对安全的设计”

最近在工程行业具有一个趋势，被称为“对安全的设计”，鼓励设计师尽量减少承包商员工所面临的危险。这种趋势的支持者认识到，设施设计通常包括他们所修建的使之处于险境的那些危害因素。例如，在 2004 年，吉布等(Gibb et al.，2004)研究了 100 个建造业的意外事故并发现其中 47 起可以通过设计修改防止。

设计师如果想利用这些原理降低跌落危险，例如，可能会：

- 指定永久性屋顶结构吊带固定点作为该结构的一部分。在施工期间和在未来屋顶维护操作期间工人可以使用这些固定点。
- 在地面以上 53cm 和 107cm 高度(21ft 和 42ft)处设计 5cm×10cm(2in×4in)53 孔，以方便安装救生索和护栏。
- 离建筑物周边至少 3.0m(10ft)定位屋顶设备，以降低安装和维护期间掉落的危险。

设计师可以解决在施工可行性审查过程中的“对安全的设计”。如果参与审查施的工人员牢记安全，施工工作变得更安全、更经济。

6.4　投标前的详细规范

在可能范围内，设计人员应在合同文件中详述施工安全问题。公共事业公司可能指导设计师采取以下建设项目安全的方法之一：

- 在详细规范说明中，包括通用的语句，如“承包商必须遵守所有适用的法律”。因为“所有适用的法律”包括参考 OSHA 标准，这个简单的语句参照性地结合了所有 OSHA 的建设标准。
- 在详细规范说明中，包括承包商必须提供的健康与安全计划的详细说明。该详细说明通常会要求书面的健康与安全计划，描述现场任何特殊的危害，并要求承包商迅速向公共事业公司报告任何事件或问题。

-此外，对承包商的安全计划的副本应该是要求提交文件的一部分。许多需要这样的安全计划的设计公司仅仅检查它的存在。

-其他设计公司评估承包商的安全计划的充分性。这些计划的评审人必须避免其已经认证了该计划的充分性的印象，以防止所有可能的意外。借助仔细的法律支持，这样的评审可以实现无义务增加的安全改善。

- 要求承包商具有合理的良好安全纪录，而有资格获得招标的邀请(见“安全资格承建商”这一节)。
- 在所有者控制的保险计划下直接管理承包商的安全。

因为此选项是越来越流行，它将会独立进行讨论(见“所有者控制的保险计划”这一节)。

详细规范说明往往用于告知承包商安全隐患。这些隐患可能包括以下内容：

- 所用的化学品(如，氯、二氧化硫、石灰、三氯化铁或聚合物)；
- 密闭空间及相关危害的；
- 异常的工艺过程操作，如使用纯氧气或臭氧发生器；
- 固体处理设施；
- 铁路或车辆交通；
- 火灾或救援人员的可用性；
- 如果适当，还有其他的隐患；
- 高度危险性物质的工艺过程安全管理。

向承包商通报这些隐患，提供了许多优点，如使承包商保护员工、建设督察和公众，并使设备供应商在其生产的产品中包括必要的安全功能特性和成本。未能向设施承包商提醒这些隐患，就会向公共事业公司和设计师敞开了伤害索赔和延误索赔的责任。

6.5 公共事业公司和设计人员的安全

保护承包商及其分包商的员工，是传统的施工现场安全计划的重点。保护这些工人利益使公共事业公司获得的受益是间接的，并在投标前的“详细规范说明”一节进行了描述。施工作业也可能会导致公共事业公司和设计者或在附近的广大市民意外伤害。这些人群中任何成员受伤都会更直接地损害公共事业公司的利益。

设计师通常是涉及到表 8.2 中所示的项目阶段，这也预示着每一阶段潜在的健康和安全任务。在现有设施扩建期间，设计人员要花费大量的时间在厂内，因此应遵守该污水处理厂的健康与安全的法规及其雇主的那些守则。

表 8.2 设计师的健康与安全任务

阶段	任务
设施规划	考虑工艺过程选择的安全风险部分并确定所选择的工艺过程的安全保障。
初步设计	审查现有的事故报告；确定项目适用的法令和规章；实施法令适用性的研究；和实施健康与安全的调查。
准备计划和详细规范说明	审查计划和详细规范说明是否符合安全规定；准备所需工具、用品、个人安全装备、安全设备的标识和第一急救用品清单；准备应急预案；并准备操作手册的安全部分。
施工	要求承包商考虑污水处理厂工作人员在施工期间的安全，并遵守污水处理厂健康与安全规则，并实施竣工的健康与安全的调查。
启动和性能测试	提供安全培训

公共事业公司具有绝对权利要求承包商采取任何合理的步骤，防止其雇员或其邻居不受伤害。作为一个实例，OSHA 的隐患通信标准要求任何雇主其化学物质可能会影响另一雇主

的雇员，而使之向所受影响的雇主提供那些化学品的材料安全数据表。设计师和公用事业公司不应该接受关于这种安全问题的未送达的理由。

协调建设工程的位置和污水处理厂内正在进行的操作，才能使有害的能量安全保持远离这些人群，是驻地工程师的恰当重点。

6.6 安全资格认证的承包商

许多公共事业公司——和几乎所有财富 500 强企业——要求承包商满足安全性能标准，才能有资格作为投标人。对于这种评价公共事业公司可以使用的模板看起来类似于图 8.1。通常情况下，公共事业公司遵循这个计划，将不会向以下任何承包商发送投标邀请或授予合同：

- 未能完成并提交承包商资格预审的表；
- 报告的工人补偿经验修改率（workers' compensation experience modification ratio）（EMR）大于 1.25（雇主的 EMR，粗略而言，是雇主在工人受伤花费数与保险业对此预计数之比；不太注重安全的雇主往往具有高 EMR 比率）；
- 报告受伤或患病率（按照 OSHA 的要求）比其行业平均值高出 25%以上（美国劳工部［华盛顿特区］于因特网上 http：//stats. bls. gov/news. release/osh. t01. htm 地址发布这个平均值）；
- 无法确认其员工对现场这种极端危险物质进行操作具有充分的培训；
- 在最近 3 年内经历了工作场所的死亡率，除非设计者推论认为导致这种死亡率的因素超出了该承包商的控制之外。

对承建商资格预审看起来违反大多数州既定的公开招标规则。如果该项目涉及由美国环保署（华盛顿特区）（U. S. EPA）《化学品风险管理计划规则》规定的极其危险的物质时，这可能并非如此。美国环保署《化学品风险管理计划规则》第 40CFR 68. 87（b）（1）款要求所有者或经营者，在选择承包商时，“获取和评价关于合同所有者或经营者安全性能和计划方案的信息”。在一般情况下，当州法律与联邦法规冲突时，州法律通常服从联邦法规。

6.7 施工前的会议

施工前会议提供了再次强调项目期间必要的安全考虑要素的机会，论证安全的关注，并提供给承建商的安全信息文档。施工前会议还提供承建商提出其他问题的机会，并找出可能被忽视的其他安全问题。

当然，在施工前会议发生的讨论将随公共事业公司和设计师选择的安全管理办法而变化。如果项目团队包括安全规范详细说明，则承包商将被要求在该会议上论证对那些规定的遵守。如果项目团队将在现场直接管理安全，则该会议将解决这些管理程序。所有者控制的保险计划（OCIP）（参见“所有者控制的保险计划”这一节）项目就是一个例子。

6.8 项目安全的监管

无论书面安全计划的全面性如何，如果程序不忠实执行，事故可能还会发生。安全检查，能够改进执行力度。这些检查通常是由总承包商或向其报告的安全顾问实施。

公用事业和设计师实施现场安全检查的力度取决于具体情况。

1.0 公司姓名:
主要业务地点的地址:
街道:
城市、州、邮编:
电话号码:
传真:
2.0 所用的其它公司名称:
3.0 母公司、关联公司、子公司、合作伙伴公司的名称和关系:

地址:
城市、州、邮编:
关系:
公司:
地址:
城市、州、邮编:
关系:
4.0 在最近三年内你们公司属权是否有变化
[]是 [] 否
5.0 保险涵盖范围。
5.1请附上显示以下方面覆盖范围，免责，免赔额程度的证书:

- 一般商业责任险,
- 承建商污染责任险,
- 专业责任险（限制和免责），
- 工人赔偿险.

5.2 由当前工人赔偿险提供者涵盖多长时间?
5.3 列出你最近三年已经适用于你公司工人赔偿险政策的经验修改率（EMR）。

年	州内	州际
20__		
20__		
20__		

5.4 列出能够证明你EMRs保险公司或保险经纪公司的名称、地址和电话号码

5.5 如果你没有EMR，请解释。

6.0 请从你公司的OSHA号传送伤病的数目和比率。200登录至以下表格中:

年内伤病	20		20		20	
受伤类型统计	#	比率	#	比率	#	比率
误工时案例						
首先工作日案例						
医疗治疗(非急救) 案例						
总疾病案例						
总记录在案的案例						
年内雇员工时						

列出最近三年内贵公司具有的任何死亡事件，包括地点、原因和采取的纠正措施.

7.0 你要求建档的安全会议为谁举行
a. 工地监理? 是 否 频率
b. 雇员? 是 否 频率
c. 新雇员? 是 否 频率
d. 分包商? 是 否 频率
8.0 法人代表会对该工作审计安全惯例吗? 是 否
8.1 姓名 题目
8.2 法人代表访问项目的频度如何?
8.3 法人代表是否有权采取纠正行为?是 否
8.4 法人代表向谁报告?
姓名 题目
9.0 公司是否具有健康与安全计划? 如果有，请给出细节。

图 8.1 安全资格预审表

• 如果该公共事业公司或设计师是直接管理设施的建设，则他们可能已经承担多雇主工作现场政策下的义务。在这种情况下，逃避责任最好的办法是积极管理风险。在这种情况下，施工经理，或向他或她报告的安全顾问，将会定期进行安全检查。

• 如果承包商按照 OCIP 工作，OCIP 管理团队将包括做这些检查的安全人员。

• 如果项目涉及美国环保局《化学品风险管理计划条例》(Chemical Risk Management Plan Rule)所规管的极其危险的物质，则该公共事业公司或设计师必须遵守第(二)40CFR68.87 的第(b)(5)条款，要求所有者或经营者“定期评估合同所有者或承建商在执行[40CFR68.87(c)条对于承建商]规定的义务中履约情况”。

6.9　所有者控制的保险计划

公用事业公司和设计师往往能够使用综合保险(insurance wrap-ups)或 OCIPs 降低其建设项目的总成本。这些计划将风险分配给承包商，但所有者偿付项目特异性保险需求而解决这些风险。项目省钱可能是显著的，从 4%～10%的项目造价不等，这取决于项目的类型和所需的覆盖面。

为了平衡并不排除少数人参与的充分保护、合理成本和要求的需要，许多所有者、承包商和公共实体从每一个承包商选择了保险的“控制”，并使用通常会提供扩大覆盖范围为所有承建商降低成本的方法。基本概念也可以由承建商采纳为承建商控制的保险计划(CCIP)。合伙人控制的保险计划(PCIP)中，所有者和承包商共享任何节约成本的措施，是进入该领域的最新条目。无论如何简称，每个都处于综合险计划保护伞之下。在任何类型的综合险之下，关键要素、优势和劣势都保持不变。

为了最大化与这些计划有关的节约措施，OCIP 团队经常积极管理安全。事故发生越少，损失越少，而项目结束时所有者偿还越多。如以上所述，更安全的项目降低延迟而更好地保护所有者的资产。

7　参考文献

Gibb, A.; Haslam, R.; Hide, S.; Gyi, D. (2004) The Role of Design in Accident Causality. In *Designing for Safety and Health in Construction*, Hecker, S., Gambatese, J., Weinstein, M. (Eds.); University of Oregon Press: Eugene, Oregon.

International Code Council (2007) International Fire Code. International Code Council: Washington, D. C.

National Fire Protection Association (2008) *Standard* 820—*Standard for Fire Protection in Wastewater Treatment and Collection Facilities*; National Fire Protection Association: Quincy, Massachusetts.

8　推荐读物

Advisory Committee on Construction Safety & Health (1999) Multi-Employer Citation Policy. U. S. Department of Labor, *Occupational* Safety and Health Administration: Washington,

D. C. , http：//www. osha. gov/doc/accsh/accshwkgrpdoc/multi employer citwkgrp. html(accessed May 2，2009).

National Fire Protection Association(2008)National Fire Codes. National Fire Protection Association：Quincy，Massachusetts.

OSHA Alliance Program (2005) Prevention Through Design：Design for Construction Safety. U. S. Department of Labor，Occupational*Safety* and Health Administration：Washington，D. C. ，/(accessed May 2，2009).

Toole，T. M. ；Gambatese，J. (2008)The *Trajectories* of Construction Prevention Through Design. *J. Safety Res.* ，39，225-230.

U. S. Department of Labor (2009) Bureau of Labor Statistics Web site. U. S. Department of Labor，Bureau of Labor Statistics：Washington，D. C. ，/(*accessed* May 2，2009).

U. S. Department of Transportation (2007) Guide to FHWA Funded Wrap - Up Projects. U. S. Department of Transportation，Federal Highway Administration：Washington，D. C. ，http：//www. fhwa. dot. gov/programadmin/contracts/wrap. cfm(accessed May 2，2009).

Water Environment Federation (1996) *Operation of Municipal Wastewater Treatment Plants*，Manual of Practice No. 11；Water Environment Federation：*Alexandria*，Virginia.

Water Environment Federation (1994) *Safety and Health in Wastewater Systems*，Manual of Practice No. 1；Water Environment Federation：Alexandria，Virginia.

Water Environment Federation(1992)Supervisor's Guide to*Safety* and Health Programs. Water Environment Federation：Alexandria，Virginia.

第9章　支撑系统

1 前 言

本章综述了污水处理设施的支撑系统现有技术领域和一般设计的考虑要素，以使工程师能够在设计这些系统时有效地与其他设计学科协调工作。许多支撑系统需要提供广大市民接受的功能齐全的污水处理设施。

各个污水处理设施运营和工艺过程的选择、制定和设计需要巨大的努力。然而，即使是一个精心设计的处理系统，也需要精心策划和制定支撑系统。因此，支撑系统的设计，特别是在较大的设施中从复杂性和创新与节约能源的潜力上而言可媲美工艺设计。协调良好的工艺过程和支持系统的设计，会使污水处理设施有效而高效地提供所需的处理程度。

2 可靠性标准

在20世纪70年代初，在正强调建设新的污水处理设施时，美国环境保护署(华盛顿特区)(U. S. EPA)制定了机械和电气支撑系统的可靠性设计标准。标准的目的是为了确保新设施维持高度的有效性。1974年，美国环保署公布了《机械，电气和流体系统和部件可靠性的设计标准》(*Design Criteria for Mechanical, Electrical, and Fluid System and Component Reliability*)，它仍然作为现在的参考点。这些可靠性标准不仅适用于污水处理工艺，而且也适用于该设施的机械和电气支撑系统。总结如下的标准，定义了以下三个类污水处理设施的最低可靠性标准：

- Ⅰ类设施，向通航水域排放，这种水域可能由质量退化的污水仅仅几个小时就造成永久性的或不可接受的破坏；
- Ⅱ类设施，向通航水域排放，这种水域由短期的污水质量退化不会造成永久性或不可接受的损害，但可能受到持续的污水水质退化损坏；
- Ⅲ类设施，是不属于Ⅰ类或Ⅱ类的设施。

经过设施的分类定义之后，实现所需可靠性的具体设计标准能够在技术公告中找到。影响标准的支撑系统，包括电力系统，仪器仪表和控制系统，以及其他辅助系统，如污水处理厂用水，卫生管道工程和化学系统。例如，电源及其分布的可靠性规定依赖于污水处理设施的具体类别(Ⅰ、Ⅱ或Ⅲ)。在一般情况下，应该向该设施提供两个单独的和独立的电力来源，要么来自两个独立的公共事业单位，要么来自电力公司，至少一个设施的电力应该是首选的电力源——即，如果发电容量损失则来自电网的设施电力。这个电力源是最后失去的动力电源之一。从电力设施，设施的电源至少应该是首选来源，这是一个实用源，是最后失去从公用电网的电力。独立的电力源应该分布于设施内独立的变压器，以尽量减少共模故障影响两个源。设施内配电的可靠性功能还应该包括多余的总线或馈线连接到备用设备，具有两源之间变电方案的双动力电机控制中心(MCCs)，协调断路器设置或熔断器的额定值，可接受的设备位置和备用电源发电机启动。

表9.1总结了电力供应源可靠性研究的结果。研究表明，两个独立的电源提供高水平可

靠性并且仅仅在最严格的可靠性限制下额外电源的费用才是合理的。

表 9.1 电力源的可靠性

	单 13.8kV 源	具有 13.8kV 双馈电线的单 111kV 源	两独立的 13.8kV
单径向系统			
故障/年	1.12	0.3	0.1
停电时/年	7.0	5.5	5.0
初级选择式系统			
故障/年	1.0	0.3	0.06
停电时/年	5.0	3.5	3.1
次级选择式系统			
故障/年	1.0	0.2	0.03
停电时/年	2.7	1.2	0.8

3 电力系统

污水处理设施的配电系统设计应该基于所需的系统可靠性，这反过来定义了要实施的系统分布排布设计。详细的设计，必须符合可适用的国家和地方的法规和标准。一般来说，电力系统的设计，可以围绕处理设施的要求采用《国家电气规范》(National Electrical Code)(NEC)(国家防火协会和美国国家标准学会，2008)中定义的电力系统类型进行设计。配电系统的类型包括以下内容：

- 简单径向系统，
- 扩展径向系统，
- 初级选择式系统，
- 次级选择式系统，
- 次级点状网络，
- 环形总线系统。

电力系统的这些类型将在本节后面讨论。

在没有详细的当地电气规范要求的情况下，详细设计通常应该基本上依照 NEC，《国家电气安全规范》(National Electrical Safety Code)(美国国家标准协会，2007)和《职业安全与健康管理局》(Occupational Safety and Health Administration)(华盛顿特区)(OSHA)提出的要求。此外，设计必须符合当地电力设施的运行规则。因此，早在设计过程中确定和彻底了解所有这些要求是很重要的，因为一旦建设完成后，往往要求承包商获得所有规定的权威部门检查和批准的认证。为确保安全，由承包商指定和安装的所有设备应该满足包销商实验室公司(Underwriters Laboratories Inc.)(华盛顿卡马斯)或对于该地理区域认为是合适的类似测试机构认证的刚性测试标准。有些州，如华盛顿州，要求所有电气设备必须由国家认可的检测实验室(例如，美国包销商实验室公司(Underwriters Laboratories Inc.)，天祥(Intertek)，加拿大标准协会(Canadian Standards Association)和一致性欧洲(Conformance European)列入清单或标注。具有这种要求的州，可能提供可接受的测试实验室名单和测试实验室可以列入清单/标注的州认可的设备类型。为了确保电力系统的设计将兼容现有的公用动力供应，在项目规划阶段应该包括足够的时间，才能满足当地的公共事业公司定义的负荷容量、系统电压和任何独特的设计考虑因素。

最终的电力系统设计目的是提供足够容量而运行可靠、经济的安全系统。因此，需要准确估算电力载荷和相关特性。只要设计的一般性质已确立，则通常就完成了该项目的初步分析，而确定电气设备的主要项目的近似大小和位置，并通过其工程部门以所需的信息提供给当地公用事业公司。一般公共事业单位所需的信息，包括污水处理厂和其结构的位置所示的配置图、电力服务的入口点、照明和动力的总连接负载、最大预计需求、电机的大小和位置及启动特性和电气负荷增长的预测。

污水处理厂的物理布局会影响电气设备的位置和污水处理厂电力系统的特点和配置。小型或紧凑的污水处理厂布局设计，适合集中配送，变压器定位和单个负载径向低压馈线。较大的污水处理厂，可能更适合中压配电、环路馈线和电气设备定位负载附近，如变压器、电机控制中心和配电中心。在大多数情况下，这两个系统结合使用。

污水处理设施的电力负载性质，决定了厂区所需要的电压水平。小于 0.37kW(0.5hp) 插座和小型电机，一般需要 120/240V，单相，60Hz 的电源。对于户外及大型室内场所的照明，更经济的解决方案可能是三相，60Hz，120/208V 和 277/480V 电源。大型电机(0.37~300kW[400hp])，占据大多数污水处理设施的大部分负载，通常需要低电压(通常为480V)，三相，60Hz 电源。某些大型电机(大于 168kW[250hp])也可能使用中等电压(4160V)，三相，60Hz 电源。用于 460V 电机供电的电机控制中心额定 186kW(250hp)~300kW(400hp)；然而，这些应该逐案进行评估，才能确定设施和具体载荷端的最佳配置。远程 480V 的分布从中心配电位置至远程使用点所需设计的电缆可能会成本高昂。使用 186~300kW 的中等或低电压电机的决策，应该对分配系统设备的成本和中等电压设备运行时对工厂经营者施加的额外培训要求进行权衡。此外，MCC 的规模和配置，也应予以考虑。尽管典型的 300kW(400hp)，480V MCC 部分比相同千瓦(马力)额定的 4 160V 部分更广泛，但是 4160V 的部分通常深很多(61cm vs. 91.5~106.7cm[24in vs. 36-42in])。在 480V 供电的变频驱动器通常用于接近高达恒速电机相同额定值的电机。需要超过 5000V 电压的负载在污水处理厂应用中是罕见的。

通过准备设备电机清单和设备使用的性质，如连续、待机、或间歇性，就能确定设施的电力负荷和特点。在初步设计中包含单配电系统单线图，呈现诸如电源变压器、开关柜、MCCs，各种动力和照明配电板，以及所有电机的电力系统所有主要组件。图 9.1 和图 9.2 描述了目前典型的中型污水处理厂(WWTP)的电气单线图。照明载荷能够从各种结构区域，通过使用从北美照明工程学会(纽约)《照明手册》(*Lighting Handbook*)(2000)获得的合适的单位面积功率数因素进行估算。

设计电力系统时，检查电力公司收费标准表是很重要的。除了实际耗电功率的收费之外，大多数电力公司增加了最大的需求收费。一些电力公司对于如果某个工厂的功率系数低于一定的最低值是会罚款。最大需求收费，经常基于前 12 个月最高使用率，惩罚短期电力

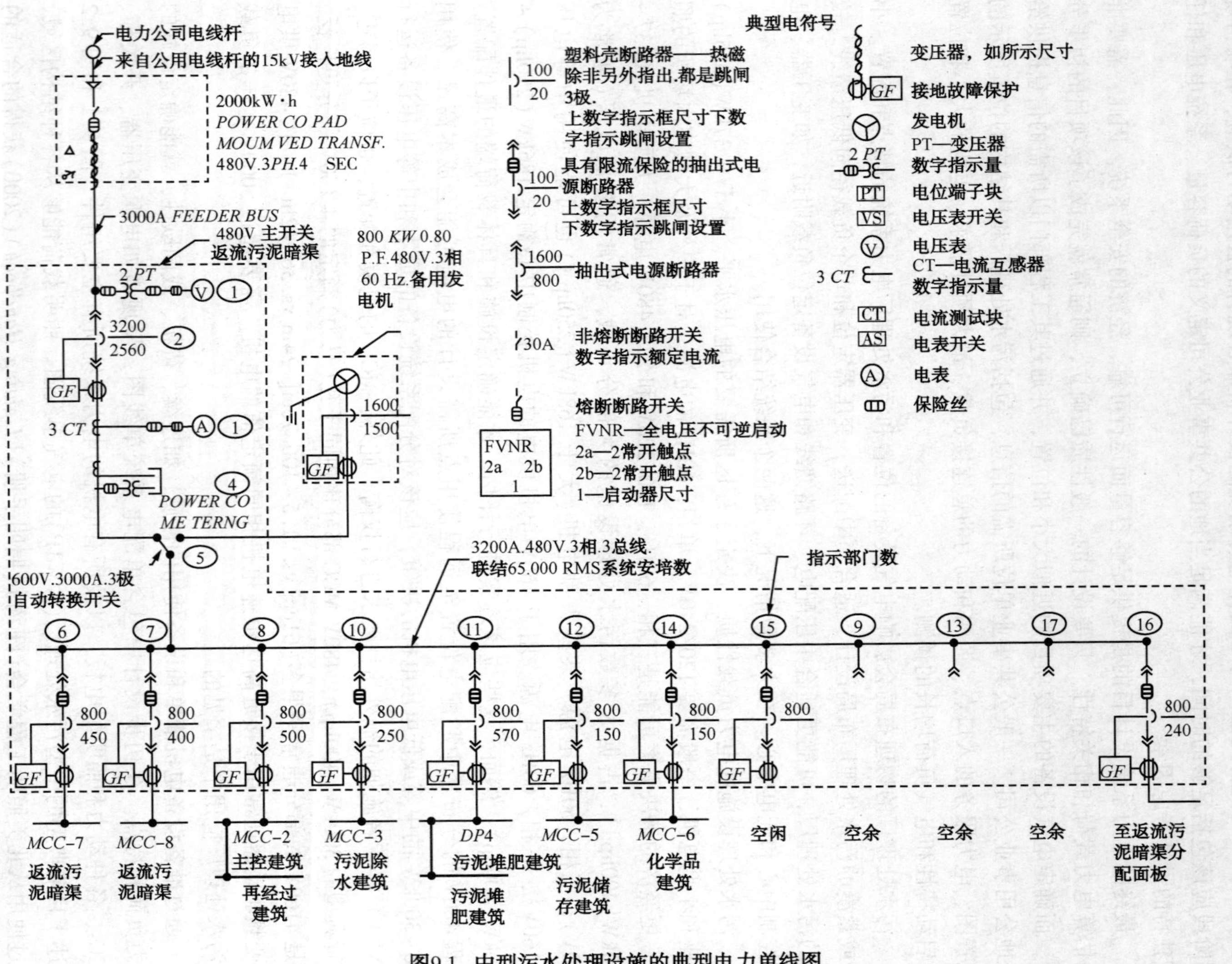

图9.1 中型污水处理设施的典型电力单线图

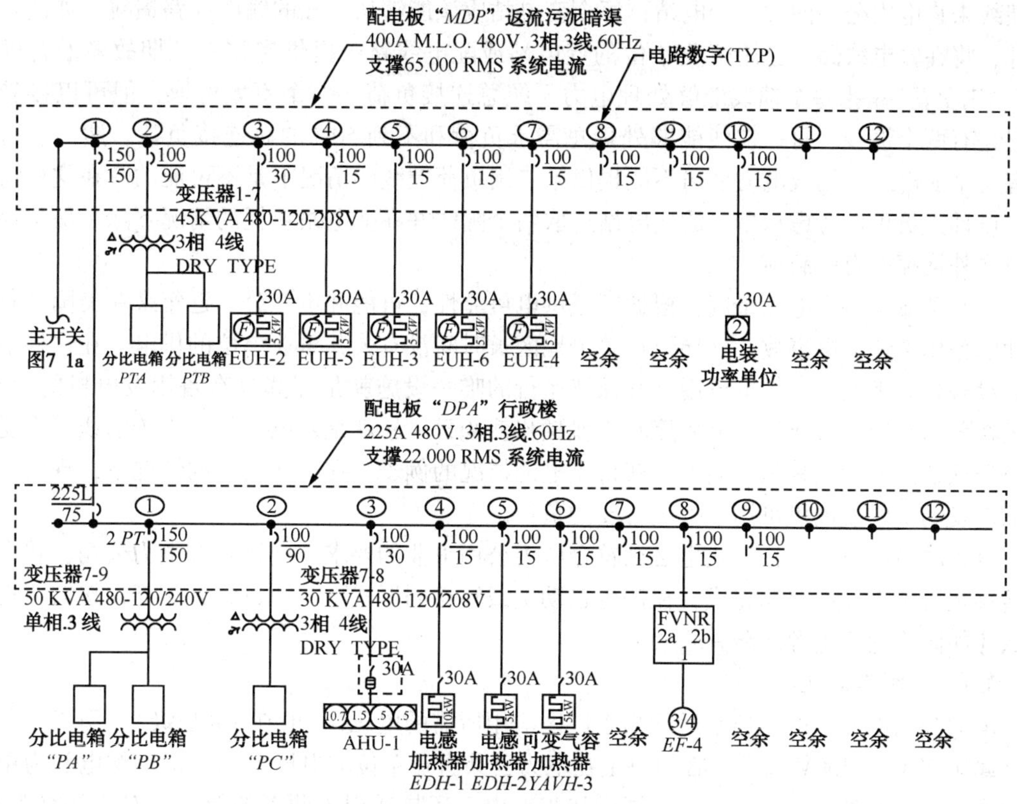

图 9.2 中型污水处理设施的典型电力单线图

消耗大量的用户。因此，统一的用电量在经济学上是很重要，而一般可能会在电力设计阶段就要考虑；然而，最大需求通常是选择各种大型电机规模和该厂运营方法的结果。现在许多污水处理厂使用电气系统监测软件程序监控系统中各个点的能源使用，并协助经营者确定电力系统中在什么点可以避免各种负载而降低需求。

除了计算所连接的负载之外，典型的需求载荷、设施的增长和可靠性都应予以考虑。总的连接负载是所有电力连接到电力系统的负荷(千伏安计)的总和。设计师应该考虑工厂实际的峰值工作负载的需求负荷(千伏安计)。计算需求负载时，应该假设最大污水流条件。在进行扩建设计时，设备和电路评级应该经过选择，足以应付未来的负荷增长，并对其他电气设备和电路的预留空间。可靠性一般通过提供备用电源和路线而进行最大化设计。

3.1 电源和配电系统的电压

当从当地的电力公共事业单位获取电力时，从当地公用事业单位可获得的服务类型限制了厂区对于特定负载电源电压的选择。因此，当地的电力事业单位的政策和主要配电系统影响电力系统的设计。因此，要与电力事业单位妥善协调设施的设计，早在设计过程中，与电力事业单位的代表与会是很重要的。电力事业单位的配电系统最重要的电力特性就是其发电容量、配电电压和可利用的短路电流。

3.1.1 公共事业单位供电容量和冗余度

配电系统的电力容量应该至少等于其需要供电的负荷。一般来说，"独立"是指每个电源馈线来自电力公司的独立变电站；每个变电站应该能够从单独的输电线路馈线。如此布局设计，将在输电线路、公用事业单位的变电站或配电线路中提供完整的长期故障的合理保护。"满负荷"是指每个馈线能够处理电力系统总连接负荷。一个不太可取，但可以接受的情况是有两个馈线，每一馈线能够处理总需求负荷和不到50%的总连接负荷。然而，这在只有一个变电站可用或电力公司不能提供第二满负荷馈线的情况下是不可能的。在这种情况下，设计人员可以考虑从单一的变电站选取两个配线并在变电站功耗的情况下除了最重要的负载之外换掉所有的载荷。

公共事业单位供电冗余度，根据区域供电可靠性，可能并不充分。近年来在美国具有灾难性的公用事业停电事故，这导致在整个地区长时间没有公共事业单位的供电。在这种情况下，没有公共事业单位供电可用，并保持运行的唯一设施就是那些具有备用发电机的设施。飓风在美国东南部造成的供电故障和华盛顿州就职日风暴就是发电厂的电力传输线严重受损以至于该地区的大面积长时间不能获得供电的情况的例子。在这些类型的情况下，现场发电或辅助发动机的发电机可用于提供必要的负荷。

电力故障的负荷转移形式也必须符合电力公用事业的要求。应该咨询电力公司，找出负荷转移是否可手动或自动完成，在产生自动负载转移的形式下，通过将其相互连接需要提供什么才能防止两个电源线路并联。

3.1.2 配电电压

电力公司的配电电压通常远远高于厂区应用所需的电压(一般在15kV级)，而工厂负荷通常属于5kV或600V级别。必须决定在电力公共事业单位的电压下向厂区内配电和为单个负载变电，污水处理厂的服务入口提供初步变电，还是适用于两者的组合。对于初级服务，公用事业单位一般规定电源电压。对于次级服务，任何几种标准配电电压都能够利用。在此，术语"初级和次级服务"适用于变压器的进出馈线。

使用初级计量 vs. 次级计量服务，需要慎重考虑以下方面：

- 设施的布局设计，
- 两项服务收费标准表，
- 设备过载和短路电流额定值，
- 变电站成本，
- 这两项服务对于污水处理厂初级和次级服务的布线和计量设备成本，
- 该设备维护所需的厂内职员。

使用初级计量服务一般实现了低电力成本。对于初级计量服务，公用事业电力单位提供和维护设施拥有和维持的变电站的馈线。节省资金金额未必足以弥补维修及更换变压器和高压设备的成本和不便。远程输电由公用事业公司在任何时候储备。此外，如果设施负荷由480V或更低的次级电压提供，则该设施可能没有人员胜任维护高压设备和大型变压器。

公共电力事业单位馈线或次级馈线上可安装的计量电表要位于变压器之前。通常是由公用电力事业公司作出最后的决定。达到或接近满负荷运行时，变压器的能源损失约1%。

当设施负荷较大时，次级配电通过引进更高的电压而实现，如2400V，4 160V，6900V，7200V，12.47kV和14.4kV。这对于负责高达4160V的次级配电设施是常见的。电源与馈线和分支电路之间的最大电压降不应超过5%。

3.1.3　短路容量

配电系统短路容量就是该系统可以提供短路点的发电量(或电流)。对于大多数的电力公用事业单位的配电系统，配电线路短路容量至少 5.0×10^4kVA。在该设施电力系统中的各点上，容量将因为配电线路和短路的电缆和变压器阻抗而降低，因为连接的运行电机在短路时起到发电机作用效应而升高。

在电力系统中的所有设备必须具有超过该系统在特定点的短路容量的短路或短路额定值。如果短路容量过大，则通过增加变压器的阻抗，或在系统中安装反应器能够将其降低。在传入服务中大幅度的可用短路电流将需要所有配电设备的大故障中断额定值并会导致设备成本显著增加。

3.1.4　选择式设备的协调和保护

配电系统经过设计能够对短路电流、过流、过压、欠压、接地、系统或变压器中的差动电流实现缺相保护。设计者应特别注意充分保护变压器、电机、开关盒和 MCCs。熔断器和断路器保护过流、短路电流、或两者兼而有之。其他防护设备包括各种类型的继电器。然而，如前所述，许多机构都评估污水处理设施的设计，将设施电力系统当作“法律规定的”，而要求满足这些设施的设计标准。NEC 要求在“法律规定的备用系统”相关的功率流中要有过流装置的“选择式协调”。这定义于 NFPA70 的 701 款而尤其是 701.18 节——协调(NFPA and ANSI，2008)。

选择式设备协调能够隔离电力系统内的问题点，而系统的其余部分并不中断运行。这通过选择和选择性调整过流和接地保护装置而实现。对于合适的防护设备选择，调整和选择式协调，设计人员应该进行短路计算，系统的负载研究和系统组件的选择式设备的研究。设计师可以包括项目规格详细说明中的电业承办商/供应商(加盖注册专业工程师章，并由地方管辖授权)研究的要求，因为承建商可能对各个实际上要安装于该设施内的设备(如断路器，保险丝)具有更详细的信息。对于正确的电机保护，电机满负荷电流和起动电流必须是已知的。此外，大型电机要通过电阻温度探测器进行额外保护，防止过热。

3.1.5　电弧闪研究

所有配电盘、配电板、工业控制面板、计量仪表插座外壳和处于非保压装置中而通电同时可能需要检测、调整、服务和维护的 MCCs 都必须对于弧闪进行评价。这些项目应该现场标记而警示符合资格的人士潜在电弧闪危险。这项研究确定了可能会在发生故障时损害工人的可利用的能源可供量。这项研究将确定为标牌上的设备要求，其确定了可利用的能源级别，安全距离水平，以及在加电设备上工作的个人需要的最低防护装备。

3.2　配电系统

初级和次级选择式系统是连接至电气设备的双馈线的两种基本结构设计配置，如开关柜或 MCC。在初级选择系统中，该设备具有单一的总线，连接整个负载。在电源故障时，通常提供电的馈线断开，而第二馈线连接到总线为负载供电。在次级选择式系统中，设备有两个总线；每个总线供给 50% 的负载，而通常连接至电源馈线。通常提供开放式总线配合。如果任一馈线发生故障，故障馈线断开，而总线汇流排断路器关闭，而使之进行其他馈线承载整个负载。在两种情况下，可手动或自动切换。在大多数情况下，应使用(例如，钥匙联锁或电流断路器)的主动手段防止两馈线并联。为了提高系统的可靠性，双端变电站冗余馈线应该在一个单独检修孔和电路护管槽中布线。

在初级选择式系统中，变压器初级绕组有一个开关，选择两种馈线之一，并供电单个负载组，如 MCC。在次级选择式系统中，负载组经过设计而选择两个变压器次级绕组之一。这两种技术能够结合，进一步提高了可靠性。

径向馈线系统是其中各个中心点的馈线起到各个负载组的作用的系统。循环馈线系统是为几个负载组选取中央分配点的馈线，并返回到中央分发点的系统。馈线随后可从两端通电。第三种类型的系统，也称之为环系统(虽然它实际上是环状径向系统)，是其中两个馈线每一个都选取至几个变压器的初级绕组而使变压器成为初级选择式。图 9.3 显示了典型的双馈电力系统。

3.3 可变速驱动

电动机负载，如风机和水泵的变速控制，使污水处理厂的运营商，经济地操作设备，允许输出的原动力，匹配负载的要求。电力和各种公共事业单位回扣计划相关的成本上升，也是考虑使用变速驱动(VSDs)的关键原因。在大多数情况下，风扇或泵，如果通过改变驱动器的速度而变化其输出，则要比通过节流而改变输出更高效。

传统上用于污水处理应用中的变速驱动有许多类型的 VSDs。变频驱动(VFDs)、直流驱动和电涡流离合(ECCs)有史以来是最常见的。然而，ECCs，其能量效率相对较低，目前的污水处理项目中并不常见。永磁联轴器更常用于 ECCs。

3.3.1 变频驱动

最常用的 VFDs 具有脉冲宽度调制(PWM)。这些 VFDs 前端使用直流总线电容器和微处理器控制的二极管。这种控制通常是遥感仪器或可编程逻辑控制器(PLC)的 4~20mA 信号，允许驱动器在闭环控制系统的运行中工作。该驱动器采用 PWM 输出而向电极供电，并调整电机的转速。

应用变频驱动时的一个考虑因素是在被驱动电机绕组中出现发热。向电机递送 VFD 的 PWM 电源，相比于交叉线启动器，在绕组线圈中导致额外发热。这种发热加剧，可能会导致电机寿命缩短。在使用 VFD 时指定“反相器功率”电机是很重要的，因为这些类型的电机要经过设计才能与 VFD 供应的电力类型协调工作。此外，典型的异步电动机在转轴末端使用风扇冷却电机。当低于全速驱动电机时，电机将会比其设计之时的冷却程度差。在当电机需要在不少于 75%的电机全速运行的情况下，应该咨询电机厂商看看是否推荐辅助的冷却风扇。这些辅助风扇通常较小，分马力风扇如果能够在 VFD 的 120-VAC 控制电路下连续运行并在电机运行时也运行。设计师也应该使用一些嵌入型绕组温度传感器(电阻温度传感器，温度开关等)监视绕组温度和关闭出现电机过热事件的电机。

3.3.2 直流驱动

常用的化学进料泵的驱动类型就是直流驱动。这些类型的驱动采用相同的交流电，并将其转换至直流总线。微处理器控制驱动器，并且给定速度使用了 4~20mA 直流信号，但使用直流为其电机供电。通常情况下，直流电动机具有高得多的低端扭矩，因此其善于低速运行，特别是当厚或黏性流体泵送时。直流电动机也有严密的速度拾取电路，使其能够进行严格控制。

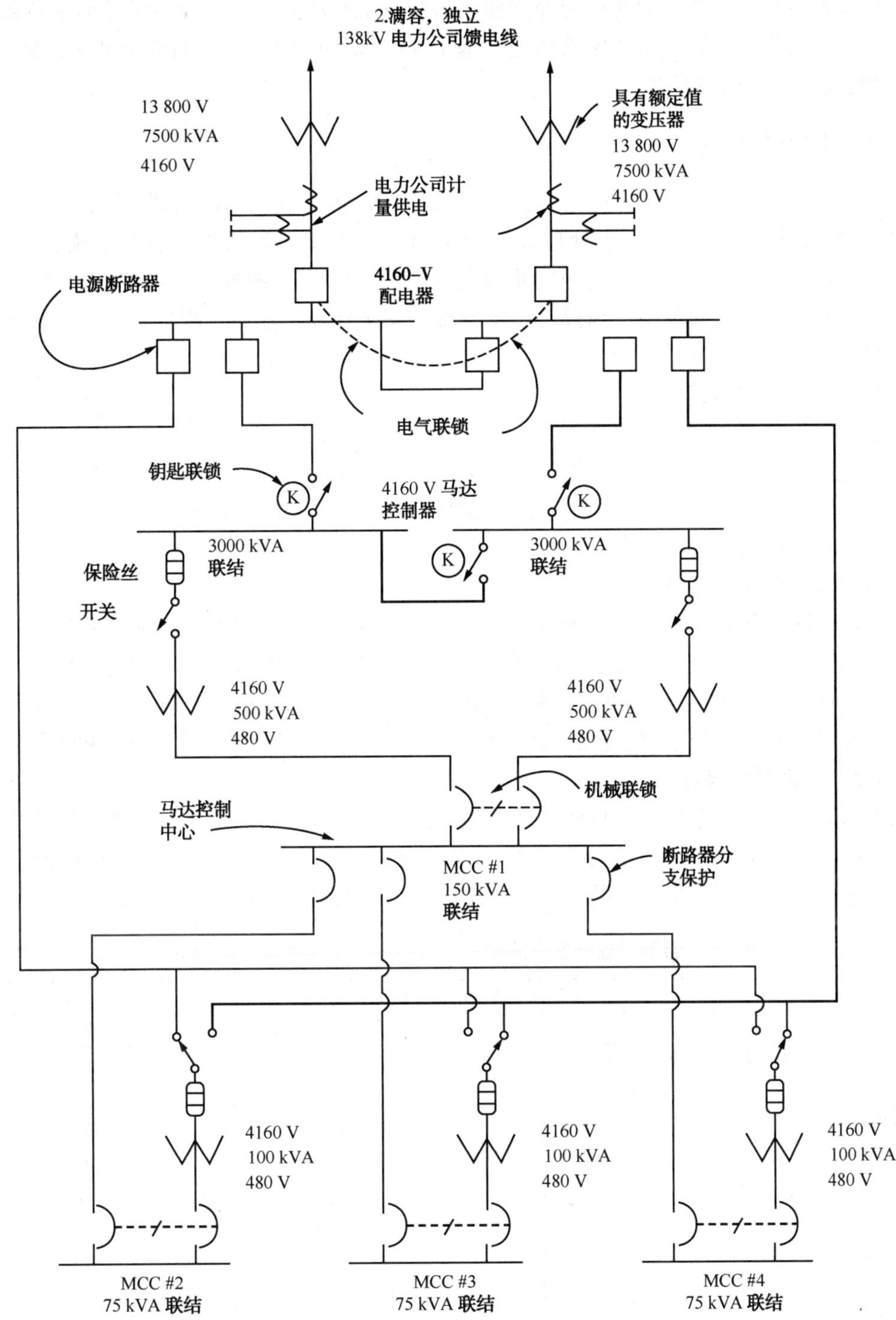

图 9. 3 典型双馈线电力系统的实例

3. 3. 3 永磁体驱动

永磁驱动器是已成功地应用于市政市场超过 5 年的较新型 VSD。这种类型的驱动器实际上是电机轴与泵轴之间的磁耦合。永久磁铁移动更紧密靠近到一起，加速泵抽作用，而相距较远，泵速就减缓。这些类型的单元允许使用跨线电机起动器，电机启动无任何轴负载。在电机加速至一定速度之后，永久磁铁移近，基于4~20mAdc信号，增加电机和泵之间的“耦合”，因此提高了泵轴的速度。

3.4　照明系统

在一般情况下，照明要求，应遵循《照明手册》(*Lighting Handbook*)(北美照明工程学会，2000)推荐的程序。安装整个污水处理设施的室内，室外和应急照明的照明系统三个类别，分别为了不同的目的。首先，使用照明系统是为了安全和有效的操作和维护(O&M)设施功能。此外，充足的照明为晚间厂内提供一定程度的安全保障。然而，附近移动设备或车辆交通的照明，应选择尽量降低眩光。

3.4.1　光源考虑因素

人眼的反应对不同颜色的光反应不一，因此在选择光源(灯泡类型)时应该加以考虑。在需要颜色识别的区域，如电气或控制接线的地方，在此化学线上需要一定幅度的颜色才能确保安全，“白”光源，如荧光灯或金属卤化物灯，应予以考虑。这些类型的灯具以往的版本在每瓦可见光的面积效率上较低，比高压钠灯源的灯泡寿命短得多。然而，目前，荧光灯和金属卤化物光源正在更经常地使用。

使用荧光灯和金属卤化物光源的原因之一是这些光源的白光由人眼睛看见更加明亮。高压钠灯源的黄色灯光主要是激活人眼的非彩色受体，而白光将激活眼睛的彩色受体。两种类型的受体被激活时，大脑会“看到”“更明亮的”白光，即使测光表记录的是相同的光线水平。这种白光也是使用安全摄像机的更好光源，因为白光能够改善摄像系统的视觉清晰度和颜色识别。

3.4.2　室内照明系统

白天时间内，正确地使用的自然采光，最大限度地减少了所需的室内照明。适当放置的窗户和天窗，再加上适当的表面涂层系统，将实现这一目的。然而，即使有最好的自然采光，室内电气照明系统还是必需的。表9.2总结了典型的最低室内照明要求。

表9.2　典型的最低室内照明要求(IESNA=北美照明工程协会)

工作面上典型的室内照明要求		
位置	照度类别	尺烛光
原料处理(清洁、切割、压碎、分类、分级)		
• 粗	C	10
• 中等	D	30
• 精细	E	50
服务空间		
• 楼梯间，走廊	B	5
• 卫生间和洗手室	C	10
• 维护	E	50
• 电机和设备观察	D	30
仓储		
• 待用的	B	5
• 现用的：大规格制品；大标签	C	10
• 现用的：小制品；小标签	D	30
任务可以是水平的、倾斜的、垂直的		

续表

IESNA—光照度类别		
指示器	用途描述	值(fc)
A	公共区域	3
B	短暂访问的简单指向	5
C	完成简单视觉任务的工作空间	10
D	完成高对比度和大尺寸视觉任务	30
E	完成高对比度小尺寸视觉任务，或低对比度大尺寸视觉任务	50
F	完成低对比度小尺寸的视觉任务	100
G	完成接近阈值的视觉任务	300~1000

常见的室内照明光源包括白炽灯、荧光灯、高压钠灯、金属卤化物灯。最有效的照明光源是高压钠灯，效率最低的光源是白炽灯照明。荧光灯具通常用于办公室，天花板低的区域，和光的颜色很重要的地方。高压钠灯或金属卤化物灯具用于室外，大型室内区域和高天花板(4.6m[15ft]和更高)的区域。这些类型的光源产生不同颜色的光。

大多数荧光灯系统是120，240或277V单相系统。高压钠灯和金属卤化物系统在277V或480V(单相电压)下运行。使用高压钠灯或金属卤化物系统时，设计者应考虑所需的预热时间。因此，系统可能不适合于要求瞬时照明的位置，如通道。

定义为危险区的照明装置，应该遵守Ⅰ级，1区，D组的要求，而在罐内和管道中装有有害气体的区域，应该遵守Ⅰ级，2区，D组的要求。为了提高可靠性而最小化维护工作，在这些区域的所有照明灯具应该是高品质耐腐蚀的。国家消防协会(National Fire Protection Association)(2008年)明确规定了污水处理设施分类的需要考虑的区域的“类”，“区”。《国家电气规范》(National Electrical Code)(NFPA和ANSI，2008)规定了污水处理设施内可能存在的潜在有害气体的着火温度。

3.4.3 室外照明系统

室外照明系统一般用于污水处理厂的工作人员的安全和整个厂区的安全。室外照明系统通常包括柱上照明，区域化的一般区域内照明，外部工艺剁成单元的补充照明，建筑入口照明和污水处理厂入口照明。表9.3总结了典型的最低室外照明的要求。目前的惯例是使用480伏单相高压钠灯或金属卤化物灯。室外照明系统受到光电池、手动开关或其组合的控制。对于大型污水处理厂，具有广泛的厂内照明，应该进行经济学评价，才能确定柱上式照明所需的灯具的数量和高度的最佳选择，而最大限度地减少眩光和降低到毗邻灯具上的传播，完成一般区域照明系统目标。

表9.3 典型的最低室外照明要求

位　　置	最低照亮度/lx	位　　置	最低照亮度/lx
一般性	15	外部入口	50
空地厂内安全	2	局部任务照明	50

3.4.4 应急照明系统

应急照明系统的具体要求通常由监管设施的建设规范的要求定义。应急照明系统，旨在提供设施一般供电故障期间的安全出口，并安装于建筑物和结构内。在一般情况下，这些照明系统都是自成体系的电池供电单元。灯具密封束白炽灯而电池单元是自充电式，或在“完美的"空间，如实验室、控制室和办公室内的情况下，在设施出口路径所选择的灯具无论是不间断电源(UPS)(标记为应急照明服务而不是计算机备用电源)供电还是具有内部电池/在选定荧光灯具中的逆变器为这些灯供电。发光面，无论是由背光、发光二极管或发光发出的光/标记，也通常需要标注结构出口的点。

3.5 备用电源考虑因素

《工业和商业应用紧急情况和备用电源系统的推荐惯例》(*Recommended Practice for Emergency and Standby Power Systems for Industrial and Commercial Applications*)(电气和电子工程师，1995)包含了应急和备用电源系统的选择和应用的推荐工程惯例。备用发电单元往往适用于提高可靠性或设施内负担得起的额外独立电源不可用的小临界载荷。往复式发动机驱动发电机、汽油燃料(火花点火)、柴油燃料(压缩点燃)、天然气(火花点火)或沼气(火花点火)，是最常用的。更高的容量(通常大于125kW)的发电机通常在使用压缩点火发动机时是更经济的。对于需要超过500kW(700hp)的应用，燃气涡轮发电机有时也会考虑。应该考虑提供足够的冷却和通风设备，燃料储存，启动就绪和服务的可用性。此外，许多区域具有严格的空气质量控制条例，需要使用某些类型的燃料的发动机运行许可证。

在具有厌氧消化的大型设施中，回收的沼气往往作为锅炉及内燃机燃料，而反过来用于泵抽污水、运行鼓风机或发电。美国40个具有沼气回收设施的大型污水处理厂(至少4000m^3/d[1mgd]容量)的调查表明，许多污水处理厂也安装了成功使用沼气的发电系统。然而，许多污水处理厂的设计师质疑是否值得购买昂贵的设备。最满意的应用似乎是那些使用燃气锅炉(加热)的应用，并出售给该地区的天然气公用事业单位。

在组合设施中，热电联产(*cogeneration*)一般被定义为同时发电和生产其他能源而比单独发电(典型的热水或蒸汽)更有效率的系统。热电联产设施，通常适用于将燃气发动机回收的余热应用于其工艺过程加热需求，空间加热/锅炉增强和非饮用热水供暖需求。

选择备用电源系统时，设计者应该考虑特定的应用需求。一些负载，如电脑，可能不会容忍任何故障，而应当由UPS系统供电。另外，在切换到一个备用动力电线时的关键延误可能会影响其可行性。此外，备用电源系统的大小选择和设计必须解决大型电机启动时的电压骤降，因为如果电压下降到小于额定电压的85%~90%时就会影响较新的电子系统和电机启动线圈。

3.6 其他考虑因素

3.6.1 谐波

在电力系统中的谐波类似于在液压系统中的水锤。设备，如VFDs和UPSs，在该点上引入电流(水流)对直流总线电流(水流)充电，然后迅速停止引入电流(快速关掉阀门)。这种快速的关闭在设备终端产生尖峰电压(水压)。这种尖峰电压反射回到电力系统也类似于水分配系统的水锤振荡。

尽管VFDs以能源节约的形式提供了益处，但也有其使用的某些弊端。问题在于这种VFDs(和UPS系统)获得电力系统电力的非线性模式。在典型的VFD中具有三个主要部分——整流器、直流总线、变频器。整流部分是将引入的交流电转换成直流电的转换设备。在变频器中，这个过程是通过一系列快速切换而反相的。因此，以所需频率和电压下创建的模拟正弦波，提供了恒定的电压—频率比而导致电机高效运行(Beck，1992)。整流器中切换操作导致交流电流电源的谐波失真并可能对其他电气系统设备具有显著影响。引入到电力系统的谐波相关的问题包括以下内容：

- 变压器和系统中的其他异步电动机过热；
- 旋转设备中产生脉动扭矩；
- 电脑、VFDs 和保护设备运行不良；
- 畸变功率因数导致功率因数降低；
- 干扰通信系统(Strope，1994)；
- 备用发电机降额或专用励磁系统和发电机绕组；
- 电力系统中功率因数校正电容器干扰/故障。

系统上的非线性负载的影响取决于所产生的电流的总谐波失真(THD)、负载大小和源阻抗。《谐波控制和电力系统的推荐实践惯例和要求》(*Recommended Practices and Requirements for Harmonic Control and Electrical Power Systems*)(电气和电子工程师学会，1992)指出，在连接点的电流和电压 THD 限应该约为 5%。VFDs 的规范应该要求提交系统的谐波分析，并包括提供在为该 VFD 供电的分布总线处将 THD 限制于 5%以内的组件。这些组件可能包括屏蔽的隔离变压器、滤波器和反应器。VFDs 应用中的一个重要考虑因素是具有谐波系统上使用功率因数校正电容器时可能发生的共振。如果共振频率接近谐波频率，极高的电压就可能施加于该电容器，这可能会导致灾难性的故障。因此，在以使用 VFDs 为特征的电力系统中使用电容器要通过计算进行评价而确保这种情况并不常发生，是很重要的。

在现有的设施中，泵和风机加装变频控制，改善工艺设计而降低能源成本。对于因增加外变频驱动而实施系统谐波评价，特别是根据现有备用发电机系统进行评价是很重要的。为了防止谐波造成发电机供电系统的问题，比较谨慎的做法是使用 VFDs 的旁路接触器并在罕见情况下全速运行负载。

许多电力公司已经激励用户进行 VFDs 设备控制改型，作为能源节约激励计划的一部分。这些方案早在任何改造项目的设计阶段就应该进行研究。这种类型的计划对公用事业公司有利，因为使用变频驱动允许公用事业单位降低其整体系统的需求。

3.6.2　谐波缓解措施

许多 VFD 和 UPS 制造商已经开发出不会产生传统“6 脉”驱动一样多的电力系统谐波噪声(或在“清洁电力”单元的情况下几乎无噪)的单元。谐波的应用，无论是无源滤波器或有源调节，都是应该考虑的措施。无源滤波是一种合理而成本较低的有源滤波之替代措施，能够适用于某些系统。运行变化宽泛的其他系统可能受益于有源谐波调节。有源谐波滤波的优点是，该系统还提供一些功率因数校正，这可能使所有者受益而减少/消除低功率因数处罚。有源谐波调节器的应用在与备用发电机一起使用时的确需要特别注意，并可能影响发电机的电压调节。有源谐波调节器制造商具有安装推荐说明，可以缓解调节器和发电机之间的干扰。

3.6.3　接地系统

接地系统设计的目的在于与污水处理设施相关的潮湿地点防护操作人员因为触电产生的伤害可能性。在中性派生之处(Y 型绕组变压器的次级)，该系统应该是中性低电压系统(通常为 120~208 V，或 277~480V，三相，四线制)，必须有效接地，才能使之在任何阶段出现的故障都能立即触发保护装置。电气设备、设备外壳或安装电气设备的导电组件，和建筑钢材，都应该按照《国家电气安全守则》(National Electrical Safety Code)(American National Standards Institute，2007)的250款和NFPA-70款第250条——接地和连接(National Fire Protection Association and American National Standards Institute，2008)进行永久而有效接地。该设备确保设备接地电压不能达到有害水平。所有地下配电系统的附件(电缆架，井盖和拉箱)和空中的配电系统设备(避雷器和变压器的情况)也应该进行接地。

3.6.4 电力故障的载荷转移

备用电源系统设计中的一个关键因素是切换到备用电源或备用电力源的装置。成本和复杂性二者都是所需的传输速度的函数。此外，如果当地机构规定备用系统属于立法要求，则设计者必须遵循法律规定的备用系统要求，这一点定义于NEC(National Fire Protection Association and American National Standards Institute，2008)中。如果停运30分钟是可以容忍的，则手动转换开关在连续手动设施中是可以接受的。停电几分钟，机动初级系统切换是可以接受的。如果要在15秒内切换，自动转换开关是必需的。不能承受断电的关键设备，需要具有瞬时切换的固态转换开关。尤其应该考虑从备用发电机系统供电的电气负载控制。发电机自动启动发电的设备必须与启动电路保持接触；一旦重新供电瞬间，设备的按钮控制需要重新启动电气负载。此外，应该考虑使用时序电路，而延迟各种负载(当从发电机供电时)的启动，以限制初始上电，并最小化备用发电机系统的大小要求。

3.6.5 危险区域

根据火灾和爆炸的危险程度由国家消防协会(美国马萨诸塞州昆西)(NFPA)(NFPA820；国家消防协会，2008)划分危险区域。在废水处理设施的首要关键区域是那些产生甲烷气体的地方。其他关注的区域是那些产生氯气和二氧化硫的燃料储存和处理的地方。然而，腐蚀问题在这些区域也是主要关注的对象，并能够通过适当的通风进行预防。蓄电池会生成氢气，也应予以考虑。

防爆设备的需要取决于多项因素，包括易燃液体、气体和粉尘的数量和类型；通风的类型、危险源的开放或封闭以及物质与设备的距离。由于防爆设备成本高，设计人员应该实施适当的布局和设计，尽量减少危险区域内的电气设备和所需设备的数量。

3.6.6 地震防护

当电气设备安装于容易发生地震的地区时，重型电力设备(变压器、电动机、发电机和接电设备)应该固定于基垫或建筑物上，这是大多数国家建筑规范(例如，国际建筑官员理事会(International Council of Building Officials))的规定。弹性锚地，使用弹簧橡胶—冲击—振动隔离系统，在地震中表现良好；然而，减震器或限制移动的止动机制是必须提供的。另外，导线和连接必须进行选型和下垂而容许在地震中能够发生预期的运动，避免绝缘体破损和相邻导体之间的连接。这通常意味着更宽的导体间距，和比标准非抗震设计提供更大的松弛。

经常需要提供如下的电气保护设备：

- 电动机的低电压单相保护；
- 排放管线上在低压(管道破裂)或高压(管道倒塌或堵塞)下关闭泵的压力开关；
- 传感导致通过故障旁路泵控制阀、故障高排放压力开关或关闭隔离阀的连续循环水高排放管道温度的温度开关；

- 电机绕组的温度探测器，传感过载电机条件或严重失衡的电力相和电压条件。

3.6.7　闪电和开关浪涌保护

闪电和避雷器限制了因为雷电或开关浪涌所致变压器或电机绕组上施加的电压。避雷器连接到每一相并接地。主变压器的原边一般是受雷击和避雷器保护。370kW(500hp)或更大的电机应受避雷器和浪涌电容器保护。实际上对于至少150kW(200hp)的电机，都是由架空线供电的。避雷器和浪涌电容器应尽可能接近电机。考虑到经济上的原因，有时雷电和避雷器安装于开关柜或MCC内而保护与此源维系的电机组。

3.6.8　计算机系统的“清洁”电力

新的数字化控制系统比老式模拟系统更容易受到电力线的干扰。电力线干扰可以分成以下一种或多种类型：

- 停电(短期到长期)；
- 高低电压；
- 谐波失真；
- 频率越迁；
- 短期的电压波动(浪涌、跌落和垂度)；
- 长期的电压波动(掉电)；
- 噪声脉冲。

很多技术都可以用于调节电力线的干扰。设计者应分析每个控制系统的电源要求。以下的电力线调节技术之一就能够用于清洁电力：

- 隔离变压器，
- 线电压调节器，
- 线路调节器，
- UPS系统。

3.6.9　节能和设计特征

在指定的电气设备和系统中，设计师应该清醒地意识到将产生能源节约而因此为所有者降低经营成本的考虑因素。属于这些类别的设备包括电机和电机控制、照明光源和功率因数校正电容器。高级节能电机应该被指定用于连续运行，而降低功耗和电力公用事业收费。现代电动马达充分利用计算机推演分析，高品质的材料和改进的制造技术的优势，比标准马达稍微更高的成本却换来了高效率马达可用性。随着与电能相关的运行成本增加，大型电动机应该选型并基于生命周期成本分析进行评价，才能确保投资回收期证明与高效电机的选择相关的额外费用的合理性。目前使用中的照明系统充分利用节能瓦数较低的灯，这几乎具有相等的标准灯输出，因此，提高了每瓦流明评级。按照这些灯设计中的最近趋势一直是电子镇流器的开发，这与传统的磁式镇流器相比，节约了能源。此外，调光控制可以轻松地集成到电子镇流器电路中。这些镇流器的运行温度更低，损耗更少。它们唯一的缺点是其引入到中性总线系统中的第三谐波，这可能需要超大中心系统才能接受。功率因数校正电容器用来改善系统功率因数，导致压降减少，损耗减少，且总电流降低。无功电流的降低也释放出额外的系统容量。电容器随着负载加入和离线可切换进出系统，确保最佳的功率系数校正(Strope，1994)。

许多设施使用对各个污水处理厂处理工艺过程(例如，二级曝气和污泥处理)增加电功耗的计量仪应用。这些计量仪的增加，如果维系工厂监控和数据采集(SCADA)系统，则可能将实际的功耗成本数据提供于工厂的操作人员，而突出了经营污水处理厂的成本。许多城市已经观察到污水处理厂工作人员明确在大型电功耗设施(即曝气)上的消费对工厂运作成本的意识提高。这种意识，就会使污水处理厂员工提出节电措施和建议——即使是简单的事情，如改变恒温器设定或关闭空地的灯。

此外，许多电力公用事业公司具有维系日常使用的功耗率。许多公用事业单位在用电高峰时段单位电力(例如，千瓦时)收费更高。在这些地区，污水处理厂工作人员有时可以将运行时间表进行调整，将系统工艺过程运行(如，污泥处理)调整至低用电时段降低用电成本，这样，如果定期进行这样的调整，则每年可以为污水处理厂节省相当大的资金。

一些城市和客户追求的设施设计，是为了获得能源与环境设计(LEED)(美国绿色建筑协会，华盛顿特区)(USGBC)认证中的主导。对于电气系统，对于LEED很容易得“分”的主要领域是照明和照明控制的领域。另一个领域是从阳光中获取电能的光伏电池使用。

4 仪器仪表和控制系统

在过去几年内，污水处理厂内的仪器仪表和控制系统因为其对污水处理厂数据的控制和监控的能力和运营商的依赖而已经变得越来越重要。现有许多种不同的控制和监测系统，而每个系统都有与之相关联的强项和弱点。一种类型的控制系统可能极佳地充分适合较小的系统，但是却完全不适合中等或较大规模的系统。因此，选择正确的系统组件对于成功的污水处理厂设计已经变得极其重要。

4.1 设计标准

仪器仪表和过程控制系统设计标准的标准主要基于对仪器仪表，系统和自动化学会(北卡罗来纳州研究三角园)(ISA)和制造商的建议设立的准则。这些准则包括以下内容：

- 标准 S5.1——仪器仪表符号和标识；
- 标准 S5.3——分布式控制/共享显示仪表、逻辑和计算机系统的图形符号；
- 标准 S5.4——仪表回路图；
- 标准 S18.1——报警器序列和规格；
- 标准 S20——工艺过程测量和中心仪器仪表、主元件和中心阀的规范形式；
- 标准 RP7.3——仪表气源的质量标准；
- 标准 RP12.6——在Ⅰ类危险场所的本质安全仪器仪表系统的安装。

4.2 新建设与翻新

当设计新的污水处理厂时，设备和软件系统的标准是前期任何事之前要确立的非常重要的工作。如果在设计之初未能确定，则可能导致设备不匹配和不相容。在改造或现有厂房升级期间，设备标准可能已经到位，但并非总是如此。一种良好的实践惯例是，分析当前污水处理厂状态而确定设备和软件标准是否到位，如果没有到位，则帮助所有者制定未来工作的工作基础。

4.3　项目范围的拓展

在制定仪器仪表和控制系统设计的范围时，应当收集以下信息：

- 污水处理厂的规模，
- 处理工艺过程的类型，
- 供应商提供的控件类型，
- 可用的资金量，
- 新厂还是旧厂的改建和扩建（改造），
- 目前的设计标准和仪器仪表概念，
- 与其他控制系统的专用接口，
- 必要的自动化控制程度，
- 所有者维护控制系统的能力和设备所有者的喜好，
- 设施的人才需求。

此信息收集后，控制系统工程师就确定所需控制系统和仪器仪表类型的最佳方法。

4.4　图表类型

用于识别污水处理厂中仪器仪表的符号和识别码是基于 ISA 标准的；污水处理厂的改建详见《污水处理设施自动化》（*Automation of Wastewater Treatment Facilities*）（WEF，2006）。工艺过程和仪器仪表图（P&ID）之目的是在没有详细介绍仪器仪表（这需要仪器仪表专家水平的知识）时为内行提供理解工艺过程测定和控制手段的足够信息。仪器仪表充足的细节往往涵盖于合适的规格说明书、数据表或其他文件中。

下面将讨论两种类型图表——工艺流程图和 P&ID。第三种类型的图表，简称为 3D/4D 模型，使用 P&ID 的信息并将智能化设计结合至绘图背景中，允许用于建模和设备采购。因为 ISA 服务于具有不同需求的不同行业，其标准具有足够的灵活性，才能允许细节水平上的变化。为某个具体项目所用的标准类型是该项目所需的细节水平的函数。

4.4.1　工艺流程图

早在设施的设计阶段，或在工艺工程师修改设施的期间就已经制定了工艺流程图并用作其他设计原理的工具。工艺流程图除了严格的在线（现场安装）设备之外不包括仪器仪表符号。这些图有助于对整个污水处理厂及其许多工艺过程给人以快速整体的描述。

4.4.2　工艺过程和仪器仪表图

大而新的项目对于正确实施建设和营运，需要更高层次的细节。对于这些较大的项目，P&ID 严格要求尽可能详细描述整个工艺过程。在这个级别的详细信息中包括所有阀门、管道尺寸、工艺过程流量、管道材料识别、所有的工艺过程和机械设备、仪器仪表和控制面板的标识、基本电气要求、协助电气工程师的信号数量和类型、ISA 符号以及标记的目标（参见图 9.4）。

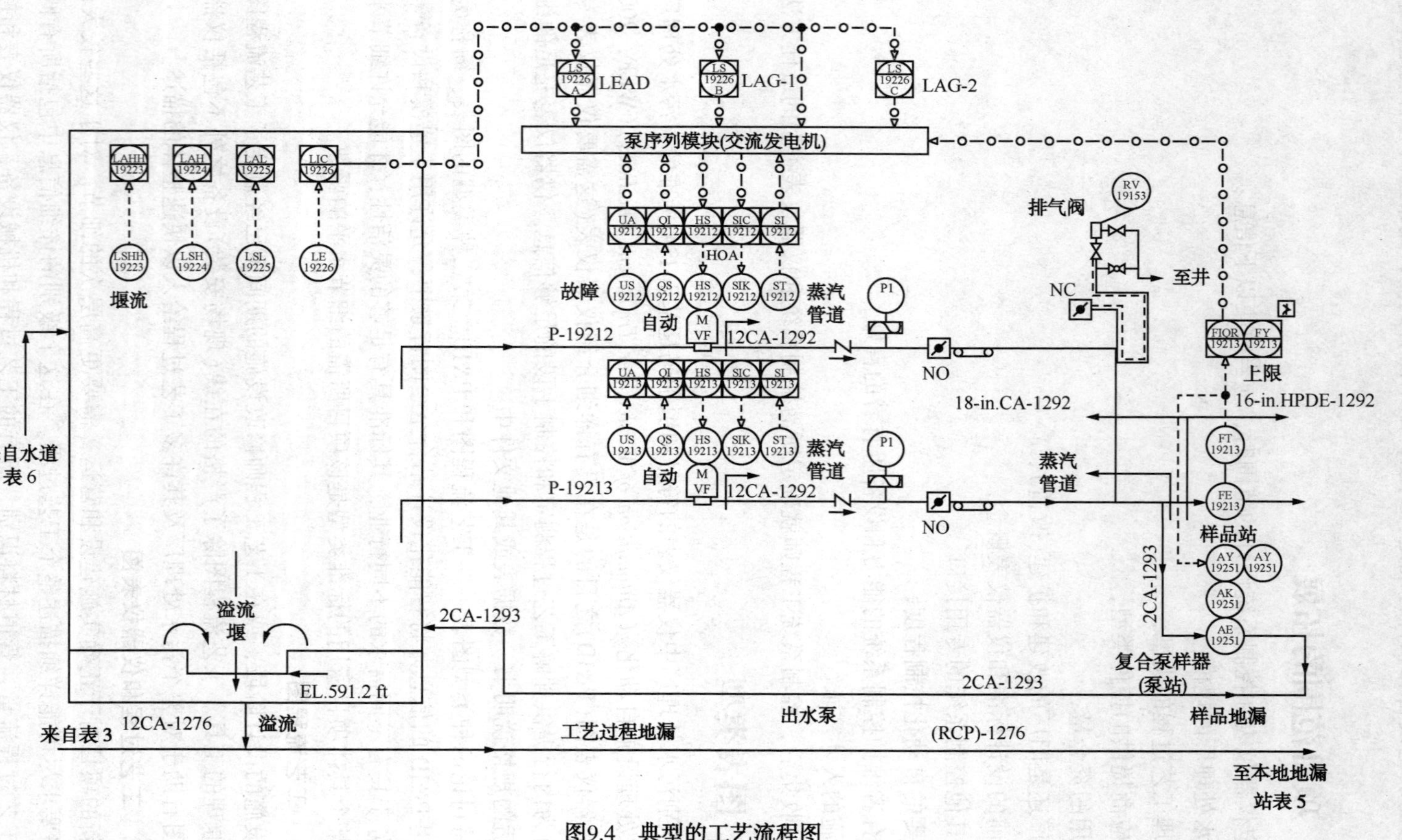

图9.4 典型的工艺流程图

4.4.3　三维/四维建模

高技术的计算机和软件设计的突飞猛进，赋予设计人员在设计方法中更富有创造性的能力。通过使用计算机辅助起草和设计(CADD)软件包，设计人员能够创建、保存、存储和重用现有的图纸，而快速设计工艺管道方案。计算机使用现有的工艺管道、机械、建筑图，就能够创生整个污水处理厂，包括施工和管道布置的3D模型，使工厂的所有者在任何施工建设开始之前于项目设计阶段期间对新设施的完整布局图具有清晰的画面。3D模型随后就能够动态浏览，因为每个人都能够漫步于其间而同时浏览整个污水处理厂。模型中的所有角度，可能与设备冲突的，比如人行道内阀门太过突出，都可以进行审查。3D模型甚至可以让观察者到地下浏览地下管道和导管。四维建模将另一维加入到绘图包中。对于这个水平的细节，就能够输入其他有关所有工艺设备的信息，如泵的型号、马力、流量容量、流量计量管道尺寸确定、量程和限制。一旦建模完成后，所有组件都可以进行检查并对整体设计进行验证，确保已选中正确的组件，消除可能在施工期间要增加大量时间和成本并最终影响到污水处理厂最终运行的最关键错误。

4.5　现场仪器仪表的选择和规格

现场仪器仪表的正确选择和规格对于污水处理厂最终的成功运营是很关键的。这个过程以P&ID的制定就已经开始。接着，就对所有的仪器仪表定制详细的数据表。仪器仪表包含于定义控制算法和监测要求的图纸上。最后，特殊的安装细节也要按需制定。

4.5.1　选择时的考虑因素

任何一件设备选择之前，应该考虑几个重要的设计标准。当定位户外现场仪表时，应该特别注意设备和操作员的阳光直射的遮阳、热/冷条件、以及环境、雨天等。每当户外安装控制面板或仪器仪表时，通过使用遮阳十二时或避免阳光直射(例如，遮阳板/设备北向代替东西向)是非常好的实践做法。遮阳板是金属板，通常在控制面板上使用，通过远离控制面板每个面2.5或5cm(1或2in)安装而防止阳光直射。这些也应该应用于仪器仪表，延长仪器仪表的准确性和可靠性。

某些设备/地点控制或监测可能需要极为精确的数据。在确定这些仪器仪表时就应该加以考虑。通常情况下，较高成本与提供较大量的精度的设备有关。这可能并不总是需要的，正如升降机站级监控设备的情况就是如此。

选择的任何设备时，质量应被视为一个重要因素。较高质量的产品最初可能会花费资金更多；然而，从长远来看，通常能够在时间上、维修上、以及施工建设问题上节省大量的资金。

4.5.2　仪器仪表数据表

设计控制系统时，建立正确的仪器仪表规格详细说明是很重要的。仪器仪表规格详细说明的关键组成部分是仪器仪表数据表。由于现今仪器仪表和控制的复杂性，ISA标准S20——工艺过程测量和控制仪器仪表的规格详细说明、主要元件以及控制阀门，已经具有标准化的仪器仪表数据表的内容和形式。图9.5和图9.6分别显示了磁流量计典型的ISA数据表形式和数据表形式的解释说明。

有些设计人员使用直接来自ISA的形式，而其他设计师可能修改形式，并经由自动数据

MAGNETIC FLOWMETERS				SHEET ____ OF ____	
NO	BY	DATE	REVISION	SPEC. NO.	REV.
				CONTRACT	DATE
				REQ.	P.O.
				BY	CHK'D / APPR.

Group	No.	Section	Item
	1		Meter Tag No.
	2		Service
	3		Location
METERING ELEMENT	4	CONN'S.	Line Size, Sched.
	5		Line Material
	6		Connection Type
	7		Connection Mat'ls.
	8	METER	Tube Material
	9		Liner Material
	10		Electrode Type
	11		Electrode Matl.
	12		Meter Casing
	13		Power Supply / Elect. Code
	14		Grounding, Type & Matl.
	15		Enclosure Class
	16		
	17	FLUID	Fluid
	18		Max. Flow, Units
	19		Max. Velocity, Units
	20		Norm. Flow / Min. Flow
	21		Max. Temp. / Min. Temp.
	22		Max. Press. / Min. Press.
	23		Min. Fluid Conductivity
	24		Vacuum Possibility
	25		
ASSOCIATED INSTRUMENT	26		Instrument Tag Number
	27		Function
	28		Mounting
	29		Enclosure Class
	30		Length Signal Cable
	31		Type Span Adjustment
	32		Power Supply
	33	TRANS.	Transmitter Output
	34		
	35	DISPLAY	Scale Size / Range
	36		Chart Drive / Speed
	37		Chart Range / Chart No.
	38		Integrator
	39	CONTR.	Modes / Output
	40		Action / Auto-Man.
	41		
	42	ALARM	Contact No. / Form
	43		Rating / Elec. Code
	44		Action
	45		Manufacturer
	46		Meter Model Number
	47		Instrument Model Number

Notes:

ISA FORM S20.23

图 9.5　典型 ISA 数据表形式

处理技术输入为其所用。这些标准形式，也可作为指定给定的仪器时要考虑的项目清单，并具有添加注释的空间。

流量计物理考虑因素的某些关键信息包括以下方面：

- 管径(对于在线仪表仪器)；

MAGNETIC FLOWMETERS

Instructions for ISA Form S20.23

1. Tag number of meter only.
2. Refers to process application.
3. Show line number or identify associated vessel.
4. Give pipeline size and schedule. If reducers are used, so state.
5. Give material of pipe. If lined, plastic or otherwise non-conductive, so state.
6. Give connection type: FLANGED, DRESSER COUPLINGS, ETC.
7. Specify material of meter connections.
8. Select tube material. (Non-permeable material required if coils are outside tube).
9. Specify material of line.
10. Select electrode type: STD., BULLET NOSED, ULTRASONIC CLEANED, BURN OFF, etc.
11. Specify electrode material.
12. Describe casing: STD., SPASH PROOF, SUBMERSIBLE, SUBMERGED OPERATION, etc.
13. Give ac voltage and frequency, along with application NEMA identification of the electrical enclosure.
14. State means for grounding to fluid: GROUNDING RINGS, STRAPS, etc.
15. State power supply and enclosure class to meet area electrical requirements.
16.
17. State fluid by name or description.
18. Give maximum operating flow and units; usually same as maximum of instrument scale.
19. Give maximum operating velocity, usually in ft/s.
20. List normal and minimum flow rates.
21. List maximum and minimum fluid temperature °F.
22. List maximum and minimum fluid pressure.
23. List minimum (at lowest temp.) conductivity of fluid.
24. If a possibility of vacuum exists at meter, so state and give greatest value. (highest vacuum).
25.
26. List tag number of instrument used directly with meter.
27. Control loop function such as INDICATE, RECORD CONTROL, etc.
28. Mounting: FLUSH PANEL, SURFACE INTEGRAL WITH METER, etc.
29. Give NEMA identification of case type.
30. State cable length required between meter and instrument.
31. Span adjust: BLIND, ft/s DIAL, OTHER.
32. Give ac supply voltage and frequency.
33. If a transmitter, state analog output electrical or pneumatic range, or pulse train frequency for digital outputs, i.e., pulses per gallon.
34. List scale size and range.
35. List Scale Size and Range for indicating transmitter
36. Recorder chart drive — ELECT. HANDWIND, etc. and chart speed in time per revolution or inch per hour.
37. List chart range and number.
38. If integrator is used, state counts per hour, or value of smallest count; such as "10 GAL UNITS".
39. For control modes: (Per ANSI C85.1-1963, "Terminology for Automatic Control.") Write-in PI_f, I_f, PI_s, $PI_f D_f$, etc.

P = proportional (gain)
I = integral (auto reset)
D = derivative (rate)

Subscripts:

f = fast
s = slow
n = narrow

State output signal range, pneumatic or electronic.

40. Controller action in response to an increase in flowrate — INC. or DEC.

State auto-man. switch as NONE, SWITCH ONLY, BUMPLESS, etc.

42. Number of alarm lights in case. Give form of contacts; SPDT, SPST, etc.
43. Contact electrical load rating. Contact housing General Purpose, Class I, Group D, etc., if not in the same enclosure described in line 29.
44. Action of alarms: HIGH, LOW, DEVIATION, etc.
45. Fill in manufacturer and model numbers for meters
46. and
47. instrument after selection.

图 9.6　典型的 ISA 数据表形式解释

- 最小和最大的运行数据(流量、压力、温度和 pH 值);
- 传感器与变送器之间的长度;
- 流量传感器前后的管道长度;
- 传感器和变送器之间的长度;
- 流量传感器前后的管道长度;
- 所需的特殊装置的硬件;
- 环境要求(温度、湿度、腐蚀性或爆炸性气氛);
- 特别标记要求;
- 仪器仪表的构成材质和物理系统连接方法(法兰)。

对于流量计物理考虑因素的某些具体仪器仪表需求如下：

- 测量范围，
- 精度，
- 重复性，
- 适用的供应商选择，
- 电气要求，
- 备用部件的要求，
- 维护和校准要求，
- 输出信号模拟或数字(线性或非线性)，
- 所需的输入信号，
- 设定点调节的类型(固定或可调)，
- 具有限值设定的警报开关和开关恢复正常时所需的死区，
- 现场总线的兼容性。

4.5.3 物理制图

将现场仪器仪表物理地显示于机械和电气的图纸上是有利的。机械图纸显示在工艺过程流中的仪器仪表安装位置，适用于机械承包商使用。例如，将仪器仪表放置于工艺过程流中使设计师确保流量测定设备满足其所需的上游和下游的直管要求，维持所要求的精度。

通常情况下，机械承包商负责提供和安装需要管道的设备；因此，仪器仪表显示于机械图纸上。通过使用机械制图作为背景，电气设计工程师可以找到其余的仪表和控制面板。电气工程师随后使用 P&ID 和物理图纸制定导管和导线的一览表。一些 P&ID 具有包含作为标准符号的不同电线类型，使之能够快速制定导管和导线的一览表。然而，这可能导致 P&ID 图纸上信息过多，使之太繁杂而影响 P&ID 可读性。电气工程师还会制定初级接线图，显示施工期间由电工布线的控制和信号联锁与接口的逻辑要求(见图 9.7)。

4.5.4 特殊安装细节

特别安装细节向承包商显示了正确安装的要求(参见图 9.8)。安装细节显示了所有管道和尺寸选定的要求，以及仪器仪表的任何特殊配件或安装材料的生产要求。材料清单，可能会有所帮助，都可以包括在内。这些细节应包括有关户外结构的特殊要求的信息，正如前面已经提到的内容。

4.5.5 联网考虑因素

随着现今技术可以利用，全厂系统能够在计算机系统之间实现数据共享，有助于整个污水处理厂的控制和监测。通过使用不同的网络架构，数据共享成为可能。在过去几年内以太网作为一种主要手段，实现过程控制器之间的数据传输，并最终在整厂范围内和全市网络上实现数据共享。这些类型的网络，也称之为“企业网络”，有能力共享数据，不仅在一个厂内，而且在以太网络上的任何位置都有能力进行数据共享。

由于仪器仪表技术进步，营运这些污水处理厂可获得的数据增加。通过及时较早地检测出问题并快速解决这些问题，充分利用这些可利用的巨大数据量的数据，而使经营者能够作出更好的决策，避免重大灾难，是很重要的。网络允许利用该厂内任何信息实施控制。例如，向污水处理厂前端的工艺过程中添加化学品就可以根据出水的信息实施，因为所有的数据随时可用。这就能够获得化学品、电力、时间的成本节约，并改善最终产品。

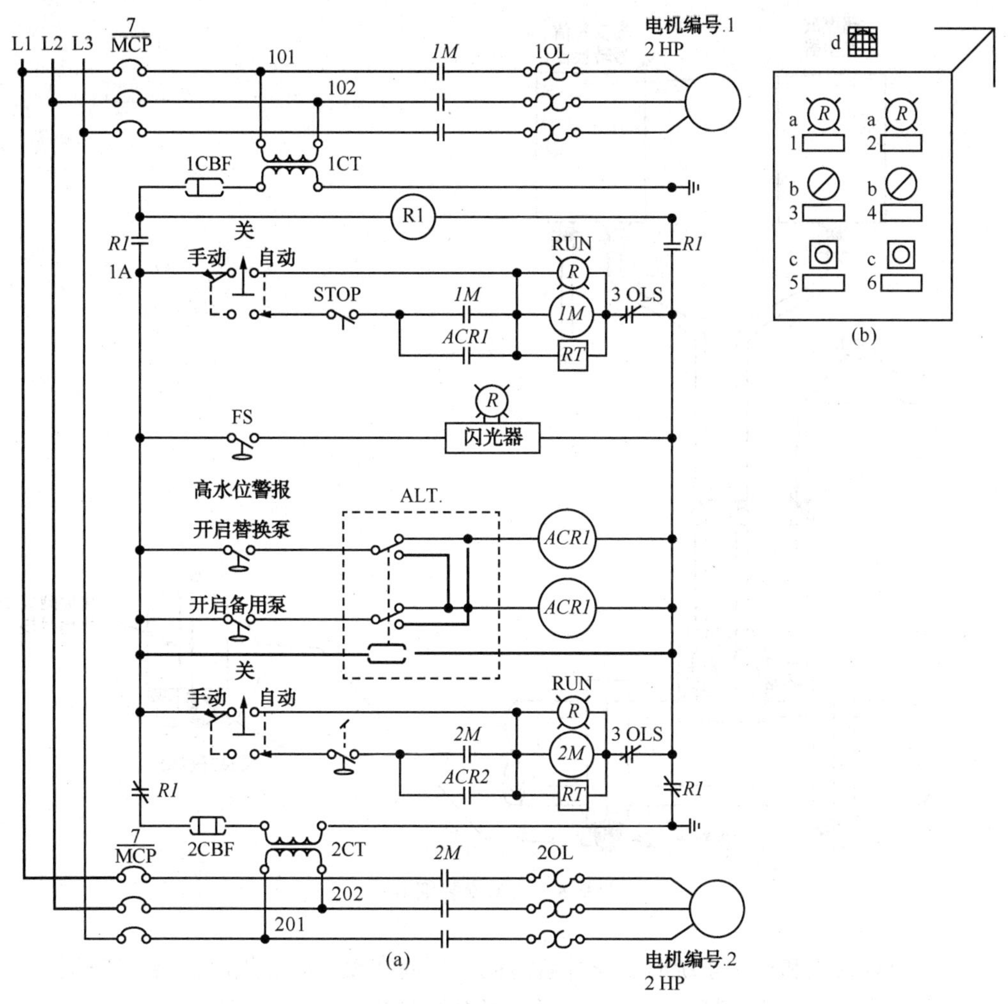

图9.7　典型的初步布线图：(a)双缸污水泵和(b)控制面板

4.6　仪器仪表的总线技术

仪器仪表制造商目前使用了许多不同的数据协议。数据协议用于从一个源到另一个源实现传输数据。该协议是一种语言，设备依据这种语言进行信息通信。一些术语的定义和最常见的数据协议如下进行讨论。

4.6.1　现场总线

传统的模拟4~20mA信号已经属于模拟数据向控制系统传输的标准方法。现场总线技术是一种新的数字信号标准，这是基于开放式的，独立于供应商的多点数字通信系统，它是由ISA SP50标准委员会定义并由现场总线基金会(Fieldbus Foundation)(美国德克萨斯州奥斯汀市)实施。仪器仪表供货商和供应商不断地将这项技术引入自己的产品中。各大厂商的大多数仪器仪表都提供了多种通信选项，而集成到设备本身之中。这项技术影响控制系统的设计和实施，包括电线、仪器连接方式和控制实现的方式。不仅现场仪器仪表可以连接到现场总线，而且其他设备，如阀门、分析仪、VSDs和供应商的控制面板，也能够引入到数据传输的网络。

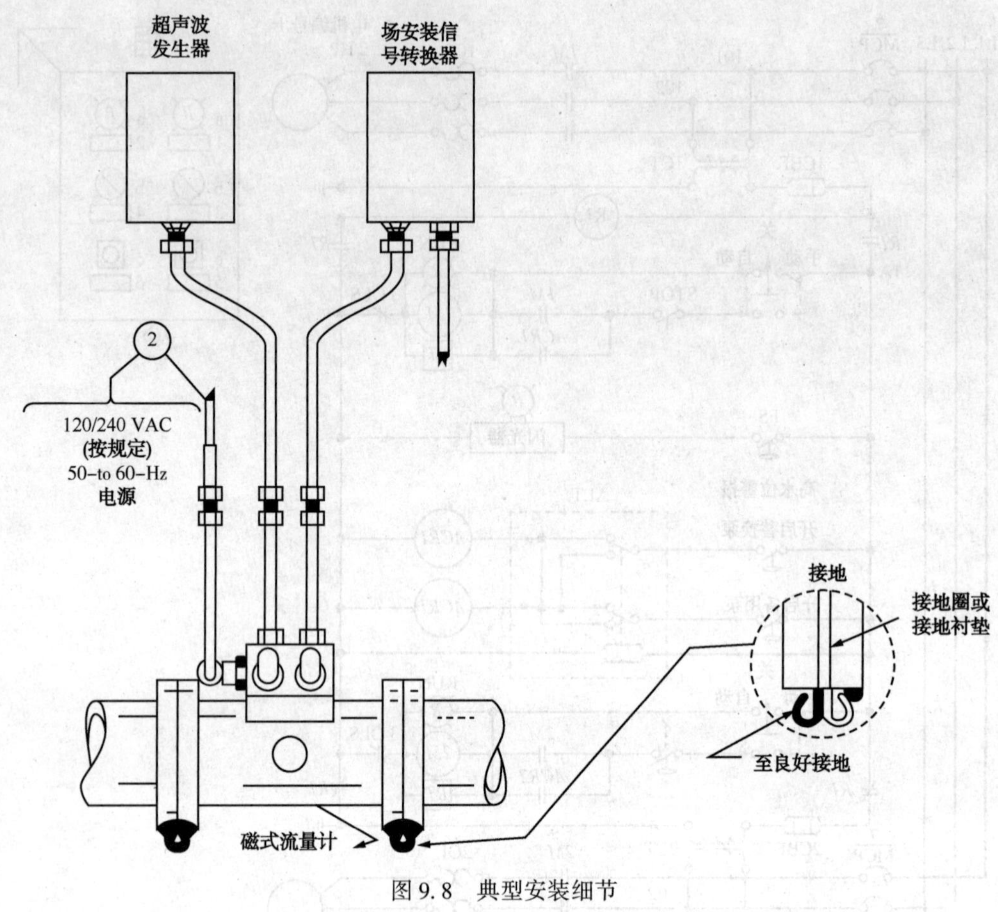

图 9.8 典型安装细节

因此，设计仪表和控制系统时，设计者应确定厂商在设计时提供的仪器仪表的类型，以及这些仪器仪表是否兼容现场总线和获得了现场总线基金会认证。

4.6.2 Profibus 总线技术

一种仪器仪表通信流行的欧洲标准，被称为 Profibus 总线技术(PI，德国卡尔斯鲁厄)。Profibus 构架结构是一种网络解决方案，包括硬件和软件，以改善整体成本，而获得对使用单一硬线设计，如 4~20mA 信号不可能获得的大量数据的访问。这现场总线架构结构，在将多个设备联网成单一网络时简化了设计，使用的硬件更少。

Profibus 技术系统经过设计，降低了安装成本，而同时提高了单个设备上多数据点的访问。目前有三种不同类型或版本的可利用的 Profibus——Profibus DP，Profibus PA，Profibus FMS。Profibus DP 用于现场设备之间的高速数据交换；Profibus PA 用于本质安全的应用；而 Profibus FMS 用于控制器和现场设备之间的通信。对于 Profibus 系统进行工作，网络上每台仪器仪表都必须支持指定的协议。

采用 Profibus 网络，每台仪器仪表都能够带回设备本地存储的大量信息，而随后可以显示于人机界面(HMI)上。这可能是有益的，不仅是对于仪器仪表上多点的分析，而且在大型污水处理厂发布故障排查时也是有益的。对于规模较小的污水处理厂，由于成本和复杂性这可能并非是一个很好的解决方案。

4.6.3 设备层网络(DeviceNet)

这种设备层网络已经普遍适用于具有多台设备的控制和自动化系统。设备层网络(DeviceNet)(Rockwell Automation, Milwaukee, Wisconsin)是目前工业中使用的一种常见的开放式架构的行业标准。设备层网络一种普遍的用途就是适用于MCCs中需要接电装置之时。当不使用设备层网络DeviceNet时，需要架设多条连接线控制和监测设备。这通常的考虑是成本太高，带回的信息太少。使用设备层网络DeviceNet架构结构就可以降低安装成本，改善故障侦查的监测能力，并简化了整体设计。

4.6.4 其他技术

随着技术不断进步而开发出新的通信方法，许多其他总线技术都可以获得应用。其他现场总线技术和网络型系统包括控制网络(ControlNet)(ODVA[密歇根州安阿伯])、以太网、控制器区域网络(罗伯特博世有限公司，德国斯图加特)和Interbus总线。

4.7 控制面板

典型的污水处理厂具有许多不同类型的控制面板，包括供应商提供的本地控制的控制面板、主控制的自定义面板(包括图形面板)和终端面板。

4.7.1 供货商提供的控制面板

供货商提供的控制面板，是提供主要机械设备提供的面板，如带式压滤机、紫外线系统和离心机。控制这些面板设备的数量和类型应该是与整体的全厂控制理念一致的。然而，从实际情况来看，还是应该提供足够的手动控制，才能使供货商能够证明其机械设备满足与全厂控制系统无关。万一系统其他部分突然不可用，具有这种手动控制设备的装置，可以正常使用。这是很好的做法。这对于依赖数据传输网络的系统尤其如此。

4.7.2 自定义控制面板

自定义面板不同于供货商提供的控制面板，因为它们一般都是对于每一应用是独一无二的并集成于系统中而控制设备多个部分或该工艺过程中较大的部分。通常情况下，自定义面板是由系统集成商提供而控制该污水处理厂某些区域的输入/输出(I/O)。

4.7.2.1 本地控制面板

本地控制面板(LCPs)通常位于或靠近设备相关部件，包括手动断开(HOA)开关。对于维护而言，LCPs也可以起到工艺过程信号接口的终端面板作用并采用基于计算机的控制系统实施控制。无论是本地/远程或本地/计算机切换都应该配备LCPs和计算机控制系统。这些开关能够改变整个LCP或仅仅某单台设备。实际上实施切换的是基于该污水处理厂设立的控制设计理念。

4.7.2.2 区域和主控制面板

区域和主控制面板是定制设计的控制面板，类似于LCPs。然而，它们一般集成多个处理工艺过程(区域控制面板)或整个污水处理厂的系列面板(主控制面板)的控制。这为污水处理厂操作人员提供了从指定控制中心控制该污水处理整体或部分的能力。发送至区域或主控制面板的信息量比供应商提供的或LCPs提供的可供利用的信息少很多。

4.7.2.3 图形控制面板

图形面板通常描绘了图形化形式的污水处理厂工艺流程。图形控制面板在规模和复杂性上是不同的，这要取决于提供的信息。这些图形面板过去常常由可拆卸的马赛克瓷砖制成，具有灯光、仪器仪表、开关和集成到面板的报警器。某些技术有助于消除这些大量而繁琐的图形卡，并以电子操作显示器终端替代。这些操作终端可以通过编程而很容易使用图形符号显示整个污水处理厂。这些显示器能够，随着对污水处理厂或工艺过程的改变而快速轻松地变化，与大图形卡并不一样。与今天的技术一样，大屏幕 LCD 屏连接到计算机的视频输出，生成高品质的图形显示，代替了这些静态式的图形面板。

4.7.2.4 终端面板

终端面板专为以计算机为基础的控制系统与现场信号接口而设计的面板。通常情况下，控制不配备终端柜。面板经过设计，使每个类型的信号(模拟或数字)从其他信号中物理分离出来，有助于消除干扰信号。24V 直流冗余电源用于向两线制仪器仪表回路供电。这种面板可能对于关键回路需要包含小型 UPS，这种关键回路在停电时必须保持供电。在每个数字回路中放置一个隔离开关而在每一模拟回路中放置一个熔断开关(例如，4~20mA 的回路电流隔离器)，属于良好的设计实践惯例。这些熔断器和开关能够是独立于端子板的或集成部件。它们可以保护回路而允许故障回路隔离。

对于根据独立的合同提供基于计算机的控制系统和现场仪表的项目，终端柜定义了每个合同的合同界限。因此，设计师明确界定哪一个承包商负责电气和仪器仪表电缆连接，是很重要的。此外，制定的信号编号和识别系统对于合同之间的一致性和确保承建商为给定的控制信号使用相同标识，是至关重要的。

前面的讨论适用于大型项目的终端柜，因为在这样的项目中这种终端柜由于需要终端的信号数量多而比较庞大。较小或改造的项目，因为空间问题，终端柜可能会结合 LCPs。

4.7.2.5 电机控制中心面板

电机控制中心，是用于定位与每个电机相关的电机起动器和本地控制元件的大型控制面板。这些通常是大型的，能够占据整面墙。MCC 包括几个单个控制面板或部分，通常被称为“散列表元”。在每部分或表元中，单个电动机起动器安装于子面板上。MCC 用于中心定位所有的电机起动器、变压器、主断路器和其他高功率器件，而使之并不需要大型导体运行至许多位置。

4.8 监控和数据采集系统

在污水处理厂内，SCADA 系统通常用于控制和监测污水收集系统。通信或遥测系统的类型，可能不同于拨号或租用线路的电话线、无线电系统、卫星接收天线、直埋电缆或闭路电视。如果使用基于无线电遥测系统，则设计者应该特别注意设计和布局，消除任何潜在的无线电频率干扰。让相关专业公司事先完成无线电勘测，是避免施工期间可能会导致任何不可预见的问题的良好方式。

一旦从现场收集到数据，就需要纳入到污水处理厂控制系统，用于控制决策和数据记录和报告。应该避免使用特殊软件将遥测系统与污水处理厂控制系统接口，因为这在工程验收之后很难从供货商获得技术支持。

4.8.1 人机界面系统

人机界面，或 HMIs，允许操作者能够图形化接入控制系统。术语“人机界面(HMI)”可以用来描述任何一件容许操作者接口到控制系统中的设备；然而，这个术语通常用来描述用于控制和监视整个污水处理厂或工艺过程的图形界面的计算机系统(个人电脑)。多年来，这些系统已经成熟，完善并且具有很多强大的功能。

4.8.2 控制系统

随着技术价格下降，更多的产品可供污水处理厂控制系统利用。目前在许多污水处理厂中控制系统包括基于微处理器的设备，这些设备从现场设备读取信息并基于该信息对污水处理厂其余部分作出控制决策。这些控制系统主要基于PLC，由于这些系统的能力也正变得越来越复杂。因此在为污水处理厂设计这些系统时应给予认真考虑，才能使最终用户能够实现最大性能，而不会产生额外的花费。

4.8.3 独立的数据采集系统

这些系统主要集中于数据采集。采用其他设备完成控制，否则根本不能进行控制。这些系统主要用于收集远程现场数据进行建模或分析。这些类型的系统可能会用于收集数据，如流量、降雨量、或压力，在特定的区域内的几个基站日常例行完成。然后这些数据可以用于与其他信息一起生成图表和报告。

4.9 污水处理厂控制系统

本节定义了两种现今使用的不同类型的数字控制系统，及其在典型污水处理设施中的应用。此外，讨论了控制层次，并与不同的系统架构进行了比较。

4.9.1 可编程的逻辑控制器与分布式控制系统

在间歇式系统中，前面操作的信息对最后的进程是至关重要的，在其中主要使用分布式控制系统(DCS)。几十年来，钢铁和造纸等行业，都已经使用这些类型的系统。这些系统是成熟的而复杂的，由控制器、网络和操作者接口(HMI设备)作为一个完整的包构成。由于这种类型的系统成本高，污水处理行业主要是在大型污水处理厂才采用这种技术。然而，多年来，随着设备的成本下降，这种类型的系统已经在更多的情况下使用越来越多。

与其DCS副本一样不注重速度和网络，可编程逻辑控制器作为独立进程开始。随着科技的进步，PLC生产厂家改进其产品功能和能力，专注于高速控制的硬件和多种通信选项。在过去的几年中，PLC和DCS系统之间因为技术和可用性差距有所缩小。现在，大多数污水处理厂都因为这种类型系统的简单性和成本而采用PLC进行设计。

4.9.2 进程控制器的类型

DCS进程控制器的两个基本类型是PLC和分布式进程控制器(DPCs)。PLC最初开发用于取代继电器梯形逻辑。由于其成本低，不仅能够用于作为污水处理厂的主控制器，而且也作为顺序控制的本地控制器，如反冲洗过滤器或控制的紫外线系统。在过去，PLCs还没有DPC所具有的所有模拟控制能力。然而，现在的PLCs更能够处理所有类型的控制算法，包括比例—积分—微分。大多数较著名的PLC生产厂家支持非专有的系统架构，这意味着他们支持许多不同的通信协议，而他们所制成的通信协议，也可供其他之用。

分布式进程控制器基于微处理器，具有控制逻辑，存储器和以数据和控制局域线路连接至其他单元或中央控制计算机的I/O控制。这些系统是全包系统，整个架构集成HMI界面。因此，他们主要是专属的，原因是它们并不需要与其他产品接口，因为其硬件能够处理该系统的各个方面。

4.9.3 污水处理厂控制系统的构建单元

污水处理厂的控制系统是由众多的基本构建单元组成，这些单元可能包括以下方面：

• 远程终端单元(RTUs)——基于微机的 RTU，有数据传输，接受命令，并取代通常采用继电器梯形逻辑实施的控制的能力。这些单元，通常与污水处理厂属于远程控制，安装于收集系统中的污水提升站。

• 可编程逻辑控制器——基于微处理器的控制器(PLC)。

• 区域控制中心——控制室，其中操作员值班(在连续的基础上，或只为某些作业倒班)，并负责某一区域或污水处理厂工艺流程的控制。通常安装于这个区域的设备包括 PLCs，操作员控制台和其他外围设备，如报警和报告打印机。

• 中央控制中心——控制室，其中操作或监控人员在连续的基础上值班，整个设施的控制或监督责任。通常安装于中央控制中心的设备包括 PLCs，全图形显示的操作员控制台，报警和报表打印机，数据和软件存储的磁盘或磁带驱动器单元，以及程序员的系统变化控制台。

• 数据通道专线——物理媒体连接设备，提供连接至数据高速公路的不同设备之间的通信。包括电缆、调制解调器、处理器、交换机、集线器和相关的软件，这提供信息处理，故障检测，时间同步和仲裁。数据高速公路使用的物理媒体可以是同轴电缆，光纤，CAT-5/6，或其他标准仪器仪表布线。

• 单回路控制器——连接到自动运行而调节单个可控变量的的数据高速公路的单个设备。

• 多回路控制器——连接到自动运行多个回路而调节多个控制变量的数据高速公路的单个设备。

4.10 工艺过程/全厂—控制—系统的方法

表 9.4 列出了三种系统规模的选型准则。这些应该只作为一般性选型准则使用。设计者应该注意到控制系统的尺寸并非必须遵循污水处理厂的流量容量。$19000m^3/d$(5mgd)的污水处理厂，可能需要中等规模的控制系统，因为污水处理厂具有复杂的工艺处理过程，这需要中型系统的计算能力。

表 9.4 分布式控制系统——尺寸确定准则

项目	小	中	大
输入/输出信号点计数	<500	500< 1 500	>1 500
典型的主计算机	pc	微型计算机	大型微机
可利用的其他系统接口	遥感	遥感	遥感
报告/历史数据	有限	实际限制	无限
图形屏幕表现	有限	实际限制	无限
控制软件	驻留于远程单元	驻留于远程单元和主计算机	驻留于远程单元和主计算机
走向	有限	实际限制	无限
本地区域网络	专属	ANSI/IEEE①	ANSI/IEEE
	慢	载波频段	宽带/载波频段
	短	快	快
		长	最长

① 美国国家标准学会/电气电子工程师学会。

当确定系统规模时，要使用的关键项目是I/O信号计数，工艺过程计算机硬件的大小和所需软件的功能。该准则中的其他项目，进一步确定不同系统的功能。设计者应注意，在表9.4中列出的项目，可以改变而适应特定系统的要求。

4.10.1 小规模控制系统

小控制系统一般采用起到HMI功能的PC机并具有PLC。因此，它执行所有历史数据的功能，登录和报告报警，趋势分析，并具有图形显示终端，显示该污水处理厂的所有设备。图9.9显示了小型控制系统的典型框图。

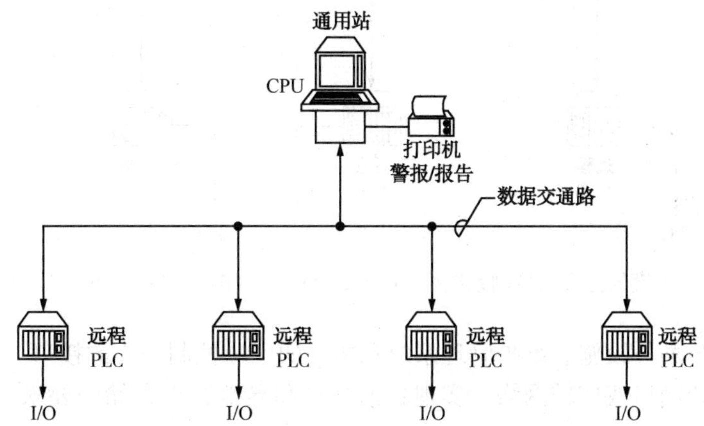

图9.9 小型分布式控制系统(I/O计数<500；CPU=中央处理单元)

小型系统的优点如下：

- 低资本成本；
- 轻松本地维护；
- 控制和监督有限之处小型污水处理厂很理想；
- 系统具有可扩展性(这需要设计到系统中)；
- 菜单驱动，易于使用，并支持市售的软件包(文字处理、数据库分析和电子表格)。

小型系统的缺点如下：

- 最大I/O点计数可能有限；
- 日志报告的数量和类型可能有限；
- HMI标签数，或用来定义数据点的数据库元素的数量有限；
- 扩展能力可能有限(这应该是设计过程的一部分)。

重要的是要注意到，安装小型系统能够持有未来扩展能力。这些系统在设计和选择时就应该考虑未来的扩展。

4.10.2 中等规模的控制系统

中型系统通常具有的I/O计数范围为2000~4000个I/O点和计算机的HMI网络。通常情况下，该计算机系统集中于污水处理厂的控制室。采用中型系统，分布式个人计算机(PC)网络也是可能的。图9.10显示了中等规模的控制系统的典型框图。

4.10.3 大规模控制系统

污水处理厂大型系统，有超过2 500个I/O点，并需要控制网络和额外的控制功能。这

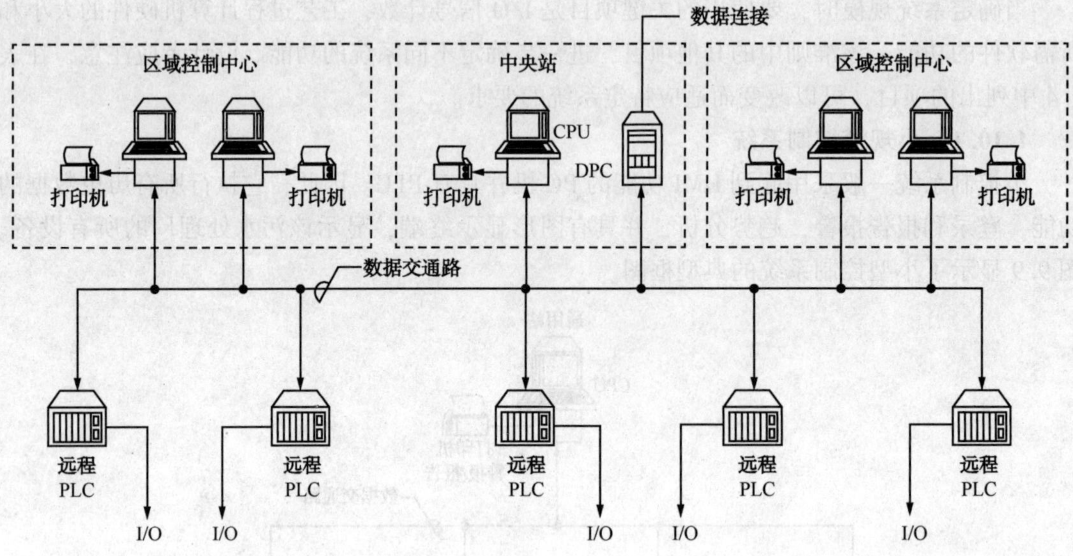

图 9.10　中等规模的分布式控制系统（I/O 计数，500~1500；CPU=中央处理单元[uVAX]）

些功能可能包括与场外设施、维护管理系统和额外的区域控制中心的接口。这些系统也能够配合全市范围内的网络或广域网络，实现数据共享和异地数据存储的要求。图 9.11 显示了大型控制系统框图。

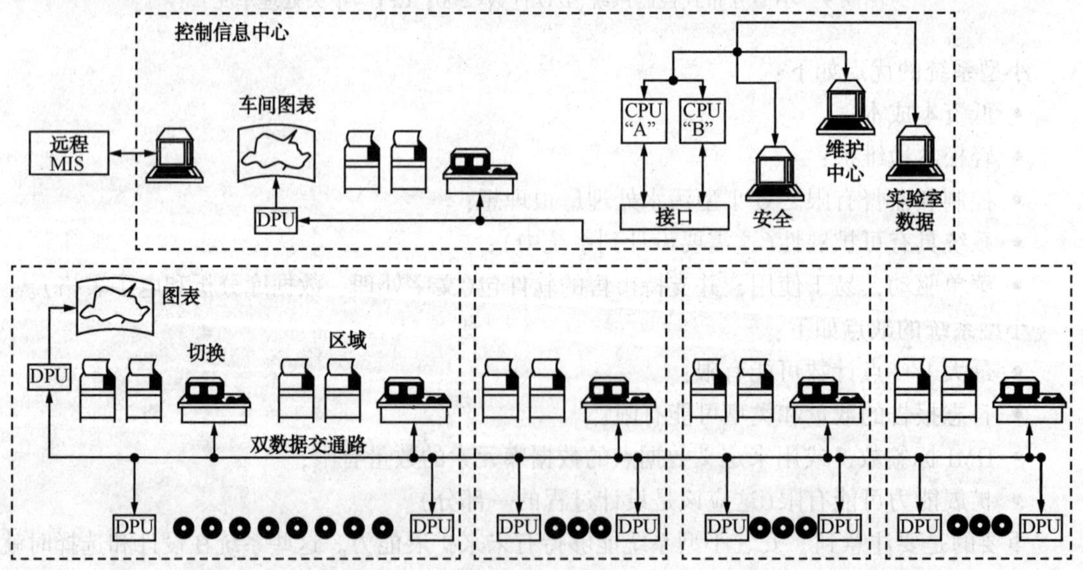

图 9.11　大型分布式控制系统（I/O 计数> 1500；CPU=中央处理器单元[大型微机]）

大型控制系统的优点如下：

- 易于系统扩展，
- 易于与其他计算机系统接口，
- HMI 的无限制标签，
- 无限制的历史数据库，

- 集成于HMI系统的附加软件功能。

大型控制系统的缺点是资金投入量大和需要专门的维修人员。

污水处理厂的控制系统经过设计而适应运营商、污水处理厂和预算的需求，需要集思广益和大量的专业知识。目前的技术不断进步，因此在设计阶段必须加以考虑，才能适应未来的增长和扩建。大多数系统只要纳入到最初的设计中就可以很容易扩展。为了确保污水处理厂的技术成功迁移，所有者应该以其整个工厂的自动化计划开始之后才转移至任何重大的污水处理厂修改和/或设计。

4.11　风险和可操作性设计

在污水处理厂任何项目的设计阶段，应考虑到任何可能由于设计而发生的潜在危险情况。一旦P&ID完成，或即使在最初的设计期间，应该完成危险和可操作性(HAZOP)研究而确定与设计相关的任何危害。化学品系统主要是常见的潜在危险源，应该采用积极主动的设计方法尽可能消除任何来自这些系统对在这些系统的操作者或其周围人群的危害。

4.12　工艺过程控制策略

过程控制策略，或“功能性的描述”，是描述如何进行过程控制的叙述。这种叙述包括该策略所用的所有I/O信号的清单，任何所需的计算和与其他策略的接口，并定义了HMI显示要求。这种过程控制策略应该包含足够的信息，才能使控制系统供应商采用其自己的过程控制语言软件程序实现这一策略(即，梯形逻辑、功能块和语句表)。

4.12.1　工艺过程控制策略的叙述

过程控制策略的叙述包含足够的详细信息，以函数格式完整地描述了控制要求。详细信息，包括如下所列出的项目：

- 控制类型——手动的、本地自动的、直接数字控制的、监控设定值或分批式(序列)；
- 控制层次；
- 安全和工艺联锁；
- 监控的要求；
- 操作要求；
- 所需计算；
- 相关的I/O信号。

4.12.2　与其他控制策略的相互作用

与其他策略的相互作用按照这种方式列出而使其协调并维持策略之中的适当信息和定时。

4.12.3　工艺过程图形

图形按照层次化的方式设置，并以污水处理厂概述开始，随后是工艺过程区域而最后是具体工艺过程的控制元件。通常工艺过程图形采用简化的P&ID代表工艺过程而生成，然后增加所有的现场数据点，接着增加关键报警点和任何辅助过程控制的固定文本。

4.13　仪器仪表的预防和控制

设计者应该提供仪表仪表和控制系统发生故障时设施能够继续运转的措施。这尤其适用于泵送系统或任何因为故障而可能出现损坏作用的系统。通常情况下，本地控制系统对于输入和控制决策采用远程仪器仪表。如果这些远程系统发生故障，具有可以弥补设备控制遗失的控制方案，是一种良好的实践惯例。设备冗余度往往适用于关键的情况，但并非总是成本有效性的。设备出现故障时备用方案，如默认设置和备用件，都可能发挥有益帮助。

4.13.1 备用系统

具有设备重要部分的备件，是提供系统备份的一种成本有效性的方式。正因为如此，在选择设备时，必须提供设计标准的标准方法是至关重要的。标准应该为 PLC 或 DCS 控制器的类型进行设定而作为污水处理厂内所有数字控制系统的基础。这使得整个设施使用相同的 I/O 卡，减少了所需的备件量。

计算机、定时器、继电器、控制器、接口等应该设置其他标准，才能降低备件库存，而设备操作人员熟悉设备。一旦这些标准的建立，经营者就应该接受足够的培训，才能支持该设备，这样在系统中出现的任何故障都可以由污水处理厂的职员进行纠正。

4.13.2 冗余度

为所有仪器仪表和控制功能都提供总冗余度是不切实际的。对中央控制系统的损坏或故障的设计能够通过提供冗余处理器(在处理器或程序故障的情况下)或在每个泵电机现场的单独开关确保必要时可手动操作各个单元而完成。这个理念需要对操作者进行先进的应急训练并在 O&M 手册记述深思熟虑的操作序列。每当在设备中使用冗余度时，整个系统的成本增加，包括该系统的维护。因此，设计人员应该评价控制系统每个部分的重要性，以审慎设备冗余度是否必要，或货架上备用件是否足够备份之用。

精密设备，如残留分析仪、记录仪、指示器、计量电子仪器仪表、开关设备和通信系统，在地震或其他地震干扰有可能的地方，都应该刚性安装，避免地震加速度放大。这种类型的设备是震动台测试资格的主要候选设备，因为分析一般不能证明运行能力将会不受震动影响。应该使用正锁定装置，将电路板固定到位。所有机械开关元件(如继电器)应测试他们的地震响应特性，应避免使用水银开关。设计师在使用重力或轻型弹簧控制开关时应该谨慎。继电器常在通电状态下经常能够充分响应，但在不通电状态下可能会发生故障。因此，设计者应该小心使用摩擦内敛的开关和组件。此外，设计者应该避免采用安装于远离子面板的电路板而用于安装电路板的支架或其他设备上，因为它可能会导致局部共振。应提供额外加固，如焊接支撑。

设计者应提供配备专门的应急电源(可能是电池)和站点备用电源的通信设备和关键仪器控制设备。还应该提供涵盖所有全自动控制系统的手册。如不能设计承受地震运动的关键装置，则可以设计支撑成减震的地面振动隔离系统。

4.14 控制系统组件

4.14.1 仪器仪表

此设备对于数据收集和污水处理厂的控制操作是非常重要的。仪器仪表应该标准化，才能使操作者熟悉设备，而使设备得到更好的维护。这也最大限度地降低了系统所需的备件数量。

4.14.2 监测与控制

有些设备只需要监测信息，而不是控制设备。这两项服务是至关重要的，而仪器仪表的精度应对所需结果进行评估。随着数据存储利用度的提高，所有模拟点都应该进行监控并为未来的数据分析进行记录。关键系统应该使用冗余度。

4.14.3 数据系统

随着操作者可利用的数据数量，数据系统对于工艺系统的未来分析至关重要的。此外，政府权力机构要求严格遵守并保持报告的数据。因此，需要更多地关注历史数据收集和这些系统的报告区域，并应该在项目设计阶段完成，才能避免设计不足。控制系统成本较高，但能够向最终用户提供优异的信息财富。这些系统如果不能产生适当的报告信息而允许使用该系统的用户对数据进行访问，则是毫无用处的。在设计污水处理厂控制系统时将最终目的牢记在心，这是很好的实践惯例。

5 供暖、通风和空调

建筑物和其他被占区域的供暖、通风和空调(HVAC)系统是污水处理设施设计的重要支撑系统，因为其主要功能是为污水处理厂员工提供舒适和安全的工作环境。本节为设计团队成员提供了一些 HVAC 系统的设计标准和通常采用的设备而适用于污水处理设施的设备。涵盖的主题包括具体的设计标准、系统设计约束条件、HVAC 系统的描述和节约能源与可持续设计的基本设计考虑因素。

纳入污水处理厂的 HVAC 系统的种类是相当广泛的。除了容纳处理工艺过程的建筑物的暖通空调系统之外，通常包括实验室的机械系统、车辆维修保养设施、电气室和建筑物、行政大楼、人员设施、集中供暖(和制冷)车间、全厂热分布、热电联产以及其他特殊类型的设施。本节介绍暖通空调设计的一般基本准则和方法，并重点介绍了针对污水处理厂独特的工艺过程类型设计的暖通空调标准和基础。

5.1 供暖、通风和空调设计标准

5.1.1 规范、标准和条例

每个项目的工作计划必须包括，在开始时的机械法令完全搜索。项目的普遍暖通空调或机械法令除了以下清单可能会包括许多地方、县和州法令或修正案。机械设计师需要与其他实施建筑、防火和生命安全法令研究的设计师协调其自己的搜索工作，才能确保暖通空调设计结合了其他原则性规范搜索。以下是协会、机构、社会和典型管理 HAVC 系统设计的规范。

• 国际空气运动及控制协会(Air Movement and Control Association International)(伊利诺伊州阿灵顿高地)——规定了 HVAC 和气味控制风扇的性能和测试程序。其标准通常是这些规范的组成部分。

• 美国国家标准学会(American National Standards Institute)(华盛顿特区)(ANSI)。

• 空气、空调和制冷研究所(Air-Conditioning and Refrigeration Institute)(弗吉尼亚州阿灵顿)——设定了各种尺寸的制冷和冷藏设备的操作和能源性能标准。他们的标准往往被能源规范引述。

• 美国采暖、制冷和空调工程师协会(American Society of Heating, Refrigerating and Air Conditioning Engineers)(佐治亚州亚特兰大市)(ASHRAE)——引述了《ASHRAE 手册》并由

大多数辖区作为 HVAC 设计各方面的基础包括在内。此外，ASHRAE 已公布了适用于几乎每一个设计管辖的标准。

-《90. 12004 年能源效益守则》——《标准 90. 1》是现行的能源标准，并遵守这个标准是除了 6 个州以外所有州的要求。它也是美国绿色建筑委员会(USGBC)采纳的 LEED 能源遵守根据 LEED 认证通过的最低能源性能标准的先决条件。

-《55. 1 2004 人类长期居住的热环境条件》(55. 1 2004 Thermal Environmental Conditions for Human Occupancy)——这个标准试图量化空调系统的能力而满足充分人体舒适度的需求并逐渐由审查当局通过。它也被美国绿色建筑委员会(USGBC)作为 LEED 达标标准采纳。

-《62. 1 2004 可接受的室内空气质量符合的通风》(62. 1 2004 Ventilation for Acceptable Indoor Air Quality)——遵守这个标准是 LEED 的先决条件，并日益成为计划审查部门的要求。

-《52. 2 1999 年根据粒度的一般通风空气净化设备去除效率的测试方法》(52. 2 1999 Method of Testing General Ventilation Air-Cleaning Devices for Removal Efficiency by Particle Size)——这个标准是 LEED 室内环境质量信用类别中引用的基准。

- 《国际节能规范》(International Energy Conservation Code)——许多州需要遵守此规范，这主要是基于 ASHRAE 90. 1。
- 《国际机械规范》(International Mechanical Code)(或《统一建筑法规》[UBC])是大多数辖区设计达标引述的机械规范。
- 《国际标准化组织》(International Organization for Standardization)(瑞士日内瓦)。
- 《NEC》——尽管主要是电气设计师的领域，《NEC》适用于广泛的 HVAC 布线和设备。HVAC 设备的要求规定了 HVAC 控制、监测系统和其他各种机械系统这些布线要求上与电气设计师的密切协调。
- 《全国电气制造商协会》(National Electrical Manufacturers Association)(弗吉尼亚州罗斯林)(NEMA)——规定了电气设备的构建实现在各种环境中功能负荷的评级。HVAC 设备，特别是控制面板的评级，必须对于腐蚀性、防潮和其安装空间的爆炸潜势进行正确地规范说明。
- 《关于消耗臭氧层物质的蒙特利尔议定书》——美国是一个初始签署者，并已批准该协议的所有后续修订本，这就限制和淘汰了各种空调制冷剂的使用。HVAC 设计人员必须审查拟议的空气调节设备，才能确保项目的预期寿命内遵守协议。
- 《NFPA》——有许多规范，规定了 HVAC 设计功能。其中最重要的如下：

-《NFPA820》——《污水处理和收集设施的消防标准》(Standard for Fire Protection in Wastewater Treatment and Collection Facilities)。几乎所有的工艺过程建筑空间的通风量都是由该标准颁布。

-《NFPA90》——《空调及通风系统的标准安装》(Standard Installation of Air Conditioning & Ventilation Systems)。该标准的规定之一就是在一定的 HVAC 供应和排气(包括气味控制排气)系统的火灾探测规定。这些系统需要与任何其他空间火灾警报系统协调，因为这可能是由适用于项目的 NFPA 72 或其他消防和生命安全标准进行规定。

- 《OSHA》——规定了关于很多 HVAC 设计问题，包括设备噪声、排放、栏杆、净空间隙、屋顶设备的位置和其他工作环境和安全问题上的限制。遵守 HVAC 相关的 OSHA 规定就决定了建筑和工艺设计人员的密切协调。

- 《钣金和空调工程承建商协会》(Sheet Metal and Air-Conditioning Contractors' National Association)(弗吉尼亚州尚蒂伊)(SMACNA)——SMACNA标准通常被指定为所有藉此兴建的管道系统的基准。
- 《UBC及统一的机械规范》。
- 《保险商实验室》(Underwriters Laboratories)(UL)——许多司法管辖区规定，所有具有电子元件的设备，包括HVAC设备，都作为完整的操作系统列入UL清单。这就要求，例如，制冷机或锅炉作为操作单元在其制造点要进行检测，并获得UL认证。

5.1.2 气候

为设计计算而选择的气候资料，对HVAC系统的资金成本具有显著的影响，必须慎重选择。

5.1.3 气候数据资源

度日气候数据，可以从《美国第81号气候志，补编第2号，1971-2000》，(*Climatography of the United States* No. 81，Supplement No. 2，1971-2000，国家气候数据中心(National Climatic Data Center))(北卡罗莱纳州阿什维尔)(NCDC，2002年)获取。盛行风的数据可以获自题为"美国的季风数据(Climatic Wind Data for the U. S)(NCDC，1998)的文件中的NCDC。设计干湿球温度可从《2005 ASHRAE基础设施手册》(2005 ASHRAE *Handbook of Fundamentals*)的气候数据增刊获得数据。

5.1.4 设计——温度频率水平

HVAC设计者并不会对最低冬季和最高夏季气温记录进行设计。这将对HVAC供暖和冷却的资金成本带来相当大的后果，并由于所产生的过剩容量而降低了能源效率。供暖和冷却的ASHRAE数据列出了各种频率水平；99%和97.5%，是典型的值，指在后一种情况下，2.5%(或219)冬季时间将会低于引述的设计值。许多能源效益守则都规定了要使用的频率水平。这个频率水平选择的重要例外是在预计最高的室外空气温度期间必须执行的关键电子设备冷却系统(如，VFDs)。作为最低要求，该项目的气候数据应包括以下的数据(和他们的频率水平)：采暖设计温度、冷却设计温度和冷却湿球温度。

5.1.5 空间环境要求

空间温度和湿度控制设置，结合通风供应量，主要决定HVAC系统的能力(以及由此而来的资本成本)和每年的能源成本。对于许多类型的空间，这些标准由地方和国家能源和机械规范的条例规定。尽管如此，在其选择中还有一定余地，而它们应该经过所有者和其他利益相关者同意。

早期(以及进行直至项目的结束)对于所有HVAC调节空间的环保要求列表，都是推荐的而应该是HVAC项目手册的组成部分。该列表对于每个空间的描述应该包括以下内容：

- 供暖温度；
- 冷却温度；
- 机械或环境冷却的选择；
- 通风要求——供应、废气、返流和气味控制系统中的空气；
- 作为设计基础的危险性分类。

典型的污水空间环境的要求如表9.5所示。此表应该作为指导方针提供——而不是适用于项目设计的具体值。工艺过程区域的具体通风值应该获自包含于所参考的 NFPA820 标准中的表格。非工艺过程区域的具体数值选自更严格的 ASHRAE 55.1，ASHRAE 62.1 和可适用的项目机械规范。

表 9.5　污水处理厂 HVAC 系统的推荐设计参数

空间	通风率	供暖温度范围/℃(℉)	冷却温度范围/℃(℉)	备注
湿井	12/6 ACH①	典型地没有或低要求		如果湿井是封闭空间则通风要求低
干井	6 ACH②	17~20(63~68)	40(104)	采用适当的空气监测，一些设计师使用回风。如果预期可能出现原始污水泄漏，则考虑 12 - ACH 容量。
沙砾去除区域	12/6 ACH①		40(104)	这是危险区域的广泛列表的实例，在 NFPA820 中提供了其详细的通风和消防数据。
过筛室	12/6 ACH①		40(104)	
消化池气体控制室	12/6 ACH①		40(104)	
消化池气体压缩机室	12/6 ACH①		40(104)	参见设计参数的标准
封闭式砂砾货车装卸区	12/6 ACH①	13~20(55~68)	40(104)	
封闭式初级沉淀池	12/6 ACH①	13~20(55~68)	40(104)	
浮渣浓缩池	12/6 ACH①	13~20(55~68)	40(104)	
氯和二氧化硫室	12/6 ACH①	20~21(68~70)	40(104)	
泵和鼓风机室	6 ACH②	17~20(63~68)	40(104)	采用回风节省加热热能。采用户外空气最低值。
过滤池室和脱水区域	12/6 ACH①	17~20(63~68)	40(104)	这些区域典型地是非危险的，但是高气味水平经常规定 12-ACH 或更高。
车库	无 1.5cfm/sq ft③ 的要求	无要求或 4.4~17(40~62)	40(104)	车库通风取决于活动，典型停车 75cfm/sq ft；引擎运行的维护 1.0~1.5cfm/sq ft。
维修店/车间	变化	变化		现行规范和 ASHRAE 规定 AHC。具体规定各不相同。
电子车间	5~25	22(72)	24~26(75~78)	典型地需要湿度控制(<60%)。
油漆车间	因为油漆池需要	20~22(68~72)		排气经常需要过滤。
电池室	大约 1cfm/sq ft	18~20(65~68)	40(104)	可适用的规范不同而根据电池类型尤其如此。

续表

空间	通风率	供暖温度范围/℃(℉)	冷却温度范围/℃(℉)	备 注
焊接区域	12 ACH			对于焊接是12ACH，当焊接操作完成时适用标准规范通风。
更衣室	约1cfm/sq ft	20~22(68~72)	24~28(76~82)	更衣室和休息室规定广泛不同，某些是每平方英尺，其他的是每个固定设备。
休息室	约1 cfm/sq ft	20~22(68~72)		
办公室、会议室、午餐厅和控制室	5~25 cfm/Occ	21~22(70~72) (76~78)	24~26	许多规范具有规定室外空气最低百分数的额外要求。
实验室	9~12 ACH④	22(72)	24(76)	最低推荐值是10ACH；在未占据期间可以降低。对于任何电子测试设备具有湿度控制要求。

① ACH=每小时空气变化。对于危险区域，NFPA 820同时规定了供电和废气排放，电扇功率的“安全”源，连接至风扇速度控制和警报的可燃气体监控。这些系统如果室外空气低于10℃(50℉)时可能在6AHC下工作而节省风扇和供暖能量，这个空间是未占据的可燃气体监控并非出于警报之下。NFPA 820也规定了通风和控制功能以确保更危险的区域处于相对于不太危险空间的较低压力下。

② 一些非危险区域只有在对于其用途满足严格的NFPA认证时可以适合采用回风。

③ NFPA 820通风量通常都以每小时空气变化提供。其他监管通气标准和规范规定立方英尺/平方英尺/分钟、立方英尺/分钟/占据者(Occ)、立方英尺/分钟/固定设备或更衣室或者提供的室外空气。

④ 不同的实验室空间(尤其是那些处理有害物质)的增压，关于少危险和非危险的空间，是至关重要的，而需要在建筑和HVAC通风设计中解决。

5.1.6 供暖、通风和空调公用事业单位

确定空间供暖和冷却的能源值需要进行早期研究和拿出解决方案。这些方案包括以下内容：

- 现有的中心供暖(或冷却的)车间。如果存在现有的中央车间供暖热水(或冷却水)，这应该是第一选项。只要是切实可行，设计师就需要作出额外负荷的估计，并与现有的过剩电厂热和分配能力进行比较。如果中心车间扩建是必需的，则这应该在一开始就要确定，并应该估计出全部设计和成本效应并与其他方案进行比较。

- 天然气供暖。大部分污水处理厂的工艺过程空间相比于行政和人事型空间需要特殊通风率。燃气供暖的能源成本通常是电加热的二分之一。然而，燃气供暖设备的选择和定位需要谨慎行事，才能满足NFPA 820和其他危险区域服务的管理系统的规范和标准。

- 电供暖。小型或远程空间，对于低或间歇供暖负载，可能在经济上值得采用电供暖。这对于高度腐蚀性或爆炸性的区域尤其如此，因为这是更容易指定适合这些功率载荷的电热设备。

5.1.7 供暖负荷

供暖负荷设计标准基于ASHRAE既定的准则。外部空气温度的设计参数和结构的热损

失计算描述于《ASHRAE 基础设施手册》(ASHRAE *Handbook of Fundamentals*)(2005)。表 9.5 列出一些通常在污水处理厂中典型空间类型采暖设计温度的常用值。同样，此表作为准则，更严格的 ASHRAE 标准和规管机械规范将被用于确定最终的设计值。

大多数工艺过程区域供暖负荷的计算非常简单，可以使用 ASHRAE 标准附带的电子表格计算方法完成。这对于要求高通风率的区域更是如此。在这些区域，通风负荷往往占总供暖负荷的 80%或更多，其计算简单地就是外/内温差，每分钟立方英尺的通风和一个常量。如果污水处理厂每年能源模拟是该项目的工作范围，例如，要求每年能耗模拟的 LEED 或其他达标/认证过程的一部分，这就是接受人工供暖负荷计算的例外。许多计算机程序用于完成 HVAC 设计计算，还具有模拟每年的能源用量的能力。

5.1.8 冷却负荷

冷却负荷的计算相比于供暖涉及面广而且复杂。还有两个敏感的(温度)和潜在的(湿度)冷却因素。这个负荷的热力学自身——对于人、设备和太阳能热负荷——就相当复杂。冷却负荷的计算机计算，除了最简单的冷却系统而对于所有的系统都是推荐的(例如，小的独立电气室)。一些 HVAC 设备供应商提供 HVAC 设计计算的合理成本和可管理的操作复杂性的计算机程序。这些程序具有用最小的额外数据输入而模拟能源用量的附加益处。冷却负载计算更好的参考文献之一是《ASHRAE 基础设施手册》(2005)。

5.2 设计约束条件和供暖、通风与空调备选标准

HVAC 设计人员首先需要满足其设计上的硬约束条件，如规范规定的通风。然后，应该应用一套一致性的标准指导系统的备选方案的制定及其纳入设施设计中的选择。无论系统是否服务筛分设施或实验室，则在下面的章节中讨论的标准都应该予以考虑。

5.2.1 风险评价

最使污水处理厂 HVAC 设计不同于其他设施类型的设计考虑因素是存在爆炸性气体。在“法规、标准和条例”这一节中引述的 NFPA820，关于危险区域供给空气量和废气排放提出了严格的准则。对于设计师而言严格遵守这些规定，实现免责和保护污水处理厂内人员是至关重要的。风险评估的另一个作用是 HVAC 设计师必须与电气工程师紧密合作，才能确保 HVAC 设备的电气特性及相关的指定接线满足 NFPA 和 NEC 规定的 NEC 分类。

5.2.2 防腐

污水处理厂 HVAC 设计另一挑战性的方面是许多 HVAC 系统运行的腐蚀性环境。硫化氢、挥发性有机化合物和在污水处理厂工艺过程中使用的各种化学品，都需要对设备的影响进行分析。地下和隧道区域内，特别是存在静水之处也会加速腐蚀活性。正是因为危险区域的这些情况，HVAC 设计者必须与电气工程师合作完成任何机械电气工作。

管道工程的材料选择方案包括钢板、铝材、不锈钢和玻璃纤维强化塑料(FRP)。推荐的不锈钢最低等级是 316(对于 316 不锈钢的这一推荐不仅适用于管道，而且也适用于任何其他认为不锈钢是合理的 HVAC 材质选择)。每种材料都有其自身耐腐蚀的优点和成本上相当大的差异。早在设计过程中，就应该制定各个区域中要使用的管道材料的计划表并使用现成的耐腐蚀性能的图表和表格进行分析。

空调机组和供暖与通风单元应该是商业级的不锈钢或用环氧涂料内外涂层的钢，或由之构成。风冷冷凝单元和屋顶冷却装置，如用于冷却电气室的那些，经常会由于腐蚀作用而招

致慢性故障。其冷凝盘管，特别易于招致硫化氢的侵蚀性进攻。设计应该尝试尽可能远离硫化氢源定位这些设备。缺乏那样的选择，HVAC 设计师就需要与设备供应商密切合作，才能指定特种涂层或档次较高的非铜建材。

5.2.3 系统冗余度

NFPA 820 要求危险区域的通风系统具有系统冗余度。NFPA 820 理论上规定所包括的排气和送气扇二者如果万一出现任何故障，适当的空气流通仍然能够传递到危险区域。HVAC 设计人员应考虑所有服务的空间内对冗余度的需要。例如，对于服务工艺过程的关键泵应该存在 VFDs 的冗余冷却源。中央供暖车间需要备用锅炉和泵送容量。HVAC 设计人员要权衡操作潜在的损失和空间调节的部分损失对于增加系统冗余度而增加资本成本的影响。设计者需要在选择冗余度解决方案之前与项目经理和所有者一起审查这些效应。

5.2.4 资金、能源、操作和维护成本

污水处理厂 HVAC 系统通常经过设计而具有比典型的商业 HVAC 系统更长的使用寿命。尽管如此，设计者需要采用适当的技术，并尝试以成本有效性满足设计约束条件。许多备选方案，在设计过程足够较早期进行制定时，就可以考虑降低系统成本。需要考虑的问题包括以下方面：

- HVAC 设备能否安装在屋顶？
- 是否可以整合多个单元？
- 供暖单元和排气扇能否代替具有分配通风管路的中央空调单元？

另一方面，由于现今对节能的强调，追求节能的“合理”投资回报而评价额外系统资金成本的需要，是同等重要和必要的选择标准。另一个经济因素是维护和运行具体的备选方案的成本。许多备选方案通过节能对其额外成本产生合理的回报，但是其 O&M 成本可以淡化其总体投资回报率，以至达到经济上缺乏吸引力的程度。这就有可能使 HVAC 设计人员产生对所有者喜好，维修人员的能力和人员配备水平的全面认识，并使用这些信息评估更为复杂的备选方案的经济学问题。在许多情况下，较简单的备选方案，在经济上是超级的而对所有者也不会觉得令人生厌。所有者应该充分了解备选方案的经营成本效应并在 HVAC 系统设计过程走完该项目设计—开发阶段之前进行权衡。

5.2.5 能源和可持续发展设计的倡议

除少数几个州之外所有州都制定了节能法令——大多数都是基于 ASHRAE 90.1。对于 HVAC 设计者而言早在设计过程之中就可能要审查可适用的能源效益守则的规定。有些司法管辖区将豁免服务工艺过程区域的 HVAC 系统，而有些则不会。设计者可能假设所有的人员类型设施将会必须遵守。设计上遵守，要比在项目计划进行或机构审查时再增加要容易得多。

有些司法管辖区已经颁布其市政工程项目的 LEED 认证。LEED 认证过程包括最低能源性能的先决条件。如果这一要求得不到满足，就不会授予该项目进行任何认证的资格，但是满足这一要求，可能是具有挑战性，需要在设计过程中就要开始。

HVAC 设计师需要积极主动地满足其他评价能源效益守则达标的原则。能源效益守则达标的一个重要因素是建筑围护结构的性能。设计人员需要提前与建筑师合作，才能确定墙壁、窗户、屋顶和其他外部封闭功能是否遵守可适用的能源法规和标准。

5.2.6 供暖、通风和空调空间的规定和学科协调

学科协调是成功实现容易施工和经济地运行 HVAC 系统的关键之一。本文中一个因素是设计师的经验；然而，可能适用于该过程还应有的是一定程度的严谨。

- 空气处理设备是否处于户外进气百叶具有有足够墙壁空间(通常是大型的)的位置？
- 对于大修任务，如拆下线圈，在设备周围是否有足够的空间？
- 结构工程师是否为重型设备提供了足够的承载力？

表 9.6 列出了一些 HVAC 设计师提供给其他学科的常见协调数据，并总结了他或她从其他学科需要的数据。这些项目旨在成为评估 HVAC 协调中适用于所有设计学科的指导方针。

表 9.6 供暖、通风和空调的初步设计协调数据总结

其他学科需要的和初始设计期间制定的 HVAC 设计数据	初始设计期间对其他学科制定的 HVAC 设计数据
空间数据	设备室
• 名称/用途	• 大小
• 面积	• 位置
• 体积	
• 设备放热	
-最大值	
-平均值/典型值	
• 有害废气	
一般系统类型和应用	初步 HVAC 设备数据
• 中央的	• 重量
• 单一的	• 振动潜势
	• 大小
	• 电输入
	• 控制界面
环境要求	建筑物开口：屋顶，外墙(尤其是送气和排气百叶)，内墙和其他开口
• 室温或机械冷却	• 大小
• 设计温湿度	• 位置
• 冗余度需要	
• 声学标准和约束条件	
• 腐蚀作用潜势	
可利用的公共事业单位和成本	关键管道和 HVAC 管道路线和尺寸
• 电力	
• 天然气	
• 水	
气候数据	具体的废气排放和有害物质
	外形规格
	初步成本评价

5.2.7 声学问题

污水处理厂更经常性地位于人口稠密的居民区或属于居民目前正在“侵占”的一次性绿地。HVAC 设计师需要认知风扇和风扇声学知识，或与声学顾问一起合作，才能确定供气、排气、异味控制和空气调节设备是否符合当地噪音条例。关于这里讨论的所有其他设计约束条件，这种分析需要在设计过程的早期阶段开始。

5.2.8 未来扩建

HVAC 设计人员需要考虑预计的未来扩建对中央和单一设备的大小选择和定位的影响。在目前的设计中，没有提供未来扩建，仅仅提供空间，或在目前设计期间提供一些或所有未来系统容量的经济学和其他影响，需要进行权衡。

5.2.9 经济和其他权重标准

理想的情况下，HVAC 设计师将会给予经济学(通常是某种形式的生命周期成本评价)或总体项目或监管要求对其系统备选方案选择建档。

5.3 供暖、通风和空调系统

5.3.1 液体循环加热

大型项目往往使用中央热水(或蒸汽)供暖。蒸汽供暖具有较低热分配成本的优势，但由于其更严格的水处理要求和经历其合适 O&M 的人员数量降低而越来越不太招人喜欢。

中央热水供热可以通过更高的效率，综合维护(中央锅炉车间)，从可再生能源(如沼气)热量的能力，和分类区域内的固有安全性(与燃气设备相比)而证明其额外资本开支(相比于逐个建筑物的单一系统)的合理性。热水供暖通过在单一加热器或多个加热器中管道传输而提供处理小负荷区域的能力。

建立中央热水分配系统的构造结构配置时应该小心谨慎。必须提供足够的流量和扬程，才能满足该系统在末端的载荷，而不会建造未使用的过剩容量，这种过剩容量自然就会产生不必要的分配能量。特别长的分布管道输送需要充分的绝缘，才能避免附加热损失。另一分布构造配置需要考虑的是初级—二级泵送系统。

在初级—二级泵送系统中，还有架设于关键加热载荷附近的主要回路。它可以被视为连接锅炉、引擎热回收、工艺过程载荷和建筑物载荷的热量泵送“跑道”。这种连接在主要管线中是两个相邻的 T 型管形式。主流量的一部分从上游的 T 型管抽出，泵送至热源或热负荷，并返回到下游的 T 型管。这种二级连接可能包含三路控制阀调整二级水温度。

这个系统允许新的负载(或热源)在未来的任何时间分接到主要流中，而不需要对主要泵送系统及热源进行任何修改。变频驱动主泵通常用于该应用。因为在主流量流中的总温度下降，能够调节至更高(22℃[40℉])的情况并不少见，流量要求，可能是直接返回系统的一半。相当多的布管、泵、能源成本都是因此而产生的。

5.3.2 空气分配

在污水处理厂中所用的两种类型的通风系统是供气系统和排气系统。供气系统通常适用于使该空间变得舒适，而不是从该空间排出空气。具有有关户外进气百叶和电动防火阀的排气系统适用于某些空间的环境降温(代替机械冷却)，例如，未放置敏感电子设备的电气室。这将在“单一供热和降温”这一节中讨论。

在工艺过程区域中排气系统的主要用途是去除有害或有异味的气体。送气和排气调节装置和扩散器的位置需要协调，才能避免送风排气调节装置短路。一般理念是以将空气吹扫整个服务区域的模式定位送气出口和排气调节装置。

NFPA 820 规定，危险区域通过供电送气和供电排气系统服务。这个基本原理是，即使系统之一停止服务，指定的通风率将会继续，这对于工作人员的安全至关重要并维持电气分类。当外界气温低于 10℃(50℉)而空间空置时，NFPA 820 还允许降低送气/排气空气流量至6个空气变化/小时(ACH),代替12 ACH。这种控制方案可以节省相当大量的供热能源,特别是在凉爽的气候下。NFPA 820还规定,所有危险区域必须提供采集100%室外空气的系统;所有供应至该空间的空气都完全由排气系统排出。

通常危险区域提供12ACH的供气和排气。对于较大的工艺过程区域,这导致产生相当大的空气量,对此必须提供进气和排气百叶窗。在这些百叶窗定位时需要小心谨慎,才能避免进气百叶至排气百叶窗发生短路。所参照的机械规范规定了排气和进气百叶窗之间至少4.6m(15ft)的间隔,而且取决于建筑物的形状而定,更大的间隔往往是必要的。室外进气口位置也需要选择,才能避免空气源受到污染,如罐池通风口和装卸站附近的卡车尾气。

能源法规和标准对于通风系统设计,尤其是管道设计和风机选型具有一定影响。许多能源效益守则惩罚平均效率的高压管道系统和风扇。这通常意味着,如果要遵守守则,管道和风扇需要更大的尺寸。由于管道管线和风机设备室空间往往是很紧凑的,早在设计过程中就需要评估这些达标的影响作用。

5.3.3 中央供热和冷却

中央热水供热的优点,可能会抵消其额外的资金成本,这在上面已经讨论。HVAC设计师面临的挑战之一是污水处理厂在各个阶段都在扩建,每个阶段都有其自己的锅炉系统。在足够的范围内升级的设施中,存在这种机会,尤其是在一些现有的设备在其使用寿命结束的情况下,将锅炉车间整合到某一个位置。通过要替代的锅炉服务的供热载荷连接至与新锅炉连接的主热回路。这种主回路具有轻松从热电联产系统中的任何地方安装使用废热的应用,并允许使用锅炉中消耗的沼气,而服务于任何设施采暖负荷的额外好处。

还有连接至多个建筑物的中央制冷机车间服务的几个污水处理厂。中央制冷机车间相对于单一冷却和小局域制冷机的经济学而使之为了更大的效率总冷负荷需要几百吨,才能证明其额外费用是合理的。在规模较小时,能源成本上涨增加使用消化池气体热作为冷却的能源的制冷机数量。这些通常是使用燃烧消化池气体的锅炉的热作为产生冷却水能源的吸收式制冷机。

5.3.4 单一供暖和冷却

到目前为止,所用的HVAC设备最常见的类型是单一的(独立的)供热和冷却装置。小的非危险建筑物,如果具有已经定义的通风要求或相容的占用,则会使用间接燃气供热和通风装置。危险区域,如果小心谨慎地在服务的建筑物与该装置之间提供足够的隔离(通常远离任何建筑物开口3m[10ft]),就能够使用这些供热和通风的系统。较小的非危险工艺过程区域,只有零星的占用,往往最好由间接燃气单元的加热器和夏季降温的屋顶(或通过墙壁)排气风扇进行服务。电单元加热器可能会考虑服务没有恒定通风负荷的小空间,能够显著地降低加热温度设定点,或两者皆可。

在过去几年中已经看到了VFDs、SCADA面板以及其他容易发生高温故障的电子设备应用爆炸性增长。电气设备,如VFDs,通常是额定使用40或50℃(104或120℉),由于尺寸和成本降低,40℃是典型的选择。多年来采用室外空气冷却电气室已经成为常见惯例。提供足够数量的空气才能产生超过供气温度,例如,6.7℃(12℉)的温度升高,在这种情况下,供气温度就是室外空气温度。这种方法的问题在于,新电子产品,如VFDs,将不会容忍超过40℃(104℉)的温度剧增。这意味着当室外空气上升高于33℃(92℉)任何长度的时间时,VFD可能在高温下断开。

在这些应用中，因为如果要安装冗余冷却系统，机械冷却应被视为一项规定。机械冷却有额外的好处，而也应该在冷却区域位于潜在腐蚀性的室外空气环境时考虑。位置相邻于敞开式罐池或具有高环境浓度硫化氢的情况下就不应该使用100%的室外空气冷却。硫化氢，特别是对电气设备具有破坏性影响，如铜布线、电子电路板和电机控制接触。

HVAC设计人员可以与电气工程师进行协调，才能试图找到应该环境冷却(采用室外空气冷却)而非机械冷却的空间中温度不太敏感的设备(如，变压器)。设计者也必须与电气和工艺工程师一起审查对冷却冗余度的需要。屋顶空调单元或分流冷却单元，电气室内具有空气调节器而在地面或屋顶上具有风冷式冷凝器，都是这些应用的合适单一系统。

5.3.5　蒸发冷却

美国西南部许多区域都经历夏季超过38℃(100℉)的高温，对操作人员都需要一定的冷却降温形式。由于湿度低和类似的低湿球温度，蒸发冷却装置通常用来提供许多工艺过程和一些操作人员区域的冷却，而代替机械冷却。蒸发冷却器通过两个过程之一或二者组合运行——直接冷却，其中水流过位于空气调节单元的空气流中的多孔介质；或间接冷却，其中水通过位于空气流中的热交换器(例如，盘管)。在后者中，离开盘管的水通过小的冷却塔循环散热，而降低其温度并增加冷却效果。

在具有低的内部热增益的区域，如过筛室，直接蒸发冷却装置通常就足够。在具有高热增益的区域，如鼓风机房，经常需要将直接和间接部分结合到一个单元中的蒸发冷却器。使用蒸发冷却器，可以实现电气室冷却，但更标准的做法是使用机械冷却，才能避免能源自蒸发冷却过程的潜在高湿度。

HVAC设计师需要与管道和工艺工程师合作，才能确定蒸发冷却水源。如果它被分配至冷却器所在的建筑物内，这些方案将会是使用饮用水(采用回流保护)或污水处理厂内工作用水。使用厂内服务水，尽管降低了饮用水的消费，但服务水必须符合下列条件：

- 总溶解固体量必须低于蒸发冷却器制造商的推荐值，
- 随着以蒸汽形式进入被占领的空间要对其进行消毒。如果不符合这些标准，饮用水是更好的选择。

5.3.6　温度和建筑物自动控制

适当的控制系统设计和运行对于HVAC系统设计的成功是至关重要的。规划控制策略往往会保留至设计的后期阶段，而产生繁琐的控制解决方案、总HVAC成本和其他学科，如仪器仪表和电气协调延迟的不完善情形。更好的方法是同时制定具有HVAC概念设计的HVAC控制策略。

小型远程建筑物和简单系统，如屋顶冷却、单元加热器和排气风扇，通常最好与传统电气控制一起服务。以下是服务更加复杂的中央冷却、供热和通风设备的方案：

(1) 独立的直接数控(DDC)系统，操作界面终端(OITs)和HVAC操作员控制台；

(2) 独立的DDC系统，OITs和具有连接到SCADA的离散警报器的HVAC操作者控制台；

(3) 经由通过SCADA操作员控制台的数据“握手”接口的DDC；

(4) HVAC监测和控制的SCADA实现。

直接数控是等价于PLC控制的HVAC控制供应商。DDC模块是PLC的专有版本。DDC的OITs(通常是具有输入设备的大中型彩色触摸屏)，推荐安装于整个设施的战略位置，因此操作人员可以解决现场设备的控制操作。以上列出的备选方案会增加安装成本。第二方案是通常推荐方案之一；它提供了 HVAC 和仪器仪表承包商之间的明显分界线，提供了大多数所有者关于隔离过程和 HVAC 运行监控所需要的东西，并确保来自 DDC 系统的关键 HVAC 和生命安全警报会被 SCADA 操作员 24 小时关注。第三和第四个方案具有可取之处，应该提交给所有者，毕竟每个人的喜好不尽相同。

5.3.7 检测、平衡和调试

这些活动往往缺乏协调和需要用于获得其充分受益的检验。HVAC 系统继续出现复杂性增加，而污水处理厂操作人员往往对于正确操作这些 HVAC 系统的认识不足。LEED 标准和其他标准促进了包括更广泛的工程师、承包商和所有者参与培训的强化调试，而确保系统的设计意图和业务需求对于所有的人都清楚明晰并都记录在案。

5.4 供热、通风和空调能量与可持续设计的机遇

HVAC 系统可能消耗大型污水处理厂年度能源的 15%或更高。如果该设施包括大型实验室、大量人事部门、或两者皆有，则 HVAC 消耗的比例可能会更高。这可能使公用事业单位成本将会继续攀升而今后的立法将建立碳排放上限以至于奖励节能系统的投资。许多州已经制定了计划，为可再生能源系统提供奖励和每单位能源的信用度/回扣。HVAC 设计人员需要对能源使用特性和系统设计的节能潜力具有基本的了解。

5.4.1 能源效率守则的达标

对于能源效率守则的达标，HVAC 设计师的作用和责任将在“能源与可持续发展设计的倡议”这一节中讨论。如果有的话，也很少有司法管辖区没有影响 HVAC 设计的基本能源效益守则。

5.4.2 对供热、通风和空调产生影响的能源与环境设计和其他可持续发展设计中的领导关系

在 LEED 的第二个“E”代表“能源”。节约能源，包括于能源和大气分类中的 LEED 标准之中，是 LEED 认证的关键和根本的组成部分。节能的 LEED 信用度自然增加到所谓“能源优化”的子类中。LEED 能源优化目前能够广泛适用于污水处理厂的各种建筑物类型中。

大多数工艺过程区域(及其 HVAC 系统)具有独特的通风要求，这些要求已然属于 LEED 能源优化基线之外；它们通常豁免于 LEED 的最低能源性能要求，而关于节能的性能测量方法尚未确立。然而，工艺过程型 HVAC 系统的计量标准还在酝酿中，HVAC 设计人员需要不断了解 LEED 和其他能源性能标准的发展。目前，LEED 在人员型建筑物的能源优化中的应用已经充分确立并成为可适用的标准。这使得 HVAC 设计人员有必要熟悉这些能够获得 LEED 信用度的“标准”建筑类型的节能措施，并有必要学会使用能源建模和赚取这些信用度所需的建档技术。

LEED 能源和大气类别也需要“基本的制冷剂管理”这个前提条件，如果这个前提条件不满足，就会将该项目从任何 LEED 认证中排除。这个前提条件的目的是为了确保该项目符合上节“规范、标准和条例”中引述的《蒙特利尔议定书》的规定。LEED 的计划还提供了进一步降低 HVAC 制冷剂对环境影响的系统的“增强制冷剂管理”的信用度。使用上面所讨论的吸收式制冷机是可能符合这种信用度的系统的一个实例。

5.4.3 室内空气质量

LEED 的另一重点，也属于 HVAC 设计的范围，也就是室内空气质量。这是所谓的“室内环境质量”的 LEED 信用度类别的一部分。相关的 LEED 信用度的主要基准是 ASHRAE 标准 52.2 和 62.1。对于积极控制引入到建筑的室外空气量的某些功能特性，如一氧化碳监测功能或一氧化碳的使用，都能在 HVAC 设计中获得额外的信用度。

5.4.4 作为供热、通风和空调计算一部分的建筑物能源建模

上述情况下，HVAC 设计人员需要精通节能措施的评价并学会计算机技术模拟其节能效果。在设计过程中开发建筑物能源使用模型的其他推动力是能源价格的无情升级和污水处理厂可能到来的碳排放问题。这两种力量会增加需要记录污水处理厂碳排放量的建筑能耗和节能潜力详细建模的价值。

5.4.5 可再生能源和能源回收系统

可再生能源和回收能源继续得到普及并吸引地方和国家的奖励和资助。在其实施中获利将继续增加，因为它们都降低了污水处理厂的碳足迹，并降低能源消耗和需求。在污水处理厂有很多这样的机会，其中最突出的是消化池气体能源回收和使用工艺过程水的热泵能量回收。

天然气价格已经上升到足够高的价格点，而使热泵应用具有吸引力。典型污水处理厂处理工艺流程中，可以以相对较高的性能系数回收热量。远离这些工艺过程流的建筑物是更传统的地源热泵应用的候选建筑物，其中热量来自掩埋至地球自身提供热源的深度相当长的管道的泵送系统。在这两种情况下，热泵的工作像一个反向的空调机组，冷却工艺过程流(或地球)，并排斥正在加热的空间或系统的热量。热泵循环可以逆转而起到作为空调机组，冷却系统或空间，排斥工艺过程流或地球热量的作用。鉴于系数达到 4.0 的性能和典型的天然气费和电费，热泵费用在加热能源成本中相比于等价燃气设备成本可能只有一半。

许多污水处理厂在其处理工艺过程中都采用厌氧消化。对于 HVAC 设计师就有一个机会协助项目团队实现消化池气能回收系统的应用。现有的热回收系统的修改，扩建或改善工艺过程和建筑采暖系统，都是一种可选方案。另一种方案是当热负荷不足以消耗总消化池产气时安装原动力或发动机驱动型发电机驱动泵和鼓风机，或在温暖的天气期间发电。

6 化学品系统

化学品系统用于整个污水处理设施，而支持相关的污水处理工艺过程，或本身就起到工艺过程作用。在这一节中，介绍了化学品进料系统设计之前和期间需要知晓的各种因素的概述。化学品选择的原因(货币因素，非货币因素和国家、州与地方法规)也进行了介绍。有关应用点和设备选择的讨论介绍之后，一并介绍了存储(递送)，处理，进料系统和化学品混合的回顾。然后，讨论了修改现有系统的注意事项。最后，阐述了固体管理的考虑因素。

安全注意事项和法规应纳入设施的设计中。有关 OSHA 规定的信息，可以查阅本手册第 8 章。第 2 章讨论了有关处理和处置有毒化学品的法规。此外，材料安全数据表(MSDSs)可以在互联网上或从化学品制造商处获得，这种数据表包含了安全，存储和处理的重要信息。

对这些应用选择化学品和化学品剂量的过程和程序有所不同，这将在关于处理专用化学品添加的后续章节中讨论。表 9.7 列出了污水处理经常使用的化学品及其主要用途。

表 9.7　污水处理常用的化学品

化学品	主要用途
活性炭	脱氯
	反硝化
	气味吸收
	有机物去除
	固体稳定
硫酸铝(明矾)	悬浮固体去除
	除磷
	固体调节
氨	氯-氨处理
	厌氧消化营养物
	氨消化营养物
氯	氨去除
	消毒
	脱脂
	预氯化
	气味控制
	活性污泥膨胀控制
	滤池蚊蝇控制
	固体稳定
氯化铁	除磷
	固体调节
	悬浮固体去除
硫酸铁	除磷
	悬浮固体去除
硫酸亚铁	气味控制
	除磷
	固体调节
	悬浮固体去除
过氧化氢	气味控制
	活性污泥膨胀控制
石灰	重金属去除
	悬浮固体去除
	气味控制
	除磷
	pH 调节
	固体调节
	固体稳定
甲醇	脱硝
臭氧	消毒
	气味控制
	活性污泥膨胀控制
聚合物	悬浮固体控制
	固体调节
高锰酸钾	气味控制

续表

化学品	主要用途
铝酸钠	悬浮固体去除
	除磷
亚硫酸氢钠	脱氯
碳酸钠	pH 调节
氢氧化钠	pH 调节
	气味控制
次氯酸钠	消毒
	气味控制
二氧化硫	脱氯
硫酸	pH 调节
	气味控制

6.1　化学品的选择

许多不同的化学物质，都适用于辅助污水处理(ASCE 和 AWWA，1990；梅特卡夫和埃迪公司，1991；美国环保署，1975，1979 和 1987；WEF，2007；White，1999)。通常，不只一种化学品适合某个具体的应用。为某一特定用途选择化学品包括许多因素。这些因素可能取决于设施的大小、可用的人员和维护要求。此外，这些都能够变成货币和非货币的考虑因素。

6.1.1　货币考虑因素

成本在选择某个具体应用所使用的化学品中是一个重要的考虑因素。资本和 O&M 成本需要加以考虑。适当的经济评价，除了简单的化学品本身的直接成本之外，还要包括依据数量，浓度和形式进行评价。与化学品应用对处理设施的影响相关的其他成本还有如产生的固体数量和质量的变化以及 pH 值对下游处理系统的影响。凡是在不只一种化学品适合具体应用的情况下，都应该进行经济分析，比较可能化学品的现值或年当量成本。注意到如果一种化学品适用于多种用途(例如，氯，适用于消毒，气味控制，或作为活性污泥膨胀控制和氨和有机物质氧化的助剂)则可能产生潜在的成本节约是很重要的。

所需化学品的剂量会影响这种经济分析。因此，化学品剂量的准确估计能够确保货币分析的有效性。不幸的是，实践证明，理论化学计量关系不能总是适用于准确地预测化学品剂量。因此，在为具体用途推荐化学品之前，推荐进行实验室测试，如小试试验、中试研究、或在线研究，能更准确地确定最佳化学品剂量。

6.1.2　非货币考虑因素

当为具体应用选择最佳的化学品时，设计者应该与经济因素一起考虑某些非货币因素。几种重要的非货币因素是效率，与其他处理工艺的相容性、可靠性、以及可持续性和对环境的影响。

对于具体应用使用化学品的效率，不同的污水处理厂有所不同，往往取决于具体的污物或运行条件。设计者应谨慎采用类似的污水处理设施的运行结果。为了最准确地判断化学品的效率，可能需要采用拟议的化学品对当量污物样品进行实验室或中试测试。这些测试也有助于预测合适的化学品剂量，从而辅助货币分析。

与该设施中所用的其他处理工艺过程的相容性是一个重要的非货币考虑因素，在选择使用合适的化学品时应该加以考虑。再次建议采用中试或全规模测试，确定对其他工艺过程的影响。这种类型的测试，也有助于评价在各点上工艺过程流中引入化学品的影响。

化学品供应的可靠性也是一个重要因素。尽管发现是最经济、最有效的化学物质，却可能没有可靠的有竞争力的供应源。这一因素可能会否定其他评价的结果。在本次评价中包含所需化学品预计数量是很重要的，因为，虽然这种化学物质可能易于获得，但是这并不一定能够按照所需数量获得。还有某些专用化学品可以用于工艺过程加入和进行气味控制。设计者应该评价可以产生相同结果的有竞争力的化学品。

最后，设计者应该评价与具体化学品使用相关的可持续性和环境影响。鉴于目前污水毒性安全的关切，所选化学品必须经过证明，在处置之后是环境安全性的。例如，氯加入而实现消毒的污水处理出水中要进行脱氯已然成为趋势。这部分原因是出水中检测出过量的残余氯可能潜在地关联于其他有机化学品而在接受水体中形成致癌物质。此外，已经夹带通过整个系统的化学品组分的出水，可能会导致水质不达标和违犯排放许可。

6.1.3 国家、州和地方法规

化学品区域的设计可能需要消防和安全的特殊规定。这将涉及对所选的化学品进行研究和信息收集，如 MSDS。设计顾问应该知道对于设施有关 NFPA 的统一消防规范和所用化学品的任何地方或州法规究竟需要什么。

6.2 施加点

将化学品施用于污水流中的最佳点从稍微明显(如氯)至比较难以确定(化学除磷)的程度不等。在选择将化学品引入到工艺过程流中的位置时，设计者应考虑诸如充分混合性、对后续处理单元的影响和灵活性等的因素。

对于任何有效的化学品添加，引入到工艺过程流中的化学溶液必须充分地与污物流混合。这种混合通常通过液压装置、静态型混合、机械混合器、或扩散曝气完成。基于与现实情况下实现混合相关的问题，设计人员应该考虑关键施加点执行液压建模，才能确保所需的有效混合发生。本手册第 16 章包含有关快速混合、搅拌机类型、流体状态的其他信息和设计考虑因素。

在某些情况下，化学品施加点，可能会不良影响下游处理单元装置。例如，如果废物变成生物微生物营养不足，则生物处理系统之前的除磷可能会降低生物系统的效率。用于调节 pH 的化学品，应该施用于它们将不会影响二级系统的点。

相反，一些化学品的作用是积极的。例如，在磷沉淀工艺过程中加入碱性化学品(石灰和烧碱)增加水的碱度，抵消后续工艺过程由于硝化产生的碱度破坏。因此，分析过程能够评估对后续处理工艺过程的潜在不利影响和积极作用，并确定缓解措施而将其纳入设计之中。

在可能的情况下，灵活性应该包括于化学品应用系统的设计中。在许多情况下，重复的化学品储存和混合罐以及将化学品引入工艺过程流的几点的装置，都以较小的额外资金成本包括于设计中。如果污物特性发生微小变化或发生其他变化，提供这种类型的灵活性，能够增强效能并可以降低所需的化学品剂量计量率。例如，规定将聚合物无论是加入到进料泵上游还是直接加入到带式压滤机的化学品调节罐中，提供了使用不同聚合物的灵活性，因为这些聚合物如果加入到固体中时会起到不同的作用。因为一种聚合物可能比另一种需要更多的反应时间(也许剂量较低和单位成本较低)，设计顾问应该考虑在条件允许的设计中提供灵活性。

最后，设计者应该确保具有足够的冲洗和清除连接件位于整个系统中并在化学品储存区提供适当的安全设备。

6.3 设备选择

污水处理厂使用的设备选择，可能取决于许多变数。值得考虑的因素有化学品的形式、进料的用量、设备的精度和可靠性。必须提供冗余度的设备还可能要提供设计的设备类型。设备选型往往需要与所有者和制造商讨论，才能确保该设备满足该污水处理厂的要求和客户的需要。设计人员必须确保所选设备的设计中提供了空间和适当的连接(电力、工艺过程、公共事业单位用水、等等)，并提供介绍这些要求的详细规格说明。其他考虑因素包括运行寿命和材料的相容性。

6.4 化学品的储存(递送)、处理、进料系统和混合

与化学品的存储、处理、进料和混合相关的物理设施，是由所使用的化学品形式及其物理化学性质和污物流的流量范围决定的。

化学品操作的设计不仅涉及不同单元操作和工艺过程的尺寸确定，而且还涉及必要的附属物。由于许多所用化学品的腐蚀性、稳定性及其可供获得的不同形式，对于化学品储存、进料泵送和混合与控制系统的设计都应该付诸特殊的考虑。此外，为了所需的额外安全措施，应该不断进行审查联邦政府对于危险化学品储存的管理条例。以下小节对这些主题提供了简短的讨论。

6.4.1 批量递送和中型散装容器

化学品如何存储和递送，可能决定了使用哪种化学品。批量递送，由卡车运载，干物质占约20000~22000kg(22~24t)。对于液体批量递送，这相当于约15000~17000L(4000~4500加仑)。部分卡车运载可能以溢价成本获得。从各种化学品生产商和经销商也可以获得一些中型散货箱(IBCs)。典型的IBC约900公斤(2000磅)，也能小至500公斤(1000磅)。液体也可以在鼓型容器和酸瓶中运输。干燥的化学药品可能以约18~36kg(40或80磅)的袋装获得。化学品储存数量应该考虑化学品稳定性、最大和平均进料速率、供给利用度、交货大小规格和成本、这如前面的讨论。

6.4.2 封闭和围堤

化学品如何存储也将指示是否必须封闭。通常情况下，封闭型围堤围绕化学品储存和进料设施四周而兴建。要封闭的化学品体积一般是封闭区域内最大容器容积的110%~125%。设计者应该提供收集溅漏出的化学品或正常清理的低点收集坑，以便于泵抽至排出沟，废物处理器，或返回至储罐。室外区域可能会收集雨雪，这将需要处置某些区域。地面排水不适用于化学品区域，而防止意外事故的处置。干燥化学品需要清理和保护其他区域的一些封闭手段。对于额外的溅漏控制和应急要求，设计人员应咨询当地和美国环保署规定。

6.4.3 化学品形式

污水处理设施中使用的许多化学物质据发现在化学处理系统中的各个阶段具有不同形式(干固体、液体或气体)。在生活污水处理系统中，化学品一般都是干固体或液体形式。干燥的化学品，一般转换为溶液或料浆形式之后才引入污水中。液体化学品通常以浓缩形式运

送至污水处理厂，可能在引入污水中之前需要进行稀释。

6.4.4 气体化学品进料系统

化学品能够以气体的形式进料。例如，氯气存储最初是以气体或液体形式(这取决于具体设施所使用的氯用量而定)，以干燥气体过进料器传输，和作为溶液向施用点注入。为了使注射器正常工作，需要供水。由于注射器效率不高，大量高压水是必要的。这些系统可能利用城市供水的水厂的水泵或增压泵。

6.4.5 干燥化学品进料系统

干燥化学品进料系统一般包括储料斗、干燥的化学进料器、溶解池和泵—或重力—分配系统(参见图9.12)。单元装置的规格根据污水体积、处理速率和溶解的最佳时间长度确定。进料器大小基于构成的溶液浓度和溶解池向工艺过程输出的输出量确定。进料器的控制，根据所必需的控制程度，可能采用批料供给或变速进料的定时器。所用料斗，对于可压缩或可成拱形的粉末，如熟石灰，需要配备主动料斗搅拌器和灰尘收集系统。干化学品进料器属于体积计量型或重量计量型。体积计量型测定干化学品进料的体积，重量型称重进料的化学品重量。

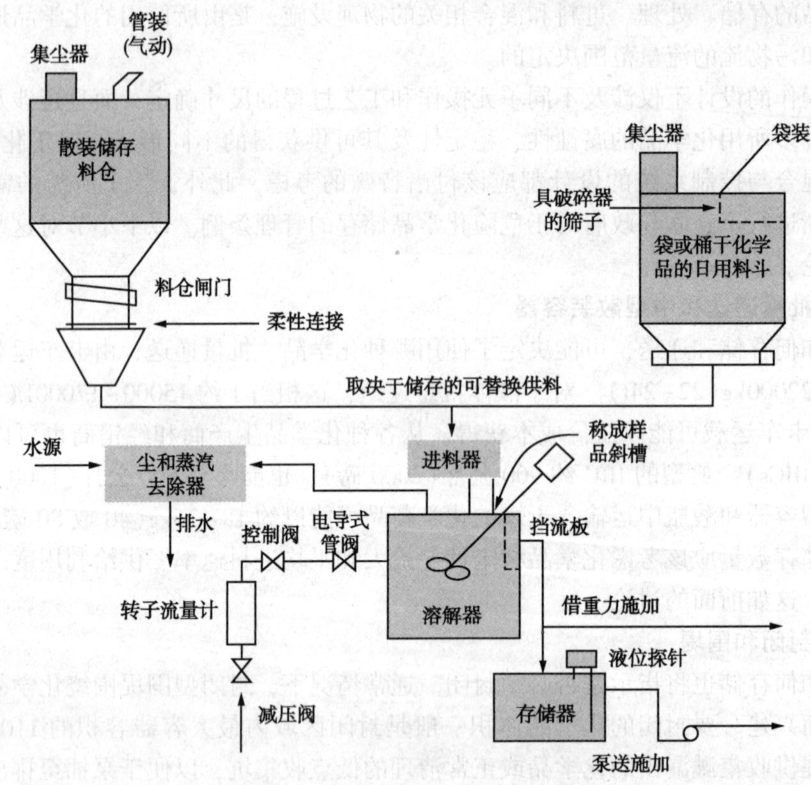

图9.12 典型的干化学品进料系统

采用干进料系统，溶解操作是至关重要的。溶解池容量基于滞留时间，这直接关系到化学品溶解速率。当供水为形成恒定强度的溶液目的而进行控制时，就要使用机械搅拌器。溶解后，溶液或料浆经常存储和通过化学进料泵以计量的速率排放至施用点。

6.4.6 液体化学品进料系统

液体化学品的进料系统可能包括溶液储罐、输送泵、稀释浓溶液的日槽和分配至施用点的化学品进料泵。通常情况下，污水处理厂的化学品并进行不稀释或放入日槽。如果化学品进料设备过大或处理聚合物时，因为聚合物必须进行稀释，一般必需使用稀释。通常情况下，化学进料泵直接从溶液储罐抽取液体。为了准确计量化学品进料，溶液进料泵通常是正排量型的。化学品进料泵可以以各种大小规格范围和驱动方法获得。大小规格范围可以从L/d(gal/d)至L/min(gal/min)不等。驱动能够是恒定或变速驱动。变速类型能够是电子的(电磁驱动)，硅控镇流器(直流马达驱动)或VFD(交流电马达驱动)。

虽然化学处理系统可能看起来简单，但是完整集成系统的适当设计可能与相关的污水处理工艺过程的系统一样复杂。例如，可能发生冻结的液体化学品系统应该置于室内或在储罐和辅助管道架设上提供足够的防冻保护设计。因此，设计工程师应该特别注意化学品系统所有方面的详细设计。

6.4.7　施工材料

很少有不会产生某种类型的腐蚀作用的化学品。出于这个原因，施工材料是很重要的。大多数化学品进料系统使用某种类型的塑料材质接触化学品和/或溶液。

6.4.8　混合：静态与动态

使化学品接触工艺过程通过一些混合方法完成。混合可以是静态混合或动态混合。所有混合需要使用能源。静态混合可以通过在管道或工艺过程中采用干扰实现。为了避免堵塞，静态混合器不应该在线使用，因为其中可能存在碎渣。动态混合通过使用电动杆轴上的叶片完成。感应注射器也采用电动马达产生混合作用。

6.4.9　附加安全措施

响应9/11恐怖袭击，美国国土安全部(华盛顿特区)规定设施必须进行脆弱性评估并实施对策，减少风险。设计师和所有者应该咨询其州环境保护行政部门，并注意采取必要的安全措施。具体的安全措施更详细地描述于“现场安全”这一节中。

6.5　改造、升级或现有系统转换的考虑因素

公共事业单位可能需要改变其现有的化学品进料系统的原因可能很多，如扩建厂房、经济因素、工艺变化、或风险和安全。例如，如果发展导致进水水质的变化，现有的化学品处理工艺过程可能不再有效。升级或改造的一个常见例子是消毒剂氯转换成次氯酸钠。完成这种变化的许多设施都声称这是更安全的，化学物质输送更可靠(有些甚至可能会自己产生次氯酸钠)(White，1999)。

化学系统，如存储、处理和混合典型的设计考虑因素，如本章所述，对于化学品系统的变化也是很重要的。货币考虑因素，也可能显著有助于所选技术的决策——是更换或是翻新设备。然而，在现有的基础设施上建设带来了独特的挑战和考虑因素，正如《水环境联合会©(弗吉尼亚州亚历山德里亚)(WEF)的《实践手册28》，“升级和改造供水和污水处理厂”(WEF，2005)中所述。化学品进料工艺过程，往往不是唯一需要升级或修改的，而控制系统也可能需要升级，有时需要更换硬件和软件。设计者必须研究的另一项重要的考虑因素是新系统的仪器仪表和控制是否以及如何与现有的系统合并(Keskar，2002)。

6.6　固体管理的考虑因素

化学品加入到污水处理工艺过程，可能经常会改变固体特性，导致固体惰性部分、需要

处理的固体量和需要处置的固体量增加。例如，去除重金属而加入石灰，会产生一种难以脱水和进行妥善处置的化学污泥。

鉴于目前处置污水固体中面临的挑战，产生的固体量应该慎重考虑。因为按照严格的化学关系很难获得由化学品施用而产生的固体的真实估计值，因此实验室规模的测试已经证明是辅助这些预测的一种有价值的方法。一些出版物介绍了目前固体量的计算方法。这些方法包括《污水设施推荐标准》(*Recommended Standards for Wastewater Facilities*)(Great Lakes-Upper Mississippi River Board of State and Provincial Public Health and Environment Managers, 2004),《污水处理设施化学助剂手册》(*Chemical Aids Manual for Wastewater Treatment Facilities*)(U. S. EPA, 1979)和《悬浮固体去除的工艺设计手册》(*Process Design Manual for Suspended Solids Removal*)(U. S. EPA, 1975)。

7 其他支撑系统

7.1 消防

在一般情况下，火灾和爆炸的最高风险与污水收集和泵送操作以及液体和固体处理的早期阶段有关。需要考虑的具体单元过程，包括处理原始污水或不稳定固体的泵站湿井、初步筛分和砂砾清除过程、初级沉淀、厌氧消化、浮渣收集过程、以及燃料和化学品的处理和存储区域。

在污水处理厂中用以最小化潜在的火灾和爆炸事故的主要控制方法包括风险评估、工艺和设备控制、通风、建筑材料和教育。这些控制方法，还包括危险场所的合适电气分类和电气设备、电机和适合这些位置的设备的选择和安装。这些控制方法的有效实施和强化需要完备的安全方案和污水处理厂管理层和人员与公众、私人和政府部门的合作。

消防系统的具体设计标准是基于适用的建筑法规，NFPA 规范(列于“典型灭火规范”这一节)，地方法规和条例，以及所有者的保险公司设立的准则。为了确保遵守法规和条例，消防设计者必须早在设计过程中就与称之为鉴定机构(AHJ)的合适地方官员一起审查可适用的要求。

7.1.1 建筑物分类

在任何污水处理厂设计的初步阶段中，设计团队(项目经理、建筑师和消防设计师)需要指定建筑物内哪一空间按照适用的建筑法规需要防火。一旦确定，设计团队就选择职业风险的建筑物或者构筑物，或其中的部分，而由消防设计师按照适用的消防规范制定合适的消防系统。在污水处理厂内大部分区域被列为“工业用途”。此外，除了行政大楼、维修店或区域，修车库区和控制室的异常之外，大部分区域都无人占用。当地消防法规和 NFPA 条例，通常适用于人员占用的工业、研究所、存储和商业楼宇。因此，相当多的判断和当地消防规范的解释(由 AHJ 作出)确定哪些建筑物或其部分需要防火和适用的占用危险类型。化学品、易爆物质及其他危险的评估是多学科任务，需要项目管理监督和 AHJ 审查。

7.1.2 典型灭火规范

除适用的地方、县和州消防规范，或其他法规修正案，以下 NFPA 标准通常监管灭火设计：

- NFPA13——安装自动喷水灭火系统，
- NFPA14——立管系统的安装，
- NFPA20——离心式消防泵的安装，
- NFPA24——专用消火栓及其附属物，
- NFPA54——国家燃气规范。

7.1.3　鉴定机构和机构审查

经验一再表明，在设计中尽可能早地征求 AHJ 审查所有项目的消防和生命安全特性，避免了后期在设计上产生代价高昂的变化。AHJ 是消防和生命安全规范评估的最终权威部门，并有权要求更严格的法规解释，或甚至要求超过规范要求。适合于早期与 AHJ 审查的一些审查项目例子包括以下内容：

- 适用的规范和修订——哪一个适用?
- 建筑物用途和施工分类；
- 自动喷淋系统的要求；
- 立管系统的需求；
- NEC 危险物质分类；
- 化学品和易燃物对设计和拟议设计方案的影响；
- HVAC 风管烟雾探测器和风扇关机设计审查；
- 特殊通风系统，特别是那些没有被专属法规覆盖的那些；
- 烟雾控制和分区评估；
- 专用火灾报警系统应用；
- 火灾控制面板的需求、地点和通道；
- 电气室的抑制和报警考虑因素以及拟议解决方案；
- 电梯和楼梯系统评价；
- 消防消火栓位置标准；
- 法规有效性和系统设计的解释。

7.1.4　灭火系统简介

在污水处理厂中最经常使用的消防系统的类型是湿管自动喷水灭火系统，干管自动喷洒系统，预作用自动喷水灭火系统和气态灭火系统。此外，足够的手提式灭火器应该放置于整个设施中，方便厂内员工使用。这些消防系统具体的安装和安全要求通常由地方法规或 NFPA 标准涵盖。不管适用于设计的是哪一灭火系统类型，消防设计师需要与电气工程师合作，才能确保火流和由 NFPA 标准规定的防拆开关警报传信(tamper-switch-alarm signaling)进行了正确设计和指定。如果也属于项目要求，设计师也需要协调任何全厂火灾探测和报警系统的灭火系统信号。

7.1.4.1　湿管自动喷水灭火系统

湿管自动喷水灭火系统适用于温度零度以上的地方应用。在热启动之后加压水从喷头立即排放出。报警止回阀或水流探测器用于激活本地和远程报警。注意到直到最近几年，大多数 AHJs 授予许多公益过程建筑物中灭火系统的差异或豁免，是很重要的。保险公司和计划评审员，在越来越多的司法管辖区，正坚持实施更严格的规范和标准解释。

7.1.4.2 干管自动喷洒灭火系统

干管自动喷洒灭火系统，适用于非加热区域，那里的内部温度预期降到零度以下。洒水喷头连接到含有带压空气的管道系统。水流量由干管阀控制，这种干管阀当空气从管道通过喷洒喷头而释放时就自动打开，喷洒喷头在该区域温度超过喷洒喷头温度额定值时打开。

7.1.4.3 预作用自动喷水灭火系统

这些系统通常用于贵重设备，如电子设备需要保护防止任意水排放的地方。预作用系统包括连接到含有可以或不可以加压的空气的管道分配系统的自动喷水灭火头。水流量由响应防护区域安装的火灾检测系统的信号而自动打开的预作用消防阀控制。水流通过分配管道而仅仅在发生火灾事故时由打开的自动喷水喷头排放出。预作用系统的误操作具有极小的可能性，因为这必须存在来自检测系统和自动喷水喷头打开有水排放到该地区的两个信号出现。

7.1.4.4 气体、泡沫和其他系统

气体灭火系统设计用于水排放不可取的或不安全的(例如，电气室)的应用场合。气体灭火系统使用非卤化产品。这种设计基于抑制燃烧的气体淹没受保护的区域，即使这种气体浓度较低。

系统效能取决于其初始排放之后建议时间内维持气体设计浓度。这通过选择合适的流量大小并确保实现所有服务空间的开口一旦开始气体排放之后就合适地关闭。提供的受控开口容许在排放这种试剂期间释放空气而防止受保护空间压力过大。设计者需要与电气工程师协调，而集成视觉和听觉的警示信号，从而使厂内员工在释放这种灭火剂之前撤离该区域。NFPA 标准和 AHJ 将会确定这个延时。

多年来，对于 AHJs 准许电气室灭火系统存在差异是司空见惯的，即使这些灭火系统所处的建筑物需要灭火。这样做的理由之一是，水排放对于电气设备上正在工艺过程中工作的人员比火灾本身造成的危险更大。这些差异现在并不太频繁批准而可能在未来变得罕见。因此，消防工程师和项目经理应该向项目所有者对湿式灭火和气体灭火制定和提出备选方案和及其影响。

7.1.5 立管、消防泵和供水系统

在以一定精度确定灭火系统设计的程度和流密度并与 AHJ 达成一致之后，消防设计师需要为系统拟议的水源启动评估和测试。NFPA 标准规定了对拟议的水源要实施的详细流量测试方法。这就要求设计团队应该较早地实施这一评价，避免不得不增加额外的城市-水连接或水储备以及项目后来的消防泵送系统。在市政水流量和压力不足以满足消防需求(或无法使用)的这些区域，消防设计师需要与民用卫生工程师合作而制定满足 NFPA 标准和 AHJ 的存储和消防泵抽与分配系统。许多新的更大项目可能需要服务自动喷淋建筑物的专门消防回路。消防工程师还需要与 NFPA、地方条例、厂内连接至消防回路而影响总灭火流量计算的消防栓的 AHJ 要求协调建筑物灭火的需求。

灭火系统，如果使用厂内压力不足以实现液压流量和满足自动喷淋系统的喷头要求的储存水或具有这种情况的方便水源，则这种灭火系统将需要消防泵。NFPA 标准和 AHJ 对于泵送系统确定了是否将会需要备用电源、应急电源或备用引擎驱动。还将有管道补压泵，维持剩余系统压力和消防泵控制器，这种设计需要密切协调项目电气设计工程师。

立管系统通常会要求用于建设物三层或以上层，而将会增加到所需的消防流量中。还有防拆开关及其他消防设计师需要与电气工程师协调的警报信号传递功能。软管柜的位置、软管连接、软管和喷嘴的尺寸和类型，都需要与消防队长、AHJ或这二者进行协调。

表9.8列出了一些常见的协调数据，这由消防设计师提供给其他学科并汇总该设计师需要其他设计师提供的数据。这些项目旨在成为早期设计阶段评估消防协调中所有设计学科适用的准则。

表9.8 防火初步设计的协调数据汇总

需要其他学科提供而在初始设计期间制定的防火设计数据	初始设计期间为其他学科指定的防火设计数据
空间数据 ● 危险分类 ● 特殊约束条件，规范 ● 特殊化学品规定	火灾警报界面点和要求
水源 ● 压力 ● 流量	供水要求
外部防火规定	防火设备空间要求
应急备用电源	立管和间隙空间的要求 技术条件详细规范说明 初步成本的评论

7.2 现场安全

在过去，现场安全系统主要包括围封厂区的链式连接围栏。围栏的目的是为了防护厂房被盗和防止广大市民受伤害。

7.2.1 脆弱性评价

市政当局已授权可以通过由桑迪亚国家实验室(新墨西哥州阿尔伯克基)开发的一些经验方法如RAM-W对其设施关于其恐怖威胁脆弱性进行评价。市政当局通过这种方法分析设施的脆弱性和风险发生的可能性并将这种风险与缓解这种风险的成本进行比较。然后，市政当局就能够做出信息充分的决策，以此决策通过施工建设(例如，围栏、监控摄像、车障和侵入检测)而无需资金成本就能缓解这种风险的那些措施(即，提供更多的安全巡逻)，减轻风险。鉴于这些对污水处理厂所有者责任的关注日益增加，现场安全系统正变得越来越重要。虽然围栏仍是工厂安全系统的支柱，电子系统，尤其是在无人值守的远程设施和在晚上和夜班值班工作人员水平降低的车间，越来越受欢迎。最常用的电子系统是入侵报警，这种系统一般安装于工厂的主要结构上。这种入侵报警如果在所有轮班时间内都是人工值守就连接到厂内主控制中心或连接至其他公共设施，如当地派出所。

除了安全围栏或电子报警器之外，保安控制许多车间的出入。如果在厂内雇用保安员，则设计工程师应该提供适当的设施安置这些安全人员，如主厂房门口警卫室。

7.2.2 安全的类型

安全系统的进步允许复杂性增加，而同时使系统更加成本有效。系统能够与多种类型的媒体通信。这些类型包括

- 有线以太网、光纤和无线；
- 传统的闭路电视(电缆)。

以太网类型的系统允许多个设备(摄像机、入侵/运动开关、红外移动开关)在同一线上运行，从而降低了布线基础设施的数量。此外，许多这些设备提供以太网供电选项，从而消除了外部电源的需求，也简化了备用电力需求。

7.2.3 摄像监控

摄像监控能够通过使用多种类型的摄像机实现。这些摄像机包括固定的、云台全方位变焦(PTZ)和红外。任何这些类型的摄像机都可以连接到中央电视型监控系统。然而，大多数系统连接到具有长期数字存储和数字视频录像机(DVR)的 PC 基系统。除了许多其他功能外，这些 PC/DVR 系统能够控制 PTZ 摄影机并检测所选区域内触发报警的运动。红外摄像机，以前需要红外照明，但现在无需照明就能够工作。

7.2.4 围栏检测

外围越界入侵检测也领先公共部门，容许进行更复杂的检测。传感器可连接至围栏，可以检测出试图攀越或切割围栏者。此外，红外线或其他类型的区域活动检测型传感器可以安装用于监控大范围内预期无人行走进入的区域内移动的人。

7.3 管道装置

7.3.1 一般设计标准

管道系统的设计标准通常是由该设施所在都市的地方法规确立。作为其控制标准，许多州已经采纳了《BOCA 国家给排水规范》(BOCA National Plumbing Code)(Building Officials and Code Administrators International，2006)，《统一暖通管道规范》(Uniform Plumbing Code)(International Association of Plumbing and Mechanical Officials，1994)，或《国际给排水管道规范》(International Plumbing Code)(International Code Council，2009)。其他州都有单独的管道规范。水暖管道设计师在项目开始时，需要执行完整的搜索，确定可适用的地方、县和州规范，而最好与当地规范执法官员一起确认他或她的发现结果。

为了承受日常服务的恒定使用和滥用，污水处理厂管道系统的所有设备应该是重载荷的工业级。为了减少经营成本，节约资源，所有设备固件应该是低流量型。此外，设备设计在公共场所所需之处应该适应伤残人员。

防倒流装置应该安装于饮用水给水系统和任何其他有可能污染饮用水的系统之间的任何连接之处。断流水箱分隔是防回流装置的备用措施，并经常在污水处理厂使用市政供作为水源的供水系统中实施。在这样的系统中，饮用水通过空气断开进入水箱，防止了污染的可能性。浮球阀通常控制水箱水位，而建议对非饮用水供应提供两个供给泵，而赋予冗余度。国家和地方水暖管道规范对于防倒流装置(BFPs)的应用和使用有严格的规定。BFPs 需要定期检测，这通常会产生相当大的水排放。当 BFPs 位于室内时，这往往是在寒冷气候的那种情况下，水暖管道设计师需要确保有足够的空间进行维护，以及他或她提供了足够容量的地漏用于处理有时进行 BFP 检测或组件故障所致的相当大的流量。

表 9.9 列出了一些水暖管道设计师提供给其他学科的常见协调数据，并总结了他或她需要其他学科提供的数据。这些项目旨在成为早期设计阶段评估水暖管道协调中所有设计学科适用的准则。

表 9.9　水暖管道初步设计协调数据汇总

需要其他学科提供而在初始设计期间制定的防火设计数据	初始设计期间为其他学科指定的防火设计数据
可利用的公共设施和容量	
• 水	管道周镂位置和尺寸
• 下水道	间隙空间要求
• 气	设备/固件位置和空间要求
盥洗室(需要的数量和位置)	水暖管道设备电气载荷
淋浴和储物柜(所需数量和位置)	通风口位置和大小
屋顶类型和排水要求(所需排水和布局)	饮用水和卫浴水流
设备排水	主要管道排布和尺寸
• 尺寸	
• 位置	
• 流容量	
出水口	控制系统描述
• 类型	
• 位置	
实验室服务	外形规格详细说明
• 水	
• 去离子水	
• 气体	
• 排水和化学排水	
• 具有管道要求的设备	
紧急洗眼和淋浴	初步成本评论
• 位置	
• 容量	

7.3.2　供水系统

通常设计用于污水处理设施的三种类型的供水系统有饮用水或市政水、工业用水(非饮用水)和出水(中水)。饮用水满足饮用所需，并供给至管道装置，如水槽、厕所、便器、淋浴、盥洗室、紧急淋浴/冲洗单元和冷饮水箱。对于其他类型的固定装置，设计人员应该参照适用的管道规范。

工业用水或非饮用水供给至发热设备、换热设备、泵的密封和工艺过程设备用于冷却或补充水耗的目的。饮用水和非饮用水之间的交叉连接是不允许的，除非批准安装了保护设备或装置防止回流到饮用水中。在某些应用中，出水(中水)用于工业用水。所用出水水量取决于饮用水的可利用度和成本、水质标准和水处理成本。中水一些最常见用途有灌溉系统，草坪浇水，工艺设备冲洗和水砂充填系统、氯稀释、冷却系统、热回收系统。水暖管道设计者应该建议对任何用途可能接触操作人员的污水处理厂出水(中水)都进行消毒处理。

刚性铜管推荐用于每种这些水服务类型，除非是在大气腐蚀铜(如硫化氢)的地方安装时不推荐使用。水热能源选择包括天然气、电力、以及在特殊情况下的空调热回收。对于显著的负载，如人员设施、燃气热水器都是推荐使用的，因为其能量用量降低。小而间歇性的负载，如远程洗浴室，可以接近服务之处，使用电热水器是比较经济的。

紧急淋浴和洗眼装置通常位于处理危险化学品的区域。这些应急装置提供温和水，要么来自专用的本地热水器，要么通过连接至热水供应和连接至重要热水器的循环管线。

7.3.3 卫浴系统

实验室排水管道，从接收器出口至主污水流的稀释点，都应该是耐化学品性的。此外，应该提供中和槽处理实验室废物。车库排水应该提供油水分离器，以防止油进入污水处理厂处理单元。颗粒化学品和车辆的储存区，可以发现大量的沙子或砂砾以某种方式可能进入排水管道，因此需要适用于这项任务的特定收集器。

设在地下室的地漏和设备排水系统应该通过重力排水至地板下的水坑，在此潜污水泵将排水提升至卫生系统。推荐使用无堵塞磨床类型污水泵。如果排水池连接至地下室和地道直接排水的相同排水系统，就应该考虑防流淤积的装置。

在一般情况下，水暖管道系统设计师需要与项目经理一起建立和审查拟议的地板和设备排水的位置。这项任务应该尽早开始，因为地漏位置确定结构工程师应用到他的设计中的最低地面斜率。后期更改可能会对该工程师结构上的解决方案造成不利影响。

化学品室和储存区应该提供水坑和耐化学腐蚀泵而将地面冲洗水排除至下水道或从故障罐池或化学品设备将化学溶液排放至通过填充站的卡车。目前的趋势表明，越来越多的AHJs正在禁止化学品排放到生活污水管道系统。项目团队需要确定哪一建设功能特点和水暖管道系统将被纳入处理化学品溅漏问题。典型的做法是设计物理防泄漏系统，进行收集和盛装任何可能的溅漏液体，以便后续泵送至危险物质罐车按批准进行处置。

考虑到管道机械损伤的潜势和污水处理厂设计使用寿命长短，推荐使用以下卫生管道材料：具有可锻配件的38mm(1.5in)和更小的镀锌钢管；具有无接头配件的50~152mm(26in)无接头铸铁管，氯丁橡胶密封和316不锈钢夹具；具有管箍和套筒、橡胶垫衬接头的203mm(8in)较大的突口吸接铸铁管。

7.3.4 雨水排水

这里关键的问题是与建筑设计的协调，遵守溢流要求的合适规范应用的验证和室内管道冲突的协调。屋顶排水设计需要建筑师和水暖管道设计师之间的密切协调。小平顶屋顶、山型屋顶和四坡屋顶可能不需要任何内部管道或外部管道。较大的平顶屋顶需要绝热层和沥青协调排水才能满足管道规范以及潜在地对于屋顶隔热值的节能规定。

水暖管道设计师需要确保设计满足他或她可接受的溢流措施的解释。一些规范和司法管辖区允许泄水；其他则规定了向立管的独立溢流排水，和最严格的独立溢流管道以各种方式连通至建筑物雨水连接。设计团队还需要审查和协调雨水管道在建筑物内的路由对结构、管道、升降机、单轨和其他系统的干扰。

以下雨水管道材料，在建筑物内部推荐其更高级别：具有无接头配件的76~152mm(3~6in)无接头铸铁管，氯丁橡胶密封和316不锈钢夹子；203mm(8in)；和具有管箍和套筒、橡胶垫衬接头的203mm(8in)较大的突口吸接铸铁管。建筑物内推荐使用以下级，具有管箍和套筒、橡胶垫衬接头的突口吸接铸铁管。

7.4 燃料

天然气、丙烷气和燃油，在污水处理设施中具有多种用途。气体类型及其具体用途因所使用的处理工艺过程和设施规模与复杂性而异。污水处理设施的典型燃料用途，可能包括以下方面：

- 建筑物采暖(中央锅炉或单元加热器)，

- 热水加热器，
- 实验室的固定装置，
- 固体加热系统，
- 焚烧炉，
- 废气燃烧器引火火焰，
- 应急发电机，
- 双燃料发动机，
- 直接驱动加工设备发动机。

如果消化池气体在污水处理厂可以利用时，可用于代替各种多种用途的其他燃料。此外，每种燃料用途的工作压力可能会有所不同，而一定程度上取决于设备制造商的具体要求。

设计者应该早在设计过程中对于污水处理厂的天然气需求进行初步估算。这些估算结果能够用作与当地天然气公用事业单位的初步讨论的基础，以确定服务要求和额定用量。通常情况下，每个工厂对当地公共事业单位只有一个连接。然而，在大型污水处理厂中，可能更合适，更成本有效的是有几个连接，每一个连接都由单独的压力调节器和仪表服务。

在处理车间现场时，可能有必要制定一个内部天然气分配系统，该系统随后是分流至各个建筑物或结构。如果内部分配系统维持在高压下，则就有可能会在每个结构降低压力，而满足该结构内具体设备的要求。每个结构都进行气体用量计量也可能是合适的。

7.5　压缩空气系统

压缩空气系统在整个污水处理设施内都会用到。压缩空气系统的具体应用包括以下方面：

- 空气作业气动工具，
- 气味控制系统，
- 密封水系统(HVACs)
- 实验室应用，
- 气阀操作员和测量仪器仪表，
- 隔膜泵。

在所有的情况下对压缩空气系统基本类型具有明晰的理解是有益的。

电动驱动设备在一定初始进气压力(通常是大气压)转换空气。典型的压缩空气系统的元件是空气源(空气压缩机)，其连接至储存罐和接收器，其中的压力维持固定限值之间。泄压阀是必要的，用以防止压力超出安全的预设限值。进入过滤器从进入压缩机的空气中除去灰尘和其他微粒。接收器排出口的过滤器是防止异物引起稳压器出现故障。稳压器在大多数压缩空气系统中都需要，藉此才能维持恒定的压力，无论压缩机线压是上升还是下降。

仪器仪表和紧密容限阀(close-tolerance valves)工作的气动系统，都应该提供冷冻干燥机，以降低水分含量，并凝聚过滤器而清除空气中的油蒸气。

7.6　通信

污水处理厂的所有者往往拥有或从诸多目前提供这种服务的通信公司之一租赁厂内通信

系统。

通信系统提供的功能有所不同，这要取决于污水处理设施的具体需求。连同标准传入，传出和内部语音通信，就有可能提供与现场和现场外移动车辆，袖珍型人员传呼机，现场固定寻呼系统和数据通信的相互通信。

在处理车间现场，目前的做法是在各主要结构或建筑物，和在建筑物内的具体工作站提供电话。此外，寻呼扬声器合适定位而对处理车间地面和无人操作区，如服务隧道或工艺过程罐池提供完全覆盖。虽然电话线管道和低压电器电线管道能一起通过常见的电路管道台架，但是将电话电缆与电力或控制布线安装于同一管路中并非是良好的惯例。

设计者应该在设计过程中与污水处理厂的所有者一起审查通信系统的具体功能。一旦确定通信系统所需的功能，具体的提议应征求系统供应商，无论是拥有还是租赁通信系统。

许多通信系统(如电话、对讲机和寻呼)，都使用语音互联网协议。这种类型的系统使用设备之间通信的以太网电缆连接。它还允许多个设备连接到相同的电缆系统，对于给定的的装置降低所需电缆用量。

7.7 设备定位

通信设备应该安装于关键区域，是很重要的，只有这样才能使厂内员工之间可以方便地进行通信。这些位置也应该考虑到厂内工作人员的安全。在每个关键控制中心/面板的位置应该考虑包括双向通信设备(电话/对讲机)，这才能容许合理操作的同时对关键的车间进行运行浏览和对控制系统进行调整。接近和访问也应考虑于隧道、管廊等，这在紧急情况下很容易达到。这些通讯位置也应该明确标示(例如，采用蓝色光)，以便于识别。

8 参考文献

American Society of*Civil* Engineers and American Water Works Association(1990)*Water Treatment Plant Design*; McGraw-Hill: New York.

American Society of Heating, Refrigerating and Air Conditioning Engineers(2005)*Handbook of Fundamentals*, I-P ed.; American Society of Heating, Refrigerating and Air Conditioning Engineers: Atlanta, Georgia.

Beck, P. E. (1992) Adjustable Frequency Drives Reduce HVAC Costs. *Consult. Specifying Eng*. June, 48.

Building Officials and Code Administrators International (2006) *BOCA National Plumbing Code*; Building Officials and Code Administrators International, International Code Council: Washington, D. C.

Great Lakes-Upper Mississippi River Board of State and Provincial Public Health and Environment Managers(2004)*Recommended Standards for Wastewater Facilities*; Health Education Services: Albany, New York, http: //www. hes. org(accessed November 2008).

Illuminating*Engineering* Society of North America(2000)*Lighting Handbook*, 9th ed.; Illuminating *Engineering* Society of North America: New York.

Institute of Electrical and Electronic Engineers(1995)*Recommended Practice for Emergency and*

Standby Power Systems for Industrial and Commercial *Applications*, IEEE Orange Book, ANSI/IEEE standard 446; Institute of *Electrical* and Electronic Engineers: New York.

Institute of Electrical and Electronic Engineers(1992) *Recommended Practices and Requirements for Harmonic Control and Electrical Power Systems*, ANSI/IEEE standard 519; Institute of Electrical and Electronic Engineers: New York.

International Association of Plumbing and Mechanical Officials(1994) *The Uniform Plumbing Code*; International Association of Plumbing and Mechanical Officials: Ontario, Canada.

International Code Council (2009) International Plumbing Code. International Code Council: Washington, D. C. Keskar, P. Y. (2002) *Control and Instrumentation Issues in Upgrading Existing Chemical Feed Systems in Water/Wastewater Plants*, ISA 2002 Technical Conference Paper, Chicago, Illinois; ISA: Research Triangle Park: North Carolina.

Metcalf and Eddy, Inc. (1991) *Wastewater Engineering: Treatment, Disposal and Reuse*, 3rd ed.; McGraw-Hill: New York.

National Climatic Data Center(1998) *Climatic Wind Data for the U. S.*; National Climatic Data Center: Asheville, North Carolina.

National Climatic Data Center(2002) *Climatography of the United States*, No. 81, Supplement No. 2, 1971-2000; National Climatic Data Center: Asheville, North Carolina.

National Fire Protection Association (2008) *Recommended Practice for Fire Protection in Wastewater Treatment and Collection Facilities*, NFPA Standard 820; National Fire Protection Association: Quincy, Massachusetts.

National Fire Protection Association; American National Standards Institute(2008) *National Electrical Code, an American National Standard*, NFPA No. 70-2008 ANSI C1-2008; National Fire Protection Association: Quincy, Massachusetts.

Strope, C. (1994) Nonlinear Loads: The Best Defense. *Consult. Specifying Eng.*, Nov, 42. U. S. Environmental Protection Agency (1974) *Design Criteria for Mechanical, Electrical, and Fluid System and Component Reliability*; U. S. Environmental Protection Agency: Washington, D. C.

U. S. Environmental Protection Agency(1975) *Process Design Manual for Suspended Solids Removal*, EPA-625/1-75-003a; U. S. Environmental Protection Agency: Washington, D. C.

U. S. Environmental Protection Agency(1979) *Chemical Aids Manual for Wastewater Treatment Facilities*, EPA-430/9-79-018; U. S. Environmental Protection Agency: Washington, D. C.

U. S. Environmental Protection Agency (1987) *Design Manual Phosphorus Removal*; EPA-625/1-87-001; U. S. Environmental Protection Agency: Washington, D. C.

Water Environment Federation(2005) *Upgrading and Retrofitting Water and Wastewater Treatment Plants*, Manual of Practice No. 28; Water Environment Federation: Alexandria, Virginia.

Water Environment Federation(2006) *Automation of Wastewater Treatment Facilities*, Manual of Practice No. 21, 3rd ed.; Water Environment Federation: Alexandria, Virginia.

Water Environment Federation (2007) *Operation of Wastewater Treatment Plants*, 6th ed., Manual of Practice No. 11; Water Environment Federation: Alexandria, Virginia.

White, G. C. (1999) *Handbook of Chlorination and Alternative Disinfectants*, 4th ed.; Wiley & Sons: New York.

9 推荐读物

American Conference of Governmental Industrial Hygienists (2004) *Industrial Ventilation, A Manual of Recommended Practice*, 25th ed.; American Conference of Governmental Industrial Hygienists: Lansing, Michigan.

American Society of Heating, Refrigerating and Air Conditioning Engineers (2004) *Energy Standard for Buildings Except for Low-Rise Residential Buildings*, ASHRAE Standard 90.1; American Society of Heating, Refrigerating and Air Conditioning Engineers: Atlanta, Georgia.

American Society of Heating, Refrigerating and Air Conditioning Engineers (2004) *Thermal Environmental Conditions for Human Occupancy*, ASHRAE Standard 55-2004; American Society of Heating, Refrigerating and Air Conditioning Engineers: Atlanta, Georgia.

American Society of Heating, Refrigerating and Air Conditioning Engineers (2004) *Ventilation for Acceptable Indoor Air Quality*, ASHRAE Standard 62.1 2004; American Society of Heating, Refrigerating and Air Conditioning Engineers: Atlanta, Georgia.

National Fire Protection Association (2009) *NFPA 90A: Standard for the Installation of Air-Conditioning and Ventilating Systems*; National Fire Protection Association: Quincy, Massachusetts.

National Fire Protection Association (2008) *Standard on Clean Agent Fire Extinguishing Systems*, NFPA 2001; National Fire Protection Association: Quincy, Massachusetts.

Sheet Metal and Air Conditioning Contractors' National Association (2006) *HVAC Duct Construction Standards—Metal and Flexible*, 3rd ed., ANSI/SMACNA 006-2006; Sheet Metal and Air Conditioning Contractors' National Association: Chantilly, Virginia.

Smeaton, R. W.; Ubert, W. H. (1998) *Switchgear and Control Handbook*, 3rd ed.; McGraw Hill: New York.

Texas Commission on Environmental Quality (2009) *Homeland Security and the TCEQ*, Texas Commission on Environmental Quality: Austin, Texas, http://www.tceq.state.tx.us/comm_exec/homelandsecurity.html (accessed May 30, 2008).

Turner, W. (2004) *Energy Management Handbook*, 5th ed.; Fairmont Press: Atlanta, Georgia.

U. S. Environmental Protection Agency (2004) *Homeland Security Strategy*, U. S. Environmental Protection Agency: Washington, D. C.

U. S. Green Building Council (2008) *LEED for Existing Buildings: Operations & Maintenance*; U. S. Green Building Council, Washington, D. C.

U. S. Green Building Council (2005) *LEED for New Construction*; U. S. Green Building Council, Washington, D. C.

第 10 章　建筑材料和腐蚀控制

1 建材选择方法

污水处理厂(污水处理厂)许多区域的环境，可能对于许多建筑材料都具有很强的腐蚀性。由于这些污水处理厂的这种腐蚀性环境，精确定义服务条件(COS)，并指定合适的施工材料是很重要的。

本章重点介绍污水处理厂中可能出现的环境条件和与这些条件相容的建材选择。本章的讨论包括以下内容：

- 暴露条件，
- 腐蚀形式，
- 设计考虑要素，
- 工艺过程单元装置设计的材料选择，
- 支撑系统设计的材料选择，
- 材料性能和应用，
- 防护涂料，
- 阴极保护，
- 设计标准和审查，
- 维护方法和步骤。

2 厂内暴露

污水处理厂独特的环境，将会对设计工程师选择合适的材料和设备提出挑战。磨蚀和腐蚀性环境是由酸性和碱性污水组分的混合作用，工艺过程高温，高度腐蚀性气废气和副产物的综合作用所致。污水处理厂的地理位置也将受到温湿度、冰雪等极端天气影响。滨海厂区还可能受到空气中的氯化物和/或下水道系统海水倒灌侵蚀作用的影响。根据污水处理厂的位置，工业化学品和其他类型的废物都可能引入到污水处理厂中而造成额外的腐蚀问题。

设计承受污水处理厂这种恶劣环境的设备和结构有三种方法。第一种方法是设计和配置抵御给定单元工艺过程环境的设备和结构。第二种方法是通过控制设备的使用改变环境。第三种方法是这两者的结合。不管何种方法，设计工程师应选择与预期暴露相容的材料和设备而达到单元设备和支撑设施的长期耐久性。

一个良好的实践惯例是，设计工程师要准确确定各个单元工艺过程和支撑设施的典型环境。这才能允许设计者确定设备的材质或组件预期的COS，将材料选择过程缩小而集中至几种相容类型的材料、涂料和/或阴极保护系统。

3 暴露条件

污水的化学和生物特性在第2章的第8.0节“市政污水特性：源和相”中介绍的非常详细。在收集系统和污水处理设施中的材料和设备条件所暴露的条件类型是不同的，这取决于其所涉及的具体功能、地理位置和气候性质。下水管道系统中由于长期滞留而发生硫化物累积，由此通过可能附着于未受保护的混凝土和大多数金属结构的生物作用而产生硫化氢气体。因此，硫化氢存在的腐蚀区域的保护是至关重要的。当经受污水处理设施中固有的恶劣条件时，混凝土表面的保护显得尤为重要。尽管硫化氢不是唯一的下水道气体组分，但却是大部分下水管道和污水处理车间大多数腐蚀发生的首要原因。气态硫化氢浓缩于管道和处理池表面上，通过硫氧化细菌代谢而被氧化成硫酸(Nixon，1997)。

收集和处理工程中的设备和材料根据所涉及的具体功能和气候性质，暴露于不同类型的逐渐恶化的条件。在最终敲定施工和缓解腐蚀作用的材料之前，应该实施初步研究表征这种暴露条件。推荐的研究内容包括以下方面：

- 土壤的土工试验，确定其腐蚀性，
- 污水进水的特性分析，
- 地区气候研究，
- 密闭空间中硫化氢产生的预测。

处理设施的结构和设备典型的暴露条件描述于表 10.1 中。从腐蚀作用的角度而言，更为严酷的环境一般是水界面(飞溅区)、污水高度搅动(硫化氢释放)区、高度曝气的污水和有可能散发氯气的区域。

表 10.1 典型环境的分类

单元工艺过程	水下淹没	间歇式淹没	未淹没
渠首管道工程	湿/高度腐蚀①，磨蚀	湿/高度腐蚀，中/高温/腐蚀	湿/高度腐蚀，中/高温/腐蚀
其他	磨蚀		
预备处理			
初级	湿/腐蚀，磨蚀	湿/高度腐蚀，磨蚀	湿/高度腐蚀
悬浮生长	湿/腐蚀	湿/腐蚀	湿/高度腐蚀
附着生长	湿/腐蚀	湿/腐蚀	湿/腐蚀
消毒	参见各种化学品的课本内容		
营养物去除	参见悬浮生长		
高级处理(化学)	湿/高度腐蚀①	柔和湿度/腐蚀①	腐蚀
高级处理(过滤)	湿/腐蚀	无腐蚀	无腐蚀
固体处理	腐蚀①，湿/高度腐蚀①，湿/腐蚀①	湿/高度腐蚀，湿/腐蚀	湿/高度腐蚀湿/腐蚀
固体稳定	湿/腐蚀	湿/高度腐蚀	湿/高度腐蚀，无腐蚀性
热	腐蚀，湿/高度腐蚀，磨蚀	腐蚀，湿/高度腐蚀	中/高温/腐蚀，磨蚀

① 加入化学品增强了腐蚀性。

上下文中使用短语“环境区”并非是指相应于这个短语的常用意义，是指地理位置，而非材料和涂层表面会暴露的环境(大气)类型。

为了根据严重程度对环境暴露进行分类，有人已经划分为从轻度干燥的室内(0 区)至严重的化学品暴露(3 区)的环境区。

这种环境分类可能是最有用的标识类型，因为大多数有关暴露的可利用数据都定义于这些广泛的术语中。

3.1 淹没和浸没条件

淹没式暴露区域由下列条件表征，这些条件会削弱防护涂料：

- 水位浸没暴露最严重；
- 水通常存在；
- 溶液中存在氧；
- 存在油、油脂和肥皂；
- 在某些地方存在硫化氢；
- 二氧化碳通常存在；
- 漂浮物通常存在。

在大多数淹没暴露区域内，包括容纳或传送污水的结构、膛室和水槽，都能发现这些条件。在各种处理单元中这些试剂的浓度取决于收集系统和处理阶段的条件。

对于大多数水位暴露特有的特征是在市政污水和某些工业污水中存在油、油脂和肥皂。尽管这些物质倾向于涂覆低于水位下的润湿表面并在一定程度上通过防止氧和酸轻易通过而保护了这些表面，但是其最明显的特征是在水位线上以黑色油腻重壳凝结于罐池和下水道壁上。这可能有损于一些加衬系统。

主要限于水位线和浸泡条件的淹没暴露的另一个特性是通过湿润和干燥，在温暖的天气加热和冷却效应，以及冬季漆膜内外冻结和解冻所致的漆膜物理应力。这些反向作用力的作用极具破坏性。

虽然在寒冷气候条件下滴滤池表面上可能形成冰，但是很少在水位线条件的其他地方形成。在极端低温持续情况下，可能会出现例外。在这种情况下，通过绝缘和辅助加热的适当设计将会很大程度上消除冻结位置及相关问题。冰形成时，将会撕扯侧壁和附属物上的漆膜。冰滑落时，油漆膜就可能随之受到拉扯，特别是如果油漆或粘结已经被先前所描述的作用削弱时会更加严重。

阳光也可能成为水位线和浸没式侵蚀的帮凶。阳光倾向于老化有机薄膜，使之失去有效寿命。

3.2 原始或未曝气污水中的淹没

在这种暴露条件下，材料和涂层都淹没于未经处理的原始污水或初级处理后的污水中。在这种情况下，水中往往不含或几乎不含氧。尽管有可能含有溶解的盐存在，但是对于绝大部分而言，这些都是无害的。事实上，甚至可能有利于中和强无机酸。二氧化碳和硫化氢几乎总是存在的；这些化合物的数量，在很大程度上取决于污水的新鲜度。如果对污水存在任何搅拌而使之吸收氧气，部分硫化氢将转化为亚硫酸和硫酸。然而，这些酸会被污水中的碳酸盐迅速中和，但对于大气表面上并不会发生中和而在此可能累积。本节后面将会讨论硫化氢对混凝土、金属和油漆的影响。

虽然氨在这个问题上可能是污水的次要组分，但是它也可能被所存在的无机酸中和。油脂、油和肥皂通常丰富，而汽油也可能存在。沙砾和漂浮碎片量根据降雨的发生率，汇流下水道系统中流量范围和从下水道中重流开始以来经过的时间量不同而不同。根据每年的时间、提供污水的工业类型、渗透和提供筛分和沉降的量不同，沙砾和碎渣数量也各不相同。在寒冷的气候条件下，冰也可能成为一个问题。

在工业界，原始污水可能含有强碱或强无机酸。这些都可能破坏保护性衬里，外露金属和混凝土表面。

污水的腐蚀性是 pH 值、温度、电导率、溶解氧、溶解的硫化物、氯化物、硫酸盐、残余氯、氨氮、速度、油和油脂以及砂砾浓度的函数。这些各个因素的知识应该通过报告、采样和在不同极端的日变化和季节期间收集的离散样品的分析而获得。

通常情况下，公共机构的污物排放条例会限制加入高或低 pH 值，温度大于 40℃，油和油脂、降砂剂和有时溶解的硫化物浓度。工业污水收集系统可能承载腐蚀性流体，因此，额外的保护措施是必要的。

如果长期存在消耗氧、提升硫化物浓度和降低 pH 值的流，许多成分都会变化。这些条件主要发生于温暖的天气；在较平坦坡度的下水道，从而抑制表面复氧和沉积固体；和在压力干管、反向虹吸管或泵站中。

3.3 在曝气或氯化污水中的淹没

这种类型的暴露发生于曝气池和沉淀池以及发生氧化过程的氯接触池。另外一种暴露发现于曝气出水被氯化而储存于供应罐中以备整个处理设施重用的地方。在曝气或氯化污水中淹没属于一种可能对衬里系统、金属和混凝土极具腐蚀性的暴露。在许多曝气池中，这次暴露破坏金属和锌涂层。是由溶液中高含量的二氧化碳造成的，是含碳物质的生物消化的结果。这种破坏作用中的另一个因素可能是液体中的高氧含量。

3.4 飞溅区持续性或间歇性淹没暴露

在这些条件下组件经受了与污水间歇接触。水位线和飞溅区的污水处理厂组件或结构，依据潜在的腐蚀作用，经受最严重的暴露，因为这些结构交替经受潮湿和干燥的条件以及环境温度的波动。油漆和保护性涂层在水位线上和飞溅区也受到物理作用力，如由润湿和干燥、加热和冷却以及冻结和解冻所致的应力。这些作用可能极具破坏性。此外，阳光可能会影响某些有机涂层并降低其有效寿命。

在曝气池中钢构件的金属锌涂层经受了由生物氧化和高溶解氧含量所致二氧化碳产生的腐蚀作用。高溶解氧浓度的存在也有助于加速污泥车间的这种纯氧气活性的材料腐蚀作用。

3.5 化学环境

术语“化学环境”是指其中在溶液中或作为浓缩液体或固体的高浓度高度腐蚀性的气体、烟雾或化学品接触表面的环境。严重程度可能从庭院区域内的轻微浓度至直接浸没于化学物质中暴露的严重度不等。表 10.2 显示了作为环境区域 3A、3C、3D 和 3E 列出的各种化学暴露条件。

加入到污水中的溶解氧和化学品可能会影响其腐蚀性。这些化学品包括氯、无机絮凝剂（如明矾或铁盐，从而降低了 pH 值）和强氧化剂，如臭氧和过氧化氢。这些化学品很多也可能最小化硫化物，从而降低蒸气区的腐蚀电位。然而，它们可能会增加淹没区对金属的腐蚀性。

在许多情况下，设计人员要面对只有有限数量的腐蚀性是已知的地方。总体目标是设计具有最小的腐蚀作用和合理的初始和维护成本的设施。

3.6 潮湿大气

潮湿大气的暴露出现于建筑物、沙井、筛滤室、湿井、沉砂室、封闭罐内以及封闭区域内暴露于污水表面的任何区域。这些暴露因为水分和气体，如硫化氢的存在而成为腐蚀的潜在地点。在污水处理厂或工艺过程流的各个区域内，大气中的氢硫化物浓度将有很大的不同。在这些条件下，水分往往在冰冷的表面，如门、窗、扶手、结构组件、水泵、电气设备、管道、导管和导线管，以及混凝土、砖和灰泥上冷凝成膜。这些水分吸氧和其他气体，如二氧化碳和硫化氢，这都将产生腐蚀性冷凝液。

表 10.2 典型环境区域

区域	描　述
0	嵌埋于混凝土中，包裹于砌筑结构中的钢结构，或由保护膜或无腐蚀性接触式防火保护的干燥内部
1A	内部，正常干燥(或临时防护)。非常柔和(油基涂料现在已经持续 6 年或更长)
1B	外部，正常干燥(包括油基涂料现在已经持续 6 年或更长的大多数区域)
2A	经常淡水润湿。涉及凝结、飞溅、喷雾、或频繁浸泡。(油基涂料现在已持续五年或更短)
2B	经常咸水湿。涉及凝结、飞溅、喷雾、或频繁浸泡。(油基油漆现在持续三年或更少)
2C	淡水浸泡
2D	盐水浸泡
3A	化学气氛暴露，酸性(pH 2.0~5.0)
3B	化学气氛暴露，中性(pH 5.0~10.0)
3C	化学气氛暴露，碱性(pH 10.0~12.0)
3D	化学气氛暴露，存在温和溶剂。间歇接触脂肪烃(矿物精油、低级醇、二醇等)
3E	化学气氛暴露，严重。包括氧化性化学品，强溶剂，极端 pH 或这些与高温的组合

(该表摘自《如何使用 SSPC 规范和准则》(How to Use SSPC Specifications and Guides)，版权 2005 归由 SSPC：保护性涂料协会(The Society for Protective Coatings)。经许可使用。保留所有权利。)

3.7 室外大气

对室外大气的暴露可能是污水处理厂所有暴露中最富于变化的暴露。这些暴露包括以下有害试剂或条件：

- 光化性光和辐射热(阳光)；
- 硫化氢；
- 二氧化硫；
- 二氧化碳；
- 含盐空气；
- 风沙磨蚀；

- 湿润和干燥(雨水和潮湿)、加热和冷却、冷冻和解冻。

这种类型暴露发生于污水处理车间结构和建筑物、围墙、护栏、装卸站台外墙上。

这种暴露的效应与那些在相同区域内任何其他建筑物内经历的暴露并没有根本性的不同。然而，下水道气体的存在，即使是少量的存在，由于很典型，就会使污水处理厂的问题变得更加复杂。虽然下水道气体的持久性影响可能不太显著，但是其表面外观的影响可能相当大，因为它会使许多油漆中可能存在的颜料褪色。

污水泵站的局域化环境，而尤其是污水处理车间，通常比邻近区域的腐蚀性更严重。这会影响到内外装饰材料，尤其是窗框和门框、扶手、金属建筑物和电器元件。这是由可能存在于空气中的低浓度硫化氢、二氧化硫和氯蒸气所致。在外墙的各个位置，它们易溶于雨露和其他冷凝水分中而变成酸，对金属产生腐蚀性攻击。另一个高度腐蚀性的条件是来自海滨地区空气中的盐雾和盐沉积。工业区或顺风电厂或焚化炉的二氧化硫浓度可能显著较高。在高度工业化的地区，甚至混凝土和石材都会经受冷凝而成的酸的蚀刻作用。热带地区，因为湿度高，通常产生特别高的大气腐蚀作用。当相对湿度超过 85%时，甚至没有明显发生凝结，金属也将会被腐蚀。

全球近 100 个国家与地区具有许多暴露站点在监测大气对钢和锌的腐蚀。根据国际 ASTM(宾夕法尼亚州西肯消霍肯)(ASTM)或国际 NACE(得克萨斯州休斯敦)获得的数据，应该审查来自拟建污水处理厂附近站点的数据。这些数据可以提供现场大气相对腐蚀性的参考。

在涉及现有设施的情况下，大气中硫化氢的浓度应该在这些位置的内部和外部都进行测量，因为它们可能腐蚀铁或铜，尤其是损坏电气电子元件。可利用醋酸铅试样的长期监测，并应该在处理车间及泵站内部和周围的区域暴露几天或 1 个星期而获得硫化氢的整体浓度。通过材料选择、通风、具体硫化氢还原或隔离，可以最大限度地降低大气腐蚀。

大气腐蚀的另一个方面是阳光，特别是紫外线辐射，将会加速阳光照射暴露位置的有机涂料和塑料退化降解。

影响外面暴露涂料寿命的另一个因素是飞扬的尘土、污垢、沙子和雨水的持续磨损。这种磨损加速了阳光和其他试剂所造成的损害，因为这些因素清除了表面累积的衰变物，而使新表面接受这些活性试剂的腐蚀损害。

由于下水道气体和阳光的褪色效应，应该认真考虑面漆和所选着色获得的最终美学效果。

3.8　室内干燥气氛

室内干燥气氛的暴露由下列条件表征：

- 水分存在很少，
- 存在氧，
- 硫化氢浓度可能较低，
- 二氧化硫仅仅稍微存在。

这种暴露发生于办公室、实验室、泵和风机室、车间、储藏室等。在室内干燥气氛下的条件与污水处理厂周围的其他暴露并不同等严重。然而，金属和其他受损表面都应该加以保护，消除硫化氢的影响。无论腐蚀性条件如何，如果没有其他原因，内部涂饰都是为了美观起见。从常规事务管理的角度而言，内部充分的涂装是厂房的整洁的最佳保证。

3.9 硫化氢

硫化氢是一种腐蚀性的恶臭气体，产生于污水收集系统中含硫化合物厌氧环境下生物降解。硫化氢在下水道的液相和气相之间构成平衡。在气相中，硫化氢可以被氧化成硫酸，会腐蚀混凝土污水管道或结构。在硫化氢气体可能存在的情况下，硫化氢也是一种对于收集系统操作人员或污水处理工厂其他工人有毒的气体。在潮湿的大气暴露于硫化氢也许是污水处理厂中遇到的单种最具破坏性的条件。

这种类型的暴露发生于湿井、封闭的筛滤室和砂砾室、沙井或覆盖的处理工艺结构，以及容许污水进入直接接触密闭或封闭的空间内的空气或气体的地方。

在这些结构上的门窗受损最深，因为润湿和干燥、加热和冷却以及冻结和解冻的过程在这些表面上比其他地方更频繁。曝气池车间出水上面经常发生暴露，其中曝气池车间出水被氯化而储存于罐中以备整个污水处理设施的各种用途的再利用。除了可能还存在痕量氯气之外，这种条件类似于其他潮湿气氛条件。游离的氯气与水分结合，而变得对许多金属具有高度的腐蚀作用。当设计新污水收集系统和污水处理设施时，预测污水中硫化物的可能浓度和密闭空间，如下水管道口、沙井冠、污水泵站集水坑渠首工程、初级沉淀池和固体处理设施中硫化氢的可能大气浓度是很重要的。对于下水管道和压力干管已经开发出来目前正经常使用的预测方程需要使用生化需氧量、温度、坡度和流动时间(Kienow，1989；Pomeroy，1974；Thistlethwayte，1972)。这些参考文献提供了计算潜在硫化物浓度的有效基础。

在南加州的测试表明，当溶解硫化物低至0.1mg/L时在下水道顶空中仍具有对混凝土和钢筋产生腐蚀性攻击的硫化氢浓度。因此，制定污水收集系统中有效的硫化物抑控措施是很重要的。

污水pH值也是硫化氢排放的重要因素，因此成为蒸气区的腐蚀潜势。污水处理机械设备润滑的研究表明，随着时间的推移，暴露于硫化氢并结合湿气凝结，将会形成酸性化合物，导致设备储液池中随着停留时间延长而油的总酸值(TAN)升高。TAN升高是油品氧化和酸性污物产物累积的指示。由于暴露于白天时间的温暖至夏天的炎热和夜间的降温，安装于室外的设备受到TAN升高影响最大。通风的设备尽管暴露次数不多，但是与安装于室内而经受较少温度变化的类似设备相比，要经受TAN升高所致结果的更高影响作用。

3.10 二氧化碳

二氧化碳所引起的腐蚀发生于被浸泡的结构，这些结构中由于碳或硝化过程消耗碱度，在污水中具有很低的缓冲能力。由于二氧化碳在曝气池和二次沉淀池溶液中浓度升高，pH值降低，就会发生对混凝土水泥的严重侵蚀作用。水泥中的钙浸出，且表面部分经常损失，这会导致混凝土聚结物的暴露和钢筋保护性覆盖物的损失；随后，聚结物和钢筋就会遭到加速腐蚀。

二氧化碳所致腐蚀，也会发生于潮湿的区域，在那些地方的大气、导气管或管道中存在高浓度二氧化碳气体。典型的条件出现于加热器或锅炉的烟囱、消化池盖和暴露区域，以及其他缺氧或厌氧区域内。金属和混凝土受到侵蚀，则提供保护涂层或非钙水泥的措施是预防加速腐蚀的有效措施。

3.11　水下条件

管道排水口，以及在某些情况下，泵站及污物处理设施都建在河口或海水淹没的条件下。在这些情况下，应该慎重考虑混凝土和金属上硫酸盐和氯化物浓度升高的影响。高硫酸盐浓度会剥落混凝土，而氯化物会渗透穿过混凝土而引起钢筋的加速腐蚀。

混凝土的保护措施，包括 V 型高抗硫酸盐性的混凝土水泥的使用和特殊掺混物的使用，这包括降低氯化物可渗透性的硝酸盐或微粉氧化硅和附加的覆盖物。由于氯化物的存在，不锈钢可能要经受点蚀和缝隙腐蚀。在选择暴露氯化物的金属时，每个人都应该十分谨慎。

3.12　海滨条件

海岸附近建造的设施会遇到盐雾的频繁降水。盐雾再溶解于露水或水分中可能对金属窗户、门、扶手和各种装饰和硬件提供高盐度和腐蚀性的条件。阳极化铝、玻璃纤维或特种涂料，如熔粘环氧树脂，在这些条件下能够提供更长的耐久性。

3.13　缺氧条件

在本文上下文中，术语“缺氧”，是指水或气缺乏游离氧的条件。这种情况出现在二级沉淀池，脱氮池等工艺过程中。因此，不会发生氧或硫化氢所致的腐蚀条件。然而，经常会遇到较低的 pH 值和混凝土的碳化作用。为了设计合理，应该采用用于厌氧条件的相同类型的材料和涂料。

3.14　厌氧条件

在此背景下，术语“厌氧”是指没有氧可用的条件。因为在这种条件下硫化氢和二氧化碳是常见的，则应该使用耐受这些化合物腐蚀作用的材料和涂料。

3.15　土壤

设计者应该对要掩埋管道、结构和其他设施深度位置的土壤腐蚀性展开调查研究。混凝土、钢筋和金属管道和结构会受到土壤腐蚀性的影响。洞悉在垂直剖面和水平区域以及逸散水流中土壤类型、质地、水分、有机质含量和可溶性盐类的差异也是非常重要的。这些差异可能会导致浓差腐蚀电池，加剧腐蚀作用。此外，入口回填或聚结性层埋，除非是选定的钙质含量，随着时间的推移，都将承受接近本地土壤相同水平的腐蚀性，因为在几年之内可溶性盐及水分会渗透地面砖下或管道周围的颗粒状填充材料中。

现场的土工技术调查研究，通常是为了结构目的而进行，应包括土壤测试，确定其相对腐蚀性。具体规定应该是土工技术研究的一部分。在腐蚀设计中最有意义的土壤物理和化学性质，按照对于金属腐蚀重要性的一般排序，包括以下性质：土壤电阻率、pH 值、可溶性氯化物、可溶性硫酸、水分、有机质含量、氧化还原电位、总硫化物和可溶性碱度。土壤对金属腐蚀的分类，基于电阻率，如表 10.3 所示。

表 10.3　土壤电阻率与腐蚀度(©国际 NACE, 1984)

电阻率范围	腐蚀性分类
小于 500ohm-cm	非常具有腐蚀性的
500~1000ohm-cm	腐蚀性的
1000~2000ohm-cm	中度腐蚀性的
2000~10000ohm-cm	轻微腐蚀性的
大于 10000ohm-cm	可忽略的

在土壤中硫酸盐的浓度可影响混凝土管道，涂灰浆钢管和地面下的混凝土结构。根据硫酸盐浓度而定，可能需要不同类型的普通硅酸盐水泥。基于硫酸浓度，具体水泥的推荐类型如表 10.4 所示。

表 10.4　各种硫酸盐浓度下使用的推荐水泥类型(U.S. Department of the Interior, 1981)

硫酸盐浓度	水泥类型	硫酸盐浓度	水泥类型
<150mg/kg	类型 Ⅰ	1000~2000mg/kg	类型 Ⅴ
150~1000mg/kg	类型 Ⅱ	>2000mg/kg	火山灰掺混的类型 Ⅴ

4　腐蚀的常见形式

材料和设备通常暴露于污水处理设施内各种形式的腐蚀作用。在设施资产可能会遇到的众多故障模式之中，一种或多种形式的腐蚀是最普遍的，往往具有较高的财务影响。腐蚀的最常见形式包括以下方面：

- 均匀腐蚀，
- 点蚀和缝隙腐蚀，
- 应力开裂和疲劳，
- 磨蚀—腐蚀，
- 微振磨蚀，
- 热氧化作用，
- 电偶腐蚀，
- 微生物所致的腐蚀(MIC)。

不同形式的腐蚀作用都是基于其视觉外观进行分类(Fontana and Greene, 1976)；然而，在使用中并无普遍接受的术语学。虽然本节的目的是帮助设计者识别不同分组的材料对某些腐蚀类型的易感性和几种类型的腐蚀控制对具体问题的适用性，但是应该强调的是，恶劣条件的解决方案需要对几种可能的备选方案进行专业和经济评价。

在一定程度上，会出现腐蚀形式重叠。例如，电化学或双金属腐蚀取决于具体情况下的几何形状和导电率而定，可能表现出与局部侵蚀一样的一般性或均匀腐蚀。因为当进口端换热器管的磨蚀—腐蚀受水箱电化学影响而减弱时，则一种类型的腐蚀可能减缓另一种类型的腐蚀作用。此外，多种形式的腐蚀作用，可能出现在同一块材料上。

劣化作用的形式基于识别的便利性分为以下三个类别：

- Ⅰ类——目视检查易于识别的那些；
- Ⅱ类——可能需要辅助检测手段识别的那些；
- Ⅲ类——一般应该通过显微镜验证的那些，但有时肉眼分辨也较明显。

表 10. 5 列出了本节中按照三类分类进行讨论的劣化形式。

表 10. 5　腐蚀形式一览表

类型 1	类型 2	类型 3
均匀腐蚀	磨蚀腐蚀	开裂现象
点蚀	穴蚀	脆变
缝隙腐蚀	摩擦腐蚀	挠曲
电化学腐蚀	选择性浸出	热
	混凝土碳化	MIC
		塑性形变
		UV 劣化

4. 1　均匀腐蚀作用

这种类型的一般性腐蚀的特点是腐蚀表面均一地有规则地损失金属。在某些条件下所有金属都受到这种类型的侵蚀作用。均匀腐蚀比其他形式的腐蚀更易于测定和设计。

4. 2　点蚀作用

在局部侵蚀中，金属损失全部或大部分发生于离散区域。点蚀作用可能发生于自由暴露的金属或合金表面上，这些表面是非均质的，沉积有外来物质，薄膜或涂层中存在缺陷。

4. 3　缝隙腐蚀作用

“缝隙腐蚀”是指一种特殊形式的点蚀作用，通常诱发于相对的表面之间(例如，螺母、螺栓、铆接接头、螺纹连接或法兰表面)，并由环境的局部差异(例如，氧浓度池或金属离子池)所致。

4. 4　电化学腐蚀作用

这种类型的侵蚀作用是由电解质中相异导体(例如，水中的铜和钢)之间的电接触所致。腐蚀的强度主要取决于这些材料之间在溶液中的电位差异(即，电化学序列中相差较远[参见“电化学阳极”这一节]，电偶合的阳极组件可能腐蚀作用更大)，其次是相对面积和几何形状的影响。

4. 5　磨蚀腐蚀作用

磨蚀腐蚀作用是由高速流冲刷保护膜或机械干扰金属自身而加速的腐蚀作用。

4. 6　穴蚀作用

“穴蚀”是指一种特殊形式的侵蚀作用，其中气泡坍塌所致的破坏作用发生于流动流中低压区域。

4.7 摩擦腐蚀作用

“摩擦腐蚀作用”是指由载荷之下紧密接触的两个表面振动性地相对运动所产生的腐蚀条件。

4.8 选择性浸出作用

金属的微观结构(晶粒)边界上小区域的优先侵蚀作用，称为晶间腐蚀，可能导致整个晶粒的物理去除，但是实际上只有少量的金属发生溶解。

4.9 脱合金成分腐蚀作用

脱合金成分的腐蚀作用(有时也称为分金腐蚀作用)，是指另一种选择性地溶解出合金的一种组分(如，从黄铜中溶出锌)，而使原始材料剩下伪形态的腐蚀类型。由于尺寸基本上不变，则通常需要机械探测或显微镜辅助目视检查。

4.10 混凝土的碳化作用

“混凝土的碳化作用”是指通过二氧化碳逐渐产生的酸性侵蚀和残余钙的溶解和浸出而使水泥的钙比例失调。这是一种非硫化氢的条件和浸泡或飞溅区暴露下混凝土劣化的首要原因。

4.11 开裂现象

环境开裂现象是一种广泛的范畴，其中在合金系统特异性环境中应力作用之下而诱发韧性材料的脆性故障。环境开裂，包括腐蚀疲劳、应力腐蚀开裂、各种类型的氢致开裂和液体—金属开裂。腐蚀疲劳是一种由非特异性腐蚀性环境增强的交替应力的机械现象，而应力腐蚀开裂是由于拉伸应力和腐蚀环境的综合作用所致。由于开裂所致的任何故障，应该至少使用光学显微镜进行诊断。扫描电子显微镜是区分较模糊的侵蚀形式的一种有价值的工具。

4.12 脆变作用

脆变是金属晶体结构开裂引起而在金属中经历的条件。钢质锅炉或罐中的钢，当遇到高温碱性条件时通常会发生脆变。氢脆发生于管道系统中的预应力混凝土线。显微镜检测能够呈现独特的蜂窝状结构，其中细裂缝沿着金属的晶粒结构延伸。特殊材料更耐脆化，正如管制工艺那样，从而确保不会存在促进脆变的不同 pH 条件或金属表面。

4.13 挠曲作用

挠曲的劣化作用在塑料材料的长期强度中需要特别关注，因为它们很容易在充分低于拉伸强度下发生反复应力变化时而出现脆性失效。挠曲强度和抗折强度根据材料和几何构造结构不同而不同。流速大于 1.8m/s(6ft/s)的高管道流速，不适用于塑料管，因为这种流速会诱发短暂的振动或挠曲作用。聚氯乙烯(PVC)管及聚酯玻璃纤维，尤其易受到这种作用。较重的组分将会增加挠曲强度。

4.14　热作用

虽然热劣化作用有时能够通过视觉观察确定，但是显微镜检测往往是必需的。造成这种劣化作用的原因是由合金基质内的界面现象和具有许多高温暴露中形成的表面膜的合金界面上的模糊关系所致。过热会使塑料挠曲和变形失效。

4.15　微生物所致腐蚀作用(MIC)

某些类型的细菌或微生物，当在其他无害环境中会代谢产生腐蚀性的物种或当它们产生可导致电化学侵蚀的沉积物时，能够影响腐蚀作用。通常情况下，最终的效应是某种形式的局部腐蚀作用；然而，要识别这种有害生物就需要生化分析(而不是简单的显微镜检测)。微生物所致腐蚀作用可能发生于大多数金属、混凝土或塑料中。硫酸盐还原和产酸细菌，尤其会参与 MIC。微生物所致腐蚀作用最近已被确认为主要而常见的条件，尤其是发生于停滞水流条件或沉积物中。

4.16　塑性形变作用

塑性形变作用是由于应力作用所致形状变化，这种应力随着时间的推移发生于热塑性材料中。塑性形变导致 PVC、聚乙烯、聚丙烯管道和加工物出现过早失效。应力和温度是降低塑性形变的重要因素。降低或具有低应力和相对较低的热的条件，对于避免变形难题最为有利。

4.17　塑料和涂层的 UV 劣化作用

大多数有机建筑材料都是由长链聚合物分子构成。随着时间的推移，紫外光劣化电化学结合作用，改变分子结构，使材料变脆。颜料适用于抑制紫外线辐射的影响。然而，使用塑料或有机材料暴露于持续的明亮阳光条件下时，应该谨慎行事。更换的防护涂料、覆盖物或遮阳物，可以延长这些材料的寿命。

5　设计考虑因素

一般而言，有四种形式的劣化控制措施。除了特殊情况外，完全预防措施很少实现。劣化控制的概念，从有限寿命的验收(在选定的工艺过程中最佳材料的情况下)到侵蚀速率的定量缩减(例如，在受抑制的冷却水系统中)包括广泛的技术。

5.1　劣化控制措施

5.1.1　材料的变化

除了建筑材料进行整体变化之外，还能够实现诸如衬里、包层、焊缝重叠和耐用有机或无机层的表面部分变化。

5.1.2　环境变化

通过换热器水冷至风冷，泵站湿坑至干坑，以及填埋至地上结构的切换，设计者能够改变整体环境。通过 pH 值控制、脱气、化学添加剂或抑制剂的使用，能够改变或更改环境的性质。

5.1.3　隔离膜

这种形式的劣化控制涉及在金属、混凝土或塑料与其环境之间应用耐腐蚀薄膜(例如，热滴镀锌或电镀金属涂层，有机涂料和衬里）。有关防护涂料的更多信息将在本章后面进行介绍。

5.1.4 电化学技术

电化学技术包括通过在某些应用中的诱导电位使用牺牲涂料和金属阴极或阳极保护（本章稍后进行讨论）。

5.2 腐蚀环境的改变

5.2.1 材料与环境隔离

与环境隔离包括，封闭或覆盖机械和电气设备；将管道和金属结构定位于地面之上而避免腐蚀性土壤或液体；和通过淹没或埋设管道和设备避免大气侵蚀和/或提供阴极保护，避免飞溅区。

5.2.2 改变工艺参数

改变工艺参数涉及提高速率，减少停留时间，在工艺过程流中较早曝气和减少流动状态中的涡流。

5.2.3 加入抑制腐蚀作用的化学品

添加抑制腐蚀的化学品涉及提升 pH 值、增加溶解氧、通过氮气净化氧、加入铁盐沉淀硫化物，减少硫化氢消化池气体、向污物流中加入氧化剂抑制硫化氢和加入硝酸盐抑制生物硫酸盐还原。

5.2.4 降低腐蚀性组分

降低腐蚀性组分包括曝气抑制硫化氢和通过二氧化碳汽提升高 pH 值、锅炉给水脱气、对于混凝土下水管道增加含钙骨料而不是花岗岩和向混凝土混合料中加入亚硝酸盐而降低氧和最小化钢筋腐蚀。

5.3 材料选择

建材的选择要基于许多依赖于所设计项目的标准和指定的服务要求。按照各种考虑因素的排列顺序，这些标准作为环境的函数包括以下方面（Schweitzer，1983）：

- 成本；
- 可用性；
- 制造能力；
- 机械性质；
- 强度—重量比；
- 物理性质（热，声等）；
- 电气性能；
- 防腐蚀性能，作为环境的功能。

5.4 新材料考虑因素

除了对于预期的一般性或均匀侵蚀作用使用劣化余量之外，选择材料的的考虑因素包括物理布局（排水组件合适放置）和影响因素的控制，如速率、温度、振动、热通量和残余应力的控制。

在污水处理系统应用中的材料选择是污水处理厂最复杂的和误用设计考虑因素之一。污水处理系统往往是最低预算进行设计和采购。最低预算通常不会为劣化控制考虑因素留下空间，因为这些因素并不具有重大的管理可见性。

大多数污水处理系统运行的环境，在设计过程中并未明确进行定义。因此，并不会要求材料工程师对预想的设计服务选择充分的材料。这就使得在已建成的污水处理系统中腐蚀控制问题恶化而变得难以改造。

许多污水处理系统，都是由供应商将设计部件加上现场工程和施工进行集团采购。因此，许多建筑施工都购买当地现有的设备、管道、阀门、配件、涂料等。有时，这些组件材料的标准化票据并不具备。此外，大多数设备制造商除非材料和工艺质量上有详细规范说明，都会倾向于尽可能低的价格竞标其设备。因此，他们的设备是不会设计用于承受任何未指定的特殊工作负荷。当指定腐蚀或劣化工作负荷时，设备制造商就将附加费应用于合金、应力释放、特种焊接、专门的施工后检审、涂料、衬里、等等。因此，指定这些项目而实现整个全规模的污水处理厂适当的腐蚀和劣化控制是很重要的。

污水处理系统最重要的三种类型的材料是淹没的(水下的)、间歇性淹没的和未淹没的(非水中的)(表 10.1)。

腐蚀和劣化控制特别重要的是一些较新的、现用的劣化系统修复技术。管道可能经常进行清洗和在服务中加内衬，而使之可能没有必要安装新管道。然而，这就预示着管道要足够大而足以处理重新加衬系统的摩擦损失和由此产生的直径紧缩。这些新的衬里和涂层系统经常被称为在役涂料和/或滑衬里。通常情况下，这些类型的修复技术是专利性的，而以不同的商品名销售。当选择适用于污水处理系统的材料时，指定工作负荷是很重要的。这些能够承受淹没服务的材料，可能无法承受潮湿的气氛。同样，一些能够承受潮湿大气的材料，未必能够承受这种淹没浸泡的服务，如镀锌钢板。镀锌钢板就不应该经受淹没服务。

在外来化学物质可能会进入污水处理系统或可能遇到极度腐蚀性的环境的情况下，可以考虑使用以下材料：碳钢、不锈钢、超级不锈钢、高镍合金、锆、钽和/或玻璃。

其他材料——最值得注意的是，由铝、镁、铜和含铜合金构成的那些材料——已指定应用于某些污水处理系统中。然而，这些材料应该谨慎选择和应用。此外，它们通常并不应用于污水处理系统，也是因为腐蚀控制的难度。

总之，在污水处理系统中腐蚀控制材料的选择应该开始于系统概念设计阶段。此外，材料的选择应该全局考虑设计、采购、制造、架设和污水处理厂的启动阶段。在污水处理厂投入使用之后，应该应用特殊监测，预防性维护和修复技术而确保使用寿命更长。

5.5 几何形状考虑因素

材料的形状和取向，在腐蚀防护进行有效涂层和重新涂层中，也是重要的因素。锐边、裂缝、不可接近的表面，都应该避免才能提供持久的保护涂层。涂层表面现场焊接和安装时刮伤或擦伤都会导致涂层失效而发生腐蚀。搭接焊缝应该尽量避免。相反，应该使用密封焊缝或平滑对接焊缝，因为这能够提供持久涂层附着的表面。此外，金属边缘应该具有斜面，而混凝土应该在拐角处倒角。

焊接细节和提供涂层较差和良好表面的结构构件边缘的实例如图 10.1 和图 10.2 中所示(Atkinson and Van Droffelaar，1980)。结构组件的边缘应该离地 3～6mm(0.125in. 和 0.25in.)，才能提供涂层附着的曲率半径。涂装前表面处理是很重要的，因为任何轧屑都会剥落于焊缝附近，这就对大阴极留下一个小阳极。排水渠是另一个重要的几何结构考虑因素。任何能够存水的细节都应该避免。排水组件排布设计的实例如图 10.3 和图 10.4 所示。图 10.4

显示了塔和设备应该具有基座而钢—混凝土界面应该嵌缝密封防止水分渗透而腐蚀基座。也可以安装滴水裙边防止渗水。罐排水和支撑架的优差设计实践实例，如图 10.5 和图 10.6 所示。

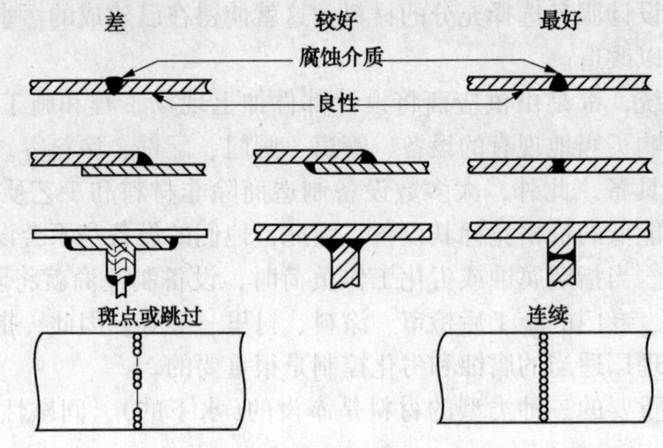

图 10.1　焊接细节的实例

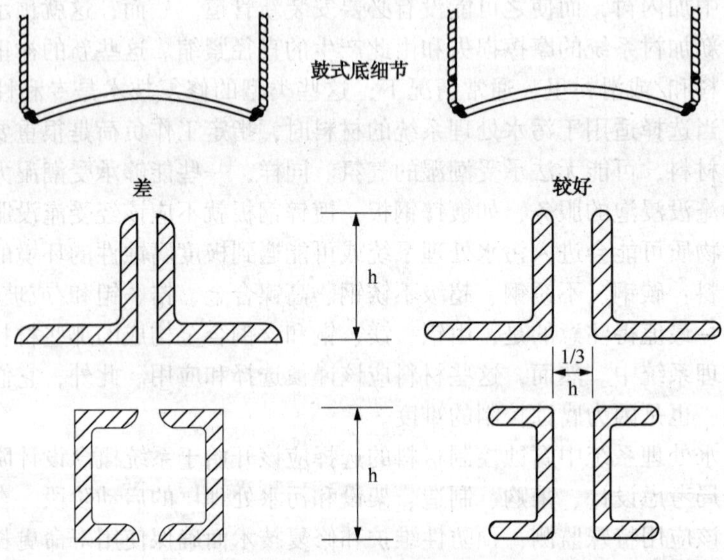

图 10.2　可涂装性的设计

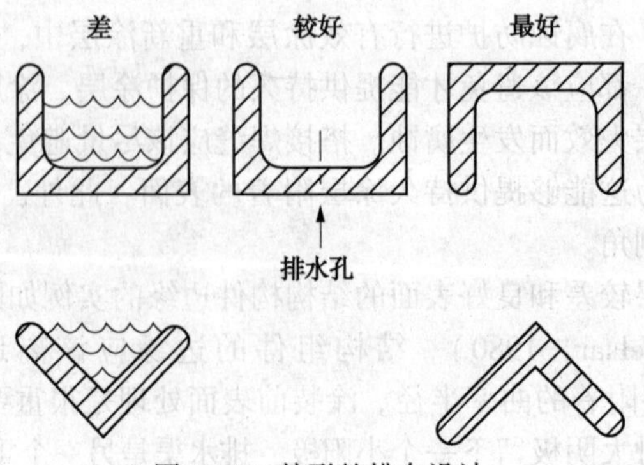

图 10.3　外形的排布设计

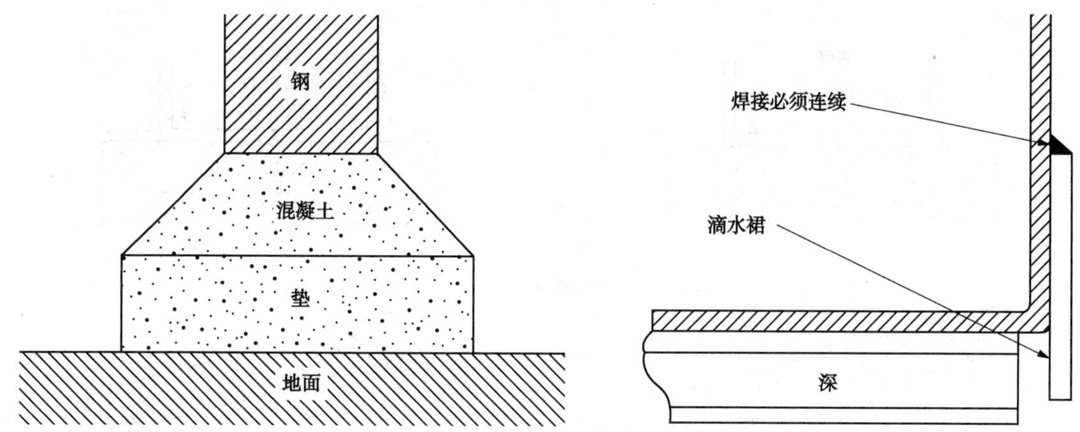

图 10.4　合适的支撑细节

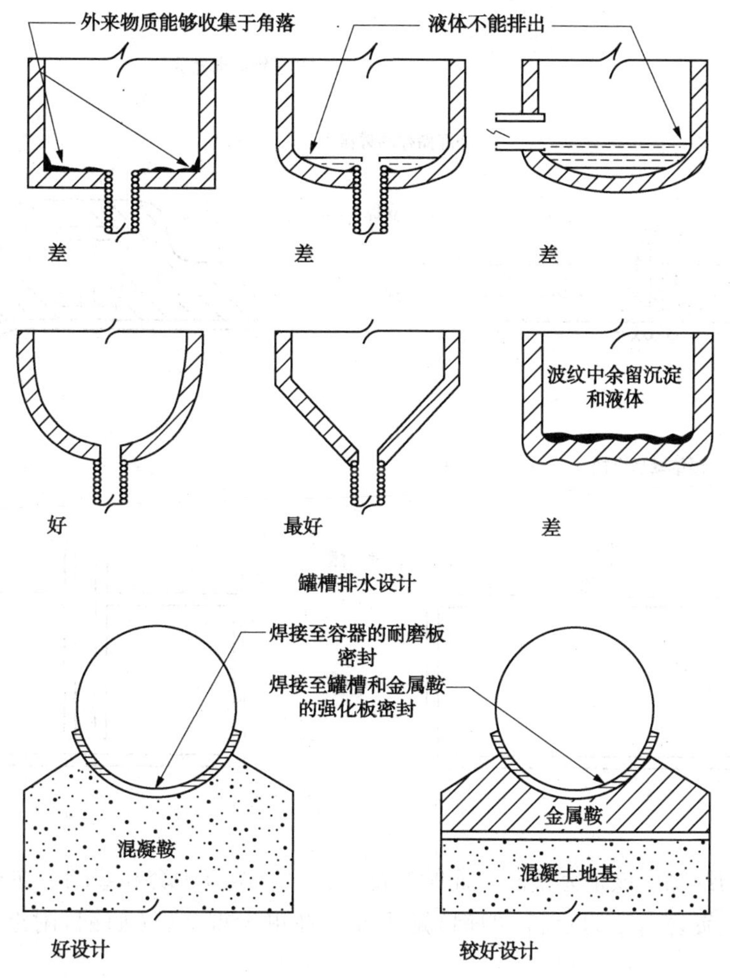

图 10.5　罐槽设计细节

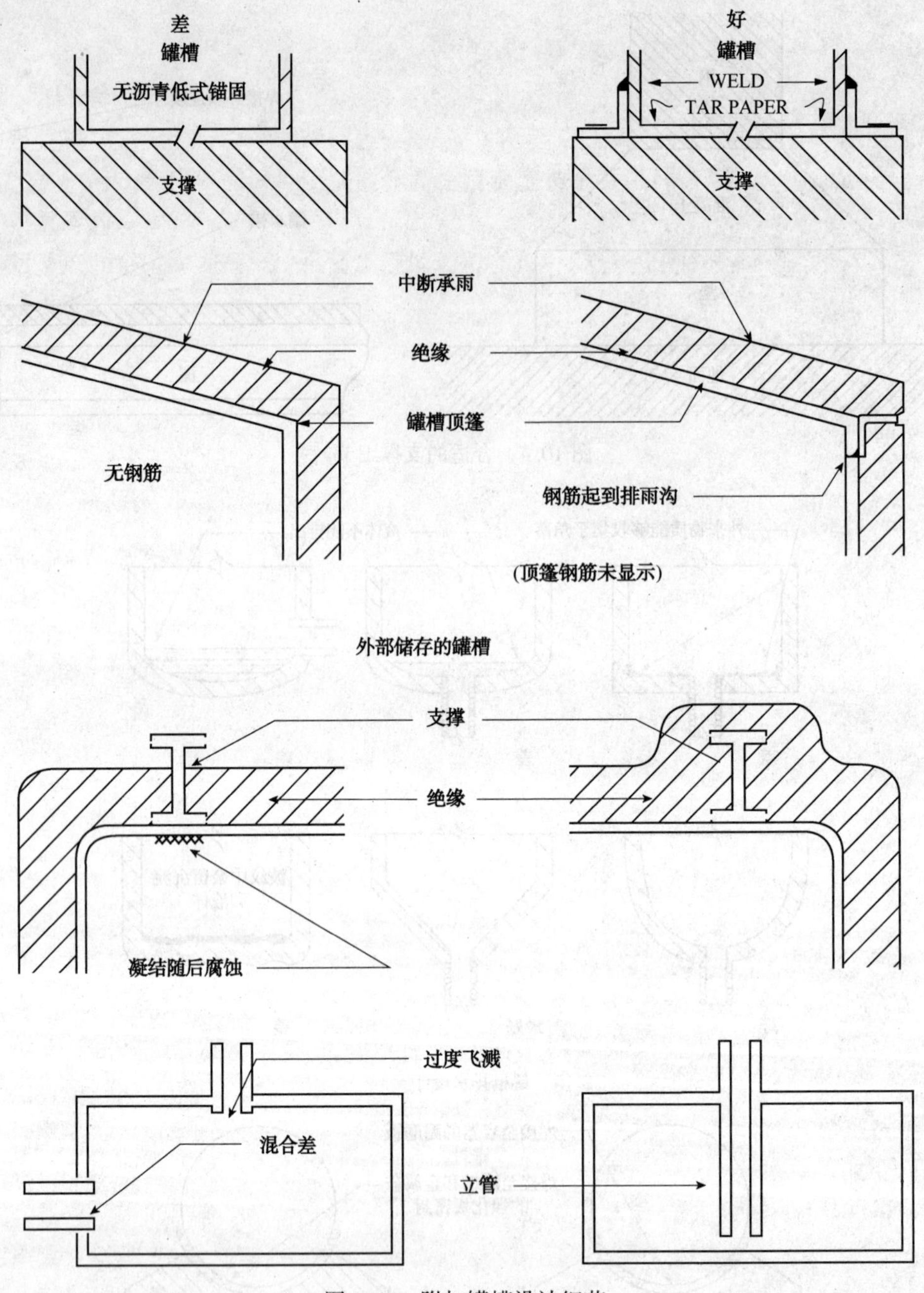

图 10.6　附加罐槽设计细节

异种金属的绝缘应该是完整的，而螺栓都应该具有绝缘护套和垫圈。在有必要重视异种金属的情况下，更易腐蚀的金属(如铝)是不允许在更贵重金属(如钢)附近滴水和积水的，如图 10.7 所示。

微动疲劳可能是在轴和轮或其他组件之间压入配合的问题。在压入配合附近的杆轴上平滑地形成凹槽，能够重新定位最大应力集中的部分而减轻微动应力，延长零件的使用寿命，如图 10.8 所示(Schweitzer，1987)。

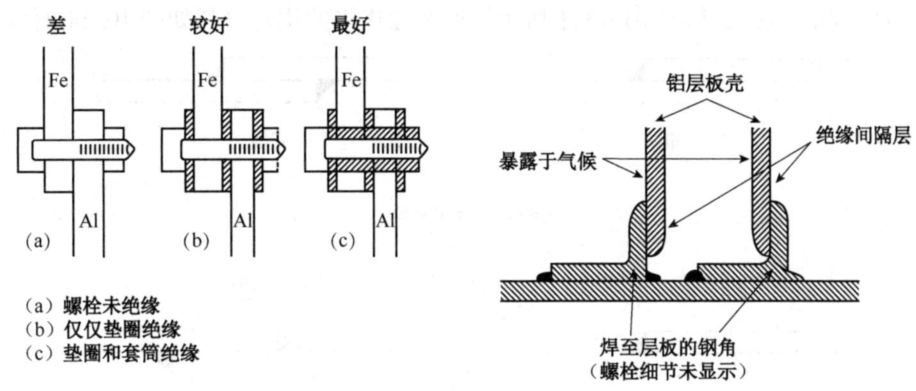

图 10.7　异种金属的连接

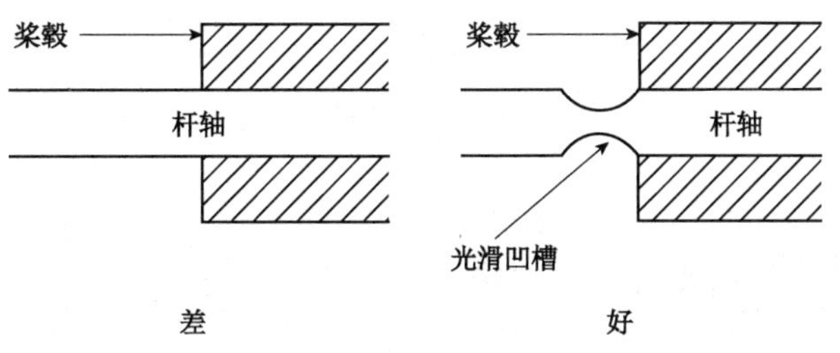

图 10.8　如何避免微动疲劳

图 10.9 举例说明了降低检查管嘴中裂缝的焊接零件和位置的排布设计。

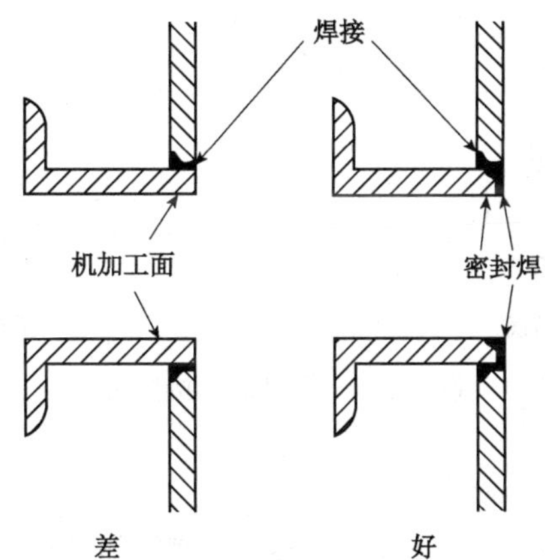

图 10.9　不锈钢检审管嘴的细节

5.6　防火条例/有毒有害化学品

系统的设计应该提供方便的安全检查表面。例如，当使用梯子时，这些梯子就应该由比所附着的结构更贵重的材质(即，不锈钢或玻璃纤维组件)构造而成。应该对泵、管道和其他设备提供管道探测镜检查，方便定期观察内部不易于接近的表面。

焊接和通道细节的其他实例如图 10.10 和图 10.11 中所示(Schweitzer，1987)。异种金属腐蚀的例子如图 10.12 和图 10.13 中所示，而螺栓连接的优选材料如图 10.14 所示。

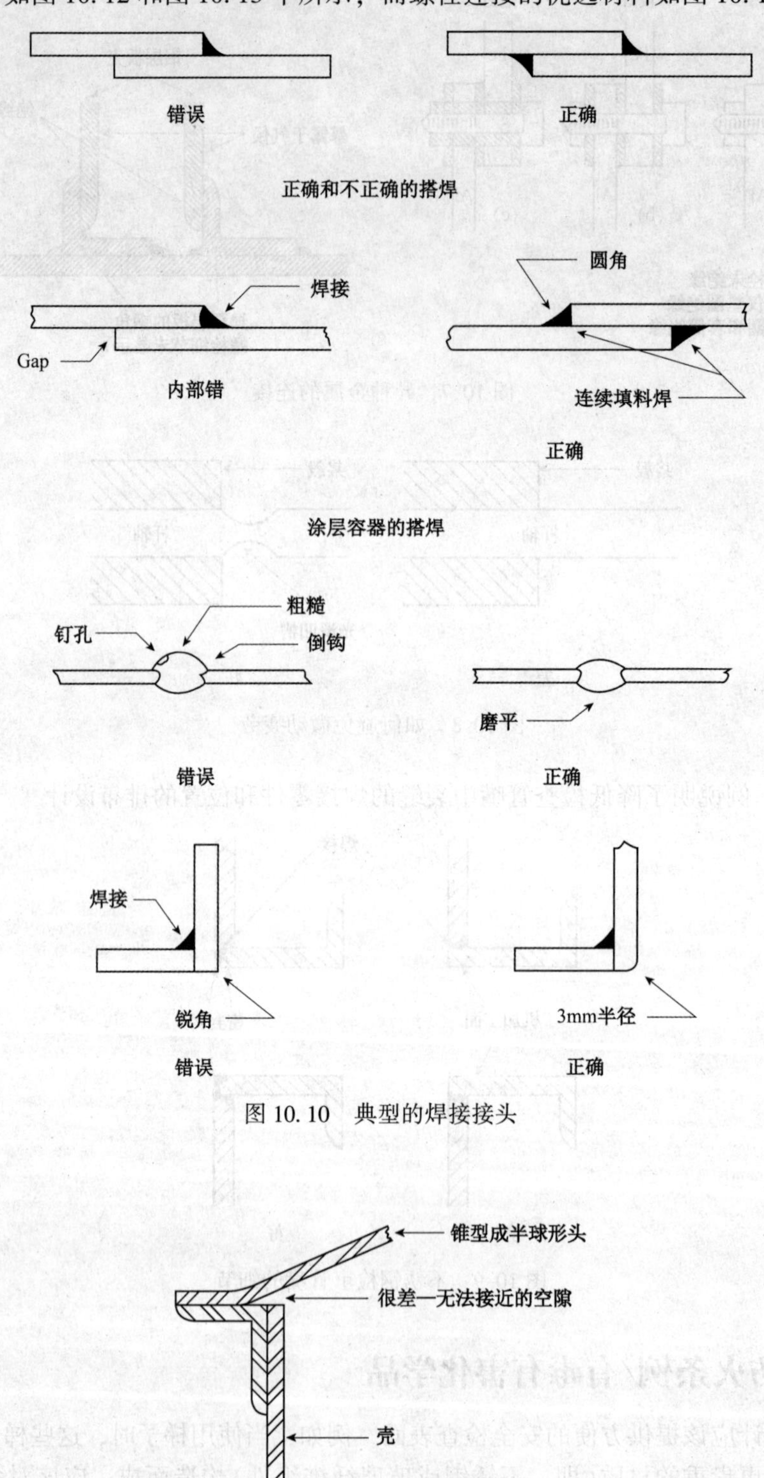

图 10.10　典型的焊接接头

图 10.11　典型的不易接近的表面

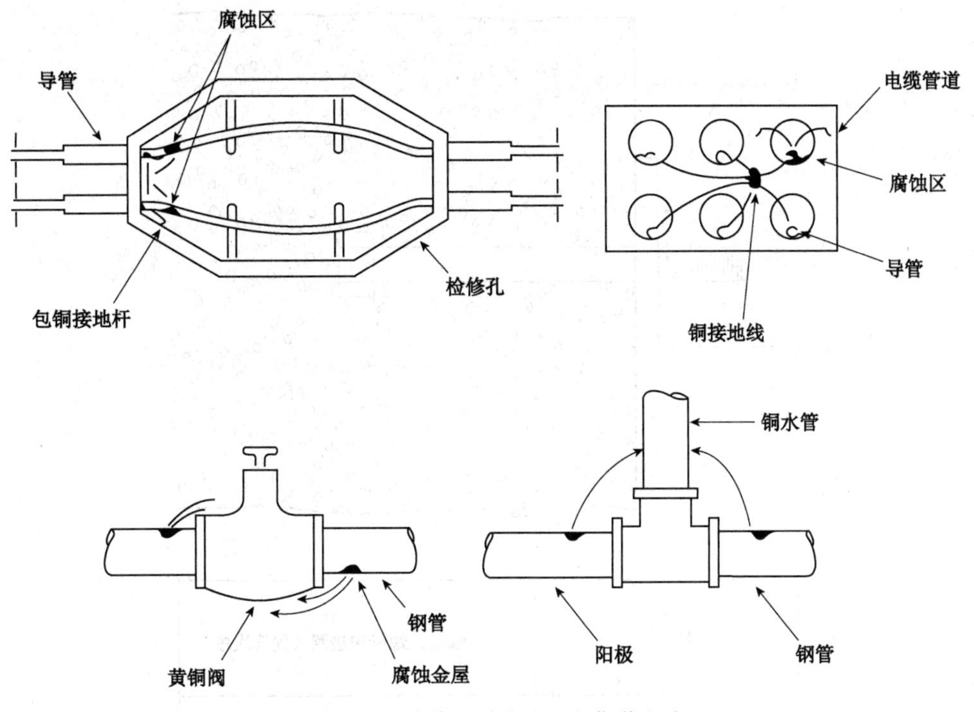

图 10.12　异种金属的地下电化学电池

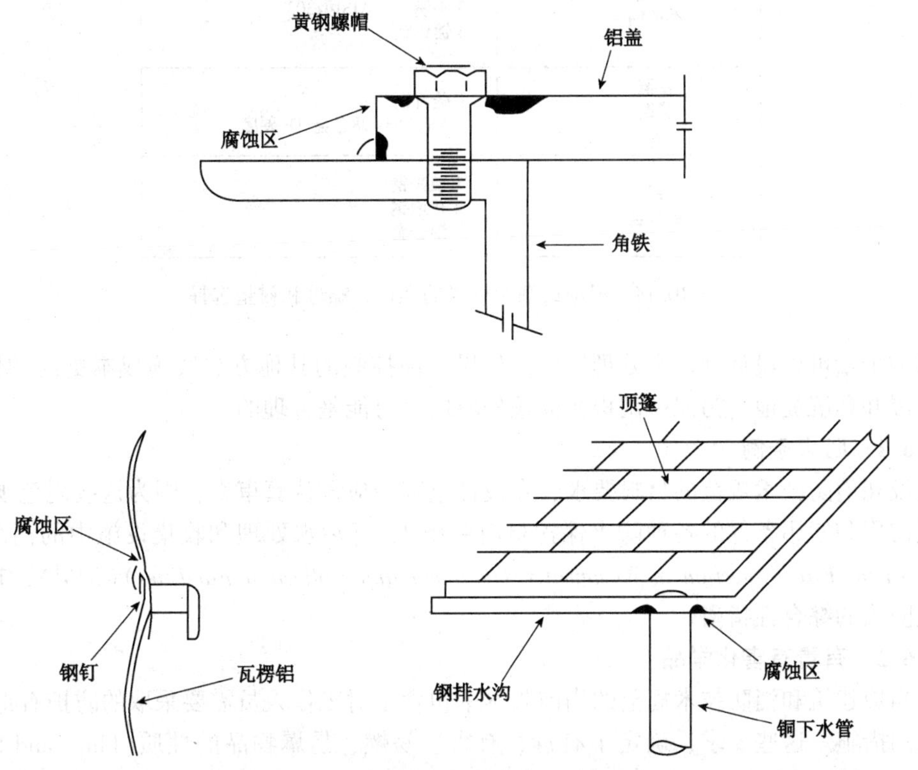

图 10.13　异种金属的典型地上电化学电池

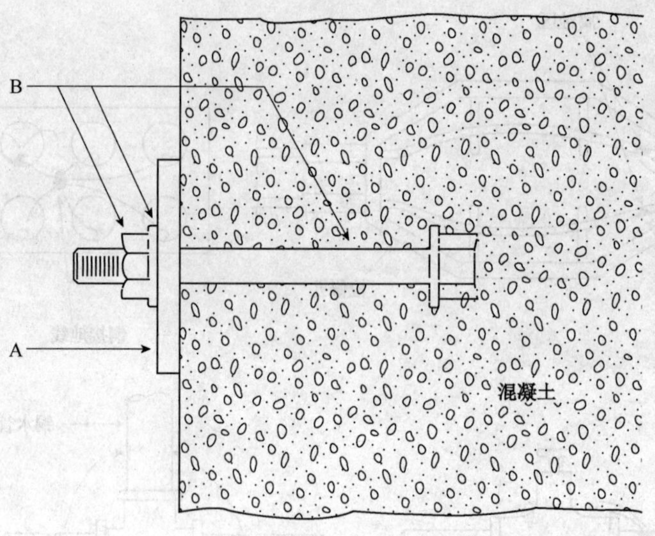

A 工件	B 螺栓、螺母和垫圈（优选次序）
铸铁或镀锌钢 涂漆钢 不锈钢	1.柔韧奥氏体镍铸铁 2.蒙乃尔铜—镍合金（K型、热轧的） 3.不锈钢，AISI型303 4.镀锌钢
青铜 黄铜 铜	1.硅青铜 ASTM-B-98合金-D-硬度
铝 铝合金	1.镀锌钢 2.普通钢 3.铝合金

图 10.14　浸泡或潮湿气氛的螺栓、螺母和衬垫选择

腐蚀余量可以设计到污水处理厂中。如果腐蚀控制的其他方法实施成本更高的情况下，管道、湿井和沉淀池—污泥—刮板靴的额外厚度就可能是合理的。

5.6.1　防火条例

建设和消防技术规范的材料要求，在设计过程中应该认真审查，因为这些规范规定了各类建设占用和使用条件的各种防火保护材料和施工。《污水处理和收集设施中的消防标准》(*Standard for Fire Protection in Wastewater Treatment and Collection Facilities*)(NFPA，1995)中提供了防火的综合性指南。

5.6.2　有毒有害化学品

在当地建筑和消防技术规范的当前版本中包含了对工作人员需要采取的防护有毒和有害化学品的措施。这些要求，确定了有毒、有害、易燃、易爆物品的性质(Fluer and Shapiro，1993)，为选择耐用的和安全的材料和系统提供了标准。

5.7　阴极保护

阴极保护的设计和安装可用于最小化污水处理厂中许多金属结构的腐蚀。这包括埋地管道和地上结构，如罐池。有关阴极保护的进一步信息将在本章后续进行介绍。

5.8　保护性涂料

保护性涂料代表污水处理设施保护中经常使用的方法。在大多数情况下，这种保护方法是很充分的，条件是要指定合适的涂料，并结合充分的表面处理和应用技术。保护性涂料和衬里将在本章稍后进行更详细的讨论。

5.9　污水处理厂的使用寿命

最初应该提供重大修复和更换之前结构的最低使用寿命的目标。这些，在一定程度上，是随着设施类型变化而变化。

小尺寸的关键部件，如控制部件的腐蚀余量是不同的，因为这些部件比那些能够耐受较高腐蚀速率的大型部件，如泵外罩和水闸对于腐蚀具有较低的容忍度(Uhlig，1969)。

最大限度地降低材料主要由于某些类型的腐蚀作用所致的劣化作用，是实现长期耐久性目标所必需的。为了达到这个目的，设计师对于相对耐久性和不同类型的材料成本，将会遇到的环境、维修技术和成本、腐蚀抑制的阴极保护、涂层技术和修复方法，应该相当懂行。通常，这要求设计师在工程施工现场的工作和运行与维护方面具有相当丰富的经验。

6　工艺过程单元设计的材料选择

本节描述了各种工艺过程单元区域存在的环境条件并提供了有关这些工艺过程通常使用的材料的信息。

6.1　预处理

渠首和其他预处理设施对设备和材料创造了严重腐蚀性和破坏性的条件。进水污水可能是腐败性的而含有溶解气体、砂砾、破布、岩石、原木、油脂和油、废弃化学品以及内循环流的组分，这些组分混合时就会产生腐蚀和磨蚀性的环境。硫化氢和其他气体，如氨，在湍流区域，包括流量计量装置，筛滤和堰之处会发生弥散。这些气体，结合高湿度，就提供了孕育腐蚀的环境。

除了腐蚀和磨损作用之外，火灾和爆炸隐患存在于汽油或其他碳氢化合物泄漏至收集系统中之时。在存在高危险溅漏的设施中，使用防爆设备和防火材料是必需的。所有预处理设备都应该仔细评估，才能确保材料选择适当。预处理的详细讨论，包含于第 11 章中。表 10.6 列出了预处理的材料。

表 10.6　预处理的材料

项　　目	材　　料
滤筛	碳钢，镀锌钢，不锈钢，塑料
造粒机和碾磨机	硬化不锈钢

续表

项目	材料
滤筛和切齿	
除沙砾	硬化钢，不锈钢
脱脂	不锈钢
流量均衡化	与初级处理相同
再曝气池	混凝土，采用Ⅱ型或Ⅴ型水泥，具有低可渗透性
曝气扩散机和管道	316 不锈钢，FRP，PVC

6.1.1 筛滤

碳钢经常因为其强度、硬度、制造的难易度和经济性而被入选。然而，由于水分、硫化物和其他化合物的腐蚀作用，可能会缩短其使用寿命，并增加了钢筛的维护。镀锌钢将增加其耐腐蚀性。然而，镀锌工艺对于大型焊接钢管架或其他能够受工艺过程热卷曲的钢焊接件是不切实际的。

除了对渠首工程中现存的大多数条件具有耐腐蚀性之外，不锈钢滤筛具有碳钢的所有优点。然而，这些滤筛成本大大高于碳钢滤筛。尽管如此，这种滤筛仍可能是具有更大困难的腐蚀条件的较大型污水处理厂最合适的选择，因为在这种污水处理厂中将不适于增加维护成本并将会降低碳钢滤筛的使用寿命。

铝质滤筛可用于规模较小的生活污水处理设施，在这些污水处理设施中需要增加耐腐蚀性，而污水的磨蚀作用不足以引起对铝制零件的严重磨损。因为铝较弱，比钢更不耐磨损，其用途应该认真研究。然而，它可能是不锈钢的一种比较经济的替代材料。

某些专利性精细筛滤设备，采用塑料滤筛和不锈钢运动部件，将能成功地经受住严酷的环境条件。

6.1.2 除砂

磨损通常是设备必须耐受而获得长使用寿命的最重要的条件。尽管受到严重的磨损和腐蚀作用，碳钢和硬化钢可能仍会提供合理的使用寿命。虽然不锈钢更耐腐蚀作用，但是对于这种应用可能过于昂贵。铸铁链和链轮适用于抵抗磨损，但是塑料和玻璃纤维增强塑料(FRP)链、梯、链轮和防磨损板已经证实在抗磨损和耐腐蚀方面越来越经济和成功。

砂砾输送机应该用重型碳钢或不锈钢建造，才能承受磨蚀—侵蚀性沙砾条件。在严酷的应用中应该使用陶瓷耐磨涂层。

6.1.3 流量均衡化作用

流量均衡化作用所遇到的工作条件通常类似于初级处理设施的那些工作条件。材料和设备选型应该符合同样的标准。

6.2 初级处理

初级处理的详细讨论包含于第 12 章。表 10.7 列出了初级处理的材料。

6.2.1 沉淀池

初级处理设施可能具有化粪池的条件并可能从液体表面释放腐蚀性和有气味的气体，特别是进口和出口堰和渠道处。封闭渠道或罐池可能会产生硫化氢腐蚀。在位于人口稠密区域的污水处理设施中，初级沉淀池有时需要覆盖，并提供气味控制设备。虽然控制了气味，但是却加速了腐蚀。因此，设计者应该对加盖之下的局域化区域内可能发生的高湿度和腐蚀性气体提供防腐设计。通风和气味控制系统的停机时间也应该计算到防护涂料和混凝土材料的选择中。

表 10.7　初级处理的材料

项　　目	材　　料
初级沉淀池	混凝土，混凝土，采用Ⅱ型或Ⅴ型水泥，具有低可渗透性
收集设备	涂层钢，不锈钢
溶气浮选	混凝土，混凝土，采用Ⅱ型或Ⅴ型水泥，具有低可渗透性
收集设备	涂层钢，不锈钢

砂砾可能进入初级沉淀池，并导致初级污泥收集和更重要的是泵送设备的快速磨损。例如，糖砂(约 50μm 或更小)，通过典型的砂砾清除设施的小颗粒沙子，在美国东南部的污水处理厂中已成为一个普遍的问题。

混凝土应该包含Ⅱ型或Ⅴ型水泥的低可渗透混凝土，才适用于生活污水的罐池和渠道。浸泡表面可以覆盖环氧聚氨酯或铝酸钙涂层防腐，但是这种做法通常是不必要的，除非污水中含有腐蚀性的工业成分或 pH 值较低。具有防护涂层的碳钢罐可能适用于小型设施，但它们应该提供牺牲阳极阴极保护措施。即使具有这种保护，它们也需要大量的维护工作。

在过去已经使用由铸铁制成的具有模制栅栏的收集系统。然而，砂粒磨损和腐蚀需要频繁更换链和附属物。不锈钢链和其他合金已经成功地使用，但他们也要经受磨蚀。尽管塑料收集设备抗腐蚀、磨蚀环境，但是也可能不适合长罐池和重型初沉污泥的负荷，因为塑料缺乏金属铁的强度。玻璃纤维增强塑料通常入选而代替木质污泥收集栅栏，因为这种材质不会腐烂。空心红木，在过去已经广泛使用，现在正变得越来越昂贵，而且很难找到。然而，其他耐压处理的木材，也可以用于这项工作。堰可以由玻璃纤维、FRP、铝或不锈钢构造而成。碳钢堰腐蚀太快。

罐池流水槽、渠道和罐池盖可以由 FRP、钢或铝构成；浮渣去除设备通常由黑色金属制成。水闸由铸铁构造，但是滑动栅栏应该是铝质、不锈钢或 FRP。具有保护涂层(一般为环氧树脂)的碳钢适用于絮凝过程并适用于桥型和圆形澄清池的设备。栏杆、栅栏和板材可以由铝、不锈钢或玻璃纤维制成。虽然栏杆和栅栏可以用碳钢，但是它们需要大面积的保护涂层、镀锌或这两者。聚合物处理的设备一般都需要塑料或不锈钢材料。

6.2.2　溶器浮选

溶气浮选池类似初级处理池而由混凝土材料制成。撇渣器和污泥传送机也由类似于初级沉淀池的材料制成，并应该采用玻璃纤维或阳极化铝制成。

6.3　悬浮生长的生物处理

这些系统的详细讨论包含于第 14 章中。腐蚀性气体通常不是好氧生物系统的问题，但是这些气体可能会间歇性地以相对少量地存在。高湿度和潮湿区域是这些单元的特性。在人口稠密附近的污水处理厂，曝气池和沉淀池可能是封闭的，这就产生了对于腐蚀比较脆弱的内部空间。混凝土是曝气池和沉淀池以及渠道的典型材料，但是钢适用于小型包装型设施使用。

空气扩散系统的气路管道可能由水下设施的不锈钢或FRP制成，并可能是以上级别的装置中的碳钢或球墨铸铁。温度、膨胀、穿刺和噪音限制都应仔细审查，特别是选择了FRP之时。在罐池中的气路管道，包括下降管和扩散器栅格，都可能由不锈钢或塑料制成。如果使用塑料，则管壁要厚，而足以承受内部和外部的压力、扩散器施加的负荷和物理损坏。塑料应该进行复合而抵御UV射线降解。如果安装了酸—气—扩散器清洁系统，则就不应该使用不锈钢。

铝一般用于滑动闸门、堰、栏杆及附属配件是令人满意的；不锈钢和FRP以额外的成本也可以使用。二级污泥和出水的管道通常由混凝土或水泥内衬的球墨铸铁管道制成，但是其他材料，如水泥内衬钢、塑料和FRP，都可以选择。在地震多发地区，承插式接头或橡胶环型接头应该制成深钟型。球墨铸铁管件和阀体应该采用球墨铸铁管制成，而钢阀应该采用钢管，才能在发生位移时保持管道完整性。

6.4 附生生长的生物处理

附生生长的生物处理工艺过程包括滴滤池和旋转生物接触器(RBCs)。附生生长生物处理的详细讨论，包含于第13章和第15章中。选定构建这些设施的材料应该在高潮湿而有时厌氧环境中具有耐受性，而强度应该足以支撑这些处理单元装置的生物污泥特性。所选材料还应该抵御阳光或冻结条件所造成的损害，这些条件取决于安装装置的位置。此外，还应该考虑差胀问题。

6.4.1 滴滤池

虽然老旧滴滤池经常具有石头或炉渣介质，但是现代设计使用预制塑料模块化介质或专门设计的塑料填充物。这些介质往往是滴滤池建设中最昂贵的组件。在各种介质中进行的选择时，应该同时考虑安装成本和工艺性能。以下是这些介质的典型材料：

- 塑料介质——最常见的是由PVC建成，这些材料通常指定为不溶性的，阻燃，并不受环境条件，如极端温度或阳光的劣化作用。各种广泛的松散和模块化塑料介质，只要具有可接受的环境和结构性能，都可以利用(参见第13章)。
- 旋转分配器——这种类型的材料，是由涂层碳钢、镀锌钢、不锈钢、铝构成，与大多数生物塔一起使用。较小的塔可能具有由这种材料的管道或PVC或FRP管道制成的固定分配栅格。旋转分配器分支管道和固定管道上的喷嘴由青铜或塑料制成。

除了上述材料之外，混凝土通常用于生物塔楼层。预制过滤池砖，由玻璃化黏土或塑料制成，适用于提供采用岩石介质的塔排水。各个支撑系统各不相同，这要取决于介质制造商的建议。

大多数岩石介质生物塔具有钢筋混凝土墙支撑介质并通过塔水浸控制蚊蝇。石、砖、预制混凝土或钢板墙也可以建成。塑料介质允许使用经济学可替代的墙壁系统，如FRP面板或垂直对齐预制混凝土T型梁，因为它们需要结构性支持的较少，而不需要水浸控制蚊蝇。包含具有绝缘性能或部分埋墙的墙壁的设计，应该考虑在较冷的气候下的装置问题，在这种情况下热损失可能会对工艺过程性能产生不利影响。玻璃纤维或铝建造的圆顶塔盖可以用于盖住该塔，在这种情况下设计需要考虑热损失或气味控制。

6.4.2　旋转生物接触器

旋转生物接触器由水平旋转杆轴支撑的塑料介质构成。RBC 轴位于处理池中污水之上，而使介质始终是部分淹没。处理池有时含有挡板或空气扩散器系统。RBCs 一般都进行覆盖或安装于建筑物内。

塑料 RBC 由按照各种专利性结构设计排布的高密度聚乙烯(HDPE)板构成。一般少量的炭黑添加到聚乙烯中以降低紫外线的降解作用。

RBC 杆轴由碳钢制成，并涂覆保护性的熔黏环氧树脂或其他适用于水和高湿度服务的耐用持久涂层。杆轴的设计在各种制造商之间是不同的。制造商使用各种各样的技术将介质附着于杆轴上。所有这些技术涉及使用耐腐蚀的硬件、FRPs 或不锈钢。

除了小型工厂组装的车间和建筑物内的一些装置之外，混凝土罐池适用于大多数 RBCs。大多数这些例外情况都是碳钢罐，但要比混凝土罐需要更多的维护。玻璃纤维罐，更加昂贵，可适用于小型污水处理厂。混凝土罐和钢罐应该使用耐腐蚀性涂料。

根据 RBC 杆轴的构造设计和工艺要求，罐池可能包含挡板或空气扩散系统。挡板可能由加工木材、铝、FRP 或不锈钢制成；一般会选择比较经济的材料。聚氯乙烯管道通常适用于空气扩散系统。不锈钢适用于紧固件、支撑架、地脚螺栓、铰链和其他硬件。RBC 盖由 FRP 制成。建筑物内的 RBCs 的装置对于耐腐蚀材料与通风、暖气和湿度控制具有额外的要求。

6.5　自然系统

根据定义，污水处理土地上自然系统中使用的材料，可以本地或现场加以利用，因此，它们不那么容易按照典型污水处理厂的工艺过程单元那样进行定义，因为自然系统的材料因为无数的土壤和植物类型而需要现场具体数据。在处理应用中使用天然材料之前，应该研究与污水和周围气候的相容性。自然处理系统的详细讨论包含于第 18 章中。

6.5.1　污水池

两方面的考虑因素决定污水池材料的选择。第一，必须阻止渗漏；第二土壤不得与污水反应。因此，内衬的选择是至关重要的。虽然可以使用原生黏土，但是强化的土壤，土工合成材料和膨润土土工布垫通常具有低得多的可渗透性。如果使用喷涂衬里，则它们就存在质量控制问题。设计者应该确证衬里的预期寿命不会受到与污水反应的影响。如果对于现有的场地条件需要护堤，则这种护堤可能由任何土壤构成，条件是这种衬里必须适当整体化而堵渗防漏。第 18 章介绍衬里的选择。如果混凝土、增氧机或其他项目要应用于污水池系统，则材料的选择应该基于暴露于天气和原始污水的标准。

6.5.2　人工湿地

人工湿地的管道和泵应该与土壤吸收系统指定的那些是相同的。滑动的闸门和渠道栅栏应该由铝或玻璃纤维构成。

6.6　消毒和脱氯

在第 19 章中中包含了消毒处理的详细讨论。采用氯、臭氧、紫外线辐射、二氧化硫、焦亚硫酸钠和各种各样的电工学处理工艺进行消毒的材料选择将在以下小节中讨论。表 10.8 列出了消毒和脱氯的材料。

表 10.8　消毒和脱氯设备的材料

项　目	材　料
氯	氯研究所推荐的材料
二氧化硫	参见第 6.6.3 小节中描述的材料
焦亚硫酸钠	参见第 6.6.4 小节中描述的材料
臭氧	参见第 6.6.2 小节中描述的材料
UV 辐射	316 不锈钢

6.6.1　氯

由氯研究所(Arlington, Virginia)推荐的材料应该适用于所有氯的设施。

氯在各种选定尺寸的容器或罐状车辆中带压供应。用于干燥气态或液态的带压氯的管道系统，通常由轧制 80 钢管制成，并具有 1400kg(3000lb)锻钢件。氯气真空系统和氯溶液管道及位于水注射器下游的配件通常是溶剂焊接构建的轧制 80PVC 材质。

6.6.2　臭氧

由于臭氧具有腐蚀性，选择需要用于处理这种干燥气体的建材时应该慎重。300 系列不锈钢应该是首选材料。从 316 型臭氧接触、臭氧发生器、管道、分散单元和废气自毁单元应该由 316 型不锈钢或采用Ⅱ型或Ⅴ型水泥的混凝土臭氧接触器制成，至少 25mm(1.0in)额外的厚度为钢筋覆盖面。硅微粉掺混物应该施用于混凝土，以提供低的水和臭氧可渗透性。

6.6.3　二氧化硫

二氧化硫气体按照钢制 68kg(150lb)的气瓶、吨制容器和罐装车的量提供这类似氯。

黑钢轧制 80 焊管可用于输送气体或液体至压力真空调节器，其中轧制 80PVC 插承式焊管都可以使用。二氧化硫气体管道通常由轧制 80PVC 或其他耐受二氧化硫的材料构造而成。

气体进料器和喷射器，都是由耐腐蚀的塑料材料或玻璃、镍基合金(Haynes International，印第安纳州科科莫市)或其他耐受二氧化硫的金属制成。

6.6.4　焦亚硫酸钠

焦亚硫酸钠，通常是以 38%或 25%的强度的溶液接收。较稀的 25%溶液是首选，因为其中含有较少的结晶并不会出现潜在的管道和泵堵塞。轧制 80 溶剂焊接型 PVC 管通常用于运送。溶液罐由环氧树脂玻璃纤维或高密度交联聚乙烯制成。通常化学进料泵由耐腐蚀的塑料材料制成。扩散器由塑料管构成，内衬橡胶，并用哈氏合金(Haynes International)或钛涂层。

6.6.5　各种电工技术工艺

现有许多电工技术工艺，包括高强度紫外线辐射、脉冲电压和激光能系统。这些工艺的设备，一般采用 316 型不锈钢或类似的耐腐蚀金属制成。

6.7　高级污水处理工艺

混凝、沉淀、颗粒过滤、吸附、膜过滤和空气汽提的材料选择将在以下小节中进行讨论。高级污水处理工艺的详细讨论，包含于第 16 章中。表 10.9 列出了高级污水处理工艺的材料。

表 10.9　高级污水处理工艺

项　　目	材　　料
混凝	涂层钢，不锈钢
沉淀	参见“初级处理”这一节
过滤	涂层钢、不锈钢、FRP
吸附	混凝土或塑料—加衬钢
吸附管道	316 不锈钢、PVC、橡胶或塑料内衬钢
膜过滤	塑料 或多孔陶瓷
膜过滤器外壳	不锈钢、FRP
汽提塔	不锈钢、FRP、塑料内衬钢、铝
汽提填充物	木条、塑料管、聚乙烯栅格

6.7.1　混凝

二级处理出水的混凝，是为了排放或再循环使用而提供的高级或四级处理，经常涉及到氯化铁、硫酸铁或硫酸亚铁、明矾或聚合氯化铝以及各种聚合物作为混凝化学品。这些化学品每一种都需要特殊的耐腐蚀塑料存储、管道输送和泵送设施。玻璃纤维强化塑料，高密度交联聚乙烯，或橡胶内衬钢，都通常应用于这种储存罐。聚氯乙烯管道也是常用的。泵部件应由塑料或哈氏合金 C(Haynes International)构造而成，因为铁盐甚至能够侵蚀性进攻 316 型不锈钢。扩散器应该由耐腐蚀塑料管道构成。

混凝和絮凝罐池通常由低渗透性的Ⅱ型或Ⅴ型水泥混凝土建造。絮凝涡轮机应该由 316 型不锈钢或厚涂重型钢板制成。对于这种高度腐蚀性环境，也应该考虑使用阴极保护。

6.7.2　沉淀

混凝和絮凝之后，过滤之前经常还有一个固体分离的沉淀工艺过程。罐池和组件材料须由耐腐蚀的混凝土或厚涂涂层的钢制成，正如前面初级处理的描述。

6.7.3　过滤

过滤后产生含有极少腐蚀性或磨蚀性物质的清澈出水。过滤设施处的大气可能比较潮湿，尤其是采取过滤池加盖的时候更潮湿。因为过滤池进水或反冲洗水有时要进行预氯化作用才能防止藻类生长，一些氯往往从过滤设施的溶液中逸出到大气中。为了抵抗这种高湿度和低浓度氯，过滤单元的良好设计惯例一般都要为此提供本文中所述的耐腐蚀材料。

入口管道通常由环氧树脂涂层的水泥内衬碳钢或水泥内衬球墨铸铁管构成。水闸通常的铸铁构造。当采用滑动闸门或叠梁时，应该用铝或不锈钢构造而成。具有铸铁体和合金钢或不锈钢座的蝶阀一般用于绝缘或控制阀。由于位置偏远以及由此导致暗渠排水的更换成本高而使暗渠排水系统则由非腐蚀性材料构建而成。许多系统均采用塑料或不锈钢暗渠排水流量分配组件构建。

其他系统使用塑料或不锈钢板、喷嘴或这两种材料，均匀地在过滤池中分配流量。多孔板由不锈钢、塑料或三氧化二铝构成，也可用于流量分配。当进口分配系统用于向单过滤池的多个处理池中分流时，则要使用不锈钢或其他耐腐蚀材料。

冲洗水收集槽通常是预制混凝土，FRP 或不锈钢建造。材料选择应该记入整体成本，这一般取决于设施的规模大小。因为无法进入系统，则在使用空气脉冲或冲刷系统时，管道、阀门和附属物需要使用不锈钢构造。采用黄铜构造成表面冲洗系统和部件。

大多数过滤设施的结构部件是混凝土，但一些规模较小的填充型系统由碳钢或不锈钢构造。完整评价过滤池的预期大气气氛，将会为系统选择最合适的材料提供了良好的基础。涂料在有需要之处应慎重选择，才能使之耐受环境条件。

6.7.4 吸收

活性炭具有腐蚀性，特别是与水或在水中混合或悬浮时更具腐蚀性。常用建材包括混凝土，适用于重力过滤池结构或带压应用的塑料内衬碳钢容器。传送活性炭的管道系统由橡胶或塑料内衬钢、316 型不锈钢或 PVC 构造。

6.7.5 汽提

汽提塔(填充柱)的建筑材料可以是不锈钢、FRP、塑料内衬钢或铝。塔设计材料的选择取决于是否需要去除碳酸钙沉淀的酸喷雾或冲洗和有必要实现所需去除的实际尺寸(面积)。

汽提塔的填充物或内容物可以由木板条、塑料管、聚乙烯网或塑料管和聚乙烯网的组合。填充物或内容物的间隔与所需氨氮去除的程度成正比，间隔越紧密就能实现更高的去除率。

6.8 固体操作和处理

污水固体从类水液浆至半固态糕状，有所不同，并包含诸如砾石、沙子、碎布、油脂、油和塑料等物质。此外，固体可能具有腐蚀性和磨蚀性，而处理区域往往是肮脏和潮湿的。用于固体操作和处理的设备是复杂的和昂贵的。虽然固体处理设备的耐腐蚀材料专用使用能够延长系统的使用寿命并可能易于维护，但是成本可能会令人望而却步。因此，固体处理和浓缩设施的设计应采用选择最具成本效益和可操作性系统的系统性方法。固体操作和处理的详细讨论，包含于第 21 章中。以下是材料选择的考虑因素：

- 耐腐蚀和耐磨的材料应该有选择性地进行选择，才能满足服务条件。例如，所有接液部件、直接接触的固体，应该由耐腐蚀材料，如不锈钢或塑料制成。
- 零件如果经受快速磨损或劣化，应该要便于检查、易于更换。
- 与固体长期接触可能会加速腐蚀。因此，间歇地或连续地清洗应该包括在内，而这些设施应该设计为便于清理。
- 应该提供良好的通风，才能尽量降低腐蚀性的气体，如硫化氢的积累。

关键或易损部件应加以保护，防止发生固体接触或接触腐蚀性的环境。由于碳钢成本低并具有许多理想的特性，而碳钢被经常使用。然而，如果碳钢接触固体，则按照 NACE No. 2/SSPC-SP10 标准应该喷砂清理至近白色金属，并涂覆适用于这种服务的厚浆环氧树脂。

6.9 储存

大型罐装贮存流体或料浆型固体，一般都是采用混凝土建造。较小的罐往往用碳钢制成，并具有合适的涂层系统。罐装设备通常包括曝气系统、机械混合器或混合循环系统。罐内的所有设备应该由耐腐蚀性材料，如 PVC、聚乙烯或不锈钢制成。脱水饼通常存储于适当涂层的碳钢建造料斗中。固体存储的详细讨论，包含于第 21 章中。

6.10　固体加工处理

处理系统，包括降低颗粒粒径的磨床、砂砾分离设备，或去除大颗粒的筛分设备。这些系统的详细讨论包含于第 11 章中。表 10.10 列出磨床、脱砂设备和筛滤的材料。

表 10.10　固体加工处理的材料

项　　目	材　　料
磨床	耐腐蚀性
脱砂设备	
旋风式脱砂设备	
流量分配盒	钢
盒子内衬	氯丁橡胶
盖子，缸外罩和盖外罩	钢
以上项目的内衬	氯丁橡胶
涡流探测器	镍硬化钢
沉沙口外罩	铝
沉沙口内衬	氯丁橡胶
沙砾分级器	
传送机	重型钢
磨鞋	耐磨钢
静置室和入口盒	不锈钢
入口盒内衬	氯丁橡胶或橡胶(最低厚度 13mm [0.5in])
螺栓	不锈钢、316 型镀隔钢
筛滤	
条棒栏栅和主体框架	钢
固定板和耙子	不锈钢、304 型或 316 型
钉型栅栏和原木轮	硬化钢

6.10.1　磨床

磨床将大固体切割或剪切成较小的可处理颗粒，降低泵、管线、离心机等这些固体可能对下游单元的堵塞。磨床必须抵抗磨损，这是遇到最严重的问题。砂砾、碎石、碎布、岩石、超大颗粒和甚至金属工具可能会广泛地造成润湿元件的磨蚀损坏。耐磨高抗冲击的材料，如热处理合金钢(300~500BHN)，应该指定用于叶轮和切刀杆。

磨床刀具必须能够抗引入磨蚀材料的潜在破坏性冲击作用。因此，刀具应该采用特种高级别高耐磨不锈钢制成。

通常情况下，304 型和 316 型不锈钢能够满足其他接液元件的服务要求。然而，档次更高的，可能成本也较高。为了服务年限较长，暴露于磨损的各个部件都需要迎面较硬，一般采用碳化钨或硼化铬。密封经常必须承受高压力。由于过度磨损和密封发生劣化时，钨铬钴合金或碳化钨可以适用于延长密封服务年限。

6.10.2　脱砂设备

旋风脱砂机包括蜗壳进料室、涡流探测器、圆柱形和圆锥形部分、顶阀门及配件。脱砂机通常都设计有可更换的衬板，以保护高流速污泥砂粒不发生磨损。涡流探测器材料因为直接接触引入的固体而值得仔细研究考虑。

上溢流槽收集脱砂的固体，而下溢流槽收集分离的砂粒和固体。上溢流和下溢流槽通常由配备氯丁橡胶或橡胶保护衬垫板的焊接钢管制成。所有螺栓和紧固件都是316型不锈钢。流槽，通常是可移动的，具有FRP盖子。

沙砾分级器包括入口盒，静置室和螺旋形或耙型传送机。螺杆和耙子配备可更换的磨鞋，而淹没轴承是水密封性，以防止砂粒磨损。

6.10.3 筛滤

机械清洗筛子的材质通常是不锈钢或涂层碳钢。热浸镀锌钢有时适用于手动清洗栅栏筛子。

6.11 固体泵送

常用的三种类型的泵包括正排量活塞泵、正排量旋转泵和离心泵。固体泵送的详细讨论包含于第21章中。对于所有泵送设备，任何外部的碳钢材料应该采用环氧树脂涂层系统保护。所有泵硬件应该由不锈钢制成。表10.11列出了固体泵送的各种材料。

表10.11 固体泵送的材料

项　目	材　料
活塞泵	硬铬、丁纳橡胶、硬化钢
旋转泵	
本体	铸铁、316不锈钢
内部件	合金钢、316不锈钢
定子	EPDM
离心泵	
叶轮、本体、磨损环、蜗壳	不锈钢、硬化合金

6.11.1 活塞泵

通常采用硬镀铬材料构成汽缸，丁纳橡胶制成泵活塞，提升阀通常采用硬化钢制成。泵框一般由结构钢制成并采用涂层系统保护。

6.11.2 离心泵

由于初级污泥具有高砂粒含量，则叶轮、泵体、磨损环和蜗壳应该由硬化合金制成。对于回用和废物活性污泥叶轮、泵体、磨损环和蜗壳通常采用，铸铁或球墨铸铁。对于所有的应用，应该使用316型不锈钢轴和轴套。

6.12 固体传送

传送机通常用于传送不容易泵送的物质。固体传送的详细讨论包含于第21章中。传送带材料必须能够抵御稀硫酸(硫化氢和水分反应形成)的腐蚀作用，油和油脂的劣化作用，以及砂砾磨蚀作用。传送带和螺旋传送机的材质选择列于表10.12中。

表10.12 带式或螺杆传送机的材料

项　目	材　料
带子	氯丁橡胶、PVC
螺杆	碳钢、不锈钢、硬化物质

6.13　固体增稠

一般情况下，要么使用重力增稠，要么使用浮选增稠器。然而，这两种情况都会产生腐蚀性环境。固体增稠的详细讨论包含于第 23 章中。表 10.13 列出了增稠设备的材料。

表 10.13　增稠和脱水设备的材料

项　目	材　料
重力增稠机	混凝土
重力带式增稠机	与带式压滤机相同
浮选增稠机	混凝土
带式压滤机	不锈钢
离心机	硬化钢、耐腐蚀性
板框式压滤机	碳钢、不锈钢、镀锌钢

6.13.1　重力增稠机

重力增稠机经常会产生化粪池条件，导致腐蚀性和有气味的气体释放。此外，固体比表面积大，温度较温暖，往往会产生高湿度环境。这些条件相结合，而使封闭的区域特别容易受到腐蚀。此外，砂砾、碎石和污泥中的其他颗粒都会磨蚀设备组件。

6.13.2　重力带式增稠机

重力带式增稠机是一种简化的带式过滤器工艺过程的初始组件，这将在以下小节中进行描述。注意事项和材料选择类似于带式压滤机。

6.13.3　浮选增稠机

浮选增稠机可以安装于碳钢罐或现浇铸混凝土罐中。许多与浮选增稠相关的支撑系统都是封闭的(即，固体容纳于泵、管道和罐子内)。在罐池内，接触固体的组件，如撇渣器和底部收集器，都应该由耐腐蚀材料，如塑料或不锈钢制成。

6.13.4　其他增稠方法

离心机和带式过滤机的混合版本已经应用于增稠。离心机和带式过滤机的材质将在以下章节进行讨论。

6.14　固体脱水

尽管增稠机一定程度上降低了水分含量，但一般还有必要进一步降低水含量，才能减轻重量而改善操作特性。污泥的磨蚀和润湿性质，加上除水过程中脱水设备所施加的巨大物理作用力，就会产生需要坚固耐腐蚀材料的严酷环境。固体脱水的详细讨论包含于第 24 章中。表 10.13 介绍了固体脱水系统的材料。

6.14.1　带式压滤机

带式压滤机是复杂类型的设备，所用材料根据制造商不同而具有广泛的差别。作为良好的实践惯例，所有接湿部件应该由耐腐蚀材料构成，需要维护或调整的项目应该易于接近。不锈钢是受到经受腐蚀、磨损或强大物理作用力的区域内，尤其是存在硫化氢废气散逸和产生腐蚀条件时所在地点的首选构建材料。

过滤带通常是由适合脱水的耐腐蚀材料制成，经过设计可承受带子最大预期拉伸作用力至少 3 倍的拉伸力。对于大多数市政污水操作，应指定使用单丝聚酯。结构框架组件应该由不锈钢或熔粘环氧树脂涂层的碳钢制成。穿孔辊应由 316 型不锈钢制成。非穿孔辊应该由设计用于防磨蚀和腐蚀而具有橡胶、尼龙或 FRP 涂层的碳钢制成。

6.14.2 离心机

离心机通常具有合金钢浸湿部件，然而，制造商对于特殊防腐蚀应用可能使用不锈钢。高转速需要使用特殊材料，才能最小化磨蚀材料所造成的磨损。进料室壁、进料端口、引导表面和滚动输送机栅栏的末梢、固体排放端口、以及固体排放室，都需要使用碳化钨硬面或其他合适内衬。

6.14.3 板框式压滤机

板框压滤机应该由耐腐蚀的不锈钢、塑料或环氧树脂涂层的钢组件构成。压滤机介质的选择取决于需要脱水的固体类型和和助滤化学品。

6.14.4 其他脱水设备

重力筛滤塑料过滤器聚水系统，氧化铝多孔陶瓷真空辅助干燥床，砂暗渠床，具有拦网的氧化沟，以及多孔袋式排水过滤器和真空过滤器都是适用于脱水的设备。对这些设备选择的材质、管道和过滤介质应该要能够抵抗潮湿、低 pH 和高硫酸环境。

6.15 固体稳定化处理

用于消化池内的碳钢采用多层厚环氧涂层保护。不锈钢，典型的是 316 型不锈钢，如果费用不超标，可以代替许多项目的碳钢。对于焊接结构，304L 型和 316L 型不锈钢是最好的，因为他们的碳含量低。高氯环境，不锈钢中较高的钼含量(316 型)是有利的，会获得额外的耐腐蚀性。固体稳定化处理的详细讨论包含于第 25 章中。表 10.14 列出了固体稳定工艺过程的材料。

表 10.14 固体稳定工艺过程的材料

项目	材料
消化池	混凝土、钢
混合系统	
管道	具有熔黏环氧树脂或玻璃内衬的球墨铸铁
气路	不锈钢、碳钢

6.15.1 好氧消化

好氧消化池中的富氧液体可能会迅速腐蚀裸露的碳钢。本小节介绍了一般成功用于好氧消化池的材料。

钢和混凝土罐池两种都适用于小型装置，而混凝土罐池通常适用于较大型的装置。机械增氧机的杆轴和螺旋桨都由不锈钢或碳钢制成。对于鼓风曝气系统(一般粗泡沫型)，空气管路可以由不锈钢或 PVC 制成。扩散器由不锈钢或塑料制成。

升降管和抬升系统的管头应该由不锈钢制成。在选择管道的金属时，应该考虑组装装置的重量；不锈钢的重量小于碳钢或球墨铸铁。此外，摆式头和大型管道应该由不锈钢构成。

对于落地式固定头系统，升降管因为气体温度高应该由金属构成。对于塑料扩散器，固定头管应该由 PVC 或金属构造而成；对于不锈钢扩散器，固定头采用金属材质。

6.15.2　嗜热好氧消化

自动嗜热好氧消化池要经受氧化物和水分升高的作用。因此，部件应该需要耐腐蚀，而包括Ⅱ型或Ⅴ型水泥混凝土罐，低渗透性硅微粉掺混混凝土，钢筋上至少覆盖 30mm（1in）的额外混凝土和不锈钢或铝盖。

6.15.3　厌氧消化

在厌氧消化池中，产酸细菌将有机物质转化成挥发性有机酸；因此，液体表面下的所有物质必须能够抗有机酸腐蚀。由此，这些酸性物质，通过产甲烷细菌转变为甲烷和二氧化碳。如果收集系统长时间驻留原始污水，则进料至消化池的原始污水很可能会产生硫化氢气体，这在水分存在下是极具腐蚀性的。

6.15.4　中温消化

环境温度变化可能影响固定钢和混凝土圆顶的设计和圆顶材料的选择。在美国的一些地区，在圆顶的温度可能就在夏季的一天之内也是不同，从夜间 21℃（70℉）至下午时间内的 60℃（140℉）不等。

6.15.5　嗜热高温消化

在嗜热温度 57℃（135℉）下会遇到严重腐蚀和劣化作用。施工材料必须耐腐蚀而适合该温度。

6.15.6　消化池

虽然消化池通常采用带浮动或固定盖子的混凝土建造，但是如果对于小型系统可以采用钢构建而成。浮盖通常是钢顶。采用复合顶的木制建筑或具有复合顶的混凝土建筑不太多见。钢固定盖应该应用于钢罐；对于混凝土罐，盖子可能是钢铁、混凝土涂层的铝或塑料。如果罐子可能含有显著浓度的硫化氢气体，则混凝土圆顶和内部侧壁的一部分应该采用 PVC 或铝酸钙内衬或合适的涂层系统保护。由热塑性弹性体制成的柔性薄膜盖子也可以使用。

6.15.7　混合系统

外部再循环泵送系统包括泵、管道和喷嘴。泵一般都由标准铸铁制成，而排放喷嘴由耐磨钢建造。吸柱由钢或不锈钢制成；管道通常是由玻璃或熔黏环氧树脂内衬的球墨铸铁制成。

对于密闭导流管机械搅拌，外部导流管，因为其尺寸大，一般都由重型碳钢制成。内部导流管除了顶部、裸露的部分由钢或不锈钢制成之外，也由碳钢制成。搅拌机的螺旋桨通常由不锈钢或橡胶涂层钢构成。对于无级调速机械搅拌，涡轮螺旋桨和轴通常都由不锈钢构成。

6.15.8　气体混合系统

在敞口气体混合系统中，气体扩散器一般由铸铁或不锈钢构成。因为扩散器管道尺寸较小，管道应该由不锈钢构成。压缩机往往由铸铁制造。

在气体喷射搅拌系统中，喷射枪由碳钢、最好由不锈钢管制成。气体压缩机类似于敞口气体混合系统。

密闭的气体提升系统包括导流管、气路管道和气体压缩机。管道和压缩机的材料与敞口气体混合系统相同。导流管常常由碳钢构成。

6.16　气体收集、储存和分配

消化池气体收集、储存和使用的详细讨论包含于第25章中。除了不锈钢管，具有法兰和焊接接头，优选具有熔粘环氧树脂内衬的钢管，都适用于从消化池收集和传送气体。约150mm(6in)直径或更小的聚氯乙烯管道，适用于低于100kPa(15 psi)的气体服务压力。有时铸铁管和球墨铸铁管适用于低压线路。气体管道配件，包括阀门、沉积物阱、滴水阱和火焰阱，通常都由铸铁或钢构成。火炬应该由不锈钢构造而成。碳钢适用于浮动的储气罐盖或球体。良好的实践惯例是在钢上涂覆无机硅酸锌底漆涂层，随后厚涂环氧树脂煤焦油。

6.17　热处理

本节介绍了热处理的材料，包括热调节及热湿空气氧化、热干燥和热破坏。热处理的详细讨论包含于第26章中。

6.17.1　热调节和湿空气氧化

热调节和湿空气氧化有许多相似之处。这两个工艺过程使用类似的设备和设备配置设计，都是将固体同时施加热压处理。表10.15列出了热调节和湿空气氧化的典型材料。二者头应该考虑耐磨性和耐腐蚀性。

表10.15　热调节和湿空气氧化的材料

项　目	材　料
热交换器	碳钢、不锈钢
反应器	碳钢、不锈钢
管道	碳钢、不锈钢

主要设备组件包括磨床、正排量泵、热交换器和反应器。正排量空气压缩机也需要使用空气的系统。磨床、泵和压缩机将在本章后面进行讨论。

换热器管、反应器和热处理系统的管道通常由碳钢构成。然而，当采用酸洗系统去除和防止水垢形成时，类似于低压氧化和湿空气氧化系统所用的材料，都值得考虑。由于低压氧化和湿空气氧化二者都将空气加入到进料固体中，则碳钢如果应用于这些系统中，将受到严重的腐蚀。材料的选择应该作为一个显著的问题认识到由于高温和氯化物的组合作用所致的潜在应力腐蚀或应力开裂。对于氯离子浓度较低，不锈钢是换热器管、反应器和管道的最常用材料。虽然采用304型或316型不锈钢，316型不锈钢更耐应力腐蚀及高氯化物。低碳不锈钢提供更强的耐应力腐蚀。对于高氯浓度(大于1000mg/L)，应该避免使用不锈钢；相反，应该使用诸如钛、铬镍铁合金625(纽约新哈特福德，Special Metals Corporation)、哈氏合金C(Haynes International)的这些材料。换热器管和管道壁较薄，因此，可以由单一材料构成。反应器也能够由单种材料或可替代地使用具有合适内衬的碳钢制成。

6.17.2　热干燥

用于干燥的机械处理工艺，包括闪蒸干燥器、喷雾干燥器、旋转烘干机、多炉床干燥器和流化床干燥机。热式干燥机的每个类型都有其独特的环境，相应地应该选择与这些环境相容的材料。对于最佳材料的选择应该寻求制造商援助。表10.16列出通常用于热干燥的材料。

表 10.16　热干燥的材料

项　目	材　料
闪蒸干燥机	
干燥塔、笼式磨床、旋风式分离、导管、风扇	碳钢、不锈钢、ANSI 600 系列超级合金陶瓷衬里或其他耐磨蚀衬里
弯头、预热室	碳钢和火焰区的耐火衬里
旋转干燥机	
转鼓和栅栏	碳钢
流化床干燥机	适用于温度和磨蚀环境的材料
红外干燥机	具有耐腐蚀涂层的碳钢或不锈钢
间接干燥机	
桨叶、中空飞行盘式干燥机	碳钢、不锈钢
转子	表面硬化的
壳和定子	碳钢或合金钢

6.17.2.1　闪蒸干燥机

碳钢通常适用于干燥塔、笼式磨床、旋风分离器、管道和风扇。在某些情况下，预计会产生特殊腐蚀作用的地方，可以使用不锈钢或美国国家标准研究所(华盛顿特区)(ANSI)600 系列铁基超合金。

按照制造商惯例，应该考虑控制磨蚀控制和强度。在诸如肘部或气旋，易于发生方向或高速变化之处，应予以考虑特殊的耐磨陶瓷内衬。烘干机组件及其常用材料将于以下小节中描述。

6.17.2.2　旋转干燥机

当预期或出现高温或腐蚀性的环境时，应该选择合金。碳钢镀外壳通常适用于预热气室，而在火焰区采用耐火衬里材料。

6.17.2.3　间接烘干机

桨式、中空飞行式或圆盘式干燥机的旋转组件一般由碳钢构建。然而，如果能够预期腐蚀条件，大多数应用都属于这种情况，应该使用合金不锈钢。转子可以进行表面硬化处理而处理磨蚀物质，但是这样做的额外成本可能是无法保证的。相反，整个装置可以当作磨损项目，在必要时进行更换。

如果加热介质进行干燥流通时，这些干燥机的外壳和定子区域可以采用碳钢构建。在不实行流通的情况下，外壳和定子的材料应该是合金钢。

6.17.2.4　各种各样的其他干燥机

采用蒸汽加热至 870℃(600℉)的真空辅助板框式压滤机和各类窑式烘干机都可以使用。由于这些系统产生严重腐蚀条件，这些系统的组件必须采用不锈钢或高耐腐蚀性的涂层系统的涂层钢制成。

6.18　热销毁

本节介绍了多膛炉、流化床炉、烟道设备、热回收换热设备和空气污染控制设备常用材料的选择。表 10.17 列出通常用于热销毁设备的材料。

表 10.17 热销毁设备的材料

项 目	材 料
多膛炉	
外壳	碳钢，耐火砖或具有绝热性质的绝热砖
炉膛	耐火砖
炉顶	耐火砖
炉底	具有绝热材料的碳钢
中心轴	具有耐火绝热的铸铁
拨火棍和炉膛	耐热铬镍合金钢
流化床炉	
外壳	碳钢
耐火和绝热	耐火砖
烟道	
外壳	碳钢
耐火与绝热	具有轻重量铸块绝热的高强度铸块
膨胀节	波纹管型碳钢或铬—镍—钼碳合金
热回收换热设备	
外壳	焊钢板
换热管	304 不锈钢、20Cb-3 不锈钢、或其他合金
膨胀节	321 不锈钢或其他合金
空气污染控制设备	
文丘里洗涤器	304 不锈钢、316 不锈钢、321 不锈钢、FRP
静电沉淀	咨询设备厂商

6.18.1 多膛炉

在选择耐火隔热材料系统时，设计者应使用合适的温度额定值，并在适用时，参考ASTM 标准。正确设计的炉耐火保温系统对于降低绝热和外壳故障是至关重要的。此外，设计者在最终确定绝热设计之前应咨询炉制造商，获得其推荐值。市政应用的焚烧炉要求可能不同于工业或危险的废弃物应用。炉组件及其典型材料在以下小节中介绍。

6.18.2 搅拌耙臂和齿

虽然顶部和底部的烟囱并不暴露于燃烧炉膛中所使用的强热，但是所有炉的搅拌耙臂一般都是由相同的材料制成。设计者应该选择合金才能适应这种工作条件和炉膛内发生的高峰温度。例如，25%和 12%的铬镍，ASTM A447，Ⅱ型合金已应用于许多焚化炉。搅拌耙齿，像搅拌耙臂一样，应该由耐热铬镍钢构成。

6.18.3 流化床炉

与多膛炉一样，流化床炉材料应根据预期的温度和环境条件(如，高腐蚀性含硫气体和其他高热过程产物)进行选择。在流化床中相比于多膛炉，因为流化床中的超热砂发生涡流运动，磨损更严重。两种炉类型之间的另一个显着的区别是，流化床炉不存在运动的机械部件。

6.18.4 耐火和绝热

顶部通常由内悬吊拱中的高重型或超重型耐火砖构成。轻质浇铸绝热材料也可以使用。干舷和床的部分包含双墙施工的高或超重型耐火砖，而通常以此绝热。风箱包含高或超重型高强度浇铸绝热耐火砖。风箱顶部通常包含悬吊拱结构中的超重型耐火砖。流化喷嘴，采用高温水泥安装，穿过顶棚或圆顶。

6.19　出水排放

污水出水排放的组件，包括泵、管道、排水口、储罐、土地喷灌系统和建筑物再利用系统。一般而言，污水要处理至二级或三级处理条件；然而，内部强度和耐久性仍然是很重要的。污水处理后的出水通常 pH 值范围为 6.5~8.5，残余氯浓度经常为 0.2~2mg/L，氨的浓度范围可能高达 20mg/L。

然而，对于污水排放系统的专用组件非常重要的腐蚀和劣化因素的具体方面，将会在本节中介绍。表 10.18 列出了出水泵、管道、排污口和回用系统的材料。

表 10.18　出水排放的材料

项　目	材　料	项　目	材　料
泵	铁	储存罐	混凝土
管道	PVC、聚乙烯	草地喷淋系统	PVC、聚乙烯
出水口	混凝土	建筑物回用系统	PVC、聚乙烯

6.19.1　泵

出水泵排放的是那些经常残余氯和氨水平较高的相对腐蚀性强的水。水的固体含量低，不应该存在砂粒，因此磨蚀效应微乎其微，对于连续工作负荷较高速率 1800r/min，或对于不常见的工作负荷速率 3600r/min 是比较合适的。特别应该考虑到可能的空气夹带，压力浪涌和起动转矩条件。

出水泵通常用于污水处理厂内所用的再循环水和中水回用系统；此外，这种泵有时向处理污水出水的排放口排放也是必要的。

重型工作负荷的不锈钢镶边全铁泵最合适承受高氯氨浓度的内部腐蚀作用。提供熔粘环氧树脂衬里的泵蜗壳的成本和不锈钢叶轮的使用往往认为是合理的，因为这提供于泵部件的耐用性增加。

在最低限度下，泵电动机应该防滴蚀作用，或最好是完全封闭的。在土地灌溉的中水回用泵的情况下，有可能存在长时间的冬季的寒冷和/或潮湿天气。电机热保护而尽量降低电机绕组上水分凝结的加热器是防止电机劣化的经济选择。同样，泵暴露于温暖、阳光暴露条件，可能会导致过热和电机热过载劣化。对泵遮阳而防止阳光直射和/或指定高于电机正常工作温度的操作，可以最大限度地降低这些困难。

泵和电机采用现场涂施多有机外涂层系统而不是工厂涂施底漆或涂料系统，在经常是相对腐蚀性环境条件下能够提供耐用性和长寿命保护。

6.19.2　管道

出水管道，包括污水处理厂内的中水回用、排放下水道或出水排水口，以及远程排放或或中水回用的出水输送管道。

严重的大气条件，包括硫化氢浓度和间歇性的水分升高，可能存在于污水处理厂中。最合适的压力管道材料是直径小于 200mm(8in)轧制 80PVC 或聚乙烯管道；双厚Ⅱ型或Ⅴ型水泥内涂层并以沥青灰胶面涂或熔粘环氧树脂衬里的球墨铸铁管和管径 200~450mm(8~18in)的涂层钢管；和最低 20mm(0.8 in)厚旋涂Ⅴ型水泥衬里或对于管径大于 450mm 厚聚乙烯内衬的钢管。目前可以利用的有 316 型不锈钢管道，对于直径小于 25mm(1in.)具有纵向夹紧联轴器。这种材料在这些环境条件下比铜管更耐用。此外，不锈钢管道相比于塑料管，能够更强、更好地适应高温或热膨胀，而不会受到紫外线解聚而劣化。

管道阀门应该采用以不锈钢镶边和橡胶内衬保护的铁制成。埋地管道应该提供对于水体附近低地经常存在的腐蚀性潮湿土壤的有效保护。对于土壤腐蚀性应当进行评价。然后，无论是使用塑料管，聚乙烯套涂或聚乙烯涂层的球墨铸铁，介电熔融聚丁烯或具有混凝土外层防护的缠带涂层钢管，还是Ⅱ型或Ⅴ型厚水泥的混凝土管道的适当措施都是合适的选择。

钢管和在某些情况下的球墨铸铁管，都应该采用阴极保护系统进行架构。阴极保护将在本章后面进一步讨论。

6.19.3 淡水排放口

排水口从污水处理厂将经处理的出水传送至接受水体的最终排放区域。排水口水渠施工材料的选择与排水口所用的施工方法相互依存，正如参考文献中的讨论，如《海洋排水口系统：规划设计与施工》(*Marine Outfall Systems*: *Planning Design and Construction*)(Grace，1988)和《沿海城市污水管理：海洋处置方案》(*Wastewater Management for Coastal Cities*: *The Ocean Disposal Option*)(Gunnerson and French，1996)。

早期的排水口采用铸铁或混凝土管，偶尔使用锻铁。铸铁排水渠，近一个世纪之久，往往足够合理而耐用多年。然而，为了降低施工成本，最近许多排水口已经采用钢或塑料施工。

除了淤泥和沉沙载荷，淡水体的腐蚀性还需要进行评估。因为维修通道经常是比较困难和昂贵的，则应该提供重型的耐久管道。

6.19.4 海洋排水口

海洋排水口具有极端腐蚀性和强度因素。海水极度腐蚀铁、钢、铝和混凝土。波浪打击的应力和海滩磨蚀，也提供了极端的支撑和应力调节。

石油和天然气行业独家专用钢超过四分之一个世纪应用于滨海施工建设；然而，由于钢在海水中的腐蚀，则必须提供防腐蚀保护。塑料管比较耐用和柔韧，并曾在湖泊中成功应用。然而，因为塑料管很轻，在海洋应用中，必须固定在海床，才能对抗内部淡水排水的相对浮力和外部波动力可能产生的任何作用。塑料非常适于内衬微通道排水口或改造旧混凝土或铁排水口。

钢筋混凝土和混凝土—涂层钢继续能够有利于海洋排水口应用。混凝土提供了重要的重力稳定性和对钢的结构保护，而钢则提供了拉伸强度和弯曲强度。混凝土耐海水和海洋生物的攻击，但容易受到污水的酸和含硫内容物的侵蚀。正因为如此，合适材料的衬垫或涂层对于钢和混凝土组件是必需的。

柔韧的聚乙烯排水管道和玻璃纤维管道能够提供耐腐蚀性和支撑耐久性。这些材料已越来越多地应用于污水海洋排水口。

设计者应该特别注意螺栓、封盖和扩散器等耐海水腐蚀的管道附属物。鸭嘴橡胶扩散喷嘴提供单向阀功能，防止海水沉积物和海洋生物在低流量条件下进入管道。管螺栓应该由耐氯高铬不锈钢或熔粘环氧涂层钢制成。铝青铜螺栓和盖子在海洋环境中也提供了有效的持久服务。

6.19.5 储罐

出水储存罐用于储存峰值流量，然后在较低的流速下或在不同的季节通过排水口排放，或作为中水回用系统的组成部分。较大型的存储池经常属于土建范畴。这些储存池经常使用粘土或弹性膜衬里，防止地下水硝酸盐污染。最小厚度为 1. 0mm(0. 04in.)的纤维增强 PVC 膜，是另一种选择。土壤—水泥土衬里，通常比膜衬里廉价，已被用于现场黏土无法压实的地方。此外，海帕伦(Hypalon)(特拉华州威尔明顿，杜邦公司)应该用于阳光暴晒的情况下膜的内衬材料。

混凝土储罐在许多情况下也被使用。然而，混凝土对碳酸钙不饱和的水或氯化物含量升高的侵蚀作用的耐久性应该进行评估。在这些条件下，应该使用能够降低氯离子渗透性的混凝土保护性涂层和/或微粉含硅火山灰掺混物。伸缩缝和水站应该由 PVC、橡胶或不锈钢构建而成。此外，检修口梯子应该采用不锈钢建造，而舱口和舱盖应该采用不锈钢、铝、镀锌钢建造。

钢储罐经常被用来存储再生水。钢储罐的内部应该充分涂覆厚浆环氧树脂，多涂层系统，或玻璃衬里。此外，应该提供内部阴极保护。在土壤电阻率起决定作用的情况下，应该设计外部底板的阴极保护。应该特别注意涂覆水位线以上的顶棚下侧或内壁墙面。在这些表面上会发生湿气凝结、氯和硫化物蒸汽暴露。使用无机锌作为重型底漆涂层而提供金属的牺牲保护，是在这些区域对于额外耐久性防腐保护的有效措施。有机面涂层涂覆于锌底漆层上。铝或玻璃盖是这方面的合适的备用方案。

微生物引起的腐蚀可能会经常出现于储罐和管道中。此外，MIC 可导致腐蚀加速，即使是不锈钢，使用有机涂料作为进料源也是如此。在再生水管道和罐中维持氯残余和定期清洗，管道清理，以及储池冲洗和洗刷，都能够降低 MIC 损害。

6. 19. 6　土地喷淋系统

聚氯乙烯或聚乙烯管道经常用于再生水灌溉系统。设计者应该尽量降低使用金属管道、喷头和阀门，才能提高耐久性。然而，如果使用金属，则 316 型不锈钢或熔粘环氧树脂涂层铁或钢都应该使用。

洒水喷头竖管在灌溉草场应该采用钢或混凝土强化，而防止牛或马损坏。管道应该埋在犁地的深度(至少 0. 75m [2. 5ft]的深度)之下的一定深度或应该用保护套环氧树脂或 PVC 涂层钢覆盖，才能防止啮鼠和黄鼠损坏。电导体也应埋在同一深度，如果采用塑料保护，在 0. 6m(2ft)的表面，才能防止动物的损害。

6. 19. 7　建筑物回用系统

建筑物管道系统应该采用紫色着色的 PVC 塑料或熔粘环氧内衬和涂层的的钢管。阀门和管件应该采用 316 型不锈钢或熔粘环氧树脂衬里和涂层的铁或钢建造。防火喷水管道应该采用熔粘衬里和涂层钢管构建。喷淋水喷头和组件应该采用 316 型不锈钢。

建筑水暖管道系统如果存在广泛的腐蚀故障，维修是困难和昂贵的，因为许多管道都位于墙壁内部中，地板之下或天花板背后而由此不容易接近。忽视回用水的腐蚀性和使用耐用性较差的材料，可能会出现早期昂贵的管道更换或修理。

7　污水处理厂支撑系统设计的材料选择

7.1　结构系统

污水处理厂建筑物和结构主要组件的材料选择将在本节中进行讨论。

7.1.1 混凝土

混凝土应该抵御化学品腐蚀，交替的干湿和冻融循环，以及暴露于各种因素的侵蚀作用。混凝土处理车间的结构劣化的主要原因之一是硫酸的腐蚀作用，因为在水位线以上当污水含有显著硫化物浓度时就能够形成硫酸。

混凝土对酸侵蚀耐受性通过指定混凝土采用石灰石骨料代替花岗岩骨料进行生产而能够显著提高。石灰石骨料应该符合 ASTM C33 对于混凝土骨料的要求。新的或未经批准的石灰石骨料来源，必须进行岩相检测或其他检测程序，才能确保不存在潜在的碱反应活性。当使用石灰石骨料时，应该指定使用Ⅱ型低碱水泥。

如果混凝土结构必须是水密性的且能抵抗冻融循环，那么它应该能够夹带空气，并符合以下由 ASTM C33 推荐的规格：

- 最小 28 天 30000kPa(4000psi)抗压强度；
- 如前面所述的水泥类型；
- 最大的水—水泥比为 0.45；
- ASTM C-33 的精细和粗骨料要求；
- 空气含量 6%；对于粗骨料标号 57(25mm[1in]4 号)或 67(2m[0.75in]4 号)为 1%；
- 最低坍落度 25cm(1.0in)而最大坍落度为 100mm(4.0in)；
- 掺混物，按需适应气候条件。

火山灰掺混剂的使用，如粉煤灰或硅微粉在混凝土降低了其可渗透性，增加了耐受海水、含硫酸盐土壤溶液和天然酸性水的侵蚀性攻击。

为了进一步提高耐性，这种强化作用应该充分覆盖，才能限制挠性开裂。非腐蚀性的配件和嵌入式项目也可能需要。与移动液体接触的结构，必须抗磨损。在某些情况下，足够的耐久性可能仅仅采用特殊保护涂层或内衬才能获得。

为了确保施工和伸缩缝的完整性，这些都应该配备橡胶、乙烯树脂、金属或其他可接受材料的水止动装置。水止动装置应该放置于将被淹没的接头。为了进行加固，应该使用 ASTM A 615，60 级的钢，而在高腐蚀性的区域，应该采用环氧涂层钢筋。强化作用应该在放置混凝土之前进行无锈处理。

7.1.2 灰浆

在污水处理设施中常用的灰浆有以下类型：

- 无收缩，非金属浆液，包含坚硬的天然骨料，具有膨胀水泥克服收缩，适用于塔基，扶手栏杆柱，钢罐混凝土马鞍和照明标准；
- 无收缩，环氧灰浆，包含树脂、固化剂和骨料，耐受冲击和可能因此开裂和消解其他灰浆的动态载荷；
- 普通水泥砂灰浆是一种可能收缩和沉降的灰浆类型，除非使用掺混剂，才能降低收缩和透水性。

7.1.3 钢筋

钢筋如果预期未来应用阴极保护则应该砌合。镀锌钢或环氧涂层钢是腐蚀严重的应用之首选。

7.1.4　强化混凝土

纤维增强混凝土，与钢筋不一样，应该考虑潮湿地面和高盐度环境。

碳钢常常用于污水处理厂的结构、罐池和其他设备。碳钢必须相对较厚并受涂层系统或阴极保护，如在本章稍后的讨论。建造和安装组件时使涂层易于接近并能够进行维护也是必要的。如果不能做这一点，则应该应用更耐受腐蚀性的材料。

7.1.5　其他各种金属材料

所选材料应该抵抗非培养细菌或霉菌生长，并应该适合常规方法清洗。易于更换是另一材料选择的考虑因素。这些严格的要求，历史上导致污水处理厂建材的选择与其不太苛刻的环境应用相比不太赋予变化。对于污水处理厂的应用，最终的选择往往是保守的，因为材料一般很少或根本没有注意设施的使用寿命而按预期发挥作用。

金属必须运用得当，才能确保安全运行，减少污水处理厂设施维修。以下的准则代表关键应用选择金属的良好惯例：

- 地脚螺栓和扩展锚一般由碳钢制造。然而，设备的地脚螺栓和扩展锚材料的选择取决于设备的用途和会遇到的环境条件。因此，不锈钢通常用于腐蚀区域的设备。
- 机头、门槛、梯级和楼梯，可以利用各种金属；但是，通常都是由铝制成并常常具有磨蚀，防滑型抛光。
- 楼梯、平台和栏杆都能够用钢、铝、FRP、混凝土或不锈钢制成。这些附属物通常在行政大楼内、发电室和锅炉房用钢制成；然而，铝材料往往用于腐蚀性工艺过程区域。不锈钢和 FRP 应该考虑用于极具腐蚀性的条件，包括暴露于盐雾地区。
- 楼层栅格、隔板和舱口在大多数工艺过程区域都是由铝制成。铝如果可以接触其他金属或混凝土，就必须实施保护，才能防止电化学电流迅速腐蚀尤其是潮湿地区的铝。如果因为在重载荷区域需要钢的超级强度而需要使用钢时，则在其制成之后应该进行镀锌，才能抑制腐蚀。然而，大型焊接钢结构进行镀锌，是应该避免的，因为这种情况下进行镀锌可能导致弯曲。玻璃纤维增强塑料的栅栏和扶手可能满足抵御某些化学品操作区域遇到的腐蚀条件的需要。
- 堰板、槽和附属物通常采用铝或 FRP 建造。镀锌钢、预制混凝土或现浇混凝土对于大多数流水槽都是比较满意的。
- 异种金属的管道之间的连接，包括元素周期表的独立族的合金和电化学序列上相互远离的那些金属和合金之间的连接，应该采取介电措施而最小化电化学腐蚀。

7.2　供暖、通风和空调系统

通风率，设备安置和材料的选择，是减轻腐蚀的影响和为工厂经营者提供更安全气氛的主要变量。设计师应该参阅各种规范和州立法，因为在各个州之间法定要求是不同的。供暖、通风和空调系统的详细讨论包含于第 9 章中。表 10.19 介绍了所用的典型材料。

表 10.19　污水处理厂 HVAC 的推荐材料

项　目	材　料
空气使用单元	耐候耐腐蚀饰面，如烤环氧树脂漆
单元加热器	耐腐蚀，防爆
风扇	铝、环氧树脂-涂层钢、FRP

续表

项　　目	材　　料
鼓风机	铜合金、不锈钢、FRP
导气管工程	铝；镀锌钢、304 不锈钢、316 不锈钢、FRP、PVC 涂层金属
管道	
高达 7.6cm(3in.)的管径	“L”型冷拉铜、轧制 40 碳钢
大于 7.6cm(3in.)的管径	轧制 40 碳钢
埋地天然气	轧制 40 碳钢、聚乙烯
锅炉	铸铁、钢

7.2.1　气体使用单元

使用空气的单元装置，不应该设在容易受到腐蚀、爆炸或火灾的地方。如果这是无法避免的，则这些单元装置将需要特殊的材料或级别。许多制造商对线圈使用铜材料。如果铜会接触到硫化氢，则线圈需要进行腐蚀保护。

空气使用单元采用垫片完全绝缘，对于进入各个内部部分的入口应该具有易于拆卸的门。外部连接应该采用防腐蚀材料制成，而外部单元装置外壳应该具有耐候和耐腐蚀的饰面，如环氧树脂烤漆。

7.2.2　终端加热设备

单元装置加热器适用于许多危险性分类，包括通用耐腐蚀类至防爆类型。单元装置加热器可以使用几种加热介质之一，包括电阻、热水、蒸汽、天然气和丙烷气。环境条件的仔细评估决定热水器类型的选择。一些防爆加热器使用铜，如果加热器会接触到硫化氢，就必须加以保护。

7.2.3　风扇和鼓风机

轴式风扇或管轴式风扇一般应该指定使用铝或耐腐蚀的环氧涂层钢。然而，一些厂商为了防腐蚀的目的而提供 FRP 管轴式风扇。这些系统服务于危险场所，就应该按照空气运动和控制协会(Air Movement and Control Association)A 或 B 型建筑进行施工。

离心式鼓风机适用于广泛的管型排气系统，在这种系统中需要比普通风扇能够处理的风量更高的静态压力才能推动更大量的风量。这些鼓风机市售有三种材料选择方案，通常根据污水处理厂具体应用进行选择。通常情况下，合金钢、不锈钢或 FRP 的风机，适用于气味控制系统。

7.2.4　导气管工程

导气管工程应该符合全国钣金和空调承包商协会(Sheet Metal and Air Conditioning Contractors National Association)(弗吉尼亚州尚蒂伊市)的标准。镀锌导气管工程适用于空调空间和干净的无腐蚀区域。铝合金管路适用于厕所、储物柜、淋浴区、一些腐蚀性区域和其他潮湿的地方。不锈钢管路适用于腐蚀性区域，而 FRP 适用于高度腐蚀性区域和气味控制系统。镀锌钢不应该应用于腐蚀性区域。

7.2.5　管道

在必要之时，蒸气阻隔层绝缘提供于所有管道、阀门和配件。铜管道不应该应用于接触硫化氢的区域。钢管适用于天然气管路系统，而能够应用于小型蒸气管式系统。

7.2.6　锅炉

因为各个城市关于锅炉安装都有严格的规定，则这种设备不应设在工艺流程区域。所有锅炉必须根据美国机械工程师学会(American Society of Mechanical Engineers)(纽约)《锅炉和压力容器规范》，第 I 节，动力锅炉，或第四节，供热锅炉进行施工建设。锅炉的选择基于具体的应用，所需的工作压力和温度，以及燃料的成本和可用性。

7.3　电气系统

像其他污水处理厂的系统一样，电气设备往往暴露于与未经处理的污水和处理副产物产生的腐蚀性气体相关的湿度产生的腐蚀条件下。在安置电气设备时应该考虑这些条件并应该指定适当的耐腐蚀材料和防护罩的选择。设计者应该在污水处理厂危险或分类区域可能存在易燃气体或液体地方和这些区域属于非火花产生的系统设计中最大限度地提高安全。此外，适当的防爆安全设备可能是必要的。电力系统的详细讨论包含于第 9 章。

在选择污水处理厂环境的电气材料和设备时，在以下小节中描述的考虑因素也是很重要的。

7.3.1　导管和外壳

以下准则一般适用于导管和外壳：

- 导管和配电板处于户外区域，低地面区域和受到溅射液体或频繁冲洗的区域，就需要相当水平的防水，这应该符合国家电气制造商协会(National Electrical Manufacturers Association)(弗吉尼亚州罗斯林市)(NEMA)的 3R 防雨水要求。处于腐蚀性土壤中的地下金属导管系统应该由 80mm(3in.)混凝土全封闭、PVC 胶带或沥青涂料进行保护，这要取决于导管受到腐蚀和负荷的程度。
- 潮湿区域的室内设备，应该符合 NEMA-4-4X 水密性要求。在任何潮湿的地区，应该使用水密性螺纹端轴对管道封端。
- 腐蚀性区域，包括湿井和许多化学品进料区域，需要 PVC 涂层钢的导管系统。在钢结构的保护并不需要的情况下，轧制 40 聚氯乙烯可能是合适的。外壳应符合 NEMA-4X 防水和耐腐蚀的要求。导管与外壳配套系统应该是 PVC 涂层或非金属的。
- 危险区域，应该是由国家消防协会(National Fire Protection Association)(美国马萨诸塞州昆西市)(NFPA)定义的区域。这些区域包括渠首工程、湿井、消化池和其他区域，在这些区域内甲烷和可燃气体混合物可能会发生积累。材料和设备必须是防爆的，或另外适合特定分类、分隔和分组区域内的装置，这都由《国家电气规范》(National Electrical Code)(NFPA，1996 年)定义。
- 所有导管和导线进入电器外壳时，应该采用膨胀泡沫或等效材料在外壳入口处密封，保持防潮、防虫和防气体。
- 电导体应该具有与导体所处的环境相适应的绝缘。

7.3.2　信号电缆

由于电磁干扰可能会影响信号电缆，则它们应该在金属管布线中包含屏蔽的双绞线。

7.4　仪器仪表

在一般情况下，选择电气设备考虑因素，也适用于仪器仪表。仪器仪表系统的详细讨论，包含于第 9 章中。仪器仪表和控制设备的材料可分为三种类别——面板/外壳、面板安装设备和现场仪器仪表。表 10.20 介绍了仪器仪表所用的典型材料。

表 10.20 仪器仪表系统的材质

项 目	典型材料	备 注
面板和外壳	环氧树脂—涂层钢、不锈钢、FRP	NEMA 级
面板安装设备		NEMA 级
现场仪器仪表	合金 20、316 不锈钢	NEMA 级

7.4.1 面板/外壳

NEMA 标准适用于区分面板/外壳防护等级选择的环境条件。考虑到所安装仪器仪表的灰尘灵敏度，适用于面板施工选择的标准应该类似于电气开关。相邻于 NEMA-1 电机控制中心的 NEMA-12 控制机柜的使用是适当的。此外，NEMA-4X 面板适用于潮湿、腐蚀性或室外环境。设计者应该选择环氧涂层钢，不锈钢或玻璃纤维材料中的材料。对于室外场所，不锈钢面板可能比玻璃纤维更好，因为紫外线可能会破坏玻璃纤维的组成。

具有密封件的导管应该与防爆板一起使用。非爆炸性气体存在之处，应该选择管道入口泡沫型密封胶防止气体进入。对于所有的面板选项，强度和刚度取决于材料的厚度。保险商实验室(Underwriters Laboratories)(华盛顿卡马斯)(UL)《标准 UL-50》应该用以确定合适的材料厚度，并选择出入通道门的大小。

7.4.2 面板安装设备

任何面板设备必须符合面板 NEMA 分级。无论在什么情况下，只要腐蚀性气体可能通过管道或门，就应该施用电子设备的保形涂层。

7.4.3 现场设备

一般而言，为现场设备指定适当的 NEMA 等级，将会为该装置提供环保所需的程度。接液装置的材料应该符合指定的管道材料。由于少量现场仪器仪表和典型的高成本停机时间的缘故，这些材料，如聚四氟乙烯、陶瓷、合金 20 型和 316 型不锈钢通常具有成本效益。由于仪器仪表制造商通常负责供应安装硬件，其材料应该与仪器仪表的材料一并指定。某些仪器仪表，如电磁流量计，包括必须选择的衬里。氧化铝(可用尺寸有限)和聚氨酯衬里能够提供耐磨性，适用于未经处理的污水。由于聚四氟乙烯提供优良的耐化学性，则可用于磨损不显著的地方。

7.5 气味控制设施

气味控制系统通常包含，运输和处理污水处理厂运行中发现的大多数腐蚀性气体。因此，选择合适的施工材料，是这些系统的关键。污水处理厂的污浊空气，可能含有水汽、硫化氢、硫醇、吲哚、粪臭素、挥发性有机化合物、氨、油和油脂以及二氧化碳的组合。气味控制系统的详细讨论包含于第 7 章中。

不仅空气流是腐蚀性，而且气味控制设备本身就含有腐蚀性物质、化学品，或两者兼而有之。例如，在湿式洗涤的气味控制系统中通常使用的化学品是氧化剂(氯、次氯酸钠、过氧化氢或高锰酸钾)，高或低 pH 溶液，或两者兼而有之。干式气味控制系统使用磨蚀剂而有时是浸渍氧化剂的苛性介质。这些化学氧化剂、pH 值调节剂和干燥介质能够产生腐蚀性条件，这种条件下需要精心挑选施工材料。这些化学品进料和分配系统的施工材料，将在下一节中讨论。

在一般情况下，塑料和 FRP 选择用于抵御具体化学物质，已被证明是气味控制最成功和最符合成本效益的材料。碳钢、铝、铜及铜合金受到气味控制设施周围的化学品和水分条件严重腐蚀。如果仔细选择不锈钢相容的环境，则不锈钢可满足某些设备和管道的要求。

7.6　化学品进料和分配设施

某些污水处理厂区域通常较干燥，因为储存或分配工艺过程的化学品，也需要耐腐蚀的材料。这些能够抵御广泛的工艺过程气态化学品的材料，包括聚酰胺固化环氧树脂、瓷砖、结构性釉面砖和硬涂层阳极化铝。化学品进料系统的详细讨论，包含于第 9 章中。

玻璃，除了含有氟硅酸的区域，对于工艺过程可能的气态化学品的大多数侵蚀作用都呈惰性。在氟硅酸存在于大气中的地方，可能需要采用聚碳酸酯塑料上釉的玻璃；然而，由于聚碳酸酯的可燃性，这种材料应遵循监管规范。诸如亚硫酸氢钠、三氯化铁、臭氧、盐酸等的化学物质，可能会侵蚀 300 系列型不锈钢。然而，316 型不锈钢比 304 型不锈钢对硫化物和氯化物具有更强的耐受性，并将会证实对硫酸也具有足够的耐腐蚀。不锈钢也抗拒碱腐蚀，如石灰和氢氧化钠。在选择上述产品时，应该非常小心。

表 10.21 列出了通常用于污水处理厂常用化学品储罐和进料设施的材料。

表 10.21　化学品进料系统所用的典型材料

化学品	浓　度	材料[①]		储　罐
		泵	管道	
乙酸	20%~100%	304 不锈钢，316 不锈钢	304 不锈钢，316 不锈钢，FRP	304 不锈钢，316 不锈钢，FRP
明矾	48.5%	PVC，316 不锈钢	316 不锈钢，PVC，CPVC，聚乙烯	FRP，316 不锈钢，HDPE
氯气，带压	100%干氯气	不适用	碳钢	不适用
氯气，真空下	100% Cl_2 气体	不适用	PVC	不适用
氯溶液	小于 3500mg/L (3500ppm) Cl_2	镍基合金，钛	PVC	不适用
氯化铁	30%~45%	镍基合金，PVC，CPVC	PVC，CPVC，PVDF，PTFE，聚乙烯	FRP 聚乙烯，HDPE HDPE
硫酸亚铁	13%~16%	PVC，316 不锈钢	FRP，PVC，聚乙烯，聚丙烯，316 不锈钢	FRP，PVC 聚乙烯，聚丙烯，316 不锈钢
盐酸	35%	PVC，CPVC，PVDF	PVC，PVDF，CPVC，PTFE	FRP，橡胶内衬钢
过氧化氢	50%	316 不锈钢	铝，316 不锈钢	铝，316 不锈钢
石灰	10%~30%料浆	橡胶内衬钢	碳钢，316 不锈钢，PVC，橡胶管	碳钢，316 不锈钢
甲醇	100%	碳钢，316 不锈钢	碳钢，316 不锈钢	碳钢，316 不锈钢
硝酸	50%~70%	304 不锈钢	304 不锈钢，PVC，PVDF，CPVC，PTFE	304 不锈钢，FRP

续表

化学品	浓度	材料① 泵	管道	储罐
氧气中的臭氧	设计点上氧气中10wt%~15wt%的臭氧	不适用	316不锈钢	不适用
高锰酸钾	3%的溶液	PVC，316不锈钢	PVC，316不锈钢	FRP
聚合物	纯的和稀释的	PVC，CPVC，316不锈钢	PVC，CPVC，316不锈钢	不锈钢，PVC，FRP，HDPE
亚硫酸氢钠	25%~38%	PVC，CPVC，316不锈钢	PVC，CPVC，316不锈钢	不锈钢，PVC，FRP，HDPE
铝酸钠	20%~40%	碳钢，316不锈钢	碳钢，316不锈钢	碳钢，316不锈钢
亚氯酸钠	25%~31%	CPVC	CPVC FRP，	HDPE
氢氧化钠	25%~50%	碳钢，316不锈钢	碳钢，316不锈钢，CPVC	碳钢，FRP
次氯酸钠	6%~15 %	CPVC，PVC，	CPVC，PVC	FRP
二氧化硫气体，带压	100%干SO_2气体	不适用	碳钢	不适用
硫酸	93%	合金20，PVDF	合金20，316不锈钢，特氟隆内衬碳钢，PVDF	无衬碳钢，特氟隆内衬碳钢，酚醛树脂内衬碳钢

① PVDF=聚偏氟乙烯而PTFE=聚四氟乙烯。

耐受表中列出的各种化学品的材料的简要说明的目的，是作为典型条件下材料选择的一般性指南。选择材料之前，应该查阅耐化学品性指南的图表和材料安全数据表，才能耐受任何化学品。此外，在材料选择中应该遵循制造商推荐材料。

8 材料性能和应用

本节介绍了污水处理设施中设备和结构通常使用的各种材料。所提供的信息是通用的，应该只作为一般性参考。在具体应用中材料的使用，应该咨询制造商和其他来源。

大多数常见的施工材料是钢、混凝土和塑料条。钢必须通过涂层或合金化处理进行保护才能提供抗腐蚀特性。混凝土掺混物的使用降低了渗透率而保护钢筋、钙质骨料或高铝水泥和涂料，是提高耐腐蚀性的手段。

根据塑料而言，温度膨胀性质、冷温脆性性质、与疲劳失效相关的挠曲性能和耐候抗老化性能都是与材料长期耐久性相关的重要考虑因素。对于正确的选择，应该参照有关塑料性能和对各种流体的耐受性的数据（DeRenza，1985；NACE International，1979；Seymour and Steiner，1955）。

下面的小节提供了污水处理设施合适的建筑材料的说明。表10.22介绍了污水应用中对于这些材料的常见用途。各个污水处理工艺过程中常用材料的更详细的讨论包含于“单元工艺过程设计的材料选择”这一节中。

表 10.22　污水处理中各种材料的常见用途

材　料	常见用途
混凝土	检修孔、泵站、大直径下水道和压力干管、处理结构和建筑物
砖砌圬工	建筑物饰面
预应力混凝土	圆柱形罐(消化池和储存罐)、建筑物梁和大板坯、大直径管道
铝	扶手、舱盖、滑动闸门，叠梁闸门
黄铜	面饰材料
青铜	小配件和喷嘴
碳钢	广泛用于浸泡和非浸泡的应用，但是需要适当的保护涂层系统
铸铁	管道、泵和设备基座
铸铁(Ni 基防腐蚀的)	换向器体，蝶阀盘和泵叶轮
铬	电镀泵叶轮
铜	饮用水管线，HVAC 布管，屋顶排水沟，电导体和组件
球墨铸铁	管道、泵、开关、轴
金	溶解氧探针
铂	氧化还原电极和溶解氧探针，高纯化学品的传送
银	电路
不锈钢	泵叶轮、轴、轴承、滤筛、带式压滤机框、空气扩散器管道、扶手、固件和建筑结构金属制件
不锈钢(316L)	臭氧管路和扩散器，过氧化氢泵和管道，氯溶液扩散器和混合器
不锈钢(304L)	锅炉管，换热器和冷凝器管道
碳化钨	轴承和密封件
锌	镀锌涂料和牺牲阳极
聚氯乙烯	管道
氯化聚氯乙烯	管道和生物滤池介质
混凝土	检修孔、泵站、大直径下水管道和压力干管、处理结构和建筑物
聚乙烯	管道、管路和罐池
聚四氟乙烯	滑动轴承、衬垫、管道和罐池衬里
玻璃	管道内衬
木材	建筑物结构、沉淀池收集器阶梯和盖子

8.1　混凝土

污水处理应用使用的所有施工材料中，混凝土提供了污水结构建设的最大持久性。此外，指定和使用的混凝土类型能够提供额外的保护空间。“结构系统”这一节更详细地讨论了混凝土的各种变体。

在下水道管口、沙井和泵坑以及加盖的罐池中预期会出现硫化物浓度升高的情况下，采取保护混凝土的特殊措施是很重要。这些措施可以包括沥青、环氧水泥或聚氨酯面涂层。聚氯乙烯内衬也可适用于大直径下水道；此外，钙质骨料提供了更多的牺牲性的更持久服务。

这些方案应该依据最初和维护成本进行仔细评估，才能为长期耐久性提供适当的选择。

8.2　土建

8.2.1　砖砌圬工

除了耐酸砖适用于特殊应用之外，砖砌圬工不再适用于砖可能与污水接触的应用中。

8.2.2　混凝土单元的土建

砌筑混凝土单元对于水分渗透比普通混凝土更脆弱。因此，它不应该应用于高湿度可能发生冻结的环境中。然而，如果需要使用，则应该使用合适的涂料，尽量降低水分渗透。

8.3　预应力混凝土

高强度合金钢材和高强度混凝土适用于制作预应力组件。然而，混凝土往往倾向于较薄，因此，可能发生破裂。高强度钢也较薄，而容易受到腐蚀；当其强度受到削弱时，就可能导致灾难性的故障。

高强度钢丝强化，特别容易受到腐蚀失效。在没有水泥浆的嵌埋和覆盖而制成预应力管道时就会发生氢脆(Bianchetti，1993)。

金属膜片应该用于保护免受内容物产生的金属丝卷曲预应力，并提供混凝土的外露表面的防水。重型预应力棒和夹紧螺母的拉伸作用的应用是消化池和其他圆形罐池初始或修理线扎缠绕的首选。

8.4　金属

污水处理设施中所用的普通金属和合金，可分为10组，这种分类主要基于其腐蚀特性。这些分类如下：

(1) 轻金属——镁和铝；

(2) 黑色金属——铸铁杆和合金铸铁、碳钢、低合金钢和合金钢；

(3) 不锈钢——马氏体、铁素体、超级铁素体、奥氏体、沉积硬化和特种级别；

(4) 铅、锡和锌；

(5) 铜、黄铜和青铜；

(6) 镍及其合金；

(7) 含铬镍合金；

(8) 钴基合金；

(9) 活性金属——钛、锆和钽；

(10) 贵金属——银、铂和金。

8.4.1　铝

铝是一种高延展性和强度相对较低的金属，但具有高强度重量比。一般情况下，铝合金(铝与其他强度和硬度较高的金属结合)。铝材料耐腐蚀，因为铝能够迅速形成保护性氧化铝膜。铝通常阳极化而用于腐蚀保护，是适合无海水、过量化学品或残余氯的一般中性环境。

铝不应该与混凝土直接接触，因为混凝土的碱性物质可能会侵蚀铝。因此，铝的厚涂层或乳香油漆涂料应该应用于铝与混凝土接触的区域。由于铝是大多数其他金属的阳极，则它不应该被安装于与附近大多数其他金属直接成对的地方，因为铝倾向于起到牺牲阳极的功能。不锈钢紧固件将会很快将铝钝化至相同的电位而能够成功应用于连接件。对于与水泥或其他金属接触的铝，应该提供电介质涂料，才能分别防止剥落或加速电耦合和腐蚀。在无氯化物，或低氯浓度的情况下，正如作为饮用水的情况，铝及其合金因为保护性氧化物膜的较大稳定性而有可能不太活跃。电化学效用在这些条件下并不太严重。

通常情况下，纯铝对污水浸泡或蒸汽区耐受性不佳。不过，也有铝合金和阳极化表面处理的铝，可以提供对污水中硫化物、硫化氢和氯化物的良好耐受性(Alcoa，1968)。设计者在选择铝应用于污水处理系统之前，应该仔细考虑暴露、铝合金类型、位置和功能。然而，铝重量轻，具有高强度—重量比，相对经济，有利于广泛应用。

8.4.2 氧化铝

氧化铝是一种用于提供梯级突边、基石和地板砖防滑性的常见磨蚀化合物，起到磨砂作用，并作为阳极化铝涂层中主要化合物的使用。

8.4.3 黄铜

黄铜是经常用于面饰材料的铜锌合金。

8.4.4 青铜

青铜，是铜锡合金，一般比铜强度大和更坚硬，能耐受侵蚀两个独立元素的腐蚀。青铜经常使用于与轻度腐蚀性的污水、蒸汽或淡水一起工作。

8.4.5 镉

镉具有很强的海洋条件和碱耐受性，经常与锌一起使用而提供有色金属和所制作产品的耐腐蚀涂层。

8.4.6 碳钢

在结构性和各种钢组件中所用的热轧全功材料中，碳钢是污水处理行业中最常见的，经济的和多功能金属。由于未受保护的钢铁会生锈，则钢铁通常要进行涂层。碳钢如果保持接触碱性或强腐蚀性流体，则可能变脆。此外，硫化氢气体与未受保护钢可能会发生直接反应。与酸接触也会加速腐蚀。

仅次于混凝土，钢因为其强度、易制作性和成本而成为污水处理施工应用中的第二个最常用的材料。在确保钢长期工作服务的目标之一是渗透或点蚀率不应该超过 0.13mm/a (500mil/yr)。钢不应该不加涂层而应用于任何污水服务中。钢结构设计应尽量降低裂缝和尖角并进行有利地涂层。

7 毫米厚的钢罐和设备，应该有至少有 3~6mm(0.125~0.25in)的金属腐蚀余量。在允许的 0.13 毫米腐蚀速率下，25 年的服务需要提供 3.5mm(0.14in)的阻隔层。

阴极保护能够延长钢结构的使用寿命并降低重涂的频率。除了许多被淹没的结构，大多数涂层的，埋地的钢质结构都应该实施阴极保护。然而，蒸汽区和大气腐蚀不能进行保护。诸如硅酸锌的无机锌底漆涂料的使用，应该当用于提供维修重涂困难位置的电化学保护。

钢结构的焊缝应该平整而连续，才能提供良好的涂层附着力并消除裂缝。焊条和焊剂材料应该包括钢结构阴极保护的焊料而非定域腐蚀失效的地区。

钢制紧固件应该是钢的阴极。镀锌钢或塑料涂层的螺栓都适合以上的高档建筑。球墨铸铁螺栓、316 型不锈钢或熔粘环氧树脂粘合钢螺栓都应该适用于淹没或深埋的服务。水管道应该采用铝青铜或镍—基合金(Haynes International)进行长期螺栓保护。在特殊情况下，当将钢与其他金属连接时，应该使用绝缘护套和垫圈而提供绝缘屏障。

合金钢提供了更大的保障，但比其他建筑材料的成本略高。合金钢包括地上建筑的铜合金和各种牌号的铬镍不锈钢，提供了在许多腐蚀性条件下的经久耐用性。这些材料，考虑到成本、强度和制造容易度，要慎重选择。

8.4.7 铸铁

铸铁和球墨铸铁是经济型施工材料，因为这些材料易于浇铸，而不是制作。这些材料，对于设备而言应该具有至少 6mm(0.25in.)厚度的腐蚀余量，对于管材需要 3mm(0.125in.)厚度的腐蚀余量。

灰铸铁主要由铁构成，而碳为主要的合金元素。虽然灰铸铁是脆性的，但能够提供优良的耐磨性、经济性和强度。

镍浓度 2%~8%的的合金化铸铁，在标称成本增长下提供了阀门和泵设备相当强的耐腐蚀性、耐气蚀性或磨蚀性。

8.4.8 铬

铬是一种坚硬的金属，适用于电镀接触硬粒性材料的泵叶轮和其他运动部件；铬还提供低摩擦性表面。将铬加入不锈钢(按重量计，12%或以上)中是很重要的，因为这会提供极好的抗腐蚀性和抗氧化性。铬的主要污水处理应用是用于耐磨性和硬面面饰。

8.4.9 铜

铜是一种不容易腐蚀的可塑韧性金属，但在连续接触大气时会被氧化[国家建筑金属制造商协会(National Association of Architectural Metal Manufacturers)，1986]。当铜暴露于氧化剂，如氯、臭氧、硫化氢时，腐蚀迅速。它主要用于电线和饮用水管道。

铜通常被认为是一种相对耐腐蚀性的材料，因为铜与不锈钢一样，在表面上能够形成保护性氧化层。

铜，与碳酸氢盐阴离子相比，尤其对酸性水、氨、硫化物、硫酸盐和氯离子浓度高的水很脆弱(Singley et al.，1985；Snoeyink and Kuch，1985)。

铜对硫化氢腐蚀的灵敏度阈值极低，通常对于电气控制和计算机中心应该不超过10μg/L。提供气密性的电器外壳和/或在计算机及相关电子设备的房间通风空气中除去硫化物，经常是很必要的。铜、黄铜和青铜铸造合金经常用于阀门和泵叶轮。虽然它们也适用于水务，但是因为低氨和硫化物的耐受性而不应该应用于污水处理。

8.4.10 铜-镍合金

90%~10%的铜-镍和 70%~30%的铜-镍的铜镍合金，对高温和盐水服务相比于普通铜提供了相当不错的耐腐蚀性。

8.4.11 球墨铸铁

球墨铸铁比灰铸铁具有更好的强度、韧性和耐磨性。球墨铸铁是一种坚硬的非可塑性的有色金属，必须倾倒于模具中才能形成图案或形状。球墨铸铁适用于需要强度、抗冲击性和可加工性的应用。虽然球墨铸铁具有良好的耐腐蚀性，但是球墨铸铁会直接与硫化氢反应而形成硫化亚铁。

球墨铸铁，通常适用于管道材料和某些设备，能够提供比铸铁更好的整体耐腐蚀性。现在特定的内衬和涂层可用于球墨铸铁下水道和压力干管，而提供硫化物保护。这些物质包括高铝水泥，煤焦油环氧树脂衬里和聚乙烯衬里和涂层。

8.4.12　金

黄金由于其成本而使用有限。然而，金适用于抗硫化物腐蚀是必要之处。

8.4.13　镍合金

镍提供对于某些腐蚀性化学品的优良耐腐蚀性。它往往在高温强度下以强耐腐蚀合金使用。

8.4.14　铬镍铁合金 625(Special Metals Corporation)

镍基超合金，铬镍铁合金 625(Special Metals Corporation)，具有优良的高温强度和良好的耐腐蚀性能。

8.4.15　镍基合金(*Haynes International*)

镍基超合金，镍基合金(*Haynes International*)对湿氯、次氯酸盐漂白剂、氯化铁和硝酸提供了良好的耐腐蚀性。其他类似的合金还有镍基合金 C276，镍-基合金 C22，和镍基合金 C2000(*Haynes International*)。

8.4.16　硬镍

术语“硬镍”是指含不同含量的镍、铬、碳、锰和少量其他元素的耐磨铸铁。它经常应用于泵壳和叶轮泵送磨蚀性液体(Perry and Green，1986)。

8.4.17　铅

铅是一种低温熔化的重金属，这使之易于铸造和成形。铅能抵抗大多数腐蚀性化学品的侵蚀，并能够在振动和声音阻尼应用中提供优良的服务。然而，因为铅毒性而使其用途受到限制。

8.4.18　铂

铂是一种昂贵的、可塑性的、柔韧的而实际上呈惰性的金属，能够提供优良的耐腐蚀性。

8.4.19　银

作为不太昂贵的贵金属，银极具可塑性、韧性和耐腐蚀性。银特别适合应用于碱性溶液，如烧碱和钾碱。

8.4.20　不锈钢

当钢与铬和镍，以及可能地还有钼、铜、锰、硅和其他元素形成合金时，能够提供广谱抗腐蚀材料。铬是使不锈钢不锈的元素。成百上千种类型的不锈钢中，最常用于污水处理应用中是 304 型和 316 型不锈钢。不锈钢在暴露于氯化物时在应力作用下可能会腐蚀和开裂。当加入钼时，316 型不锈钢可以承受许多化学物质，包括钠和钙盐水、磷酸、亚硫酸盐液体和硫酸的腐蚀，如果涂层不可实施和/或为了降低涂层频率和成本时，就会使用。

304 型和 316 型不锈钢的材料成本比碳钢显著更贵。不锈钢的拉伸强度大约是低碳钢的 75%；在确定固件和其他机构组件尺寸时应该考虑这一因素。

不锈钢在组件一起受到应力作用时将会受磨损(冷焊)和抱轴，正如螺栓和螺母滑丝时的情况，并会抵制进一步转动和拆卸。因此，在装配组件时设计者应该指定和使用抗磨损润滑脂化合物，才能防止出现这种情况。

不锈钢也容易发生缝隙腐蚀和有机物、氯化物和硫酸盐中的 MIC。因此，设计者应该消除所有裂缝而避免在发生这些条件之处使用不锈钢紧固件。

316L 型不锈钢和其他 L 系列(低碳)不锈钢是可焊性不锈钢级别，这些类型适用于现场制作不锈钢结构。不锈钢管道可能比低碳钢薄，腐蚀余量厚度通常不需要使用，因为表面钝化提供防腐蚀保护。现在还有压缩配件紧固件，为不锈钢管道和管路提供了比螺丝或焊接接头更方便，更经济的装配。这些通常应该使用，因为不锈钢的焊接是很困难的，而在使用焊接时可能提供阳极池发生区。

还有相当更耐腐蚀性的高铬和钼不锈钢，适用于高氯或高温度条件。关于各种牌号的不锈钢适用用途的数据描述于各种参考文献(American Iron and Steel Institute，1974；Peckner and Bernstein，1977；Sedriks，1979；Treseder，1991；Tuthill，1990)中。

8.4.21 钽

钽是一种特征为高熔点，高温强度和优异耐腐蚀性的难熔金属；钽当温度超过195℃(383℉)时就会经受加速氧化作用，因此，需要保护涂层。

8.4.22 钛

钛是耐腐蚀的轻量金属，具有高强度-重量比。在腐蚀环境下，可能使用纯钛或是0.2%钛钯合金。

8.4.23 碳化钨

钨、镍、钼和碳的合金适用于旋转设备等之上的硬表面，如轴承和密封件等。一般而言，碳化钨由钨和镍构成。然而，如果预计会出现硫含量升高的情况，则钨钼合金更耐用。

8.4.24 钨铬钴合金

钨铬钴合金是一种专利性材料，是非铁合金，包括数量不等的铬和钴以及少量的钼或钨。钨铬钴合金是极其坚硬的而适用于严重磨蚀性的服务。

8.4.25 锌

锌的主要功能是提供钢构件的表面和阴极保护。锌涂施到碳钢表面，最常见的是热浸渍镀锌。锌在大气中暴露表现最好，因为在大气中pH值并不是极度碱性或酸性的。

8.5 塑料

塑料管道广泛用于污水收集、化学品和排水口管道、管接头材料、化学品储存或其他相对小直径的储存罐，储罐盖，链条和链轮，气味洗涤器和导道。塑料管道也在一定的有限范围内适用于压力干管。

像其他材料一样，塑料也会发生劣化。因此，应慎重选择塑料的服务和类型，才能提供长期的耐久性(DeRenza，1985；NACE International，1979；Seymour and Steiner，1955)。

塑料一般很容易受到阳光紫外线的劣化作用，因此，应该采用大量颜料作色或覆盖提供保护作用。塑料还会发生持续负荷下的蠕变变形，广泛热膨胀和收缩；甚至在轻微的应力变化或逆转下，快速疲劳失效；和脆性失效，特别是在高压气体服务的情况下。许多塑料也对石油基的油和溶剂耐受性不佳，因为这些物质能够渗透和劣化塑料的聚合分子结构。

在大多数情况下，玻璃纤维是制作的产品，而正因为如此，其质量可能有所不同，这取决于制造商的实践惯例。树脂(通常是聚酯或环氧树脂)的性质各不相同。玻璃纤维能够以织造布和短切原丝两种形式提供。常见的失效点是玻璃纤维在切边处没有被树脂充分覆盖之时。在这种情况下，就会出现进水、渗液、脱层。谨慎指定玻璃纤维的质量，在运输之前和现场检验制品，并拒绝任何有缺陷的材料，是很重要的。塑料包封的石棉纤维材料的备选方案适用于耐用的高强度水闸和其他应用。

8.5.1　聚氯乙烯

聚氯乙烯是最常用的塑料管道及配件。这种材料能够经受广泛的耐腐蚀性。不同的热膨胀和腐蚀耐用性与脆性都适合使用纯 PVC 及其与其他聚合物的组合。

8.5.2　氯化聚氯乙烯

氯化 PVC(CPVC)是一种热塑性塑料，对广谱腐蚀性物质都具有优良的耐腐蚀性。作为提供了更高的耐热性的 PVC 氯化形式，CPVC 与 PVC 相似的使用温度高达 104℃(219℉)。

8.5.3　聚乙烯

聚乙烯是热塑性材料，对广谱腐蚀性物质都具有优良的耐腐蚀性。聚乙烯管道比 PVC 或 CPVC 的品级具有较低的压力和温度，这导致这种管道在温度和/或压力的变化下膨胀和收缩更甚。

8.5.4　聚丙烯

聚丙烯作为一种具有优良耐化学品腐蚀的热塑性材料，几乎不会受到无机盐、无机酸和碱的水溶液和大多数有机化学品的影响。

8.5.5　聚氨酯

根据其形式，聚氨酯聚合物被列为塑料或弹性体材料。以热固性形式的聚氨酯提供了最大的耐磨性。热塑料形式也提供了良好的韧性和耐用性。在一般情况下，聚氨酯具有优异的耐磨损和抗切割性能，以及良好的耐化学性。

8.5.6　聚四氟乙烯

聚四氟乙烯是一种氟代塑料，具有优异的耐化学品性和电阻特性。

8.5.7　聚偏氟乙烯

聚偏氟乙烯是最具韧性的热塑性塑料，能够提供良好的耐化学品性，如卤素、酸、碱和强氧化剂。聚偏氟乙烯还具有优良的耐磨性，并能承受较宽的温度范围。

8.5.8　炭黑

作为热塑性塑料的添加剂，炭黑能够抑制由紫外光产生的降解作用。

8.5.9　玻璃纤维强化塑料

玻璃纤维强化塑料是由嵌入各种热固性树脂(主要是乙烯酯、聚酯和环氧树脂)中的玻璃纤维构成。这种塑料可以形成各种各样的结构形状、镶板、格栅、罐池、管道和紧固件。玻璃纤维强化塑料对广谱腐蚀性物质具有优异的耐腐蚀性。然而，这种塑料成本相对昂贵而强度比金属低，并具有较高的热膨胀系数。玻璃纤维强化塑料能够通过向该树脂中加入某些化合物而制成耐火树脂。

拉挤玻璃纤维是由热固性树脂罐通过拉制玻璃纤维粗纱和连续原丝薄毡或其他强化材料并随后通过固化和成型模子而形成完成的复合形状。

8.6　橡胶和弹性体

弹性材料适用于垫圈、耐磨和耐腐蚀衬里、柔韧连接头、雨刷器和污水处理系统中的各种密封件。通常情况下，弹性体都是耐石油、硫酸和氯腐蚀性的合成橡胶。选择合适的弹性体是很重要的。丁基橡胶具有最佳的耐硫化氢和氧化剂性质。丁腈橡胶或丁纳橡胶能够提供最佳耐石油和汽油性质，但不适合于氧化性介质。氯丁橡胶或聚氯丁橡胶，具有类似于 PVC 的耐化学品性，而是丁腈橡胶和丁基橡胶之间的中间体。海帕伦具有一定的最佳紫外线暴露耐受性，并最适合用于柔韧性的暴露池槽衬里。除了物理和化学性质之外，弹性体的成本具有相当大差别。正因为如此，设计者应该基于预期的暴露、所需的工作寿命和成本而仔细选择弹性体。

8.6.1 丁纳橡胶(丁腈橡胶)

丁纳橡胶提供优良的耐石油、芳香烃和汽油性质。丁纳橡胶也表现出良好的耐磨性，并对热老化作用比天然橡胶具有更好的耐热老化性。

8.6.2 海帕伦(氯磺化聚乙烯)

海帕伦具有 4~110℃(39~230℉)的工作范围。海帕伦的主要优点是可以处理一定强度的氧化性化学品和无机酸。海帕伦也是臭氧操作的一种极佳材料(Perry and Green，1986)。

8.6.3 乙烯丙烯二烯单体

乙烯丙烯二烯单体(EPDM)提供广泛的耐化学品侵蚀性。此外，其耐受油氧化和臭氧暴露的性质优于天然橡胶。

8.6.4 氯丁橡胶(氯丁二烯)

氯丁橡胶是一种最类似于橡胶的合成橡胶，表现出高水平的耐油性、耐臭氧性、抗氧化性和耐火焰性。然而，氯丁橡胶并不具有低温条件下天然橡胶的弹性。

8.6.5 天然橡胶

天然橡胶是最好的通用橡胶，天然橡胶对于挠曲、耐切割、耐磨性，以及因为其较低的发热性而具有一般耐久性，是一种良好的材料。然而，天然橡胶对油、臭氧和氧化作用耐受性差。

8.7 土工合成材料

土工合成材料是对于土工工程应用，如冲刷控制、渠道稳定、氧化沟膜衬垫、土壤过滤器、垃圾填埋场渗滤液控制和道路改善而制成的合成材料(如土工膜和土工织品)。

8.8 玻璃

玻璃，作为硅酸盐物质，能抵抗最强碱性和酸性溶液和磨蚀作用，已用于管道衬里降低摩擦，防止腐蚀，而减少了除油和油脂所需的辛勤工作。玻璃衬里易受机械损伤。

玻璃内衬容器和管道对于原始污水管道提供了特别良好的服务。这种材料还提供了光滑的表面，能够抵抗油脂附着和堵塞，并具有良好的耐腐蚀性。通常提供热水源进行定期清洁油脂积累的玻璃内衬管道。

陶瓷金属衬里适用于泵、涡轮机和离心机进行腐蚀保护。这种材料非常耐侵蚀、气蚀、或高速区域的冲击作用。通常情况下，损坏的泵部件、阀门和弯管可以使用陶瓷-金属内衬修复，这就增加了耐用性。

8.9 木材

木材是一种经济性的用途广泛的材料。红木和层压的铜处理花旗松是污水处理设施所用的木材产品中最耐用的木材。这两种木材都提供了高的抗酸性物质、硫化物和微生物劣化的耐受性。然而，这两种木材都将会受到紫外线照射而劣化并随时间的推移变干。因此，经常需要进行涂层，才能保护木材不受大气暴露。浸泡木材通常并不涂层。红木，这种天然抗腐烂的木材，由于其相对较高的成本而应用受到限制。术语“处理的木材”，是指用化学品处理而防止其腐烂和昆虫侵蚀的木材。

9　保护性涂料

防止腐蚀最常用的手段之一，就是表面覆盖一层保护涂层。这就将基材与暴露环境隔离开，而可以减少或阻止腐蚀活动。高性能涂料经过配制而对结构或设备零部件提供最大的保护作用。这些保护性涂料还可以经过配制而适用于浸渍应用的保护性衬里，如储罐或污水池内表面。在一般情况下，给定涂料的主要物理特性和耐化学品性是由这种树脂决定的。工业防护涂料按照产品中所含的主要树脂进行分类。这就是所谓的“类属型”。树脂将膜固定到一起，提供保护基材的屏障。颜料提供颜色、强度和防腐蚀保护。一些颜料，特别是抑制性色素，是化学反应活性的，而其他的颜料却是惰性的。溶剂的作用是控制涂施并提供流动和膜的形成。

9.1　类属型

涂料分为两种类型——热塑料和热固性。术语“热塑性”是指通过其最初的稀释剂或其他所选的溶剂能够溶解回到液体状态的涂料。热塑性涂料的例子就是醇酸树脂和丙烯酸树脂。术语“热固性”是指通过与其最初稀释剂或大多数其他溶剂接触而不能返回至原始状态的涂料。环氧树脂和聚氨酯是热固性涂料的例子。

9.2　热固性涂料

热固性产品，一般是双包装或两部分物料，必须经过混合至一起才能开始化学反应。环氧树脂涂料是热固性涂料最广泛使用的类型，尤其是重防腐应用中应用最多。某些不同的环氧树脂配方，使用了不同的催化剂系统。

表 10.23 提供了选择适当保护性涂料的指南，介绍了污水处理行业中使用最常见的防护涂料的优点和缺点。

9.3　涂料选择

污水处理设施对于保护性涂料的要求，在这几年之中已经发生了显著变化。维修和更换成本上升、新的法规和环境问题、科技的进步、以及社会需求，都已经影响到涂料在污水处理厂中的作用。传统的油漆并不适用于污水处理设施的恶劣环境。在处理过程中使用的复杂化学品和生活和工业污物越来越苛刻的性质，已经使高性能涂料成为良好腐蚀控制所必需的。美学也是一个重要因素，因为很多设施都处于公众视野中，因此经历日益增强的公众意识。

虽然污水处理厂在规模和复杂度上各不相同，但是都需要防护性涂料。结构钢、混凝土墙壁、天花板、地板、存储罐、处理池、沉淀池和过滤单元装置，都需要保护。像钢罐一样，大部分埋地罐池，尽管都是混凝土，同样需要防腐蚀保护。混凝土劣化，嵌入的钢筋发生腐蚀，以及钢罐腐蚀，都可能会导致结构完整性丧失，发生泄漏和渗漏。因此，正确选择和涂施涂料系统，是良好的防腐蚀控制关键。

为了实现高质量的防护性涂料系统，下面的步骤是必要的：

- 指定整个涂料体系——表面处理、底漆、中间层和面漆。

• 需要有经验的涂料涂施承包商。

• 基于具体产品的性能或清单制备严格的技术规范说明。性能规格一般要求较少保养，确保是最新的。

• 要求涂料制造商到污水处理厂现场进行多次调研，与涂料施工承包商共享责任，确保良好施工。

表 10.23　污水处理行业的常见保护性涂料

类属型树脂	优点	缺点	一般注释
1 醇酸树脂	单包装，廉价，附着力好，通过涂刷、辊涂或喷涂涂施；良好的光泽和色泽稳定，与其他醇酸树脂相容	低膜厚、耐化学品性差、需要多道涂层、老化倾向于开裂和发脆、抗水分渗透性有限、与富锌底漆不相容。	使用最广泛的涂料之一，简称为油基漆。
2 丙烯酸树脂	良好的耐候性，颜色和光泽保稳定性好；比其他热塑性涂料耐热性更高；可以以溶剂型或水基(乳液)涂料形式获得	一般薄膜涂料、耐化学品性稍微有限。	直接涂施金属(DTM)的配方的新技术已经非常成功。
3 环氧树脂	重防腐涂料，具有良好的耐化学品性；厚浆型配方；良好的附着力；坚硬，坚韧的干膜。	双包装(两部分)配方；活化期有限；光泽和颜色稳定性差；户外暴露倾向于白化。	有几种基于催化剂的配方可用。
4 煤焦油环氧树脂	优良的水分阻隔层；每层厚浆；水下和污水环境性能优良；低成本。	没有颜色可选(黑色)；活化期有限；重涂问题；一些有关低浓度可能致癌物质的问题。	在污水处理中于钢和混凝土基材上的应用历史悠久。
5 环氧树脂原浆涂料	表面处理不佳容忍度更大。高固体含量(厚浆)；与大多数其他涂料相容。可用大多数其他涂料作为面漆	一般具有较慢的固化循环	在良好的表面处理不太可能之处维护工作良好
6 富锌涂料	高锌水平(70%~95%)提供类似的保护，热浸镀锌，耐高温。	活化期有限；2-或 3-部分系统；一般耐强酸碱性差；需要良好的表面处理。	可作为无机或有机配方获得。无机制剂能够是自固化水性的或自固化溶剂型的。有机配方，一般都是环氧基或聚氨酯基的。
7 硅树脂	高耐热性；合理的良好耐化学品性。	需要热固化；成本高。	
8 聚酯/乙烯酯	优异的耐酸性；能够采用玻璃纤维或其他强化材料改善强度	多层涂层，强化可能成本较高，表面处理苛刻	经常应用于混凝土基底，而也可以应用于金属
9 聚氨酯	高光泽和保色性；合理的良好耐化学品性。弹性体具有良好的耐化学品和防潮性；厚浆。	两部分，有限的活化期；昂贵；除了弹性体配方之外，膜厚度低	重防腐厚系统的专用配方
10 聚脲	厚浆；固化快；合理的良好耐化学品性	需要多组分喷涂设备	

9.4　表面处理

无论金属或混凝土基材，适当的表面处理，是取得良好涂层性能的关键。防护性涂料学会(Society for Protective Coatings)(宾夕法尼亚州匹兹堡市)(SSPC)和 NACE 国际制定了国际公认的表面处理规范说明。表 10.24 列出了可以利用的表面处理规范说明，这应该是任何涂料规范的一部分。

表 10.24　表面处理标准(SSPC 和 NACE 国际)

SSPC-SP1	溶剂清洗
SSPC-SP2	手持工具清洗
SSPC-SP3	电动工具清洗
SSPC-SP5/NACE No. 1	白金属喷砂清洗
SSPC-SP6/NACE No. 3	商业喷砂清洗
SSPC-SP7/NACE No. 4	刷清喷砂清洗
SSPC-SP8 浸酸	
SSPC-SP10/NACE No. 2	近白色喷砂清洗
SSPC-SP11	电动工具清洗至裸金属
SSPC-SP12/NACE No. 5	重涂前通过水喷对金属进行表面处理和清理
SSPC-SP13/NACE No. 6	混凝土表面处理
SSPC-SP14/NACE No. 8	工业喷砂清洗
SSPC-SP15	商业级电动工具清洗

从 SSPC 提供的其他标准和指南，包括视觉标准(1~5)，磨蚀规规范说明，油漆和涂料系统的指南和规范；和涂施标准、指南和规范。作者呼吁读者应该查阅 SSPC 网站(http：//www. sspc. org/)和 NACE 国际网站(http：//www. nace. org/)。

保护涂层系统如何充分发挥作用，很大程度上取决于涂施前的表面清洁度。虽然可以使用表面耐受性涂料，但是不言自明的是，表面处理越好，涂层系统的性能越好。表面轮廓或粗糙度对于机械连接件是很重要的。

表面处理或清洁需要的程度取决于多种因素，包括预期暴露、类属型和生命周期的要求。如果环境严酷，如涉及连续浸泡，强烈化学烟雾，或极高温度的条件，则就需要高度的表面清洁度。对于不太严酷的环境，则表面处理也同样不太严格。一些类属型，如无机锌，本质上是不能容忍污染的。在这些情况下，良好的表面处理是至关重要的。这些类属型很大程度上依赖于机械粘接和湿面不佳。

作为整个系统的部分而指定的表面处理要求和清洁度，应遵循制造商的建议。涂层系统的寿命取决于表面的清洁程度，涂层和类属型的数目。最强耐受性保护涂层，如果表面处理不正确，在恶劣的环境中也会表现不佳。

9.4.1　大气条件和温度

只要天气晴朗，干燥和温暖，涂漆可能会在一年中任何时间完成。涂料不应该涂施于雨、雪、雾、薄雾、霜、露或其他形式的水分的条件期间的暴露表面。此外，周围的空气相对湿度不应超过 85%。表面温度必须高于露点温度至少 5℃，并保持直至油漆完全固化。

在涂漆期间，空气温度应不低于4℃(40℉)；此外，涂漆不应该在气温骤降之后或如果气温预计在油漆变干之前将下降至4℃(40℉)的情况下实施。如果油漆涂施在超过21℃(70℉)这个被认为标准的温度下进行，则可以达到最佳结果。

耐热涂料应该在16~38℃(60~100℉)的温度下涂施成薄的均匀涂层。温度返回至最高点之前，应设置至少3个小时的固化余量。

9.4.2 安全预防措施

有些涂漆必须在封闭的区域内完成。联邦法律规定了密闭空间进入计划和培训。除非改变密闭空间内的空气供应，油漆味会引起头晕，最终昏倒。警惕这些危险迹象是很重要的。头痛或头晕就是警告，需要出来呼吸清新空气。

大多数油漆材料是高度易燃，必须小心处理，避免与火焰或高温接触。在密闭的地方饱和油性碎布可以通过自燃起火而着火。由于从皮肤上用溶剂去除涂料可能会引起刺激作用，尽可能保持身体覆盖而不接触，是一个很好的的预防措施。此外，绳索、梯子、安全带都应该在工作开展之前进行检查。当高空作业时，应该彻底确保油漆桶安全，并采用其他工具进行固定，才能防止掉落砸伤从下面通过的人群。

9.5 油漆的识别和安全用途

对于许多污水处理厂的运营而言，油漆代表了对磨蚀、老化和腐蚀效应的保护作用。然而，油漆也适用于其他方面，如标识作用。当应用这一特性时，通过不同着色的油漆以其这个功能就能轻而易举地识别一系列管道。表10.25列出了不同处理工艺流程的一些推荐的色标。一般而言，污水处理厂所有者首选应该遵循的色标。

为了便于识别管道，特别是在大型污水处理厂中，不同的管线应该有对比鲜明的色彩。此外，凸出壁架，低过顶管道、梁、意料之外的阶梯或围栏，当通过一些对比颜色聚光而提醒注意。

颜色也可用于危险警告闪光，定位关键设备，识别机器零件和增亮污水处理厂的房间。职业安全与健康管理局(Occupational Safety and Health Administration)(华盛顿特区)(OSHA)的安全颜色如下应该酌情使用：

- 设备和机械危险部件：OSHA橙色，
- 消防设备及仪器：OSHA红色，
- 辐射危险：OSHA紫色，
- 物理危险：OSHA黄色。

10 阴极保护

10.1 理论基础

“阴极保护”被定义为“通过外加直流电或连接至牺牲阳极(通常是镁、铝或锌)的方式使金属成为阴极而减少或消除腐蚀的防护方法”(NACE国际，1984)。在阴极保护中，需要保护的整个结构成为阴极。阴极保护应用是一种有用的技术，用以保护埋地金属管道防止腐蚀并保护金属罐池内表面和浸泡结构，如澄清池耙机制。

表 10.25　污水处理厂和泵站推荐色标[①]

服　务	刻花(1.25m [4ft]方向箭头必要的间隔)	色　标
稀释水	Dilut. Wat.	紫色
非饮用水	Non. Pot. Wat.	紫色
沙砾冲洗器管	G. W. P.	紫色
卫生通风	San. Vent.	紫色
密封水	Slg. Wat.	紫色
腐殖质污泥罐	Humus Sldg.	灰色
除砂原始污泥	Deg. Raw Sldg.	灰色
活性污泥	Act. Raw Sldg.	Tan
原始污泥	Raw Sldg.	灰色
抽污泵浦排放	Sump Pump	灰色
出浮渣管	Scum Pipe	灰色
卫生用水	San. Waste	灰色
雨水排水	Storm Drain	灰色
冷循环污泥	Cold Rec. Sldg.	棕色
热循环污泥	Hot Rec. Sldg.	棕色
饮用干水管	Pot. Wat.	蓝色
冷生活用水	Cold Dom. Wat.	蓝色
热生活用水	Hot Dom. Wat.	蓝色
再循环热水		
生活用	Dom. Wat.	蓝色
冷却水供应	C. W. S.	蓝色
冷却水返回	C. W. R.	蓝色
冷却水冷凝物	C. W. Cond.	蓝色
氯	Cl_2	黄色
化学品管线(聚合物)	本来所示	未涂漆的 PVC
蒸汽管线	Stm. Line	黄色
蒸汽冷凝水	Stm. Cond.	黄色
氯化铁	$FeCl_2$	橙色
废酸浸液	W. P. L.	橙色
甲烷气	Meth. Gas	红色
燃油供应	F. O. S.	红色
燃油返回	F. O. R.	红色
消防水管	Fire Main	红色
消防立管	Fire Std. Pipe	红色
喷水系统	Spklr. Sym.	红色
消化的固体	Dig. Solids	黑色
压缩空气	Comp. Air	绿色
真空管线	Vac. Lines	绿色
非饮用水消火栓	Non-potable	紫色
饮用水消火栓	Potable	蓝色

注：未涂漆的项目包括不锈钢、铝、阀杆或移动部件、PVC 管以及识别标牌或板。在腐蚀性区域，金属铜会经历劣化作用。铜管道或管路，包括配件和吊架，即使没有其他原因也应该涂施覆盖层抵抗劣化作用。

10.2 阴极保护的实际应用

在废水处理设施中许多结构，特别适合用于阴极保护延缓腐蚀。阴极保护是能够用于缓解腐蚀作用的几种方法之一。阴极保护的应用，应该基于应用保护电流的经济和技术可行性。有些结构可以很容易得到保护，而其他结构需要更独特的设计，才能确保减轻腐蚀。相对应受保护的基本结构有储罐、湿井、管道、金属构件和沉淀池。在其他区域，存在侵蚀性电解质，涡流条件和/或移动结构的地方，需要较大量的阴极保护电流才能减轻这些结构的腐蚀。

在阴极保护延缓腐蚀之前还应该包含功能性需求。这些应该考虑的要求如表 10.26 所示。

表 10.26 有效阴极保护的要求

要求	评注
电连通	非导电管接头必须粘结；多个管道必须粘结在一起；非焊接结构必须粘结。
电绝缘	保护和未保护管道或结构之间需要电绝缘；保护管道必须与电接地电网绝缘。

10.3 阴极保护系统的类型

有两种类型的阴极保护系统——电化学电流和外加电流。这些系统将于下面章节中进行介绍。

10.3.1 电化学阳极

电化学阳极系统基于电化学活性序列。图 10.15 显示了由国际镍公司(International Nickel Company)(现为加拿大多伦多安大略镍研究所(Nickel Institute))完成的无污染海水中的电位测定和电化学腐蚀测试修正的电化学活性序列。

阴极(非腐蚀)
铂
金
石墨
钛
银
不锈钢(钝化)
镍(钝化)
铜及其合金
锡
铅
铸铁
钢或铁
铝合金
锌
镁和镁合金
阳极(腐蚀)

图 10.15 电化学活性序列

(由文献 Fontana et al.，1967 修正)

在研究实用的电化学序列中，可以认为，该序列底部物质，如镁和锌，将会牺牲自己而防止该序列中更高的结构发生腐蚀。电化学阳极系统正是基于这个原理。

电化学阳极系统的优点包括以下方面：

- 适合于电流要求较低的应用，
- 适合涂层完整充分的结构，
- 适合低电解液电阻率的区域。

电化学阳极系统经常用于下列项目是重要的考虑因素：

- 无需外接电源，
- 低维护工作需求，
- 其他结构干扰最小，
- 安装成本低，
- 需要最小地役权或通行权。

妨碍电化学阳极系统使用的注意事项有以下几点：

- 有限的驱动电位和电流，
- 高电解质电阻率，
- 阳极安装沟槽空间不足，
- 改造或升级困难，
- 输出调整有限。

镁阳极通常适用于较高电阻率的土壤和电流要求较高之处，而锌阳极通常适用于较低电阻率的土壤和电流要求低之处。

10.3.2　外加电流系统

外加电流系统使用外接电源，产生比电化学阳极系统更多的电流。此外，电流能够按照所需调节更高或更低。外加电流系统最适合于其中电绝缘无法实现而在该区域电解液电阻率较高的高电流要求的应用。

在最常见的系统类型中，交流电通过使用整流器变为直流电。其他直流电的外加电源包括太阳能电池板，风力发电机和热发电机。在外加电流系统中所用的典型阳极材料有废钢、铝、石墨、高硅铁、铂铌和混合金属氧化物。这些物质腐蚀速率不同。

外加电流系统经常用于以下的情形：

- 需要大电流，
- 存在高电解质电阻率条件，
- 电流必须可调。

以下考虑因素可能阻碍外加电流系统的使用：

- 高初始安装成本，
- 高维护工作量，
- 交流电的连续成本，
- 与其他结构的干扰。

10.4　材料保护的标准

阴极保护系统的设计和安装工作应由经验丰富而经过认证的腐蚀专家或阴极保护专家完

成。由经过培训的维修人员可以进行安装后的系统维护，但需要有资质的专家定期检查。以下的标准，由 NACE 国际制定，列于表 10.27 中。

表 10.27 阴极保护的 NACE 标准

标准号	标　题
10A392	阴极保护的成效
RP0193	当级碳钢储罐底部的外部保护
RP0285	阴极保护的地下储罐系统的腐蚀控制
SP0169	地下或浸泡金属管道外部腐蚀的控制
SP0286	阴极保护管道的电绝缘
TM0101	有关地下或浸泡罐池系统阴极保护标准的测定技术

11 设计的标准和评审

设计者应该在项目开始之前向整个设计团队提供标准图纸，细节和材料与腐蚀控制的详细规范说明。

11.1 条件评估

腐蚀专家应执行以下任务：

- 准备和提供腐蚀性条件的预设计评估；
- 在 10%和 90%的设计阶段参与计划和详细规范说明的质量保证和控制审查；
- 审查与涂料、阴极保护和材料偏差相关的施工图纸；
- 施工阶段的实地测试和检查。

在实施和评审腐蚀评价和缓解的重要方面时帮助设计师拟定腐蚀控制清单，如图 10.16 所示。

1. 设施材料
   - 结构
   - 下水管道__________
   - 泵__________
   - 设备名称__________
   - 阀门__________
   - 电力__________
   - 仪器仪表__________
   - 辅助化学品__________
2. 污水/水/其他液体-腐蚀性质
   - 温度：高__________低__________
   - pH__________BOD__________电导率__________
   - 碱度__________氯__________硫酸盐__________
   - ORP__________流量__________停留时间__________
   - 硫化物：计算值__________测量值__________
   - 沙砾：磨蚀__________沉淀__________
3. 土壤腐蚀性条件：位置__________
   - SCS 图检查__________土工研究__________

- 现场电阻率________质地________湿度________
- pH________ORP________硫化物________
- 氯化物________硫酸盐________有机物质________

4. 大气-蒸汽区腐蚀性-NACE 研究现场________
   - H_2S-计算值________测量值________SO_2________pH________
   - 近海水________温度范围________
   - 露频率________降水________平均年/天________
   - 太阳光：暴露________程度________
5. 其他环境
   - 污泥/生物固体：pH________湿度________%挥发度________%硫化物________
   - 消化池气体：湿度________H_2S________
   - 再生水：pH________电导率________温度________
   - 化学品：类型________pH________温度________
   - 工作用水：pH________D. O. ________条件________NH_3________
   - 其他：名称________条件________
6. 材料选择

   A. 混凝土：水泥类型________骨料类型________
   掺混辅料________钢筋保护________盖子________
   涂料________强度________M：C________
   坍落范围________措施________隔水板类型________
   接头类型________终饰________

   B. 预应力混凝土：类型________张力________
   盖子________隔膜________杆________金属线________

   C. 钢：级别________涂层________
   额外厚度________固件________

   D. 铸铁和球墨铸铁：类型________涂层________
   额外厚度________固件________

   E. 不锈钢：类型________裂缝________
   固件________螺栓________NH_3________

   F. 铜：类型________固件________NH_3________
   pH________焊料类型________熔焊剂类型________
   速率________碱度________H_2S________

   G. 铝：类型________固件________
   pH________涂层________

   H. 塑料：类型________太阳光强度________
   温度________接头________支架________
   挠曲________油/溶剂________

   I. 弹性体：类型________H_2S________pH________
   氧化剂________油/溶剂________阳光________

   J. 陶瓷材料：沉降________
   腐蚀特性________

   K. 木材：类型________额外厚度________
   强度________防腐剂________涂层________
7. 异种金属审查：介电质________
   最大材料：________最小材料________
8. 构造结合结构：裂缝/凹陷消除________

再涂层便利性________圆边________
排水________支撑架________喷嘴________
丁字支撑架________摩擦条件________
焊接设计排布________固件________
9. 涂料：类型________表面处理底漆________
中间涂层________终饰涂层________
检测：安装________授权________
10. 电气设备：类型________
暴露________湿度________
腐蚀性________暴露________
载荷：连续的________间歇的________
封套类型________
接地________测试________
11. 管道/下水管道：类型________材质________
厚度________接头________涂层________
衬里________聚乙烯袋________带子________
杂散电流________阴极保护________干扰________
速率：最低值________最大值________尺寸________
12. 阴极保护：类型________
阳极：类型________尺寸________数目________
镇流器类型________电源________
测试状态________绝缘接头________粘结________
测试：安装________授权________
13. 设计审查：调查________规划________
10%设计________最终设计________QA/QC________
施工图纸________现场调查________O&M________
14. 备注________

图 10.16 腐蚀控制设计清单

11.2 设施设计

指定项目需要什么，是设计工程师的职责。虽然承包者可提出修改建议，但只有当他们在相同或更低的成本下提供了相当耐久性时才应该接受他们的建议。

涂层和阴极保护这两种措施都将需要安装检验和安装之后 1 年的测试。任何涂层或阴极保护的缺陷都应该由承包商作为建设项目的一部分提出进行纠正。这些检验、调查结果和建议的报告应该提交污水营运机构。认真坚持腐蚀控制设计，继续检查和预防性维护，在大多数情况下，都将具有持久的功能和经济效益。

材料和工艺的质量控制应该进行指定，并在可能的情况下，遵循当前版本的标准规范。设备和材料的具体类型和来源的偏好有时对设计也是有要求或需要的；然而，这种喜好不应该损害长期生命周期的耐久性。

11.3　施工检测和设备识别

重要的是所有材料和设备都应该进行检查、测试和验收，才能确保它们符合规范要求。由工程师选定的独立实验室应该测试和验收所有的建筑材料。从材料生产和装配的商店应该获得所有商店和工厂测试的验收副本。通常情况下，实验室测试应该由所有者付费；然而，复检不合格的材料费用，应该由承包人或供货商负责。详细规范说明应该要求承包商执行和付诸运营控制测试。此外，详细规范应该要求承办商偿付工程师和所有者实施或证明工厂测试的一切费用。

铭牌应该提供生产所有机械和电气设备制造商的名称和地址，设备型号与规格的描述和电气特性。

12　维护程序

在设施完成后，应该建立预防性维护程序和时间表的系统识别。污水处理厂中腐蚀活性成功控制的部分涉及检查和适当的维护。所有设备应该以适当的表格形式进行登记，在这个表格中应该包括具体的信息，如数量、名称、地点、制造商、电话号码、地址、销售代表、制造商的说明书、铭牌数据、电机数据、合同编号和电机数。还应该预备好独立具有具体类目的部件清单的表格，包括名称、制造商、产品目录号和当地的供应商。此外，还应该准备维护程序的表格，描述设施、设备、名称、工艺、厂房面积、水平位置、维护中断程序、安全防范、工具、零部件、材料和测试设备。另外，关闭和启动程序的描述应该包括在内。最后，制造商建议的预防性维修时间表也应包括在内。

在罐槽和处理池中的衬里需要经常检查和例行维护。设备的防护涂料，还需要这样的相同努力。大多数衬垫系统将会只有有限的使用寿命，只有良好的保养才可以延长。

阴极保护，也需要一定程度的维护。更多细节，请参阅本章的“阴极保护”小节。

13　参考文献

Alcoa(1968)*Process* Industries *Applications of Alcoa Aluminum*；Alcoa：Pittsburgh，Pennsylvania.

American Iron and Steel Institute(1974)*Stainless Steel*：*Effective Corrosion Control in Water and Waste-Water Treatment Plants*；American Iron and Steel Institute：Washington，D. C.

Atkinson，J. T. N.；Van Droffelaar，H.(1980)*Corrosion and Its Control*；NACE Inter national：Houston，Texas.

Bianchetti，R. L.(1993)Corrosion and Corrosion Control of Prestressed Concrete Cylinder Pipelines—A Review. *Mater. Perform.*，32(8)，62-66.

DeRenza，D. J.(1985)*Corrosion Resistant Materials Handbook*；Noyes Publications：Park Ridge，New Jersey.

Fluer，L.；Shapiro，J. M.(1993)*Hazardous Materials Classification Guide*；International Fire Code Institute：Whittier，California.

Fontana, M. G.; Greene, N. D. (1967) *Corrosion Engineering*, McGraw - Hill: New York; p. 32.

Fontana, M. G.; Greene, N. D. (1976) *Corrosion Engineering*, 2nd ed.; McGraw Hill: New York.

Grace, R. A. (1988) *Marine Outfall Systems: Planning Design and Construction*; Prentice-Hall: New York.

Gunnerson, C. G.; French, J. A. (1996) *Wastewater Management for Coastal Cities: The Ocean Disposal Option*; Springer: New York.

Kienow, K. K. (1989) *Sulfide in Wastewater Collection and Treatment Systems*; ASCE: New York.

NACE International (1984) *Cathodic Protection, Corrosion Basics, An Introduction*; © NACE International: Houston, Texas.

NACE International (1979) *Managing Corrosion with Plastics*; NACE International: Houston, Texas.

National Association of Architectural Metal Manufacturers (1986) Metal Product Outline Division 5 Metals. National Association of Architectural Metal Manufacturers: Oak Park, Illinois, 15.

National Fire Protection Association (1996) National Electrical Code, An American National Standard, NFPA No. 70-1996, ANSI C1-1996; National Fire Protection Association: Quincy: Massachusetts.

National Fire Protection Association (1995) *Standard for Fire Protection in Wastewater Treatment and Collection Facilities*; National Fire Protection Association: Quincy, Massachusetts.

Nixon, R. (1997) Future Material Selection Guideline for Coatings on Concrete for Changing Exposure Conditions in Large Municipal Waste Water Collection/Treatment Systems, Paper No. 379, *Proceedings of Corrosion* 97, March 10-14, New Orleans, Louisiana; NACE International: Houston, Texas.

Peckner, D.; Bernstein, I. M. (1977) *Handbook of Stainless Steels*; Wiley: New York.

Perry, R. H.; Green, D. W. (1986) *Perry's Chemical Engineers' Handbook*, 6th ed.; McGraw-Hill: New York, 23.

Pomeroy, R. D. (1974) *Process Design Manual for Sulfide Control in Sanitary Sewage Systems*; U. S. Environmental Protection Agency: Cincinnati, Ohio.

Schweitzer, P. A. (1983) *Corrosion and Corrosion Protection Handbook*; Marcel Decker: New York.

Schweitzer, P. A. (1987) *What Every Engineer Should Know About Corrosion*; Marcel Dekker: New York.

Sedriks, A. J. (1979) *Corrosion of Stainless Steels*; Wiley: New York.

Seymour, R. B.; Steiner, R. H. (1955) *Plastics for Corrosion Resistant Applications*; Reinhold: New York.

Singley, J. E.; Beaudet, B. A.; Markey, P. H. (1985) *Corrosion Prevention and Control in*

Water Treatment and Supply Systems; Noyes Publications: Park Ridge, New Jersey.

Snoeyink, V. L.; Kuch, A. (1985) *Internal Corrosion of Water Distribution Systems*; American Water Works Association Research Foundation: Denver, Colorado.

The Society for Protective Coatings (2005) How to Use SSPC Specifications and Guides. http: //sspc. org/standards(accessed Mar 2009).

Thistlethwayte, D. K. B. (1972) *The Control of Sulphide in Sewerage Systems*; Ann Arbor Science Publishers: Ann Arbor, Michigan.

Treseder, R. S. (1991) *NACE Corrosion Engineers Reference Book*, 2nd ed.; NACE International: Houston, Texas.

Tuthill, A. H. (1990) Stainless Steel in Wastewater Treatment Plants. *Water Eng. Manage.*, 7, 31-35.

Uhlig, H. H. (1969) *The Corrosion Handbook*; Wiley: New York.

U. S. Department of the Interior (1981) *Concrete Manual*; Wiley: New York.

14　推荐读物

American Concrete Institute (1986) *Admixtures for Concrete*, Publication No. 212. 1R; American Concrete Institute: Detroit, Michigan.

American Concrete Institute (1985) *Structural Repair of Corrosion Damage and Control*; American Concrete Institute: Farmington Hills, Michigan.

American Society of Civil Engineers; Water Environment Federation ®(1982) *Gravity Sanitary Sewer Design and Construction*, Manuals and Reports on Engineering Practice No. 60, American Society of Civil Engineers: New York; Manual of Practice No. FD-5, Water Environment Federation ®: Alexandria, Virginia.

American Water Works Association Research Foundation (1989) *Economics of Internal Corrosion Control*; American Water Works Association Research Foundation: Denver, Colorado.

ASTM International (2006) *Standard Method for Field Measurement of Soil Resistivity Using the Wenner Four-Electrode Method Designation G-57*; ASTM International: West Conshohocken, Pennsylvania.

Biczok, L. (1976) *Concrete Corrosion-Concrete Protection*; Chemical Press: New York.

Blome, P.; Friberg, G. (1991) Multilayer Coating Systems for Buried Pipelines. *Mater. Perform.*, 30(3), 20-24.

Borenstein, S. W. (1989) *Fundamentals of Designing for Corrosion Control*; NACE International: Houston, Texas.

Borenstein, S. W. (1994) *Microbiologically Influenced Corrosion Handbook*; Industrial Press: New York.

Chaker, V. (1993) A Call to Action on the Corrosion of Steel Pilings in Soil. *Mater. Perform.*, 32(10), 31-33.

Chaker, V. (1995) *Innovative Ideals for Controlling the Decaying Infrastructure*; NACE International: Houston, Texas.

Chlorine Institute(1979) *Piping Systems for Dry Chlorine*; Chlorine Institute General Publications: Washington, D.C.

Dawson, J. L. (1991) Flow Effects on Erosion-Corrosion. *Mater. Perform.*, 30(4), 57-60.

Dillon, C. P. (1987) *Forms of Corrosion Recognition and Prevention*; NACE International: Houston, Texas.

Drinan, J. E. (2001) *Water and Wastewater Treatment*; Technomic Publishing Company: Lancaster, Pennsylvania.

Fitzgerald, J. H. (1993) Evaluating Soil Corrosivity—Then and Now. *Mater. Perform.*, 30 (10), 17-19.

Geesey, G. G.; Flemming, H. -C.; Lewandowski, Z. (1994) *Biofouling and Biocorrosion in Industrial Water Systems*; Lewis Publishers: Boca Raton, Florida.

Great Lakes-Upper Mississippi River Board of State and Provincial Public Health and Environment Managers (2004) *Recommended Standards for Wastewater Facilities*; Health Education Services: Albany, New York.

Halvorsen, G. T. (1993) Protecting Rebar in Concrete. *Mater. Perform.*, 32(8), 31-33.

Harper, C. A. (1992) *Handbook of Plastics, Elastomers, and Composites*, 2nd ed.; McGraw Hill: New York.

Herro, H. M.; Port, R. D. (1993) *The Nalco Guide to Cooling Water System Failure Analysis*; McGraw Hill: New York.

Hoffman, R. A. (1993) MIC Causes Failure of Steel Piping. *Mater. Perform.*, 32 (9), 72-73.

J. B. Gilbert & Associates(1979) *A Case Study Prediction of Sulfide Generation and Corrosion in Sewers*; American Concrete Pipe Association: Washington, D. C.

Kaesche, H. (1980) *Metallic Corrosion*; NACE International: Houston, Texas.

Kelly, T. F.; Steely, C. N.; Poncio, J. S. (1991) *Concrete: Surface Preparation, Coating and Lining and Inspection of Concrete Surfaces*; NACE International: Houston, Texas.

Kobrin, G., Ed. (1993) *A Practical Manual on Microbiologically Influenced Corrosion*; NACE International: Houston, Texas.

LaFarge Calcium Aluminate (1993) *Sewer Coat—The Ultimate Mortar Protection Against H_2S Corrosion*; LaFarge Calcium Aluminate: Chesapeake, Virginia.

Landrum, R. S. (1989) *Fundamentals of Designing for Corrosion Control*; NACE International: Houston, Texas.

Lipsett, C. H. (1968) *Metals Reference and Encyclopedia*; Atlas Publishing Company: New York.

Munger, G. C. (1984) *Corrosion Prevention by Protective Coatings*; NACE International: Houston, Texas.

Morgan, J. (1987) *Cathodic Protection*; NACE International: Houston, Texas.

NACE International(1976) *Basic Corrosion Course*; NACE International: Houston, *Texas*.

NACE International(1987) *Corrosion of Metals in Concrete*; NACE International: Houston, *Texas.*

NACE International(1980) *Prevention and Control of Corrosion Caused Problems in Building Potable Water Systems*; NACE International: Houston, Texas.

NACE International (1995) *Prevention and Control of Water Caused Problems in Building Potable Water Systems*, 2nd ed.; NACE International: Houston, Texas.

Occupational Safety and Health Administration(1989) *OSHA Field Operations Manual*, 3rd ed., U.S. Department of Labor, Occupational Safety and Health Administration: Washington, D.C.

Occupational Safety and Health Administration (1980) *OSHA Technical Manual*; U.S. Department of Labor, Occupational Safety and Health Administration: Washington, D.C.

Parker, M.E.; Peltier, E.G. (1995) *Pipe Line Corrosion and Cathodic Protection*, 3rd ed.; Gulf Professional Pub: Houston, Texas.

Peabody, A.W. (1975) *Control of Pipeline Corrosion*; NACE International: Houston, Texas.

Pomeroy, R.D.; Parkhurst, J.A. (1977) The Forecasting of Sulfide Build-Up Rates in Sewers. *Prog. Water Technol.*, 9, 621–628.

Pope, D.H. (1985) *Microbiologically Influenced Corrosion*; NACE International: Houston, Texas.

Redner, J.A. (1986) Evaluation of Protective Coatings for Concrete. *Proceedings of the 59th Annual Water Pollution Control Federation Technical Exposition and Conference*, Los Angeles, California, Oct 6–9; Water Pollution Control Federation: Alexandria, Virginia.

Ropke, J.C. (1982) *Concrete Problems: Causes and Cures*; McGraw Hill: New York.

Schafer, P.L. (1994) Two Feet Per Second Ain't Even Close. *Proceedings of the 67th Annual Water Environment Federation ® Technical Exposition and Conference* [CDROM]; Chicago, Illinois, Oct 15–19; Water Environment Federation ®: Alexandria, Virginia.

Schiff, M.; McCollum, B. (1993) Impressed Current Cathodic Protection of Polyethylene Encased Ductile Iron Pipe. *Mater. Perform.*, 32(8), 23–27.

Schumacher, W.J. (1993) Corrosive Wear Principles. *Mater. Perform.*, 32(7), 50–53.

Scott, P.J.B.; Davies, M. (1993) Microbiologically Influenced Corrosion: State of the Art vs. State of the Mind. *Mater. Perform.*, 32(9), 8–9.

Seureda, P.J. (1984) Weather Factors Affecting Corrosion of Metals. In*Corrosion in Natural Environments*; Aston: Philadelphia, Pennsylvania.

Specialty Steel Industry of North America(1995) *Design Guidelines for the Selection and Use of Stainless Steel*; Specialty Steel Industry of North America: Washington, D.C.

Specialty Steel Industry of North America (1995) *Designers Handbook—Specifications for Stainless Steel*; Specialty Steel Industry of North America: Washington, D.C.

Specialty Steel Industry of North America(1995) *Designers Handbook—Stainless Steel Architectural Facts*; Specialty Steel Industry of North America: Washington, D.C.

Specialty Steel Industry of North America(1993) *Designers Handbook—Stainless Steel Fabrica-*

tion; Specialty Steel Industry of North America: Washington, D. C.

Specialty Steel Industry of North America (1995) *Designers Handbook—Stainless Steel Fasteners—A Systematic Approach to Their Selection*; Specialty Steel Industry of North America: Washington, D. C.

Specialty Steel Industry of North America(1995) *Designers Handbook—Stainless Steel for Wall Ties, Stone Anchors, Masonry Fastening Systems*; Specialty Steel Industry of North America: Washington, D. C.

Specialty Steel Industry of North America(1995) *Designers Handbook—Standard Practices for Stainless Steel—Roofing, Flashing, Copings*; Specialty Steel Industry of North America: Washington, D. C.

Specialty Steel Industry of North America(1996) *Finishes for Stainless Steel*; Specialty Steel Industry of North America: Washington, D. C.

Speller, F. N. (1961) *Corrosion Causes and Prevention*; McGraw Hill: New York.

Szeliga, M. J. (1995) *Corrosion of Ductile Iron Pipe*; NACE International: Houston, Texas.

Uhlig, H. H. (1971) *Corrosion and Corrosion Control*; Wiley: New York.

Wagner, P.; Little, B. (1993) Impact of Alloying on Microbiologically Influenced Corrosion. *Mater. Perform.*, 32(9), 65-68.

White, G. C. (1992) *Handbook of Chlorination and Alternative Disinfectants*, 3rd ed.; Van Nostrand: New York.